양자역학

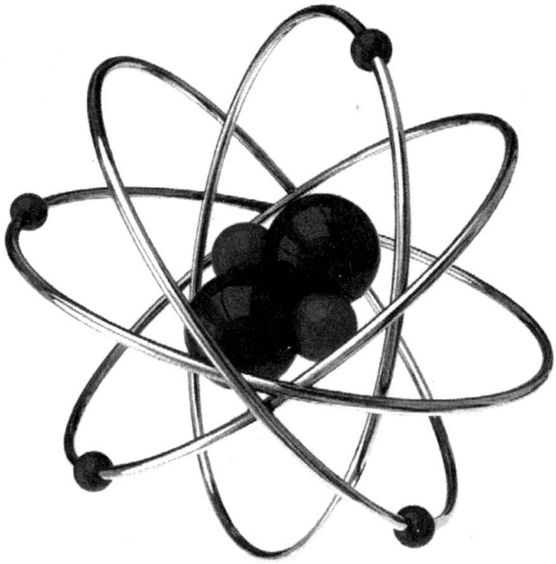

최 준 곤

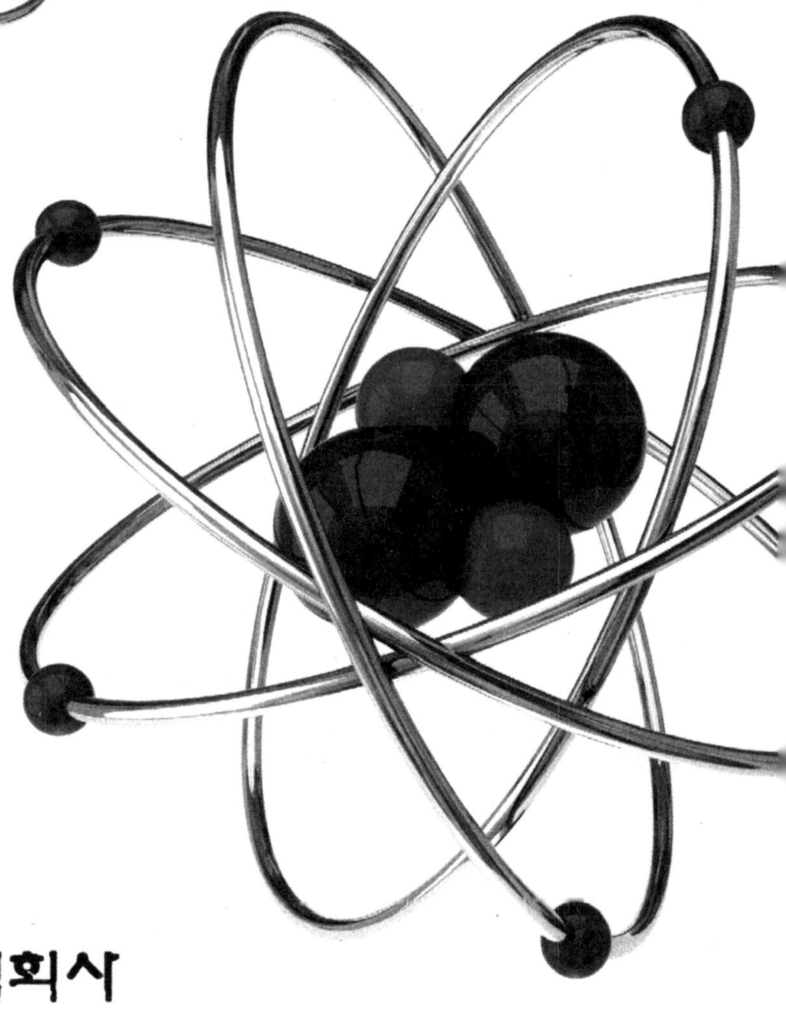

범한서적주식회사

머리말

21세기에 들어서서 모든 과학 분야에서 전문화가 더욱 가속화되고 있는 추세이다. 또한 새로운 분야도 만들어지고, 지금까지는 전혀 관련이 없다고 여겨졌던 분야들이 서로 융합되어 더욱 복잡한 분야들이 개발되며 발전하고 있다. 물리학 분야에서도 새로운 연구분야들이 개척되고 있고, 양자역학은 이러한 모든 분야의 기초를 이루고 있다. 이전에는 고전역학과 전자기학이 물리학에서 필수적인 과목이고, 양자역학은 새로운 개념을 사용하는 첨단 응용과목이라는 느낌이 강했지만, 이제는 오히려 양자역학이 가장 기본적인 이론 체계이고, 고전역학과 전자기학과 더불어 매우 중요한 기본과목이 되었다. 이러한 점은 물리학자를 양성하기 위한 교육에서 양자역학의 역할이 매우 중요해지고, 원자물리, 핵물리, 고체물리, 입자물리, 생물물리 등 물리학의 여러 응용 분야 중 어떤 분야를 전공하더라도 양자역학에 대한 지식은 필수적이라는 데서 잘 나타나고 있다.

최근의 첨단 연구 추세는 거시적인 물리계에서 미시적인 원자 정도의 크기의 물리계를 다루는 나노과학으로 그 중심이 이동하고 있다. 이로 인하여 새로 개발된 실험기술의 발달에 힘입어 지금까지 고려하지 않았던 흥미로운 양자역학계가 많이 나타났으며, 이들 새로운 물리계를 양자역학을 이용하여 정확하게 기술하고 있다. 또한 이러한 새로운 분야에서도 양자역학이 얼마나 광범위하게 원자계에서 잘 맞는지 확인할 수 있음에 따라 양자역학이 미시세계를 기술하는 일관성 있는 이론이라는 것은 누구나 받아들이게 된 사실이다.

이 책은 이러한 양자역학의 필요성에 부응하여 학생들이 양자역학을 공부하는 데 도움을 줄 수 있다고 기대한다. 이 책은 대학원 일 년 과정 양자역학 과목의 교재로 사용할 수 있도록 구성하였다. 또한 연구자들이 양자역학의 기본적인 내용을 참고하고, 연구에 적용할 수 있는 여러 응용 분야에 대한 설명과, 이에 덧붙여 심도 있는 문제들을 연습문제에서 풀어 볼 수 있도록 구성하였다. 따라서 저자가 염두에 두고 있는 독자들은 학부 수준의 양자역학, 전자기학, 고전역학을 잘 알고 있는 것으로 가정하였다.

저자는 이 책에서 양자역학의 원리와 응용분야를 체계적으로 설명하고, 다양한 수학적인 도구를 이용하여 이를 여러 방법으로 기술하고자 하였다. 이 책의 구성은 우선 크게 내용을 2부로 나누었다. 1부는 1장에서 9장까지로 양자역학의 기본개념, 수식화, 다양한 양자역학계에서의 Schrödinger 방정식을 푸는 방법, 각운동량의 성질, 산란을 기술하는 방법 등, 양자역학의 기본요소들에 대해 논하였다. 2부를 구성하는 10장부터 20장까지는 1부에서 도입한 기본요소들을 기초로 한 여러 응용 분야를 다루었는데, 그 내용으로는 시간에 무관한 섭동이론 및 시간에 의존하는 섭동이론, 전자기장의 양자화, 이차 양자화, Feynman 그림을 이용한 섭동이론 등이 있다. 이 책의 특징은 후반부에서 전자기장을 양자화하고, 이차 양자화를 도입하여 양자역학적 현상을 완전히 양자역학적으로 기술한 계를 많이 다루었다는 것을 들 수 있다. 이 책에서 중요하게 고려한 부분은 각 장의 마지막 부분에 있는 여러 수준의 다양한 연습문제들이다. 이 문제들은 본문에서 다룬 내용을 확인해 볼 수 있는 문제, 본문의 내용을 확장하여 양자역학의 개념을 심화학습을 할 수 있는 문제, 그리고 현재 연구가 진행되고 있는 여러 분야의 연구를 시작할 수 있는 기초적인 문제들이 포함되어 있다. 책의 내용을 공부하는 것에 덧붙여서 이러한 문제들을 직접 풀어 보면 양자역학의 진수를 경험할 수 있을 것으로 기대한다.

이 책은 저자가 고려대학교 물리학과 대학원생을 대상으로 한 양자역학 강의 내용을 토대로 하였고, 여기에 저자가 대학원 과정에서 수강하였거나 조교를 하였던 양자역학 강의들에서 다루었던 내용 중 실제적으로 필요한 내용만을 간추려 모았다. 강의를 하는 것과 책을 쓰는 것은 매우 다른 작업이다. 이 책은 강의 내용을 주로 다루었지만, 내용을 충실하게 만들기 위해 기본적인 설명, 자세한 유도, 그리고 다양한 응용 부분을 포함시키도록 노력하였다.

한글로 물리학에 관한 책을 쓸 때에는 항상 물리학 용어를 어떤 방식으로 표현할 것인가가 문제이다. 이 책에서는 가능하면 한글용어를 사용하려고 하였다. 사용한 한글 용어는 한국물리학회의 물리학용어집을 참고하였다. 하지만 적당한 용어가 없는 경우 혹은 사람 이름 등은 영어를 사용하였다. 또한 이러한 용어들을 사용할 때 조금이라도 뜻이 모호할 가능성이 있을 경우에는 나타나는 첫 용어 바로 뒤의 괄호 안에 영문표기를 하였다.

저자 주위의 여러 사람들의 도움이 없었더라면 이 책은 완성될 수 없었을 것이다. 우선 이 책을 출판할 수 있도록 해준 범한서적주식회사에 감사드린다. 특히 책에 나오는 예쁜 그림들과 여러 양식들을 만들어 주고, 책의 형식에 대한 많은 조언을 해준 양정호 과장에게 감사드린다. 이 책은 XeLaTeX을 이용하여 조판하였다. 이를 사용하면서 나타나는 여러 문제들에 대해 신속하고 효율적으로 도움을 준 Korean TEXUsers Group(KTUG)의 여러 회원들께도 감사드린다. 그리고 마지막으로 사랑하는 아내와 화영, 우석에게 이 책을 바친다.

2010년 7월
최 준 곤

차 례

PART I

양자역학의 기본 원리

제 1 장

양자역학의 기초

물리계에서 전형적으로 나타나는 길이가 원자의 크기 정도인 10^{-10}m 정도이어서 우리가 친숙하게 알고 있는 거시적인 세상의 길이보다 매우 작을 경우, 이러한 미시적 물리계를 다루는 데 적합한 역학체계가 바로 **양자역학**이다. 미터 정도 길이의 크기에서 잘 적용되는 Newton의 고전역학적 원리는 원자 크기 정도, 혹은 그보다 크기가 작은 물체가 있는 미시세계에서 적용될 수 없다는 사실은 20세기 초에 새로운 실험기술의 발전으로 인해 가능하게 된 여러 실험들로부터 알게 되었다. 이 장에서는 고전역학적 개념을 사용하여서는 이러한 미시적인 물리계를 설명할 수 없는 이유에 대해 간단하게 언급하고, 양자역학에서 사용되는 기본개념들 중 파동에 해당하는 부분을 소개하겠다. 이 책에서는 물체의 속도가 빛의 속도 $c = 1.0 \times 10^8$ m/s보다 매우 작은 경우만을 고려할 때에 적합한 역학체계인 **비상대론적 양자역학**에 대해서만 논의하기로 하겠다. 물체의 속도가 c에 가까워지는 경우는 상대론적 양자역학을 사용하여야만 이들 물체를 기술할 수 있지만, 이는 이 책의 범위를 넘어서므로 여기서는 다루지 않겠다.

1.1 빛에 대한 양자이론

고전역학적 개념으로 설명할 수 없는 첫 번째 예는 흑체복사이다. 흑체란 이 물체에 쪼여진 전자기파를 모두 흡수하는 이상적인 물체이다. 이러한 흑체의 성질 중의 하나는 흑체가 전자기파를 흡수하여 온도 T에서 열적평형을 이루고 있으면, 이 흑체에서 여러 파장의 전자기파 복사가 방출된다는 것이다. 이러한 현상을 "흑체복사"(blackbody radiation)라고 한다. 흑체복사를 고전적인 방법으로 계산하면 실제 결과와는 맞지 않는다. 고전역학과 전자기학을 사용하여 흑체 내부에 존재할 수 있는 전자기파의 자유도를 계산하면 자유도는 연속적으로 변하고, 삼차원 공간에서는 주어진 진동수 ν에 대해 ν^2에 비례한다. 따라서 에너지 밀도 또한 ν^2에 비례한다. 그리고 연속적인 자유도에 대해서는 열적평형의 상태에서 각 자유도당 $kT/2$만큼의 에너지를 갖는다는 에너지 등분배 정리(energy equipartition theorem)를 사용하면 전체 에너지를 구할 수 있다. 이렇게 전체 에너지를 구한 후 모든 진동수에 대해 적분하면, 큰 진동수 부분에서 에너지 밀도는 발산하게 된다. 이와 같이 흑체 내부에서 에너지 밀도, 혹은 모든 진동수에 대한 더한 에너지가 발산되는 현상을 "자외선 파탄"(ultraviolet catastrophe)이라고 한다. 하지만 실제로 자연계에서 이러한 자외선 파탄은 일어나지 않으므로, 고전역학적으로 흑체복사를 기술하는 것은 실제 자연계와 매우 다른 커다란 문제가 있다.

이제 Max Planck가 에너지 등분배 정리를 사용하는 것을 피하기 위해 제안하였듯이 흑체 내부의 전자기파의 진동수가 연속적으로 변하지 않는다고 가정해보자. 전자기파 복사가 띄엄띄엄한 에너지 값만을 가질 수 있는 양자 상태로만 존재할 수 있고 [이를 광자(photon)라고 한다], 그 에너지 값들은 주어진 진동수 ν에 대하여 $E = h\nu$의 정수배의 값만을 가질 수 있다고 가정하면, 이러한 자외선 파탄을 없앨 수 있다. 열적평형 상태에 있을 때 에너지 E의 상태에 있을 확률은 $e^{-E/kT}$에 비례하고 (k는 Boltzmann 상수), 에너지에 대한 기대값을 이 확률을 이용하여 구하면 전체 에너지는 에너지가 높은 부분에서도 발산하지 않으며, 이론적인 에너지 값이 실험적인 흑체복사 스펙트럼과도 일치한다. 또한 이러한 양자적인 개념을 사용하면 흑체복사에서 실제로 관측된 사실, 예를 들어 흑체복사에서 진동수의 평균값은 절대온도에 비례하고 ($\overline{\nu} \propto T$), 압력은 온도의 네제곱에 비례하는($p \propto T^4$) 현상 등을 잘 설명할 수 있었다.

1905년 Einstein은 Planck가 전자기파를 양자론적인 광자로 표현한 것을 이용하여 "광전효과"(photoelectric effect)를 잘 설명할 수 있었다. 광전효과를 해석하는 데 있어서, 흑체복사의 경우에서와 마찬가지로 광자가 띄엄띄엄한 에너지를 갖는다고 가정하면 금속의 표면에 엑스선과 같은 전자기파를 쪼일 때 금속 표면에서 튀어나오는 전자의 최대에너지 $E_{\max}$는 $E_{\max} = h\nu - E_0$임을 쉽게 알 수 있다. 여기서 E_0는 일함수(work function)이고 그 값은 금속마다 약간씩 다르지만 크기는 대략 수 eV이다. 이외에도 이러한 광자에너지에 대한 양자론적 개념을 이용하면 낮은 온도에서 금속의 비열에 대해서도 실험과 잘 맞게 결과를 설명할 수 있다. 낮은 온도에서 금속의 비열과 온도 사이에 나타나는 관계를 Dulong-Petit의 법칙이라고 한다.

이와 같이 전자기파는 그 세기, 혹은 가지고 있는 에너지가 고전적으로는 연속적인 값을 가질 수 있지만, 미시세계에서는 전자기파가 가질 수 있는 에너지의 최소값이 존재한다는, 즉 전자기파의 에너지가 양자화되어 있다는 사실을 이용하여 지금까지 고전적으로 설명할 수 없었던 문제들을 설명할 수 있게 되었다. 그러나 조심할 것은 비록 간단하게 에너지가 양자화되었다고 가정하여 여러 문제들을 풀 수 있었지만, 정확히 말하면 이것은 가설에 불과할 뿐 양자역학을 사용한 것은 아니다. 하지만 그 당시에는 양자역학이 정립되지 않았고, 위의 여러 문제들에서 에너지가 양자화될 수 있다는 가능성을 제기한 것은 새로운 개념을 받아들일 준비를 할 수 있게 하였으며, 양자역학을 태동시키는데 큰 역할을 했다는데 그 의미가 있다.

1.2 원자의 구조

전자기파 에너지의 양자화와 더불어 미시세계에 대한 새로운 원리가 있다는 증거는 원자물리학, 또는 분광학에서 오랫동안 다루어 왔던 원자에서 나타나는 선스펙트럼에 대한 설명을 시도하는 과정에서 등장했다. 원자가 전자기파를 방출하거나 흡수할 때 연속적인 전자기파의 분포가 나타나지 않고 띄엄띄엄한 선스펙트럼이 관찰된다. 1752년에는 이러한 선스펙트럼 중 전자기파가 원자에서 방출되는 방출 스펙트럼이, 그리고 1802년에는 원자가 전자기파를 흡수하는 흡수 스펙트럼이 관측되었다. 특히 수소 원자의 선스펙트럼에서 방출되는 전자기파의 진동수는

$$\nu \propto \frac{1}{n^2} - \frac{1}{n'^2} \tag{1.1}$$

의 관계가 있는 것을 경험적으로 알게 되었다. 여기서 n, n' $(n < n')$은 임의의 양의 정수이다. 1802년에는 Lyman이 $n = 1$이고, 다른 여러 n' 값에 대한 방출선들을 발견하였고, 1885년에 Balmer는 $n = 2$인 선들을 발견하였다. 양자역학이 출현하기 전에 발견한 이 사실들은 원자물리학계에서 커다란 문제였다. 왜냐하면 고전적으로는 원자들에서 나오는 전자기파들이 띄엄띄엄 떨어져서 방출된 사실에 대해 전혀 설명할 수 없었기 때문이다.

이러한 선스펙트럼에 대한 실험적 사실은 Bohr의 원자 모형에 의해 간단히 설명할 수 있다. (물론 정확한 분석은 양자역학을 이용하여 완벽하게 할 수 있다.) Bohr의 원자 모형에서 수소 원자는 전자가 Coulomb 퍼텐셜에 의해 속박되어, 양성자 주위를 고전적으로 원궤도를 그리며 회전하고 있는 물리계로 간주한다.[1] 이 때 전자의 질량을 m, 속도를 v, 궤도 반지름을 r이라고 하면, 비상대론적으로 움직이는 전자의 에너지는 운동에너지와 퍼텐셜 에너지를 더한

$$E = \frac{1}{2}mv^2 - \frac{e^2}{r} = -\frac{1}{2}mv^2 \tag{1.2}$$

으로 주어진다. 이 식의 마지막 관계는 소위 "**virial 정리**"에 의하여 얻어진 결과이다. Bohr 모형의 첫 번째 가정은 전자가 "정상상태"(stationary state)에 있어야만 그 상태에 그대로 안정적으로 있을 수 있다는 것이다. 두 번째 가정은 전자가 안정된 상태에 있을 때 정해진 궤도 위에 있는 전자의 각운동량은 $\hbar$의 정수배가 되어야 한다는 Bohr의 양자화 조건

$$mvr = n\hbar \tag{1.3}$$

[1]물론 양자역학적인 관점에서 보면, 궤도를 도는 전자라는 개념은 맞지 않는다. 이에 대한 논의는 나중에 Heisenberg의 불확정성 원리를 고찰할 때 자세히 다룰 것이다. Bohr 모형에서의 궤도는 고전적인 비유라고 생각하고 넘어가기로 하자.

를 만족해야 한다는 것이다. 그리고 세 번째 가정은 한 정상상태에서 다른 정상상태로 옮겨갈 때

$$E_n - E_{n'} = h\nu_{nn'} = h(\nu_n - \nu_{n'}) \tag{1.4}$$

에 해당하는 광자, 즉 전자기파만이 방출되거나 흡수된다는 것이다. 식 (1.2)와 식 (1.3)을 이용하면

$$\nu_n - \nu_{n'} = \frac{v}{2\pi r} = \frac{1}{2\pi e^2 m^{1/2}}\Big(2(E_n - E_{n'})\Big)^{3/2} \tag{1.5}$$

이 되어서, 방출되는 광자의 에너지를 E라고 하면

$$E_{n+1} - E_n \approx 상수 \times E^{3/2} \tag{1.6}$$

가 된다. n이 매우 클 때는 좌변은 dE/dn이 되므로 dE/dn이 $E^{3/2}$에 비례하게 되어 $E^{-1/2} \propto n$의 관계가 있다. 실제로 Bohr 모형에서 에너지 E_n을 계산하면

$$E_n = -\frac{2\pi^2 me^4}{n^2 h^2} \tag{1.7}$$

을 얻으므로 위의 관계가 만족됨을 볼 수 있다. 여기서 n은 1 이상인 정수이다. 이 식으로부터

$$\nu_{nn'} = \frac{2\pi^2 me^4}{h}\Big(\frac{1}{n'^2} - \frac{1}{n^2}\Big) \tag{1.8}$$

이 되기 때문에 분광학에서의 선스펙트럼을 설명할 수 있게 되었다.

물리계에서의 양자화 조건, 예를 들어 Bohr 모형에서 각운동량에 대한 양자화 조건 같은 것은 특정한 물리계에서만 작용하는 것이 아니라 주기적인 성질을 갖는 물리계에 적용할 수 있다. 주기적인 성질을 갖는 계에 대해서는 식 (1.3)으로 나타낸 Bohr의 양자화 규칙을 더 일반화하여 표현할 수 있다. 일반화된 Bohr의 양자화 규칙은 주기적인 운동을 하는 물리계가 있을 때, 위상공간 내에서 임의의 닫힌 경로에 대해 운동량을 적분한 양이 Planck 상수 h의 정수배가 되어야만 한다는 것이다. 이러한 조건을 "**Bohr–Sommerfeld** 양자화 조건" 이라고 한다. 이 조건을 식으로 나타내면

$$J = \oint p \cdot ds = nh \tag{1.9}$$

이다. 여기서 적분 기호에 나타난 "o"는 위상공간 안에서 주기적인 운동을 하는 물체의 닫힌 궤도에 대하여 적분한 것을 의미한다. 이러한 일반화된 양자화 조건을 수소 원자에 다시 적용하면 $mv \cdot 2\pi r = nh$가 되어, 우리가 이미 사용했던 규칙을 얻을 뿐만 아니라 더 일반적인 궤도, 즉 타원궤도를 도는 전자에 대한 정상상태에 대해서도 양자화 조건을 구할 수 있다.

1.3 대응원리

양자역학계를 다루는 기본적인 방정식은 "**Schrödinger 방정식**"이다. 퍼텐셜 에너지가 V인 입자가 만족하는 Schrödinger 방정식은

$$i\hbar\frac{\partial\psi}{\partial t} = \Big(-\frac{\hbar^2\nabla^2}{2m} + V\Big)\psi \tag{1.10}$$

의 형태를 갖는다. Schrödinger 방정식의 해 ψ를 입자의 "**파동함수**"라고 한다. 그리고 물리적으로는 ψ의 절대값의 제곱인 $|\psi|^2$이 단위부피당 이 입자가 있을 확률인 "**확률밀도**"를 의미한다. 또한 파동함수 ψ로 기술되는 일반적인 형태를 가지는 파동묶음의 무리속도(group velocity) 가 고전적으로는 그 입자의 속도에 해당된다. 자유입자의 경우 $E = \hbar\omega = \hbar^2k^2/2m$이므로, 무리속도 v_g는

$$v_g = \frac{\partial\omega}{\partial k} = \frac{\hbar k}{m} = \frac{p}{m} \tag{1.11}$$

가 된다.

Bohr가 제안한 원리는 '양자역학적인 물리계를 기술하는 물리량에 대하여 고전적인 극한에서는 고전역학적으로 이에 대응되는 물리량이 있다'는 것이다. 이러한 원리를 "대응원리"(correspondence principle)라고 한다. 이 대응원리는 다만 미시세계를 설명하는 이론이 내부적으로 일관성이 있는가를 확인만 할 뿐이다. 따라서 어떤 이론이 대응원리를 만족한다고 해서 반드시 원자 크기의 물리현상을 설명할 수 있는 정확한 이론이 되는 것은 아니다. 하지만 양자역학 체계가 고전역학을 포함하는 이론 체계를 이루려면, 원자 크기의 물체를 다루는 양자역학 이론 체계가 입자의 크기가 커져서 고전역학으로 다룰 수 있는 극한으로 가더라도, 고전역학적 결과와 일치해야만 맞는 이론이 될 것이다.

이 절에서는 입자가 존재하는 확률진폭을 나타내는 파동함수를 알 경우 양자역학적으로 정의된 물리량이 어떻게 고전적으로 관측되는 물리량과 연관지어질 수 있는지 생각해보자. 파동함수의 절대값의 제곱 $|\psi|^2$을 확률밀도로 해석할 수 있으려면, 이 양을 전체 공간에 대해 적분한 양인 $\int|\psi|^2d^3r$이 유한해야 한다. 즉 파동함수 ψ는 "**제곱적분가능**"(square-integrable)한 함수이어야 한다. 그러나 가끔 우리는 $\psi \sim e^{i\mathbf{k}\cdot\mathbf{r}}$로 주어지는 평면파동의 형태를 확률함수로 고려할 때가 있다. 평면파동으로 주어지는 함수는 제곱적분한 양이 무한하므로 입자가 존재할 확률을 나타내는 파동함수가 될 수 없는 것처럼 보인다. 그러나 이 파동함수는 자유입자를 기술하기에 적절한 파동함수이다. 따라서 이 경우에는 파동함수의 제곱적분 가능성에 대해서 더욱 조심스럽게 취급하여야 한다.

파동함수가 평면파동의 형태로 주어질 경우, 제곱적분 가능성의 문제를 비켜가기 위해서 우선 파동함수가 $\psi(r) = g(r)\,e^{i\mathbf{k}\cdot\mathbf{r}}$의 형태를 갖는 국소화된 파동묶음으로 기술할

수 있는 경우를 고려하자. 함수 $g(r)$의 형태를 적당히 조절하면 파동함수 ψ는 작은 거리 안에서는 거의 평면파동의 형태를 갖지만, 거시적으로는 함수 $g(r)$에 의해서 국소화시킬 수 있다. 즉 ψ로 기술되는 파동이 적당한 거리 안에서 거의 평면파동의 형태를 가지도록 하기 위해서 $g > 0$이고, g는 r이 $1/k$보다 작은 영역 안에서는 크기가 거의 일정하고, $1/k$보다 큰 경우에는 0이 되도록 만들자. 이 경우 $g(r)$은 $1/k$보다 작은 영역에서는 거리가 변함에 따라 아주 천천히 변하는 함수이기 때문에, 우리가 관심이 있는 $\mathbf{k}\cdot\mathbf{r} \leq 1$인 지역 안에서는 일정하다고 볼 수 있다. 따라서 $r < 1/k$인 지역에서 이 파동은 거의 평면파로 볼 수 있다.

사실 자연계에서 정확한 평면파로 기술될 수 있는 입자는 없다. 어떤 입자가 정확한 평면파로 기술될 수 있으려면 모든 우주 공간 내에서 존재할 0이 아닌 확률이 있어야 한다. 하지만 우리가 실험실 안에서 준비하는 입자는 실험실 내부 혹은 지구 표면에 국소화된 입자이다. 따라서 실험실 안에서 준비된 입자를 전 우주에 퍼져 있는 평면파로 기술할 수는 없다. 그렇지만 예를 들어 실험실 내에서는 존재확률이 어디서나 거의 일정한 입자에 대해서는 이 입자를 기술하는 파동함수를 충분히 평면파로 볼 수 있으므로, 실험실 내에서는 평면파로 어림하여 사용할 수 있다. 이러한 실험실 안에서 평면파로 볼 수 있는 입자를 기술하기 위해서 실험실 안에서만 그 크기가 1이고, 실험실 밖에서는 0이 되는 $g(r)$이라는 함수를 사용한 것이다. 함수 g는 모든 공간에 대해 $|\psi|^2$을 적분할 때 제곱적분 가능하도록만 할 뿐 물리적인 결과에는 영향을 미치지 않는다. 이 때 g는 규격화 조건에 의해 $\int |g|^2 d^3r = 1$을 만족한다. 확률밀도 ρ는 $\rho(r) = |g(r)|^2$로 주어지고 $\boldsymbol{\nabla}\psi \approx i\mathbf{k}g(r)\,e^{i\mathbf{k}\cdot\mathbf{r}}$이다. 또한 "**확률밀도흐름**" $\mathbf{j}$를 확률진폭 ψ로 쓰면

$$\mathbf{j} = \frac{\hbar}{2im}(\psi^*\boldsymbol{\nabla}\psi - \psi\boldsymbol{\nabla}\psi^*) \tag{1.12}$$

이 된다. 이 양은 연속 방정식

$$\frac{\partial\rho}{\partial t} + \boldsymbol{\nabla}\cdot\mathbf{j} = 0 \tag{1.13}$$

을 만족한다. 평면파동에 가까운 국소화된 파동의 경우 확률밀도흐름은

$$\mathbf{j}(\mathbf{r}) \approx \mathbf{v}_g\rho(\mathbf{r}) = \frac{\hbar\mathbf{k}}{m}|g(r)|^2 \tag{1.14}$$

이 된다. 따라서 확률밀도흐름은 단위 시간당 단위 면적당 지나가는 입자의 갯수임을 알 수 있다.

확률진폭 ψ가 주어졌을 때 임의의 물리량 $f(r)$의 기대값은 다음과 같이 정의한다.

$$\langle f(\mathbf{r})\rangle_\psi \equiv \int f(\mathbf{r})\rho(\mathbf{r})\,d^3r = \int \psi^*(\mathbf{r})f(\mathbf{r})\psi(\mathbf{r})\,d^3r. \tag{1.15}$$

예를 들어 위치 x의 기대값 $\langle x \rangle$는

$$\langle x \rangle = \int \psi^* x \psi \, d^3r \tag{1.16}$$

로 주어진다. 이 양을 시간에 대해 미분하면

$$\begin{aligned} \frac{d\langle x \rangle}{dt} &= \int \Big(\frac{\partial \psi^*}{\partial t} x\psi + \psi^* x \frac{\partial \psi}{\partial t} \Big) \, d^3r = \int x \frac{\partial \rho}{\partial t} \, d^3r \\ &= -\int (x \boldsymbol{\nabla} \cdot \mathbf{j}) \, d^3r = -\int [\boldsymbol{\nabla} \cdot (x\mathbf{j}) - j_x] \, d^3r = \int j_x \, d^3r \\ &= \frac{\hbar}{2im} \int \Big(\psi^* \frac{\partial \psi}{\partial x} - \psi \frac{\partial \psi^*}{\partial x} \Big) \, d^3r = \frac{1}{m} \int \psi^* \frac{\hbar}{i} \frac{\partial \psi}{\partial x} \, d^3r = \frac{1}{m} \langle p_x \rangle \end{aligned} \tag{1.17}$$

가 되어

$$\frac{d\langle \mathbf{r} \rangle}{dt} = \int \mathbf{j} \, d^3r = \frac{\langle \mathbf{p} \rangle}{m} \tag{1.18}$$

로 쓸 수 있다. 식 (1.17)의 둘째 줄에서는 Gauss의 정리를 이용하여 첫째 항을 표면적분으로 표현할 수 있다. 이때 이 표면을 무한히 먼 곳으로 잡으면 파동함수는 충분히 빨리 0으로 접근하기 때문에 ($< 1/r^2$), 이 적분은 0이 된다는 사실을 이용하였다. 또 셋째 줄의 첫째 항에서 둘째 항을 얻기 위해서는 부분적분을 하였다. 여기서 주목할 것은 운동량은 좌표공간에서는 미분연산자로 나타낼 수 있다는 것이다.

식 (1.17)을 한 번 더 시간에 대해 미분하면

$$\begin{aligned} m \frac{d^2}{dt^2} \langle x \rangle &= -i\hbar \int \Big(\frac{\partial \psi^*}{\partial t} \frac{\partial \psi}{\partial x} + \psi^* \frac{\partial^2 \psi}{\partial x \partial t} \Big) \, d^3r \\ &= \int \Big(-\frac{\hbar^2}{2m} \nabla^2 \psi^* \frac{\partial \psi}{\partial x} + \psi^* \frac{\hbar^2 \nabla^2}{2m} \frac{\partial \psi}{\partial x} \Big) \, d^3r \\ &+ \int \Big(V\psi^* \frac{\partial \psi}{\partial x} - V\psi^* \frac{\partial \psi}{\partial x} \Big) \, d^3r - \int \psi^* \frac{\partial V}{\partial x} \psi \, d^3r \\ &= -\langle \frac{\partial V}{\partial x} \rangle = \langle F_x(\mathbf{r}) \rangle \approx F_x(\mathbf{r}). \end{aligned} \tag{1.19}$$

이 된다. 이 식의 둘째 줄에 있는 양은 한 항을 두 번 연속하여 부분적분을 하면 다른 항과 상쇄된다.

식 (1.18)과 (1.19)를 보면 고전역학의 Newton 법칙은 입자의 변위나 운동량 사이에서 성립하는 것이 아니라, 입자를 기술하는 파동함수가 주어졌을 때 이에 의해 얻을 수 있는 기대값들 사이에서 성립한다는 것을 볼 수 있다. 이와 같이 양자역학적으로 정의한 물리량의 기대값이 고전적인 운동방정식을 만족한다는 사실을 "**Ehrenfest** 정리"라고 한다. 이 Ehrenfest의 정리도 고전역학과의 대응원리를 보여주는 한 예다. 식 (1.19)의 마지막 줄에서 $\langle F_x(\mathbf{r}) \rangle$는 일반적으로 $F_x(\mathbf{r})$과 같지 않다. 식 (1.19)의 마지막 관계가 성

립하려면 파동함수가 매우 빨리 변하지 않아야만 한다. 정량적으로 표현하면 파동함수가 입자에 대한 한 개의 Compton 파장 ($\lambda = h/p$) 내에서 거의 변하지 않을 때에만 이 관계가 성립한다. 이 경우 $\langle F_x(\mathbf{r})\rangle \approx F_x(\langle\mathbf{r}\rangle)$ 이 되어 식 (1.19) 의 마지막 관계가 성립한다. 이렇게 파동함수가 아주 급격히 변하지 않는 경우에 한하여, 양자역학의 고전적 극한을 취하면 고전역학의 결과와 같게 되는 대응원리가 성립한다.

1.4 Fourier 변환

파동현상은 중첩원리가 성립하므로, 임의의 파동함수는 평면파동을 적당한 선형결합을 통해 표현할 수 있다. 즉 임의의 파동묶음 $\psi(\mathbf{r})$ 을 위치 공간에서

$$\psi(\mathbf{r}) = \frac{1}{(2\pi)^{3/2}} \int d^3k\, \phi(\mathbf{k})\, e^{i\mathbf{k}\cdot\mathbf{r}} \tag{1.20}$$

로 쓸 수 있다. 여기서 $\phi(\mathbf{k})$ 는 파동수 벡터 $\mathbf{k}$ 를 갖는 평면파의 계수이다. 파동수 벡터 $\mathbf{k}$ 공간에서 이에 대한 역변환은

$$\phi(\mathbf{k}) = \frac{1}{(2\pi)^{3/2}} \int d^3r\, \psi(\mathbf{r})\, e^{-i\mathbf{k}\cdot\mathbf{r}} \tag{1.21}$$

로 쓸 수 있다.

이 때 ψ 가 규격화되어 있다면 Parseval 의 관계에 의해 ϕ 도 역시 규격화되어 있다. 즉

$$\int |\psi(\mathbf{r})|^2\, d^3r = \int |\phi(\mathbf{k})|^2\, d^3k = 1 \tag{1.22}$$

을 만족한다. 위치 공간에서 확률밀도 $|\psi(\mathbf{r})|^2$ 을 정의할 수 있듯이, 파동수 벡터 $\mathbf{k}$ 공간에서도 확률밀도를 정의할 수 있다. 이 확률밀도를 $w(\mathbf{k})$ 라고 하면 $w(\mathbf{k}) = |\phi(\mathbf{k})|^2$ 이다. 한편 운동량과 파동수 사이에는 $\mathbf{p} = \hbar\mathbf{k}$ 의 관계가 있으므로 운동량 $\mathbf{p}$ 공간에서의 확률밀도를 $W(\mathbf{p})$ 라고 하고

$$W(\mathbf{p})d^3p = w(\mathbf{k})d^3k \tag{1.23}$$

를 만족하도록 요구하면, 운동량 공간에서 입자의 운동량이 $\mathbf{p}$ 와 $\mathbf{p} + d\mathbf{p}$ 사이에 있을 확률밀도 $W(\mathbf{p})$ 는

$$W(\mathbf{p}) = \frac{1}{\hbar^3} w(\mathbf{k} = \mathbf{p}/\hbar) \tag{1.24}$$

로 주어진다. 따라서 $\mathbf{p}$, $\mathbf{p}^2$ 의 기대값 $\langle \mathbf{p} \rangle$, $\langle \mathbf{p}^2 \rangle$ 은

$$\langle \mathbf{p} \rangle = \hbar \langle \mathbf{k} \rangle = \hbar \int d^3k \, |\phi(\mathbf{k})|^2 \mathbf{k},$$
$$\langle \mathbf{p}^2 \rangle = \hbar^2 \langle \mathbf{k}^2 \rangle = \hbar^2 \int d^3k \, |\phi(\mathbf{k})|^2 \mathbf{k}^2 \tag{1.25}$$

로 쓸 수 있다. 위 식의 두 번째 관계를 좌표공간에서 쓰면

$$\langle \mathbf{k}^2 \rangle = \int d^3r \, \psi^*(\mathbf{r})(-\nabla^2)\psi(\mathbf{r}) \tag{1.26}$$

로 쓸 수 있다. Fourier 변환의 연습문제로 다음과 같은 관계를 증명해보아라.

$$\langle \mathbf{k} \rangle = \int d^3k \, \phi^*(\mathbf{k})\phi(\mathbf{k})\mathbf{k} = \int d^3r \, \psi^*(\mathbf{r}) \frac{\boldsymbol{\nabla}}{i} \psi(\mathbf{r}). \tag{1.27}$$

이러한 Fourier 변환과 이의 역변환을 다룰 때 델타함수를 Fourier 표현으로 표시하는 것이 유용할 때가 있다.

$$\int \frac{d^3k}{(2\pi)^3} \, e^{i\mathbf{k}\cdot(\mathbf{r}-\mathbf{r}')} = \delta(\mathbf{r}-\mathbf{r}') = \delta(x-x') \, \delta(y-y') \, \delta(z-z'). \tag{1.28}$$

델타함수의 성질 중의 하나는 임의의 연속함수 $f(\mathbf{r})$ 에 대해 다음의 관계를 만족한다는 것이다.

$$\int \delta(\mathbf{r}-\mathbf{r}') f(\mathbf{r}') \, d^3r' = f(\mathbf{r}). \tag{1.29}$$

1.5 연산자와 기대값

임의의 선형연산자 A 를 고려하자. 입자의 상태를 파동함수 ψ 로 기술할 수 있는 경우, 이 상태에 대한 연산자 A 의 기대값은

$$\langle A \rangle_\psi \equiv \int \psi^*(\mathbf{r}) A \psi(\mathbf{r}) \, d^3r \tag{1.30}$$

로 정의한다. 예를 들어 위치 연산자 x 를 운동량 공간에서 미분연산자로 쓰면 $x_{\text{op}} = i\partial/\partial k_x = i\hbar\partial/\partial p_x$ 이다. 이에 대한 기대값은

$$\langle x \rangle = \int \phi^*(\mathbf{k}) x_{\text{op}} \phi(\mathbf{k}) \, d^3k \tag{1.31}$$

로 주어진다. 이 때 x의 "불확정도"(uncertainty)를 다음과 같이 정의한다.

$$(\Delta x)^2 = \langle (x - \langle x \rangle)^2 \rangle = \langle x^2 \rangle - \langle x \rangle^2. \tag{1.32}$$

마찬가지로 운동량에 대해서도 운동량 p의 불확정도를

$$(\Delta p_x)^2 = \langle (p_x - \langle p_x \rangle)^2 \rangle = \langle p_x^2 \rangle - \langle p_x \rangle^2 \tag{1.33}$$

으로 정의하면, 2장에서 증명하겠지만, 이들 사이에

$$\Delta x \cdot \Delta p_x \geq \frac{\hbar}{2} \tag{1.34}$$

인 불확정성 관계가 성립한다.

Schrödinger 방정식은 해밀토니안 연산자 $H_{\rm op}$를 사용하면

$$i\hbar \frac{\partial}{\partial t}\psi = H_{\rm op}\psi \tag{1.35}$$

의 형태로 쓸 수 있다. 파동함수 ψ로 기술되는 입자의 에너지는 해밀토니안 $H_{\rm op}$의 기대값으로 주어지며 ($E = \langle H_{\rm op} \rangle$), 해밀토니안이 시간에 무관할 경우에는 $d\langle H_{\rm op} \rangle/dt = 0$을 만족한다. 식 (1.35)에서 파동함수 ψ의 시간에 대한 변화를 알아보자. 시간 t_0에서 δt만큼 지났을 때 파동함수의 시간에 대한 변화를 구하면

$$\begin{aligned} \psi(\mathbf{r}, t_0 + \delta t) &= \psi(\mathbf{r}, t_0) + \delta t \frac{\partial \psi}{\partial t} + \mathcal{O}[(\delta t)^2] \\ &\approx \left(1 + \frac{\delta t}{i\hbar} H\right)\psi(\mathbf{r}, t_0) \end{aligned} \tag{1.36}$$

이 된다. 여기서 δt는 미소량이므로 δt의 2차항 이상의 항들은 무시하였다. 이 과정을 n번 반복하면

$$\psi(\mathbf{r}, t_0 + n\delta t) = \left(1 + \frac{\delta t}{i\hbar} H\right)^n \psi(\mathbf{r}, t_0) \tag{1.37}$$

가 된다. 위 식에서 n을 매우 크게 하면 유한한 시간 동안의 파동함수의 변화를 구할 수 있다. 즉 n이 무한대로 갈 때 $\tau = n\delta t$(τ는 유한하다)라고 하면, 시간 τ 동안 파동함수의 시간에 대한 변화는

$$\psi(\mathbf{r}, t_0 + \tau) = T(\tau)\psi(\mathbf{r}, t_0) \tag{1.38}$$

로 쓸 수 있다. 여기서 $T(\tau)$는 "시간진행 연산자"(time-evolution operator)라고 하며

$$T(\tau) = \lim_{n\to\infty}\left(1 + \frac{\tau H}{ni\hbar}\right)^n = \exp\left(\frac{\tau H}{i\hbar}\right) = 1 + \frac{\tau H}{i\hbar} + \frac{1}{2!}\left(\frac{\tau H}{i\hbar}\right)^2 + \cdots \tag{1.39}$$

로 표현한다. 위 식에서 보듯이 연산자가 지수함수의 지수에 나타난 경우는 이를 Taylor 급수 전개한 연산자들의 합으로 정의한다.

1.6 자유입자

자유입자에 대한 Schrödinger 방정식은 다음과 같이 주어진다.

$$i\hbar\frac{\partial\psi}{\partial t} = H\psi,\ H = -\frac{\hbar^2}{2m}\nabla^2. \tag{1.40}$$

이 방정식에 대한 해는 $e^{i\mathbf{k}\cdot\mathbf{r}-i\omega_k t}$ 인 형태의 평면파동으로 쓸 수 있다. 이때 에너지와 운동량 사이의 관계를 나타내는 분산관계는

$$\hbar\omega_k = \frac{\hbar^2\mathbf{k}^2}{2m} \tag{1.41}$$

이다. Schrödinger 방정식은 선형 방정식이므로 이 방정식을 만족하는 임의의 파동함수 ψ는 평면파동의 선형결합으로 쓸 수 있다. 이 선형결합은 평면파동을 표시하는 지수 $\mathbf{k}$가 연속적으로 변하므로 적분으로 표시할 수 있다. 시간 $t = 0$에서 파동함수가 파동묶음

$$\psi(\mathbf{r}, 0) = \int \frac{d^3k}{(2\pi)^{3/2}}\phi_0(\mathbf{k})\, e^{i\mathbf{k}\cdot\mathbf{r}} \tag{1.42}$$

로 나타낼 수 있으면, 시간 t에서의 파동함수는 다음과 같이 쓸 수 있다.

$$\psi(\mathbf{r}, t) = \int \frac{d^3k}{(2\pi)^{3/2}}\phi_0(\mathbf{k})\, e^{i\mathbf{k}\cdot\mathbf{r}-i\omega_k t}. \tag{1.43}$$

여기서 ϕ_0는 운동량 $\hbar\mathbf{k}$를 갖는 평면파동의 세기를 나타내는 계수이다. 이제 시간 의존도를 ϕ_0에 결합시켜, 파수 공간, 즉 운동량 공간에서의 파동함수를 $\phi(\mathbf{k}, t) = \phi_0(\mathbf{k})e^{-i\omega_k t}$로 쓰자. 이 때 x^2의 기대값 $\langle x^2\rangle$은

$$\langle x^2\rangle = \int \phi^*(\mathbf{k}, t)\Big(i\frac{\partial}{\partial k_x}\Big)^2\phi(\mathbf{k}, t)\, d^3k = \int \Big|i\frac{\partial\phi}{\partial k}\Big|^2 d^3k \tag{1.44}$$

로 쓸 수 있다. 적분 기호 안에 있는 양을 계산하면

$$i\frac{\partial}{\partial k_x}\phi(\mathbf{k}, t) = e^{-i\omega_k t}\Big(i\frac{\partial}{\partial k_x}\phi_0(\mathbf{k}) + t\frac{\partial\omega_k}{\partial k_x}\phi_0(\mathbf{k})\Big) \tag{1.45}$$

이다. 따라서

$$\langle x^2\rangle = \int d^3k \left| i\frac{\partial}{\partial k_x}\phi_0(k) + t\frac{\partial\omega_k}{\partial k_x}\phi_0(k)\right|^2 = \langle x^2\rangle_{t=0} + (\cdots)t + t^2\frac{\hbar^2}{m^2}\langle k_x^2\rangle \tag{1.46}$$

이 된다. 여기서 $(\cdots)$로 표현한 양은 그 윗줄에서 제곱을 하였을 때 시간 t에 비례하는 교차항을 나타낸다. 한편

$$\langle x(t)\rangle^2 = \left(\langle x\rangle_{t=0} + \frac{\hbar\langle k_x\rangle}{m}t\right)^2 \tag{1.47}$$

이므로, 시간 t에서의 불확정도는

$$(\Delta x)^2\Big|_t = (\Delta x)^2\Big|_{t=0} + t\text{에 비례하는 양} + \frac{\hbar^2 t^2}{m^2}(\Delta k_x)^2\Big|_{t=0} \tag{1.48}$$

가 된다. 따라서 $t\to\infty$인 극한에서는

$$(\Delta x)_{t\to\infty} \approx t\frac{\hbar}{m}\Delta k_x \tag{1.49}$$

가 된다. 물리적으로 말하면 국소화된 파동묶음에서 x에 대한 불확정도는 시간에 비례해서 커지게 된다. 따라서 처음에 매우 좁은 지역에 국소화된 입자가 있다고 하더라도, 시간이 지나면 이 입자가 존재할 확률분포는 더 넓은 공간으로 퍼지게 되어, 다른 장소에 있을 확률도 무시할 수 없게 된다.

이러한 결과는 분산관계가 선형관계가 아니기 때문이다. 즉 ω_k가 k에 비례하지 않기 때문이다. 분산관계가 선형이 아니면 위상속도와 무리속도가 달라지기 때문에 파동묶음이 시간이 지나면, 파동묶음을 구성하는 각각의 평면파동 성분들의 위상차가 생기게 되어 원래의 모양을 유지할 수 없게 된다. 한편 전자기파의 분산관계를 보면 $\omega_k = ck$인 선형관계이므로 무리속도와 위상속도가 같게 된다. 따라서 처음에 국소화된 파동은 오랜 시간이 지나도 계속 똑같은 형태를 유지하며 진행한다.

연습문제

1. Bohr-Sommerfeld 조건인 식 (1.9)를 이용하여 고전적인 선형조화진동자의 양자역학적 에너지 준위를 구하여라.

2. Bohr-Sommerfeld 조건과 광자가 원자에서 방출되는 조건식 (1.4)를 이용하여 전자가 Coulomb 전기장 안에서 원운동할 경우 수소원자의 선스펙트럼에 대한 Balmer 공식을 유도하여라.

3. x는 실수이고 이 값을 가질 확률분포 $p(x)$를 알고 있다고 하자. 이때 다른 실수 y를 도입하자. 여기서 $y = x^2$이고, $w(y)$는 y에 대한 확률분포라고 하자. w를 p로 표현하여라.

4. $\mathbf{r}$과 $\mathbf{r}'$이 삼차원 벡터들이고, a는 실수의 상수라고 할 때 다음을 증명하여라.

$$\delta^3(\mathbf{r} - a\mathbf{r}') = \frac{1}{|a|^3}\delta^3(\mathbf{r}' - \frac{\mathbf{r}}{a}). \tag{1.50}$$

5. $\psi_1(\mathbf{r},t)$와 $\psi_2(\mathbf{r},t)$가 시간에 무관한 Schrödinger 방정식에 대한 두 개의 다른 해라고 하자. 이 때

$$\int \psi_1^*(\mathbf{r},t)\psi_2(\mathbf{r},t)\, d^3r \tag{1.51}$$

는 시간 t에 무관함을 증명하여라.

6. (가) $f(\mathbf{r}) = g(\mathbf{r})h(\mathbf{r})$이라고 하자. 여기서 f, g와 h는 지정된 함수이고, 이들의 Fourier 변환 $\hat{f}(\mathbf{k})$, $\hat{g}(\mathbf{k})$와 $\hat{h}(\mathbf{k})$가 존재한다고 하자. 이때 다음을 증명하여라. 이를 "회선정리"(convolution theorem)라고 한다.

$$\hat{f}(\mathbf{k}) = \int \frac{d^3k'}{(2\pi)^{3/2}}\hat{g}(\mathbf{k} - \mathbf{k}')\hat{h}(\mathbf{k}'). \tag{1.52}$$

(나) $\psi(\mathbf{r},t)$가 퍼텐셜 $V(\mathbf{r})$이 있는 계에 대한 시간에 의존하는 Schrödinger 방정식을 만족한다고 하자. $\psi(\mathbf{r},t)$의 Fourier 변환 $\hat{\psi}(\mathbf{k},t)$는 어떤 방정식을 만족하는가?

7. H가 물리계의 해밀토니안일 때, $d\langle H\rangle/dt = 0$임을 증명하여라. (H는 시간에 대해 명시적으로 의존하지 않는다고 가정하여라.)

8. 파동함수 ψ가

$$\psi(\mathbf{r}) = Ce^{i\mathbf{K}_0\cdot\mathbf{r}}\exp\Big(-\frac{|\mathbf{r} - \mathbf{R}_0|^2}{2a^2}\Big) \tag{1.53}$$

로 주어져 있다. 여기서 $\mathbf{K}_0$, $\mathbf{R}_0$와 a는 지정된 상수이다. 규격화 상수 C의 값은 얼마인가? 이 함수의 Fourier 변환 $\phi(\mathbf{k})$를 구하여라. 본문에서 정의한 x와 p_x의 불확정성 Δx와 Δp_x를 구하여라. 이들의 곱 $(\Delta x)\cdot(\Delta p_x)$를 불확정성 관계부등식과 비교하여라.

제 2 장

연산자와 벡터 공간

2.1 양자역학의 수학적 구조

이 장에서는 양자역학이 지니고 있는 수학적인 특성들에 대하여 기술하겠다. 양자역학은 미시세계를 기술하는 이론적 체계로, 양자역학의 수학적 구조는 단순한 선형이론의 특성을 갖고 있다. 이러한 선형이론의 특징 때문에 양자역학은 선형이론을 만족하는 행렬이론으로로도 나타낼 수 있다. 이러한 이유로 양자역학을 파동역학, 혹은 행렬역학이라고 부르기도 한다. 양자역학의 수학적 구조는 수학에서 사용하는 선형대수의 원리를 적용한다. 이때 나타나는 벡터공간을 정의해야 하는데 이 벡터공간에서 표현되는 벡터를 물리적인 상태를 나타내는 파동함수와 일대일 대응이 되도록 정의한다. 이렇게 정의되는 벡터공간을 Hilbert 공간이라고 하며, 이 장에서는 Hilbert 공간의 다양한 성질에 대해서 살펴볼 것이다.

수학적인 용어를 사용하여 간단히 표현하면 양자역학은 Hilbert 공간에서의 선형이론이다. 양자역학의 일반적인 원리는 다음과 같다.

양자역학의 일반적 원리

1. "순수상태"(파동함수)는 복소수로 이루어진 장 위에 있는 분리가능한 Hilbert 공간의 벡터에 대응된다.

2. "관측량"은 Hilbert 공간에서 연산자에 대응한다.

3. 상태 ψ의 시간에 대한 변화는

$$i\hbar\frac{\partial\psi}{\partial t} = H\psi \tag{2.1}$$

로 결정되며, H는 자기수반(self-adjoint) 연산자이다. ♣

이 장에서는 위에서 기술한 원리와 그 원리를 설명하는 데 나타나는 용어에 대해서 설명하겠다. 그리고 양자역학에서 기술하는 Hilbert 공간을 어떻게 정의하는지를 알아보고, 이 공간에서 선형이론이 가지는 이론체계에 대하여 고찰하기로 하겠다.

Hilbert 공간이라는 용어를 처음 접해본다면, 이 Hilbert 공간을 유한한 N차원 Euclid 공간과 이 공간 안에서 정의한 벡터들의 관계와 비교하여 그 성질을 유추하는 것이 도움이 될 것이다. 예를 들어 삼차원 Euclid 공간 안에 있는 임의의 벡터는 서로 평행하지 않은 세 개의 임의의 벡터의 적당한 선형결합으로 나타낼 수 있다. 이때 이 세 개의 벡터를 이 공간의 기준벡터라고 한다. 이 기준벡터들을 서로 평행하지 않은 임의의 벡터들로 선택할 수 있지만, 이들을 서로 수직이고, 길이가 1인 단위벡터들로 선택할 수도 있다. 이러한 벡터들의 집합을 직교규격화된 기준벡터들이라고 한다. 그리고 이 공간의 성질을 규정짓기 위해 벡터들 사이의 스칼라곱을 정의한다. 이렇게 기준벡터들을 결정하고, 이 공간 내에서 길이를 정의하는 데 필요한 벡터들 사이의 스칼라곱을 정의하면 이 공간의 성질을 규명할 수 있다. 이와 마찬가지로 양자역학에서 다루는 Hilbert 공간의 성질을 규명하려면, 이 공간에서의 기준벡터와 이들을 이용한 스칼라곱을 우선 정의하여야 한다.

양자역학을 기술하는 Hilbert 공간은 함수들이 존재하는 공간이다. 어떤 Hermitian 연산자의 고유함수들의 집합을 선택하면 임의의 (파동) 함수는 이들 고유함수들의 적당한 선형결합으로 나타낼 수 있다. 이때 이 고유함수들을 기준함수라고 하며, 이들은 Euclid 공간의 기준벡터들과 비슷한 역할을 한다. 다만 이때 기준함수들의 개수는 무한개가 될 수도 있다. 물론 여기서도 파동함수들이 제곱적분 가능한 함수들이라면 이들을 직교규

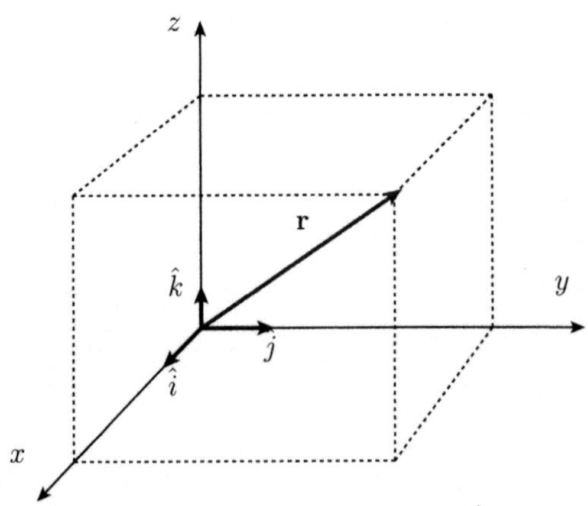

Euclid 공간	Hilbert 공간
단위벡터	기준상태벡터
벡터	상태벡터

그림 2.1: Euclid 공간과 Hilbert 공간 사이의 대응관계.

격화할 수 있다. 한편 이들의 스칼라곱에 해당하는 양은 $(\psi, \phi) = \int \psi^* \phi \, dx$로 정의한다. 그림 2.1에 삼차원 Euclid 공간과 Hilbert 공간 사이의 대응관계에 대하여 간단히 나타내었다. 이 장에서는 위와 같이 규정된 Hilbert 공간의 성질, 그리고 이 공간 안에서 기술할 수 있는 연산자들의 성질에 대하여 살펴보기로 하겠다.

2.2 Hilbert 공간의 성질

2.2.1 벡터공간, "켓" 벡터

양자역학에서 다루는 임의의 동역학적 상태는 수학적으로 추상적인 벡터공간에서 하나의 벡터에 대응시킬 수 있다. 이 벡터를 Dirac이 사용한 방법을 따라 "켓" 벡터 혹은 켓(ket)이라고 부르고 기호로는 $|\rangle$로 쓰도록 하겠다. 켓들을 구별하기 위해 이 안에 켓의 특징적인 기호를 써넣는다. 예를 들어 u로 이름짓는 켓은 $|u\rangle$로 표시하도록 하겠다.

이 켓들로 이루어진 공간, 즉 이 켓들의 임의의 선형결합이 존재하는 공간은 선형벡터공간을 이룬다. 다시 말하면 켓벡터들을 적당히 더하여 만들어진 새로운 켓벡터는 이 공간 내부의 다른 켓벡터를 나타낸다. 예를 들어 두 개의 켓 $|a_1\rangle$, $|a_2\rangle$와 임의의 복소수 상수 λ_1, λ_2를 이용하여 새로운 켓벡터 $|A\rangle = \lambda_1|a_1\rangle + \lambda_2|a_2\rangle$를 만들었을 때, 켓 $|A\rangle$ 또한 같은 켓공간의 한 벡터이다. 마찬가지로 만일 켓 $|\mu\rangle$가 연속적인 지표 μ에 의존하고 $\lambda(\mu)$가 임의의 μ의 함수라고 하면

$$|B\rangle = \int \lambda(\mu)|\mu\rangle \, d\mu \tag{2.2}$$

또한 같은 켓공간의 벡터이다. 이 때 연속적인 지표에 대한 적분으로 표현한 $|B\rangle$도 일반적으로 $|\mu\rangle$의 일차 선형결합이라고 부르겠다.

어떤 켓벡터를 다른 켓들의 일차 선형결합 형태로 쓸 수 없는 경우, 이 켓벡터는 다른 켓들에 대해 "선형독립성"을 갖는다고 한다. 한 벡터공간에 선형독립적인 벡터의 최대 개수가 n이면, 이 벡터공간은 차원의 수가 n으로 주어지는 유한한 벡터공간이다. 만일 어떤 벡터공간 내에 선형독립적인 벡터가 무한히 많다면, 이 공간은 무한차원의 벡터공간이라고 한다. 이러한 선형독립적인 벡터들의 선형결합으로 이 공간 내의 임의의 벡터를 표현할 수 있으면, 이 선형독립적인 벡터들의 집합은 "완전집합"(complete set)을 이룬다고 한다.

일반적인 Hilbert 공간은 무한차원의 벡터 공간이고, 양자역학에서 사용하는 파동함수로 기술되는 상태는, 이 Hilbert 공간에서의 켓에 대응된다. 임의의 파동함수는 Hilbert 공간에서 한 켓벡터이고, 이 벡터는 선형독립적이고 완전집합을 이루는 벡터들의 선형결합으로 나타낼 수 있다. 이러한 선형독립적 벡터들의 완전집합을 기준벡터들로 선택하면

임의의 벡터를 이들의 선형결합으로 나타낼 수 있다. 한편 이러한 완전집합을 구성하는 기준벡터들은 Hermitian 연산자의 고유벡터들로 선택할 수 있다. 이러한 사실은 나중에 더 자세히 알아보겠다.

주어진 Hilbert 공간 $\mathcal{H}_1$ 에 속하는 켓벡터의 집합을 생각하자. 이 켓들의 부분집합으로 이루어진 켓들의 모든 일차선형결합으로 이루어진 집단은 또 하나의 벡터공간 $\mathcal{H}_2$ 를 구성한다. 이때 Hilbert 공간 $\mathcal{H}_2$ 안의 임의의 켓은 항상 $\mathcal{H}_1$ 에 속한다. 이 경우 $\mathcal{H}_2$ 를 $\mathcal{H}_1$ 의 "부분공간"(subspace)이라고 한다.

2.2.2 Dual 벡터공간, "브라" 벡터

앞 절에서 정의한 켓벡터들로 이루어진 벡터공간이 있다고 하자. 이때 이 벡터공간에 대응되는 "**dual 벡터공간**"(dual vector space)이라는 공간이 존재한다. 켓벡터들로 이루어진 Hilbert 공간을 H_1 이라고 하면, 이와 일대일 대응을 이루는 Hilbert 공간 H_2 가 존재한다. 즉 대응관계를 $\mathcal{D}$ 라고 하면 $\langle f| = \mathcal{D}(|f\rangle)$ 로 쓸 수 있다. 이 대응관계 $\mathcal{D}$ 는 반선형 관계이다. 즉 $|f\rangle = |h\rangle + \lambda|g\rangle$ 이라면, 여기에 $\mathcal{D}$ 를 적용한 브라벡터는 $\langle f| = \langle h| + \lambda^*\langle g|$ 이다. 브라벡터를 정의하는 방법은 다음과 같이 생각할 수도 있다.

켓 $|\lambda\rangle$ 에 대한 임의의 선형함수 $f(|\lambda\rangle)$ 를 고려하자. 이 함수는 주어진 켓벡터에 숫자 하나 즉 스칼라 양을 대응시키는 함수이다. $f(|\lambda\rangle)$ 는 선형함수로 선택하였으므로, 벡터의 성질인 중첩성질을 만족한다. 이 중첩성질을 이용하여 새로운 형태의 벡터를 정의할 수 있다. Dirac의 표현방법에 따라 이 새로운 벡터를 "브라" 벡터 혹은 간단히 "브라"(bra)라고 부르고 $\langle|$ 로 표시하겠다. 따라서 함수 $f(|\lambda\rangle)$ 는 브라 $\langle\lambda|$ 를 정의한다. 특별한 켓 $|\lambda\rangle$ 에 대한 이 함수의 값은 $\langle f|\lambda\rangle$ 로 표시하는 복소수이다.

벡터공간에서 거리라는 개념을 도입하기 위하여 이 공간의 벡터들과 dual 벡터공간에서의 벡터들이 일대일 대응을 한다고 가정하자. 브라와 이에 일대일로 대응되는 켓을 "**결레 벡터**"(conjugate vector)라고 하고 같은 문자로 나타낸다. 즉 켓 $|\lambda\rangle$ 의 켤레인 브라는 $\langle\lambda|$ 로 나타내겠다. 또 이러한 대응관계는 앞에서 보았듯이 "**반선형**"(antilinear)이다. 즉 $|v\rangle = a_1|\lambda_1\rangle + a_2|\lambda_2\rangle$ 로 표현하는 켓의 켤레인 브라는 $\langle v| = a_1^*\langle\lambda_1| + a_2^*\langle\lambda_2|$ 로 주어진다. 연속적인 지수를 갖는 경우에도 마찬가지로 이 관계를 적용할 수 있다. 따라서 켓과 브라 사이의 대응은 양자역학에서 파동함수 ψ 와 이의 켤레복소수 파동함수 ψ^* 의 관계와 비슷하다.

2.2.3 스칼라곱과 외부곱

켓 $|v\rangle$ 에 의한 $|u\rangle$ 의 "**스칼라곱**", 혹은 "**내부곱**"(inner product)은 $\langle v|u\rangle$ 로 표시되는 복소수이다. 스칼라곱 $\langle v|u\rangle$ 는 $|u\rangle$ 에 대해서는 선형이고 $|v\rangle$ 에 대해서는 반선형이다. 이렇게 정의한 스칼라곱은 파동함수의 스칼라곱에 관한 모든 성질을 만족한다. 즉

1. 스칼라곱 $\langle u|v\rangle$ 는 다음과 같은 선형 및 반 선형 관계를 만족한다.

$$\langle u|av_1 + bv_2\rangle = a\langle u|v_1\rangle + b\langle u|v_2\rangle, \ \langle au_1 + bu_2|v\rangle = a^*\langle u_1|v\rangle + b^*\langle u_2|v\rangle. \quad (2.3)$$

2. $|u\rangle$ 에 의한 $|v\rangle$ 의 스칼라곱은 $|v\rangle$ 에 의한 $|u\rangle$ 의 스칼라곱의 켤레복소수이다.

$$\langle u|v\rangle = \langle v|u\rangle^*. \quad (2.4)$$

3. 임의의 벡터 $|u\rangle$ 의 크기 $N_u \equiv \langle u|u\rangle$ 는 음이 아닌 실수이다. 이 값이 0이 될 때는 벡터 $|u\rangle$ 가 0이 될 때만 성립하고, 이 역 또한 성립한다.

4. 길이 $||u|| = \langle u|u\rangle$ 로 정의하고, $|u\rangle$ 와 $|v\rangle$ 사이의 거리는 $||u - v||$ 이다.

위의 성질들을 이용하여 Schwarz 부등식을 얻을 수 있다. 임의의 켓 $|u\rangle$, $|v\rangle$ 에 대하여

$$|\langle u|v\rangle|^2 \leq \langle u|u\rangle\langle v|v\rangle \quad (2.5)$$

을 만족하고, 등호는 두 벡터가 비례할 때만 성립한다. 또 두 벡터의 스칼라곱이 0이면 이 두 벡터는 서로 직교한다고 한다. 위에서 정의한 모든 켓벡터들이 유한한 크기를 가지고, 거리의 정의에 대하여 닫혀 있는 스칼라곱이 정의되면 이 켓벡터들이 이루는 공간을 "**Hilbert 공간**"(Hilbert space)이라고 한다.

예제 2.1 $\mathcal{L}^2$ 인 *Hilbert* 공간

제곱적분 가능한 함수 $f(x)$ 의 집합을 고려하자. 즉 $f(x)$ 는 다음을 만족한다.

$$\int_{-\infty}^{\infty} |f(x)|^2 dx < \infty. \quad (2.6)$$

그리고 스칼라곱을 다음과 같이 정의하자.

$$\langle f|g\rangle \equiv \int_{-\infty}^{\infty} f^*(x)g(x)dx. \quad (2.7)$$

이와 같은 성질을 만족하는 함수 $f(x)$ 들의 집합은 Hilbert 공간을 만든다. ♣

한편 "외부곱"(outer product)은 스칼라곱과는 대조적으로 켓벡터를 먼저 쓰고, 브라 벡터를 나중에 쓰는 $|f\rangle\langle g|$ 의 형태로 쓰고, 이는 연산자가 된다. 왜냐하면

$$(|f\rangle\langle g|)|h\rangle = |f\rangle(\langle g|h\rangle) = |f\rangle\langle g|h\rangle \quad (2.8)$$

이 되어, 켓벡터에 작용하여 다른 켓벡터를 얻기 때문이다.

직교규격화된 기준의 집합 $\{g_m\}$ 들이 있고, 이들을 $|m\rangle$ 으로 표현하자. 그러면 임의의 $|f\rangle$ 에 대하여 $|f\rangle = \sum_m |m\rangle\langle m|f\rangle$ 로 쓸 수 있다. 즉 다음의 관계가 있다.

$$\sum_m |m\rangle\langle m| = 1. \tag{2.9}$$

임의의 연산자 A는 이를 이용하여 다음과 같이 쓸 수 있다.

$$A = 1A1 \sum_{m,m'} |m\rangle\langle m|A|m'\rangle\langle m'|. \tag{2.10}$$

여기서 나타나는 $\langle m|A|m'\rangle$ 을 연산자 A의 "행렬요소"라고 한다.

2.3 선형연산자

켓벡터로 이루어진 Hilbert 공간을 정의했으면, 이 공간에서 선형연산자를 정의할 수 있다. 벡터공간에서 임의의 켓 $|u\rangle$ 에 대해 어떤 켓 $|v\rangle$ 가 대응된다고 하자. 이 경우 켓 $|v\rangle$ 는 켓 $|u\rangle$ 에 어떤 연산자를 작용해서 얻어진 것이라고 말한다. 즉 연산자를 켓벡터에 적용시킨다는 것은 이 벡터를 다른 켓벡터에 대응시킨다는 것을 의미한다. 특히 이 대응관계가 선형일 때 이 대응관계를 정의하는 연산자를 "선형연산자" A라고 한다. 그리고 이러한 두 켓들의 관계를 $|v\rangle = |Au\rangle = A|u\rangle$ 로 표현한다. 특별한 경우로 연산자 A가 0이면, 임의의 $|u\rangle$ 에 대해 $\langle u|A|u\rangle = 0$ 이다.

선형연산자들의 합을 정의할 때는 결합하는 순서와 상관없다. 하지만 연산자들의 곱을 정의할 때에는 그 순서를 주의해야 한다. 연산자의 곱 AB와, 이들을 서로 순서를 바꾼 연산자 BA와는 일반적으로 같지 않다. 이러한 점에서 선형연산자들의 연산은 숫자들과의 연산과 비교할 때 큰 차이가 있다. 앞으로 많이 사용할 두 개의 선형 연산자 A, B의 "교환자"(commutator)를 다음과 같이 정의하자.

$$[A, B] \equiv AB - BA. \tag{2.11}$$

두 선형연산자 A, B가 두 벡터 $|u\rangle$, $|v\rangle$ 에 대해

$$|v\rangle = A|u\rangle, \ |u\rangle = B|v\rangle \tag{2.12}$$

의 관계를 만족하면, 한 연산자는 다른 연산자의 "역연산자"(inverse operator)라고 한다.

즉

$$AB = BA = 1 \tag{2.13}$$

의 관계를 만족하면, 이들 두 연산자는 서로의 역연산자이다. 역연산자는 $B = A^{-1}$로 표현한다. 이는 $AB = BA = 1$임을 의미한다. 유한한 차원의 벡터공간에서는 $AB = 1$이면 $BA = 1$이지만, 무한한 차원의 벡터공간에서는 이 관계가 항상 성립하지는 않는다. 예를 들어 상태 $\{|\xi_i\rangle\}$ $(i = 1, 2, \cdots)$로 이루어진 Hilbert 공간이 있을 때 다음의 연산자들을 정의하자.

$$\begin{aligned} A|\xi_i\rangle &= |\xi_{i+1}\rangle, \\ B|\xi_i\rangle &= \begin{cases} |\xi_{i-1}\rangle & i = 2, 3, \cdots \text{인 경우} \\ 0 & i = 1. \end{cases} \end{aligned} \tag{2.14}$$

이 경우에 $AB = 1$이지만 $i = 1$인 경우에는 $BA \neq 1$이 된다. 무한한 차원의 공간에서 $CA = 1$, $AB = 1$을 만족하는 연산자 B와 C가 존재할 경우에는 $C = B$를 만족한다. 이는 $B = (CA)B = C(AB) = C$로 쉽게 증명할 수 있다.

두 연산자 C, D가 각각 역연산자가 있으면, CD도 역연산자가 있고, CD의 역연산자 $(CD)^{-1}$은 $(CD)^{-1} = D^{-1}C^{-1}$이다. 위 식의 오른 쪽에서 연산자 C와 D의 순서가 바뀐 것을 주의하여야 한다.

켓벡터로 이루어진 공간에서 선형연산자 A의 작용을 이용하여, dual 벡터공간에서 이 연산자의 작용을 정의하자. 브라 $\langle\alpha|$가 주어지면 이를 이용하여 만든 스칼라곱 $\langle\alpha|(A|u\rangle)$는 연산자 A가 선형연산자이므로 $|u\rangle$의 선형함수이다. 이제 브라 $\langle\beta|$를 이 선형함수에 의해 정의된 브라라고 하자. 즉 각각의 브라 $\langle\alpha|$에 대해 $\langle\beta|$가 대응된다. 이 대응은 분명히 선형이며 이 때 $\langle\beta|$는 $\langle\alpha|$에 A를 작용하여 만들어진 것이라고 하고, $\langle\beta| = \langle\alpha|A$로 쓴다. 이 정의에 의하면 스칼라곱 사이에 다음과 같은 중요한 관계식을 얻는다.

$$(\langle\alpha|A)|u\rangle \equiv \langle\alpha|(A|u\rangle). \tag{2.15}$$

즉 $\langle\alpha|A|u\rangle$를 구할 때, 그 결과는 연산자 A를 켓에 작용시키는가, 브라에 작용시키는가 하는 결합순서와는 상관없다. 따라서 괄호는 필요하지 않고, 이 양을 그냥 $\langle\alpha|A|u\rangle$로 쓰겠다. 이 관계를 사용하여 브라에 작용하는 선형연산자의 작용은 켓을 이용하여 정의할 수 있다.

브라 벡터에 작용하는 연산자

1. A에 복소수 상수 c를 곱하여 만든 새로운 연산자.

$$(cA)|u\rangle = c(A|u\rangle) \rightarrow \langle\alpha|(cA) = c(\langle\alpha|A). \tag{2.16}$$

2. 연산자의 합 $S = A + B$.

$$S|u\rangle = A|u\rangle + B|u\rangle \rightarrow \langle\alpha|S = \langle\alpha|A + \langle\alpha|B. \tag{2.17}$$

3. 연산자의 곱 $P = AB$.

$$P|u\rangle = A(B|u\rangle) \rightarrow \langle\alpha|P = (\langle\alpha|A)B. \tag{2.18}$$

연산자곱 AB의 행렬요소는 다음과 같이 쓸 수 있다.

$$\langle m|AB|m'\rangle = \sum_l \langle m|A|l\rangle\langle l|B|m'\rangle. \tag{2.19}$$

앞으로 항상 브라는 연산자의 왼쪽에, 켓은 연산자의 오른쪽에 쓰도록 하겠다. 위의 표현을 쓰면 $|u\rangle\langle v|$는 연산자임을 알 수 있다. 이 양을 $|w\rangle$에 작용하면, $|u\rangle$에 비례하는 켓 $|u\rangle\langle v|w\rangle$를 얻기 때문이다.

2.4 Hermitian 연산자와 unitary 연산자

2.4.1 수반연산자와 켤레관계

브라와 이의 켤레인 켓의 일대일 대응관계로부터 선형연산자 사이에 이와 유사한 켤레관계를 유도할 수 있다. A가 선형연산자이고 $|v\rangle$가 브라 $\langle u|A$의 켤레인 켓이라고 하자. $|v\rangle$는 브라 $\langle u|$에 반선형적으로 의존하므로 $|v\rangle$는 $|u\rangle$에 대해서는 선형함수이다. 이 선형대응관계가 연산자 A의 "**Hermitian 켤레**"(Hermitian conjugate) 또는 연산자 A의 "수반연산자"(self-adjoint operator)라고 부르는 선형연산자를 정의하며 기호로는 $A^\dagger$로 표현한다.

$$|v\rangle = A^\dagger|u\rangle. \tag{2.20}$$

Hilbert 공간에 있는 임의의 연산자에 대하여 $|Af\rangle \equiv A|f\rangle$로 정의하므로, 다음과 같이 $A^\dagger$가 브라 공간에서 작용하는 것을 정의할 수 있다.

$$\langle f|Ag\rangle = \langle f|A|g\rangle \equiv \langle A^\dagger f|g\rangle. \tag{2.21}$$

즉 $\langle f|A \equiv \langle A^\dagger f|$로 정의한다. 예를 들어 Schrödinger 방정식 $i\hbar(\partial/\partial t)|\psi\rangle = H\psi$에 대한 브라 공간에서 해당하는 방정식은 다음과 같다.

$$-i\hbar\frac{\partial}{\partial t}\langle\psi| = \langle\psi|H^\dagger = \langle\psi|H \tag{2.22}$$

켓 $A^\dagger|u\rangle$는 브라 $\langle u|A$의 켤레이므로 이 켓과 임의의 브라 $\langle t|$와의 스칼라곱은 $|t\rangle$와 $\langle u|A$의 스칼라곱의 켤레복소수이다. 따라서

$$\langle t|A^\dagger|u\rangle = \langle u|A|t\rangle^* \tag{2.23}$$

인 관계를 얻는다. 이 관계는 임의의 $|u\rangle$와 $|t\rangle$에 대해 성립하므로 $\langle t|A^\dagger$의 켤레인 켓은 $A|t\rangle$이다. 따라서 A의 Hermitian 켤레는 $A^\dagger$이다. 그러므로

$$\begin{aligned}(cA)^\dagger &= c^* A^\dagger,\\ (A+B)^\dagger &= A^\dagger + B^\dagger,\\ (AB)^\dagger &= B^\dagger A^\dagger\end{aligned} \tag{2.24}$$

의 관계가 성립한다. 또한 $(|u\rangle\langle v|)^\dagger = |v\rangle\langle u|$이다. Dirac의 브라, 켓의 표현을 사용하면 이들 사이의 관계를 쉽게 규칙화할 수 있다. 즉 어떤 연산자들과 브라, 켓들이 결합된 양을 이에 대응하는 켤레연산자, 브라, 켓들로 바꿀 때, 숫자는 모두 켤레복소수로 바꾸고 브라는 켤레인 켓으로, 켓은 켤레인 브라로 바꾸며, 연산자는 그 연산자의 Hermitian 켤레로 바꾸고 이들이 작용하는 순서를 바꾸면 된다. 예를 들어 $AB|u\rangle\langle v|C$의 Hermitian 켤레는 $C^\dagger|v\rangle\langle u|B^\dagger A^\dagger$이다.

2.4.2 Hermitian 연산자와 unitary 연산자

선형연산자 H가 $H = H^\dagger$의 관계를 만족하면, 이러한 연산자를 "**Hermitian 연산자**" (Hermitian operator)라고 한다. 반면에 만일 어떤 연산자 A가 $A = -A^\dagger$의 관계를 만족하면, 이러한 연산자를 "**반Hermitian 연산자**"(anti-Hermitian operator)라고 한다. 임의의 연산자는 항상 Hermitian 연산자와 반Hermitian 연산자의 합으로 나타낼 수 있다. 즉

$$A = A_H + A_I, \tag{2.25}$$

로 쓸 수 있고, 여기서

$$A_H = \frac{1}{2}(A + A^\dagger), \quad A_I = \frac{1}{2}(A - A^\dagger) \tag{2.26}$$

는 각각 Hermitian 연산자와 반Hermitian 연산자이다.

일반적으로 연산자 A와 $A^\dagger$ 행렬요소 사이의 관계는 다음과 같다.

$$\langle m|A^\dagger|m'\rangle = \langle m'|A|m\rangle^*. \tag{2.27}$$

A가 Hermitian일 때에는 다음의 관계가 성립한다.

$$\langle m|A|m'\rangle = \langle m'|A|m\rangle^*. \tag{2.28}$$

Hermitian 연산자 중 다음과 같은 성질을 갖는 연산자를 정의하자.

정의 2.1 *Positive-definite* 연산자

Hermitian 연산자 H가 임의의 $|u\rangle$에 대하여

$$\langle u|H|u\rangle \geq 0 \tag{2.29}$$

이면 H를 "항상 *0* 이상인 성질"*(positive-definite)*을 갖는다고 한다. ♣

예를 들어 연산자 $|a\rangle\langle a|$를 살펴보면, 임의의 $|u\rangle$에 대하여 $\langle u|a\rangle\langle a|u\rangle = |\langle a|u\rangle|^2 \geq 0$을 만족하므로, 이 연산자는 항상 0 이상인 성질을 갖는 특별한 형태의 Hermitian 연산자이다.

Hermitian 연산자는 Schwarz 부등식에 의하여 다음의 특별한 관계를 만족한다.

$$|\langle u|H|v\rangle|^2 \leq \langle u|H|u\rangle\langle v|H|v\rangle. \tag{2.30}$$

위 식은 임의의 $|u\rangle, |v\rangle$에 대해 성립하고, 등호는 $H|u\rangle$와 $H|v\rangle$가 비례할 때만 성립한다. Schwarz 부등식의 특별한 예로 $H = 1$인 경우에는 다음의 관계를 만족한다.

$$|\langle u|v\rangle|^2 \leq \langle u|u\rangle\langle v|v\rangle. \tag{2.31}$$

한편 연산자 U가 $UU^\dagger = U^\dagger U = 1$ 을 만족하면, 연산자 U를 "**unitary** 연산자"(unitary operator)라고 한다. 이 관계를 행렬요소로 쓰면 다음과 같다.

$$\sum_{m''}\langle m''|U|m'\rangle^*\langle m''|U|m\rangle = \delta_{mm'}. \tag{2.32}$$

앞으로 자세히 다루겠지만 unitary 연산자는 $U = e^{iA}$의 형태로 쓸 수 있다. 여기서 A는 Hermitian 연산자이다. 예를 들어 Hermitian 연산자인 운동량 연산자 p를 이용하여 $A = \gamma p$라고 하자. 즉 $A = \gamma p = (\gamma\hbar/i)\partial/\partial x$라고 하면, 이를 이용한 $e^{iA} = e^{\gamma\hbar\partial/\partial x}$의

unitary 연산자를 임의의 함수에 적용해보자.

$$e^{iA}f(x) = f(x) + \gamma\hbar f'(x) + \frac{(\gamma\hbar)^2}{2!}f''(x) + \cdots = f(x+\gamma\hbar) \qquad (2.33)$$

가 되므로, 이 연산자는 $-\gamma h$만큼 평행이동시키는 연산자가 된다.

2.5 고유값 문제와 관측량

선형연산자 A와 복소수 a에 대하여 켓 $|u\rangle$가

$$A|u\rangle = a|u\rangle \qquad (2.34)$$

인 관계를 만족하면, a를 연산자 A의 "고유값"(eigenvalue)이라고 하고, $|u\rangle$를 고유값 a를 갖는 연산자 A에 대한 고유 켓이라고 한다.

A에 대한 임의의 함수로 주어진 연산자 $f(A)$에 대해서는 $f(A)|u\rangle f(a)|a\rangle$을 만족한다. 만일 역연산자 A^{-1}이 존재하면 $A^{-1}|u\rangle = (1/a)|u\rangle$을 만족한다. 고유값 a는 다음과 같이 쓸 수 있다.

$$a = \frac{\langle a|A|a\rangle}{\langle a|a\rangle}. \qquad (2.35)$$

A가 Hermitian이면 고유값 a는 실수이고, A가 unitary이면 $|a| = 1$이 되어 $a = e^{i\phi}$로 쓸 수 있다.

마찬가지로 만일 $\langle u|A = \alpha\langle u|$을 만족하면, 브라 $\langle u|$은 고유값 $\alpha = a^*$를 가지는 A의 고유 브라이다. 켓 벡터인 경우와 비교하여, 식 (2.34)의 고유벡터를 "오른쪽 고유벡터"라고 하며, 브라 벡터의 경우에는 "왼쪽 고유벡터"라고 한다.

특히 연산자 A가 Hermitian 연산자일 때, 고유값과 고유벡터들 사이에는 다음과 같은 특별한 관계가 있다.

Hermitian 연산자의 고유값과 고유벡터

1. 켓공간의 고유값들의 집합과 브라공간의 고유값들의 집합은 동일한 집합이다.

2. 고유값들은 모두 실수이다.

3. A의 고유켓에 대해 켤레인 브라는 같은 고유값을 갖는 고유브라이고, 그 역도 성립한다.

먼저 두 번째 사실에 대한 증명을 해보자. $A = A^\dagger$이고, $A|u\rangle = a|u\rangle$이면 $\langle u|A|u\rangle = a\langle u|u\rangle$를 만족한다. 한편 $\langle u|A|u\rangle^* = \langle u|A^\dagger|u\rangle = \langle u|A|u\rangle$이므로 $\langle u|A|u\rangle$는 실수이다.

한편 $\langle u|u\rangle$ 도 실수이므로, 고유값 a는 실수이어야 한다. Hermitian 연산자의 모든 고유값이 실수이므로, $A|u\rangle = a|u\rangle$이 만족되면 항상 $\langle u|A = a\langle u|$가 성립한다. 따라서 첫 번째와 세 번째 성질도 쉽게 유도할 수 있다.

Hermitian 연산자의 고유벡터가 갖는 또다른 중요한 성질은 서로 다른 고유값을 갖는 고유벡터들 사이의 직교성이다. 켓 $|u\rangle$, $|v\rangle$가 각각 고유값 a와 b를 갖는 Hermitian 연산자 A의 고유벡터라고 하자.

$$A|u\rangle = a|u\rangle, \quad \langle v|A = b\langle v|. \tag{2.36}$$

첫째 식의 왼쪽에 $\langle v|$를 곱하고, 둘째 식의 오른 쪽에 $|u\rangle$를 곱한 후, 첫째 항에서 둘째 항을 빼면

$$0 = (a-b)\langle v|u\rangle \tag{2.37}$$

를 얻는다. 따라서 $a \neq b$이면 $\langle v|u\rangle = 0$이어야 한다. 즉 고유값이 다른 벡터들은 서로 직교한다.

Hermitian 연산자의 고유함수와 벡터 공간 사이의 관계를 고려해보자. 우선 Hermitian 연산자 A의 고유함수들을 $\langle f_i|f_j\rangle = \delta_{ij}$로 직교규격화하면, 직교규격화 기준들의 집합 $\{f_i(\mathbf{r})\}$은

$$\sum_i f_i^*(\mathbf{r})f_i(\mathbf{r}') = \delta^{(3)}(\mathbf{r}-\mathbf{r}') \tag{2.38}$$

을 만족한다. 만일 $A|f_1\rangle = a_1|f_1\rangle$, $A|f_2\rangle = a_2|f_2\rangle$이고, $a_1 \neq a_2$라면 $\langle f_1|f_2\rangle = 0$인 직교성질을 만족한다.

유한한 차원의 벡터 공간에서는 이와 같은 Hermitian 연산자 A의 고유벡터들로 직교규격화된 기준을 찾을 수 있다. 하지만 무한 차원의 벡터 공간에서 이것은 일반적으로 맞지 않다. 이 경우에는 반드시 연속상태를 포함시켜야 하며, 연산자 A에 대해 Hermitian의 성질뿐만 아니라 경계조건과 같은 더 많은 제한을 주어야 한다.

Unitary 연산자 $U^\dagger = U^{-1}$인 경우에는 $U|u\rangle = u|u\rangle$이면, $\langle u|U = \langle u|u$이다. 이는 간단하게 증명할 수 있다. $\langle u|U^\dagger = u^*\langle u|$이므로, $\langle u|U^{-1} = (1/u)\langle u|$가 되고, 이 식의 오른쪽에 U를 작용시키면 $\langle u|u = \langle u|U$를 얻는다. 이를 이용하여 다음의 정리를 증명해 보자.

정리 2.1 *Unitary* 연산자 고유상태의 직교성

고유값이 다른 *unitary* 연산자 U의 고유상태들은 서로 직교한다.

증명: 두 개의 다른 고유값을 갖는 벡터들을 $|u\rangle$, $|u'\rangle$이라고 하자.

$$U|u\rangle = u|u\rangle, \quad U|u'\rangle = u'|u'\rangle. \tag{2.39}$$

이제 다음의 관계를 보일 수 있다.

$$\langle u|U\rangle u'\rangle = u'\langle u|u'\rangle = u\langle u|u'\rangle. \tag{2.40}$$

따라서 위의 식이 성립하기 위해서는 $u = u'$ 이거나, $u \neq u'$ 이라면 $\langle u|u'\rangle = 0$ 이어야 한다. (증명끝) ♣

연산자 A 에 대한 고유벡터들의 집합 $\{|a\rangle\}$ 이 직교규격화된 **완전집합**을 이루면, 완전성에 대한 관계식 $\sum_a |a\rangle\langle a| = 1$ 을 만족한다. 일반적으로 연산자들을 다음과 같이 나타낼 수 있다.

$$A = \sum_a |a\rangle a\langle a|, \ \ A^{-1} = \sum_a |a\rangle \frac{1}{a}\langle a|. \tag{2.41}$$

이렇게 임의의 연산자를 이 연산자의 고유상태로 구성한 완전집합을 이루는 상태의 합으로 나타내는 것을 "**스펙트럼 표현**"(spectral representation)이라고 한다. 일반적으로 A 의 함수 $f(A)$ 에 대해서는 다음과 같이 정의한다. $f(a)$ 가 a 의 함수라고 하면 $f(A)$ 는 $f(A) = \sum_a |a\rangle f(a)\langle a|$ 로 정의한다. 이때 다음의 관계가 있어야 한다.

$$f(a) = \sum_{n=0}^{\infty} f_n a^n, \ \ f(A) = \sum_{n=0}^{\infty} f_n A^n. \tag{2.42}$$

이상의 모든 논의에서 고유벡터는 Hilbert 공간에 속한다는 것, 즉 고유벡터들은 크기가 유한하다는 것을 묵시적으로 가정하였다. 이 경우 고유값 문제는 너무 제한적이어서 평면파와 같은 파동함수에 대응하는 무한한 크기를 가진 벡터를 Hilbert 공간 내의 벡터로 받아들일 수 없다. 그러나 평면파동에 대응하는 벡터와 같이 크기가 무한한 벡터들은 연속적인 고유값들의 스펙트럼을 가진다. 이와 같이 고유값이 연속적인 스펙트럼을 갖는 벡터들에 대해서도 Hermitian 연산자에 대한 세 가지 성질이 그대로 성립한다는 것이 알려져 있다. 그리고 무한한 차원을 갖는 Hilbert 공간에서는 (규격화되지 않는) 연속적인 고유함수와 임의의 자기수반 연산자를 포함시키면, 임의의 unitary 연산자는 스펙트럼 표현을 할 수 있다는 것이 완전성에 대한 정리로 알려져 있다. 여기서는 이들을 증명 없이 받아들이겠다. 다만 이 경우 직교성을 나타낼 때, 이 직교성을 Dirac의 델타함수를 도입하여 표현하는 것만 특이한 점일 뿐, 유한한 크기의 벡터를 다룰 때의 여러 성질들은 그대로 적용된다.

예를 들어 고유값의 스펙트럼이 일부는 불연속적인 고유값 a_n 을 가지고, 나머지는 연속적인 a_λ 를 가진다고 하자. 고유값 a_n 에 속하는 직교규격화된 켓을 나타내는 고유함수 ϕ_n 에 대한 켓을 $|n\rangle$ 으로 표시하자. 마찬가지로 연속적인 고유값을 가지는 고유함수 $\phi(\lambda)$ 에 대응하는 켓을 $|\lambda\rangle$ 라고 하자. 이 때 켓들의 직교규격화는 다음과 같이 나타낼 수

있다.

$$\langle n|n'\rangle = \delta_{nn'},\ \langle n|\lambda\rangle = 0,\ \langle\lambda|\lambda'\rangle = \delta(\lambda-\lambda'). \tag{2.43}$$

그리고 완전성에 대한 관계 및 스펙트럼 표현은 다음과 같이 표현한다.

$$1 = \sum_i |i\rangle\langle i| + \int d\lambda|\lambda\rangle\langle\lambda|,\quad A = \sum_i |i\rangle a_i\langle i| + \int d\lambda|\lambda\rangle a_\lambda\langle\lambda|. \tag{2.44}$$

위의 관계를 만족하는 벡터들로 벡터공간을 만들어낼 수 있으면, 다시 말해 어떠한 임의의 벡터도 식 (2.43)에 있는 벡터들의 선형결합(적분까지 포함하여)으로 표시할 수 있으면, 이 벡터들은 "완전집합"(complete set)을 이룬다고 하고, Hermitian 연산자를 "관측량"이라고 한다.

예를 들어 평면파동의 경우 연속적인 지수 λ로는 파동수 벡터 $\mathbf{k}$를 이용한다. 즉 이때 기준상태들은 다음과 같다.

$$\phi_\lambda(\mathbf{r}) = \phi_{\mathbf{k}}(\mathbf{r}) = \frac{1}{(2\pi)^{3/2}}e^{i\mathbf{k}\cdot\mathbf{r}}. \tag{2.45}$$

그리고 이들 사이의 올바른 규격화는 다음과 같이 주어진다.

$$\langle\mathbf{k}|\mathbf{k}'\rangle = \frac{1}{(2\pi)^3}\int d^3r e^{i(\mathbf{k}'-\mathbf{k})\cdot\mathbf{r}} = \delta^{(3)}(\mathbf{k}-\mathbf{k}'). \tag{2.46}$$

한편 운동량 연산자를 스펙트럼 표현을 사용하면 다음과 같다.

$$A = p_x = \sum_k |\mathbf{k}\rangle\hbar k_x\langle\mathbf{k}|. \tag{2.47}$$

2.6 투영 연산자

공간 $\mathcal{K}$가 Hilbert 공간 $\mathcal{H}$의 부분공간이고 $\mathcal{K}^\times$는 $\mathcal{H}$에서 $\mathcal{K}$를 제외한 나머지 공간이라고 하자. 이때 임의의 켓 $|u\rangle$는 $\mathcal{K}$ 공간의 성분과 $\mathcal{K}^\times$ 공간의 성분으로 항상 나누어 쓸 수 있다. 즉

$$|u\rangle = |u_S\rangle + |u_S^\times\rangle \tag{2.48}$$

로 쓸 수 있고, 이 두 켓들은 유일하게 결정된다. 켓 $|u\rangle$에 대응하는 $|u_S\rangle$는 유일하게 한 개만 있으며 이 대응은 선형관계를 갖는다. 이때 이 대응관계를 특징짓는 선형연산자를 부분공간 $\mathcal{K}$로의 "투영 연산자"(projection operator) P_S라고 하고, $P_S|u\rangle = |u_S\rangle$를 만족한다.

투영 연산자 P_S는 Hermitian 연산자이다. 임의의 켓 $|v\rangle$에 대해

$$\langle u|P_S|v\rangle = \langle u|v_S\rangle = \langle u_S|v_S\rangle \tag{2.49}$$

이므로, $\langle u|P_S = \langle u_S|$의 관계를 만족한다. 또한

$$P_S^2|u\rangle = P_S(P_S|u\rangle) = P_S|u_S\rangle = |u_S\rangle = P_S|u\rangle \tag{2.50}$$

이므로, 투영 연산자 P_S는

$$P_S^2 = P_S \tag{2.51}$$

를 만족한다. 따라서 P_S는 0 또는 1을 고유값으로 갖는 관측량이다. 사실 식 (2.51)는 투영 연산자를 정의하는 식이다. p가 투영 연산자 P의 고유값이고, 이에 해당하는 고유벡터가 $|p\rangle$라고 하면

$$P|p\rangle = p|p\rangle, \tag{2.52}$$

투영 연산자의 정의에 의해

$$0 = (P^2 - P)|p\rangle = (p^2 - p)|p\rangle \tag{2.53}$$

이 성립한다. 여기서 $|p\rangle$는 0이 아니므로, P의 고유값은 0 또는 1이 된다.

투영 연산자를 스펙트럼 표현을 사용하면 다음과 같다.

$$P = \sum_m \chi_m |m\rangle\langle m|, \quad \chi_m = 0, 1. \tag{2.54}$$

연산자 A의 스펙트럼 표현은 $A = \sum_m a_m|m\rangle\langle m|$으로 나타내지만, 투영된 공간 S 안에서만 작용하도록 하고 싶으면 $A_S = \sum_m \chi(a_m)a_m|m\rangle\langle m|$으로 쓰면 된다. 여기서 $\chi(a)$는 만일 $a \in S$인 경우는 1로, 그렇지 않은 경우에는 0으로 정의한다.

2.7 Heisenberg의 불확정성 원리

연산자 A, B가 Hermitian 연산자들이라고 하자. 이 때 다음의 Hermitian 연산자들을 정의하자.

$$\begin{aligned} D &= AB + BA \equiv \{A, B\}, \\ iF &= AB - BA = [A, B]. \end{aligned} \tag{2.55}$$

위의 관계에 의해 $AB = (D+iF)/2$ 이다. 여기서 D, F 는 Hermitian 연산자이다. 임의의 켓 $|f\rangle$ 에 대해

$$\langle f|AB|f\rangle = \langle Af|Bf\rangle = \langle BAf|f\rangle = \langle f|BAf\rangle^* \tag{2.56}$$

이 성립하므로 $\langle f|(AB+BA)|f\rangle$ 는 실수이고, $\langle f|(AB-BA)|f\rangle$ 는 순허수이다.

정리 2.2 *Schwarz* 부등식 $|\langle f|g\rangle|^2 \le \langle f|f\rangle\langle g|g\rangle$.

증명: 임의의 실수 λ 에 대하여 $|h\rangle = |f\rangle + \lambda|g\rangle$ 라 하자. $\langle h|h\rangle \ge 0$ 인 관계는 λ 에 관계없이 성립하므로, $\lambda = -\langle g|f\rangle/\langle g|g\rangle$ 로 선택하면 위의 관계가 성립하는 것을 쉽게 볼 수 있다. ♣

두 개의 Hermitian 연산자 $A = A^\dagger$, $B = B^\dagger$ 에 대하여 $[A,B] = iF$ 인 관계를 이용하면 불확정성 관계인

$$(\Delta A)_\psi \cdot (\Delta B)_\psi \ge \frac{1}{2}|\langle F\rangle_\psi| \tag{2.57}$$

가 성립한다. 이 때 A 의 불확정도는

$$(\Delta A)^2_\psi = \langle (A - \langle A\rangle_\psi)^2\rangle_\psi \tag{2.58}$$

로 정의하는 양이다.

식 (2.57)을 증명하기 위해, 연산자 $\delta A = A - \langle A\rangle_\psi$ 를 도입하자. 연산자 A 가 Hermitian 연산자이고, $\langle A\rangle_\psi$ 는 임의의 파동함수 ψ 에 대하여 항상 실수이므로 δA 는 Hermitian 연산자이다. 이제 다음의 양을 고려하자.

$$\begin{aligned}\langle\psi|(\delta A)^2|\psi\rangle &= \langle\delta A\psi|\delta A\psi\rangle,\\ \langle\psi|\delta A\cdot\delta B|\psi\rangle &= \langle\delta A\psi|\delta B\psi\rangle.\end{aligned} \tag{2.59}$$

이 양에 대해 Schwarz 부등식을 이용하면

$$(\Delta A)^2_\psi \cdot (\Delta B)^2_\psi \ge |\langle\delta A\psi|\delta B\psi\rangle|^2 = |\langle\psi|\delta A\cdot\delta B|\psi\rangle|^2 \tag{2.60}$$

가 된다. 위 식에서 마지막 양을 다시 표현해보면

$$\langle\psi|\delta A\cdot\delta B|\psi\rangle^* = \langle\psi|\delta B\cdot\delta A|\psi\rangle \tag{2.61}$$

이다. 또한 $D' = \delta A\delta B + \delta B\delta A$ 라고 하면, $\delta A\cdot\delta B = (iF + D')/2$ 로 쓸 수 있으므로

$$(\Delta A)^2_\psi \cdot (\Delta B)^2_\psi \;\; \ge \;\; |\langle\delta A\psi|\delta B\psi\rangle|^2 = |\langle\psi|\delta A\delta B|\psi\rangle|^2$$

$$= \frac{1}{4}((\langle F\rangle)^2_\psi + (\langle D'\rangle)^2_\psi) \geq \frac{1}{4}|\langle F\rangle_\psi|^2 \tag{2.62}$$

인 관계가 항상 성립한다.

이 불확정성 관계의 의미는 다음과 같이 해석할 수 있다. 연산자 A와 B가 교환되면, 두 양의 불확정도는 동시에 임의로 작게 만들 수 있지만, 두 연산자들이 교환되지 않을 경우에는 두 양의 불확정도를 동시에 임의로 작게 만들 수 없다. 예를 들어 $A = x$, $B = p$인 경우가 우리가 많이 접했던 경우로 두 관측량의 불확정도를 동시에 임의로 작게 만들 수 없다.

한편 $(\Delta A)_\psi = 0$이라는 것은 바로 $|\psi\rangle$가 연산자 A의 고유벡터라는 것을 의미한다. $(A|\psi\rangle = a|\psi\rangle)$ 이를 보이기 위해 δA의 스펙트럼 표현을 살펴보자.

$$\delta A = \sum_m |m\rangle\langle m|(a_m - \langle A\rangle) \tag{2.63}$$

이므로

$$(\delta A)^2 = \sum_m |m\rangle\langle m|(a_m - \langle A\rangle)^2 \tag{2.64}$$

이다. 따라서 $\langle\psi|(\delta A)^2|\psi\rangle = 0$이 성립하는 것은 $\langle m|\psi\rangle = 0$이거나 $\langle A\rangle = a_m$인 경우이다. 이 경우 임의의 ψ에 대해 항상 성립하려면 $\langle A\rangle = a_m$이어야 한다. 즉 $|\psi\rangle$는 A의 고유벡터이어야만 한다.

2.8 교환되는 두 연산자의 고유함수

두 개의 Hermitian 연산자가 교환될 때 다음과 같은 정리를 사용하여, 동시에 두 연산자의 고유함수가 되는 켓벡터들로 기준벡터들을 정할 수 있다.

정리 2.3 교환하는 두 연산자의 동시고유상태

$[A, B] = 0$이면 $A|m\rangle = a_m|m\rangle$, $B|m\rangle = b_m|m\rangle$을 동시에 만족하는 상태 $|m\rangle$을 찾을 수 있다.

증명: 편의상 벡터공간이 유한한 경우만 고려하자. 우선 $|m\rangle$을 A의 고유벡터로 선택하자. 즉 $|m\rangle$은 $A|m\rangle = a_m|m\rangle$을 만족하는 벡터라고 하자. 이때 어떤 정해진 값 a에 대해 $A|f\rangle = a|f\rangle$를 만족하는 벡터들의 집합 $|f\rangle$를 고려하고, 또 집합 $\{|f\rangle\}$에 의해 만들어지는 공간을 V_a라고 하자. 이 공간의 기준 $\{|m_i\rangle\}$ $(i = 1, \ldots, n)$이 갖는 고유값은 a이다.

$$AB|f\rangle = B(A|f\rangle) = aB|f\rangle. \tag{2.65}$$

그러므로 $B|f\rangle \in V_a$ 이다. 이것은 $B|m_i\rangle$를 집합 $\{|m_i\rangle\}$로 전개할 수 있다는 것을 의미한다. 즉

$$B|m_i\rangle = \sum_{j=1}^{n} B_{ij}|m_j\rangle \tag{2.66}$$

로 쓸 수 있다. 여기서 $B_{ij} = \langle m_j|B|m_i\rangle = B_{ji}^*$ 이다. 다시 말하면 B_{ij}는 Hermitian 행렬의 행렬요소를 나타낸다. 이제 영년방정식 det $(B - bI)$=0를 풀어 B의 고유값과 고유벡터를 구하자. 영년방정식은 다음과 같이 쓸 수 있다.

$$\sum_j B_{ij}c_j^{(l)} = b^{(l)}c_i^{(l)}. \tag{2.67}$$

위의 영년방정식의 해를 $|m_i\rangle$들의 선형결합으로 표시할 수 있다. 즉 이 해를

$$|g^{(l)}\rangle = \sum_{j=1}^{n} c_j^{(l)}|m_j\rangle. \tag{2.68}$$

으로 표현하면, 이 결합은

$$A|g^{(l)}\rangle = a|g^{(l)}\rangle,\ B|g^{(l)}\rangle = b^{(l)}|g^{(l)}\rangle. \tag{2.69}$$

을 만족한다. 따라서 위의 과정을 통해 교환하는 연산자 A와 B의 동시적 고유함수 $|g^{(l)}\rangle$을 구할 수 있다. 이렇게 교환하는 두 연산자의 동시적 고유함수를 구하는 과정을 A, B를 대각화하는 과정이라고도 한다. (증명끝) ♣

연산자 A, B가 $[A, B] = 0$을 만족하여 $A|m\rangle = a_m|m\rangle$, $B|m\rangle = b_m|m\rangle$을 만족하는 완전집합을 선택할 수 있으면

$$\begin{aligned} A &= \sum_m a_m|m\rangle\langle m|, \\ B &= \sum_m b_m|m\rangle\langle m|, \\ AB &= \sum_m a_m b_m|m\rangle\langle m| = BA \end{aligned} \tag{2.70}$$

로 쓸 수 있다. 그러나 $[A, B] \neq 0$이면, A와 B는 동시에 대각화할 수 없다.

연습문제

1. $|i\rangle$ 와 $|j\rangle$ 가 Hermitian 연산자 A 의 고유벡터라고 하자. 어떤 조건에서 $|i\rangle + |j\rangle$ 가 연산자 A 의 고유벡터가 되는가? 이 경우에 대해 확인하여라.

2. 일차원에서 움직이는 입자의 해밀토니안이

$$H = \frac{p^2}{2m} + V(x) \tag{2.71}$$

로 주어져 있다. $[[H, x], x]$ 를 계산하여

$$\sum_{a'} |\langle a''|x|a'\rangle|^2 (E_{a'} - E_{a''}) = \frac{\hbar^2}{2m}. \tag{2.72}$$

임을 증명하여라. 참고로 식 (2.72) 로 주어지는 관계식을 "**Thomas-Reiche-Kuhn** 합규칙"이라고 한다.

3. (가) 양자역학에서 어떤 관측량을 다음과 같은 행렬로 표시할 수 있다.

$$\frac{1}{\sqrt{2}}\begin{pmatrix} 0 & 1 & 0 \\ 1 & 0 & 1 \\ 0 & 1 & 0 \end{pmatrix} \tag{2.73}$$

이 관측량의 규격화된 고유벡터와 이에 해당하는 고유값을 구하여라. 이 때 졸들음(degeneracy)이 있는가?

(나) $|a'\rangle$ 과 $|a''\rangle$ 은 Hermitian 연산자 A 의 고유상태로 고유값은 각각 a' 과 a'' 이다. $(a' \neq a'')$. 여기서 해밀토니안은

$$H = |a'\rangle\delta\langle a''| + |a''\rangle\delta\langle a'|, \tag{2.74}$$

으로 주어지고, δ 는 실수이다.

$|a'\rangle$ 과 $|a''\rangle$ 은 분명히 해밀토니안의 고유상태가 아니다. 해밀토니안의 고유상태를 구하여라. 이들의 에너지 고유값은 얼마인가? [귀띔: (가) 에서와 같이 $|a'\rangle$ 과 $|a''\rangle$ 의 기준에서 H 의 행렬표현을 구해보아라.]

4. (가) 두 개의 켓벡터 $|\alpha\rangle$ 와 $|\beta\rangle$ 를 고려하자. $\langle a'|\alpha\rangle$, $\langle a''|\alpha\rangle$, $\cdots$ 와 $\langle a'|\beta\rangle$, $\langle a''|\beta\rangle$, $\cdots$ 를 전부 안다고 하자. 여기서 $|a'\rangle$, $|a''\rangle$, $\cdots$ 는 기준켓들의 완전 집합을 이룬다. 이 기준에서 연산자 $|\alpha\rangle\langle\beta|$ 의 행렬표현을 구하여라.

(나) 두 상태가 있는 계에 대한 해밀토니안 연산자가

$$H = a(|1\rangle\langle 1| - |2\rangle\langle 2| + |1\rangle\langle 2| + |2\rangle\langle 1|), \tag{2.75}$$

로 주어져 있다. 여기서 a는 에너지의 차원을 갖는 수이다. $|1\rangle$ 와 $|2\rangle$ 의 일차결합으로 에너지의 고유값과 이에 해당하는 에너지 고유켓벡터를 구하여라.

5. 유한한 변위 **l**만큼 평행이동시키는 연산자는

$$F(\mathbf{l}) = \exp\left(\frac{-i\mathbf{p}\cdot\mathbf{l}}{\hbar}\right), \tag{2.76}$$

로 주어진다. 여기서 $\mathbf{p}$는 운동량 연산자이다.

(가) $[x_i, F(\mathbf{l})]$을 계산하여라.

(나) (가)를 이용하여(혹은 어떤 방법을 이용하여서라도) 기대값 $\langle\mathbf{x}\rangle$가 공간이동에 대해 어떻게 변화하는지 보여라. (귀띔: 공간이동 연산자를 Taylor 전개를 해보아라.)

6. U와 V는 Hilbert 공간에서 unitary 연산자들이다. UV도 역시 unitary 연산자임을 증명하여라.

7. 일차원 공간에서 $\langle x\rangle = 0$, $\langle p\rangle = 1$, 그리고 $\langle(\delta p)^2\rangle < 10^{-4}$를 만족하는 규격화된 파동묶음을 만들어라. 여기서 p는 운동량이고 $\delta p \equiv p - \langle p\rangle$이다.

8. 파동함수 $\psi(x,t)$는 Schrödinger 방정식 $i\hbar\partial\psi/\partial t = H\psi$를 만족한다. 여기서 $H = x^3p + px^3$이고, $p = (\hbar/i)d/dx$이다. $\rho(x,t) \equiv |\psi(x,t)|^2$ 라고하자.

(가) 시간 t에서 $\rho(x,t)$를 알고 있다면, $\partial\rho(x,t)/\partial t$도 역시 t에서 알 수 있음을 증명하고, $d\langle x^n\rangle_t/dt$를 구하여라. 여기서 n은 양의 정수이고 x의 n차 모멘트는 $\langle x^n\rangle \equiv \int_{-\infty}^{\infty}\rho(x,t)\,x^n dx$로 정의된 양이다.

(나) 시간 $t = 0$에서 $\langle x^0\rangle_t$와 $\langle x^2\rangle_t$를 알고 있고 두 양 모두 0이 아닌 유한한 값이라고 가정하자. 이 때 입자가 무한대로 탈출하는 시간 $t_0 < \infty$이 존재함을 증명하여라. ($\langle x^2\rangle_t \to \infty$이거나 $d\langle x^0\rangle_t/dt < 0$임을 의미한다.) 또 t_0의 상한값을 구하여라. (H는 해밀토니안으로 사용할 수 없다. 비록 H가 Hermitian 연산자라고 하더라도 자기수반 연산자가 아니기 때문이다.)

제 3 장

일차원 Schrödinger 방정식

일차원 Schrödinger 방정식을 복습하려면, 대학원 수준 혹은 학부 수준의 양자역학 책에서 다음의 내용을 참고하기 바란다.

- 퍼텐셜 계단
- 사각형 장벽, 사각형 우물
- 속박상태와 연속상태에 대한 고유함수의 성질
- 반사 및 투과계수

이들 주제에 대한 참고 서적으로는 Merzbacher의 "Quantum Mechanics" 6장, Messiah 의 "Quantum Mechanics" 3장 1절 § 1–7의 내용을 보면 될 것이다.

3.1 들어가기

양자역학계를 기술하는 시간에 의존하는 Schrödinger 방정식은

$$i\hbar\frac{d}{dt}|\psi\rangle = H|\psi\rangle \tag{3.1}$$

로 주어진다. 이 때 해밀토니안 H는 Hermitian 연산자 ($H = H^\dagger$) 인 경우를 생각하자. 이 때 임의의 상태 $|\psi\rangle$의 시간의존성은

$$|\psi(t)\rangle = T(t)|\psi(0)\rangle \tag{3.2}$$

로 주어진다. 여기서 H의 고유상태 $|m\rangle$들로 이루어진 집합을 기준벡터들로 정하면 ($H|m\rangle = E_m|m\rangle$), 해밀토니안은 스펙트럼 표현을 이용하면 $H = \sum_m E_m|m\rangle\langle m|$으로

쓸 수 있다. "시간 진행연산자" $T(t)$는 해밀토니안이 시간에 의존하지 않을 때

$$T(t) = e^{-iHt/\hbar} = \sum_m e^{-iE_m t/\hbar} |m\rangle\langle m| \tag{3.3}$$

로 표현할 수 있다. 따라서 파동함수 $\psi(t)$는 다음과 같이 쓸 수 있다.

$$|\psi(t)\rangle = \sum_m e^{-iE_m t/\hbar} |m\rangle\langle m|\psi(0)\rangle. \tag{3.4}$$

3.2 해밀토니안의 특성

해밀토니안 H로 기술되는 계가 안정적이어서, 최소에너지가 존재하는 경우를 고려하자. 그리고 H의 바닥상태의 에너지 고유값을 E_0라고 하자. 이때

$$\langle H\rangle_\psi = \langle\psi|H|\psi\rangle = \sum_m E_m |\langle m|\psi\rangle|^2 \geq E_0 \sum_m |\langle m|\psi\rangle|^2 = E_0 \tag{3.5}$$

이 되어, 임의의 상태에 대한 H의 최소값은 바닥상태의 에너지 고유값 E_0보다 작아질 수 없다. 또한 해밀토니안을 $H = T + V(r)$로 나누어서 쓰면 $\langle T\rangle_\psi \geq 0$이므로 $\langle H\rangle \geq \langle V(r)\rangle$이다.

파동함수 ψ_m이 H의 고유함수이면

$$H\psi_m = E_m\psi_m, \; H\psi_m^* = E_m\psi_m^* \tag{3.6}$$

을 만족하므로 ψ_m과 ψ_m^*는 같은 고유값을 갖는다. 이를 이용하면

$$\psi = \begin{cases} \psi_m + \psi_m^* \\ (\psi_m - \psi_m^*)/i \end{cases} \tag{3.7}$$

도 역시 H의 고유함수가 된다. 위와 같이 만든 파동함수 ψ는 항상 실수이다. 즉 해밀토니안의 고유함수는 항상 실수의 파동함수로 만들 수 있다. 만일 파동함수 ψ_m가 같은 고유값에 대해 독립적인 고유함수가 두 개 이상이 아니고 유일하게 하나만 존재할 경우, 즉 "졸들음"(degeneracy)이 없으면, $\psi_m = \psi e^{i\phi}$의 형태로 쓸 수 있다. 따라서 적당히 위상 ϕ를 조절하면, 해밀토니안 $H = -\hbar^2\nabla^2/2m + V(r)$의 바닥상태는 어디서나 실수이고 0 이상인 파동함수로 고를 수 있다. 다시 말하면 마디가 전혀 없는 함수로 고를 수 있다. 이를 증명해보자.

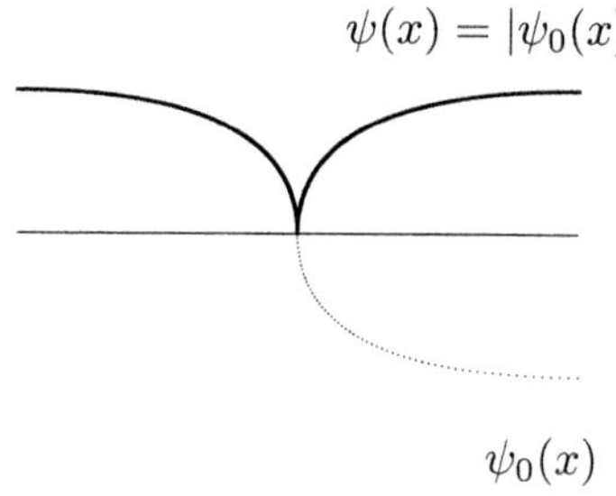

그림 3.1: 파동함수 ψ와 $\psi(x) = |\psi_0(x)|$의 대략적인 모양.

우선 바닥상태의 파동함수가 함수의 값이 0을 지나는, 즉 마디가 있는 함수 $\psi_0(r)$라고 가정하고, 이 함수는 알려져 있다고 하자. 그리고 이 함수의 절대값을 취한 함수를 ψ로 정의하자.

$$\psi = |\psi_0(r)| \geq 0. \tag{3.8}$$

마디가 있는 파동함수 ψ_0와 이것의 절대값을 취한 $\psi(x)$의 모양을 대략적으로 그림 3.1에 나타내었다. 이 경우 ψ와 ψ_0에 대한 퍼텐셜의 기대값은 같다.

$$\langle V(r)\rangle_\psi = \langle V(r)\rangle_{\psi_0}. \tag{3.9}$$

한편 운동에너지의 기대값은

$$\langle T\rangle_\psi = \frac{\hbar^2}{2m}\int d^3r|\nabla\psi|^2 = \frac{\hbar^2}{2m}\int d^3r|\nabla\psi_0|^2 = \langle T\rangle_{\psi_0} \tag{3.10}$$

으로 역시 ψ에 대해서나 ψ_0에 대해서나 같은 값을 갖는다. 따라서 이 두 기대값들을 더한 에너지에 대한 기대값도 $\langle H\rangle_\psi = \langle H\rangle_{\psi_0}$로 같다. 한편 해밀토니안 H의 고유함수 ψ_m들의 집합은 완전집합을 이루므로, 파동함수 ψ는 $\psi = \sum_m c_m\psi_m$으로 쓸 수 있다. 그러나 이 경우

$$\langle H\rangle_\psi = \sum_m |c_m|^2 E_m = E_0 \tag{3.11}$$

가 만족되려면, 어떤 E_m은 반드시 E_0보다 작아야 한다. 이것은 E_0가 가장 낮은 에너지라는 사실에 모순된다. 따라서 ψ_0는 마디가 없는 함수여야 한다.

반면에 파동함수의 직교조건 $\int \psi_1^*\psi_0 d^3r = 0$이 성립하려면, 첫 번째 들뜬 상태의 파동함수 ψ_1은 적어도 마디가 하나 이상 있어야 한다. 일반적으로 바닥상태와의 직교관계를 이용하면 모든 들뜬 상태들은 마디가 적어도 한 개 이상 있어야 한다.

예제 3.1 델타 함수 퍼텐셜이 있는 경우의 경계조건

퍼텐셜에너지가 $V(x) = \lambda\delta(x - x_0)$ 인 경우 고유함수가 만족하는 경계조건을 구하여라.

이 퍼텐셜이 들어있는 Schrödinger 방정식을 쓰면

$$-\frac{\hbar^2}{2m}\psi'' + \lambda\delta(x - x_0)\psi = E\psi \tag{3.12}$$

이다. 이 식을 $x_0 - \epsilon$에서 $x_0 + \epsilon$까지 적분을 하면

$$-\frac{\hbar^2}{2m}[\psi'(x_0 + \epsilon) - \psi'(x_0 - \epsilon)] + \lambda\psi(x_0) = 2\epsilon E\psi(x_0) \tag{3.13}$$

가 된다. $\epsilon \to 0$인 극한을 취하면 우변은 에너지와 파동함수의 값은 유한하기 때문에 0이 되므로

$$\frac{\hbar^2}{2m}[\psi'(x_0^+) - \psi'(x_0^-)] = \lambda\psi(x_0) \tag{3.14}$$

가 된다. 따라서 이 경우 파동함수의 경계조건을 살펴보면 파동함수의 일차미분은 델타함수가 있는 지점에서만 불연속이라는 것이다. 그리고 그 불연속의 정도는 퍼텐셜의 세기에 비례한다. 하지만 파동함수는 어느 곳에서나 하나의 값만을 가져야 하므로 어디서나 연속이다. ♣

일차원에서 해밀토니안은

$$H = -\frac{\hbar^2}{2m}\frac{d^2}{dx^2} + V(x) \tag{3.15}$$

로 주어지고 이 해밀토니안의 고유함수를 구할 때는 $H\psi = E\psi$의 형태를 가지는 시간에 무관한 고유값 방정식을 풀면 된다. 이에 대한 문제들은 이 장의 앞에서 예를 든 여러 문제들이 있는데, 이는 언급한 참고서적을 참조하기 바란다. 여기서는 특정한 예로 주기적인 퍼텐셜이 있는 경우를 고려해보자. 주기적인 퍼텐셜이란 임의의 x에 대해 a만큼 이동을 했을 때 퍼텐셜의 변화가 없는 경우이다. 즉

$$V(x) = V(x + a) = V(x + na) \tag{3.16}$$

인 경우이다. 이 때 n은 정수이다. 이와 같이 물리계가 어떤 특정한 대칭성이 있는 경우에는, 이러한 대칭성을 반영하도록 이 계의 에너지 고유함수를 구할 수 있다. 주기적인 퍼텐셜인 경우에도 마찬가지이다 . 이 경우에 대해서 다음 절에서 보다 상세히 고려해보도록 하자.

3.3 Kronig–Penney 모형

고체 안에 원자들이 일정한 간격으로 배열되어 있어 결정 구조를 이룰 때 전자들의 에너지가 어떤 값을 갖는지 알아보는 것은 고체물리학에서 중요한 문제이다. 이 문제를 일차원에서 아주 간단한 주기적인 퍼텐셜

$$V(x) = \sum_{n=-\infty}^{\infty} \lambda\delta(x - na) \tag{3.17}$$

를 사용하여 풀어보자. 식 (3.17)의 퍼텐셜로 일차원 고체의 격자들에 의한 상호작용을 기술하는 모형을 "**Kronig–Penney 모형**"이라고 한다. 이 퍼텐셜의 형태는 너무 간단하여 실제 상황과는 거리가 있는 것처럼 보이지만 대략적인 어림법으로는 좋은 퍼텐셜이며, 이 문제의 풀이는 결정 안에서 전자의 에너지 분포에 대한 흥미있는 특성인 허용된 에너지띠와 금지된 에너지띠를 나타낸다.

고체 내부에서 주기적인 퍼텐셜의 주기가 a일 경우에는 $V(x) = V(x+a)$의 관계를 만족한다. 주기 a는 규칙적으로 배열된 이웃한 원자핵들 사이의 거리로 생각할 수 있다. 이제 변위 x를 a만큼 이동시키는 연산자 T를 다음과 같이 정의하자.

$$T\psi(x) = \psi(x+a). \tag{3.18}$$

연산자 T를 파동함수 $\psi(x)$에 n번 작용하면 $T^n\psi(x) = \psi(x+na)$을 얻는다.

이제 x에 관한 이차 미분연산자와 T 사이의 교환관계를 살펴보자. 임의의 파동함수 $\psi(x)$에 대하여

$$T\frac{d^2}{dx^2}\psi(x) = T\psi''(x) = \psi''(x+a) = \frac{d^2}{dx^2}T\psi(x) \tag{3.19}$$

이 성립하므로 $[T, d^2/dx^2] = 0$이다. 즉 연산자 T와 운동에너지는 서로 교환된다. 한편

$$TV(x)\psi(x) = V(x+a)\psi(x+a) = V(x)T\psi(x) \tag{3.20}$$

이므로 $[T, V(x)] = 0$이다. 해밀토니안은

$$H = \frac{p^2}{2m} + V(x) = -\frac{\hbar^2}{2m}\frac{d^2}{dx^2} + V(x) \tag{3.21}$$

이므로 $[T, H] = 0$이다. 따라서 우리는 해밀토니안 H의 고유함수를 동시에 T의 고유함수가 되도록 선택할 수 있다

이제 T의 고유상태와 고유값에 대해서 알아보자. 연산자 T의 고유값은 일반적으로 $e^{i\phi} \equiv e^{ika}$로 쓸 수 있다.[1] 여기서 k는

$$k = \frac{\phi}{a} + \frac{2n\pi}{a} \quad (n\text{은 정수}) \tag{3.22}$$

이다. 따라서 k는 식 (3.22)에 나타난 무한히 많은 값을 가질 수 있지만, 이 모든 값에 대해 고유값을 주는 ϕ는 한 값만을 가진다. 이때 우리는 일반적으로 "일차 **Brillouin** 지역"이라고 부르는 $|k| \leq \pi/a$인 지역만을 택하여 문제를 풀기로 하겠다. 우선 Schrödinger 방정식을 직접 풀어보자.

연산자 T의 고유상태를

$$T\psi(x) = \lambda\psi(x) \tag{3.23}$$

의 고유값 방정식에서 구해보자. 고유값 λ를 $\lambda = e^{ika}$의 형태로 놓으면 연산자 T의 정의에 의해 $\psi(x+a) = e^{ika}\psi(x)$이다. 이제 다음의 함수를 정의하자.

$$u_k(x) = e^{-ikx}\psi(x). \tag{3.24}$$

그러면 u_k는 $u_k(x+a) = u_k(x)$를 만족한다. 즉 $u_k(x)$는 주기가 a인 주기함수이다. 따라서 T의 고유함수는 다음의 형태를 가진다.

$$\psi(x) = e^{ikx}u_k(x). \tag{3.25}$$

식 (3.25)로 주어지는 파동함수를 "**Bloch 파동**"이라고 한다. 여기서 파동함수는 제곱적분이 가능해야 하므로 k는 실수이어야 한다. 이 파동함수는 k와 $k + 2\pi n/a$에 대해 같은 T의 고유값을 주므로 어떤 k의 영역에서 고유값을 구해도 좋다. 따라서 이 함수를 위에서 언급한 일차 Brillouin 지역에서 살펴보자. $(-\pi/a \leq k \leq \pi/a)$

$0 < x < a$의 구간에서 $V = 0$이므로 파동함수는

$$\psi(x) = Ae^{iqx} + Be^{-iqx}, \quad \hbar q = \sqrt{2mE} \tag{3.26}$$

로 쓸 수 있다. 따라서

$$u_k(x) = Ae^{i(q-k)x} + Be^{-i(q+k)x} \tag{3.27}$$

이다. $\psi(x)$가 연속함수이므로 $u_k(x)$ 또한 연속함수이고, $x = 0$에서 연속성을 만족하려면

[1] ϕ가 복소수이면 임의의 크기를 나타낼 수 있으므로 이 형태는 가장 일반적인 형태이다. 물론 뒤에서 보겠지만 ϕ는 실수이고 따라서 T의 고유값은 크기가 1이다.

$$\lim_{\epsilon\to 0}\Big(u_k(\epsilon) - u_k(-\epsilon)\Big) = 0 \tag{3.28}$$

이어야 한다. 그러나 Bloch 파동의 주기적인 성질에 의해 $u_k(-\epsilon) = u_k(a-\epsilon)$이므로, $\epsilon \to 0$으로 접근할 때 $u_k(a-\epsilon) - u_k(\epsilon) \to 0$으로 접근해야 한다. 따라서

$$A + B = Ae^{i(q-k)a} + Be^{-i(q+k)a} \tag{3.29}$$

를 만족한다.

한편 Schrödinger 방정식을 이용하면 예제 3.1에서 살펴보았듯이 ψ'에 대한 경계조건을 구할 수 있다.

$$\Big(E + \frac{\hbar^2}{2m}\frac{d^2}{dx^2}\Big)\psi(x) = \sum_{n=-\infty}^{\infty} V_0\delta(x-na)\psi(x) \tag{3.30}$$

이므로 양변을 $-\epsilon$에서 ϵ까지 적분하면

$$E\int_{-\epsilon}^{\epsilon} dx\psi + \frac{\hbar^2}{2m}\Big(\psi'|_{x=\epsilon} - \psi'|_{x=-\epsilon}\Big) = V_0\psi(0) \tag{3.31}$$

이다.

이제 $\epsilon \to 0$인 극한을 취하면

$$\begin{aligned}\psi'|_{x=\epsilon} &= iq(A-B),\\ \psi'|_{x=-\epsilon} &= e^{-ika}\psi'|_{x=a-\epsilon} = e^{-ika}iq(Ae^{iqa} - Be^{-iqa}),\\ \psi(0) &= A+B\end{aligned} \tag{3.32}$$

이므로

$$\frac{\hbar^2}{2m}iq\Big(A - B - Ae^{i(q-k)a} + Be^{-i(q+k)a}\Big) = V_0(A+B) \tag{3.33}$$

이다. 식 (3.29)의 결과인

$$B(1 - e^{-i(q+k)a}) = -A(1 - e^{i(q-k)a}) \tag{3.34}$$

를 이 식에 대입하고, A와 B를 없애면

$$\cos ka = \cos qa + \frac{mV_0a}{\hbar^2}\frac{\sin qa}{qa} \tag{3.35}$$

가 된다.

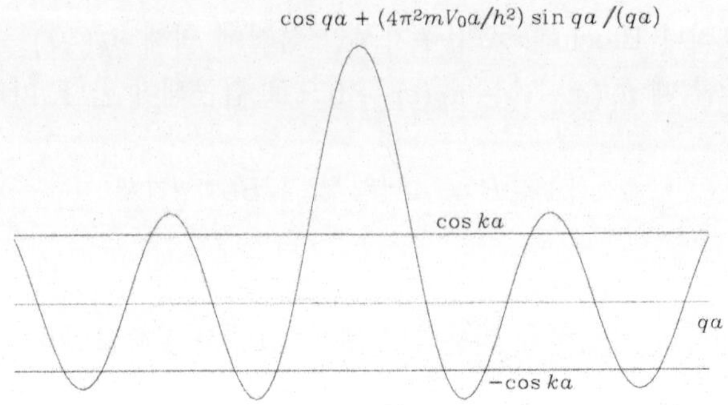

그림 3.2: 식 (3.35)를 그림에 의해서 푸는 방법.

좌변과 우변을 qa의 함수로 그린 것이 그림 3.2이다. qa는 연속적인 값을 가지며, 따라서 전자의 에너지 $\hbar^2q^2/2m$도 연속적인 값을 가진다. 그러나 $|\cos ka| \le 1$이므로 qa가 실수값을 가지는 범위(허용된 에너지띠)가 있고, 실수값을 가질 수 없는 범위(금지된 에너지띠)가 있다. 이것으로 인해 고체에서 특징적으로 나타나는 에너지띠의 구조가 나타난다.

이제 위의 문제를 고급적인 방법으로 접근해보자. 우선 $x = 0$에서 $\psi(x)$와 $\psi'(x)$를 알고 있다고 하자. 그러면 $\psi(a)$와 $\psi'(a)$는 $\psi(0)$와 $\psi'(0)$의 적당한 선형결합으로 쓸 수 있다.

$$\begin{aligned} \psi'(a) &= N_{11}\psi'(0) + N_{12}\psi(0), \\ \psi(a) &= N_{21}\psi'(0) + N_{22}\psi(0). \end{aligned} \tag{3.36}$$

이 선형관계는 행렬식으로 나타낼 수 있으며 둘 사이를 맺어주는 계수 N_{ij} $(i, j = 1, 2)$로 행렬 N을 만들 수 있다. 이때 N은 일반적으로 에너지 E와 퍼텐셜에너지 V에 의존한다. $[N = N(E, V)]$ N은 다음과 같은 성질을 만족한다.

N의 성질

1. N은 실수이다.

2. $\det N = 1$.

증명: 이것은 사실 Wronskian 정리의 특별한 경우이다. 즉 다음의 미분방정식

$$\frac{\hbar^2}{2m}u_1' = (V-E)u_1, \quad \frac{\hbar^2}{2m}u_2' = (V-E)u_2 \tag{3.37}$$

을 만족하는 두 개의 해를 각각 $u_1(x)$, $u_2(x)$라고 하자. 이제 Wronskian

$$W(x) \equiv u_1'(x)u_2(x) - u_2'(x)u_1(x) \tag{3.38}$$

를 도입하면, $dW/dx = 0$을 만족한다. 이제 적당한 규격화 상수를 골라서 $u_1'(0) = 1$, $u_1(0) = 0$, $u_2'(0) = 0$, $u_2(0) = 1$이 되도록 선택하면

$$W(x=a) = N_{11}N_{22} - N_{12}N_{21} = \det N = 1 \tag{3.39}$$

을 만족한다. ♣

한편 $\mathrm{tr}\,N$은 행렬 N의 고유값에 대한 합이다. 이에 대해서는 두 가지 경우가 있다.

(가) 만일 $|\mathrm{tr}\,N| \le 2$라면, 고유값은 $e^{i\phi}$, $e^{-i\phi}$의 형태로 쓸 수 있고, 이 경우 $2\cos\phi = \mathrm{tr}\,N \le 2$를 만족한다. 이 경우 파동함수 ψ는 다음과 같이 선택할 수 있다. 우선

$$\begin{pmatrix} \psi'(na) \\ \psi(na) \end{pmatrix} = N^n \begin{pmatrix} \psi'(0) \\ \psi(0) \end{pmatrix} \tag{3.40}$$

이므로, N^n의 고유값은 $e^{in\phi}$, $e^{-in\phi}$로 놓을 수 있고, 고유함수를 주는 $\psi'(0)/\psi(0)$의 선택은 두 가지가 있다.

1. 우선 파동함수를

   $$\frac{\psi'(0)}{\psi(0)} = \frac{\psi_+'(0)}{\psi_+(0)} \tag{3.41}$$

   로 선택하면

   $$T^n\psi(0) = e^{in\phi}\psi(0), \quad T^n\psi'(0) = e^{in\phi}\psi'(0) \tag{3.42}$$

   를 만족한다. 만일 x가 $na < x < (n+1)a$인 경우에는 $e^{in\phi}\psi(x) = \psi(x+na)$이고, $x \to \pm\infty$일 때 진동하게 되어 규격화할 수 없는 고유함수를 갖게 되고

   $$2\cos qa = \mathrm{tr}\,N \tag{3.43}$$

   을 만족한다.

2. 두 번째 방법으로는 $\psi'(0)/\psi(0)$를 앞에서 구한 파동함수의 복소켤레로 정하면 된다

(나) 만일 $|\mathrm{tr}\, N| > 2$라면 고유값을 e^{κ}, $e^{-\kappa}$로 쓸 수 있고, (κ는 실수) 이 경우 $2\cosh\kappa = \mathrm{tr}\, N > 2$가 된다. 이 경우에는

$$\begin{pmatrix} \psi'(na) \\ \psi(na) \end{pmatrix} = N^n \begin{pmatrix} \psi'(0) \\ \psi(0) \end{pmatrix} \tag{3.44}$$

이고, N^n은 $e^{\kappa n}$이나 $e^{-\kappa n}$의 형태로 쓸 수 있다. 이 경우 $x \to \pm\infty$일 때 어떤 해도 무한대로 간다. 이 경우 E는 고유값이 아니며 $\mathrm{tr}\, N < -2$일 경우도 마찬가지이다.

실제 상황에서는 결정이 무한대로 길게 뻗쳐 있지 않으므로, 이 결정의 길이가 유한한 길이 L인 경우를 생각해보자. 이때 양쪽 끝을 $x = 0$, $x = L = Na$라고 하자. 여기서 주기적 경계조건

$$\psi(0) = \psi(L),\ \psi'(0) = \psi'(L) \tag{3.45}$$

을 부여하면, Bloch 파동은 $u_k(0) = e^{ikL}u_k(L)$을 만족한다. 따라서 $u_k(L) = u_k(Na) = u_k(0)$이므로 $e^{ikL} = 1$이다. 그러므로 k는 일차 Brillouin 지역에서 N개의 띄엄띄엄한 값을 가진다. 그 값들은

$$k = \begin{cases} \dfrac{\pi(2n-N)}{L}, & N \text{ 짝수} \\ \dfrac{\pi(2n-N-1)}{L}, & N \text{ 홀수} \end{cases} \tag{3.46}$$

이다. 따라서 N개의 격자가 있는 일차원 결정에서는 각각의 띠 안에 N개의 에너지값이 다른 상태들이 있다.

연습문제

1. 일차원에서 시간 $t = 0$일 때 평균파동수가 $\bar{k}$이고, 가우스 파동 형태를 가진 파동의 진폭이

$$\psi(x, 0) = A \exp\Big[-\frac{x^2}{4(\Delta x)^2} + i\bar{k}\Big] \tag{3.47}$$

로 주어지는 파동묶음이 있다. 이에 해당하는 k_x의 분포와 파동함수 $|\psi(x,t)|^2$를 계산하여라. 이 파동묶음은 고전적인 법칙에 의해 이동하지만, 시간이 지날수록 퍼진다는 것을 증명하여라.

2. 해밀토니안이

$$H = \frac{p^2}{2m} + V_1(x) + iV_2(x), \tag{3.48}$$

로 주어진 경우를 고려하자. 여기서 V_1과 V_2는 실수함수이다. 퍼텐셜의 허수부분 (V_2)은 확률을 없애거나 새로 만드는 역할을 한다는 것을 파동함수에 대한 연속방정식을 이용하여 증명하여라.

3. 일차원 공간에서 인력을 주는 퍼텐셜 안에 있는 질량 m인 입자의 Schrödinger 방정식에 대해 고려하자. 이 퍼텐셜은

$$V(x) = -v_0\delta(x), \tag{3.49}$$

로 주어지고 $v_0 > 0$이다. 바닥상태의 파동함수와 결합에너지를 구하여라. 들뜬 속박상태도 있는가?

4. 문제 3의 경우, 이 퍼텐셜이 시간 $t = 0$에서 갑자기 0이 되었다고 하자. (즉 $t > 0$일 때 $V = 0$). 이 때 $t > 0$인 경우의 파동함수를 구하여라. 이를 정량적으로 구하지만, 이때 나타날지도 모르는 적분을 할 필요는 없다.

5. 본문에서 다룬 Kronig–Penney 모형에서 다음의 관계를 유도하여라.

$$\cos ka = \cos qa + \frac{mV_0 a}{\hbar^2}\frac{\sin qa}{qa}. \tag{3.50}$$

6. 파동함수 $\psi(\mathbf{r}, t)$는 질량 m인 입자가 퍼텐셜 $V(\mathbf{r}) = \lambda x$ 안에 있을 때, 시간에 의존하는 Schrödinger 방정식을 만족한다. 시간 $t = 0$에서 $\psi(\mathbf{r})$가 실수이고, 원점에 대해서 구면대칭성이 있다고 하자. $t > 0$일 때 파동묶음에 대한 질량중심의 위치 $\langle\mathbf{r}\rangle$은 어디에 있는가? (그 답을 증명하여라.)

7. 퍼텐셜 $V(x)$가
$$\int_{-\infty}^{\infty} V(x)dx < 0 \tag{3.51}$$
을 만족한다면, 일차원 Schrödinger 방정식의 해는 음의 에너지 상태가 적어도 한 개 이상 있음을 증명하여라. 이 때 $|x|$가 어떤 값 a보다 클 때 $V(x) = 0$이라고 가정하여라. (귀띔: 공간에 넓게 퍼진 파동묶음을 사용하여 H의 기대값을 고려하여라.) 이 정리는 삼차원에서는 성립하지 않는다.

8. 임의의 미분가능한 함수 $f(x)$에 대하여
$$\int_a^b |f'(x)|^2 dx \geq \frac{|f(b) - f(a)|^2}{b - a} \tag{3.52}$$
임을 증명하여라. 단 $a < b$이다. 이 정리에 의하면 불연속적인 파동함수에 대한 운동에너지의 기대값은 무한대가 되므로, 양자역학에서는 불연속적인 파동함수를 고려할 필요는 없다.

9. 함수 ϕ_1과 ϕ_2는 일차원 Schrödinger 방정식의 연속적인 고유값을 갖는 고유함수이고, 이들은 각각 다른 고유값 E_1과 E_2를 가진다. $|x|$가 어떤 값 a보다 클 때 퍼텐셜 $V(x)$가 0이 된다고 가정하자. 이 때 다음과 같은 의미에서 ϕ_1과 ϕ_2가 직교한다는 것을 엄밀하게 증명하여라.
$$\lim_{\gamma \to 0} \int_{-\infty}^{\infty} \phi_1^*(x)\phi_2(x)e^{-\gamma|x|}dx = 0. \tag{3.53}$$

10. 퍼텐셜 $V(z) = \lambda\delta(z)$로 나타낼 수 있는 평면 장벽에 질량 m인 입자가 입사된다. 입자의 에너지가 E이고, 입사속도벡터가 z축과 각도 θ를 이룬다면, 이 입자가 장벽을 통과할 확률은 얼마인가?

제 4 장

WKB 어림방법

우리가 다루는 물리계의 퍼텐셜이 단순한 경우에는 해석적인 방법으로 정확하게 Schrödinger 방정식의 해를 구할 수 있다. 하지만 대부분의 경우 퍼텐셜이 복잡하고, 단순한 경우라고 하더라도 해석적으로는 Schrödinger 방정식의 해를 구할 수 없는 경우가 많다. 이때에는 컴퓨터를 이용하여 Schrödinger 방정식을 수치해석적으로 풀거나, 아니면 정확한 해를 구할 수 없더라도 적당히 어림하여 풀 수 있는 방법을 택해서 문제를 풀어야 한다.

적당히 어림하여 풀 수 있는 방법도 어떠한 형태의 퍼텐셜이라도 항상 찾을 수 있는 것이 아니고, 매우 특수한 경우에만 국한된다. 따라서 이러한 어림방법은 일반적으로 적용할 수 없으며, 극히 일부분의 경우에 대해서만 Schrödinger 방정식을 근사적으로 풀 수 있다. 하지만 Schrödinger 방정식을 어림하여서라도 풀 수 있다는 것은 커다란 진전이며, 이러한 어림방법을 이용하여 Schrödinger 방정식의 해를 구하는 과정에서 양자역학의 특성을 더 깊이 이해할 수 있다. 사실 자연계에 존재하는 퍼텐셜은 해석적인 해를 구할 수 있는 경우보다 구할 수 없는 경우가 훨씬 많다.

이 장에서 살펴볼 WKB(Wentzel, Kramers, Brillouin) 어림방법은, 계의 퍼텐셜이 매우 복잡하지만, 적당한 조건을 만족할 경우 Schrödinger 방정식의 근사적인 해를 구할 수 있는 방법이다. 이러한 WKB 어림방법은 퍼텐셜에너지가 매우 천천히 변하는 일차원 계나, 삼차원인 경우에는 퍼텐셜에너지가 구면대칭성을 갖고, 지름 부분을 분리할 수 있는 경우에 사용할 수 있는 어림방법이다. 즉 WKB 어림방법은 입자의 Compton 파장 한 개 안에서 퍼텐셜이 거의 변하지 않는 경우에 사용할 수 있는 어림방법이다. 2장에서도 언급하였듯이, 이러한 경우가 바로 고전역학을 사용할 수 있는 극한에 대응된다. 이러한 이유로 WKB 어림방법을 "준고전적 어림방법"(semiclassical approximation)이라고도 한다. 이 장에서는 WKB 어림방법의 내용과 이 어림방법의 특성, 그리고 이 어림방법에서 나타나는 연결공식 등에 관해 고찰해보기로 하겠다. 또한 Airy 방정식의 점근해를 구하기 위한 안장점 적분에 대해 지세히 다루어 볼 것이다.

4.1 WKB 어림방법에 대한 기본 개념

시간에 무관한 일차원 Schrödinger 방정식이 다음과 같이 주어졌다고 하자.

$$-\frac{\hbar^2}{2m}\psi'' = \Big(E - V(x)\Big)\psi. \tag{4.1}$$

퍼텐셜에너지 $V(x)$가 x에 무관할 때 이 방정식의 해는 e^{ikx}, e^{-ikx}인 평면파동의 형태이다. 이 사실을 염두에 두고 퍼텐셜 V가 매우 천천히 변할 때 $\psi(x) = e^{iu(x)}$의 형태를 가지는 Schrödinger 방정식의 해를 찾아보자. 이 표현은 이미 특별한 파동함수의 형태를 가정한 것처럼 보이겠지만, $u(x)$가 일반적으로 복소수함수이면 파동함수를 나타내는 가장 일반적인 형태이다. $\psi(x)$에 대한 미분을 $u(x)$를 이용하여 표현하면 다음과 같다.

$$\begin{aligned}\psi' &= iu'\psi,\\ \psi'' &= iu''\psi - (u')^2\psi = -k^2(x)\psi.\end{aligned} \tag{4.2}$$

식 (4.2)의 둘째 줄에서 유효 운동량

$$p(x) = \hbar k(x) = \begin{cases} \sqrt{2m(E - V(x))}, & E > V, \\ -i\sqrt{2m(V(x) - E)} \quad = -i\hbar\kappa(x), & E < V \end{cases} \tag{4.3}$$

인 양을 도입하였다. 식 (4.3)에서 도입한 κ는 $\kappa(x) > 0$으로 정한다.

이 경우 Schrödinger 방정식은

$$iu'' - (u')^2 + k^2(x) = 0 \tag{4.4}$$

으로 쓸 수 있다. 이 식은 비선형 미분방정식이므로 훨씬 풀기 어려울 것 같지만, 바로 이 비선형성 때문에 WKB 어림계산을 할 수 있는 것이다. 우선 k가 x에 무관하게 일정한 경우에는 $u = kx+$상수, $u = -kx+$상수, 두 개의 특수해가 존재한다. 물론 이 식은 비선형적이므로 이 두 해의 임의의 선형결합이 식 (4.4)의 해가 될 수는 없다. 그러나 $u_1(x)$, $u_2(x)$가 식 (4.4)의 해이면, 이 방정식의 일반해는

$$iu(x) = \ln(ae^{iu_1} + be^{iu_2}) \tag{4.5}$$

의 형태를 갖는다. 이 관계를 선형으로 쓰면 일반적인 파동함수는 두 파동함수의 선형결합 $e^{iu(s)} = ae^{iu_1} + be^{iu_2}$이다.

이제 퍼텐셜 $V(x)$가 매우 천천히 변하는 경우를 생각해보자. 우선 $V(x)$가 일정하다면 $u'' = 0$이므로, 퍼텐셜이 천천히 변할 때 $u''(x)$는 매우 작고 천천히 변화할 것이라는 것을 예상할 수 있다. 원래의 식 (4.4)에서 u''을 무시한 해를 u_0라고 하자. 그러면 $(u_0')^2 = k^2$를 만족하므로

$$u_0^{\pm} = \text{상수} \pm \int_{x_0}^{x} k(x')dx' \tag{4.6}$$

이다. 이제 다음의 성질을 갖는 u_1을 정의하자.

$$(u_1')^2 = k^2 + iu_0''. \tag{4.7}$$

이 때 u_1은 이미 알고 있는 u_0를 이용해 적분할 수 있다.

$$u_1(x)^{\pm} = \text{상수} \pm \int_{x_0}^{x} \sqrt{k^2(x) + iu_0''(x)}dx = \text{상수} \pm \int_{x_0}^{x} \sqrt{k^2(x) \pm ik'(x)}dx \tag{4.8}$$

이고, 여기서 부호는 복호동순이다. 마찬가지로

$$(u_2')^2 = k^2 + iu_1'' \tag{4.9}$$

을 정의할 수 있다.

이를 확장하여 일반적으로 u_n을

$$(u_n')^2 = k^2 + iu_{n-1}'' \tag{4.10}$$

으로 정의하여, 이 과정을 계속 반복하면 u_n을 구할 수 있다. 이렇게 반복적인 방법을 통해 얻은 u_n이 $u_n \longrightarrow u_\infty$로 수렴하면 이 해가 바로 우리가 원하는 해이다. 하지만 일반적으로 이 수열은 수렴하지 않는다. 그러나 만일 이 수열이 잘 수렴한다면, 즉 $|u_2 - u_1| \ll |u_1 - u_0| \ll u_0$일 경우에는 u_1까지만 구해도 이 함수는 Schrödinger 방정식의 좋은 해가 된다. 이 경우는 k가 아주 천천히 변할 때에 해당한다. 정량적으로는 식 (4.8)에서 볼 수 있듯이 $|k'| \ll k^2$일 경우이다. 이를 다시 쓰면

$$\frac{|k'|}{k^2} = \frac{\hbar|dV/dx|}{\left(8m(E-V)^3\right)^{1/2}} \ll 1 \tag{4.11}$$

일 경우이다. 즉 에너지와 퍼텐셜의 차이보다 퍼텐셜의 변화가 매우 작을 때, 위와 같은 반복적인 방법을 이용하여 첫 몇 개의 항만 택하는 방법이 좋은 어림방법이 될 수 있다.

이제 $E > V$ 인 곳에서 u_1 을 구해보자. $(u_1')^2 = k^2 \pm ik'$ 이므로

$$\frac{du_1}{dx} \approx \pm k + \frac{i}{2}\frac{k'}{k} = \pm k + \frac{i}{2}\frac{d}{dx}\ln k \tag{4.12}$$

가 되고, 이를 적분하면

$$u_1^{\pm} = C \pm \int_{x_0}^{x} k(x')dx' + \frac{i}{2}\ln k \tag{4.13}$$

를 얻는다. 방정식 (4.4)를 어림하여 풀어서, 그 해로 식 (4.13)을 얻는 과정을 "**WKB 어림방법**"이라고 한다. 이 때 어림한 WKB 파동함수는 다음과 같다.

$$\psi = e^{iu_1^{\pm}} = \frac{C}{\sqrt{k}}\exp\Big(\pm i\int_{x_0}^{x} k(x')dx'\Big). \tag{4.14}$$

식 (4.14)로 주어진 파동함수에 대한 물리적인 의미를 살펴보자. 우선 $E > V(x)$ 인 경우, 파동수가 $k(x)$ 로 주어지는 파동의 파장에 해당하는 양은 $\lambda(x) = 2\pi/k(x)$ 이다. 운동량은 $p = \pm\hbar k(x)$ 로 주어지므로, WKB 어림방법이 잘 맞는 경우는

$$\left|\frac{dp}{dx}\right| = \hbar|k'| \ll \hbar k^2 = \frac{2\pi|p|}{\lambda} \tag{4.15}$$

일 때이다. 즉 $\lambda(x)|dp/dx| \ll |p(x)|$ 인 경우이다. 이 식이 의미하는 것은 한 파장에 걸쳐 일어나는 운동량의 변화는 운동량 그 자체보다 매우 작아야 한다는 것이다.

이 파동함수에 의한 확률밀도흐름을 구해보면

$$j(x) = \frac{\hbar}{2im}(\psi^*\nabla\psi - \psi\nabla\psi^*) = \frac{\hbar k(x)}{m}|\psi(x)|^2 \tag{4.16}$$

이다. 그러나 $|\psi|^2 \sim 1/k$ 이므로 j 는 x 에 무관하다는 사실에 주목하여야 한다. 또한 이 어림 파동함수를 결합하여 정지파로 이루어진 해를 만들 수도 있다.

$$\psi + \psi^* = \frac{C}{\sqrt{k}}\cos\Big(\int_{x_0}^{x} k(x')dx' + \phi\Big). \tag{4.17}$$

다시 반복하여 말하지만, WKB 어림방법은 $|k'| \ll k^2$ 가 성립하는 지역에서만 쓸 수 있다. 반대로 표현하면 이 어림방법을 쓸 수 없는 지역은 k 가 빨리 변하는 지역이다. WKB 어림방법에서 나타나는 또 하나의 문제는 식 (4.13)을 보면 알 수 있다. 이 식에서 $k = 0$ 이 될 때에는 파동함수가 발산한다는 문제가 있다. 따라서 $k = 0$ 이 되는 지점인 고전적인 전환점 $E = V$ 의 근처에서는 이 어림방법을 사용할 수 없다. 그러므로 이러한 경우에는 해를 구할 때 더 조심스럽게 접근해야 한다. 하지만 파동함수는 모든 영역에서 구해야 하므로, WKB 어림방법을 이 위험한 지역까지 연장할 수 있는 방법이 없는 한

이 어림방법은 유용한 방법이 될 수 없다. 다음 절에서는 이러한 고전적인 전환점 근처에서 WKB 어림방법을 이용하여 파동함수를 구하는 방법에 대하여 보다 자세히 고려할 것이다.

4.2 전환점

지금까지 구한 WKB 어림방법을 요약하면 다음과 같다.

(1) $E-V>0$인 지역에서는 유효 운동량을

$$\hbar k(x) = \Big(2m(E-V)\Big)^{1/2} \tag{4.18}$$

로 정의하고, $|k'| \ll k^2$일 경우 어림한 파동함수는 다음과 같다.

$$\psi_{\pm} \approx \frac{C}{\sqrt{k}} \exp\Big(\pm i \int_{x_0}^{x} k(x')dx'\Big). \tag{4.19}$$

(2) $E-V<0$인 지역에서는 $k=-i\kappa(\kappa>0)$로 놓으면

$$\hbar\kappa = \Big(2m(V-E)\Big)^{1/2} \tag{4.20}$$

이고, $\kappa' \ll \kappa^2$인 경우 어림한 파동함수는 다음과 같다.

$$\psi_{\pm} \approx \frac{C}{\sqrt{\kappa}} \exp\Big(\pm \int_{x_0}^{x} \kappa(x')dx'\Big). \tag{4.21}$$

이제 문제는 $V=E$인 곳으로 고전적으로 볼 때, 전환점이 되는 지점 근처에서 어떻게 파동함수를 구하는가 하는 것이다. 그림 4.1과 같이 $x=x_0$에서 전환점이 있는 경우를

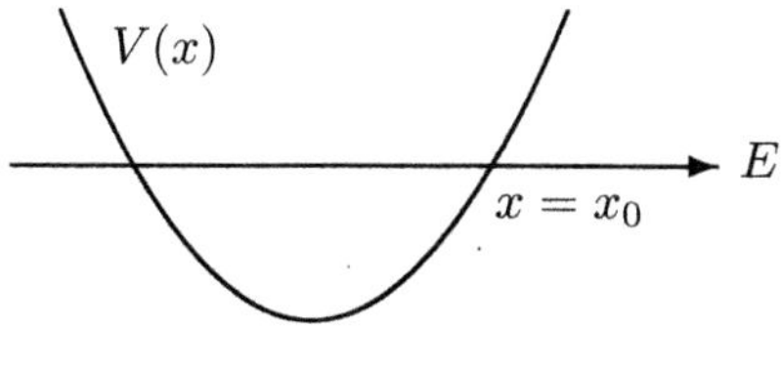

그림 4.1: 전환점 중의 하나가 x_0에 있는 퍼텐셜의 형태.

고려하자. 이 때 퍼텐셜에너지를 $x = x_0$ 주위에서 급수 전개를 하면

$$V(x) = E + V'(x_0)(x - x_0) + \frac{V''(x_0)}{2}(x - x_0)^2 + \frac{V^{(3)}(x_0)}{3!}(x - x_0)^3 + \cdots \quad (4.22)$$

이다. 여기서 2차 이상의 항들을 무시하고, $V(x_0) = E$를 이용하면 Schrödinger 방정식

$$-\frac{\hbar^2}{2m}\psi'' + (V - E)\psi = 0 \quad (4.23)$$

은

$$\psi'' = \frac{2m}{\hbar^2}V'(x_0)(x - x_0)\psi \quad (4.24)$$

로 쓸 수 있다. 이제 미분방정식의 형태를 단순하게 만들기 위해 다음의 양을 도입하여 차원이 없는 변수 ξ를 정의하자.

$$\ell = \left(\frac{\hbar^2}{2mV'(x_0)}\right)^{1/3}, \ \xi = \frac{x - x_0}{\ell}. \quad (4.25)$$

식 (4.24)를 무차원의 변수 ξ에 대한 미분방정식으로 쓰면 다음과 같다.

$$\frac{d^2\psi}{d\xi^2} - \xi\psi = 0. \quad (4.26)$$

이 방정식은 **Airy 방정식**이라고 한다. Airy 방정식의 해에 대한 성질 및 점근해를 구하는 방법은 5절에서 자세히 다루도록 하겠다.

한가지 주목할 것은 WKB 어림방법은 전환점에서 멀리 떨어진 지역에서 쉽게 적용할 수 있다는 점이다. 즉, $|x - x_0| \gg \ell$, 즉 $|\xi| \gg 1$이면 $|k'|/k^2 \ll 1$이므로, 이 경우에는 WKB 어림방법을 쓸 수 있다. 여기에 덧붙여 우리가 관심이 있는 지역인 $x \simeq x_0$인 곳에서도 $V''(x_0)\,\ell^2$, $V^{(3)}(x_0)\ell^3 \ll V'(x_0)\ell$이라고 가정하자.

WKB 어림방법에서 가장 핵심적인 문제는 다음과 같다. 이 어림방법을 안전하게 쓸 수 있는 지역인 $|x - x_0| \gg \ell$인 곳에서 구한 해를 어떻게 전환점 x_0 근처까지 연결할 것인가? 다시 말하면 전환점에서 왼쪽으로 멀리 떨어진 곳에서의 해와, 오른쪽으로 멀리 떨어진 해 사이에 어떤 관계가 있는가? 이러한 문제를 제기하는 것은 WKB 어림방법을 사용하더라도, 이 어림방법이 잘 맞는 지역에서만이 아니라 모든 영역에서 이 어림방법에 의한 파동함수를 구하여야 하기 때문이다.

WKB의 자세한 유도의 결과에 따르면 이들 사이에는 특정한 관계가 있다. 이러한 특정한 관계를 구하기 위해서는 전환점 근처에서는 Airy 방정식의 해를 취하고, 전환점에서 멀리 떨어졌을 때에는 이 해의 점근적 형태를 처음 구한 해로 표현하면 된다. 전환점에서 멀리 떨어져 있는 양쪽에서의 해들이 전환점을 지날 때 이들을 서로 연결하

는 방식을 "**연결공식**"(connection formula)이라는 공식으로 나타낸다. 연결공식에 대한 자세한 유도는 이 장의 마지막 절에서 하기로 하고, 우선 그 결과를 기술한 뒤 이에 대한 물리적인 의미를 고려해보자.

4.3 연결공식

$E = V$인 전환점 좌우의 해를 연결하는 경우 전환점 근처에서 퍼텐셜의 기울기 dV/dx가 양수일 경우와 음수일 경우로 분류할 수 있다. 또한 이들을 결합하면 속박상태, 혹은 장벽을 만들 수 있다. 각각의 경우 연결공식의 특성은 다음과 같다.

4.3.1 $dV/dx > 0$일 경우

그림 4.2에서와 같이 전환점 $x = x_0$에서 $dV/dx > 0$일 때의 연결공식은 다음과 같다.

$$
\begin{aligned}
\frac{2}{\sqrt{k}}\cos\Big(\int_x^{x_0} k dx' - \frac{\pi}{4}\Big) &\quad\longleftarrow\quad \frac{1}{\sqrt{\kappa}}\exp\Big(-\int_{x_0}^{x} \kappa dx'\Big), \\
\frac{1}{\sqrt{k}}\sin\Big(\int_x^{x_0} k dx' - \frac{\pi}{4}\Big) &\quad\longrightarrow\quad -\frac{1}{\sqrt{\kappa}}\exp\Big(\int_{x_0}^{x} \kappa dx'\Big).
\end{aligned} \tag{4.27}
$$

여기서 화살표는 화살표 전의 파동함수에서 화살표 후의 파동함수로 연결공식을 사용해야 함을 의미한다. 그 반대로는 연결공식을 사용해서는 안된다는 것을 조심하여야 한다.

위의 식에서 볼 수 있듯이 전환점 양 쪽에서의 파동함수들을 연결할 때, 화살표로 주어진 방향과 이에 대응되는 파동함수를 잘 맞추는 것이 중요하다. 예를 들어 $x \gg x_0$인 지역에서 파동함수가 지수적으로 증가한다는 것을 안다고 하자. 이 때 $x = x_0$의 왼쪽에서의 파동함수가 $\sin(\int_x^{x_0} kdx' - \pi/4)/\sqrt{k}$라고 짐작하는 것은 전혀 맞지 않게 된다. 왜냐하면 $x \gg x_0$에서는 지수적으로 감소하는 함수를 약간 더해도, 이는 원래 있는 지수적으로 증가하여 큰 값을 가지는 함수에 비해 거의 무시할 수 있다. 하지만 지수적으로

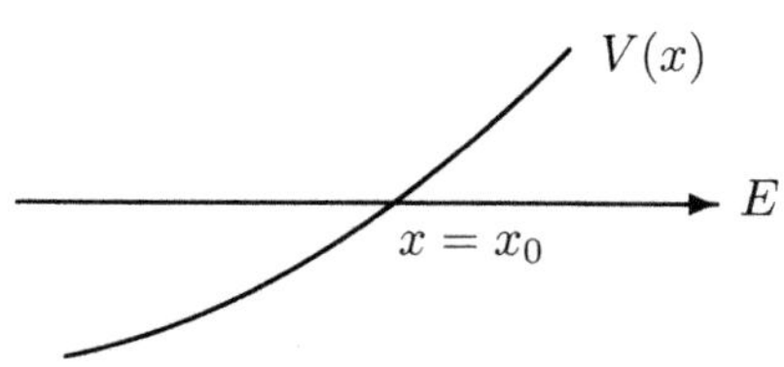

그림 4.2: 전환점이 x_0에 있고, 그 점에서 $dV/dx > 0$인 퍼텐셜.

감소하여 무시한 이 양은, $x \ll x_0$ 인 곳에서 연결공식을 이용하면 $x = x_0$ 의 왼쪽에서는, 그 크기를 무시할 수 없는 $\cos(\int_x^{x_0} k dx' - \pi/4)/\sqrt{k}$ 항이 나타나기 때문이다.

반대로 $x \ll x_0$ 에서 아주 작은 양의 $\sin(s - \pi/4)/\sqrt{k}$ 성분이 $\cos(s - \pi/4)/\sqrt{k}$ 와 섞여 있으면, 이 곳에서는 사인 성분을 무시할 수 있지만 $x \gg x_0$ 인 곳에서는 지수적으로 증가하는 함수를 만들어 파동함수의 형태를 아주 다르게 바꾸어 놓을 수도 있다.

4.3.2 $dV/dx < 0$ 일 경우

전환점에서 $dV/dx < 0$ 일 경우를 그림 4.3에 나타내었다. 이 때 연결공식은 다음과 같다.

$$\begin{aligned} \frac{1}{\sqrt{\kappa}} \exp\Big(-\int_x^{x_0} \kappa dx'\Big) &\quad\longrightarrow\quad \frac{2}{\sqrt{k}} \cos\Big(\int_{x_0}^{x} k dx' - \frac{\pi}{4}\Big), \\ -\frac{1}{\sqrt{\kappa}} \exp\Big(\int_x^{x_0} \kappa dx'\Big) &\quad\longleftarrow\quad \frac{1}{\sqrt{k}} \sin\Big(\int_{x_0}^{x} k dx' - \frac{\pi}{4}\Big). \end{aligned} \tag{4.28}$$

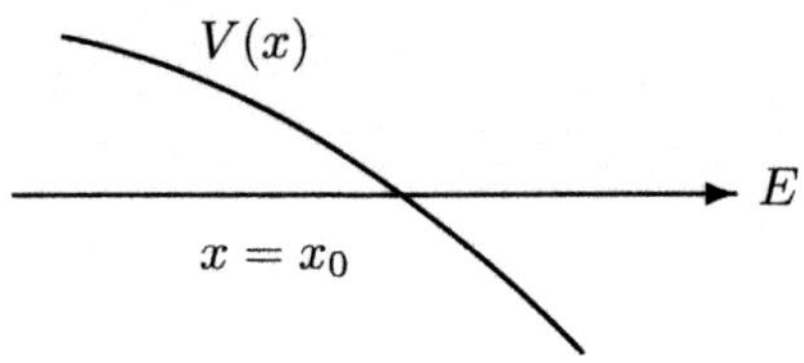

그림 4.3: 전환점이 x_0 에 있고, 그 점에서 $dV/dx < 0$ 인 퍼텐셜.

4.3.3 속박상태

앞에서 다룬 두 가지 경우, 즉 전환점에서 퍼텐셜의 기울기가 양수인 경우와 음수인 경우를 결합하면, 결합하는 순서에 따라 우물처럼 생긴 퍼텐셜이나 장벽처럼 생긴 퍼텐셜을 만들 수 있다. 이들에 대한 연결공식은 위의 두 가지 경우를 결합하여 얻을 수 있다.

퍼텐셜이 그림 4.4처럼 우물 형태가 되어 속박상태를 가질 수 있는 경우에는 전환점 x_1 과 x_2 에서 멀리 떨어진 곳에서 $E - V$ 가 상당히 크고, 퍼텐셜이 매우 천천히 변할 때 WKB 어림방법을 이용하여 속박 에너지에 대한 관계식을 얻을 수 있다.

이 경우에는 전환점에서 멀리 떨어진 곳에서는 WKB 어림방법을 쓰고 전환점 근처에서는 연결공식을 이용하여야 하는데, 전체 파동함수는 유한하여야 하므로 전환점에서 무한히 멀리 떨어진 곳에서는 지수적으로 증가하는 함수가 물리적으로 허용되지 않는다. 다시 말하면 속박상태의 경우에는 파동함수가 $|x| \to \infty$ 일 때 지수적으로 감소하는 함수를

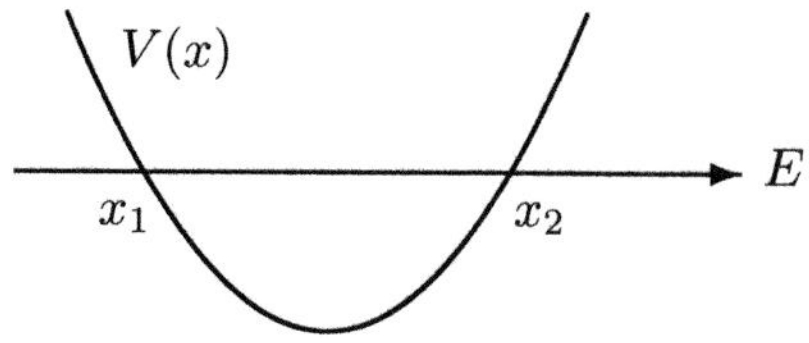

그림 4.4: 전환점이 x_1과 x_2에 있으며 속박상태를 만들 수 있는 퍼텐셜.

구해야 한다. 이러한 파동함수를 연결공식에서 얻기 위해 $x_1 < x < x_2$인 지역에서의 파동함수를 고려하자.

전환점 $x = x_1$ 근처에서는 $dV/dx < 0$이므로, $x < x_1$일 때 파동함수는

$$\psi \simeq \frac{1}{\sqrt{\kappa}} \exp\Big(-\int_x^{x_1} \kappa dx'\Big) \tag{4.29}$$

이어야 한다. 따라서 연결공식에 의하면 $x_1 < x < x_2$인 지역에서 파동함수는

$$\psi \simeq \frac{2}{\sqrt{k}} \cos\Big(\int_{x_1}^{x} k dx' - \frac{\pi}{4}\Big) \tag{4.30}$$

의 형태를 가져야 한다. 주목할 것은 사인 함수형의 파동함수가 있어서는 안 된다는 것이다. 왜냐하면 만일 사인 함수형의 파동함수가 이 지역에 있으면 $x > x_2$인 곳의 파동함수와 연결할 때 지수적으로 증가하는 파동함수와 연결되기 때문이다. 이와 같이 지수적으로 증가하는 함수는 물리적으로 허용되지 않는 함수이다. 이와 같은 조건을 만족시켜 나타나는 결과를 쉽게 볼 수 있도록 식 (4.30)을 다음과 같이 쓰자.

$$\begin{aligned}
\psi &\simeq \frac{2}{\sqrt{k}} \cos\Big(\int_{x_1}^{x_2} k dx' - \int_{x}^{x_2} k dx' - \frac{\pi}{4}\Big) \\
&= -\frac{2}{\sqrt{k}} \cos\Big(\int_{x_1}^{x_2} k dx'\Big) \sin\Big(\int_{x}^{x_2} k dx' - \frac{\pi}{4}\Big) \\
&+ \frac{2}{\sqrt{k}} \sin\Big(\int_{x_1}^{x_2} k dx'\Big) \cos\Big(\int_{x}^{x_2} k dx' - \frac{\pi}{4}\Big).
\end{aligned} \tag{4.31}$$

여기서 다시 $dV/dx > 0$인 전환점 x_2 근처에서의 연결공식을 따르면, 위 식의 마지막 표현에서의 두 개 항 중 첫째 항의 사인 성분은 $x > x_2$에서 지수적으로 증가하는 함수를 준다. 파동함수는 제곱적분이 가능해야 하므로, 이러한 지수적으로 증가하는 함수는 없어야 한다. 따라서 첫째 항의 계수는 0이 되어야 한다. 즉

$$\Phi = \int_{x_1}^{x_2} k dx = \Big(n + \frac{1}{2}\Big)\pi, \quad n = 0, 1, 2, \cdots \tag{4.32}$$

을 만족해야 한다. 식 (4.32)는 속박상태에 대해 띄엄띄엄한 에너지 고유값을 결정하는 조건이 된다.

고전적 운동량 $p = \pm\hbar k$를 사용하여 식 (4.32)를 위상공간에서 다음과 같이 쓸 수 있다.

$$J \equiv \oint p(x)dx = \left(n + \frac{1}{2}\right)h. \tag{4.33}$$

여기서 적분 기호에 나타난 동그라미는, 입자가 주기적인 운동을 할 때, 한 주기 동안 위상공간에서 만드는 닫혀진 경로에 대한 적분을 의미한다. 이 식은 고전적인 양자이론에서 구한 Bohr–Sommerfeld 양자화 조건과 매우 비슷한 형태이다. 한편 WKB 어림방법에 의하면 전환점 x_1과 x_2 사이에 $(n+1/2)/2$ 개의 유효파장이 있는 것으로 생각할 수 있으므로, n은 이 파동함수의 마디의 수가 됨을 알 수 있다.

4.3.4 장벽

그림 4.5와 같이 퍼텐셜 장벽이 있고 $E < V_{\max}$일 경우에는 WKB 어림법을 쓸 수 있다.

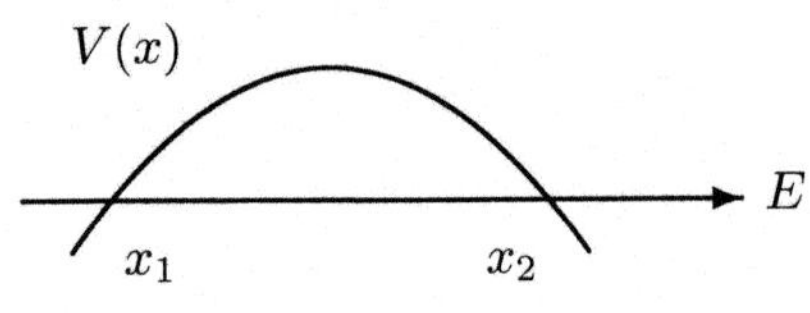

그림 4.5: 전환점이 x_1과 x_2인 퍼텐셜 장벽.

$x < x_1$에서 입자가 입사되었다면 파동함수의 형태를 다음과 같이 놓을 수 있다.[1]

$$\psi(x) = \begin{cases} \dfrac{A}{\sqrt{k}}\exp\Big(i\displaystyle\int_{x_1}^{x} kdx'\Big) + \dfrac{B}{\sqrt{k}}\exp\Big(-i\displaystyle\int_{x_1}^{x} kdx'\Big), & x < x_1 \\ \dfrac{C}{\sqrt{\kappa}}\exp\Big(-\displaystyle\int_{x_1}^{x} \kappa dx'\Big) + \dfrac{D}{\sqrt{\kappa}}\exp\Big(\displaystyle\int_{x_1}^{x} \kappa dx'\Big), & x_1 < x < x_2 \\ \dfrac{F}{\sqrt{k}}\exp\Big(i\displaystyle\int_{x_2}^{x} kdx'\Big), & x > x_2. \end{cases} \tag{4.34}$$

이 때 연결공식을 이용하여, 약간의 계산을 하면

$$A = \frac{1}{2}(2\theta + \frac{1}{2\theta})F,\ B = \frac{1}{2i}(2\theta - \frac{1}{2\theta})F \tag{4.35}$$

[1] 지수에 있는 적분의 표현은 보통 작은 하한에서 큰 상한으로 적분을 하지만, $x < x_1$ 일 때 적분의 상한과 하한은 바뀌어 있다. 이는 A에 비례하는 양을 왼쪽에서 들어오는 파동으로 정하기 위해서이다.

을 얻는다. 여기서 θ는 다음으로 주어진다.

$$\theta = \exp\left(\int_{x_1}^{x_2} \kappa(x)dx\right). \tag{4.36}$$

투과계수 (transmission coefficient) T는

$$T = \frac{|\psi_{\rm tr}|^2 v_{\rm tr}}{|\psi_{\rm in}|^2 v_{\rm in}} = \frac{|\psi_{\rm tr}|^2 k_{\rm tr}}{|\psi_{\rm in}|^2 k_{\rm in}} = \frac{|F|^2}{|A|^2} \tag{4.37}$$

로 정의하고, 이 양은 입사된 입자의 흐름 중에서 투과된 입자흐름이 어느 정도 되는지를 보여주는 척도이다. 여기서 $\psi_{\rm in}(\psi_{\rm tr})$은 $x < x_1(x > x_1)$에서 입사(투과)된 입자의 파동함수이고 $v_{\rm in}(v_{\rm tr})$은 입사(투과) 입자의 속도를 나타낸다. 주목할 것은 파동함수가 $1/\sqrt{k}$에 비례하기 때문에 분자, 분모에 각각 k를 곱해주면, k의 의존성이 각각 상쇄되어, 투과계수는 파동의 계수 A와 F로만 표현된다는 것이다. 그러므로 투과계수 T는

$$T = \frac{4}{\left(2\theta + \dfrac{1}{2\theta}\right)^2} \tag{4.38}$$

로 쓸 수 있다. 퍼텐셜 장벽이 높거나 두꺼워서, $\theta \gg 1$일 경우에는

$$T \approx \frac{1}{\theta^2} = \exp\left(-2\int_{x_1}^{x_2} \kappa(x)dx\right) \tag{4.39}$$

가 되어 투과계수는 지수적으로 감소하게 된다.

4.4 조화진동자

해밀토니안이

$$H = \frac{p^2}{2m} + \frac{1}{2}\beta x^2 \tag{4.40}$$

로 주어지는 일차원 단순조화진동자에 대해 WKB 어림방법을 이용하여 파동함수를 구해보자. 조화진동자에 대해서는 정확한 해를 알고 있으므로, WKB 어림방법으로 얻은 파동함수와 정확한 해를 비교하여, 어림한 파동함수가 어떤 경우에 얼마나 정확한 해에 접근하는지를 알아보는 것은 WKB 어림방법을 분석하기에 매우 유익한 예이다.

이 분석의 출발점은 먼저 전환점을 구하는 것이다. 조화진동자에서 고정된 에너지 E에 대하여 전환점은

$$x_2 = -x_1 = \left(\frac{2E}{\beta}\right)^{1/2} \tag{4.41}$$

로 주어진다. 다음과 같이 유효 파동수 $k(x)$를 도입하자.

$$k(x) = \left(1 - \frac{x^2}{x_2^2}\right)^{1/2} \left(\frac{2mE}{\hbar^2}\right)^{1/2}. \tag{4.42}$$

앞에서 구한 속박상태가 만족해야할 조건으로부터 에너지 고유값을 구할 수 있다. 즉

$$\Phi = \int_{-x_2}^{x_2} k dx = \sqrt{\frac{2mE}{\hbar^2}} \frac{1}{x_2} \int_{-x_2}^{x_2} \sqrt{x_2^2 - x^2 dx} = \frac{\pi E}{\hbar\omega_0} = \left(n + \frac{1}{2}\right)\pi \tag{4.43}$$

이고, 여기서 $\omega_0 = \sqrt{\beta/m}$이다. 이 식에 의해 조화진동자의 에너지 고유값

$$E = \left(n + \frac{1}{2}\right)\hbar\omega_0 \tag{4.44}$$

를 얻는다. 이 결과는 우연하게도 일차원 조화진동자의 정확한 에너지 고유값과 같다. 그러나 WKB 어림방법을 이용하여 얻은 결과가 잘 맞는 영역은 $V''(x_2)\,\ell^2 \ll V'(x_2)\,\ell$이라는 것을 주의하여야 한다. 여기서 l은 길이의 차원을 갖는 양으로 식 (4.25)에서 도입한 $\left(\hbar^2/2mV'(x_2)\right)^{1/2}$이다. 전환점 x_2에서의 퍼텐셜의 일차미분값은 $V'(x_2) = \beta x_2$이므로

$$\frac{V''(x_2)l^2}{V'(x_2)l} = \frac{1}{2}\left(n + \frac{1}{2}\right)^{-2/3} \ll 1, \tag{4.45}$$

다시 말하면 $n \to \infty$일 경우에 해당하는 준고전적인 극한에서만 WKB 어림방법으로 구한 에너지 고유값이 잘 맞는다는 것을 주목해야 한다.

4.5 Airy 함수의 점근표현

식 (4.26)에 나타난 Airy 방정식을 다시 쓰면

$$f'' - xf = 0 \tag{4.46}$$

의 형태로 쓸 수 있다. 이 식의 해를 구하기 위해 f의 Fourier 표현

$$f(x) = \frac{1}{\sqrt{2\pi}} \int_{-\infty}^{\infty} e^{iqx}\phi(q)dq \tag{4.47}$$

를 식 (4.46)에 넣어 다시 쓰면 운동량 공간에서의 Airy 방정식을 다음과 같이 쓸 수 있다.

$$q^2\phi + i\frac{d\phi}{dq} = 0. \tag{4.48}$$

이 식을 다시 배열하면 $d\phi/\phi = iq^2dq$가 되므로, 이 해는 $\ln\phi =$ 상수 $+ iq^2/3$의 형태를 갖는다. 그러므로

$$\phi = \text{상수} \times \exp(\frac{iq^2}{3}) \tag{4.49}$$

의 형태가 된다. 따라서 이의 Fourier 역변환을 취하면

$$f(x) \equiv A(x) = \int_{-\infty}^{\infty} e^{iqx} e^{iq^3/3} dq \tag{4.50}$$

는 식 (4.46)의 해이고, 이는 잘 수렴하는 함수이다.

4.5.1 복소변수를 이용한 분석

식 (4.50)에 나타나는 적분되는 함수 $g(q) = e^{iqx}e^{iq^3/3}$를 보면, q가 클 때 지수함수의 지수가 q^3에 비례하므로 매우 빨리 진동하는 함수이다. 따라서 이 함수를 적분하는 일은 쉽지 않다. 하지만 이 적분은 복소변수를 이용한 "가장 급한 기울기를 가진 경로 적분"(steepest descent path integral) 방법을 이용하여 구할 수 있다.

이 문제를 풀기 위해, 일반적으로 다음과 같은 복소수함수를 생각하자.

$$f(x) = \int_C dz\, e^{izx+iz^3/3}. \tag{4.51}$$

여기서 C로 표시한 적분경로는 경로의 양 끝점에서 적분되는 양이 빨리 0으로 접근하거나, 끝점에서 매우 빨리 진동하여 그 평균값이 0이 된다는 조건을 제외하고는 다른 구속조건이 없는 임의의 경로이다.

적분되는 양의 지수를

$$h(z) = izx + i\frac{z^3}{3} \tag{4.52}$$

으로 쓰도록 하자. $h(z)$에서 $|z|$가 커지면 가장 빨리 변하는 것이 $iz^3/3$ 항이다. 적분경로 C의 양 끝점을 $|z| \to \infty$인 곳에서 정하려면, $|z| \to \infty$일 때 $e^{iz^3/3} \to 0$이 되어야 한다. 이러한 성질을 만족시키려면 $\text{Re}\,(iz^3) < 0$, 즉 $\text{Im}\,(z^3) > 0$여야 하므로, 이 조건을 만족하는 z의 영역은

$$0 < \arg z < \frac{\pi}{3},\ \frac{2\pi}{3} < \arg z < \pi,\ \frac{4\pi}{3} < \arg z < \frac{5\pi}{3} \tag{4.53}$$

으로 주어진다. 이들 영역을 그림 4.6에서 부채꼴 모양으로 휘어진 검게 칠한 부분으로 나타내었다. 이 부분에서는 $|z| \to \infty$일 때 $e^{h(z)} \to 0$으로 접근한다. 따라서 이들 지역에 경로 C의 끝점들이 있을 수 있다. 이 끝점들은 그림에서처럼 a, b, c로 잡을 수 있다.

이제 점 b에서 점 a까지의 경로적분 $\int_b^a e^{h(z)}dz$를 고려하자. 이 적분을 하기 위해

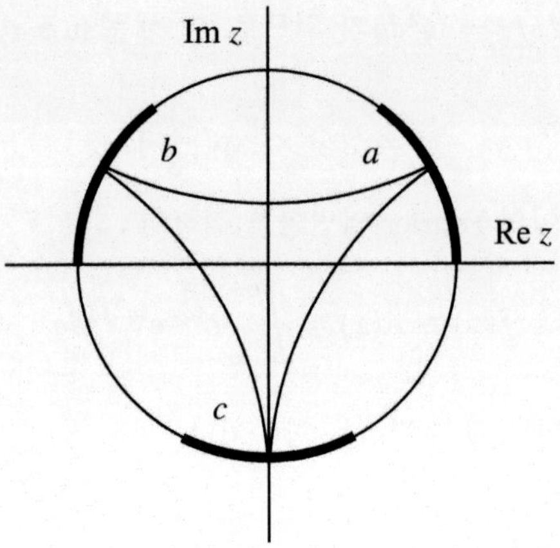

그림 4.6: 식 (4.53)의 z 영역. 이 영역 안에 있는 점들 a, b, c에서는 적분되는 함수가 빨리 0으로 접근하거나 빠르게 진동한다.

다음과 같이 적분경로를 변형시키겠다. (1) 우선 굵은 곡선 부분 안에 있는 점 b에서 시작하여 수직으로 내려와 실수축과 만나는, 크기가 매우 큰 음수까지의 경로, (2) 이 크기가 매우 큰 음수로 부터 실수축의 양의 방향으로 진행하여 크기가 매우 큰 양수까지의 경로, 그리고 (3) 이 큰 양수로부터 수직으로 올라와 점 a까지 도달하는 경로를 고려하자. 이 중 경로 (1)과 (3)에 해당하는, $b(a)$에서 시작하여 실수축 위의 크기가 매우 큰 임의의 한 점까지의 경로적분을 할 때에는, 적분되는 함수가 0이거나 매우 빨리 변하므로 이 적분은 무시할 수 있을 정도로 작다. 따라서 원래의 적분을 적분값을 변화시키지 않고, 적분의 하한과 상한을 각각 $-\infty$, ∞로 놓을 수 있다. 그리고 이 적분을 할 때, 적분되는 함수는 임의의 적분 경로에 대해서 극점이 없으므로, 두 점 사이에 임의의 경로를 따라 적분한 값은 모두 같다. 즉

$$f_{ba}(x) \equiv \int_b^a e^{h(z)} dz = \int_{-\infty}^{\infty} e^{h(u)} du = A(x) = f(x) \tag{4.54}$$

이 성립한다. 여기서 f_{ba}는 적분경로의 시작점이 b이고, 끝점이 a일 경우의 적분을 의미한다.

이러한 방식으로 계산한 a, b, c를 잇는 세 개의 경로적분이 모두 독립적이지는 않고, 이 중 두 개만이 독립적이다. 즉 닫혀진 경로 C에 대한 경로적분

$$\oint_C e^{h(z)} dz = 0 \tag{4.55}$$

이므로

$$\int_b^c e^{h(z)}dz + \int_c^a e^{h(z)}dz = \int_b^a e^{h(z)}dz \tag{4.56}$$

이다. 따라서 $A(x)$와 독립적인 다른 하나의 적분은

$$\int_b^c e^{h(z)}dz - \int_c^a e^{h(z)}dz = \int_b^c e^{h(z)}dz + \int_a^c e^{h(z)}dz \equiv \frac{B(x)}{i} \tag{4.57}$$

로 선택할 수 있다.

4.5.2 안장점 적분

이제 $A(x)$와 $B(x)$를 계산하여야 하는데, 임의의 경로를 따라 적분하면 $h(z)$가 매우 빨리 진동하는 함수이기 때문에 이 값을 구하기 어렵다. 그러나 지수의 값이 거의 변하지 않는 "안장점"(saddle point) 주위를 따라 적분을 하면 그 값을 어림하여 구할 수 있다. 이와 같이 빨리 진동하는 함수를 안장점 주위로의 적분으로 변형시켜 적분값을 구하는 방법을 "안장점 적분"(saddle point integration)이라고 한다.

안장점이란 $h(z)$가 점 z에서 한 쪽 방향으로는 극대값을 가지고, 이와 수직인 방향으로는 극소값을 가지는 점이다. 안장점에서는 극대(극소) 값을 가지므로 $\partial h/\partial z = 0$을 만족한다. 따라서 우리가 하고자 하는 적분의 경우 안장점은

$$x + z^2 = 0 \to z_0 = \pm i\sqrt{x} \tag{4.58}$$

를 만족하는 위치에 있다. 이제 식 (4.58)의 근호 안에 있는 x 값이 가질 수 있는 여러 경우에 대해 안장점 적분을 하자. 이때 x가 $\pm\infty$로 접근할 때 적분경로를 다르게 선택해야 하므로, 각각의 경우에 대해 이들을 고려하기로 하겠다.

(1) $x \to \infty$일 경우

$x > 0$일 경우에는 안장점이 $z_0 = \pm i\sqrt{x}$에 있으므로, 이 안장점들은 허수축 위에 있다. 안장점 $z_0 = i\sqrt{x}$에서 함수 $g(z) = e^{h(z)}$의 값은 $g(z_0) = e^{-2x^{3/2}/3}$이다. 변수를

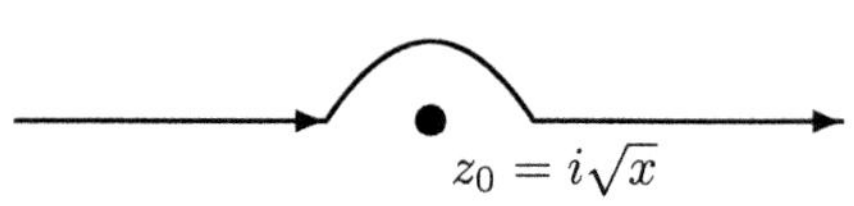

그림 4.7: $x \to \infty$일 때 안장점 $z_0 = ix^{1/2}$ 주위의 적분경로.

바꾸어 $\zeta = z - z_0 = z - i\sqrt{x}$라고 놓으면

$$g(z) = e^{-\frac{2}{3}x^{3/2}} e^{-x^{1/2}\zeta^2} \tag{4.59}$$

으로 쓸 수 있다. 따라서 안장점 근처에서는 $h(z)$를 ζ에 대한 Gauss 함수 형태로 쓸 수 있고, 이 양을 적분하여 유한한 값을 얻으려면 그림 4.7에서처럼 안장점 근처에서 실수축과 평행한 방향으로 적분경로를 택하면 된다. 즉 이 안장점은 실수축 방향에 대해 극대값을 갖는다.

한편 $z_0 = -i\sqrt{x}$에서는 $g(z_0) = e^{2x^{2/3}/3}$이고,

$$g(z) = e^{\frac{2}{3}x^{3/2}} e^{x^{1/2}\zeta^2} = e^{\frac{2}{3}x^{3/2}} e^{-x^{1/2}\xi^2} \tag{4.60}$$

로 쓸 수 있다. 단 여기서 $\xi = i\zeta$이다. 여기서는 $g(z)$를 Gauss 함수의 형태로 만들기 위해 새로운 변수 ξ를 도입하였다. 이 안장점은 허수축 방향에 대해서 극대값을 가진다. 따라서 안장점에서 Gauss 함수의 적분을 구하려면 그림 4.8과 같이 허수축에 평행한 방향으로 적분경로를 택해야 한다.

이상과 같이 안장점 근처에서 함수의 형태를 고려하여 $A(x)$를 계산하여 보자. 점 b에서 점 a까지 $e^{h(z)}$를 적분할 경우에는 허수축의 양의 부분에 있는 안장점을 지나므로 적분경로를 실수축에 평행한 방향으로 잡는다. 한편 $B(x)$를 계산하기 위해 b에서 c, c에서 a로 적분할 경우에는 허수축의 음의 부분에 있는 안장점을 지나므로 허수축에 평행한 방향으로 적분해야 한다. 안장점의 특성을 고려하여 적분경로를 택하여 얻은 계산 결과는 다음과 같다.

$$\begin{aligned} A(x) &= \int_b^a g(z)\,dz = \int_{-\infty}^{\infty} d\zeta e^{-\frac{2}{3}x^{3/2}} e^{-x^{1/2}\zeta^2} = \frac{\sqrt{\pi}}{x^{1/4}} e^{-\frac{2}{3}x^{3/2}}, \\ B(x) &= i\Big(\int_b^c + \int_a^c\Big) g(z)dz = 2i\int_\times g(z)dz \end{aligned}$$

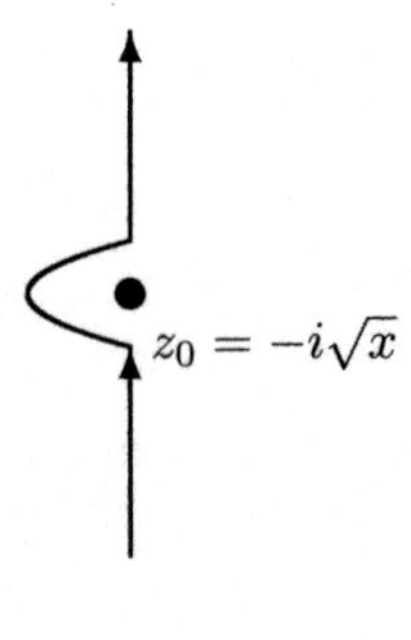

그림 4.8: $x \to \infty$일 때 안장점 $z_0 = -ix^{1/2}$ 주위의 적분경로.

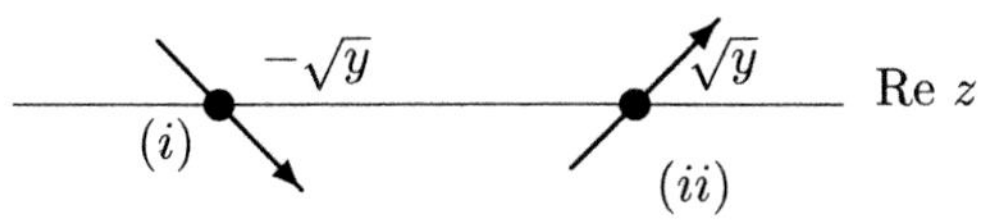

그림 4.9: $x < 0$일 때 각 안장점을 지나는 적분경로.

$$= \quad 2i\int_{-\infty}^{\infty} d\zeta(-i)e^{\frac{2}{3}x^{3/2}}e^{-x^{1/2}\zeta^2} = \frac{2\sqrt{\pi}}{x^{1/4}}e^{\frac{2}{3}x^{3/2}}. \tag{4.61}$$

식 (4.61)에서 $B(x)$를 계산하는 데 나타난 $\int_{\times}$는 음의 허수축 위에 있는 안장점 주위에서의 적분을 Gauss 함수의 적분으로 바꾼 것을 의미한다.

(2) $x \to -\infty$일 경우

이 경우에는 $x = -y$로 놓으면 안장점은 $z_0 = \pm\sqrt{y}$로 쓸 수 있고, 이 안장점들은 실수축 위에 있다. $z_0 = \sqrt{y}$일 때

$$g(z) = e^{-\frac{2}{3}iy^{3/2}}e^{i\sqrt{y}(z-z_0)^2} \tag{4.62}$$

이다. 이 함수를 Gauss 함수의 형태로 만들기 위해 다음과 같은 변수를 도입하자.

$$z - z_0 = e^{i\pi/4}\xi. \tag{4.63}$$

그러면

$$g(z) = e^{-\frac{2}{3}iy^{2/3}}e^{-\sqrt{y}\xi^2} \tag{4.64}$$

로 쓸 수 있다. 마찬가지로 안장점이 $z_0 = -\sqrt{y}$에 있을 경우 $h(z)$를 Gauss 함수의 형태로 만들기 위해서는 $z - z_0 = e^{-i\pi/4}\xi$로 변수를 바꾸면 된다. 이렇게 변수를 바꾸어 Gauss 함수를 만들어 이를 적분하려면, 안장점 주위의 적분경로를 $\pm\pi/4$만큼 회전하여 적분하면 된다. 이러한 안장점과 적분경로를 그림 4.9에 나타내었다. 여기서 적분 경로 (i)과 (ii)는 각각 안장점 $z_0 = \mp\sqrt{y}$를 지날 때, $g(z)$가 안장점 근처에서 Gauss 함수가 되는 경로를 나타낸다.

안장점 (ii)를 지나는 적분의 결과는

$$\text{안장점}(ii) = e^{i\pi/4}e^{-\frac{2}{3}iy^{2/3}}\frac{\sqrt{\pi}}{y^{1/4}} = \text{안장점}(i)^* \tag{4.65}$$

이다. 따라서

$$A(x) = \int_b^a h(z)dz = \text{안장점 } (i) + \text{안장점 } (ii),$$
$$B(x) = i\Big(\int_b^c + \int_a^c\Big)h(z)dz = i\big(\text{안장점 } (i) - \text{안장점}(ii)\big) \qquad (4.66)$$

이다. 이 결과를 다시 쓰면 다음과 같다.

$$A(x) = \frac{2\sqrt{\pi}}{|x|^{1/4}}\cos\Big(\frac{2}{3}|x|^{3/2} - \frac{\pi}{4}\Big),$$
$$B(x) = \frac{2\sqrt{\pi}}{|x|^{1/4}}\sin\Big(\frac{2}{3}|x|^{3/2} - \frac{\pi}{4}\Big). \qquad (4.67)$$

식 (4.61)과 식 (4.67)에서 주어진 바와 같이, WKB 어림방법을 통하여 얻은 선형독립적인 두 개의 파동함수는 안장점의 위치에 따라 지수적으로 증가 또는 감소하는 함수이거나, sine 함수와 cosine 함수처럼 진동하는 함수가 된다. 그리고 지수함수와 sine 함수, cosine 함수 안에 나타나는 x에 대한 의존성을 보면 $x^{2/3}$인 것을 알 수 있다. 더 자세한 내용은 Furry의 논문[2]을 참조하기 바란다.

지금까지의 결과를 요약하면 함수 $A(x)$, $B(x)$는 Airy 방정식

$$\frac{d^2\psi}{d\xi^2} = \xi\psi \qquad (4.68)$$

의 점근해이다. 이 Airy 방정식은 Schrödinger 방정식에서 전환점 근처의 퍼텐셜을 선형화하였을 때 얻어지는 방정식으로 이 방정식의 해가 전환점 근처에서의 파동함수가 된다. 식 (4.61)은 $\xi \gg 0$일 때의 두 개의 독립적인 점근해이고, 식 (4.67)은 $\xi \ll 0$일 때의 점근해이다. 식 (4.68)의 해를 보통 $Ai(\xi)$, $Bi(\xi)$로 표시한다. 다음 절에서는 이들 함수들의 성질과 전환점에서의 경계조건을 이용하여 연결공식을 유도하겠다.

4.6 연결공식의 유도

전환점 근처에서 퍼텐셜을 급수전개하였을 때, 그 일차항의 부호에 따라 연결방식이 다른 연결공식을 사용하였다. 이 절에서는 일차항의 부호가 양수일 경우, 앞에서 언급한 연결공식을 유도하겠다. 일차항의 부호가 음수인 경우의 연결공식은 아래에서 유도한 방법과 비슷한 방법으로 구할 수 있다. (연습문제 8번)

[2] Phys. Rev. **71**, 360 (1947).

퍼텐셜의 일차 미분이 $dV(0)/dx > 0$인 경우, 편의상 전환점이 원점에 있다고 가정하자. 전환점이 임의의 위치 x_0에 있는 경우는 전환점이 원점에 있는 해를 구한 다음, 이 해를 x_0만큼 평행이동시키면 얻을 수 있다. 운동량 함수를 $p(x) = \sqrt{2m(E - V(x))}$로 쓰자. 이 때 WKB 어림방법을 이용한 파동함수는 다음과 같이 쓸 수 있다.

$$\psi(x) \approx \begin{cases} \dfrac{1}{\sqrt{p(x)}}\Big[B\exp\Big(\dfrac{i}{\hbar}\displaystyle\int_x^0 p(x')dx'\Big) + C\exp\Big(\dfrac{-i}{\hbar}\displaystyle\int_x^0 p(x')dx'\Big)\Big], & x < 0 \\ \dfrac{1}{\sqrt{|p(x)|}}D\exp\Big(\dfrac{-1}{\hbar}\displaystyle\int_0^x |p(x')|dx'\Big), & x > 0. \end{cases} \tag{4.69}$$

위의 형태를 얻은 이유는 다음과 같다. $x < 0$인 지역에서는 왼쪽, 오른쪽으로 진행하는 파동이 있을 수 있다. $x > 0$인 지역에서는, 파동함수가 제곱적분 가능하여야 하므로 지수적으로 감소하는 함수만 존재한다. 물론 전환점 $x = 0$에서 파동함수 $\psi(x)$는 발산한다. 그러나 실제로 파동함수는 어디에서도 발산하지 않는다. 따라서 $\psi(x)$가 발산한다는 것은 단지 전환점에서 WKB 어림방법이 전환점 근처에서는 맞지 않는다는 것을 의미할 뿐이다. 하지만 전환점에서의 경계조건이 전환점 좌우에서의 함수들을 연결시키는 조건을 결정한다.

전환점 근처에서 퍼텐셜을 $V(x) \approx E + V'(0)x$로 쓸 수 있다면, 이 때 Schrödinger 방정식은

$$\frac{d^2\psi}{dx^2} = \alpha^3 x\psi(x) \tag{4.70}$$

로 쓸 수 있다. 여기서

$$\alpha^3 = \frac{2mV'(0)}{\hbar^2} \tag{4.71}$$

로 정의되는 양이다. 이제 $z \equiv \alpha x$라고 하자. 그러면 식 (4.70)은

$$\frac{d^2\psi}{dz^2} = z\psi \tag{4.72}$$

로 쓸 수 있다. 이 방정식이 바로 "**Airy 방정식**"이다. 이 방정식의 해는 "**Airy 함수**" $Ai(z)$, $Bi(z)$이다. 이들의 적분표현은 다음과 같다.

$$\begin{aligned} Ai(z) &= \frac{1}{\pi}\int_0^\infty \cos\Big(\frac{s^3}{3} + sz\Big)ds, \\ Bi(z) &= \frac{1}{\pi}\int_0^\infty \Big[e^{-s^3/3+sz} + \sin\Big(\frac{s^3}{3} + sz\Big)\Big]ds. \end{aligned} \tag{4.73}$$

이들의 점근형태를 살펴보자. 우선 $z \gg 0$일 때는

$$Ai(z) \sim \frac{1}{2\sqrt{\pi}z^{1/4}}e^{-\frac{2}{3}z^{3/2}},$$

$$Bi(z) \sim \frac{1}{\sqrt{\pi} z^{1/4}} e^{\frac{2}{3}z^{3/2}} \tag{4.74}$$

이고, $z \ll 0$일 때의 점근형태는

$$\begin{aligned} Ai(z) &\sim \frac{1}{\sqrt{\pi}(-z)^{1/4}} \sin\Big[\frac{2}{3}(-z)^{3/2} + \frac{\pi}{4}\Big], \\ Bi(z) &\sim \frac{1}{\sqrt{\pi}(-z)^{1/4}} \cos\Big[\frac{2}{3}(-z)^{3/2} + \frac{\pi}{4}\Big] \end{aligned} \tag{4.75}$$

이다. 앞 절에서 안장점 적분을 이용하여 구한 함수 $A(z)$, $B(z)$가 바로 이들 Airy 함수의 점근해이다.

전환점 근처에서의 일반해는

$$\psi(x) = aAi(\alpha x) + bBi(\alpha x) \tag{4.76}$$

이다. 여기서 a, b는 상수이다. 우선 $p(x) = \hbar\alpha^{3/2}\sqrt{-x}$인 것을 이용하여, 이를 적분하면

$$\int_0^x |p(x')|\, dx' \approx \hbar\alpha^{3/2} \int_0^x \sqrt{x'}\, dx' = \hbar\frac{2}{3}(\alpha x)^{3/2} \tag{4.77}$$

을 얻는다. 따라서 $x > 0$일 때의 해는

$$\psi(x) \approx \frac{D}{\sqrt{\hbar}\alpha^{3/4} x^{1/4}} e^{-\frac{2}{3}(\alpha x)^{3/2}} \tag{4.78}$$

이다. 한편 식 (4.76)의 점근형태를 이용하면 x가 매우 큰 경우 이 함수를

$$\psi(x) \approx \frac{a}{2\sqrt{\pi}(\alpha x)^{1/4}} e^{-\frac{2}{3}(\alpha x)^{3/2}} + \frac{b}{\sqrt{\pi}(\alpha x)^{1/4}} e^{\frac{2}{3}(\alpha x)^{3/2}} \tag{4.79}$$

로 쓸 수 있다. 따라서 이들 두 식을 비교하면

$$a = \sqrt{4\pi}\hbar\alpha D, \quad b = 0 \tag{4.80}$$

을 얻는다.

이제 $x < 0$인 지역을 살펴보자. 여기서는

$$\int_x^0 p(x')dx' \approx \frac{2}{3}\hbar(-\alpha x)^{3/2} \tag{4.81}$$

이므로

$$\psi(x) \approx \frac{1}{\sqrt{\hbar}\alpha^{3/4}(-x)^{1/4}} \Big[Be^{\frac{2i}{3}(-\alpha x)^{3/2}} + Ce^{-\frac{2i}{3}(-\alpha x)^{3/2}}\Big] \tag{4.82}$$

이 된다. 또 $x \ll 0$ 인 곳에서는

$$\begin{aligned}\psi(x) &\approx \frac{a}{\sqrt{\pi}(-\alpha x)^{1/4}}\sin\Big[\frac{2}{3}(-\alpha x)^{3/2}+\frac{\pi}{4}\Big] \\ &= \frac{a}{\sqrt{\pi}(-\alpha x)^{1/4}}\frac{1}{2i}\Big[e^{i\pi/4}e^{\frac{2i}{3}(-\alpha x)^{3/2}}-e^{-i\pi/4}e^{\frac{-2i}{3}(-\alpha x)^{3/2}}\Big]\end{aligned} \tag{4.83}$$

이므로, 식 (4.82)과 식 (4.83)를 비교하면

$$B=-ie^{i\pi/4}D, \quad C=ie^{-i\pi/4}D \tag{4.84}$$

를 얻는다.

만일 전환점이 $x=x_0$ 에 있다면 WKB 어림방법에 의하면

$$\psi(x)\approx\begin{cases}\dfrac{2D}{\sqrt{p(x)}}\cos\Big[\dfrac{1}{\hbar}\displaystyle\int_x^{x_0}p(x')dx'-\dfrac{\pi}{4}\Big], & x<x_0 \\ \dfrac{D}{\sqrt{|p(x)|}}\exp\Big(-\dfrac{1}{\hbar}\displaystyle\int_{x_0}^{x}\big|p(x')\big|dx'\Big), & x>x_0\end{cases} \tag{4.85}$$

를 얻는다. 전환점에서 $dV/dx<0$ 이거나, 속박상태, 퍼텐셜 장벽일 때에도 마찬가지로 유도할 수 있다. 이는 연습문제로 남겨놓겠다.

연습문제

1. 일차원에서 $x = a$와 $x = -a$에 있는 무한히 높은 퍼텐셜 벽 사이에서 질량 m인 입자가 움직이고 있다. 그 사이에서 퍼텐셜에너지는 $V = -C|x|$이고 C는 양의 상수이다. WKB 어림방법을 이용하여 $E \leq 0$에 해당하는 에너지 고유값을 결정하는 식을 구하여라. 그리고 $E \leq 0$인 에너지 준위가 존재하기 위한 C의 최소값을 구하여라.

2. 본문의 식 (4.35), (4.36), (4.38)을 유도하여라.

3. 다음과 같은 형태의 일차원 퍼텐셜을 고려하자.

$$V = \begin{cases} -\dfrac{e^2}{x}, & x < 0 \\ 0, & x > 0. \end{cases} \tag{4.86}$$

   입자의 에너지는 고전적인 전환점의 위치가 $x = a$가 되도록 주어져 있다. 질량 m인 입자가 $-\infty$에서부터 접근한다고 하자. WKB 어림방법을 이용하여 투과계수를 구하여라.

4. 높이가 V_0이고 폭이 $2a$인 사각형 퍼텐셜 장벽에 있는 입자에 대하여

$$V_0 - E \gg \frac{\hbar^2}{ma^2} \tag{4.87}$$

   의 극한에서 투과계수를 구하여라.

5. 퍼텐셜 $V(x)$가 그림 4.10에 나타난 것처럼 임의의 천천히 변하는 퍼텐셜 장벽이라고 하자. 입사된 입자의 에너지 E가 $0 < E < V_{\max}$ 사이에 있을 때 투과계수의

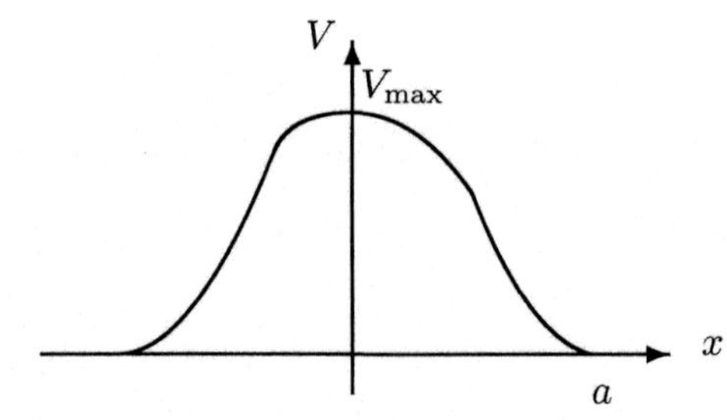

그림 4.10: 최대 높이가 $V_{\max}$이고 폭이 대략 $2a$인 퍼텐셜 장벽.

형태를 구하여라. 단 $\hbar^2/ma^2 \ll V_{\max} - E$이다. 이 결과를 위의 문제 4번과 비교하여라.

6. 질량 m인 입자가 퍼텐셜 안에 있다. 이 퍼텐셜은 $x = 0$에서 $-V_0$이고 x의 일차식으로 변하다가 $x = \pm a$에서는 0이고 $|x| > a$에서는 계속 0이다. WKB 어림방법을 이용하여 모든 속박상태의 에너지 준위를 구하여라.

7. 중심력퍼텐셜에 대한 지름 방향의 Schrödinger 방정식에 WKB 어림방법을 적용하자. $r = 0$에서 $r = \infty$까지 단순증가하는 인력형 퍼텐셜 $[V(\infty) = 0]$이 있을 때, s 상태에 있는 속박상태에 대한 양자화 조건은

$$2\int_0^a \sqrt{2\mu(E - V)}\, dr = (N + \frac{3}{4})h \tag{4.88}$$

임을 증명하여라. 여기서 a는 고전적인 전환점의 지름좌표이다.

이 양자화 조건을 살펴보면, r이 클 때 $r^{-n}(n > 2)$처럼 변하는 인력형 퍼텐셜의 경우에는 무한히 많은 해가 존재함을 증명하여라.

8. 전환점에서 $dV/dx < 0$인 경우에 연결공식을 유도하여라.

9. 일차원 퍼텐셜이 다음과 같이 주어져 있다.

$$V(x) = -\frac{\hbar^2 a^2}{m}\operatorname{sech}^2(ax). \tag{4.89}$$

여기서 a는 양의 상수이다.

(가) 이 퍼텐셜에서는 속박상태가 존재하며 그 파동함수는

$$\psi_0(x) = A\ \operatorname{sech}(ax) \tag{4.90}$$

의 형태를 가짐을 보여라. 이 때 에너지 고유값과 규격화상수 A를 구하여라.

(나) 위의 퍼텐셜에 대하여 WKB 어림방법을 사용하여 가능한 속박상태의 에너지 값을 구하고, (가)에서 얻은 정확한 값과 비교하여라.

제 5 장

각운동량

고전적으로 정의된 궤도각운동량 $\mathbf{L} = \mathbf{r} \times \mathbf{p}$는 양자역학에서는 이에 대응하는 연산자로 정의한다. 각운동량의 각 성분은 다음과 같다.

$$L_x = yp_z - zp_y, \; L_y = zp_x - xp_z, \; L_z = xp_y - yp_x. \tag{5.1}$$

양자역학에서 고전적인 물리량을 연산자로 바꿀 경우 교환자로 인해 나타나는 양을 걱정할 수도 있지만, 각운동량 연산자에서 나타나는 x, y, z와 p_x, p_y, p_z의 결합은 서로 교환되므로, 이들 곱의 순서를 걱정할 필요는 없다.

양자역학에서 각운동량 연산자는 Hermitian 연산자이고 ($\mathbf{L} = \mathbf{L}^\dagger$) 다음과 같은 관계를 만족한다.

$$[L_i, L_j] = i\hbar\epsilon_{ijk}L_k. \tag{5.2}$$

식 (5.2)에서는 Einstein 관습을 사용하여, 같은 지표가 두 번 나오면 이 지표에 대한 모든 가능한 값을 더하는 것으로 정의한다. 이 경우 i, j, k는 1, 2, 3(혹은 x, y, z)의 값을 갖는다. 그리고 ϵ_{ijk}는 Levi-Civita 기호로 (ijk)가 (123) 혹은 이의 순환치환(cyclic permutation)인 경우에는 1, (132)의 순환치환일 때는 -1, 그 밖의 경우에는 0으로 정의한다. 각운동량 연산자와 운동량연산자 $\mathbf{p}$, 위치연산자 $\mathbf{r}$과의 교환관계는

$$[L_i, p_j] = i\hbar\epsilon_{ijk}p_k, \quad [L_i, r_j] = i\hbar\epsilon_{ijk}r_k \tag{5.3}$$

를 만족한다. 각운동량 연산자는 연산자들을 회전시킬 때 이 연산자들이 어떻게 변환하는가에 따라 분류하는 데 사용된다. 예를 들어 p_j, r_j 연산자처럼 어떤 세 연산자들의 집합 $\mathcal{O}_j (j = 1, 2, 3)$가 각운동량 연산자와의 교환관계 $[L_i, \mathcal{O}_j] = i\hbar\epsilon_{ijk}\mathcal{O}_k$를 만족하면, 이때 연산자 $\mathcal{O}_i$를 "벡터 연산자"라고 한다. 이 정의에 의하면 각운동량 연산자 L_i, 운동량연산자 p_i, 그리고 위치연산자 r_i는 모두 벡터 연산자이다. 이에 대한 자세한 논의는

18장에서 하게 될 것이다.

5.1 회전

5.1.1 미소회전

선운동량 연산자는 미소이동(infinitesimal translation)을 만들어 내는 연산자이듯이, 각운동량 연산자는 미소회전(infinitesimal rotation)을 만들어 내는 연산자이다. 이를 보기 위해 $\mathbf{r}$ 벡터를 z축 주위로 $\delta\phi$만큼 미소회전을 시키는 경우를 생각해보자. 이 미소회전에 의하여 벡터 $\mathbf{r}$이 $\mathbf{r} \to \mathbf{r} + \delta\mathbf{r}$ 로 변화하였다고 하자. 여기서 $\delta\mathbf{r}$은 $\delta\mathbf{r} = \delta\phi\ \hat{\mathbf{z}} \times \mathbf{r}$이다. 이러한 회전을 그림 5.1에 나타내었다.

이때 이러한 미소변화에 의해 일어나는 함수 $f(\mathbf{r})$의 변화량은

$$\begin{aligned} f(\mathbf{r}+\delta\mathbf{r}) &= f(\mathbf{r}) + \delta\mathbf{r}\cdot\nabla f(\mathbf{r}) = f(\mathbf{r}) + \delta\phi(\hat{\mathbf{z}}\times\mathbf{r})\cdot\nabla f(\mathbf{r}) \\ &= f(\mathbf{r}) + \delta\phi\ \hat{\mathbf{z}}\cdot(\mathbf{r}\times\nabla) f(\mathbf{r}) = f(\mathbf{r}) + \frac{i}{\hbar}\delta\phi L_z f(\mathbf{r}) \end{aligned} \tag{5.4}$$

이다. 이제 연산자 L_z를 다음과 같이 정의하자.

$$L_z f = \frac{\hbar}{i}\lim_{\delta\phi\to 0}\frac{f(\mathbf{r}+\delta\mathbf{r}) - f(\mathbf{r})}{\delta\phi}. \tag{5.5}$$

이와 같이 z 축 주위로 미소회전을 한 경우 그 변화량은 어떤 함수에 연산자 L_z를 작용한 양으로 표현할 수 있다. 이 때 L_z는 회전을 만들어내는 연산자라고 한다. 이를 일반화하면 각운동량 연산자 $\mathbf{L}$은 임의의 방향에 대한 미소회전을 만들어내는 연산자이다. 유한한 각도만큼 회전하려면 이와 같은 미소회전을 여러 번 반복하면 된다.

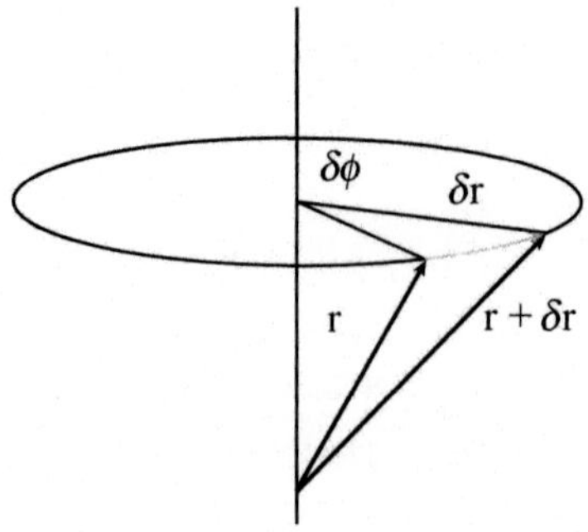

그림 5.1: z축을 주위로 $\delta\phi$만큼 회전한 경우.

참고로 각운동량 연산자를 구면극좌표계에서 표시하면 다음과 같다.

$$\begin{aligned} L_x &= \frac{\hbar}{i}\Big(-\sin\phi\frac{\partial}{\partial\theta} - \cos\phi\cot\theta\frac{\partial}{\partial\phi}\Big), \\ L_y &= \frac{\hbar}{i}\Big(\cos\phi\frac{\partial}{\partial\theta} - \sin\phi\cot\theta\frac{\partial}{\partial\phi}\Big), \\ L_z &= \frac{\hbar}{i}\frac{\partial}{\partial\phi}. \end{aligned} \tag{5.6}$$

5.1.2 유한한 회전

다음과 같이 unitary 연산자를 정의하자.

$$U(\lambda, \hat{\mathbf{n}}) = e^{-i\lambda\hat{\mathbf{n}}\cdot\,\mathbf{L}/\hbar}. \tag{5.7}$$

이 때 U를 임의의 함수에 작용하면, 그 결과는 단위벡터 $\hat{\mathbf{n}}$의 방향으로 좌표축을 λ만큼 유한한 회전을 시킨 변환이 된다. 이를 보기 위해 $\hat{\mathbf{n}} = \hat{\mathbf{z}}$로 놓아보자. 그러면

$$U(\lambda, \hat{\mathbf{z}}) = \exp\Big(-i\frac{\lambda}{\hbar}\frac{\hbar}{i}\frac{\partial}{\partial\phi}\Big) = \exp(-\lambda\partial/\partial\phi) \tag{5.8}$$

이다. 이를 임의의 함수 $f(r,\theta,\phi)$에 적용하면

$$e^{-\lambda(\partial/\partial\phi)}f(r,\theta,\phi) = f(r,\theta,\phi) - \lambda\frac{\partial}{\partial\phi}f + \frac{\lambda^2}{2}\frac{\partial^2}{\partial\phi^2}f + \cdots = f(r,\theta,\phi-\lambda) \tag{5.9}$$

가 된다. 그러므로 식 (5.7)은 z축을 중심으로 각도 λ만큼 회전시킨 변환을 나타낸다.

연산자 A가 "스칼라 연산자"이면, 이 연산자는 회전에 대해 변하지 않으므로, A를 임의의 파동함수 ψ에 작용한 양을 회전시키면

$$U(\lambda, \hat{\mathbf{n}})A\psi = AU(\lambda, \hat{\mathbf{n}})\psi \tag{5.10}$$

이 성립한다. 이 관계는 임의의 ψ에 대해 성립하므로, 작용하는 함수와는 독립적인 연산자 관계로서 $UA = AU$, 즉 $UAU^{-1} = A$인 관계가 성립한다. 이제 $\lambda \to 0$인 극한으로 보내면

$$U = 1 - \frac{i\lambda}{\hbar}\hat{\mathbf{n}}\cdot\mathbf{L} \tag{5.11}$$

이다. 연산자 A가 스칼라 연산자이기 때문에 만족하는 $[U, A] = 0$의 관계를 λ의 일차항

까지 구하면 $[\hat{\mathbf{n}}\cdot\mathbf{L}, A] = 0$이 성립하고, 이 관계는 임의의 $\hat{\mathbf{n}}$에 대해 성립하므로

$$[\mathbf{L}, A] = 0, \ A\text{가 스칼라 연산자인 경우} \tag{5.12}$$

이 성립한다. 다시 말하면 식 (5.12)는 스칼라 연산자 A를 정의하는 식이 된다.

벡터 연산자 $\mathbf{A}$는 회전에 대해 스칼라 연산자보다는 복잡하게 변환한다. 벡터 연산자의 성분 A_i를 임의의 파동함수 ψ에 작용한 양에 대해, 식 (5.7)에서 정의한 유한한 회전을 시키는 변환을 하면

$$U(\lambda, \hat{\mathbf{n}})A_i\psi(\mathbf{r}) = \sum_j R_{ji}(\lambda, \hat{\mathbf{n}})A_j U(\lambda, \hat{\mathbf{n}})\psi(\mathbf{r}) \tag{5.13}$$

이 된다. 여기서 R_{ji}는 위치 벡터 $\mathbf{r}$을 $\hat{\mathbf{n}}$ 주위로 λ만큼 회전한 것을 나타내는 3×3 행렬이다. 이를 연산자들 사이의 관계로 나타내면

$$U(\lambda, \hat{\mathbf{n}})A_i U^{-1}(\lambda, \hat{\mathbf{n}}) = \sum_j R_{ji}A_j \tag{5.14}$$

이다. 여기서도 $\lambda \to 0$으로 접근시켜 λ의 일차항까지 구하여 $\mathbf{L}$과 A_i 사이의 관계를 구하면 $[L_i, A_j] = i\hbar\epsilon_{ijk}A_k$를 만족한다. 이 관계식이 바로 벡터연산자에 대한 정의식이다. 이러한 관계가 성립하는지를 자세히 알아보기 위해 다음의 예제를 살펴보자.

예제 5.1 z 축을 중심으로 λ만큼 회전한 경우

$\mathbf{r}$ 벡터가 위의 회전을 할 때 이러한 변환을 나타내는 R 행렬은 다음과 같이 주어진다.

$$R(\lambda, \hat{\mathbf{z}}) = \begin{pmatrix} \cos\lambda & -\sin\lambda & 0 \\ \sin\lambda & \cos\lambda & 0 \\ 0 & 0 & 1 \end{pmatrix}. \tag{5.15}$$

여기서 $\lambda \to 0$일 때

$$R(\lambda, \hat{\mathbf{z}}) = 1 - \begin{pmatrix} 0 & \lambda & 0 \\ -\lambda & 0 & 0 \\ 0 & 0 & 0 \end{pmatrix} + \mathcal{O}(\lambda^2) \tag{5.16}$$

이 된다. ♣

회전에 대한 미소회전 $U = 1 - i\lambda/\hbar L_z$를 이용하면

$$[L_z, A_x] = i\hbar A_y, \ [L_z, A_y] = -i\hbar A_x, \ [L_z, A_z] = 0 \tag{5.17}$$

의 교환관계를 만족한다. 일반적으로 임의의 연산자 **A**에 대하여

$$[L_i, A_j] = i\hbar\epsilon_{ijk}A_k \tag{5.18}$$

를 만족하는 연산자 **A**는 벡터연산자이다. 벡터연산자로는 예를 들어 위치연산자 **r**, 운동량 연산자 **p**, 각운동량 연산자 **L** 등이 있다.

정리 5.1 *A*가 벡터 연산자이면 A^2는 스칼라 연산자이다.

증명: 항상 성립하는 관계식

$$[A, BC] = [A, B]C + B[A, C] \tag{5.19}$$

를 이용하면

$$[L_i, A_jA_j] = i\hbar\epsilon_{ijk}(A_kA_j + A_jA_k) = 0 \tag{5.20}$$

이 된다. 식 (5.20)에서 마지막 관계는 $A_kA_j + A_jA_k$는 j, k를 교환하는 것에 대해 대칭이고, ϵ_{ijk}는 j, k를 바꾸는 것에 대해 반대칭이기 때문에 이들을 서로 곱하면 0이 된다는 사실을 이용하였다. (증명끝) ♣

구면대칭성을 갖는 계의 해밀토니안 H는

$$[\mathbf{L}, H] = 0, \ [L^2, H] = 0 \tag{5.21}$$

을 만족하고, 또 $[L^2, L_z] = 0$이므로 H, L^2, L_z의 동시 고유함수가 존재한다. L^2, L_z의 동시적 고유함수를 $\psi_{\alpha lm}$이라 하고, 이들의 해당하는 양자수를 각각 l, m이라고 할 때

$$L_z\psi_{\alpha lm} = m\hbar\psi_{\alpha lm}, \ L^2\psi_{\alpha lm} = l(l+1)\hbar^2\psi_{\alpha lm} \tag{5.22}$$

로 쓸 수 있다. 여기서 α는 $\mathbf{L}^2$, L_z의 양자수를 제외한 에너지, 혹은 그 이외의 양자수를 나타낸다. 이후로는 각운동량의 고유함수만을 고려하므로 양자수 α는 쓰지 않고 ψ_{lm}으로만 쓰도록 하겠다. 이제 이들 양자수 l, m이 어떤 값을 가질 수 있는지 고려해보자.

주목할 것은 식 (5.22)의 고유값의 형태는 이미 특별한 형태를 가정하고 있는 것처럼 보이지만 사실은 그렇지 않다는 것이다. 우선 $\hbar$는 각운동량의 차원을 가지고 있으므로 $\hbar$와 $\hbar^2$이 각각 L_z와 L^2의 고유값에 포함되어 있으면, 나머지 값들 m과 $l(l+1)$은 차원이 없는 수이다. L_z는 Hermitian 연산자이므로, m은 실수이라는 조건 이외에는 어떤 조건도 없는 임의의 값이다. 한편 L^2는 항상 0 이상인 연산자이므로 고유값이 0 이상이기만 하면 되므로, $l(l+1) \geq 0$을 만족하기만 하면 된다. 이들 m값과 l값이 어떤 값들을 가질 수 있는지 다음 절에서 살펴볼 것이다.

5.2 사다리 연산자

각운동량을 나타내는 양자수 l, m이 가질 수 있는 값을 알아보기 위해 다음의 연산자를 정의하자.

$$L_\pm = L_x \pm iL_y. \tag{5.23}$$

물론 이 연산자는 Hermitian 연산자가 아니다. 하지만 각운동량에 대한 분석을 할 때, 이들은 매우 유용한 연산자들이다. 우선 $L_\pm$과 L_z의 교환관계를 계산하면

$$[L_z, L_\pm] = \pm\hbar L_\pm,\ [L_+, L_-] = 2\hbar L_z,\ L_+^\dagger = L_- \tag{5.24}$$

이다. 이 관계를 이용하여 $L_\pm\psi_{lm}$의 성질을 살펴보자.

$$L_z(L_+\psi_{lm}) = (L_+L_z + \hbar L_+)\psi_{lm} = (m+1)\hbar(L_+\psi_{lm}) \tag{5.25}$$

이므로, $L_+\psi_{lm}$ 역시 L_z의 고유함수이고, 그 고유값은 $(m+1)\hbar$로 ψ_{lm}과 비교하면 L_z의 고유값은 $\hbar$만큼 증가하였다. 또한 L^2는 스칼라 연산자이므로 L_x, L_y와 교환한다. 또한 이들의 선형결합인 $L_\pm$와도 교환한다. 따라서

$$L^2(L_+\psi_{lm}) = l(l+1)\hbar^2(L_+\psi_{lm}) \tag{5.26}$$

이므로 $L_+\psi_{lm}$은 L^2의 고유함수이고, 그 고유값은 $l(l+1)\hbar^2$이다. 따라서 $L_+\psi_{lm}$의 L^2에 대한 고유값은 변하지 않는다.

같은 방법으로 계산하여 보면 $L_-\psi_{lm}$은 L_z, L^2의 고유함수이고 그 고유값들은 각각 $(m-1)\hbar$, $l(l+1)\hbar^2$임을 알 수 있다. 이러한 성질에 의해 이들 연산자 $L_\pm$를 "사다리 연산자"(ladder operator)라고 한다. 특히 L_+를 "올림 연산자"(raising operator), L_-를 "내림 연산자"(lowering operator)라고 한다. 이들 사다리 연산자들 사이에는 다음과 같은 관계가 성립한다.

$$\begin{aligned} L^2 &= L_z^2 + \frac{1}{2}(L_+L_- + L_-L_+), \\ L_-L_+ &= L^2 - L_z^2 - \hbar L_z, \\ L_+L_- &= L^2 - L_z^2 + \hbar L_z. \end{aligned} \tag{5.27}$$

고유함수 ψ_{lm}이 규격화되어 있다면 ($\langle\psi_{lm}|\psi_{lm}\rangle = 1$), $L_\pm\psi_{lm}$의 규격화는 식 (5.27)

을 이용하여 결정할 수 있다. 즉

$$\begin{aligned}\langle L_+\psi_{lm}|L_+\psi_{lm}\rangle &= \langle\psi_{lm}|L_-L_+|\psi_{lm}\rangle = \langle\psi_{lm}|L^2 - L_z^2 - \hbar L_z|\psi_{lm}\rangle \\ &= \hbar^2[l(l+1) - m(m+1)] \geq 0 \end{aligned} \tag{5.28}$$

이므로, 여기서 $L_+\psi_{lm}$ 의 규격화를 결정할 수 있다. 식 (5.28) 의 둘째 줄로 넘어가는 과정에서 식 (5.27) 을 이용하였다. 그리고 마지막 식을 얻을 때에는 ψ_{lm} 이 규격화되어 있다는 사실을 이용하였다. 규격화 상수를 결정하기 전에 우선 l, m 이 가질 수 있는 값들의 범위를 구해보자. 식 (5.28) 의 값이 0 이상이라는 사실 때문에

$$l(l+1) \geq m(m+1) \tag{5.29}$$

을 만족해야 한다. 따라서 만일 주어진 l, m 에 대해 $L_+\psi_{lm} = 0$ 이 성립한다면, 양자수 l, m 사이에는 $l(l+1) = m(m+1)$ 의 관계가 성립해야 한다.

마찬가지 방법으로 $L_-\psi_{lm}$ 에 대해 계산하면

$$\begin{aligned}\langle L_-\psi_{lm}|L_-\psi_{lm}\rangle &= \langle\psi_{lm}|L_+L_-|\psi_{lm}\rangle = \langle\psi_{lm}|L^2 - L_z^2 + \hbar L_z|\psi_{lm}\rangle \\ &= \hbar^2[l(l+1) - m(m-1)] \geq 0 \end{aligned} \tag{5.30}$$

을 얻는다. 그러므로 $l(l+1) \geq m(m-1)$ 이 만족되어야 한다. 또 주어진 l, m 에 대해 $L_-\psi_{lm} = 0$ 이라면, $m(m-1) = l(l+1)$ 이어야 한다. 따라서 m 값은 최소값 m_{min} 과 최대값 m_{max} 를 가지고, m_{max} 는

$$L_+\psi_{lm_{\text{max}}} = 0 \tag{5.31}$$

을 만족해야 한다. 그러므로 $m_{\text{max}}(m_{\text{max}}+1) = l(l+1)$ 이 성립해야 하고 따라서 m_{max} 은 l 또는 $-(l+1)$ 이어야 한다. 마찬가지로

$$L_-\psi_{lm_{\text{min}}} = 0 \tag{5.32}$$

이 만족되려면 $m_{\text{min}}(m_{\text{min}}-1) = l(l+1)$ 이 성립해야 하므로 m_{min} 은 $l+1$ 또는 $-l$ 이다. 이러한 결과를 종합하면 $l < 0$ 일 때는 $m_{\text{max}} = -l-1$, $m_{\text{min}} = l+1$ 이고 $l \geq 0$ 일 때는 $m_{\text{max}} = l$, $m_{\text{min}} = -l$ 이다. 어떠한 l 값을 선택하더라도 그 때 가질 수 있는 m 의 스펙트럼은 수치적으로 동일하다. 이제부터 편의상 l 값을 0 이상인 수로 정하자. 이 경우에는

$$m_{\text{max}} = l, \ m_{\text{min}} = -l \tag{5.33}$$

로 주어진다.

주어진 l 값에 대해 가능한 모든 m 값을 가지는 파동함수를 구하려면 먼저 파동함수 $\psi_{lm_{\rm min}}$ 을 알면 된다. 그리고 이 파동함수 $\psi_{lm_{\rm min}}$ 에 올림 연산자 L_+ 를 계속 작용하면 $m = -l, -l+1, \cdots, l$ 의 모든 값에 대한 파동함수를 얻게 된다. 이 때 가능한 상태의 수는 $2l+1$ 이고, 이 값은 1 이상인 정수이어야 하므로 l 은 정수 또는 반정수(half-integer) 이어야 한다. 그리고 m 은 l 이 정수(반정수) 일 때는 정수(반정수)의 값을 갖는다. 물론 $\psi_{lm_{\rm max}}$ 를 구하여 내림 연산자 L_- 를 연속적으로 작용하여도 모든 m 값에 대한 파동함수를 구할 수 있다.

5.3 궤도각운동량의 고유함수

이제 궤도각운동량에 대한 좌표공간에서의 표현을 이용하여 $\mathbf{L}^2$ 와 L_z 의 고유함수를 구면극좌표계에서 구체적으로 구해보자. $L_z = (\hbar/i)\partial/\partial\phi$ 인 것을 이용하면 $L_z\psi_{lm} = m\hbar\psi_{lm}$ 이므로

$$\psi_{lm}(r,\theta,\phi) = \psi_{lm}(r,\theta)e^{im\phi} \tag{5.34}$$

의 형태를 갖는다. 파동함수는 한 점에서 한 개의 값만을 가지므로, 한 바퀴를 돌리는 $\phi \to \phi + 2\pi$ 의 변환에 대해 같은 값을 가져야 한다. 즉

$$\psi(r,\theta,\phi+2\pi) = e^{2im\pi}\psi(r,\theta,\phi) = \psi(r,\theta,\phi) \tag{5.35}$$

를 만족해야 한다. 그러므로 m 은 정수여야 하고, l 또한 정수여야 한다. 그리고 m 은 주어진 l 값에 대해 $(2l+1)$ 의 가능한 값이 있다. 이제 지름변수 r 을 고정하면

$$\psi_{lm} = \alpha Y_{lm}(\theta,\phi) \tag{5.36}$$

로 쓸 수 있다. 이때 $Y_{lm}(\theta,\phi)$ 를 "구면조화함수"(spherical harmonics)라고 한다. 이 함수는 주어진 l, m 값에 대하여 유일하게 정의할 수 있다. (연습문제 3번 참조.) 이제 규격화 조건을

$$\int d\Omega\, |Y_{lm}|^2 = 1 \tag{5.37}$$

이 되도록 Y_{lm} 을 정하겠다. 여기서 적분

$$\int d\Omega = \int_0^{2\pi} d\phi \int_0^{\pi} d\theta \sin\theta \tag{5.38}$$

은 모든 입체각에 대한 적분이다.

구면조화함수 Y_{lm} 은 L^2 와 L_z 의 고유함수로

$$\mathbf{L}^2 Y_{lm} = l(l+1)\hbar^2 Y_{lm}, \ \ L_z Y_{lm} = m\hbar Y_{lm} \tag{5.39}$$

을 만족한다. 여기서 $l \geq 0$ 이고, $|m| \leq l$ 이다. 구면조화함수 Y_{lm} 이 만족하는

$$\int d\Omega \, Y^*_{lm} Y_{l'm'} = \delta_{ll'}\delta_{mm'} \tag{5.40}$$

의 직교 성질과, Y_{lm} 이 주어진 l, m 에 대해 유일하게 하나만 존재한다는 성질과 함께 $\mathbf{L}^2$, L_z 가 자기수반(self-adjoint) 연산자인 사실을 고려하면, Y_{lm} 으로 이루어진 함수들의 집합은 완전집합을 이룬다는 것을 알 수 있다. 즉

$$\sum_{lm} Y^*_{lm}(\theta,\phi) Y_{lm}(\theta',\phi') = \delta^{(2)}(\hat{\mathbf{r}} - \hat{\mathbf{r}}') \tag{5.41}$$

을 만족한다. 여기서 $\delta^{(2)}(\hat{\mathbf{r}} - \hat{\mathbf{r}}') = \delta(\phi - \phi')\delta(\cos\theta - \cos\theta')$ 으로 주어지는 이차원 델타함수이다. 이러한 이차원 델타함수는 각도만에 의존하는 임의의 함수 $g(\hat{\mathbf{r}})$ 에 대해

$$\int g(\hat{\mathbf{r}})\delta^{(2)}(\hat{\mathbf{r}} - \hat{\mathbf{r}}')d\Omega = g(\hat{\mathbf{r}}') \tag{5.42}$$

을 만족한다. 따라서 임의의 함수 $f(\theta,\phi)$ 는 Y_{lm} 의 일차선형결합으로 나타낼 수 있다.

$$f(\theta,\phi) = \sum_{lm} a_{lm} Y_{lm}(\theta,\phi). \tag{5.43}$$

여기서 계수 a_{lm} 은 다음과 같이 주어진다.

$$a_{lm} = \int d\Omega Y^*_{lm}(\theta,\phi) f(\theta,\phi). \tag{5.44}$$

구면조화함수 Y_{lm} 이 θ 와 ϕ 에 어떻게 의존하는지를 보기 위해 우선 l 이 고정되어 있는 경우인 $Y_{l,m=-l}$ 부터 고려하자. 이 함수의 방위각 ϕ 에 대한 의존성은, L_z 의 고유값이 $-l\hbar$ 이므로, $e^{-il\phi}$ 의 형태를 갖는다는 것을 쉽게 알 수 있다. 따라서 우리는 Y_{lm} 의 θ 에 대한 의존성만 구하면 된다. 일반적으로

$$Y_{l,-l} = f_{l,-l}(\theta)e^{-il\phi} = \tilde{g}_{l,-l}(\cos\theta)e^{-il\phi} = g_{l,-l}\left(\frac{z}{r}\right)\frac{(x-iy)^l}{r^l} \tag{5.45}$$

로 쓸 수 있다. 여기서 $\tilde{g}_{l,-l}(\cos\theta)$ 와 $g_{l,-l}(z/r)$ 는 편의상 θ 만의 함수를 이와 같이 표현한 것이다. 식 (5.45) 의 마지막 항은 위치 벡터 $\mathbf{r}$ 을 구면좌표계로 썼을 때 $x = r\sin\theta\cos\phi$,

$y = r\sin\theta\sin\phi$이므로 x, y를 이용하여 $e^{-il\phi}$를 표현한 것이다. 즉 $(x-iy)^l/r^l = \sin^l\theta e^{-il\phi}$이다.

$Y_{l,-l}$은 L_z의 고유함수이고, $-l$은 m의 최소값이므로

$$L_-Y_{l,-l} = 0,\ L_zY_{l,-l} = -\hbar lY_{l,-l} \tag{5.46}$$

을 만족한다. 또 $Y_{l,-l}$은 $\mathbf{L}^2$의 고유함수이므로

$$L^2Y_{l,-l} = \hbar^2 l(l+1)Y_{l,-l} \tag{5.47}$$

을 만족한다. 식 (5.45)에 있는 $g_{l,-l}(z/r)$을 결정하기 위해 $L_-Y_{l,-l} = 0$인 관계를 이용하자. 우선 $L_-(x-iy)^l = 0$인 것을 알 수 있다. 왜냐하면

$$L_x(x-iy)^l = -\frac{\hbar}{i}z\frac{\partial}{\partial y}(x-iy)^l = iL_y(x-iy)^l \tag{5.48}$$

이기 때문이다.($L_i = \epsilon_{ijk}r_jp_k$) 한편 L_-를 g에 작용하면

$$L_-g(\frac{z}{r}) = \hbar\frac{x-iy}{r}g'(\frac{z}{r}) \tag{5.49}$$

이다. 여기서 $g'(z/r)$에 나타난 "′"은 괄호 안에 있는 변수에 대해 미분한 것을 의미한다. 식 (5.48)과 (5.49)를 종합하면

$$L_-\Big(g(\frac{z}{r})\frac{(x-iy)^l}{r^l}\Big) = \hbar\frac{(x-iy)^{l+1}}{r^{l+1}}g'(\frac{z}{r}) = 0 \tag{5.50}$$

을 얻는다. 이 관계가 임의의 x, y, z에 대해 성립하려면, g는 $\cos\theta = z/r$에 무관한 함수이어야 한다. 즉 $g'(z/r) = 0$이다. 그러므로

$$Y_{l,-l} = 상수 \times \frac{(x-iy)^l}{r^l} = 상수 \times \sin^l\theta e^{-il\phi} \tag{5.51}$$

의 형태를 갖는다. 여기서 상수를 규격화 조건 $\int d\Omega\,|Y|^2 = 1$의 조건에서 구하면

$$|상수| = \sqrt{\frac{2l+1}{4\pi}} \tag{5.52}$$

가 되고, 관습에 따라 이 상수는 양수로 정한다. 따라서

$$Y_{l,-l} = \sqrt{\frac{2l+1}{4\pi}}\frac{(x-iy)^l}{r^l} = \sqrt{\frac{2l+1}{4\pi}}\sin^l\theta e^{-il\phi} \tag{5.53}$$

를 얻게 된다.

m값이 최소값 $-l$ 이외의 값을 가질 때의 고유함수 Y_{lm}을 구하기 위해서 다음을 살펴보자. 우선

$$|L_\pm Y_{lm}|^2 = \hbar^2\Big(l(l+1) - m(m\pm 1)\Big)|Y_{l,m\pm 1}|^2 \tag{5.54}$$

이므로

$$Y_{l,m+1} = \frac{L_+ Y_{lm}}{\hbar\sqrt{l(l+1) - m(m+1)}} \tag{5.55}$$

으로 정할 수 있다. 또한

$$Y_{l,m-1} = \frac{L_- Y_{lm}}{\hbar\sqrt{l(l+1) - m(m-1)}} \tag{5.56}$$

인 것도 확인할 수 있을 것이다. 이때 앞에 붙어있는 크기가 1인 임의의 상수는 관습적으로 1을 택하였다. 만일 ψ_{lm}이 $L^2\psi_{lm} = \hbar^2 l(l+1)\psi_{lm}$을 만족하면 ψ_{lm} = 상수 $\times\, Y_{lm}$이고, 이러한 구면조화함수 Y_{lm}은 유일하게 결정된다.

구면조화함수의 처음 몇 개항을 써보면 다음과 같다.

$$\begin{aligned}
Y_{00} &= \frac{1}{\sqrt{4\pi}},\\
Y_{10} &= \sqrt{\frac{3}{4\pi}}\cos\theta = \sqrt{\frac{3}{4\pi}}\frac{z}{r},\\
Y_{1,\pm1} &= \mp\sqrt{\frac{3}{8\pi}}e^{\pm i\phi}\sin\theta = \mp\sqrt{\frac{3}{8\pi}}\frac{x\pm iy}{r},\\
Y_{20} &= \sqrt{\frac{5}{16\pi}}(3\cos^2\theta - 1) = \sqrt{\frac{5}{16\pi}}\frac{3z^2 - r^2}{r^2},\\
Y_{2,\pm1} &= \mp\sqrt{\frac{15}{8\pi}}e^{\pm i\phi}\cos\theta\sin\theta = \mp\sqrt{\frac{15}{8\pi}}\frac{(x\pm iy)z}{r^2},\\
Y_{2,\pm2} &= \sqrt{\frac{15}{32\pi}}e^{\pm 2i\phi}\sin^2\theta = \sqrt{\frac{15}{32\pi}}\frac{(x\pm iy)^2}{r^2}.
\end{aligned} \tag{5.57}$$

위 식에서 나타난 상수는 규격화 조건에 의해서 각각 구할 수 있다.

더 일반적으로 Y_{lm}의 성질을 살펴보자. $r^l Y_{l,-l}$은 x, y, z의 l차의 동차식이다. 한편 올림 연산자 L_+는 이 동차식의 형태를 그대로 유지한다. 그러므로 올림 연산자를 계속 적용하여 얻은 $r^l Y_{lm}$은 x, y, z에 대한 l차의 동차식이다. 또 Y_{lm}은 x/r, y/r, z/r의 l차의 동차식이다. 따라서 일반적으로

$$Y_{lm} = \text{상수} \times e^{im\phi}(\sin\theta)^{|m|}Q_{lm}(\cos\theta) \tag{5.58}$$

로 쓸 수 있고, 여기서 Q_{lm}은 $l-|m|$차의 다항식이다. 이 함수는 $l-|m|$이 짝수(홀수)일 경우 우(기)함수이다.

한편 임의의 함수 $f(\mathbf{r})$에 대해 $Pf(\mathbf{r}) = f(-\mathbf{r})$로 정의하는 반전성 연산자(parity operator) P는

$$[P, L_z] = 0, \ [P, L^2] = 0, \ [P, L_\pm] = 0 \tag{5.59}$$

을 만족하므로, Y_{lm}은 반전성과 각운동량에 대해 동시적인 고유함수이다. 그리고 $Y_{l,-l} \propto (x-iy)^l/r^l$이므로 $PY_{l,-l} = (-1)^l Y_{l,-l}$이다. 한편 P는 $L_\pm$와 교환하므로, 반전성 연산자 P를 구면조화함수에 작용시키면

$$PY_{lm} = (-1)^l Y_{l,m} \tag{5.60}$$

을 만족한다. 또한 m이 음수인 경우에는 구면조화함수를

$$Y_{lm}^*(\theta,\phi) = (-1)^m Y_{l,-m}(\theta,\phi), \ (m > 0) \tag{5.61}$$

로 정의하면, m이 음수인 경우에도 구면조화함수를 구할 수 있다.

5.4 Legendre 함수

구면조화함수 $Y_{lm}(\theta,\phi)$의 L_z에 대한 양자수는 m이다. 여러 m값 중에서 특히 $m = 0$인 경우의 구면조화함수는 방위각 ϕ에 의존하지 않는다. 즉

$$Y_{l0} = \sqrt{\frac{2l+1}{4\pi}} P_l(\cos\theta) \tag{5.62}$$

로 쓸 수 있다. 식 (5.62)에 나타난 $P_l(\cos\theta)$를 l차의 "**Legendre** 다항식"이라고 한다.

구면조화함수의 규격화 조건 $\int |Y_{lm}|^2 \, d\Omega = 1$을 이용하면 Legendre 다항식을 규격화할 수 있다. 즉

$$\int_{-1}^{1} |P_l(\mu)|^2 d\mu = \frac{2}{2l+1} \tag{5.63}$$

을 얻는다. 여기서 $\mu = \cos\theta$이다. 일반적으로는 Legendre 다항식의 직교규격화 조건을 다음과 같이 쓴다.

$$\int_{-1}^{1} P_l(\mu) P_{l'}(\mu) \, d\mu = \frac{2}{2l+1} \delta_{ll'}. \tag{5.64}$$

구면조화함수의 특징을 살펴보면 $\theta = 0$일 경우 $Y_{l0}(0) \geq 0$임을 보일 수 있다. 이 성질을 이용하여 Legendre 다항식의 부호를 결정할 수 있다. 참고로 처음 몇 개의 Legendre

다항식을 써보면

$$P_0(\mu) = 1, \quad P_1(\mu) = \mu, \quad P_2(\mu) = \frac{1}{2}(3\mu^2 - 1),$$
$$P_3(\mu) = \frac{1}{2}(5\mu^3 - 3\mu), \quad P_4(\mu) = \frac{1}{8}(35\mu^4 - 30\mu^2 + 3) \tag{5.65}$$

이다. 일반적으로 $P_l(\mu)$는 Rodrigues 표현을 이용하면

$$P_l(\mu) = \frac{1}{2^l l!}\left(\frac{d}{d\mu}\right)^l (\mu^2 - 1)^l \tag{5.66}$$

로 쓸 수 있다.

구면조화함수 $Y_{lm}(\theta, \phi)$에 유한한 회전연산자를 작용하면

$$U(\lambda, \hat{\mathbf{n}})Y_{lm}(\theta, \phi) = \sum_{m'=-l}^{l} Y_{lm'}(\theta, \phi) D^l_{m'm}(\lambda, \hat{\mathbf{n}}) \tag{5.67}$$

이 성립한다. 여기서 $U(\lambda, \hat{\mathbf{n}}) = \exp(-i\lambda\ \mathbf{L} \cdot \hat{\mathbf{n}}\lambda/\hbar)$는 $\mathbf{n}$ 방향에 대하여 각도 λ만큼 유한한 회전을 시키는 연산자이고, $D^l_{m',m}$은 각운동량 양자수가 l인 $(2l+1)$차원 공간에서 회전을 나타내는 행렬이다. 이 행렬 $D^l_{m',m}$에 관해서는 18장에서 자세히 다룰 것이다.

연습문제

1. 구면대칭성을 가진 퍼텐셜 $V(r)$ 안에 있는 입자의 파동함수가 다음과 같이 주어졌다.

$$\psi(\mathbf{r}) = (x + y + 3z)f(r). \tag{5.68}$$

(가) ψ는 $\mathbf{L}^2$의 고유함수인가? 그렇다면 l 값은 얼마인가? 그렇지 않다면 $\mathbf{L}^2$를 측정하였을 때 가능한 l 값은 얼마인가?

(나) 이 입자가 주어진 m 값을 가질 확률은 얼마인가?

(다) ψ가 에너지 고유값 E를 갖는 에너지 고유함수라고 하자. 이 경우 어떻게 $V(r)$을 구할 수 있는지 논의하여라.

2. 만일 ψ_{lm}이 $\mathbf{L}^2 Y_{lm} = l(l+1)\hbar^2\psi_{lm}$, $L_z\psi_{lm} = m\hbar\psi_{lm}$을 만족하면 $\psi_{lm} =$ 상수 $\times$ Y_{lm}임을 증명하여라. 즉 주어진 l, m 값에 대하여 구면조화함수 Y_{lm}은 유일하게 정의된다. (귀띔: 다음의 관계를 고려하자.

$$(L_-)^{l+m}\psi_{lm} = \text{상수} \times Y_{l,-l}. \tag{5.69}$$

따라서 $(L_+)^{l+m}(L_-)^{l+m}\psi_{lm} =$ 상수 $\times$ $Y_{l,m}$을 만족한다. 교환관계를 이용하면

$$(L_+)^{l+m}(L_-)^{l+m}\psi_{lm} = \text{상수} \times \psi_{l,m} \tag{5.70}$$

의 관계를 얻는다. 이들 관계를 이용하여 이 문제를 증명하여라.)

3. 식 (5.57)에 나타난 규격화 상수들을 구면조화함수의 규격화 조건을 이용하여 구하여라.

4. 벡터 $\mathbf{r}_1$과 $\mathbf{r}_2$는 각각 구면 극좌표로 표현할 때 (r_1, θ_1, ϕ_1)와 (r_2, θ_2, ϕ_2)의 성분을 갖는다고 하자. 다음의 함수

$$F_l(\mathbf{r}_1, \mathbf{r}_2) \equiv \sum_{m=-l}^{l} Y_{lm}^*(\theta_1, \phi_1) Y_{lm}(\theta_2, \phi_2) \tag{5.71}$$

는 $\mathbf{r}_1$과 $\mathbf{r}_2$를 동시에 회전시키는 변환에 대해 불변임을 증명하여라. [귀띔: $(\mathbf{L}_1 + \mathbf{L}_2)F_l = 0$임을 증명하여라. 여기서 $\mathbf{L}_1$과 $\mathbf{L}_2$는 $\mathbf{r}_1$과 $\mathbf{r}_2$에 대응되는 각운동량 연산자이다. 즉 $L_{1z} = \dfrac{\hbar}{i}\dfrac{\partial}{\partial\phi_1}$ 등으로 쓸 수 있다. 왜 이것이 위의 결과를 증명하는 것인가?]

그리고 $F_l =$ 상수 $\times P_l(\cos\alpha)$ 임을 증명하고, 상수를 결정하여라. ($\mathbf{r}_1$ 의 방향을 z 축의 방향으로 정하여라.)

제 6 장

중심력 퍼텐셜

6.1 해밀토니안

해밀토니안이

$$H = -\frac{\hbar^2}{2m}\nabla^2 + V(|\mathbf{r}|) \tag{6.1}$$

로 주어지는 계를 생각하자. 이와 같이 $\mathbf{r}$의 방향에 의존하지 않고, 단지 크기 $r = |\mathbf{r}|$에만 의존하는 퍼텐셜을 "중심력 퍼텐셜"(central potential)이라고 한다. 중심력 퍼텐셜을 포함하는 해밀토니안은 방향에 의존하지 않으므로 L_z, $\mathbf{L}^2$과 교환하고, 따라서 H, $\mathbf{L}^2$, L_z에 대한 동시적인 고유함수를 구할 수 있다. H, $\mathbf{L}^2$, L_z의 동시적 고유함수를 $\psi_{\alpha lm}$이라고 하면

$$\begin{aligned} H\psi_{\alpha lm} &= E_{\alpha lm}\psi_{\alpha lm}, \\ \mathbf{L}^2\psi_{\alpha lm} &= l(l+1)\hbar^2\psi_{\alpha lm}, \\ L_z\psi_{\alpha lm} &= m\hbar\psi_{\alpha lm} \end{aligned} \tag{6.2}$$

을 만족한다. 여기서 $\psi_{\alpha lm}$은 다음의 형태를 갖는다.[1]

$$\psi_{\alpha lm} = R_{\alpha l}(r)\,Y_{lm}(\theta,\phi) \tag{6.3}$$

이제 $\mathbf{L}^2$를 구면좌표계에서 표현해보자. 이를 위해서 다음의 벡터관계식을 이용한다.

$$(\mathbf{A}\times\mathbf{B})\cdot(\mathbf{C}\times\mathbf{D}) = (\mathbf{A}\cdot\mathbf{C})(\mathbf{B}\cdot\mathbf{D}) - (\mathbf{A}\cdot\mathbf{D})(\mathbf{B}\cdot\mathbf{C}). \tag{6.4}$$

[1] 왜 $R_{\alpha l}$은 m에 의존하지 않는가?

위의 경우는 벡터 사이의 관계이다. 연산자들 사이의 관계는 이와 비슷하게 주어지지만, 연산자들은 교환하지 않으므로 그 순서에 따라 결과가 달라질 수 있다. 이를 고려하여 전체 각운동량의 제곱을 계산하면 다음과 같다.

$$\mathbf{L}^2 = (\mathbf{r}\times\mathbf{p})\cdot(\mathbf{r}\times\mathbf{p}) = r^2p^2 - (\mathbf{r}\cdot\mathbf{p})^2 - \frac{\hbar}{i}(\mathbf{r}\cdot\mathbf{p}). \tag{6.5}$$

여기서 $\mathbf{r}\cdot\mathbf{p} = (\hbar/i)r\partial/\partial r$ 이다. 식 (6.5)의 마지막 항은 $\mathbf{L}^2$를 계산하는 과정에서 교환하지 않는 연산자 $\mathbf{r}$, $\mathbf{p}$가 포함되기 때문에, 일반 벡터끼리의 관계식 (6.4)에는 나타나지 않는 항이다. 식 (6.5)를 미분연산자를 이용하여 다시 쓰면

$$\mathbf{L}^2 = r^2p^2 + \hbar^2\frac{\partial}{\partial r}(r^2\frac{\partial}{\partial r}) \tag{6.6}$$

이므로, 운동량의 제곱인 p^2은 다음과 같이 쓸 수 있다.

$$p^2 = \frac{\mathbf{L}^2}{r^2} - \frac{\hbar^2}{r^2}\frac{\partial}{\partial r}(r^2\frac{\partial}{\partial r}). \tag{6.7}$$

이를 이용하여 지름 방향의 Schrödinger 방정식을 쓰면 다음과 같다.

$$-\frac{\hbar^2}{2mr^2}\frac{\partial}{\partial r}(r^2\frac{\partial}{\partial r}R) + \frac{\hbar^2}{2mr^2}l(l+1)R + (V-E)R = 0. \tag{6.8}$$

여기서 $u = rR$로 치환하면 u는 다음의 미분방정식을 만족한다.

$$\Big[-\frac{\hbar^2}{2m}\frac{d^2}{dr^2} + \frac{\hbar^2 l(l+1)}{2mr^2} + V(r) - E\Big]u = 0. \tag{6.9}$$

이 방정식은 비록 삼차원 Schrödinger 방정식의 지름 부분에 해당하는 식이지만, u가 만족하는 방정식은 마치 일차원 퍼텐셜 안에 있는 입자에 관한 Schrödinger 방정식과 똑같은 형태로 이루어져 있다. 따라서 앞으로 지름 부분에 대한 방정식은 u에 대한 일차원화한 방정식을 풀고 이 양을 r로 나누어 주면 원래의 지름부분의 파동함수 R을 얻게 된다. 그러나 일차원 문제와는 한 가지 다른 부분이 있는데, 바로 퍼텐셜 이외에 각운동량 양자수 l에 의존하는 양이 더 있다는 것이다. 하지만 이 양도 r의 함수이므로 원래의 퍼텐셜에 더 더해지는 퍼텐셜이라고 생각하면 된다. 이와 같이 원래의 퍼텐셜에 각운동량에 의한 기여를 더한 것을 "**유효퍼텐셜**" (effective potential) V_{eff}라고 한다.

$$V_{\text{eff}} = V(r) + \frac{l(l+1)\hbar^2}{2mr^2}. \tag{6.10}$$

식 (6.10)의 두 번째 항은 각운동량이 0이 아닐 때 원심력에 의해 나타나는 "**원심력 장벽**" (centrifugal barrier)을 나타낸다.

이 때 u가 만족하는 경계조건은 $r = 0$에서 R이 유한해야 한다는 것이므로 $u(0) = 0$이어야 한다. 이러한 경계조건은 일차원 퍼텐셜이 있는 물리계에 특별한 경계조건을 부여한 경우와 매우 유사하다. 즉 퍼텐셜을 r의 함수로 그렸을 때, 이를 y축에 대칭인 형태로 만든 일차원 퍼텐셜을 고려하자. 원래의 퍼텐셜은 $r > 0$인 곳에서만 정의되었지만 이에 해당하는 대칭적인 퍼텐셜을 고려할 때에는 모든 범위의 실수를 다 고려한다. 이 퍼텐셜은 반전성 연산자와 교환하므로 이 계의 에너지 고유함수는 우함수 또는 기함수이다. 원점에서 0이 되는 함수는 기함수이므로 삼차원 문제는 일차원에서 대칭적으로 만든 퍼텐셜로 구한 에너지 고유함수 중 기함수만 고르면 된다. 예를 들어 $l = 0$인 경우 $V(r) = kr^2$인 삼차원 조화진동자의 에너지 고유함수와 에너지 고유값은 $V(x) = kx^2$의 일차원 퍼텐셜에 대한 에너지 고유함수와 고유값 중 기함수와 이에 해당하는 에너지 고유값만 선택하면 된다.

전체 각운동량 양자수 l이 0인 s 상태는 원심력 장벽이 0이 되는 특수한 경우이다. 이 경우 만일 $r \to 0$으로 접근할 때 퍼텐셜 V가 유한하다면 Schrödinger 방정식은 두 개의 독립적인 해가 존재한다. 이러한 해를 u_1, u_2라고 하면 이들의 경계조건으로 $u_1(0) = 1, u_1'(0) = 0$, 혹은 $u_2(0) = 0, u_2'(0) = 1$을 만족하는 해로 선택할 수 있다. 하지만 첫째 해는 이 계에 대해서는 물리적인 경계조건을 만족하지 않으므로, 둘째 해만이 물리적인 경계조건을 만족하는 의미있는 해이다.

한편 $l > 0$일 때에는 원래의 퍼텐셜 V 뿐만 아니라 원심력 장벽까지 고려해야 한다. 만일 이 때의 해가 $r \to 0$일 때 $u \sim r^\alpha$로 행동한다고 하면 $u' \sim \alpha r^{\alpha-1}$, $u'' \sim \alpha(\alpha-1)r^{\alpha-2} = \alpha(\alpha-1)u/r^2$로 변한다. $r \to 0$일 때 $V(r) \ll 1/r^2$라고 가정하면, 전체 에너지와 퍼텐셜 항은 운동에너지와 원심력 장벽에 비교하여 무시할 수 있을 정도로 작다. 따라서 $\alpha(\alpha-1) = l(l+1)$이 되어 가능한 α 값은 $l+1$, $-l$이지만 이 중 $l+1$만이 물리적으로 의미있는 값이다 $[u(0) = 0]$. 한편 $r \to \infty$일 때, 만일 퍼텐셜 $V(r)$이 $1/r$보다 빠르게 0으로 접근한다면 원심력 장벽도 역시 0으로 접근하므로 큰 r 값에 대해서는 $u(r) \sim C\sin(k_0 r + \phi)$의 형태가 되고 여기서 $\hbar^2 k_0^2/2m = E$이다. 이 때 위상이동 ϕ를 구하는 것이 주된 문제가 된다.

중심력 퍼텐셜 문제를 다음과 같이 정리하자. 퍼텐셜이 $\mathbf{r}$의 방향에는 의존하지 않는 $V(\mathbf{r}) = V(r)$일 경우 파동함수는 $\psi = R(r)Y_{lm}(\theta, \phi)$의 형태를 가진다. 이 중 지름방향의 파동함수 R을 $R = u(r)/r$로 놓으면 u가 만족하는 미분방정식은

$$\Big(-\frac{\hbar^2}{2m}\frac{d^2}{dr^2} + V_{\text{eff}} - E\Big)u = 0 \tag{6.11}$$

이고, 경계조건은 $u(0) = 0$이다. 여기서 유효퍼텐셜 V_{eff}는

$$V_{\text{eff}} = V(r) + \frac{l(l+1)\hbar^2}{2mr^2} \tag{6.12}$$

이다. 퍼텐셜 $V(r)$은 $r\to\infty$로 갈 때 $1/r$보다 빨리 0으로 접근하는 함수라고 가정하자. 이 때 $r\to\infty$일 때의 점근해는

$$u(r)=\begin{cases}\text{상수}\times\sin(kr+\phi), & E=\dfrac{\hbar^2k^2}{2m}>0\\ Ae^{-\kappa r}+Be^{\kappa r}, & E=-\dfrac{\hbar^2\kappa^2}{2m}<0\end{cases}\tag{6.13}$$

의 형태로 쓸 수 있다. 물론 $E<0$일 때는 $e^{\kappa r}$의 형태는 $r\to\infty$일 때 발산하므로, 이 함수는 물리적으로 허용되지 않는다. 따라서 $B=0$이어야 한다.

6.2 Coulomb 퍼텐셜

이제 구체적으로 퍼텐셜이 Coulomb 퍼텐셜 $V(r)=-Ze^2/r$의 형태인 경우를 고려하자. 사실 이 퍼텐셜은 매우 특수한 경우이다. 지름방향의 파동함수가 식 (6.13)의 형태를 갖는 해를 가지려면 퍼텐셜은 r이 무한대로 갈 때 $1/r$보다 빨리 0으로 접근해야 한다. 하지만 Coulomb 퍼텐셜은 $1/r$로 접근한다. 따라서 이 경우에는 식 (6.13)의 해의 형태를 가정할 수 없다. 물리적으로 말하면 Coulomb 퍼텐셜은 그 영역이 매우 길기 때문에 r이 무한대로 가더라도 파동함수는 항상 Coulomb 퍼텐셜의 영향을 받는다.

6.2.1 WKB 어림방법을 통한 해

Coulomb 퍼텐셜의 경우에도 물론 정확한 해를 구할 수 있지만, 이는 나중에 구하도록 하자. 여기서는 입자의 에너지 E가 매우 커서 WKB 어림방법을 사용할 수 있는 경우를 고려하겠다. 특히 $V_{\text{eff}}=V(r)$이 되는 s 상태의 파동함수를 WKB 어림방법을 이용하여 구해보도록 하겠다.

1. $E>0$인 경우

$$\frac{\hbar^2\tilde{k}^2(r)}{2m}=E-V(r)\tag{6.14}$$

이라고 하자. 4장에서 보았듯이 WKB 어림방법을 이용하여 구한 해는, r이 매우 클 때

$$u_1(r)\approx\frac{\text{상수}}{\sqrt{\tilde{k}}}\exp\Big(i\int_{r_0}^{r}\tilde{k}(r')dr'\Big)\tag{6.15}$$

이다. 지수 부분인 $\tilde{k}(r)$을 r의 함수로 구하면

$$\hbar\tilde{k}(r)=\hbar k\Big(1-\frac{1}{2}\frac{V(r)}{E}+\cdots\Big)=\hbar k+\frac{Ze^2m}{\hbar k}\frac{1}{r}+\cdots\tag{6.16}$$

이므로, $1/r$보다 큰 차수의 항을 무시하고 식 (6.15)에 있는 지수의 적분을 하면

$$\int_{r_0}^{r} \tilde{k}(r')dr' = kr + \frac{Zme^2}{\hbar^2 k} \ln r + 상수 \tag{6.17}$$

이다. 여기서 $k^2 = 2mE/\hbar^2$이다. r이 매우 클 때에는 $\tilde{k} \simeq k$이므로 파동함수는

$$u_1(r) = 상수 \times e^{ikr} \exp\left(\frac{iZe^2m}{\hbar^2 k} \ln r\right) \tag{6.18}$$

이고, 이것과 선형독립적인 두번째 해는

$$u_2(r) = u_1^*(r) = 상수 \times e^{-ikr} \exp\Big(-\frac{iZe^2m}{\hbar^2 k} \ln r\Big) \tag{6.19}$$

이다. 한편 이 두 가지 해를 결합하여 실수해를 만들면

$$u_1 + u_1^* = 상수 \times \sin\left(kr + \frac{Ze^2m}{\hbar^2 k} \ln r + \phi\right) \tag{6.20}$$

가 된다. 식 (6.20)에서 상수는 실수이고, ϕ는 실수의 위상이동이다.

2. $E < 0$인 경우

   이 경우에는 에너지를 다음과 같은 형태로 써보자.

$$E = -\frac{1}{n^2}\frac{Z^2e^4m}{2\hbar^2}. \tag{6.21}$$

   여기서 n은 임의의 양수이다. 이 표현은 마치 Coulomb 퍼텐셜 안에 있는 원자의 에너지 스펙트럼을 이미 알고 있는 것처럼 보이지만, 여기서는 n이 임의의 양수이므로, 속박상태의 음의 에너지를 일반적으로 표현한 것에 지나지 않는다. 이 때 독립적인 두 개의 해는 $E > 0$인 위의 경우에서 k 대신 $i\kappa$를 대입하면 얻을 수 있다.

$$u_1 = e^{\kappa r}e^{-n\ln r} = r^{-n}e^{\kappa r}, \quad u_2 = e^{-\kappa r}e^{n\ln r} = r^n e^{-\kappa r}. \tag{6.22}$$

   u가 만족하는 경계조건은 원점에서 u가 0이 되어야 한다는 것이므로 여기서는 u_2만이 물리적으로 의미있는 속박상태가 된다.

6.2.2 속박상태에 대한 정확한 해

Coulomb 퍼텐셜의 경우 $E < 0$일 때는 정확한 해를 구할 수 있다. 우선 그 해를 다음과 같은 형태로 쓰자.

$$u(\rho) = \rho^{l+1}e^{-\rho}v(\rho). \tag{6.23}$$

여기서 $\rho = \kappa r$ 이고

$$E = -\frac{\hbar^2\kappa^2}{2m} \tag{6.24}$$

이다. $v(\rho)$ 가 만족하는 식은

$$\frac{d^2v}{d\rho^2} + 2\Big(\frac{l+1}{\rho} - 1\Big)\frac{dv}{d\rho} + \Big[\frac{V(r)}{E} - \frac{2(l+1)}{\rho}\Big]v = 0 \tag{6.25}$$

이다. $u(\rho)$ 에서 $v(\rho)$ 앞의 ρ 에 의존하는 부분 $\rho^{l+1}e^{-\rho}$ 는 $r \to \infty$ 일 경우와 $r \to 0$ 일 경우에 u 의 거동에 의해 결정되는 부분이다. 이 때 주목할 것은 $n\kappa$ 는 에너지에 무관하다는 것이다.

$$n\kappa = \kappa_0 \equiv \frac{1}{a_0} = \frac{Zme^2}{\hbar^2} \tag{6.26}$$

이므로 $e^{-\rho} = e^{-\kappa r} = e^{-r/(na_0)}$ 로 쓸 수 있다.

해 $u(r)$ 을 구하기 위해 우선 $\rho \to 0$ 인 경우를 생각하자. 이 때 $v(\rho)$ 를 ρ 에 대해 급수전개를 하면

$$v(\rho) = v_0 + v_1\rho + v_2\rho^2 + \cdots \tag{6.27}$$

를 얻는다. 계수들의 비율을 보면 (Merzbacher §12.6 참조.)

$$\frac{v_{k+1}}{v_k} = \frac{2(k+l+1) - 2n}{(k+1)(k+2l+2)} \tag{6.28}$$

이다. k 가 매우 클 때는

$$\frac{v_{k+1}}{v_k} = \frac{2}{k} \tag{6.29}$$

가 되어

$$v_k \to \text{상수} \times \frac{2^k}{k!} \tag{6.30}$$

의 형태가 된다. 따라서 $\rho \to \infty$ 일 때

$$v(\rho) \sim \sum_k \frac{2^k\rho^k}{k!} = e^{2\rho} \tag{6.31}$$

이므로 $u(\rho) \sim \rho^{l+1}e^{\rho}$ 가 된다. 이 함수는 식 (6.30) 에 있는 상수가 0이 되지 않는 한 발산한다. 이를 막을 수 있는 방법은 식 (6.28) 에서 $n = k + l + 1$(k 는 음이 아닌 정수) 이 되도록 하여 $v(\rho)$ 의 급수전개가 무한급수가 되지 않도록 하면 된다. 따라서 n 은 $l+1$ 이상인 정수이면 된다. 이때에는 $\rho \to \infty$ 일 때 $u \sim \rho^n e^{-\rho}$ 의 형태로 되어 $\rho \to \infty$ 의 극한에서도 유한한 해가 된다.

6.3 자유입자

지금까지 자유입자는 운동량과 해밀토니안의 동시적인 고유함수인 평면파동으로 기술하였다. 하지만 자유입자의 경우에는, 자유입자를 기술하는 해밀토니안은 회전에 대한 대칭성이 있으므로($[\mathbf{L}, H] = 0$), 자유입자의 에너지 고유상태는 각운동량의 고유함수로 나타낼 수 있다. 따라서 여기서는 자유입자의 고유상태를 각운동량과 해밀토니안의 동시적인 고유함수로 구해보려고 한다. $V(r) = 0$인 자유입자인 경우에는 유효퍼텐셜이

$$V_{\text{eff}} = \frac{\hbar^2 l(l+1)}{2mr^2} \tag{6.32}$$

이 된다. $E = \hbar^2 k^2/(2m)$로 표현하여 k를 정의하고, $\rho = kr$이라고 하자. 그리고 $v(\rho) \equiv ku(\rho)$라 하면 ($R = v(\rho)/\rho$) 지름방향의 Schrödinger 방정식은

$$v'' + [1 - \frac{l(l+1)}{\rho^2}]v = 0 \tag{6.33}$$

이 된다. 이 때 $\rho \to \infty$인 점근극한에서는 $v = e^{\pm i\rho}$의 형태를 갖는다. 따라서

$$v_+(\rho) = e^{i\rho} \sum_{s=0} a_s^{(l)} \frac{1}{\rho^s} \tag{6.34}$$

로 쓰면

$$R_+ = \frac{v_+}{\rho} = e^{i\rho} \sum_{s=0} a_s^{(l)} \frac{1}{\rho^{s+1}} \tag{6.35}$$

이 될 것이다. 식 (6.34)를 식 (6.33)에 대입하면

$$\sum_s \frac{a_s^{(l)}}{\rho^s} e^{i\rho} \Big([\frac{s(s+1)}{\rho^2} - \frac{2is}{\rho} - 1] + [1 - \frac{l(l+1)}{\rho^2}] \Big) = 0 \tag{6.36}$$

이고, 이를 간단히 하면

$$\sum_s \frac{e^{i\rho}}{\rho^{s+2}} \Big([s(s+1) - l(l+1)]a_s^{(l)} - (2s+2)ia_{s+1}^{(l)} \Big) = 0 \tag{6.37}$$

이므로

$$a_{s+1}^{(l)} = a_s^{(l)} \frac{i\Big[l(l+1) - s(s+1)\Big]}{2s+2} \tag{6.38}$$

를 만족해야 한다. 관습적으로는 $a_0^{(l)} = (-i)^{l+1}$으로 선택한다. 이 급수전개가 $\rho \to \infty$에서 유한하려면 역시 유한급수가 되어야 한다. 따라서 $l > s$인 모든 s에 대해 $a_s^{(l)} = 0$이라고 하자. 이 때 R_+는

$$R_+ = \frac{v_+}{\rho} \equiv h_l^{(1)}(\rho) = \sum_{s=0}^{l} e^{i\rho} \frac{a_s^{(l)}}{\rho^{s+1}} \tag{6.39}$$

이고, 이를 "**제1종 구면 Hankel 함수**"(spherical Hankel function of the first kind)라고 한다. 그리고 위에서 얻은 R_+와 선형독립적인 해는 "**제2종 구면 Hankel 함수**"(spherical Hankel function of the second kind)라고 부르는 양으로

$$R_-(\rho) = h_l^{(2)}(\rho) \equiv \left(h_l^{(1)}(\rho^*)\right)^* = \sum_{s=0}^{l} e^{-i\rho} \frac{(a_s^{(l)})^*}{\rho^{s+1}} \tag{6.40}$$

이다.

$\rho \to \infty$일 때 $s = 0$인 항이 가장 크므로, 구면 Hankel 함수들의 점근적 형태는 다음과 같다.

$$h_l^{(1)} \to \frac{e^{i\rho}}{\rho}(-i)^{l+1}, \; h_l^{(2)} \to \frac{e^{-i\rho}}{\rho}(i)^{l+1}. \tag{6.41}$$

한편 $\rho \to 0$일 때는 $s = l$인 항이 가장 크므로

$$\begin{aligned} h_l^{(1)} &\to \frac{a_l^{(l)}}{\rho^{l+1}} e^{i\rho}, \\ h_l^{(2)} &\to \frac{a_l^{(l)*}}{\rho^{l+1}} e^{-i\rho} = -\frac{a_l^{(l)}}{\rho^{l+1}} e^{-i\rho} \end{aligned} \tag{6.42}$$

이다. 식 (6.42)의 둘째 줄에서는 계수 $a_l^{(l)} = (-i) \times$ 실수인 것을 이용하였다. 따라서 실수의 해를 구하려면 이들의 적당한 선형결합을 택하면 된다.

$$R = \begin{cases} \text{실상수} \times (h^{(1)} + h^{(2)}) \\ \text{실상수} \times i(h^{(1)} - h^{(2)}). \end{cases} \tag{6.43}$$

위의 형태로 만든 두 개의 독립적인 실수해를 관습적으로 다음과 같이 쓴다.

$$j_l(\rho) = \frac{1}{2}[h_l^{(1)}(\rho) + h_l^{(2)}(\rho)], \; n_l(\rho) = \frac{1}{2i}[h_l^{(1)}(\rho) - h_l^{(2)}(\rho)]. \tag{6.44}$$

ρ가 실수일 때는 이들은 실수함수이다. 첫 번째로 정의한 함수 j_l을 "**구면 Bessel 함수**"(spherical Bessel function)라고 하고, 이 함수는 $\rho \to 0$일 때 ρ^l로 행동한다. 두 번째로 정의한 함수 n_l은 "**구면 Neumann 함수**"(spherical Neumann function)라고 한다.

$\rho \to 0$일 때 n_l은 $1/\rho^{l+1}$로 행동한다. 한편 $\rho \to \infty$의 극한에서 두 함수들의 점근 형태는

$$\begin{aligned} j_l(\rho) &\sim \frac{1}{\rho}\cos\Big(\rho - \frac{\pi}{2}(l+1)\Big) = \frac{1}{\rho}\sin(\rho - \frac{l\pi}{2}), \\ n_l(\rho) &\sim \frac{1}{\rho}\sin\Big(\rho - \frac{\pi}{2}(l+1)\Big) = -\frac{1}{\rho}\cos(\rho - \frac{l\pi}{2}) \end{aligned} \tag{6.45}$$

이다. j_l, n_l의 처음 몇 항을 써보면 다음과 같다.

$$\begin{aligned} j_0(\rho) &= \frac{\sin\rho}{\rho}, \ n_0(\rho) = -\frac{\cos\rho}{\rho}, \\ j_1(\rho) &= \frac{\sin\rho}{\rho^2} - \frac{\cos\rho}{\rho}, \ n_1(\rho) = -\frac{\cos\rho}{\rho^2} - \frac{\sin\rho}{\rho}, \\ j_2(\rho) &= \Big(\frac{3}{\rho^3} - \frac{1}{\rho}\Big)\sin\rho - \frac{3}{\rho^2}\cos\rho, \\ n_2(\rho) &= -\Big(\frac{3}{\rho^3} - \frac{1}{\rho}\Big)\cos\rho - \frac{3}{\rho^2}\sin\rho. \end{aligned} \tag{6.46}$$

6.4 부분파 전개

평면파동 $e^{i\mathbf{k}\cdot\mathbf{r}}$을 구면조화함수와 구면 Bessel 함수의 곱을 기준으로 하여 전개하는 것을 "부분파 전개"(partial wave expansion)라고 한다. 이것을 물리적으로 말하면 운동량의 고유함수를 각운동량의 고유함수로 표현하는 것이다. 이 때 각운동량의 고유함수들의 기준은

$$\psi_{klm} = Y_{lm}(\theta,\phi) j_l(kr) \tag{6.47}$$

로 선택한다. 구면 Bessel 함수만을 사용하고 구면 Neumann 함수를 포함시키지 않은 이유는 ψ_{klm}이 원점에서 유한하여야 하기 때문이다.

부분파 전개를 하기 위해, 우선 $\mathbf{k}$의 방향을 z 방향으로 정하자. 그러면

$$e^{i\mathbf{k}\cdot\mathbf{r}} = e^{ikz} = \sum_{l=0}^{\infty} c_l j_l(kr) Y_{l0}(\theta) \tag{6.48}$$

로 쓸 수 있다. 주목할 것은 위 식이 방위각 ϕ에 의존하지 않으므로 $m=0$인 항만 이 급수전개에 나타난다는 것이다. 한편 구면조화함수와 Legendre 다항식 사이에

$$Y_{l0} = \sqrt{\frac{2l+1}{4\pi}} P_l(\cos\theta) \tag{6.49}$$

인 관계가 있으므로 (5장 참조)

$$e^{ikz} = \sum_{l=0}^{\infty} \sqrt{\frac{2l+1}{4\pi}}\, c_l P_l(\cos\theta) j_l(kr) \tag{6.50}$$

로 쓸 수 있다. 구면조화함수의 직교관계

$$\int Y_{lm}^* Y_{l'm'}\, d\Omega = \delta_{ll'}\delta_{mm'} \tag{6.51}$$

을 이용하면

$$c_l j_l(kr) = \int d\Omega Y_{l0}^* e^{ikz} = \frac{2l+1}{2} \int_{-1}^{1} d\mu\, e^{ikr\mu} P_l(\mu) \tag{6.52}$$

를 얻는다. 마지막 줄은 방위각 ϕ에 대해 적분한 결과이다.

식 (6.52)는 모든 r에서 성립하므로 $kr \to \infty$인 극한에서도 성립하여야 한다. 따라서 $kr \to \infty$의 극한을 취하여 좌변에서는 구면 Bessel 함수 j_l의 점근형태를 이용하고, 우변에서는 Legendre 다항식의 성질인 $P_l(1) = 1$, $P_l(-1) = (-1)^l$을 이용하여 양변을 비교하면 상수 c_l을 구할 수 있다. 우선 우변을 계산하여 $r \to \infty$일 때 가장 큰 항을 구하면 다음과 같다.

$$\begin{aligned}\int_{-1}^{1} d\mu\, e^{ikr\mu} P_l(\mu) &= \frac{e^{ikr\mu}}{ikr} P_l(\mu)\Big|_{-1}^{1} - \int_{-1}^{1} P_l'(\mu) \frac{e^{ikr\mu}}{ikr} d\mu, \\ &= \left(\frac{e^{ikr}}{ikr} - (-1)^l \frac{e^{-ikr}}{ikr}\right) - \mathcal{O}\left(\frac{1}{(kr)^2}\right).\end{aligned} \tag{6.53}$$

한편 우변에서도 $r \to \infty$인 극한을 취하고, 구면 Bessel 함수의 점근형태 $j_l(\rho) \to \Big(\sin(\rho - l\pi/2)\Big)/\rho$를 이용하면

$$\begin{aligned} c_l\, j_l(kr) &= \frac{c_l}{2ikr}\left(e^{i(kr-l\pi/2)} - e^{-i(kr-l\pi/2)}\right) = c_l \frac{e^{-il\pi/2}}{2ikr}\left(e^{ikr} - (-1)^l e^{-ikr}\right) \\ &= \frac{2l+1}{2} \frac{1}{ikr}\left(e^{ikr} - (-1)^l e^{-ikr}\right) \end{aligned} \tag{6.54}$$

이다. 여기서 마지막 줄은 sine 함수를 전개한 것이고, $1/(kr)^2$ 이상의 고차항은 무시하였다. 따라서 $c_l = i^l(2l+1)$이다. 그러므로 부분파 전개의 결과는 아래와 같다.

$$e^{i\mathbf{k}\cdot\mathbf{r}} = e^{ikr\cos\theta} = \sum_{l=0}^{\infty} (2l+1) i^l j_l(kr) P_l(\cos\theta). \tag{6.55}$$

6.5 가법정리

"가법정리"(addition theorem)는 두 벡터 사이의 각도를 변수로 하는 Legendre 다항식을 두 벡터 각각의 각도들을 변수로 하는 구면조화함수들의 곱의 합으로 표시할 수 있다는 정리이다. 이를 식으로 표현하면

$$P_l(\cos\theta_{kr}) = \sum_{m=-l}^{l} \frac{4\pi}{2l+1} Y^*_{lm}(\theta_k, \phi_k) Y_{lm}(\theta_r, \phi_r) \tag{6.56}$$

이다. 여기서 θ_{kr}은 벡터 $\mathbf{r}$과 $\mathbf{k}$ 사이의 각도, (θ_k, ϕ_k)는 $\mathbf{k}$를 기술하는 각도, 그리고 (θ_r, ϕ_r)은 $\mathbf{r}$을 기술하는 각도들이다.

이 가법정리를 이용하면 평면파동은

$$e^{i\mathbf{k}\cdot\mathbf{r}} = \sum_{l=0}^{\infty} j_l(kr) \sum_{m=-l}^{l} 4\pi i^l Y^*_{lm}(\theta_k, \phi_k) Y_{lm}(\theta_r, \phi_r) \tag{6.57}$$

로 쓸 수 있다. 위의 역변환을 하면

$$j_l(kr) Y_{lm}(\theta, \phi) = \int d\Omega_q \, \alpha_{lm}(\Omega_q) \, e^{i\mathbf{q}\cdot\mathbf{r}}|_{|\mathbf{q}|=k} \tag{6.58}$$

이다. 여기서

$$\alpha_{lm}(\Omega_q) = \frac{1}{4\pi i^l} Y_{lm}(\theta_q, \phi_q) \tag{6.59}$$

이다. 즉 평면파동을 $\mathbf{k}$와 $\mathbf{k}$의 각도들로 나타낸 구면조화함수의 곱으로 표현할 수 있다.

이 가법정리의 따름정리에 의하면 $F(\mathbf{r}_1, \mathbf{r}_2)$가 $|\mathbf{r}_1|$, $|\mathbf{r}_2|$, 그리고 $\mathbf{r}_1 \cdot \mathbf{r}_2/(|\mathbf{r}_1| \cdot |\mathbf{r}_2|)$만의 함수일 때

$$\begin{aligned} F(\mathbf{r}_1, \mathbf{r}_2) &= \sum_{l=0}^{\infty} f_l(|\mathbf{r}_1|, |\mathbf{r}_2|) P_l(\hat{\mathbf{r}}_1 \cdot \hat{\mathbf{r}}_2) \\ &= \sum_{l=0}^{\infty} \sum_{m=-l}^{l} f_l(|\mathbf{r}_1|, |\mathbf{r}_2|) \frac{4\pi}{2l+1} Y^*_{lm}(\theta_1, \phi_1) Y_{lm}(\theta_2, \phi_2) \end{aligned} \tag{6.60}$$

로 쓸 수 있다. 여기서 $f_l(|\mathbf{r}_1|, |\mathbf{r}_2|)$는 함수 $F(\mathbf{r}_1, \mathbf{r}_2)$를 Legendre 다항식으로 전개하였을 때 나타나는 $P_l(\hat{\mathbf{r}}_1 \cdot \hat{\mathbf{r}}_2)$의 계수이다.

6.6 위상이동

$r \to \infty$의 극한을 취할 때 퍼텐셜 $V(r)$이 $1/r$보다 빨리 0으로 접근한다면 지름방향의 해는

$$R_l(r) \sim \frac{\sin(kr+\phi)}{r} = \frac{\sin(kr - l\pi/2 + \delta_l)}{r} \tag{6.61}$$

로 표현할 수 있다. 이때 나타나는 δ_l을 "위상이동"(phase shift)이라고 한다. 이 위상이동은 퍼텐셜에 대한 정보를 준다. 식 (6.61)에 의하면 위상이동은 $\delta_l = \phi + l\pi/2 + n\pi$이다. 여기서 나중에 더한 양이 sine 함수의 주기 2π의 정수배가 아니고 π의 정수배인 것은 파동함수의 부호가 바뀌어도 파동함수의 절대값의 제곱은 같으므로, 동일한 상태를 나타내기 때문이다. 퍼텐셜이 없는 자유입자의 경우에는 파동함수를 다음과 같이 쓴다.

$$R_l(r) \sim j_l(kr) \sim \frac{\sin(kr - l\pi/2)}{kr}. \tag{6.62}$$

관습적으로 δ_l을 다음과 같이 다른 방법으로 정의할 수도 있다. r_n이 $r > 0$일 때 $R_l(r)$의 n번째 0이 되는 점이고, r_n^0를 $r > 0$일 때 $j_l(kr)$의 n번째 0이 되는 점이라고 하자. 이때 δ_l을 다음과 같이 정의한다.

$$\delta_l(E) = \lim_{n\to\infty} k(r_n^0 - r_n) = \lim_{n\to\infty}\Big((n + \frac{l}{2})\pi - kr_n\Big). \tag{6.63}$$

위의 정의는 δ_l을 유일하게 정의한다. $E > 0$일 때 δ_l은 E의 연속함수가 될 것이다. 만일 퍼텐셜이 밀어내는(잡아당기는) 경우에는 δ_l은 음수(양수)가 된다.

위상이동을 구하는 한 예로 다음과 같이 부분적으로 연속적인 퍼텐셜을 생각하자.

$$V(r) = V_i, \quad a_{i-1} < x < a_i \text{일 경우}. \tag{6.64}$$

여기서 V_i는 상수들이다. 이 때 $a_{n-1} < x < a_n$ 지역에서 지름방향의 해 $R_l(r)_n$은

$$R_l(r)_n = A_n j_l(k_n r) + B_n n_l(k_n r) = C_n h_l^{(1)}(k_n r) + D_n h_l^{(2)}(k_n r) \tag{6.65}$$

의 형태를 갖는다.

$E > V_n$일 때는 $\hbar k_n = \sqrt{2m(E - V_n)}$이다. 이때 구면 Bessel 함수와 구면 Neumann 함수로 표현한 파동함수를 이용하면 편리하다. 여기서 계수 A_n, B_n을 결정하면 된다. (위 식에서 분자에 있는 양들은 모두 실수이다.) $A_1 = 1, B_1 = 0$으로 놓고 $(1/r)dR/dr$

을 각각의 경계에서 연결을 하여 A_{N+1}, B_{N+1}을 결정한다. $E > 0$일 때는

$$\tan \delta_l = -\frac{B_{N+1}}{A_{N+1}} \tag{6.66}$$

으로 주어지고 $E < 0$일 경우에는 속박상태가 되어 $D_{N+1} = 0$이다.

$E < V_n$일 때는 $\hbar k_n \equiv i\hbar\kappa_n = i\sqrt{2m(V_n - E)}$로 놓으면 된다. 이 때에는 $R_l(r)_n$을 구면 Hankel 함수

$$\begin{aligned} h_l^{(1)}(k_n r) &= h_l^{(1)}(i\kappa_n r) = \sum_{s=0}^{l} \frac{a_s^{(l)}(-i)^{s+1}}{(\kappa_n r)^{s+1}} e^{-\kappa_n r}, \\ h_l^{(2)}(i\kappa_n r) &= h_l^{(1)*}(-i\kappa_n r) = \sum_{s=0}^{l} \frac{a_s^{(l)*}(i)^{s+1}}{(-\kappa_n r)^{s+1}} e^{\kappa_n r} \end{aligned} \tag{6.67}$$

로 표현하는 것이 편리하다.

연습문제

1. 본문에서 각운동량 제곱 연산자를 $\mathbf{r}$과 $\mathbf{p}$로 표현한 식 (6.5)를 유도하여라.

2. 본문의 식 (6.28)을 증명하여라.

$$\frac{v_{k+1}}{v_k} = \frac{2(k+l+1)-2n}{(k+1)(k+2l+2)}. \tag{6.68}$$

3. 퍼텐셜이 $V(\mathbf{r}) = U(z) + W(\rho)$의 형태를 갖는다. 여기서 ρ는 z축에서의 거리이다. 해밀토니안 $H = T + V$의 고유함수는 다음의 곱으로 표시할 수 있음을 증명하여라.

$$\psi = R(\rho)Z(z)\Phi(\phi). \tag{6.69}$$

여기서 ϕ는 방위각이다. Φ의 형태를 구하고 Z와 R이 만족하는 방정식을 구하여라. $\rho \to 0$인 극한에서 R은 어떤 형태를 갖는가? 퍼텐셜은 천천히 변한다고 가정하여라.

4. 수소원자의 바닥상태에 있는 원자의 운동량에 대한 확률을 구하여라. 단 양성자의 질량이 무한대라고 가정하여라.

5. 변분원리(**variational principle**)에 대한 연습문제

(가) 전자의 질량을 가진 입자가 구면대칭성을 가진 유가와 퍼텐셜 안에 속박되어 있다.

$$V(r) = -\frac{q^2}{r}\exp(-\frac{r}{b}). \tag{6.70}$$

여기서 q는 전자의 전하이고, b는 보어 반지름의 4배의 길이이다. 시행파동함수(trial wavefunction)의 형태를 $\Psi(r)$ = 상수 $\times \exp(-\alpha r)$로 선택하여 바닥상태의 에너지를 계산하여라. 이는 해밀토니안의 기대값을 계산하고 이 값을 α에 대하여 최소화하여 구할 수 있다. 이 답을 수소원자의 속박에너지 단위로 수치적으로 구하여라.

(나) 이러한 변분원리를 이용한 어림방법에서 속박상태가 존재하는 "가려막기 길이" (screening length) $1/\alpha$의 최소값을 구하여라.

6. 중심력 퍼텐셜의 경우 지름방향의 Schrödinger 방정식에 WKB 어림방법을 적용할 수 있다. $l = 0$일 경우 양자화 조건은

$$\int_0^{r_0} p(r)dr = (n - \frac{1}{4})\pi\hbar \tag{6.71}$$

로 쓸 수 있다. 여기서 r_0는 고전적인 전환점이다. 이 공식을 이용하여 퍼텐셜 $V(r) = V_0 \ln(r/a)$ 안에 있는 입자가 가질 수 있는 에너지를 구하여라. 단 V_0와 a는 상수이다. 단 $l = 0$인 경우만 고려하여라. 이웃한 에너지 준위 사이의 간격은 입자의 질량에 무관함을 증명하여라.

7. (가) 파동함수 $\psi(\mathbf{r})$이 $\psi = Cr^n e^{-\alpha r} Y_{lm}(\theta, \phi)$의 형태를 갖는다고 하자. 여기서 Y_{lm}은 구면조화함수이다. n은 양의 정수이고, C와 α는 상수이다. T가 운동에너지 연산자 $T = -\dfrac{\hbar^2}{2\mu}\nabla^2$라고 하자. 여기서 μ는 입자의 질량이다. ψ 상태에 있을 때 T의 기대값을 구하여라.

   (나) 이 상태에서 연산자 L_x^2의 기대값은 얼마인가? 여기서 L_x는 각운동량 연산자이다. 그리고 $L^4 = (L_x^2 + L_y^2 + L_z^2)^2$의 기대값은 얼마인가?

   (다) $m = 0$인 경우에 L_x^4의 기대값을 구하여라.

8. 전자가 다음과 같은 중심력 퍼텐셜 안에 있다.

$$V(r) = \frac{-e^2}{r(1 + r^2/b^2)}. \tag{6.72}$$

   여기서 e는 전자의 전하 크기이고, b는 Bohr 반지름 a_H보다 매우 긴 길이이다.

   (가) 전자의 에너지가 $E = 0$이고, 각운동량 $\mathbf{L}$이 고정되어 있는 경우 고전적으로 r이 취할 수 있는 영역을 구하여라.

   (나) WKB 어림방법을 이용하여 $l = 0$인 경우 속박상태의 갯수를 구하여라. 그 답을 적분형태로 남겨두어도 좋지만, 적어도 그 값이 얼마인지 대략적인 평가는 하여야 한다.

   (다) 모든 각운동량을 다 고려할 때 전체 속박상태의 갯수가 어느 정도인지 대략적으로 그 갯수의 크기를 구하여라.

   (라) 에너지 E가 수소 원자의 속박에너지의 1/4일 때 $l = 0$인 경우의 위상이동을 구하여라. 이 답은 $b/a_H \gg 1$일 때 점근적으로 정확해야 하고, 이 결과는 순수한 Coulomb 문제에도 적용할 수 있을 것이다.

9. 일차원 퍼텐셜에너지 $V(x)$가 반전성에 대해 우함수 $V(-x) = V(x)$라고 하자. 그러면 일차원 Schrödinger 방정식의 고유함수는 특정한 반전성을 갖도록 선택할 수 있다. 즉 $\psi_{(\pm)}(x) = \pm\psi_{(\pm)}(-x)$이다. 양의 에너지 $E = \hbar^2 k^2/2m$에 대하여 우함수 위상이동 $\delta_{(+)}(E)$와 기함수 위상이동 $\delta_{(-)}(E)$를 다음과 같이 정의하자.

$$\delta_{(\pm)} = \lim_{n\to\infty} k(x_{\pm,n}^0 - x_{\pm,n}). \tag{6.73}$$

여기서 $x_{\pm,n}$ 은 양의 x축에서 고유함수 $\psi_{(\pm)}(x)$ 의 n 번째 0이 있는 위치이고, $x^0_{\pm,n}$ 은 퍼텐셜 $V(x)$가 없을 때 파동함수에 대해 대응되는 0의 위치이다. 위상이동이 존재할 수 있도록 $|V(x)|$는 $|x| \to \infty$ 일 때 충분히 빨리 작아진다고 가정하자.

(가) 위상이동 $\delta_{(\pm)}$ 를 알고 있다고 가정하고, $x \to +\infty$ 일 경우와 $x \to -\infty$ 일 경우 파동함수 $\psi_{(\pm)}(x)$ 의 점근형태를 명확하게 써보아라.

(나) $E \to 0$에 접근할 때 위상이동 $\delta_{(+)}$ 와 $\delta_{(-)}$ 의 극한값은 π 의 정수배를 제외하고 얼마인가? $|x|$ 거 어떤 거리 a 보다 클 경우에는 $V(x) = 0$ 이라고 가정해도 좋지만, 그 이외에는 특별히 선택된 퍼텐셜일 필요는 없다.

(다) 만일 에너지 E 인 입자가 왼쪽으로부터 입사되었다면, 이 입자는 퍼텐셜 $V(x)$ 를 확률 T 로 통과하거나, 확률 $R = 1-T$ 로 반사될 것이다. 계수 T, R과 위상이동 $\delta_{(+)}$ 와 $\delta_{(-)}$ 사이의 관계를 구하여라.

(라) $E \to 0$ 일 때 T는 어떻게 변하는가? [특별히 지수의 E에 대한 의존성이 있다면 이를 구하여라.]

10. 질량 m 인 입자가 반지름 a와 b에 있는 무한한 퍼텐셜 장벽으로 인하여 $a < r < b$ 인 구의 껍질 지역에서만 움직일 수 있다. $a < r < b$ 의 영역에서 퍼텔셜 $V(r)$ 은 상수 V_0 이다.

(가) 각운동량 양자수가 $l = 0$ 인 가장 낮은, 그리고 두 번째로 낮은 두 에너지 고유상태들의 에너지를 구하고, 이에 해당하는 고유함수 $\psi(\mathbf{r})$ 의 구하여라. 이 함수들을 규격화할 필요는 없다.

(나) 각운동량 양자수가 l 인 가장 낮은 상태의 에너지를 E^0_l 라고 하자. 에너지 E^0_l 에 대한 상한값 $E^{(+)}_l$ 과 하한값 $E^{(-)}_l$ 가 있어서 $b - a \to 0$ 인 극한에서 이 극한값들이 E^0_l 를 줄 수 있는 $E^{(+)}_l$ 와 $E^{(-)}_l$ 를 주는 간단한 표현을 구하여라. [즉 $E^{(-)}_l \le E^0_l \le E^{(+)}_l$ 이고, $\lim_{b\to a}(E^{(+)}_l - E^{(-)}_l) = 0$ 임을 증명하여라.]

제 7 장

산란

7.1 산란단면적

퍼텐셜이 있는 물리계에 양의 에너지($E > 0$)를 가진 입자가 통과할 때, 퍼텐셜에 의해 입자의 진행방향이 변하는 현상을 "산란"(scattering) 혹은 "충돌"(collision)이라고 한다. 이러한 산란현상은 물질의 구조나 상호작용의 성질을 규명할 때 사용되는 중요한 실험방법 중의 하나이다. 물질의 구조를 아주 작은 거리에서 연구하고자 할 때에는 아주 높은 에너지의 입자를 이 물질에 입사시켜서 이때 산란되어 나오는 입자들의 에너지와 산란 방향을 측정하는 실험을 한다. 만일 표적 입자에 전달된 운동량을 $\mathbf{q}$라고 하면 Heisenberg의 불확정성 원리에 의해 우리가 탐구할 수 있는 거리의 영역은 $\Delta x \approx \hbar/|\mathbf{q}|$가 된다. 따라서 더 작은 길이 영역의 물리현상을 연구하려면 더 큰 에너지를 가진 입자를 산란시키면 된다.

이 장에서는 입사 입자의 에너지가 충분히 작아서 비상대론적으로 취급할 수 있는 경우의 산란현상을 양자역학적으로 다루고자 한다. 입자의 에너지가 큰 경우에는 상대론적 효과로 새로운 입자들이 생성될 수 있어서 상대론적 양자역학 혹은 양자장론을 사용하여야 하므로 이 책에서는 다루지 않겠다. 하지만 여기서 고찰하는 여러 물리량들 역시 상대론적인 경우에도 마찬가지로 기술할 수 있다. 이 장에서 다루는 산란단면적, 위상이동 등은 산란 혹은 충돌현상을 다루는 데 중요한 물리량들이다.

산란을 정량적으로 정의하자. 퍼텐셜이 고정되어 있고[1] 퍼텐셜을 향해 들어오는 입사입자들의 흐름이 균일할 경우, 이 흐름의 크기를 F라고 하자. 즉 F는 단위면적당 단위시간당 들어오는 입자의 갯수를 의미한다. 이때 주어진 입체각에서 단위시간당 단

[1]이 경우는 표적 입자의 질량의 매우 큰 극한에 해당한다. 표적 입자의 질량이 그리 크지 않을 경우에는 표적 입자가 이동하는 경우를 고려해야 한다. 이는 이 장의 뒷부분에서 취급하겠다.

위입체각당 측정되는 입자의 갯수를

$$F\left(\frac{d\sigma}{d\Omega}\right) \tag{7.1}$$

로 나타낼 수 있다. 식 (7.1)에 나타난 $d\sigma/d\Omega$를 "미분 산란단면적" (differential scattering cross section)으로 정의한다. 물리적으로는 미분 산란단면적 $d\sigma/d\Omega$는

$$\frac{d\sigma}{d\Omega} = \frac{\text{단위입체각당 나가는 흐름}}{\text{단위면적당 들어오는 흐름}} \tag{7.2}$$

을 뜻한다. 따라서 미분 산란단면적은 넓이의 차원을 갖는다. 또한 "전체 산란단면적" (total scattering cross section) σ_{tot}는 모든 입체각에 대해 미분 산란단면적을 적분한 양으로 정의한다.

$$\sigma_{\text{tot}} = \int d\Omega \, \frac{d\sigma}{d\Omega} \tag{7.3}$$

7.2 산란 문제에서 해의 형태

해밀토니안이 $H = T + V$로 주어지고, 퍼텐셜 V는 퍼텐셜의 유효영역이 유한하여 $r > a$인 경우에 퍼텐셜은 $1/r$보다 빨리 0으로 접근하는 경우의 산란을 고려하자. 즉 짧은 영역의 퍼텐셜에 의한 산란을 고려하자. 결과부터 먼저 서술하면 산란문제는 다음과 같이 기술할 수 있다. $\psi_{\mathbf{k}}$가 시간에 무관한 Schrödinger 방정식 $H\psi_{\mathbf{k}} = E_{\mathbf{k}}\psi_{\mathbf{k}}$를 만족하는 고유상태라고 하면 에너지 고유값은 $E_{\mathbf{k}} = \hbar^2 k^2/(2m)$으로 주어진다. 그리고 고유함수 $\psi_{\mathbf{k}}$의 형태는

$$\psi_{\mathbf{k}} = \frac{1}{(2\pi)^{3/2}}\left(e^{i\mathbf{k}\cdot\mathbf{r}} + F(\mathbf{r})\right) \tag{7.4}$$

로 쓸 수 있다. 첫 항은 입사파동에 해당하며 둘째 항은 산란파동에 해당한다. 산란파동은 $r \to \infty$일 때

$$F(\mathbf{r}) \to \frac{f(\hat{\mathbf{r}})}{r} e^{ikr} \tag{7.5}$$

의 점근적 형태를 갖는다. 이 파동에 시간의존항인 $e^{-i\omega t}$를 덧붙여 써보면 이 항은 밖으로 나가는 구면파동의 형태임을 알 수 있다. 이러한 점근적 형태를 갖는 이유는 확률흐름이 보존되어야 하기 때문이다. 이때 미분 산란단면적은 다음과 같이 주어진다.

$$\frac{d\sigma}{d\Omega} = |f(\hat{\mathbf{r}})|^2. \tag{7.6}$$

7.2.1 간단한 증명

식 (7.4)의 $\psi_{\mathbf{k}}$를 이용하여 입자들의 흐름을 계산하여 보자. 우선 입사파

$$\psi_{\text{in}} = \frac{1}{(2\pi)^{3/2}} e^{i\mathbf{k}\cdot\mathbf{r}} \tag{7.7}$$

에 의해 주어지는 입사흐름은

$$\frac{\hbar}{m}\text{Im } \psi_{\text{in}}^* \nabla \psi_{\text{in}} \to \frac{1}{(2\pi)^3}\frac{\hbar\mathbf{k}}{m} \tag{7.8}$$

이다. 물리적으로 이를 해석하면 속도 $\hbar\mathbf{k}/m$의 입자들이 단위부피당 $1/(2\pi)^3$ 개 있는 입자들의 흐름에 해당한다. 한편 산란파동에 의하여 단위면적당 지름 방향으로 나가는 흐름은

$$\frac{\hbar}{m}\frac{1}{(2\pi)^3}\text{Im } F^* \nabla F = \frac{1}{(2\pi)^3}\frac{|f(\hat{\mathbf{r}})|^2}{r^2}\frac{\hbar k}{m}\hat{\mathbf{r}} \tag{7.9}$$

이다. 그리고 마지막으로 교차항인 $F^*\nabla e^{i\mathbf{k}\cdot\mathbf{r}}$과 $e^{-i\mathbf{k}\cdot\mathbf{r}}\nabla F$에서 나오는 항들이 있다. 이들은

$$\frac{1}{(2\pi)^3}\frac{\hbar k}{m}\frac{f(\hat{\mathbf{r}})}{r} e^{i\mathbf{k}\cdot\mathbf{r}-ikr} \tag{7.10}$$

과 이 양의 복소켤레에 비례한다. 이 중 지수함수 부분의 지수는 r이 무한대로 접근할 때 산란된 입자가 앞방향으로 방출된 경우를 제외하면 매우 빨리 진동한다. 따라서 앞방향으로의 산란을 고려하지 않는 한 이 항을 무시할 수 있다. 이 경우 미분 산란단면적은 $d\sigma/d\Omega = |f(\hat{\mathbf{r}})|^2$이 된다.

7.2.2 파동묶음을 이용한 접근

앞 절에서는 평면파동을 이용하여 입자들의 흐름이 균일한 경우 미분 산란단면적을 구하는 방법을 살펴보았다. 이와는 달리 더 실제 상황과 가까운 방법인 국소화된 파동묶음을 이용하여 미분 산란단면적을 구할 수도 있다.

사실 이 두 가지 접근방법은 서로 동등한 방법이다. 왜냐하면 양자역학은 선형이론이므로 파동묶음은 평면파동의 Fourier 급수로 전개할 수 있기 때문이다. 따라서 파동묶음의 Fourier 성분으로 산란단면적을 구하는 것과 이들을 합한 파동묶음으로 산란단면적을 구하는 것은 동등한 방법이다. 그러나 물리적으로 해석할 때에는 평면파동은 제곱적분 가능한 함수가 아니므로 주의하여야 한다. 파동묶음을 이용하여 산란단면적을 구하는 경우에는 파동묶음으로 기술되는 한 개의 입자가 퍼텐셜에 의해 산란되는 경우를 고려하는 것이다.

시간에 의존하는 Schrödinger 방정식 $i\hbar\partial\psi/\partial t = H\psi$를 만족하는 파동묶음 ψ를

$$\psi(\mathbf{r},t) = \int d^3k\, \psi_{\mathbf{k}}(\mathbf{r}) g(\mathbf{k}-\mathbf{k}_0) e^{-i\omega_k t} \tag{7.11}$$

로 쓰자. 여기서 $g(\mathbf{q})$는 $\mathbf{q} = 0$에서 최대값을 가지고 폭이 Δq로 아주 좁은 봉우리의 형태를 가지는 함수라고 하자. 그리고 편의상 $g(\mathbf{q})$가 실수라고 하자. 파동함수 $\psi(\mathbf{r},t)$의 Fourier 변환 $\tilde{g}(\mathbf{r})$은 폭이 $1/\Delta q$인 함수이다. ω_k를 $\mathbf{k} = \mathbf{k}_0$ 주위에서 전개하자. $\omega_0 \equiv \hbar k_0^2/(2m)$라고 하면

$$\omega_k = \omega_0 + (\mathbf{k}-\mathbf{k}_0)\cdot \mathbf{v}_0 + \cdots \tag{7.12}$$

이고, 여기서 $\mathbf{v}_0 = \hbar\mathbf{k}_0/m$으로 입자의 고전적인 평균속도에 해당한다.

이제 $\mathbf{v}_0 \parallel \hat{\mathbf{z}}$이 되도록 좌표축을 선택하면, $r \to \infty$로 접근할 때 파동함수 ψ는

$$\psi(\mathbf{r},t) = \int \frac{d^3q}{(2\pi)^{3/2}}\, g(\mathbf{q}) \Big(e^{i\mathbf{k}_0\cdot\mathbf{r}-i\omega_0 t} e^{i\mathbf{q}\cdot\mathbf{r}-iv_0 q_z t} + \frac{f(\hat{\mathbf{r}})}{r} e^{ik_0 r - i\omega_0 t} e^{iq_z r - iv_0 q_z t} \Big) \tag{7.13}$$

의 형태를 가진다. $g(\mathbf{q})$의 Fourier 변환 $\tilde{g}(\mathbf{r})$이

$$\tilde{g}(\mathbf{r}) = \frac{1}{(2\pi)^{3/2}} \int d^3q\, g(\mathbf{q}) e^{i\mathbf{q}\cdot\mathbf{r}} \tag{7.14}$$

임을 이용하면, 첫째 항은

$$\tilde{g}(\mathbf{r}-\mathbf{v}_0 t)\, e^{i\mathbf{k}_0\cdot\mathbf{r}-i\omega_0 t} \tag{7.15}$$

임을 알 수 있다. 이 항은 $\mathbf{r} = \mathbf{v}_0 t$에 중심이 있는 파동묶음이고, 이는 입사파동임을 알 수 있다. 한편 둘째 항은

$$\frac{f(\hat{\mathbf{r}})}{r} \tilde{g}\big(\hat{\mathbf{z}}(r - v_0 t)\big)\, e^{ik_0 r - i\omega_0 t} \tag{7.16}$$

이다. 이 항은 $r = v_0 t$에서 최대값을 가지고, $|r - v_0 t| \gg 1/\Delta q$일 경우에는 $\tilde{g}$가 폭이 매우 좁다는 성질에 의해 무시할 수 있을 정도로 작게 된다. 물론 $t < 0$에서는 식 (7.15), (7.16)에 있는 두 항 모두 0이다.

표적에서 시간에 대해 적분한 단위면적당 적분한 입사흐름을 구해보면

$$\frac{1}{(2\pi)^3} \int dt\, \big|\tilde{g}(\mathbf{r}-\mathbf{v}_0 t)\big|^2 \mathbf{v}_0 \Big|_{r=0} \tag{7.17}$$

을 얻는다. 역시 시간에 대해 적분한 단위입체각당 산란흐름은 $x = y = 0$에서

$$\frac{1}{(2\pi)^3}\int dt\,\left|f(\hat{\mathbf{r}})\right|^2 v_0\left|\tilde{g}(\hat{\mathbf{z}}(r - v_0 t))\right|^2 \tag{7.18}$$

이다. 따라서 두 항의 비율을 구하면 $|f(\hat{\mathbf{r}})|^2$이 되고, 이 양이 바로 앞에서 정의한 미분 산란단면적이다.

위의 결과를 요약하면 산란에 대한 해의 형태는

$$\psi = \frac{1}{(2\pi)^{3/2}}\left(e^{i\mathbf{k}\cdot\mathbf{r}} + F(\mathbf{r})\right) \tag{7.19}$$

의 형태로 쓸 수 있다. $F(\mathbf{r})$의 점근적 형태는 $r \to \infty$로 접근할 때

$$F(\mathbf{r}) \sim \frac{e^{ikr}}{r} f(\hat{\mathbf{r}}) \tag{7.20}$$

이다. 이때 미분 산란단면적은

$$\frac{d\sigma}{d\Omega} = |f(\hat{\mathbf{r}})|^2 \tag{7.21}$$

로 주어진다.

7.3 Green의 함수

산란현상은 Green의 함수(Green's function)를 이용하여 쉽게 풀 수 있다. Green의 함수를 도입하기 위해, 풀고자 하는 문제를 먼저 명확히 정의하자. 여기서도 역시 $r > a$일 때 0이 되는 짧은 영역의 퍼텐셜 $V(r)$을 고려하겠다.

$$E = \frac{\hbar^2 k^2}{2m},\ U(r) \equiv \frac{2mV(r)}{\hbar^2} \tag{7.22}$$

의 양들을 도입하면, Schrödinger 방정식 $H\psi = E\psi$는 다음과 같이 쓸 수 있다.

$$\left(\nabla^2 + k^2\right)\psi = U\psi. \tag{7.23}$$

함수 $G(\mathbf{r}, \mathbf{r}')$이 다음의 식을 만족한다고 하자.

$$\left(\nabla_r^2 + k^2\right) G(\mathbf{r}, \mathbf{r}') = -4\pi\delta(\mathbf{r} - \mathbf{r}'). \tag{7.24}$$

여기서 미분연산자에 붙은 아래첨자 r은 변수 r에 관해서만 미분하는 연산자임을 명시적으로 표현한 것이다. 이제 $\psi(\mathbf{r})$은 식 (7.23)의 해이고, 식 (7.23)의 균일한 해를 $\phi(\mathbf{r})$

이라고 하자. 즉 $\phi(\mathbf{r})$은 다음의 방정식을 만족한다.

$$(\nabla^2 + k^2)\,\phi = 0. \tag{7.25}$$

그러면 $\psi(\mathbf{r})$은

$$\psi(\mathbf{r}) = \phi(\mathbf{r}) - \frac{1}{4\pi}\int d^3r'\, G(\mathbf{r},\mathbf{r}')U(\mathbf{r}')\psi(\mathbf{r}') \tag{7.26}$$

으로 쓸 수 있다. 이 때 $G(\mathbf{r},\mathbf{r}')$을 "**Green의 함수**"라고 한다. Green의 함수는 풀고자 하는 문제에 따라 다음과 같은 세 가지 형태로 쓸 수 있다.

1. $G(\mathbf{r},\mathbf{r}') \equiv G_+(\mathbf{r} - \mathbf{r}')$이라고 하자. 여기서

$$G_+(\mathbf{r}) = \frac{e^{ikr}}{r} = j_0(kr) \tag{7.27}$$

이다. $j_0(kr)$은 구면 Bessel 함수이다. 이 Green 함수의 시간에 대한 의존성을 고려하면 이 함수는 원점에서 지름 방향으로 밖으로 향해 나가는 구면파동에 해당한다. 이 Green 함수는 다음과 같은 성질을 갖는다.

(가) $r > 0$일 때는

$$(\nabla^2 + k^2)\, j_0(kr) = 0 \tag{7.28}$$

을 만족한다.

(나) 원점 근처에서 반지름 ϵ인 매우 작은 구를 잡고 $G_+(\mathbf{r})$을 이 구에 대해 적분을 하면

$$\int_{r<\epsilon} \frac{e^{ikr}}{r} d^3r = 4\pi \int_0^\epsilon r^2 dr \frac{1}{r} = 2\pi\epsilon^2 \to 0 \tag{7.29}$$

을 얻는다. 한편 $\nabla^2 G_+(\mathbf{r})$을 이 구에 대해 적분하면 다음을 얻는다.

$$\int_{r<\epsilon} \nabla^2 \frac{e^{ikr}}{r} d^3r = \int_{r=\epsilon} \nabla \frac{e^{ikr}}{r} \cdot d\mathbf{S} = -\frac{4\pi r^2}{r^2} = -4\pi. \tag{7.30}$$

(가)와 (나)의 성질을 종합하면 $(\nabla^2 + k^2)G_+(\mathbf{r})$은 델타함수의 성질을 보여준다. 그러므로 $G_+(\mathbf{r})$은 식 (7.24)를 만족함을 알 수 있다.

2. 위에서 정의한 Green의 함수의 복소켤레로 또 하나의 다른 Green의 함수를 정의할 수 있다. 즉

$$G(\mathbf{r},\mathbf{r}') = G_-(\mathbf{r} - \mathbf{r}') = G_+^*(\mathbf{r} - \mathbf{r}') = \frac{e^{-ik|\mathbf{r}-\mathbf{r}'|}}{|\mathbf{r} - \mathbf{r}'|} \tag{7.31}$$

로 정의한다. G_-는 G_+와는 독립적인 함수로, 시간에 대한 의존성까지 고려하면 G_+와는 반대로 원점을 향해 들어오는 구면파동에 해당한다. 이 두 개의 Green의 함수를 구별하기 위해 G_-를 "**앞선 Green의 함수**"(advanced Green's function), G_+는 "**뒤쳐진 Green의 함수**"(retarded Green's function)라고 부른다. 파동함수의 초기값이 시간 $t = t_0$에서 주어졌을 때 이보다 앞선 시간($t < t_0$)에 대한 파동함수를 구하고자 할 때에는 앞선 Green의 함수 G_-를 이용하고, $t > t_0$인 경우의 파동함수를 구할 때에는 뒤쳐진 Green의 함수 G_+를 이용한다.

3. 한편 앞선 Green 함수와 뒤쳐진 Green 함수를 더하여 만든

$$G(\mathbf{r}) = \frac{1}{2}\Big(G_+(\mathbf{r}) + G_-(\mathbf{r})\Big) = \frac{\cos kr}{r} \tag{7.32}$$

도 식 (7.24)를 만족한다. 이 함수는 G_-와 G_+에 대해 독립적인 함수는 아니다. 하지만 이 Green의 함수는 물리적으로 구면정지파동을 나타낸다.

이제 뒤쳐진 Green 함수 G_+를 이용하여 Schrödinger 방정식의 해를 구해보자. 우선 식 (7.25)의 균일한 해는

$$\phi(\mathbf{r}) \equiv \phi_{\mathbf{k}}(\mathbf{r}) = \frac{1}{(2\pi)^{3/2}} e^{i\mathbf{k}\cdot\mathbf{r}} \tag{7.33}$$

이므로, 식 (7.23)의 해를

$$\psi(\mathbf{r}) \equiv \psi_{\mathbf{k}}^{(+)} = \phi_{\mathbf{k}}(\mathbf{r}) - \frac{1}{4\pi}\int \frac{e^{ik|\mathbf{r}-\mathbf{r}'|}}{|\mathbf{r}-\mathbf{r}'|} U(\mathbf{r}')\psi_{\mathbf{k}}^{(+)}(\mathbf{r}')\, d^3r' \tag{7.34}$$

로 쓸 수 있다. $r > a$인 곳에서 $U(r) = 0$인 퍼텐셜에 대해 해가 존재한다고 가정하자. 이제 $r \to \infty$이고 $r \gg r'$일 때 식 (7.34) 안의 적분되는 양을 Taylor 급수로 전개하자.

$$|\mathbf{r}-\mathbf{r}'| = r\Big(1 - \frac{2\mathbf{r}\cdot\mathbf{r}'}{r^2} + \cdots\Big)^{1/2} = r\Big(1 - \frac{\mathbf{r}\cdot\mathbf{r}'}{r^2} + \cdots\Big) \approx r - \frac{\mathbf{r}\cdot\mathbf{r}'}{r} \tag{7.35}$$

임을 이용하면

$$e^{ik|\mathbf{r}-\mathbf{r}'|} \approx e^{ikr} e^{-i\,\mathbf{k}'\cdot\mathbf{r}'} \tag{7.36}$$

이다. 여기서 $\mathbf{k}' = k\hat{\mathbf{r}}$ ($k = |\mathbf{k}'|$)이다. 따라서 $r \gg a$인 곳에서는

$$\psi_{\mathbf{k}}^{(+)}(\mathbf{r}) \sim \frac{1}{(2\pi)^{3/2}}\Big(e^{i\mathbf{k}\cdot\mathbf{r}} + \frac{e^{ikr}}{r} f_{\mathbf{k}}(\hat{\mathbf{r}})\Big) \tag{7.37}$$

이고

$$f_{\mathbf{k}}(\hat{\mathbf{r}}) \;=\; -\frac{(2\pi)^{3/2}}{4\pi}\int d^3r'\, e^{-i\mathbf{k}'\cdot\mathbf{r}'} U(\mathbf{r}')\psi_{\mathbf{k}}^{(+)}(\mathbf{r}')$$

$$= -\frac{(2\pi)^3}{4\pi}\int d^3r'\,\phi^*_{\mathbf{k}'}(\mathbf{r}')U(\mathbf{r}')\psi^{(+)}_{\mathbf{k}}(\mathbf{r}') \tag{7.38}$$

이다. 이제 U가 작다고 가정하여 $f_{\mathbf{k}}$를 U에 대한 섭동전개를 이용하여 구하려고 한다. 우선 $U=0$인 경우는 간단히

$$\psi^{(+)}_{\mathbf{k}}(\mathbf{r}) = \phi_{\mathbf{k}}(\mathbf{r}) \tag{7.39}$$

가 된다. U가 작을 때는

$$\psi^{(+)}_{\mathbf{k}}(\mathbf{r}) \approx \phi_{\mathbf{k}}(\mathbf{r}) + \mathcal{O}(U) \tag{7.40}$$

일 것이다. 이제 파동함수의 U에 대한 수정이 0이 되지 않는 가장 낮은 차수 ["일차 **Born** 어림방법"(first Born approximation)]에서 구하면

$$f^{(1)}_{\mathbf{k}}(\hat{\mathbf{r}}) = -\frac{(2\pi)^3}{4\pi}\int d^3r'\,\phi^*_{\mathbf{k}'}(\mathbf{r}')U(\mathbf{r}')\phi_{\mathbf{k}}(\mathbf{r}') = -\frac{1}{4\pi}\int d^3r'\,e^{i(\mathbf{k}-\mathbf{k}')\cdot\mathbf{r}'}U(\mathbf{r}') \tag{7.41}$$

이다. 이 양은 운동량 전달 $\mathbf{q}=\mathbf{k}-\mathbf{k}'$ [$|\mathbf{q}| = 2k\sin(\theta/2)$]에 대한 $U(\mathbf{r}')$의 Fourier 변환에 비례하는 양임을 알 수 있다. 만일 $k^2 \to 0$, 즉 $\mathbf{q}\sim 0$이면 $f_{\mathbf{k}}$는 θ에 무관하게 된다.

$$\frac{d\sigma}{d\Omega} = |f|^2 \xrightarrow{q\to 0} \text{상수} \times \left|\int d^3r\,U(r)\right|^2. \tag{7.42}$$

이러한 방법을 계속 반복적으로 적용하여 U에 대한 급수전개를 하는 것을 "**Born** 급수전개"라고 한다. 즉 $\psi^{(0)}_{\mathbf{k}}(\mathbf{r}) = \phi_{\mathbf{k}}(\mathbf{r})$에서 시작하여 일반적으로 n차의 파동함수 $\psi^{(n)}_{\mathbf{k}}$는

$$\psi^{(n+1)}_{\mathbf{k}} = \phi_{\mathbf{k}} - \frac{1}{4\pi}\int d^3r' G_+(\mathbf{r}-\mathbf{r}')U(\mathbf{r}')\psi^{(n)}_{\mathbf{k}}(\mathbf{r}') \tag{7.43}$$

의 관계를 만족한다. 만일 $\lim_{n\to\infty}\psi^{(n)}_{\mathbf{k}}$이 수렴하면, 이것이 바로 우리가 원하는 해이다. n차의 Born 어림계산에서는

$$f^{(n+1)} = -\frac{(2\pi)^3}{4\pi}\int d^3r'\phi^*_{\mathbf{k}'}(\mathbf{r}')U(\mathbf{r}')\psi^{(n)}_{\mathbf{k}}(\mathbf{r}') \tag{7.44}$$

이다. $U(r) = gW(r)$이라고 하면 U에 대한 급수전개에 있어서 그 차수는 g에 대한 차수를 세는 것으로 대신할 수 있으므로 급수전개의 차수를 알아보기가 간편하다.

$n=2$일 경우의 파동함수 $\psi^{(2)}_{\mathbf{k}}$는

$$\begin{aligned}\psi^{(2)}_{\mathbf{k}} &= \phi_{\mathbf{k}} - \frac{g}{4\pi}\int d^3r' G_+(\mathbf{r}-\mathbf{r}')W(\mathbf{r}')\phi_{\mathbf{k}}(\mathbf{r}') \\ &+ \left(\frac{g}{4\pi}\right)^2\int d^3r'd^3r''\; G(\mathbf{r}-\mathbf{r}')W(\mathbf{r}')G(\mathbf{r}'-\mathbf{r}'')W(\mathbf{r}'')\phi_{\mathbf{k}}(\mathbf{r}'')\end{aligned} \tag{7.45}$$

이다. 이를 확장하여 $n \to \infty$일 경우의 파동함수 $\psi_{\mathbf{k}}^{(\infty)}$는

$$\begin{aligned}\psi_{\mathbf{k}}^{(\infty)} &= \psi_{\mathbf{k}}^{(+)} = \phi - \frac{g}{4\pi}\int GW\phi + \left(\frac{g}{4\pi}\right)^2 \int\int GWGW\phi \\ &- \left(\frac{g}{4\pi}\right)^3 \int\int\int GWGWGW\phi + \cdots \end{aligned} \tag{7.46}$$

가 된다. 위 식에서 적분 변수는 생략하였다. 마찬가지 방법을 사용하면 산란진폭 f는

$$\frac{-4\pi}{(2\pi)^3} f = g\int \phi^* W\psi = g\int \phi_{\mathbf{k}}^* W\phi_{\mathbf{k}} - \frac{g}{4\pi}\int\int \phi^* WGW\phi + \cdots \tag{7.47}$$

로 쓸 수 있다.

이제 "**kernel**"이라는 새로운 양을 도입하자. kernel은 아래에 도입한 T 행렬로 정의한다.

$$\begin{aligned} T(\mathbf{r}, \mathbf{r}') &= V(\mathbf{r})\delta(\mathbf{r}-\mathbf{r}') - \frac{1}{4\pi}\frac{2m}{\hbar^2}\int d^3r'' V(\mathbf{r})G(\mathbf{r}-\mathbf{r}'')T(\mathbf{r}'', \mathbf{r}') \quad (7.48) \\ &= V(\mathbf{r})\delta(\mathbf{r}-\mathbf{r}') - \frac{1}{4\pi}\frac{2m}{\hbar^2} V(\mathbf{r})G(\mathbf{r}-\mathbf{r}')V(\mathbf{r}') + \cdots . \end{aligned}$$

이 식의 마지막 표현은 첫 줄에 있는 kernel을 퍼텐셜에 대해 급수전개를 한 것이다. 이러한 kernel T를 이용하여 산란진폭 f를 표현하면

$$f = -\frac{(2\pi)^3}{4\pi}\frac{2m}{\hbar^2}\int\int d^3r d^3r' \phi_{\mathbf{k}'}^*(\mathbf{r}')T(\mathbf{r}', \mathbf{r})\phi_{\mathbf{k}}(\mathbf{r}) \tag{7.49}$$

로 간단히 쓸 수 있다. 만일 $r > a$인 곳에서 $V(r) = 0$이면 $r, r' > a$인 곳에서는 $T(\mathbf{r}, \mathbf{r}') = 0$이다. 그렇다면 이 급수는 어떤 경우에 수렴하는가? 이를 살펴보기 위해 다음을 고려하자.

1. 만일 $r > a$인 곳에서 $V = 0$이고 퍼텐셜의 크기가 퍼텐셜의 최대크기 $|V_{\max}|$보다 작을 경우 ($|V| < |V_{\max}|$)

$$\int_{r<a} Gd^3r \approx a^2 \tag{7.50}$$

이므로, 한 항과 그 다음의 항의 비율은

$$V_{\max}\frac{2ma^2}{\hbar^2} = \frac{V_{\max}}{p = \hbar/a\text{인 입자의 에너지}} \tag{7.51}$$

의 정도의 크기가 되고 이 양이 1보다 매우 작을 때는 일차 Born 어림법이 잘 맞는다.

2. 만일 $E \to \infty$ 일 때 전형적인 퍼텐셜의 크기 $V_{\rm typ}$ 이

$$V_{\rm typ} \ll \frac{\hbar^2}{ma^2} \tag{7.52}$$

이면 또한 이 급수는 수렴한다. 또한 $k \gg 1/a$ 일 경우에는

$$V_{\rm typ} \ll \frac{\hbar^2 k^2}{2m} \tag{7.53}$$

이므로 이 경우에도 이 급수는 수렴한다.

7.4 일차 Born 어림방법

Born 어림방법의 예로 다음과 같은 퍼텐셜에너지를 생각하자.

$$V(r) = V_0 \frac{e^{-\alpha r}}{r}. \tag{7.54}$$

이 퍼텐셜의 형태는 전하를 띤 입자들이 많이 모여있는 물리계에 의한 Coulomb 퍼텐셜을 나타낸다. 퍼텐셜이 지수적으로 감소하는 형태를 갖는 것은 전하들이 서로 가리는 효과 때문에 나타난다. 따라서 이 퍼텐셜을 "**가려진 Coulomb 퍼텐셜**"(screened Coulomb potential)이라고 부른다. 여기서 길이의 차원을 갖는 $1/\alpha$ 는 가려막기 유효길이이다. 한편 핵자들 사이의 상호작용도 서로 교환되는 파이 중간자의 효과에 의해 위와 같은 퍼텐셜 형태를 갖는다. 이 퍼텐셜을 "**Yukawa 퍼텐셜**"(Yukawa potential)이라고 한다. 이 때 α 는 교환되는 파이 입자의 질량에 비례한다.

퍼텐셜 V 의 Fourier 변환 $\tilde{V}$ 는

$$\begin{aligned}
\tilde{V}(\mathbf{q}) &= \frac{1}{(2\pi)^{3/2}} \int d^3r\, e^{i\mathbf{q}\cdot\mathbf{r}} V(\mathbf{r}) = \frac{2\pi}{(2\pi)^{3/2}} V_0 \int_0^\infty dr\, r^2 \frac{e^{-\alpha r}}{r} \int_{-1}^{1} dx e^{iqrx} \\
&= \frac{V_0}{(2\pi)^{1/2}} \int_0^\infty dr\, r \frac{e^{iqr} - e^{-iqr}}{iqr} e^{-\alpha r} \\
&= \frac{1}{(2\pi)^{1/2}} \frac{V_0}{iq} \int_0^\infty dr (e^{-\alpha r + iqr} - e^{-\alpha r - iqr}) \\
&= \frac{1}{(2\pi)^{1/2}} \frac{V_0}{iq} \Big(\frac{1}{-\alpha - iq} - \frac{1}{-\alpha + iq} \Big) = \frac{1}{(2\pi)^{1/2}} \frac{V_0}{iq} \Big(\frac{1}{\alpha - iq} - \frac{1}{\alpha + iq} \Big) \\
&= \frac{V_0}{(2\pi)^{1/2}} \frac{2}{\alpha^2 + q^2}
\end{aligned} \tag{7.55}$$

이므로, Born 어림방법에 의한 미분 산란단면적은 다음과 같다.

$$\frac{d\sigma_B}{d\Omega} = \left(\frac{2V_0 m}{\hbar^2}\right)^2 \frac{1}{\left(\alpha^2 + 4k^2 \sin^2(\theta/2)\right)^2}. \tag{7.56}$$

참고로 이 결과에서 $V_0 = -Ze^2$로 놓고, $\alpha \to 0$인 극한을 취하면

$$\frac{d\sigma_B}{d\Omega} \to \left(\frac{Ze^2 m}{2\hbar^2 k^2 \sin^2(\theta/2)}\right)^2 \tag{7.57}$$

가 된다. 이러한 극한에서는 가려진 Coulomb 퍼텐셜이 Coulomb 퍼텐셜이 되므로, 더 이상 $r > a$일 때 $V(r) = 0$이라는 조건이 성립하지 않는다. 즉 Coulomb 퍼텐셜은 긴 영역에 걸쳐 영향을 끼치는 퍼텐셜이다. 그러나 위의 결과는 우연하게도 Coulomb 퍼텐셜의 경우 정확한 산란단면적과 일치한다. 이는 6장에서 보았듯이 Coulomb 퍼텐셜에 의한 산란은 가려진 Coulomb 퍼텐셜에서 얻은 에너지 고유함수와 $\alpha \to 0$인 극한에서 얻은 에너지 고유함수와는 단지 위상만 차이가 나기 때문이다. 따라서 산란단면적과 같은 물리량에는 변화가 없게 된다. Coulomb 퍼텐셜과 같은 긴 영역에 걸친 퍼텐셜에 의한 산란은 이 장의 마지막 절에서 더 상세히 고려하겠다.

일반적으로 구면대칭성을 갖는 퍼텐셜의 경우에는 $\mathbf{k}$의 방향을 z축으로 정하면

$$\psi_{\mathbf{k}}^{(+)} \sim \frac{1}{(2\pi)^{3/2}}\left(e^{ikr\cos\theta} + F(\mathbf{r})\right) \tag{7.58}$$

로 쓸 수 있고, $r \to \infty$인 극한에서는

$$F(\mathbf{r}) \to \frac{f(\theta)}{r} e^{ikr} \tag{7.59}$$

의 형태를 갖는다. 이때 이 해를, 평면파동을 궤도각운동량의 고유함수로 전개할 때의 기준 $R_l(r)Y_{lm}(\theta,\phi)$로 전개해보자. 여기서 Y_{lm}은 구면조화함수이고 $R_l(r)$은 지름방향의 고유함수이다. 문제를 좀 더 명확히 하기 위해 r에만 의존하는 함수 $R_l(r)$은

$$R_l(r) \sim \frac{\sin(kr - l\pi/2 + \delta_l)}{kr} \tag{7.60}$$

의 형태를 갖는다고 가정하자. 그러면 파동함수는 방위각 ϕ에 의존하지 않으므로 (Y_{lm} 중 $m = 0$인 항만 존재한다.)

$$\psi_{\mathbf{k}}^{(+)} = \sum_{l=0}^{\infty} a_l R_l P_l(\cos\theta) \tag{7.61}$$

로 나타낼 수 있다. $r \to \infty$ 인 극한에서는 위에서 언급한대로

$$R_l = \cos\delta_l \frac{\sin(kr - l\pi/2)}{kr} + \sin\delta_l \frac{\cos(kr - l\pi/2)}{kr} \tag{7.62}$$

로 쓸 수 있다. 한편 자유입자의 파동함수에서 r에 의존하는 부분은, 각운동량 양자수가 l인 입자에 대해서는 구면 Bessel 함수 $j_l(kr)$과 구면 Neumann 함수 $n_l(kr)$로 표현한다. 따라서 $r > a$인 임의의 r에 대해서는

$$R_l = \cos\delta_l j_l(kr) - \sin\delta_l n_l(kr) \tag{7.63}$$

로 쓸 수 있다. 참고로 식 (7.63)의 부호는 식 (7.62)과 j_l, n_l의 점근형태를 비교하여 결정되었다. 한편 $h_l^{(1)} = j_l + in_l$ 인 관계를 이용하면 $n_l = -i(h_l^{(1)} - j_l)$ 이므로

$$R_l = e^{-i\delta_l} j_l(kr) + i\sin\delta_l h_l^{(1)}(kr) \tag{7.64}$$

로 쓸 수 있다. 한편 평면파동의 부분파동전개

$$e^{ikz} = \sum_{l=0}^{\infty} (2l+1) i^l j_l(kr) P_l(\cos\theta) \tag{7.65}$$

를 이용하면

$$a_l = \frac{1}{(2\pi)^{3/2}} (2l+1) i^l e^{i\delta_l} \tag{7.66}$$

로 선택할 수 있다. 따라서 $r > a$ 인 곳에서는

$$\psi_{\mathbf{k}}^{(+)} = \frac{1}{(2\pi)^{3/2}} \Big(e^{ikz} + \sum_l (2l+1) i^{l+1} e^{i\delta_l} \sin\delta_l \, h_l^{(1)}(kr) P_l(\cos\theta) \Big) \tag{7.67}$$

로 쓸 수 있다. 여기서

$$h_l^{(1)}(r) = \frac{e^{-ikr}}{kr} (-i)^{l+1} \tag{7.68}$$

이다. 한편 $r \to \infty$ 일 경우에는

$$f(\theta) = \frac{1}{k} \sum_l (2l+1) \sin\delta_l e^{i\delta_l} P_l(\cos\theta) = \sum_l (2l+1) \frac{e^{2i\delta_l} - 1}{2ik} P_l(\cos\theta) \tag{7.69}$$

이고, 따라서 미분 산란단면적은

$$\frac{d\sigma}{d\Omega} = |f|^2 \tag{7.70}$$

이다. 한편

$$\int d\Omega\, P_l(\cos\theta) P_{l'}(\cos\theta) = \frac{4\pi}{2l+1}\delta_{ll'} \tag{7.71}$$

을 이용하면 전체 산란단면적은 다음과 같다.

$$\sigma_{\rm tot} = \frac{4\pi}{k^2}\sum_l (2l+1)\sin^2\delta_l. \tag{7.72}$$

7.5 광학정리

앞 절의 내용을 다시 요약하여 산란진폭 f와 전체 산란단면적 $\sigma_{\rm tot}$을 쓰면 다음과 같다.

$$f(\theta) = \frac{1}{k}\sum_{l=0}^{\infty}(2l+1)\sin\delta_l e^{i\delta_l} P_l(\cos\theta), \tag{7.73}$$

$$\sigma_{\rm tot} = \frac{4\pi}{k^2}\sum_l (2l+1)\sin^2\delta_l. \tag{7.74}$$

식 (7.73)에서 $\theta \to 0$인 극한을 취하면

$$\lim_{\theta\to 0} f(\theta) = \frac{1}{k}\sum_l (2l+1)e^{i\delta_l}\sin\delta_l \tag{7.75}$$

이 된다. 여기서 허수부분을 취하면

$$\mathrm{Im}\, f(0) = \frac{1}{k}\sum_l (2l+1)\sin^2\delta_l \tag{7.76}$$

이 된다. 이것은 $\sigma_{\rm tot}$에 비례한다. 즉

$$\sigma_{tot} = \frac{4\pi}{k}\mathrm{Im}\, f(0) \tag{7.77}$$

인 관계가 있고, 이러한 관계를 "광학정리"(optical theorem)라고 한다. 광학정리는 전방산란진폭과 전체 산란단면적 사이의 관계를 맺어주는 식으로 양자역학 뿐만 아니라 일반적으로 파동현상에서는 어디서나 두루 통용되는 관계이다. 또한 이 정리는 탄성충돌 뿐만 아니라 비탄성충돌에서도 성립하는 매우 일반적인 관계식이다.

7.5.1 일반적인 유도

퍼텐셜 V가 구면대칭성을 가지지 않더라도 광학정리는 성립한다. 이를 증명하기 위해 에너지 E를 가진 파동함수 $\psi_{\mathbf{k}}^{(+)}$를 생각하자. 확률밀도 ρ는 파동함수를 ψ라고 할 때, $|\psi|^2$로 주어지고, 파동함수가 시간에 무관한 경우의 연속방정식은 $\nabla\cdot\mathbf{j}=0$이다. 따라서 임의의 반지름 r_0를 가진 구에 대해

$$\int_{r=r_0} r^2 j_r\, d\Omega = 0 \tag{7.78}$$

이 성립한다. 여기서 j_r은 확률밀도흐름의 지름 부분이고, 위 식은 임의의 구의 반지름을 무한대로 보내는 $r_0\to\infty$인 극한에서도 성립한다.

r이 큰 경우 $\psi_{\mathbf{k}}^{(+)}$의 점근적 형태

$$\psi_{\mathbf{k}}^{(+)} = \frac{1}{(2\pi)^{3/2}}\left(e^{i\mathbf{k}\cdot\mathbf{r}} + \frac{f(\hat{\mathbf{r}})}{r}e^{ikr}\right) \tag{7.79}$$

을 사용하여 확률밀도흐름을 구하자. 확률밀도흐름은

$$\mathbf{j} = \frac{\hbar}{m}\mathrm{Im}\,(\psi^*\nabla\psi) \tag{7.80}$$

로 주어진다. $\mathbf{k}\parallel\hat{\mathbf{z}}$로 방향을 정하고 $\hbar k/m=v$라 하면, 입자의 흐름들은 다음과 같이 쓸 수 있다.

$$\begin{aligned} j_{r,\mathrm{inc}} &= \frac{1}{(2\pi)^3}v\cos\theta, \qquad (7.81)\\ j_{r,\mathrm{inc}} &= \frac{1}{(2\pi)^3}v\frac{|f(\hat{\mathbf{r}})|^2}{r^2},\\ j_{r,\mathrm{int}} &= \frac{1}{(2\pi)^3}\frac{v}{r}\mathrm{Im}\,(if^*\cos\theta e^{ikr(\cos\theta-1)} + ife^{ikr(1-\cos\theta)}). \end{aligned}$$

여기서 $j_{r,\mathrm{inc}}$, $j_{r,\mathrm{scat}}$, $j_{r,\mathrm{int}}$는 각각 입사파에 의한 지름방향의 입자흐름, 산란파에 의한 지름방향의 입사흐름, 입사파와 산란파의 간섭에 의한 입자흐름을 의미한다.

우선 첫 두 흐름에 대해 반지름 r인 구를 통해 흘러나가는 입자의 흐름을 계산해보면

$$\begin{aligned} r^2\int j_{r,\mathrm{inc}}\,d\Omega &= 0,\\ r^2\int j_{r,\mathrm{scat}}\,d\Omega &= \frac{v}{(2\pi)^3}\int|f|^2 d\Omega = \frac{v}{(2\pi)^3}\sigma_{\mathrm{tot}} \qquad (7.82) \end{aligned}$$

이 된다. $j_{r,\mathrm{int}}$에 의한 흐름은 약간 복잡하므로, 적당한 어림방법을 이용하여 계산해보자. 즉 $\theta=0$ 근처에서 $1-\cos\theta\approx\theta^2/2$, $\sin\theta\approx\theta$임을 이용하여 $0<\theta<\delta\theta$ 사이의 기여만을

구해보면

$$r^2 \int d\Omega j_{r,\text{int}} \approx \frac{2\pi r v}{(2\pi)^3} \text{Im}\Big(if^*(0)\int_0^{\delta\theta} \theta d\theta e^{-ikr\theta^2/2} - \text{복소켤레}\Big) \tag{7.83}$$

이다. 이 적분을 하기 위해 $-ikr\theta^2/2 = x$라 놓으면 $-ikr\theta d\theta = dx$이므로, 이 적분은

$$if^*(0)\int_0^{-ikr\delta\theta^2/2} \frac{e^x}{-ikr} = \frac{if^*(0)}{ikr}(1 - e^{-ikr\delta\theta^2/2}) = \frac{f^*(0)}{kr} \tag{7.84}$$

이 된다. 마지막 등호는 둘째 항을 무시한 결과이다. 둘째 항은 $r \to \infty$일 때 빨리 진동하는 항이므로 무시할 수 있다. 따라서

$$r^2 \int d\Omega j_{r,\text{int}} \approx -\frac{v}{(2\pi)^3}\frac{4\pi}{k}\text{Im } f(0) \tag{7.85}$$

이다. 그러므로

$$\sigma_{\text{tot}} = \frac{4\pi}{k}\text{Im } f(0) \tag{7.86}$$

이다. (증명 끝)

7.6 1차 Born 어림법에서의 위상이동

1차 Born 어림법을 이용하여 $f_1(\theta)$를 구하면

$$f_1(\theta) \propto \int e^{i(\mathbf{k}-\mathbf{k}')\cdot\,\mathbf{r}'} V(\mathbf{r}')d^3r' \tag{7.87}$$

이 됨을 보았다. 만일 퍼텐셜이 중심력 퍼텐셜이어서 $V(\mathbf{r}) = V(-\,\mathbf{r})$이라면, $f_1(\theta)$는 실수이다. 따라서 $\text{Im } f_1(0) = 0$이 된다. 그렇다면 이 결과는 광학정리에 위배된 것인가? 그렇지 않다. 오히려 이것은 논리적으로 맞는 결과이다. 왜냐하면 f_1은 단지 V의 일차까지만 구한 것이다. 그리고 이 V의 일차항까지 구한 f_l로 얻은 전체 산란단면적은 V의 이차항이 된다. 광학정리는 일반적으로 성립하는 것이고, 따라서 $\text{Im } f \propto V^2$이어야만 한다. 그리고 $\sigma_{\text{tot}} \propto |f|^2 \propto V^2$인 것이다. 따라서 광학정리에 의하면 f_l을 V의 이차까지 구하면 반드시 전체 산란단면적에 비례하는 허수 부분이 있어야 함을 알 수 있다.

7.6.1 위상이동 δ_l의 일반적 성질

주어진 l 값에 대한 위상이동 δ_l은 다음과 같은 일반적인 성질을 가진다.

1. 각운동량 양자수 l이 주어졌을 때 위상이동 δ_l은

$$\delta_l = \lim_{n\to\infty}\Big[(n+\frac{l}{2})\pi - kr_n\Big] \tag{7.88}$$

으로 정의한다. 여기서 만일 $r \to \infty$의 극한에서 임의의 작은 양수인 ϵ에 대해 $|V(r)| < 1/r^{1+\epsilon}$이고, $r \to 0$인 극한에서는 $r|V(r)| < 1/r^{2-\epsilon}$이면, 이러한 퍼텐셜에 대한 조건들은 에너지 E가 $E \to \infty$일 때 $\delta_l(E) \to 0$이 되기 위한 충분조건이다. 따라서 이 경우에 δ_l을 섭동이론을 이용하여 구할 수 있다.

2. 주어진 E에 대해 $l \to \infty$인 극한을 생각해보자. $r > a$인 곳에서 $V = 0$이라고 가정하자. 그러면 l이 매우 클 때 모든 r에 대해

$$\frac{\hbar^2 l(l+1)}{2mr^2} \gg |V(r) - E| \tag{7.89}$$

이다. 한편 고전적으로는

$$\frac{\hbar^2 k^2}{2m} = \frac{\hbar^2 l(l+1)}{2mr_c^2} \tag{7.90}$$

로 정해지는 고전적인 전환점 $r_c(r_c \sim l/k)$에 대해 $r > r_c$인 곳에서만 입자가 있을 수 있다. 따라서 $r_c > a$일 경우에는 $\delta_l = 0$임을 예측할 수 있다.

$V(r)$이 $1/r^{2+\epsilon}$보다 빨리 감소할 경우 WKB 어림방법을 이용한 분석에 의하면 $l \to \infty$일 때 $\delta_l < l^{-1-\epsilon}$ 이다. 따라서

$$\sigma_{\rm tot} \propto \sum_l (2l+1)\frac{1}{l^{2+2\epsilon}} < \infty \tag{7.91}$$

인 유한한 값을 갖게 된다.

3. 주어진 l에 대해 $k \to 0$일 경우에는 $\tan\delta_l \to 0$이다.

7.6.2 δ_0

식 (7.88)에서 정의한 위상이동 δ_l 중에서 특히 $l = 0$인 경우를 고려하자. 이 때의 파동함수는 $r > a$일 때

$$u(r) = rR = \sin(kr + \delta_0) \tag{7.92}$$

로 쓸 수 있다. 이때 파동함수의 로그를 취하고 미분한 다음의 양을 정의하자.

$$Z(a) \equiv \frac{u'(a)}{u(a)} = k\cot(ka + \delta_0). \tag{7.93}$$

즉

$$\cot(ka+\delta_0) \equiv \frac{Z(a)}{k} \tag{7.94}$$

로 $r=a$에서 파동함수의 로그에 대한 미분으로 Z를 정의한다. 만일

$$\lim_{k\to 0} Z(a) = Z_0 \tag{7.95}$$

인 유한한 값을 가지면

$$\lim_{k\to 0} \cot\delta_0 \to \infty \tag{7.96}$$

즉 $\tan\delta_0 \to 0$이 된다. 여기서는 물론 $Z_0 = 0$인 특수한 경우는 제외한다. 따라서

$$\lim_{k\to 0} \delta_0 \to 0 \bmod \pi \tag{7.97}$$

이다. 실제로는 $\delta_0 \to N_0\pi$로 접근하며 여기서 N_0는 $(l=0)$ 속박상태의 갯수, 혹은 에너지가 0인 경우의 파동함수의 마디의 갯수이다.

식 (7.94)를 다시 쓰면

$$\tan(ka+\delta_0) = \frac{k}{Z(a)} \tag{7.98}$$

이다. 만일 $Z_0 \neq 0$, $Z_0 \neq 1/a$이면, 위 식의 양변을 k의 급수로 전개할 수 있다.

$$ka + \delta_0 + \mathcal{O}(k^2) = \frac{k}{Z_0} + \mathcal{O}(k^2) \tag{7.99}$$

이므로

$$\delta_0 \approx \left(\frac{1}{Z_0} - a\right)k + \cdots \tag{7.100}$$

가 되어 δ_0는 k에 선형적으로 0으로 접근한다.

7.6.3 딱딱한 구 퍼텐셜

퍼텐셜이

$$V(r) = \begin{cases} \infty, & r \leq a \\ 0, & r > a \end{cases} \tag{7.101}$$

로 주어지는 딱딱한 구 퍼텐셜을 고려하자. 여기서는 $r \leq a$인 지역에서 입자가 있을 수 없으므로 $R(r) = 0$이다. 따라서 $Z_0 = \infty$, 즉 $1/Z_0 = 0$이 되어 $\delta_0 = -ka$가 된다. 한편 $l > 0$인 경우 지름방향의 함수는

$$R_l = \cos\delta_l j_l(kr) - \sin\delta_l n_l(kr), \ r > a \tag{7.102}$$

이다. 파동함수 R_l의 로그를 취한 양의 미분을

$$\beta_l \equiv \frac{R_l'(a)}{R_l(a)} \tag{7.103}$$

로 정의하면, $kr \to 0$일 때

$$\begin{aligned} j_l(kr) &\to A(kr)^l,\ A = \frac{2^l l!}{(2l+1)!} \\ n_l(kr) &\to B(kr)^{-l-1},\ B = -\frac{(2l)!}{2^l l!} \end{aligned} \tag{7.104}$$

이 된다. 이 결과를 이용하면

$$\beta_l = \frac{Al(ka)^l \cos\delta_l + B(l+1)(ka)^{-l-1}\sin\delta_l}{a\big(A(ka)^l\cos\delta_l - B(ka)^{-l-1}\sin\delta_l\big)} \tag{7.105}$$

이 되어, $k \to 0$으로 접근할 때는 $\tan\delta_l$이 k^{2l+1}처럼 빨리 0으로 접근하지 않는 한 $\beta_l \to -(l+1)/a$가 된다. 그러나 거의 모든 퍼텐셜에 대해

$$\tan\delta_l \to 0 \quad \propto k^{2l+1} \tag{7.106}$$

이 되어 $\delta_l = N_l\pi$이 된다. N_l은 R_l의 속박상태의 갯수를 나타낸다.

7.7 공명상태

산란단면적의 l 값을 증가시키며 각 l값에 대한 위상이동을 살펴보면, 그 중 한 개의 δ_l만이 $(n+1/2)\pi$ 값 근처에 도달하고, 다른 값들은 이 값에서 멀리 마구잡이로 분포되어 있다. 즉 $ka \ll 1$인 경우

$$\sigma_{\text{tot}} = \frac{4\pi}{k^2}\sum_{l=0}^{\infty}(2l+1)\sin^2\delta_l \to \frac{4\pi}{k^2}(2l_0+1) = \frac{\lambda^2}{\pi}(2l_0+1) \gg \pi a^2 \tag{7.107}$$

로 어느 특정한 l 값에 의한 산란단면적의 기여가 가장 크게 된다. 이를 보기 위해 산란진폭을 다시 쓰면

$$f_E(\hat{\mathbf{r}}) = \frac{1}{k}\sum_l (2l+1)\frac{1}{2i}(e^{2i\delta_l}-1)P_l(\cos\theta) \tag{7.108}$$

이다. 이와 같이 주어진 에너지에서 특정한 한 개의 l값에 대응하는 산란진폭이 매우 크고, 다른 기여는 무시할 수 있는 현상을 "**공명상태**"(resonance)라고 한다.

공명상태의 성질을 보기 위해 다음과 같은 변수를 도입하자.

$$e^{2i\delta_l} = \frac{S(E)-i}{S(E)+i}. \tag{7.109}$$

여기서 $S(E)$는 실수이다. 위 식을 S에 관해 풀면, $S = -\cot\delta_l$이 된다. S는 에너지 E가 변함에 따라 천천히 변하며, 공명에너지 E_0에서 $S(E) = 0$이고, $S'(E)$는 커서

$$S \sim (E-E_0)S'(E_0) = \frac{E-E_0}{\hbar\Gamma} \tag{7.110}$$

로 쓸 수 있다. 위 식에서 도입한 Γ는 "붕괴너비"(decay!width)라고 하며, $\hbar\Gamma \ll E_0$로 가정하였다. 이제 파동묶음

$$\psi(\mathbf{r},t) = \int d^3q\, g(\mathbf{q})\psi^+_{\mathbf{k}_0+\mathbf{q}}(\mathbf{r})e^{-i\omega_{k+q}t} \tag{7.111}$$

를 도입하자. 그리고 $E_0 = \hbar\omega_0 = \hbar^2k_0^2/(2m)$, $\mathbf{v}_0 = \hbar\mathbf{k}_0/m$으로 놓자. 일반성을 잃지 않고 $\mathbf{k}_0 \parallel \hat{\mathbf{z}}$로 정하면 $\omega_{k+q} = \omega_{k_0} + v_0q_z$이다. 또한

$$\psi_{\mathbf{k}_0+\mathbf{q}} \sim \frac{1}{(2\pi)^{3/2}}\left(e^{i(\mathbf{k}_0+\mathbf{q})\cdot\mathbf{r}} + \frac{f_E(\hat{\mathbf{r}})}{r}e^{i|\mathbf{k}_0+\mathbf{q}|r}\right) \tag{7.112}$$

의 형태를 갖는다. 따라서

$$\frac{e^{2i\delta_l}-1}{2i} = \frac{i}{1-iS(E)} = \frac{-\hbar\Gamma}{E-E_0+i\hbar\Gamma} \tag{7.113}$$

이고

$$\sin^2\delta_l = \frac{\hbar^2\Gamma^2}{(E-E_0)^2+\hbar^2\Gamma^2} \tag{7.114}$$

이다. 그러므로 산란진폭은

$$f_E(\hat{\mathbf{r}}) = \overline{f}(\hat{\mathbf{r}})\frac{-\hbar\Gamma}{E-E_0+i\hbar\Gamma} = -\overline{f}(\hat{\mathbf{r}})\frac{\Gamma}{v_0q_z+i\Gamma} \tag{7.115}$$

로 쓸 수 있다. 여기서 $\overline{f}(\hat{\mathbf{r}})$은 위상이동 부분을 제외한 부분으로

$$\overline{f}(\hat{\mathbf{r}}) = \frac{1}{k}\sum_l(2l+1)P_l(\cos\theta) \tag{7.116}$$

를 의미한다.

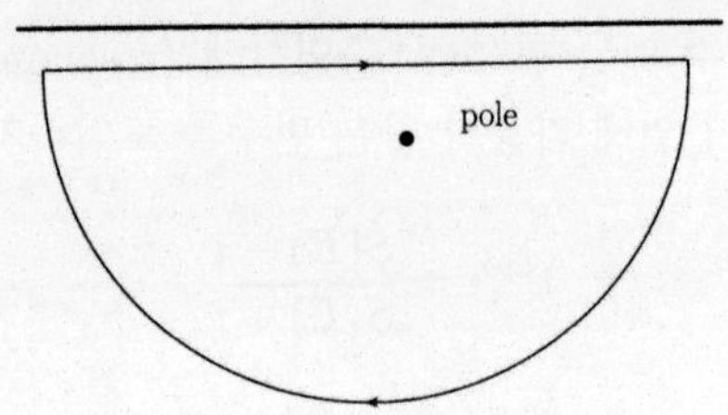

그림 7.1: $v_0 t > r$일 경우의 적분경로. •는 극점 $q_z = -i\Gamma/v_0$를 나타낸다.

한편 산란파동 ψ_{scat}는

$$\begin{aligned}\psi_{\text{scat}} &= \frac{\overline{f}(\hat{\mathbf{r}})}{r}\int d^3q g(\mathbf{q})\Big(e^{-i\omega_{k_0}t}e^{-iq_z v_0 t}e^{ik_0 r}e^{iq_z r}\frac{-\Gamma}{v_0 q_z + i\Gamma}\Big) \qquad (7.117)\\ &\sim \frac{\overline{f}(\hat{\mathbf{r}})}{r}\underbrace{\Big(\int dq_x dq_y g(q_x, q_y, 0)\Big)}_{\text{입사흐름}} e^{ik_0 r - i\omega_{k_0}t}\int dq_z e^{iq_z(r-v_0 t)}\frac{-\Gamma}{v_0 q_z + i\Gamma}\end{aligned}$$

이다. 위 식에서 괄호로 묶어 표시한 양이 바로 입사흐름에 해당한다. 이 입사흐름을 제외한 양

$$I = \int dq_z e^{iq_z(r-v_0 t)}\frac{-\Gamma}{v_0 q_z + i\Gamma} \qquad (7.118)$$

를 계산하자. 이 계산은 복소함수 방법을 사용하여 구할 수 있다. 우선 $v_0 t > r$일 때 적분경로는 그림 7.1에 표시한 것처럼 아래의 반쪽 평면을 골라야 한다. 이 경로적분이 바로 우리가 원하는 I이다. I의 값을 계산하면

$$I = \frac{2\pi i\Gamma}{v_0}e^{\Gamma(r-v_0 t)/v_0} = \frac{2\pi i}{v_0}\Gamma e^{-\Gamma(t-r/v_0)} \qquad (7.119)$$

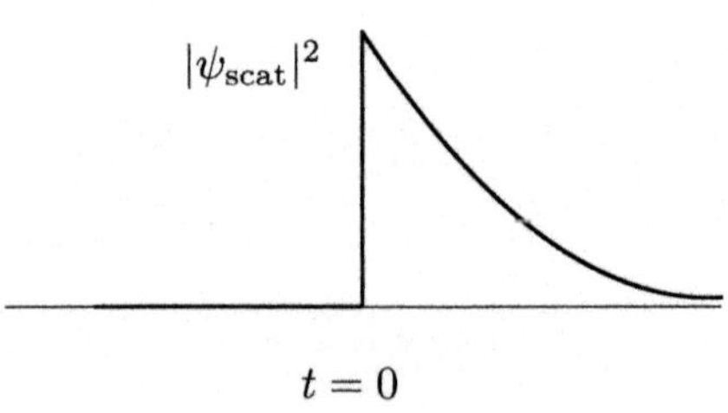

그림 7.2: $|\psi_{\text{scat}}|^2$의 시간에 대한 의존성. 인과율에 의해 $t < 0$일 때는 0이고, $t > 0$일 때는 지수적으로 감소하는 함수가 된다.

을 얻는다.

반면에 $r > v_0 t$ 일 때는 위의 반쪽 평면을 선택해야 한다. 이 때는 경로 안에 극점이 없으므로 $I = 0$ 이 된다. 따라서 $t < r/v_0$ 일 때는 $|\psi_{\text{scat}}|^2 = 0$ 이고 $t > r/v_0$ 일 때는 $e^{-2\Gamma(t-r/v_0)}$ 에 비례하여, "붕괴시간"(decay time) 혹은 "수명"(lifetime)은 $1/(2\Gamma)$ 가 된다. 참고로 산란된 파동에 의한 확률분포 $|\psi_{\text{scat}}|^2$ 를 그림 7.2에 나타내었다. 인과율에 의해 $t < 0$ 일 경우에는 산란이 일어나지 않았으므로 $\psi_{\text{scat}} = 0$ 이어야 하고, $t > 0$ 일 경우에는 산란에 의한 확률이 지수함수적으로 감소한다.

7.8 여러 입자의 모임에 의한 산란

표적에 입자가 여러 개 있는 경우에는 동일한 산란표적들이 각각 위치 $\{\mathbf{r}_i\}$ $(i = 1, \cdots, N)$ 에 있는 것으로 간주하면 된다. 원점에 있는 산란표적에 의해 생기는 산란진폭이 $f(\theta, \phi) = f_0(\theta, \phi)$ 라고 하면 원점에서 산란되는 파동은

$$\psi_{\mathbf{k}}^{(+)} = \frac{1}{(2\pi)^{3/2}}\left(e^{i\mathbf{k}\cdot\mathbf{r}} + \frac{f_0(\theta,\phi)}{r}e^{ikr}\right) \tag{7.120}$$

이 되고, $\mathbf{r}_i$ 에 있는 표적에서 산란이 일어날 경우 이에 해당하는 파동함수는 식 (7.120) 의 파동함수를 각각 $\mathbf{r}_i$ 만큼 평행이동시킨 파동함수이다.

$$\psi^{(+)} = \frac{1}{(2\pi)^{3/2}}\left(e^{i\mathbf{k}\cdot(\mathbf{r}-\mathbf{r}_i)} + \frac{f_0(\theta,\phi)}{|\mathbf{r}-\mathbf{r}_i|}e^{ik|\mathbf{r}-\mathbf{r}_i|}\right). \tag{7.121}$$

$r \gg r_i$ 라고 가정하면 위의 식은

$$\sim \frac{1}{(2\pi)^{3/2}}e^{-i\mathbf{k}\cdot\mathbf{r}_i}\left(e^{i\mathbf{k}\cdot\mathbf{r}} + \frac{f_0(\theta,\phi)}{r}e^{ikr-i\mathbf{k}'\cdot\mathbf{r}_i+i\mathbf{k}\cdot\mathbf{r}_i}\right) \tag{7.122}$$

로 쓸 수 있고, 여기서 $\mathbf{k}' = k\hat{\mathbf{r}}$ 이다. 이제

$$f_{\mathbf{r}_i} = f_0 e^{i(\mathbf{k}-\mathbf{k}')\cdot\mathbf{r}_i} \tag{7.123}$$

라고 하고, 산란표적들이 너무 빽빽하게 몰려있지 않아서 입사입자와 이들 표적 입자들 사이의 다중산란을 무시하면, 산란진폭은

$$f(\theta,\phi) = \sum_{i=1}^{N} f_{\mathbf{r}_i} = f_0(\theta,\phi)\sum_{i=1}^{N} e^{i(\mathbf{k}-\mathbf{k}')\cdot\mathbf{r}_i} \tag{7.124}$$

이다. 따라서 미분 산란단면적은 다음과 같이 주어진다.

$$\frac{d\sigma}{d\Omega} = |f|^2 = |f_0(\theta,\phi)|^2\Big(N + \sum_{i\neq i'} e^{i(\mathbf{k}-\mathbf{k}')\cdot\mathbf{r}_i} e^{-i(\mathbf{k}-\mathbf{k}')\cdot\mathbf{r}_{i'}}\Big). \tag{7.125}$$

만일 이 산란표적들이 밀도가 낮은 기체처럼 되어 있어서 표적 입자들 사이에 상관관계가 전혀 없다면 즉

$$\langle e^{i(\mathbf{k}-\mathbf{k}')\cdot(\mathbf{r}_i-\mathbf{r}_{i'})}\rangle = 0,\ i\neq i' \text{인 경우} \tag{7.126}$$

이 성립하면 미분 산란단면적은

$$\frac{d\sigma}{d\Omega} = N\frac{d\sigma}{d\Omega}\Big|_{\text{한 입자}} \tag{7.127}$$

로 쓸 수 있다. 여기서 $(d\sigma/d\Omega)_{\text{한 입자}}$는 표적이 원점에 한 개 있을 때의 미분 산란단면적이다. 이 결과는 농도가 높은 액체에서처럼 이웃한 입자들 사이에 0이 아닌 상관관계가 있더라도

$$|\mathbf{k}-\mathbf{k}'| \gg (\text{분자 간의 거리})^{-1} \tag{7.128}$$

일 경우이면 성립한다. 그렇지만 액체 안에서 $|\mathbf{k}-\mathbf{k}'|$이 분자 사이의 간격보다 매우 크지 않다면 간섭항을 무시할 수 없다. 간섭항은

$$\frac{1}{|f_0|^2}\frac{d\sigma}{d\Omega} = 1 + \int d^3r d^3r' \langle\delta(\mathbf{r}-\mathbf{r}_i)\delta(\mathbf{r}'-\mathbf{r}_j)\rangle e^{i(\mathbf{k}-\mathbf{k}')\cdot(\mathbf{r}_i-\mathbf{r}_{i'})} \tag{7.129}$$

로 구할 수 있다. 이때 위 식에 나타난 두 입자들의 위치에 대한 델타함수들의 곱에 대한 기대값 $\langle\delta(\mathbf{r}-\mathbf{r}_i)\delta(\mathbf{r}'-\mathbf{r}_j)\rangle$을 "짝상관관계 함수"(pair correlation function)라고 한다. 이 짝상관관계 함수는 입자들이 서로의 상호작용에 의해 다른 입자의 위치에 영향을 주는 정도를 알려준다.

7.9 Coulomb 퍼텐셜에 의한 산란

지금까지는 짧은 영역에서만 0이 아니고, 거리가 멀어질 때 급격히 0에 접근하는 퍼텐셜에 의한 산란을 고려하였다. 짧은 영역의 퍼텐셜에 대해서는 $r\to\infty$로 접근할 때 섭동으로 취급한 퍼텐셜은 0이므로 비섭동해밀토니안의 고유상태를 결정할 수 있다. 따라서 처음상태와 나중상태가 비섭동해밀토니안의 고유함수이고 퍼텐셜에 의해 처음상태에서 나중상태로 옮겨가는 전이확률, 그리고 산란단면적은 섭동이론을 이용하여 구할 수 있다. 하지만 Coulomb퍼텐셜은 먼 영역까지 영향을 끼치는 퍼텐셜이므로 짧은 영역의

퍼텐셜과는 달리 비섭동해밀토니안과 섭동을 분리할 수 없고, 처음상태나 나중상태도 비섭동해밀토니안의 고유상태를 고를 수 없다. 따라서 이 경우에는 처음상태가 평면파 동일 경우로 준비한 경우에 대해서 고려하며, 이러한 긴 영역의 퍼텐셜에 대한 산란은 주의를 기울여 다루어야 한다.

이제 $r \to \infty$로 접근할 때 $V(r) \sim 1/r$인 Coulomb 퍼텐셜을 생각해보자. 이 때

$$U(r) \equiv \frac{2m}{\hbar^2}V(r) = -\frac{2\gamma k}{r} + \tilde{u}(r) \tag{7.130}$$

로 분리하여 쓰자. 여기서 $\tilde{u}(r)$은 $1/r$보다 빨리 감소하는 함수이고, 첫 항이 바로 Coulomb 퍼텐셜에 의한 $1/r$에 비례하는 항이다. 여기서 상수 γ는 $\gamma = -Z_1Z_2e^2/(\hbar v_0)$로 주어지는 양이고, $v_0 = \hbar k/m$이다. 순수한 Coulomb 퍼텐셜인 경우는 물론 $\tilde{u}(r) = 0$이다. 하지만 예를 들어 $e+Na^+$나 양성자와 중성자의 산란인 경우에는, 순수한 Coulomb 퍼텐셜 뿐만 아니라 여러 전하를 띤 입자들의 상호작용으로 인해 0이 아닌 $\tilde{u}(r)$이 있을 수 있다.[2]

일반적으로 이 경우에 산란의 결과로 나오는 산란파동은

$$\psi_{\mathbf{k}}^{+} \sim \frac{1}{(2\pi)^{3/2}}\left(e^{i\mathbf{k}\cdot\mathbf{r}} + \frac{\overline{f}(\hat{r})}{r}e^{ikr}\right) \tag{7.131}$$

로 쓸 수 있으므로, 확률밀도흐름은

$$\begin{aligned} j_{\rm inc} &= \frac{\hbar}{m}\text{Im }(\psi_{\rm inc}^{*}\nabla\psi_{\rm inc}) \sim \frac{\hbar k}{m}|\psi_{\rm inc}|^2 + \mathcal{O}(\frac{1}{r}), \\ j_{\rm scat} &= \frac{\hbar}{m}\text{Im }(\psi_{\rm scat}^{*}\nabla\psi_{\rm scat}) \sim |\psi_{\rm scat}|^2 \end{aligned} \tag{7.132}$$

이다. 여기서도 역시 미분 산란단면적은

$$\frac{d\sigma}{d\Omega} = |\overline{f}(\theta)|^2 \tag{7.133}$$

로 주어지고, 파동함수 ψ를

$$\psi = R_l(r)Y_{lm}(\theta,\phi) \tag{7.134}$$

로 표현하면 R_l을 WKB 어림방법을 이용하여 구할 수 있다.

$$R_l \overset{r\to\infty}{\sim} \frac{1}{kr}\sin(kr - \frac{l\pi}{2} + \Delta l + \gamma\ln 2kr). \tag{7.135}$$

---

[2] 이에 대한 참고서적으로 Messiah의 Chapter 11 §7과 Appendix B, Gottfried의 pp. 152를 참고하시오.

사실 위 식은 Δl을 정의한 식이고 여기서 로그항이 있는 것은 Coulomb 퍼텐셜이 있을 경우에 파동함수의 특성이다. 이제 $\overline{f}(\theta)$를 Δl로 표현하려고 한다. 파동함수는

$$\psi_{\mathbf{k}}^{+}(\mathbf{r}) \approx \frac{1}{(2\pi)^{3/2}}\left(e^{i(\mathbf{k}\cdot\mathbf{r}-\gamma\ln(kr-\mathbf{k}\cdot\mathbf{r}))} + \frac{\overline{f}(\theta)}{r}e^{i(kr+\gamma\ln 2kr)}\right) \tag{7.136}$$

으로 쓸 수 있다. 여기서 보듯이 지수함수에 있는 로그항 때문에 Coulomb 산란의 경우에는 파동함수를 식 (7.131)의 형태로 쓸 수 없다. Coulomb 퍼텐셜이 있는 경우에는 이 퍼텐셜이 긴 영역에서도 작용하여 r이 큰 곳에서의 파동함수의 형태에 큰 영향을 미친다. 하지만 식 (7.136)에서 볼 수 있듯이 그 영향은 단지 파동함수의 위상만을 변화시킬 뿐이다. Coulomb 퍼텐셜이 위상에 주는 영향은 r에 로그를 취한 양이므로 천천히 변하고 파동묶음을 사용하여 분석을 하면 미분 산란단면적에 대한 표현은 결국 같게 된다.

순수한 Coulomb 퍼텐셜($\tilde{u}=0$)의 경우에는 $\Delta l \equiv \eta_l^c$라고 하면

$$e^{2i\eta_l^c} = \frac{\Gamma(l+1-i\gamma)}{\Gamma(l+1+i\gamma)} \overset{l\to\infty}{\to} \eta_l^c \sim -\gamma\ln l \tag{7.137}$$

이고

$$\overline{f}(\theta) \equiv \overline{f}_c(\theta) = \gamma\frac{\Gamma(1-i\gamma)e^{2i\gamma\ln\sin\theta/2}}{\Gamma(1+i\gamma)2k\sin^2\theta/2} \tag{7.138}$$

이다. 따라서

$$\frac{d\sigma}{d\Omega} = |\overline{f}_c|^2 = \frac{\gamma^2}{4k^2\sin^4\theta/2} \tag{7.139}$$

가 된다.

Coulomb 퍼텐셜 내에서의 파동함수를 더 자세히 살펴보도록 하자. 파동함수는

$$\psi_k^{(+)c}(r) = \sum_{l=0}^{\infty}\frac{1}{(2\pi)^{3/2}}(2l+1)i^l[e^{i\eta_l^c}R_l^c(r)]P_l(\cos\theta) \tag{7.140}$$

로 쓸 수 있다. 이 때 Schrödinger 방정식은

$$\left(\nabla^2 + k^2 + \frac{2\gamma k}{r}\right)\psi(\mathbf{r}) = 0 \tag{7.141}$$

이다. 이 식을 타원좌표 $\xi = r+z$, $\eta = r-z$를 이용하여 변수분리를 하고

$$\psi_k^{(+)c}(r) = e^{ikz}\chi(u) \tag{7.142}$$

의 형태로 쓰면 $[u = ik(r-z) = ikr(1-\cos\theta)]$, χ가 만족하는 방정식은

$$\left(u\frac{d^2}{du^2} + (1-u)\frac{d}{du} - i\gamma\right)\chi(u) = 0 \tag{7.143}$$

이 된다. 이 식에 대한 풀이로 적분해가 존재하고 경계조건에 맞는 해를 선택하면 된다.

Coulomb 퍼텐셜 뿐만 아니라 이에 덧붙여서 짧은 영역의 퍼텐셜이 있는 $\tilde{u} \neq 0$인 경우에는 $\Delta_l = \eta_l^c + \delta_l'$이라고 쓰고, $\tilde{u}$가 작을 경우

$$\delta_l' = -k\int_0^\infty |R_l^c|^2 r^2 \tilde{u}(r)dr + \mathcal{O}(\tilde{u}^2) \tag{7.144}$$

이므로

$$e^{i\Delta l}R_l(r) \equiv e^{i\eta_l^c}R_l^c(r) + Q_l(r) \tag{7.145}$$

이라고 정의하면, $r \to \infty$일 때 $Q_l(r)$은

$$Q_l(r) \sim \frac{1}{2ikr}[e^{2i\Delta_l} - e^{2i\eta_l^c}]e^{i(kr - l\pi/2 + \gamma\ln 2kr)} \tag{7.146}$$

의 형태를 갖는다. 이 때 바깥쪽으로 나가는 파동을

$$\begin{aligned}\psi_k^{(+)}(\mathbf{r}) &\equiv \sum_{l=0}^\infty \frac{1}{(2\pi)^{3/2}}(2l+1)i^l e^{i\Delta_l}R_l(r)P_l(\cos\theta) \\ &= \psi_k^{(+)c}(\mathbf{r}) + \sum_l \frac{(2l+1)i^l}{(2\pi)^{3/2}}Q_l P_l(\cos\theta)\end{aligned} \tag{7.147}$$

로 쓰면, 산란진폭은

$$\overline{f}(\theta) = \overline{f}_c(\theta) + f'(\theta) \tag{7.148}$$

로 쓸 수 있다. 여기서

$$f'(\theta) = \sum_{l=0}^\infty \frac{2l+1}{2ik}P_l(\cos\theta)(e^{2i\delta_l'} - 1)e^{i\eta_l^c} \tag{7.149}$$

이다. 따라서 이때 미분 산란단면적은 다음과 같다.

$$\frac{d\sigma}{d\Omega} = |\overline{f}|^2 = |\overline{f}_c|^2 + |f'(\theta)|^2 + 2\mathrm{Re}\,[\overline{f}_c^* f'(\theta)]. \tag{7.150}$$

연습문제

1. 질량 m인 입자가, 반지름이 a인 통과할 수 없는 구에 의해 산란된다. 위상이동 $\delta_l(E)$를 구면함수 j_l, n_l과 이들의 도함수로 표현하여라. E가 고정되어 있을 때, 큰 l값에 대한 $\delta_l(E)$의 거동에 대해 논하여라.

2. 질량 m, 에너지 E인 입자가 다음과 같은 중심력 퍼텐셜에 의해 산란된다.

$$V(r) = \frac{2\hbar^2}{mr^2}. \tag{7.151}$$

p 파동 $(l = 1)$에 대한 위상이동을 구하여라.

3. 다음과 같은 해밀토니안을 고려하자.

$$H = T_{\rm op} + V_{\rm op}. \tag{7.152}$$

여기서 $T_{\rm op}$는 3차원에서 입자의 운동에너지 연산자이고, $V_{\rm op}$는

$$V_{\rm op}\psi(\vec{r}) = \int d^3r' K(\mathbf{r}, \mathbf{r}')\psi(\mathbf{r}'), \tag{7.153}$$

$$K(\mathbf{r}, \mathbf{r}') \equiv g\chi\left(\frac{\mathbf{r}}{a}\right)\chi\left(\frac{\mathbf{r}'}{a}\right) \tag{7.154}$$

로 정의한다. 여기서 g와 a는 상수이다. 그리고

$$\chi(\mathbf{s}) = \begin{cases} 1, & |s_x|,\ |s_y|,\ |s_z| \text{가 모두 1보다 작을 경우} \\ 0, & \text{그 밖의 경우} \end{cases} \tag{7.155}$$

이다. 입사파동 묶음이 양의 에너지 $(E > 0)$를 가지고 있고, $+z$ 방향으로 움직이고 있다.

(가) 산란단면적 $d\sigma/d\Omega$를 결합상수 g에 대해 전개하여 0이 되지 않는 가장 g의 차수가 낮은 항을, 산란방향의 각도 (θ, ϕ)의 함수로 계산하여라.

(나) (가)에서 계산한 양과 g의 다음 차수항과의 크기를 대략 비교하여라.

(다) $I(\alpha)$를 다음과 같이 정의했을 때

$$I(\alpha) = \int\int d^3s d^3s' \frac{e^{i\alpha|\mathbf{s}-\mathbf{s}'|}}{|\mathbf{s}-\mathbf{s}'|}\chi(\mathbf{s})\chi(\mathbf{s}'), \tag{7.156}$$

정확한 산란단면적을 $I(\alpha)$로 표현하여라.

4. 퍼텐셜이 $V = C/r^n$ 의 형태일 경우 본 산란진폭이 산란각도에 어떻게 의존하는가? 이 결과가 합리적이라는 것을 정성적으로 논의하여라. 어떤 n 값에 대해 의미있는 답이 존재하는가? 같은 퍼텐셜에서 작은 각도로 산란할 때 고전적인 산란단면적 $d\sigma/d\Omega$을 구하여라. (입사입자는 z 축에 평행하게 움직이고 x와 y 축 방향으로는 마구잡이로 움직인다고 가정하여라. 작은 각도로 휜다는 것은 입자가 목표물에 너무 가까이 접근하여 지나가지 않는다는 것을 의미한다.)

5. 느리게 움직이는 입자가 아래와 같은 퍼텐셜에 의해 산란되는 것을 고려하자.

$$V(r) = \begin{cases} -V_0 & r < r_0 \text{ 인 경우} \\ 0 & r > r_0 \text{ 인 경우} \end{cases} \tag{7.157}$$

(가) 본 어림방법을 사용하여 전체 산란단면적을 계산하여라.

(나) 적당한 경계조건을 선택하여 지름방향의 파동함수의 점근적 형태를 이용하여 위상이동 δ_0를 구하여라. 입자가 느리게 움직이므로 $l = 0$인 s 파동만 필요하다.

(다) (나)의 결과를 이용하여 $l = 0$에 해당하는 부분 산란단면적 σ_0를 계산하여라.

(라) $k_0^2 = 2mV_0/\hbar^2$ 라고 놓았을 때 $k_0 r_0 \to 0$로 접근하는 극한에서 (다)의 결과의 극한값을 구하여라. 그리고 이 결과를 (가)의 결과와 비교하여라. k_0가 증가할 때 σ_0는 어떻게 변하는가?

(마) (다)의 결과에서 산란단면적이 무한대가 되는 V_0의 최소값은 얼마인가? 산란 대신 동일한 퍼텐셜 안에서의 속박상태 문제를 고려하자. 첫 번째 속박상태가 나타나는 k_0의 값은 얼마인가? 이 두 가지 경우의 k_0 값들을 비교하여라.

6. 반발형 δ 껍질형 퍼텐셜에 의한 산란을 고려하자.

$$\frac{2m}{\hbar^2} V(r) = \gamma\delta(r - R), \ (\gamma > 0). \tag{7.158}$$

(가) s 파동의 위상이동 δ_0를 k의 함수로 결정하는 방정식을 구하여라. 단 $E = \hbar^2 k^2/(2m)$이다.

(나) 이제 γ가 매우 크다고 가정하자.

$$\gamma \gg \frac{1}{R}, \ k. \tag{7.159}$$

만일 $\tan kR$이 0에 가까이 접근하지 않는다면 s 파동의 위상이동이 속이 꽉 찬 딱딱한 구 퍼텐셜의 결과와 비슷함을 증명하여라. 또 $\tan kR$이 정확히 0은 아니지만 매우 작을 때 공명현상이 일어날 수 있음을 증명하여라. 즉 $\cot\delta_0$는 k가 증가함에 따라 양수에서 0을 지남을 보여라. $1/\gamma$의 차수까지의 항을 구하여 공명상태의 위치를 대략적으로 결정하여라. 이들의 위치를 같은 반지름을 가진 구면 벽 안쪽에 구속된 입자의 속박상태의 에너지들과 비교하여라. 이 구면 벽 퍼텐셜은

$$V(r) = \begin{cases} 0, & r < R\text{인 경우} \\ \infty, & r > R\text{인 경우} \end{cases} \tag{7.160}$$

로 주어진다. 또한

$$\Gamma = \frac{-2}{[d(\cot\delta_0)/dE]|_{E=E_0}} \tag{7.161}$$

로 정의되는 공명상태의 너비를 대략적으로 표현하여라. 특히 γ가 커짐에 따라 공명상태가 매우 날카로운 모양을 가짐을 주목하여라.

7. 침투할 수 없는 딱딱한 구면 퍼텐셜에 대한 미분 산란단면적을, 입사입자의 de Broglie 파동의 파장이 구의 둘레의 길이와 같을 때, 첫 세 개의 부분파동을 이용하여 계산하고 이를 극좌표 그래프로 그려보아라. 전체 산란단면적의 값을 계산하고 이 결과의 정확도를 구하여라.

8. 퍼텐셜이 잡아당기는 인력형 부분이 있고 이 부분이 반발형 장벽에 둘러쌓여 입자가 내부에서 빠져나갈 수 없는 경우에 전형적으로 공명상태가 나타난다. 이러한 모형으로 다음의 구면대칭적인 퍼텐셜을 고려하자.

$$V(r) = -V_0\theta(a-r) + \lambda\delta(r-a). \tag{7.162}$$

여기서

$$\theta(s) = \begin{cases} 1, & s > 0 \\ 0, & s < 0 \end{cases} \tag{7.163}$$

이다. λ가 크고,

$$(2mV_0)^{1/2}a = 2.99\pi\hbar \tag{7.164}$$

라고 하자. 작은 에너지 값에 대한 s 파동의 위상이동의 거동을 살펴보아라. 만일 공명상태가 있다면 그 위치와 너비를 구하여라.

9. 원점에 있는 원자가 구면대칭성이 있는 퍼텐셜 $V(r)$에 의해 전자와 상호작용한다. 이때 퍼텐셜 $V(r)$은 r이 반지름 a보다 클 때에는 0이 된다. 무한한 반사벽이 $z = -b$인 평면에 놓여 있고, $b > a$이다. 그림에 나타난 것과 같이 에너지가 E인 전자들이 xz 평면에서 z축과 각도 θ를 이루며 입사하는 충돌실험을 한다. 원점에서 입사흐름은 I_0 전자/$\text{cm}^2 \cdot \text{sec}$이다. 검출기는 각도 (θ', ϕ')의 방향을 중심으로 한 작은 입체각 $d\Omega$ 안으로 산란된 전자의 갯수를 측정한다.

(가) 원자가 없을 경우 이러한 배열에 적당한 Schrödinger 방정식의 해를 구하여라. (즉 적절한 에너지 고유함수를 구하여라.)

(나) 원자가 있을 경우 Schrödinger 방정식의 해가 만족하는 적분방정식을 구하여라. 이 적분 방정식에 나타나는 Green의 함수가 만족하는 미분방정식과 경계조건을 구하여라. [귀띔 : G_+가 자유공간에서 Green의 함수이고, $\mathbf{s}$가 $\mathbf{r}$의 거울에 비친 상의 좌표라고 할 때 $G_+(\mathbf{r}-\mathbf{r}')$과 $G_+(\mathbf{r}-\mathbf{s})$의 선형결합을 시도해 보아라.]

(다) 퍼텐셜 V의 가장 낮은 차수에서 올바른 검출기의 갯수 측정률을 계산하여라. 이때 V의 Fourier 변환을 알고 있고, 검출기는 극좌표 $(\theta, 0)$에서 반사된 빔의 바깥에 있다고 가정하여라. 단순하게 하기 위해 $\phi' = 0$으로 선택해도 좋다.

주의: 이 문제는 결정 표면에 흡착된 원자의 의해 산란되는 전자에 대한 매우 간단한 모형으로 생각할 수 있다.

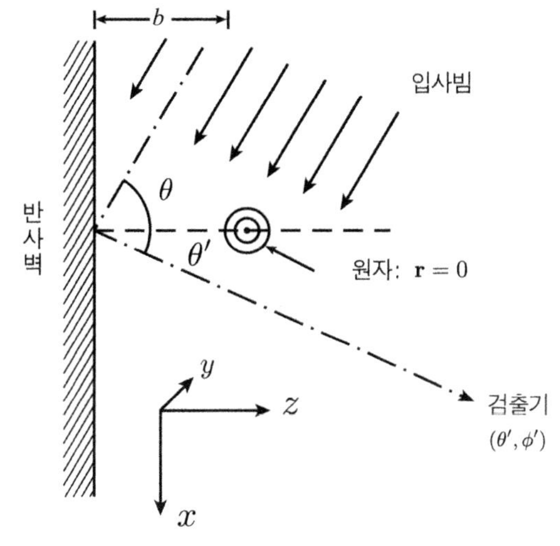

제 8 장

자기장 안의 대전입자

8.1 해밀토니안 찾기

자기장 안에 있는 전하의 운동을 다루는 문제는 그 자체로 물리적으로 흥미있는 문제일 뿐만 아니라, 고전역학에서 볼 수 없었던 순수한 양자역학적인 효과도 볼 수 있다는 점에서 매우 독특한 물리계이다. 따라서 자기장 안에 대전입자가 있는 물리계는 양자역학의 새로운 개념을 익힐 수 있는 좋은 연구 대상이다. 양자역학적으로 이 문제를 접근하려면 우선 자기장 안에 대전입자가 있는 물리계를 기술하는 해밀토니안을 구해야 한다. 그러기 위해서 우선 고전적인 관점에서 해밀토니안을 먼저 살펴보고 이를 이용하여 양자역학에서 사용하는 연산자로써의 해밀토니안을 구하고자 한다. 양자역학적 해밀토니안을 구하는 방법으로는 다음의 과정을 거치기로 하겠다.

1. 먼저 고전역학적인 해밀토니안 $H_{\text{cl}}(\mathbf{r}_i, \mathbf{p}_i)$를 구한다.

2. 고전적인 해밀토니안 $H_{\text{cl}}(\mathbf{r}_i, \mathbf{p}_i)$에서 나타나는 변수들을 연산자로 바꾸어 양자역학적인 해밀토니안 $H_{\text{qm}} = H_{\text{cl}}(\mathbf{r}_i, \hbar\nabla_i/i)$을 유추하여 결정한다.

이러한 방법은 예를 들어 일차원 퍼텐셜 안에 있는 입자의 경우를 고려해보면 매우 간단한 것처럼 보인다. 하지만 양자역학적으로 연산자의 곱을 정의할 때 모호한 부분이 있기 때문에 그리 간단하지만은 않다. 따라서 이러한 모호한 부분을 엄밀하게 결정하여야만 양자역학적인 해밀토니안을 구할 수 있다. 논의를 간단히 하기 위해 일차원 공간에 있는 한 개의 입자를 생각해보자. 이때 고전역학적인 관점에서 r과 p의 함수

$$F_{\text{cl}}(r, p) = \sum_{n=0}^{\infty} f_n(r) p^n \tag{8.1}$$

이 있을 때, 다음의 연산자를 정의하자.

$$F_{\rm op} = \sum_{n=0}^{\infty} \frac{1}{2}\Big[f_n(r_{\rm op})p_{\rm op}^n + p_{\rm op}^n f_n(r_{\rm op})\Big]. \tag{8.2}$$

여기서 $x_{\rm op}$ 와 $p_{\rm op}$ 는 양자역학에서 사용되는 연산자들이다. 만일 F가 실수함수이면 $F_{\rm op}$ 는 Hermitian 연산자이다. 입자가 N개 있는 경우에는 변수가 $\mathbf{r}_i$, $\mathbf{p}_i(i = 1, \cdots, N)$로 여러 개가 있지만, 일차원의 경우와 마찬가지로 F를 $\mathbf{p}_i$ 의 다항식으로 전개하면 된다.

예제 8.1 $f = x^2p^2$ 인 경우 이에 해당하는 양자역학적 연산자 $f_{\rm op}$ 를 구하여라.

이 경우에 해당하는 연산자 $f_{\rm op}$ 는

$$f_{\rm op} = \frac{1}{2}(x_{\rm op}^2 p_{\rm op}^2 + p_{\rm op}^2 x_{\rm op}^2) \tag{8.3}$$

인 Hermitian 연산자이다. 하지만 이것과는 다른 조합으로도 Hermitian 연산자를 만들 수 있다. 예를 들면 xp^2x, px^2p들도 Hermitian 연산자이다. 하지만 이것들은 식 (8.3)과 비교하면 연산자 $x_{\rm op}$, $p_{\rm op}$ 의 교환관계에 의해 $\hbar$ 혹은 이의 고차항에 해당하는 상수만큼 차이가 날 뿐이다. 따라서 양자역학적인 해밀토니안을 결정하는 데 있어서, 여러 동등한 Hermitian 연산자들 사이에는 이러한 상수만큼 모호한 부분이 있다. 예를 들어

$$\begin{aligned} [x^n p]_{\rm op} &= \frac{1}{2}(x_{\rm op}^n p_{\rm op} + p_{\rm op} x_{\rm op}^n) \\ &\stackrel{?}{=} = \frac{1}{n+1}(x_{\rm op}^n p_{\rm op} + x_{\rm op}^{n-1} p_{\rm op} x_{\rm op} + \cdots p_{\rm op} x_{\rm op}^n) \end{aligned} \tag{8.4}$$

둘 중의 어느 것을 택할 것인가를 결정해야 한다. 그러나 여러 Hermitian 연산자들 사이에는 상수만큼 밖에 차이가 나지 않으므로 어느 하나를 선택해도 무방하고, 따라서 우리는 앞으로 식 (8.3)에서 대칭적으로 정의한 연산자를 양자역학적인 Hermitian 연산자로 사용하겠다. ♣

8.2 고전적, 양자역학적 운동방정식

고전역학에서 사용하는 "**Hamilton**의 운동방정식"은 해밀토니안 H가 주어져 있을 경우

$$\frac{dr_i}{dt} = \frac{\partial H}{\partial p_i}, \quad \frac{dp_i}{dt} = -\frac{\partial H}{\partial r_i} \tag{8.5}$$

로 주어진다. 3차원에서 N개의 입자가 있을 경우 i는 $i = 1, \cdots, 3N$의 값을 갖는다. 한편 양자역학에서는 연산자 A가 명시적으로 시간에 의존하지 않을 경우에 Schrödinger

방정식 $i\hbar\partial\psi/\partial t = H\psi$를 이용하여 A의 기대값 $\langle A\rangle_t = \langle\psi|A|\psi\rangle$의 시간에 대한 변화를 구할 수 있다.

$$\frac{d}{dt}\langle A\rangle_t = \langle\psi|A|\frac{d\psi}{dt}\rangle + \langle\frac{d\psi}{dt}|A|\psi\rangle = \frac{1}{i\hbar}\langle\psi|AH - HA|\psi\rangle = \frac{1}{i\hbar}\langle[A, H]\rangle_t \tag{8.6}$$

만일 A가 시간에 명시적으로 의존한다면 $(A = A(t))$,

$$\frac{d}{dt}\langle A\rangle_t = \frac{1}{i\hbar}\langle[A, H]\rangle_t + \langle\frac{\partial A}{\partial t}\rangle_t \tag{8.7}$$

가 된다. 예를 들어 $A = x^2, p^2+x^3, \cdots$ 등일 경우에는, 이들 연산자는 시간에 명시적으로 의존하지 않으므로 $\partial A/\partial t = 0$이고, $A = x^2\cos\omega t$일 경우에는 연산자 A가 명시적으로 시간에 의존하는 경우로 dA/dt의 기대값을 계산할 때 $\partial A/\partial t = -\omega x^2\sin\omega t$에 대한 기대값을 고려하여야 한다. 연산가 $\mathbf{r}$과 $\mathbf{p}$의 기대값의 시간에 대한 변화는

$$\frac{d}{dt}\langle r_i\rangle = \frac{1}{i\hbar}\langle[r_i, H]\rangle, \ \frac{d}{dt}\langle p_i\rangle = \frac{1}{i\hbar}\langle[p_i, H]\rangle \tag{8.8}$$

로 주어진다.

이제 고전적으로 정의된 임의의 함수 $F(r,p)$를 이에 해당하는 양자역학적인 연산자 $[F(r,p)]_{\rm op}$로 바꾸면, 이 연산자에 대한 운동방정식은

$$[r_{\rm op}, F_{\rm op}] = i\hbar\Big(\frac{\partial F}{\partial p}\Big)_{\rm op}, \ [p_{\rm op}, F_{\rm op}] = -i\hbar\Big(\frac{\partial F}{\partial r}\Big)_{\rm op} \tag{8.9}$$

가 된다. 문제는 양자역학적인 해밀토니안으로 $H_{\rm qm} = [H_{\rm cl}]_{\rm op}$를 사용하였을 때 과연

$$\frac{d\langle r\rangle}{dt} = \langle\Big(\frac{\partial H_{\rm cl}}{\partial p}\Big)_{\rm op}\rangle + \mathcal{O}(\hbar), \ \frac{d\langle p\rangle}{dt} = \langle\Big(-\frac{\partial H_{\rm cl}}{\partial r}\Big)_{\rm op}\rangle + \mathcal{O}(\hbar) \tag{8.10}$$

이 될 것인가 하는 것이다. 앞에서 언급한 대로 고전적인 양을 연산자로 정의할 때 연산자의 동등한 정의가 여러 가지 있고, 이들은 서로 $\hbar$ 혹은 이의 고차항에 의존하는 상수만큼 차이만 나는데 마지막에 쓴 $\mathcal{O}(\hbar)$는 이러한 상수만큼의 차이를 표현한 것이다.

양자역학적으로 이를 보기 위해 먼저 고전역학에서 정의한 "**Poisson 괄호**"(Poisson bracket)를 고려하자.

$$\{A, B\} \equiv \sum_{i=1}^{3N}\Big(\frac{\partial A}{\partial r_i}\frac{\partial B}{\partial p_i} - \frac{\partial B}{\partial r_i}\frac{\partial A}{\partial p_i}\Big) \tag{8.11}$$

고전적인 운동방정식은 Poisson 괄호를 이용하면

$$\frac{d}{dt}A(r,p,t) = \sum_{i=1}^{3N}\Big(\frac{\partial A}{\partial r_i}\frac{dr_i}{dt} + \frac{\partial A}{\partial p_i}\frac{dp_i}{dt}\Big) + \frac{\partial A}{\partial t} = \{A, H_{\text{cl}}\} + \frac{\partial A}{\partial t} \tag{8.12}$$

로 쓸 수 있다. 만일 A, B가 p, r 만의 함수이면

$$[\{A,B\}]_{\text{op}} = \frac{1}{i\hbar}[A_{\text{op}}, B_{\text{op}}] \tag{8.13}$$

이다. 또한 $H_{\text{qm}} = [H_{\text{cl}}]_{\text{op}}$ 이면

$$\frac{d\langle A\rangle}{dt} = \langle\{A, H_{\text{cl}}\}_{\text{op}}\rangle + \langle\frac{\partial A_{\text{op}}}{\partial t}\rangle \tag{8.14}$$

이므로 $\hbar \to 0$인 고전적 극한에서는 두 식이 매우 유사함을 알 수 있다.

8.3 자기장 안의 대전입자

고전적인 해밀토니안으로부터 양자역학적인 해밀토니안을 구하는 예 중 간단하지 않으면서도, 물리적으로 중요한 외부 전기장 및 자기장 안에 있는 전하를 기술하는 해밀토니안을 고려하자. 전하 q, 질량 m인 입자가 외부 전자기장 안에 있는 경우 고전적인 운동방정식은

$$m\frac{d^2\mathbf{R}}{dt^2} = q\Big(\mathbf{E}(\mathbf{R}) + \frac{\mathbf{v}}{c}\times\mathbf{B}(\mathbf{R})\Big) \tag{8.15}$$

이다. 이 때 전기장 $\mathbf{E}(\mathbf{r},t)$, 자기장 $\mathbf{B}(\mathbf{r},t)$는 Maxwell 방정식을 만족한다.

$$\begin{aligned}\nabla\cdot\mathbf{B} &= 0,\ \nabla\cdot\mathbf{E} = 4\pi\rho,\\ \nabla\times\mathbf{E} &= -\frac{1}{c}\frac{\partial\mathbf{B}}{\partial t},\ \nabla\times\mathbf{B} = \frac{1}{c}\frac{\partial\mathbf{E}}{\partial t} + \frac{4\pi}{c}\mathbf{j}.\end{aligned} \tag{8.16}$$

여기서 $\mathbf{B} = \nabla\times\mathbf{A}$를 만족하는 벡터 퍼텐셜 $\mathbf{A}$를 구하고, 전기장을 표현하는 스칼라 퍼텐셜 Φ를 다음과 같이 정의하자.

$$\mathbf{E} = -\nabla\Phi - \frac{1}{c}\frac{\partial\mathbf{A}}{\partial t}. \tag{8.17}$$

이때 고전적인 해밀토니안은

$$H_{\text{cl}} = \frac{1}{2m}\Big(\mathbf{p} - \frac{q}{c}\mathbf{A}\Big)^2 + q\Phi(\mathbf{R}) \tag{8.18}$$

이다. 이것을 확인하려면 이 해밀토니안에 의해 얻는 운동방정식이 자기장 안에 있는 대전입자에 대한 고전적인 운동방정식 (8.15)로 환원되는지 살펴보면 된다. Hamilton의 방정식은

$$\frac{dR_i}{dt} = \frac{\partial H}{\partial p_i}, \quad \frac{dp_i}{dt} = -\frac{\partial H}{\partial R_i} \tag{8.19}$$

이므로, 운동방정식을 자세히 풀면 다음의 결과를 얻는다.

$$\begin{aligned} v_i &= \frac{dR_i}{dt} = \frac{1}{m}(p_i - \frac{q}{c}A_i), \\ m\frac{d^2R_i}{dt} &= -\frac{\partial H}{\partial R_i} - \frac{q}{c}\frac{dA_i}{dt} = -\frac{\partial H}{\partial R_i} - \frac{q}{c}\Big(\frac{\partial A_i}{\partial t} + \frac{\partial A_i}{\partial R_j}\frac{dR_j}{dt}\Big) \\ &= \frac{q}{c}v_j\frac{\partial A_j}{\partial R_i} - q\frac{\partial \Phi}{\partial R_i} - \frac{q}{c}\Big(\frac{\partial A_i}{\partial t} + \frac{\partial A_i}{\partial R_j}v_j\Big) \\ &= \frac{q}{c}\Big(v_j\frac{\partial A_j}{\partial R_i} - v_j\frac{\partial A_i}{\partial R_j}\Big) + qE_i = q\Big(\mathbf{E} + \frac{\mathbf{v}}{c}\times\mathbf{B}\Big)_i. \end{aligned} \tag{8.20}$$

위 식에서 같은 지수가 두 번 나오면 가능한 모든 값에 대한 합을 취하는 Einstein 관습을 따랐다. 식 (8.20)에서 보듯이 식 (8.18)로 주어지는 해밀토니안에 의해 전자기장 안의 대전입자가 만족하는 운동방정식을 얻을 수 있다.

한편 위에서 고려하였듯이 고전적인 양을 연산자로 바꾸는 방법을 이용하면, 식 (8.20)에 대응하는 연산자의 기대값은 다음의 운동방정식을 만족한다.

$$\frac{d^2}{dt^2}\langle\mathbf{R}\rangle = \frac{q}{m}\langle-\frac{\partial\Phi}{\partial\mathbf{R}} - \frac{1}{c}\frac{\partial\mathbf{A}}{\partial t}\rangle + \frac{q}{2mc}\langle(\mathbf{p} - \frac{q}{c}\mathbf{A})\times\mathbf{B} - \mathbf{B}\times(\mathbf{p} - \frac{q}{c}\mathbf{A})\rangle. \tag{8.21}$$

만일 $\mathbf{A}$와 Φ가 공간에서 매우 천천히 변하거나 $\mathbf{B}$가 매우 작을 때 위 식은 고전적인 운동방정식과 같게 된다. 이 식의 마지막 항은 고전역학의 경우와 같이 $\mathbf{p}$가 연산자가 아닌 숫자일 경우에는 어떻게 써도 상관 없지만, 양자역학의 경우에는 순서를 조심해야 한다. 이 경우 위의 결합이 Hermitian 연산자가 되는 가장 간단한 결합을 사용한 결과가 되었다.

N개의 입자가 있는 물리계의 경우에는 위의 수식을 일반화할 수 있다. 각각의 질량을 m_s, 전하를 q_s라고 하면 $(s = 1, \cdots, N)$ 해밀토니안은 $\Phi_{\text{ext}}(\mathbf{R})$과 $\mathbf{A}_{\text{ext}}(\mathbf{R})$에 의해 구해지는 외부의 전자기장과 입자들 사이의 Coulomb 상호작용의 합으로 쓸 수 있다.

$$H = \sum_{s=1}^{N}\Big[\frac{1}{2m_s}\big(\mathbf{p}^{(s)} - \frac{q_s}{c}\mathbf{A}_{\text{ext}}\big)^2 + q_s\Phi_{\text{ext}}\Big] + \frac{1}{2}\sum_{s\neq s'}\frac{q_s q_{s'}}{|\mathbf{R}^{(s)} - \mathbf{R}^{(s')}|}. \tag{8.22}$$

8.3.1 게이지 불변성

외부에서 주어진 스칼라 퍼텐셜과 벡터 퍼텐셜 $\{\Phi_1(\mathbf{r},t), \mathbf{A}_1(\mathbf{r},t)\}$로 전자기장 $\mathbf{E}$와 $\mathbf{B}$를 얻을 수 있다고 하자. 임의의 스칼라 함수 $\chi(\mathbf{r},t)$를 도입하여 다음의 양을 정의하자.

$$\mathbf{A}_2 = \mathbf{A}_1 + \nabla\chi,\ \Phi_2 = \Phi_1 - \frac{1}{c}\frac{\partial\chi}{\partial t}. \tag{8.23}$$

이때 새롭게 도입한 벡터 퍼텐셜 $\mathbf{A}_2$와 스칼라 퍼텐셜 Φ_2로 구해지는 자기장 $\mathbf{B}'$과 전기장 $\mathbf{E}'$은

$$\begin{aligned} \mathbf{B}' &= \nabla\times\mathbf{A}_2 = \nabla\times\mathbf{A}_1 = \mathbf{B}, \\ \mathbf{E}' &= -\nabla\Phi_2 - \frac{1}{c}\frac{\partial\mathbf{A}_2}{\partial t} = -\nabla\Phi_1 - \frac{1}{c}\frac{\partial\mathbf{A}_1}{\partial t} = \mathbf{E} \end{aligned} \tag{8.24}$$

이 되어 자기장 $\mathbf{B}$와 전기장 $\mathbf{E}$는 변함이 없다. 식 (8.23)은 퍼텐셜을 $\mathbf{r}$과 t의 함수인 $\chi(\mathbf{r},t)$로 변환시키므로 "게이지 변환"이라고 한다. 특히 위의 변환을 "제**1**종 게이지 변환"이라고 한다. 그리고 이러한 게이지 변환에 대해 전자기장의 값이 변화가 없는 성질을 "게이지 불변성"이라고 한다.

게이지 변환에 의해 전기장과 자기장은 변하지 않지만, 벡터 퍼텐셜과 스칼라 퍼텐셜은 변한다. 식 (8.22)에 나타난 해밀토니안을 보면 이러한 게이지 변환에 의해 해밀토니안이 변하게 된다. 따라서 게이지 변환에 의해 에너지 고유값도 변할 것으로 예상할 수 있다. 그러나 에너지 고유값과 같은 물리적 의미가 있는 양은 게이지 변환에 의해 변하지 않는다.

이제 양자역학에서 이러한 게이지 변환이 어떻게 실현되는가 살펴보자. 우선 스칼라 퍼텐셜 Φ_1과 벡터 퍼텐셜 $\mathbf{A}_1$으로 기술되는 해밀토니안

$$H_1 = \frac{1}{2m}\left(\mathbf{p} - \frac{q}{c}\mathbf{A}_1\right)^2 + q\Phi_1 \tag{8.25}$$

의 고유함수를 ψ_1이라고 하자. 즉 ψ_1은

$$i\hbar\frac{\partial\psi_1}{\partial t} = H_1\psi_1 \tag{8.26}$$

을 만족한다. 이 때 ψ_2를 다음과 같이 정의하자.

$$\psi_2 \equiv \psi_1 e^{iq\chi(\mathbf{R},t)/\hbar c}. \tag{8.27}$$

그러면 ψ_2는

$$i\hbar\frac{\partial\psi_2}{\partial t} = H_2\psi_2 \tag{8.28}$$

를 만족한다. (연습문제 1) 여기서 H_2는

$$H_2 = \frac{1}{2m}\left(\mathbf{p} - \frac{q}{c}\mathbf{A}_2\right)^2 + q\Phi_2 \tag{8.29}$$

이고, $\mathbf{A}_2$, Φ_2는 식 (8.23)에 의해 $\mathbf{A}_1$, Φ_1을 게이지 변환한 양들이다. 따라서

$$|\psi_1|^2 = |\psi_2|^2 \tag{8.30}$$

가 되어 확률밀도함수에는 변함이 없고, 단지 파동함수의 위상에만 영향을 끼치므로, 물리적인 현상에는 변함이 없다.[1]

게이지 변환을 통한 다른 벡터 퍼텐셜과 스칼라 퍼텐셜들을 사용하여도 전기장과 자기장, 그리고 에너지 고유값에는 변화가 없다. 하지만 유일하게 해밀토니안을 정의하기 위해서는 벡터 퍼텐셜과 스칼라 퍼텐셜을 결정해야 한다. 이와 같이 전하를 띤 입자가 전자기장 안에 있을 때에는 벡터 퍼텐셜과 스칼라 퍼텐셜을 결정하여야만 이에 대한 해밀토니안을 결정할 수 있다. 이렇게 퍼텐셜들을 유일하게 결정하는 방법을 "게이지 선택"이라고 한다. 물리적인 결과는 게이지 변환에 대해 불변이므로 이러한 게이지 선택은 푸는 문제에 따라 편리하게 선택할 수 있다. 예를 들어 정지한 전하들 사이에 Coulomb 상호작용을 스칼라 퍼텐셜로 나타내고자 할 때에는 "**Coulomb** 게이지" $\nabla \cdot \mathbf{A} = 0$을 선택하는 것이 좋다. 만일 게이지 선택이 Lorentz 변환에 불변이 되도록 정하려면 "**Lorentz** 게이지"라고 하는 $\nabla \cdot \mathbf{A} + (1/c)\partial\phi/\partial t = 0$을 선택하면 된다.

게이지 변환이 양자역학에서는 각 게이지에서의 파동함수들 사이에 위상의 변화만 준다는 사실을 확률밀도흐름의 관점에서 볼 수 있다. 해밀토니안이

$$H = \frac{1}{2m}\left(\mathbf{p} - \frac{q}{c}\mathbf{A}\right)^2 + q\Phi \tag{8.31}$$

로 주어졌을 때, 연속방정식은

$$\frac{\partial \rho}{\partial t} = -\nabla \cdot \mathbf{j} \tag{8.32}$$

로 주어진다. 한편 확률밀도흐름 $\mathbf{j}$는

$$\mathbf{j}(\mathbf{r}, t) = \frac{1}{m}\mathrm{Re}\ \psi_1^*\left(\frac{\hbar\nabla}{i} - \frac{q}{c}\mathbf{A}_1\right)\psi_1 = \frac{1}{m}\mathrm{Re}\ \psi_2^*\left(\frac{\hbar\nabla}{i} - \frac{q}{c}\mathbf{A}_2\right)\psi_2 \tag{8.33}$$

가 됨을 확인할 수 있을 것이다. 따라서 게이지 변환을 하여도 확률흐름밀도는 변하지 않는다.

여러 입자가 있는 경우, 원래의 파동함수가 $\psi^{(1)}(\mathbf{R}_1, \cdots \mathbf{R}_N)$이라면, 게이지 변환을

[1] 물론 Aharanov–Bohm 효과에서는 위상의 차이가 물리적으로 측정가능한 양이 될 때도 있다.

한 후의 파동함수는

$$\psi^{(2)}(\mathbf{R}_1, \cdots \mathbf{R}_N) = \psi^{(1)}(\mathbf{R}_1, \cdots \mathbf{R}_N) \exp\Big(i \sum_{s=1}^{N} q_s \chi(\mathbf{R}_s)/\hbar c\Big) \tag{8.34}$$

으로 주어진다.

게이지 변환은 전기장과 자기장을 스칼라 퍼텐셜과 벡터 퍼텐셜로 표현할 때 이 퍼텐셜들에 대한 임의성이 있는 것을 나타낸다. 게이지 변환을 해서 다른 스칼라 및 벡터 퍼텐셜로 표현하여도 이로 인해 나타나는 전기장과 자기장이 변하지 않는다는 특성이 있다. 식 (8.27)과 같이 파동함수의 위상이 변하여도 상호작용의 세기, 즉 전기장과 자기장이 변하지 않는다는 대칭성은 놀라운 결과를 보여준다. 어떤 물리계가 모든 공간에서 일정한 연속적인 변환을 할 때 이 변환에 대해 대칭성이 있으면, 항상 이러한 대칭성에 대응되는 보존되는 물리량이 존재한다는 것이 "**Noether**의 정리"이다. 예를 들어 물리계가 회전에 대해 불변이면 보존되는 물리량은 각운동량이다. 공간이동에 대해 불변이면 운동량이 보존된다. 시간이동에 대해서 불변이면 에너지가 보존된다. 게이지 변환은 각각의 시공간에서 파동함수의 위상이 다르게 변화하는 변환이지만, 이러한 변환은 모든 공간에서 일정하게 위상을 변화시키는 변환을 포함한다. 따라서 파동함수가 전 공간에서 일정한 위상이 변하도록 하여도 물리현상이 변하지 않기 때문에 보존되는 물리량이 있는데 그것이 바로 전하이다. 그러므로 게이지 변환에 대해 물리현상이 변하지 않는다는 것은 전하가 보존된다는 것을 의미한다. 전자기적인 상호작용뿐만 아니라 약한 상호작용 및 강한 상호작용 등의 기본 상호작용을 표현할 때 이러한 "게이지 원리"를 이용한다.

8.4 솔레노이드 안의 대전입자

대전입자가 솔레노이드 안에 갇혀 있다고 하자. 그리고 솔레노이드 안에는 균일한 자기장이 있고, 밖에는 자기장이 없다. 이러한 솔레노이드를 그림 8.1에 간단히 나타내었다. 이 경우 자기장 $\mathbf{B}$는 원통형 좌표계에서

$$\mathbf{B} = \begin{cases} B\hat{\mathbf{z}}, & \rho \le a \\ 0, & \rho > a \end{cases} \tag{8.35}$$

로 쓸 수 있다. 한편 이 입자는 솔레노이드 안에 갇혀 있으므로, $\rho > a$인 곳에서는 퍼텐셜에너지가 $V = \infty$라고 볼 수 있다. 이때 벡터 퍼텐셜은 $A_\phi = A$, $A_\rho = A_z = 0$으로 정할 수 있다. ($\nabla \times \mathbf{A}$를 계산하여 확인해보아라.) 이러한 벡터 퍼텐셜을 사용하여

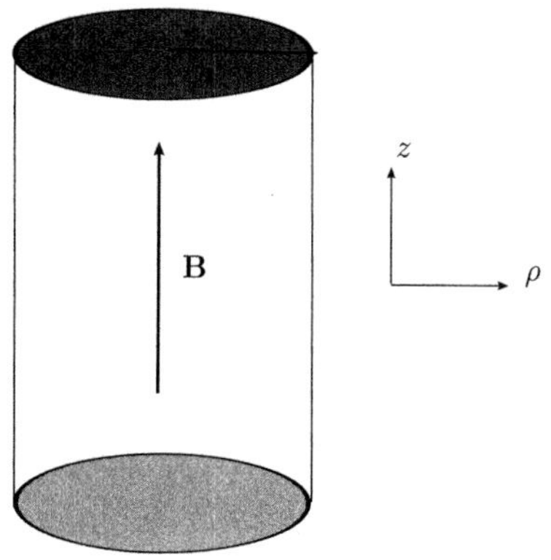

그림 8.1: 내부에는 균일한 자기장이 있고, 외부에는 자기장이 없는 원통형 솔레노이드.

임의의 닫힌 경로에 대한 **A** 의 적분은 다음과 같다.

$$\oint_c \mathbf{A} \cdot d\mathbf{l} = \int_S \nabla \times \mathbf{A} \cdot d\mathbf{S} = \int_S \mathbf{B} \cdot d\mathbf{S} = \Phi_B. \tag{8.36}$$

식 (8.36)에서 Φ_B는 닫혀진 경로에 의해 만들어지는 폐곡면 C를 지나는 자기다발이다.

폐곡면 C를 반지름 $\rho < a$인 원으로 잡으면, 자기다발 Φ_B는

$$\Phi_B = 2\pi\rho A = \pi\rho^2 B \tag{8.37}$$

이므로, $A = B\rho/2$이다. 한편 C를 $\rho > a$인 원으로 잡으면, 이 원을 지나는 자기다발 Φ_B는 $\pi B a^2$ 으로 상수이다.

$$\Phi_B = 2\pi\rho A_\phi. \tag{8.38}$$

따라서

$$A_\phi = \frac{\Phi_B}{2\pi\rho} = \frac{Ba^2}{2\rho} \tag{8.39}$$

를 얻는다. 따라서 비록 $\rho > a$인 곳에서는 $\mathbf{B} = 0$이어도, 벡터 퍼텐셜 $\mathbf{A}$는 0이 아닌 값을 갖는다.

한편 이 계는 원통형 대칭성이 있어 $[L_z, H] = 0$이다. 따라서 고유상태를 $L_z = m\hbar$를 고유값으로 가지는 고유상태로 택할 수 있다. 이 경우 파동함수는

$$\psi(\mathbf{r}) = g(\rho, z)e^{im\phi} \tag{8.40}$$

의 형태로 쓸 수 있다. $\nabla_\phi = (1/\rho)\partial/\partial\phi$이므로 ϕ 방향의 확률흐름밀도는

$$j_\phi = \frac{1}{m_e}\psi^*\Big(\frac{\hbar m}{\rho} - \frac{q\Phi_B}{2\pi\rho c}\Big)\psi = \frac{|g|^2}{m_e\rho}\Big(m\hbar - \frac{q\Phi_B}{2\pi c}\Big) \tag{8.41}$$

이다. 여기서 m_e는 전자의 질량이다. 이 확률흐름밀도는 $\Phi_B = m\Phi_0$이 아닌 한 0이 될 수 없다. 여기서 $\Phi_0 = hc/q$로 자기다발양자의 기본단위이다. 전자가 바닥상태에 있을 경우 $j_\phi = 0$이므로, 솔레노이드 안에서 자기다발은 양자화되어 있다. "자기다발의 양자화" (magnetic flux quantization)는 순수한 양자역학적 효과이다. 또한 이 결과는 게이지 변환에 의해 변하지 않는 자기장에 대한 자기다발로 표현되므로 자기다발의 양자화 역시 게이지 변환에 대해 변하지 않는다.

8.5 균일한 자기장 안에 있는 원자

퍼텐셜에너지가 $q\Phi(\mathbf{R}) = V(\mathbf{R}) = V(R)$로 주어지는 중심력 퍼텐셜 안에 있는 원자에 균일한 자기장 $\mathbf{B} = B_0\hat{\mathbf{z}}$가 걸려 있는 경우를 고려하자. 이때 벡터 퍼텐셜은 $A = A_\phi = \rho B_0/2$로 쓸 수 있다. 이를 벡터로 다시 쓰면

$$\mathbf{A} = \frac{B_0}{2}(-y, x, 0) \tag{8.42}$$

이다. 이때 이 계의 해밀토니안은

$$H = \frac{p^2}{2m} + V(r) + \frac{q^2}{2mc^2}A^2 - \frac{q}{2mc}(\mathbf{p}\cdot\mathbf{A} + \mathbf{A}\cdot\mathbf{p}) \tag{8.43}$$

로 주어진다. Coulomb 게이지 $\nabla\cdot\mathbf{A} = 0$을 취하면 [식 (8.42)에 주어진 벡터 퍼텐셜은 이미 Coulomb 게이지 조건을 만족하도록 결정하였다.]

$$\begin{aligned} H &= \frac{p^2}{2m} + V(r) + \frac{q^2}{2mc^2}A^2 - \frac{q}{mc}\mathbf{A}\cdot\mathbf{p} \\ &= \frac{p^2}{2m} + V(r) + \frac{q^2B_0^2}{8mc^2}(x^2+y^2) - \frac{qB_0}{2mc}(xp_y - yp_x) \end{aligned} \tag{8.44}$$

이다. 위 식의 마지막 항에 있는 $xp_y - yp_x = L_z$이므로 결국 해밀토니안은

$$H = H_0 - \frac{q}{2mc}B_0L_z + \mathcal{O}(B_0^2) \tag{8.45}$$

으로 주어진다. 여기서

$$H_0 = \frac{p^2}{2m} + V(r) \tag{8.46}$$

는 자기장에 무관한 해밀토니안이다. B_0가 매우 작아 B_0^2 항을 무시할 수 있을 때 H의 고유상태를 $\psi = R(r)Y_{lm_l}(\theta,\phi)$로 정하면 ($|m_l| \le l$), 에너지 스펙트럼은

$$E_{nlm_l} = E(B=0) - \frac{\hbar q B_0}{2mc} m_l \tag{8.47}$$

로 주어진다.

이를 요약하면 균일한 자기장 $B_0\hat{\mathbf{z}}$를 기술하는 벡터 퍼텐셜은

$$\mathbf{A} = \frac{B_0}{2}(-y, x, 0) \tag{8.48}$$

으로 주어지고, Coulomb 게이지 $\nabla \cdot \mathbf{A} = 0$을 취하면 해밀토니안은

$$H = \frac{(\mathbf{p} - q\mathbf{A}/c)^2}{2m} + V(r) = H_0 - \frac{q}{2mc}\mathbf{B}\cdot\mathbf{L} + \mathcal{O}(B^2) \tag{8.49}$$

이다. 퍼텐셜 $V(r)$이 구면대칭성을 가지면 $[\mathbf{B}\cdot\mathbf{L}, V] = 0$이므로 이 계의 고유상태는 $R_{nl}(r)Y_{lm_l}(\theta,\phi)$로 택할 수 있다. 이때 에너지고유값은

$$E_{nlm_l} - E_0 = -\frac{\hbar q B_0}{2mc} m_l \tag{8.50}$$

이다. 따라서 주어진 0 이상인 정수 l에 대해 홀수인 $(2l+1)$개의 에너지 갈라짐이 나타나며 이를 "**정상 Zeeman 효과**"라고 한다. 그리고 에너지 갈라짐의 간격은 $B_0|q\hbar/2mc|$로 균일하게 주어진다. 여기서 전자에 대한 단위 자기장당 에너지 갈라짐의 최소량

$$\mu_B = \frac{e\hbar}{2m_e c} = 9.2732 \times 10^{-21} \text{ erg/gauss} \tag{8.51}$$

를 "**Bohr 마그네톤**"(Bohr magneton)이라고 하며, 이를 Zeeman 에너지 갈라짐의 단위로 사용한다. 특히 전자의 경우 $q = -e < 0$이므로 해밀토니안은

$$H = H_0 + \mu_B \frac{\mathbf{B}\cdot\mathbf{L}}{\hbar} \tag{8.52}$$

이고, 에너지는 $E = E_0 + \mu_B B_0 m_l$이다.

여기서 확률흐름의 기대값은

$$\langle \mathbf{j} \rangle = \frac{1}{m_e}\text{Re}\left(\psi^*(\mathbf{p} - \frac{q}{c}\mathbf{A})\psi\right) \tag{8.53}$$

로 주어진다. 자기모멘트 연산자의 기대값을 다음과 같이 정의하자.

$$\langle \boldsymbol{\mu} \rangle = \frac{q}{2c} \int d^3r \; \mathbf{r} \times \mathbf{j} = \frac{q}{2mc} \langle \mathbf{L} \rangle - \frac{q^2}{2mc^2} \langle \mathbf{r} \times \mathbf{A} \rangle. \tag{8.54}$$

그러면 이 기대값의 z 성분은

$$\langle \mu_z \rangle = \frac{q}{2mc} \langle L_z \rangle - \frac{q^2 B_0}{4mc^2} \langle x^2 + y^2 \rangle \tag{8.55}$$

이 된다. 여기서 첫 번째 항을 "상자성항"(paramagnetic term)이라 한다. 그리고 두 번째 항을 "반자성항"(diamagnetic term)이라고 한다.

에너지 고유값을 자기장 B의 일차항까지만 구하면

$$E = E_0 - \mathbf{B} \cdot \langle \boldsymbol{\mu} \rangle \tag{8.56}$$

이 된다. 실험실에서 얻을 수 있는 B_0의 크기는 대략 10^4 gauss 정도이다. 이 경우 $B\mu_B \approx 4 \times 10^{-5}$ eV (10^{10} Hz) 정도인 반면, $E_0 \approx 1 \sim 10$ eV이므로 B의 이차항을 무시하여 좋은 어림계산이 된다. Zeeman 에너지 갈라짐의 경우 갈라짐은 항상 홀수 개이고 그 간격은 모두 같다.

8.6 Stern–Gerlach 실험

전자가 공간적으로 균일하지 않은 자기장 $\mathbf{B}(\mathbf{r})$ 안에 있을 경우, 에너지 갈라짐은 예상보다 두 배로 나타난다. 이러한 실험은 Stern과 Gerlach에 의해 처음 이루어졌다. 이들은 중성원자를 균일하지 않은 자기장 안을 통과시킬 때 원자들의 에너지 갈라짐에 의한 궤적의 갈라짐을 관측하였다. 이러한 실험 결과는 그림 8.2에 대략적으로 나타나 있다.

이 경우에는 자기장이 공간적으로 불균일해야만 전자가 마지막으로 검출기에 도착하는 지점이 갈라진다. 질량중심 좌표계에서 에너지는 $E(r) = E_0 + \mu_B Bm$이다. ($\langle \mathbf{B} \cdot \mathbf{L} \rangle = B\hbar m$) 여기서 E_0는 자기장에 무관한 에너지이다. 한편 전체에너지는 $E = E(r) + p^2/2M$이므로 $E(r)$이 바뀌면 속도가 바뀐다. 이때 입자에 작용하는 힘은

$$\mathbf{F} = -\nabla E(r) = -m\mu_B \nabla |B| \tag{8.57}$$

이다. 따라서 각운동량의 z성분이 다른 입자들은 크기가 다른 힘을 받으므로 다른 궤도를 갖게 된다.

Stern–Gerlach의 실험에서는 s 상태에 있는 원자 $(l = 0)$의 갈라짐이 두 개 있었다. 그리고 그 에너지 차이는 대략 $2\mu_B B$였다. 이 사실은 고전적으로는 전혀 설명할 수 없었

다. 이 현상을 설명하기 위해서는 고전적으로 대응되는 양이 전혀 없는, 입자가 고유하게 가지고 있는 각운동량인 "스핀각운동량"을 도입하여야만 설명할 수 있다. 입자는 비록 궤도각운동량이 없더라도 고유한 스핀각운동량을 가지고 있고, 이는

$$\boldsymbol{\mu}_{\rm spin} = -2\mu_B \frac{\mathbf{S}}{\hbar} = -g\mu_B \frac{\mathbf{S}}{\hbar} \tag{8.58}$$

로 표시할 수 있다. 참고로 궤도각운동량은

$$\boldsymbol{\mu}_{\rm orb} = -\mu_B \frac{\mathbf{L}}{\hbar} \tag{8.59}$$

로 쓸 수 있다. 이 때 $\mathbf{S}$를 스핀각운동량이라 하고, 궤도각운동량의 경우와 같이 전체 스핀각운동량의 양자수 s를 도입하여 전체 스핀각운동량은 $S^2 = s(s+1)\hbar^2$로 주어진다. 여기서 $s = 1/2$이고, 이 때 스핀각운동량의 z 성분이 가질 수 있는 값들은 $S_z = \pm\hbar/2$이다. 이와 같이 불균일한 자기장 안에 있는 전자의 스핀에 의한 에너지 갈라짐의 크기는 $-g\mu_B B$이고, 이와 같은 현상을 "이상 **Zeeman** 효과"(anomalous Zeeman effect)라고 한다.

1s 상태에 있는 원자에 대한 해밀토니안은

$$H_{\rm spin} = \frac{g\mu_B}{\hbar}\mathbf{S}\cdot\mathbf{B} \tag{8.60}$$

로 주어진다. $\mathbf{B}$의 방향을 z 방향으로 정하면, S_z는 $\pm\hbar/2$의 값을 갖는다. 마찬가지로 $\mathbf{B}$의 방향이 x 방향일 경우에는 S_x는 $\pm\hbar/2$의 값을 갖는다.

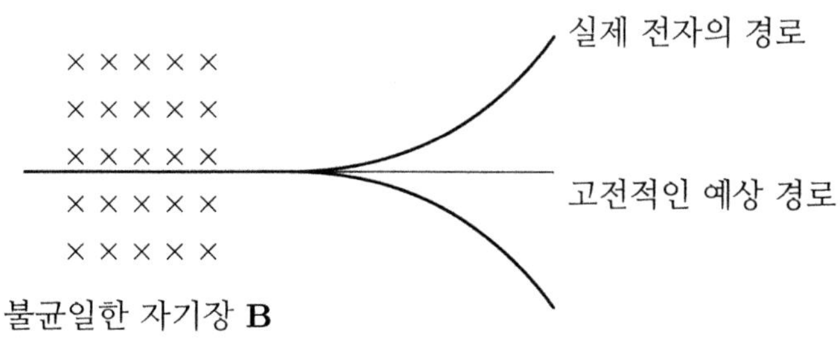

그림 8.2: Stern–Gerlach 실험. 불균일한 자기장 $\mathbf{B}$ 안에서 전자가 통과하면, 그 경로가 둘로 갈라진다. 이는 고전적인 예상보다 두 배가 많은 것이다. 이로 인해 스핀의 존재를 확인할 수 있다.

8.7 스핀자유도

이제 스핀을 기술하는 방법을 알아보자. 우선 기준을 S_z 의 고유상태로 정한다. $S_z = \pm\hbar/2$ 인 상태를 각각

$$|m_s = 1/2\rangle = |\uparrow\rangle = |\alpha\rangle \equiv \begin{pmatrix} 1 \\ 0 \end{pmatrix},$$
$$|m_s = -1/2\rangle = |\downarrow\rangle = |\beta\rangle \equiv \begin{pmatrix} 0 \\ 1 \end{pmatrix} \tag{8.61}$$

로 쓰자. 그리고 사다리연산자 $S_\pm = S_x \pm iS_y$ 를 도입하면

$$S_\pm|m_s\rangle = \hbar\Big(s(s+1) - m_s(m_s \pm 1)\Big)^{1/2}|m_s \pm 1\rangle \tag{8.62}$$

이 되어, 이를 각각 S_z 의 기준에 적용하면

$$\begin{aligned} S_+|\uparrow\rangle &= 0,\ S_+|\downarrow\rangle = \hbar|\uparrow\rangle, \\ S_-|\downarrow\rangle &= 0,\ S_-|\uparrow\rangle = \hbar|\downarrow\rangle \end{aligned} \tag{8.63}$$

이다. 또한 S_x 의 고유함수를 S_z 의 고유함수의 일차 선형결합으로 표현할 수 있다.

$$\begin{aligned} |s_x = \hbar/2\rangle &= \frac{1}{\sqrt{2}}(|\uparrow\rangle + |\downarrow\rangle), \\ |s_x = -\hbar/2\rangle &= \frac{1}{\sqrt{2}}(|\uparrow\rangle - |\downarrow\rangle). \end{aligned} \tag{8.64}$$

스핀 연산을 만족하는 연산자를 행렬로 표시하는 것, 혹은 일반적으로 연산자를 행렬의 형태로 나타내는 것을 "**표현**"(representation)이라고 한다. 스핀을 표현하는 최소한의 차원을 가진 행렬은 2 × 2 행렬이다. 이를 가장 간단한 형태로 쓴 것을 "**Pauli 행렬**"이라고 부르며, 이들은 각각

$$\sigma_x = \begin{pmatrix} 0 & 1 \\ 1 & 0 \end{pmatrix},\ \sigma_y = \begin{pmatrix} 0 & -i \\ i & 0 \end{pmatrix},\ \sigma_z = \begin{pmatrix} 1 & 0 \\ 0 & -1 \end{pmatrix} \tag{8.65}$$

으로 주어진다. 이들의 성질은 $\sigma_x^2 = \sigma_y^2 = \sigma_z^2 = 1$ 을 만족하고, 또한

$$\sigma_x\sigma_y = i\sigma_z = -\sigma_y\sigma_x \tag{8.66}$$

고유값	S_x	S_y	S_z
$\hbar/2$	$\frac{1}{\sqrt{2}}\begin{pmatrix}1\\1\end{pmatrix}$	$\frac{1}{\sqrt{2}}\begin{pmatrix}1\\i\end{pmatrix}$	$\begin{pmatrix}1\\0\end{pmatrix}$
$-\hbar/2$	$\frac{1}{\sqrt{2}}\begin{pmatrix}1\\-1\end{pmatrix}$	$\frac{1}{\sqrt{2}}\begin{pmatrix}1\\-i\end{pmatrix}$	$\begin{pmatrix}0\\1\end{pmatrix}$

표 8.1: 스핀 S_x, S_y, S_z 의 고유값과 고유상태.

을 만족한다. 이러한 성질들을 한 개의 식으로 쓰면

$$\sigma_i\sigma_j = \delta_{ij} + i\epsilon_{ijk}\sigma_k \tag{8.67}$$

이다. 스핀연산자를

$$\mathbf{S} = \frac{\hbar}{2}\boldsymbol{\sigma} \tag{8.68}$$

로 나타내면 $[\sigma_x, \sigma_y] = 2i\sigma_z$ 를 만족하므로

$$[S_x, S_y] = i\hbar S_z \tag{8.69}$$

가 되어 스핀연산자가 만족하는 교환관계가 성립한다. 참고로 임의의 세 개의 연산자가 $[O_i, O_j] = i\hbar\epsilon_{ijk}O_k$ 를 만족하면 이들 연산자는 각운동량 연산자의 대수를 만족한다고 한다. 궤도각운동량 연산자가 바로 이에 해당하며, 스핀연산자도 같은 교환관계를 만족하므로 각운동량 연산자이다.

스핀 1/2인 입자의 상태를 두 개의 성분을 가진 열벡터로 표현하는 방법을 "스피너 표현"이라고 하고, 이 열벡터를 "스피너"(spinor)라고 한다. $S_i(i = x, y, z)$ 의 고유값은 각각 $\pm\hbar/2$ 이며, 이들의 고유상태를 스피너 표현으로 쓴 것이 표 8.1 이다. 임의의 상태는 이들의 고유상태의 선형결합으로 나타낼 수 있다. 예를 들어 일반적인 상태 $|\psi\rangle$ 는

$$|\psi\rangle = a|\uparrow\rangle + b|\downarrow\rangle = \begin{pmatrix}a\\b\end{pmatrix} \tag{8.70}$$

로 나타낼 수 있다.

전자에 대한 Hilbert 공간은 제곱적분 가능한 공간인 삼차원 좌표공간과 스핀을 표현하는 이차원 벡터공간을 텐서적으로 곱한 공간이다. 즉 이 Hilbert 공간 $\mathcal{H}$ 안에 있는 상태는 $\psi = \psi(\mathbf{r}, \sigma)$ 로 나타낼 수 있고, 이들의 스칼라곱은

$$(\psi, \phi) = \int d^3r \sum_{\sigma=-1}^{1} \psi^*(\mathbf{r}, \sigma)\phi(\mathbf{r}, \sigma) \tag{8.71}$$

로 나타낸다. 이 상태를 스피너 표현으로 표시하면

$$\psi(r) = \begin{pmatrix} \psi(r,1) \\ \psi(r,-1) \end{pmatrix} \tag{8.72}$$

이다. 이 경우 S_z를 스피너 ψ에 작용하면

$$S_z\psi = \frac{\hbar}{2}\sigma_z\psi = \frac{\hbar}{2}\begin{pmatrix} \psi(r,1) \\ -\psi(r,-1) \end{pmatrix} \tag{8.73}$$

이 된다. 한편 운동량연산자 $\mathbf{p} = \hbar\nabla/i$를 스피너 ψ에 작용하면

$$p_x\psi(r) = \begin{pmatrix} \frac{\hbar}{i}\frac{\partial}{\partial x}\psi(r,1) \\ \frac{\hbar}{i}\frac{\partial}{\partial x}\psi(r,-1) \end{pmatrix} \tag{8.74}$$

이 된다. 스핀 각운동량 연산자는 좌표공간에서 정의된 연산자(예를 들면 $\mathbf{r}$, $\mathbf{p}$, $\mathbf{L}$ 등)들과 교환한다.

$$[\mathbf{S},\mathbf{L}] = 0,\ \ [\mathbf{S},\mathbf{p}] = 0. \tag{8.75}$$

스핀이 있는 입자에 대한 비상대론적 해밀토니안은

$$H = \frac{1}{2m}\Big(\mathbf{p} - \frac{q}{c}\mathbf{A}\Big)^2 + q\Phi + \frac{g\mu_B}{\hbar}\mathbf{B}\cdot\mathbf{S} = H_0 + \Big(\frac{\mu_B\mathbf{L}}{\hbar} + \frac{g\mu_B\mathbf{S}}{\hbar}\Big)\cdot\mathbf{B} + \mathcal{O}(B^2) \tag{8.76}$$

이다. 여기에 상대론적인 효과까지 고려하면 해밀토니안에는 $\mathbf{L}\cdot\mathbf{S}$와 같은 스핀-궤도 결합이 있을 수 있다. 공간적으로 균일한 자기장 $\mathbf{B}$가 있을 때 해밀토니안은 $H = H_{\rm orb} + H_{\rm spin}$으로 쓸 수 있다. 여기서

$$H_{\rm spin} = \frac{g\mu_B}{\hbar}\mathbf{S}\cdot\mathbf{B} \tag{8.77}$$

이고, $H_{\rm orb}$은 $\mathbf{r}$, $\mathbf{p}$에는 의존하지만 스핀에는 의존하지 않는 다른 모든 양을 포함한다. 이 때 이 해밀토니안의 고유상태는 $H_{\rm orb}$, $H_{\rm spin}$ 각각의 고유상태

$$H_{\rm orb}\psi_{\rm orb} = E_{\rm orb}\psi_{\rm orb},\ \ H_{\rm spin}\Phi_{\rm spin} = E_{\rm spin}\Phi_{\rm spin} \tag{8.78}$$

의 곱으로 쓸 수 있다.

$$\psi(r,\sigma) = \psi_{\rm orb}\Phi_{\rm spin}(\sigma). \tag{8.79}$$

스피너의 시간에 대한 변화를 알아보자. 만일 시간 $t = 0$에서

$$\psi = \psi_{\rm orb}(r, t=0)\Phi_{\rm spin}(\sigma, t=0) \tag{8.80}$$

라면 $i\hbar\partial/\partial t\psi = H\psi$를 만족하는 파동함수는 임의의 시간 t에서 $\psi_{\rm orb}$와 $\Phi_{\rm spin}$의 곱으로 표시할 수 있다. 그리고 이들은

$$i\hbar\frac{\partial}{\partial t}\psi_{\rm orb} = H_{\rm orb}\psi_{\rm orb},\ i\hbar\frac{\partial}{\partial t}\Phi_{\rm spin} = H_{\rm spin}\Phi_{\rm spin} \tag{8.81}$$

을 만족한다. 두 번째 식은 2×2 스핀 공간에서의 방정식으로 예를 들어 첫 번째 성분에 대한 식은 다음과 같이 주어진다.

$$i\hbar\frac{\partial}{\partial t}\Phi_1 = H_{11}\Phi_1 + H_{1,-1}\Phi_2. \tag{8.82}$$

연습문제

1. 식 (8.28)이 만족됨을 증명하여라.

2. 여러 입자가 있는 경우의 파동함수 $\psi^{(1)}(\mathbf{R}_1, \cdots \mathbf{R}_N)$을 게이지 변환을 하면 식 (8.34)의 형태를 갖는 파동함수가 된다는 것을 증명하여라.

3. 전자가 균일한 자기장 $\mathbf{B} = B\hat{\mathbf{z}}$ 안에 놓여 있다. 시간 $t = 0$에서 전자는 $\mathbf{S} \cdot \hat{\mathbf{n}}$의 고유상태에 있고, 그 고유값은 $\hbar/2$이다. 여기서 $\hat{\mathbf{n}}$은 xz 평면 위에서 양의 z축과 각도 β를 이루고 있는 단위벡터이다.

   (가) $S_x = \hbar/2$를 가지는 전자를 발견할 확률을 시간의 함수로 계산하여라.

   (나) S_x의 기대값을 시간의 함수로 구하여라.

   (다) (나)의 경우에서 $\beta \to 0$으로 갈 때와 $\pi/2$로 갈 때의 극한값을 구하여라.

4. 전자가 균일한 자기장 $\mathbf{B} = B\,\hat{\mathbf{z}}$ 안에 놓여 있다.

   (가) $[\Pi_x, \Pi_y]$를 계산하여라. 여기서

$$\Pi_i \equiv P_i - \frac{q}{c}A_i \tag{8.83}$$

   이다.

   (나) (가)에서 얻은 해밀토니안과 교환관계를 일차원의 조화진동자와 비교하여, 에너지 고유값은

$$E_{kn} = \frac{\hbar^2 k^2}{2m} + \frac{|eB|\hbar}{mc}(n + \frac{1}{2}) \tag{8.84}$$

   로 쓸 수 있음을 증명하여라. 여기서 $\hbar k$는 연산자 p_x의 연속적인 고유값이고, n은 음이 아닌 정수이다.

5. 자기장 $\mathbf{B}(\mathbf{r})$는 그 성분이 각각 $B_x = B_y = 0$와 $B_z = \lambda x$라고 하자. 이 자기장 $\mathbf{B}$를 구할 수 있는 벡터 퍼텐셜을 찾아라.

6. 함수 $\psi(\mathbf{r}, \sigma; t)$가 자기모멘트가 $\boldsymbol{\mu} = \gamma\mathbf{S}$인 스핀 1/2인 전기적 중성입자를 기술하는 파동묶음이라고 하자. 여기서 γ는 상수이다. 한편 시간 $t = 0$에서

$$\psi(\mathbf{r}, \sigma) = \psi(\mathbf{r}) \begin{pmatrix} 1 \\ 0 \end{pmatrix} \tag{8.85}$$

   이라고 하자. 그리고 자기장 $\mathbf{B}(\mathbf{r})$은 문제 5에 주어진 형태라고 하자. 이 때 고전적인 가속도에 대응하는 $d^2\langle\mathbf{r}\rangle/dt^2$의 값을 구하여라.

7. 스핀이 1/2인 전자가 질량이 무한하고, 원점에 있는 점전하에 의해 만들어지는 퍼텐셜에 의해 속박된 상태로 이루어진 수소 원자를 고려하자. 스핀-궤도 결합과 다른 상대론적 효과는 무시하기로 한다. 그러나 정해진 시간에 무관한 외부 벡터 퍼텐셜 $\mathbf{A}(\mathbf{r})$이 있다고 가정한다. 전자에 대한 파동함수로는 $\psi(\mathbf{R},\tau)$의 표현을 사용할 것이다. 여기서 $\mathbf{R}$은 전자의 위치이고, $\tau=\pm1$은 각각 $S_z=\hbar/2$와 $S_z=-\hbar/2$이 두 스핀 성분을 구별하는 지수이다.

(가) 두 함수 $\psi(\mathbf{R},1)$과 $\psi(\mathbf{R},-1)$을 알고 있다고 하자. 이 전자 스핀의 x 성분을 측정하였을 때 $S_x=-\hbar/2$일 확률을 구하여라. (측정기구는 전자의 위치에 상관없이 측정할 수 있다고 가정하고, ψ의 규격화에 대해 가정하였다면, 이에 대해 기술하여라.)

(나) 벡터 퍼텐셜 $\mathbf{A}(\mathbf{r})$과 원점에 있는 전하에 의한 퍼텐셜 안에 있는 전자의 에너지 고유상태에 대한 Schrödinger 방정식을 써라. [즉, $\psi(\mathbf{R},1)$과 $\psi(\mathbf{R},-1)$이 만족하는 미분방정식을 써라. 전자의 질량 m, 전자의 전하 $q=-e$와 $\hbar$ 이외의 기호를 사용한다면 이를 정의하여라.]

(다) $\mathbf{A}(\mathbf{r})$이 상수인 벡터 $\mathbf{A}_0$일 경우 원자의 바닥상태 에너지는 얼마인가? 고유함수(졸들어있다면 고유함수들)를 구하여라.

(라) 균일한 자기장 $\mathbf{B}$ 안에 있는 원자의 바닥상태 에너지를 B의 2차항까지 구하여라.

제 9 장

밀도행렬

9.1 밀도행렬

양자역학적으로 어떤 물리계를 기술하고자 할 때, 지금까지는 그 상태를 기술하는 파동함수 $\psi(x)$를 구하면 되었다. 하지만 모든 양자역학계를 하나의 파동함수로 기술할 수 없는 경우가 있다. 파동함수가 확률진폭을 나타내고, 중첩의 원리를 적용하면 여러 파동함수의 선형결합으로 파동의 상태를 나타낼 수 있다. 이 경우 확률진폭 수준에서 파동함수들을 더하기 때문에 항상 간섭현상이 나타나게 된다. 그렇다면 양자역학에서는 간섭현상이 나타나지 않는 상태들을 더할 수 있는 경우는 어떻게 기술할까? 즉 n 개의 상태가 있고, i 번째 상태에 있을 (고전적인) 확률이 P_i 인 상태를 양자역학적으로는 어떻게 기술할 것인가? 이 경우에는 특정한 파동함수를 갖는 확률에 의해 상태를 기술하는 소위 "밀도행렬"(density matrix)을 사용하여 물리계를 기술하여야 한다.

양자역학에서 입자가 존재할 확률을 나타내는 파동함수로 상태를 나타내지만, 밀도행렬로 기술하는 상태는 이러한 상태함수들이 특정한 확률을 가지고 나타나는 상태를 나타날 때 사용한다. 이러한 개념은 고전적으로 통계역학에서 사용하는 ensemble과 비슷한 경우가 될 수도 있지만, 양자역학적 상태는 서로 간섭할 수 있으므로 고전적인 방법과는 다르게 수식화해야 하며, 물리적으로도 그 의미는 다르다. 이 장에서는 어떤 상태를 기술할 때 밀도행렬을 사용하여야 하는지, 그리고 밀도행렬로 기술되는 상태는 어떤 특성이 있는지 살펴보도록 하겠다.

우선 고전역학적인 경우를 고려하여 물리적인 변수들로 이루어진 임의의 함수에 대한 기대값을 살펴보자. 어떤 물체가 운동량은 $\mathbf{p}$, $\mathbf{p}+d\mathbf{p}$ 사이에 있고, 위치는 $\mathbf{r}$, $\mathbf{r}+d\mathbf{r}$ 사이에 있을 확률이 $P(\mathbf{r},\mathbf{p},t)$로 주어지면, $\mathbf{r}$과 $\mathbf{p}$의 임의의 함수 $A(\mathbf{r},\mathbf{p})$의 기대값은 다음과 같이 주어진다.

$$\langle A(t)\rangle = \int d^3r\, d^3p\; P(\mathbf{r},\mathbf{p},t)A(\mathbf{r},\mathbf{p}). \tag{9.1}$$

반면 양자역학에서는 확률진폭을 나타내는 파동함수 ψ를 알면 이에 대한 확률적 해석을 이용하여, 임의의 연산자에 대한 기대값을 구할 수 있다. 이제 양자역학에서 연산자의 기대값에 대해 논의하기 위해 연산자의 행렬표현을 이용하자. 연산자를 행렬표현으로 나타내면 다음의 정리를 사용할 수 있다.

정리 9.1 *Trace*의 기준집합에 대한 불변성

편의상 유한하다고 가정한 *Hilbert* 공간 H의 임의의 직교규격화된 기준집합을 $\{|j\rangle\}$ 라고 하면

$$\text{Trace } M \equiv \text{tr } M = \sum_j \langle j|M|j\rangle \tag{9.2}$$

는 어떤 기준을 사용하더라도 같은 값을 갖는다.

증명: 켓벡터들의 집합 $\{|i\rangle\}$를 위에서 선택한 집합 $\{|j\rangle\}$와는 다른 기준들로 이루어진 완전집합이라고 하자. 그러면

$$|j\rangle = \sum_i |i\rangle\langle i|j\rangle \tag{9.3}$$

이고, 또한

$$\sum_j \langle i|j\rangle\langle j|i'\rangle = \delta_{ii'} \tag{9.4}$$

이므로, $\langle i|j\rangle$는 unitary 변환을 나타내는 행렬표현이다. 이 사실을 이용하면

$$\sum_j \langle j|M|j\rangle = \sum_{j,i,i'} \langle j|i\rangle\langle i|M|i'\rangle\langle i'|j\rangle = \sum_i \langle i|M|i\rangle \tag{9.5}$$

이 됨을 알 수 있다. 따라서 행렬의 trace는 표현에 무관한 결과를 얻는다. ♣

따라서 행렬 M이 대각선화되도록 기준을 정해도 tr M의 값은 변하지 않는다. 그렇다면 연산자 M의 고유상태로 기준을 정할 경우의 trace가 바로 이 연산자의 행렬표현에 대한 trace가 된다. 이 경우 tr M은 고유값들의 합이다. 따라서 행렬의 고유값들의 합은 기준을 선택하는 방법과는 무관하게 같은 값을 갖는다. 이때 고유값들의 합 tr M을 행렬 M의 "흔적"(trace)이라고 한다. 또한 두 행렬의 곱에 대한 흔적은

$$\text{tr } (AB) = \sum_{i,j} \langle i|A|j\rangle\langle j|B|i\rangle = \text{tr } (BA) \tag{9.6}$$

로 그 순서에 무관하다. 그리고 여러 개의 행렬의 곱에 대한 흔적은

$$\text{tr}(A_1 A_2 A_3 \cdots A_n) = \text{tr}(A_n \cdots A_3 A_2 A_1) \tag{9.7}$$

으로 행렬을 곱한 순서를 반대로 하여도 이에 대한 흔적의 값은 같다. 하지만 임의로 행렬들의 순서를 바꾼 양의 흔적은 일반적으로 다른 값을 갖는다.

이제 양자역학에서 한 상태를 다루는 방법을 기술하기 위해 먼저 다음을 정의하자.

정의 9.1 밀도행렬로 기술하는 물리적 상태

물리적 상태 S가 밀도행렬 w에 의해 기술할 수 있다는 것은, 이 물리계가 S 상태에 있을 때, 임의의 관측량 A의 기대값 $\langle A\rangle$는 $\langle A\rangle = \mathrm{tr}\,(wA)$로 주어진다는 것을 의미한다. ♣

이 정의에 의하면 $\langle 1\rangle = 1 = \mathrm{tr}\, w$가 된다. 양자역학적 상태는 크게 순수상태와 혼합상태로 구분한다. 이러한 구분의 기준은 다음 두 개의 절에서 상세히 논의하겠다. 이들 상태의 성질은 위에서 정의한 밀도행렬 w로 분류할 수 있다.

9.2 순수상태

"순수상태"(pure state) S란 한 개의 파동함수 $\psi(\langle\psi|\psi\rangle = 1)$로 계를 완전히 기술할 수 있는 상태이다. 계가 순수상태일 경우 연산자 A의 기대값은 $\langle A\rangle = \langle\psi|A|\psi\rangle$로 표현한다. 이 경우 밀도행렬 w는 $w = |\psi\rangle\langle\psi|$로 쓰고

$$\mathrm{tr}\,(wA) = \sum_j \langle j|\psi\rangle\langle\psi|A|j\rangle = \langle\psi|A|\psi\rangle = \langle A\rangle \tag{9.8}$$

이다. 순수상태의 밀도행렬 w는 1인 고유값을 하나 가지고, 다른 고유값들은 모두 0이다. 사실 $|\psi\rangle\langle\psi|$로 주어지는 연산자 뿐만 아니라 어떤 연산자든 Hermitian 연산자이고, 1인 고유값을 한 개 그리고 다른 모든 고유값을 0으로 가지면, 그 연산자를 순수상태를 나타내는 밀도행렬로 사용할 수 있다.

한편 우리가 선택한 밀도행렬 w는 위상에 대한 임의성이 있다. 즉 $|\psi\rangle \to e^{i\phi}|\psi\rangle = |\psi'\rangle$로 바꾸어도 확률밀도 w는

$$w = |\psi\rangle\langle\psi| = |\psi'\rangle\langle\psi'| \tag{9.9}$$

로 똑같게 된다.

파동함수 $|\psi\rangle$는 Schrödinger 방정식 $i\hbar d|\psi\rangle/dt = H|\psi\rangle$를 만족하므로

$$|\psi(t)\rangle = e^{-iHt/\hbar}|\psi(0)\rangle \tag{9.10}$$

로 쓸 수 있다. 한편 밀도행렬 w는 $w(t) = |\psi(t)\rangle\langle\psi(t)|$이므로, w는 다음의 관계식을 만족한다.

$$\begin{aligned}\frac{dw(t)}{dt} &= |\frac{d\psi}{dt}\rangle\langle\psi| + |\psi\rangle\langle\frac{d\psi}{dt}| = \frac{1}{i\hbar}\Big(H|\psi\rangle\langle\psi| - |\psi\rangle\langle\psi|H\Big) \\ &= \frac{1}{i\hbar}[H, w] \quad (\text{순수상태의 경우.})\end{aligned} \tag{9.11}$$

9.3 혼합상태

"혼합상태"(mixed state)를 설명하기 위해 아래에 나타나 있는 그림 9.1의 경우를 생각하자. 이 그림은 각각의 상자 $i(i = 1, \cdots, n)$는 밀도행렬 w_i로 기술되는 순수상태이고, i번째 상태에 있을 확률이 p_i로 주어지는 계를 대략적으로 나타낸 것이다. 밀도행렬 $w_1, \cdots, w_n$으로 기술되는 순수상태들 $1, \cdots, n$이 각각의 상자 안에 있고, p_i는 상자 i에서 나올 확률이라고 하자. $(\sum_i p_i = 1)$. A를 임의의 연산자라고 하면 상자 i 안에서의 A의 기대값은 $\langle A\rangle_i = \mathrm{tr}\ (w_i A)$이다. 따라서 연산자 A의 기대값은

$$\langle A\rangle = \sum_i p_i \,\mathrm{tr}\ (w_i A) = \mathrm{tr}\ (wA) \tag{9.12}$$

인 가중평균으로 주어진다. 그러므로 이 경우 밀도행렬은

$$w = \sum_i p_i w_i \tag{9.13}$$

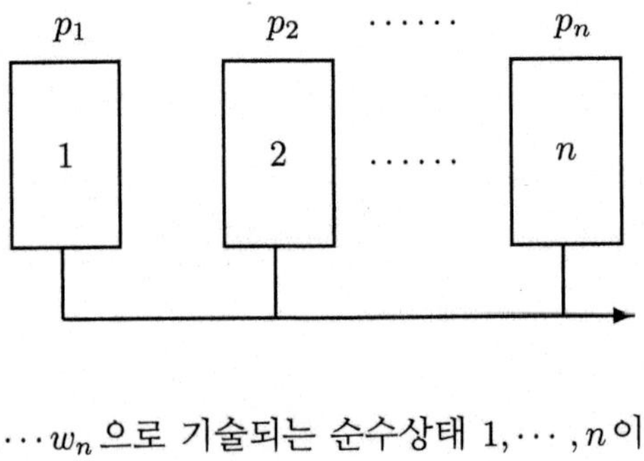

그림 9.1: 밀도행렬 $w_1, \cdots w_n$으로 기술되는 순수상태 $1, \cdots, n$이 나타날 확률이 각각 $p_1, \cdots, p_n$인 경우.

로 주어진다. 이와 같이 혼합상태의 밀도행렬을 순수상태의 밀도행렬들의 선형결합으로 나타내는 것을 "**밀도행렬의 중첩성**"이라고 한다.

순수상태의 경우와 마찬가지로 혼합상태를 구성하고 있는 각각의 순수상태를 $|\psi_i'\rangle = e^{i\phi_i}|\psi_i\rangle$로 놓아도 $w_i = |\psi_i\rangle\langle\psi_i| = |\psi_i'\rangle\langle\psi_i'|$으로 변하지 않기 때문에 역시 각각의 부분밀도행렬 w_i의 위상에는 무관하게 된다. 따라서 혼합상태는 각 순수상태를 기술하는 상태의 상대 위상에 대한 정보를 모두 잃어버리게 된다. 이 때문에 다른 순수상태들과의 간섭현상은 나타나지 않게 된다.

순수상태 및 혼합상태를 기술하는 밀도행렬 w의 성질은 다음과 같다.

1. $\mathrm{tr}\ w = \sum p_i \mathrm{tr}\ w_i = \sum p_i = 1$. 따라서 순수상태이든 혼합상태이든 그 상태를 나타내는 밀도행렬의 흔적은 항상 1이다.

2. 순수상태를 나타내는 밀도행렬이 $w_i = w_i^\dagger$를 만족하는 Hermitian 연산자이므로, 이들의 선형결합으로 표현되는 혼합상태의 밀도행렬도 $w = w^\dagger$를 만족하는 Hermitian 연산자이다.

3. 임의의 상태 $|f\rangle$에 대한 밀도행렬의 기대값은 항상 0 이상이다.

$$\langle f|w|f\rangle = \sum_i p_i \langle f|w_i|f\rangle \geq 0. \tag{9.14}$$

위 식은 $w_i = |\psi_i\rangle\langle\psi_i|$를 이용하면

$$\langle f|w_i|f\rangle = |\langle f|\psi_i\rangle|^2 \geq 0 \tag{9.15}$$

임을 쉽게 볼 수 있다. 순수상태를 나타내는 밀도행렬 w_i는 임의의 상태에 대해서 기대값을 구하더라도 음의 값을 갖지 않으므로, 밀도행렬 w의 모든 고유값은 0 이상인 값을 가져야만 한다. 한편 이 밀도행렬 w는 다음의 방정식을 만족한다.

$$\frac{dw}{dt} = \sum_i p_i \frac{dw_i}{dt} = \frac{1}{i\hbar}\sum_i p_i [H, w_i] = \frac{1}{i\hbar}[H, w] \tag{9.16}$$

이다. 또한

$$\frac{d}{dt}\mathrm{tr}\ w = \mathrm{tr}\ \frac{dw}{dt} = 0 \tag{9.17}$$

이므로 밀도행렬에 대한 흔적은 시간에 무관하다. 그리고 이러한 밀도행렬을 이용하여 연산자 A의 기대값에 대한 시간의 변화를 구하면

$$\frac{d}{dt}\langle A\rangle \quad = \quad \mathrm{tr}(A\frac{dw}{dt}) = \frac{1}{i\hbar}\mathrm{tr}\Big(A(Hw - AwH)\Big)$$

$$= \frac{1}{i\hbar}\mathrm{tr}\big((AH - HA)w\big) = \frac{1}{i\hbar}\langle [A, H]\rangle \tag{9.18}$$

이 된다. 이 식과 w의 운동방정식

$$\frac{dw}{dt} = -\frac{1}{i\hbar}[w, H] \tag{9.19}$$

을 비교해보면, 부호가 서로 다른 것을 조심해야 한다. 연산자의 기대값의 시간에 대한 변화는 혼합상태에서도 마찬가지로 성립한다.

이차원 벡터공간에서의 파동함수 $\Phi(\sigma)$ $(\sigma = \pm 1)$를 생각해보자. 이에 대한 예로는 스핀 1/2인 입자의 스핀을 기술하는 파동함수가 있다. 여기서 일반적으로 연산자는 2×2 행렬로 쓸 수 있고, 물리적 관측량은 2×2 Hermitian 행렬로 표현할 수 있다.

$$M = \begin{pmatrix} A & B^* \\ B & D \end{pmatrix} = \frac{A+D}{2}\mathbf{1} + \frac{A-D}{2}\sigma_z + (\mathrm{Re}\ B)\ \sigma_x + (\mathrm{Im}\ B)\ \sigma_y. \tag{9.20}$$

여기서 Pauli 행렬들의 기대값 $\langle\sigma_x\rangle$, $\langle\sigma_y\rangle$, $\langle\sigma_z\rangle$를 알면 연산자 M에 대한 기대값 $\langle M\rangle$을 알 수 있다.

임의의 2×2 Hermitian 연산자에 대한 행렬표현은 네 개의 독립적인 행렬 $\mathbf{1}$, $\boldsymbol{\sigma}$의 선형결합으로 쓸 수 있다. 밀도행렬 w도 Hermitian 연산자이므로, $w = a\mathbf{1} + \mathbf{b}\cdot\boldsymbol{\sigma}$ 로 쓸 수 있다. 밀도행렬의 흔적은 $\mathrm{tr}\ w = 1$이고, Pauli 행렬의 흔적 $\mathrm{tr}\ \sigma_i = 0$과 $\mathrm{tr}\ \mathbf{1} = 2$을 이용하면 $a = 1/2$이다. 그리고 $\mathrm{tr}\ (\sigma_i\sigma_j) = 2\delta_{ij}$ 인 것을 이용하면 $\mathrm{tr}(w\sigma_z) = 2b_z$ 이므로 $\mathbf{b} = \langle\boldsymbol{\sigma}\rangle/2$이다. 따라서

$$w = \frac{1}{2}\mathbf{1} + \mathbf{b}\cdot\boldsymbol{\sigma} \tag{9.21}$$

이다. $\mathbf{b} = b\hat{\mathbf{z}}$로 정하면 w의 고유값은 $1/2 \pm b$이다. 임의의 상태에 대한 Pauli 행렬의 기대값을 취하면 항상 $|\langle\boldsymbol{\sigma}\rangle| \le 1$이므로 $|b| \le 1/2$이다. 여기서 Pauli 행렬의 기대값 $\langle\boldsymbol{\sigma}\rangle = 2\mathbf{b}$를 이 상태의 "편극"(polarization)이라고 한다. 그리고 w의 고유값이 0, 1이면 이 상태는 순수상태이고, 그 이외의 경우에는 혼합상태이다.

예를 들어 $\sigma_z = 1$인 상태에 있을 확률 p_1과 $\sigma_z = -1$인 상태에 있을 확률 p_2가 각각 1/2 일 경우 각각의 순수상태에 대한 밀도행렬은

$$\begin{aligned} w_1 &= \begin{pmatrix} 1 & 0 \\ 0 & 0 \end{pmatrix},\ \text{고유벡터} \begin{pmatrix} 1 \\ 0 \end{pmatrix}, \\ w_2 &= \begin{pmatrix} 0 & 0 \\ 0 & 1 \end{pmatrix},\ \text{고유벡터} \begin{pmatrix} 0 \\ 1 \end{pmatrix} \end{aligned} \tag{9.22}$$

이고, 이 경우 혼합상태의 밀도행렬은 $w = \mathbf{1}/2$이다. 따라서 $\langle\sigma_x\rangle = \langle\sigma_y\rangle = \langle\sigma_z\rangle = 0$

이다. 이 경우 주의할 것은 혼합상태를 기술할 때에는 밀도행렬을 그 순수상태가 나타날 확률을 곱한 후 더하는 것이지 파동함수를 더하는 것이 아니라는 점이다. 그 이유는 밀도행렬로 상태를 나타낼 때에는 두 상태의 상대적인 위상에 대한 정보를 모두 잃어버리기 때문이다. [식 (9.9) 참조] 참고로

$$\hat{\mathbf{n}} \cdot \boldsymbol{\sigma} \begin{pmatrix} a \\ b \end{pmatrix} = \begin{pmatrix} 1 \\ 0 \end{pmatrix} \tag{9.23}$$

을 만족하는 임의의 단위벡터 $\hat{\mathbf{n}}$가 존재하면 그 상태는 순수상태이다.

9.4 운동방정식

스핀 1/2인 입자가 자기장 안에 있을 경우 해밀토니안이

$$H = H_{\text{spin}} = \frac{g\mu_B}{2}\mathbf{B} \cdot \boldsymbol{\sigma} = \frac{g\mu_B}{\hbar}\mathbf{S} \cdot \mathbf{B} \tag{9.24}$$

로 주어져 있을 때, 스핀 연산자의 시간에 대한 변화 $\mathbf{S}(t)$는 어떻게 구할 수 있는가? 물론 이 해밀토니안을 이용하여 Schrödinger 방정식을 풀면 된다. 스핀이 S인 핵에 대해 해밀토니안을

$$H = H_{\text{spin}} = \frac{g\mu_B}{\hbar}\mathbf{S} \cdot \mathbf{B} = \gamma \mathbf{S} \cdot \mathbf{B} \tag{9.25}$$

로 쓸 때 나타나는 γ를 "자기회전비율"(gyromagnetic ratio)이라고 한다. 이 때 스핀의 기대값에 대한 시간의 변화는

$$\frac{d}{dt}\langle S_z \rangle = \frac{1}{i\hbar}\langle [S_z, H_{\text{spin}}] \rangle = \frac{g\mu_B}{\hbar}(B_x\langle S_y \rangle - B_y\langle S_x \rangle) \tag{9.26}$$

이고, 벡터형태로 운동방정식을 쓰면

$$\frac{d}{dt}\langle \mathbf{S} \rangle = \gamma \mathbf{B} \times \langle \mathbf{S} \rangle \tag{9.27}$$

이 된다. 이것은 세차운동을 하는 팽이에 대한 식과 같은 형태를 가진다. 이를 Pauli 행렬 $\boldsymbol{\sigma}$로 표현하면

$$\frac{d}{dt}\langle \boldsymbol{\sigma} \rangle = \frac{g\mu_B}{\hbar}\mathbf{B} \times \langle \boldsymbol{\sigma} \rangle \tag{9.28}$$

이므로, $\langle \boldsymbol{\sigma} \rangle = 2\ \mathbf{b}$도 역시 세차운동을 한다. 다시 말하면 $\boldsymbol{\sigma}$의 방향은 변하지만 크기는 시간에 대해 일정하고, 따라서 밀도행렬 w의 고유값들도 변화가 없다.

해밀토니안 H가 시간에 무관하다고 가정하면, 파동함수의 시간에 대한 변화는

$$|\psi(t)\rangle = U(t,0)|\psi(0)\rangle \tag{9.29}$$

이고, 여기서 $U = e^{-iHt/\hbar}$이다. 따라서 밀도행렬은

$$w(t) = |\psi(t)\rangle\langle\psi(t)| = U|\psi(0)\rangle\langle\psi(0)|U^\dagger = U(t,0)w(0)U^{-1}(t,0) \tag{9.30}$$

로 주어진다. 그러므로 w의 시간변화는 상태를 나타내는 기준만을 변화시키고 그 고유값에는 변화를 주지 않는다.

이제 조금 특별한 경우를 고려하자. 수소원자가 국소적으로 변하는 자기장을 지나는 경우에는 위의 풀이 방법보다는 조금 더 복잡한 방법을 선택해야 한다. 이를 자세히 고려하자. 이때 해밀토니안은 다음과 같이 주어진다.

$$H = \frac{P^2}{2M} + \frac{g\mu_B}{2}\mathbf{B}\cdot\boldsymbol{\sigma}\ . \tag{9.31}$$

여기서 첫 항은 수소 원자의 운동에너지이고, $\mathbf{B}$는 균일하지 않은 자기장이다. 이 자기장 $\mathbf{B}$가 $\mathbf{B} = B_z(x,y)\,\hat{\mathbf{z}}$의 형태를 가지고, B_z의 크기는 표 9.1과 같이 주어진 경우를 고려하자.

그림 9.2에서는 이와 같은 자기장 안에 전자가 양의 x 방향으로 입사되었을 때 전자가 움지이는 경로를 나타내었다. 전자의 스핀의 z성분에 따라 휘는 방향이 전자의 스핀 방향과는 반대임을 주목하자. 그 이유는 불균일한 자기장 $\mathbf{B} = B_z(x,y)\,\hat{\mathbf{z}}$ 안에서 전자는 다음과 같은 힘을 받기 때문이다.

$$\mathbf{F} = -\frac{g\mu_B}{2}\nabla(\mathbf{B}\cdot\boldsymbol{\sigma}) = -\frac{g\mu_B\sigma_z}{2}\nabla B_z(x,y) = -\frac{g\mu_B\sigma_z}{2}(0, \frac{\partial B_z}{\partial y}, 0). \tag{9.32}$$

전자가 불균일한 자기장 안의 I 지역에 입사된 순간의 시간을 $t = 0$라 하자. 그리고 이때 수소원자가 $\sigma_x = 1$인 상태에 있다고 하자. 또 수소원자가 자기장이 없는 III 지역을

	B_z	$\partial B_z/\partial y$
I	λy	λ
II	$-\lambda y$	$-\lambda$
III	0	0
IV	$-\lambda y$	$-\lambda$
V	λy	λ

표 9.1: 불균일한 자기장 B_z의 크기와 그의 미분 $\partial B_z/\partial y$.

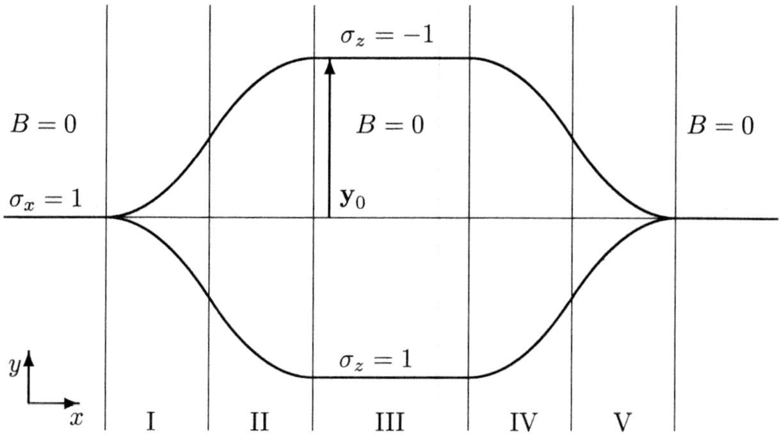

그림 9.2: 불균일한 자기장을 지나가는 전자의 경로.

통과하는 시간을 t_1, 불균일한 자기장을 지나 V 지역을 지난 후의 시간을 t_2라고 하자. 그러면 시간 $t = 0$에서 파동함수는

$$\psi(\mathbf{R}, \sigma) = \frac{f(\mathbf{r})}{\sqrt{2}} \begin{pmatrix} 1 \\ 1 \end{pmatrix} = \frac{f(\mathbf{r})}{\sqrt{2}} \begin{pmatrix} 1 \\ 0 \end{pmatrix} + \frac{f(\mathbf{r})}{\sqrt{2}} \begin{pmatrix} 0 \\ 1 \end{pmatrix} \tag{9.33}$$

이다. 여기서 $f(\mathbf{r})$은 $\mathbf{r} = 0$에서 최대값을 가지며 폭이 매우 좁은 함수이다. 이때 $\mathbf{k}_0 \parallel \hat{\mathbf{x}}$라고 하고 고전적인 속도를 $\mathbf{v}_0 = \hbar\mathbf{k}_0/M$이라고 하자.

시간 t_1에 수소원자가 III 지역에 있을 때 파동함수는

$$\psi = \frac{1}{\sqrt{2}} f(\mathbf{r} - v_0 t_1 \hat{\mathbf{x}} + \mathbf{y}_0) \begin{pmatrix} 1 \\ 0 \end{pmatrix} + \frac{1}{\sqrt{2}} f(\mathbf{r} - v_0 t_1 \hat{\mathbf{x}} - \mathbf{y}_0) \begin{pmatrix} 0 \\ 1 \end{pmatrix} \tag{9.34}$$

의 형태를 가지고, t_2에 $B = 0$인 지역에 있을 경우에는

$$\psi = \frac{1}{\sqrt{2}} f(\mathbf{r} - v_0 t_2 \hat{\mathbf{x}}) \begin{pmatrix} 1 \\ 0 \end{pmatrix} + \frac{1}{\sqrt{2}} f(\mathbf{r} - v_0 t_2 \hat{\mathbf{x}}) \begin{pmatrix} 0 \\ 1 \end{pmatrix} \tag{9.35}$$

으로 나타낼 수 있다. 이때 $t > t_2$에서 $\sigma_z = -1$인 입자의 갯수를 측정하는 경우를 생각하자.

우리가 고려하는 이 물리계는 양자역학적으로 완전히 기술할 수 있다. 이를 위해서는

관측하는 측정기구도 양자역학적으로 취급하여야 한다. 이제 v를 측정기구에 대한 변수라고 하면 파동함수는 측정기구에 대한 변수 v까지 포함하여 $\psi(\mathbf{R}, \sigma, v)$로 쓸 수 있다. 측정기구까지 포함한 전체 물리계의 해밀토니안은

$$H = H_1(\mathbf{R}, \sigma) + H_2(v) + H_{12}(\mathbf{R}, \sigma, v) \tag{9.36}$$

로 쓸 수 있다고 가정하자. 여기서 H_1은 전자에 대한 해밀토니안, H_2는 측정기구에 대한 해밀토니안, H_{12}는 전자가 측정기구에서 검출될 때 측정기구와 전자가 상호작용하는 해밀토니안이다.

시간 $t = 0$에서의 파동함수는

$$\psi(\mathbf{R}, \sigma, v) = \frac{f(\mathbf{r})}{\sqrt{2}} \begin{pmatrix} 1 \\ 1 \end{pmatrix} \Xi_0(v) \tag{9.37}$$

으로 쓸 수 있다. 여기서 전체 물리계를 기술하는 파동함수는 전자의 파동함수에 측정기구에 대한 파동함수 $\Xi_0(v)$를 텐서곱한 양으로 표시하였다. 첨자 "0"은 측정기구가 측정을 하지 않은 경우의 파동함수를 의미한다.

한편 시간 $t = t_2$에서는

$$\psi(\mathbf{R}, \sigma, v) = \frac{f(\mathbf{r} - \hat{\mathbf{x}} v_0 t_2)}{\sqrt{2}} \begin{pmatrix} 1 \\ 1 \end{pmatrix} \Xi_1(v) + \frac{f(\mathbf{r} - \hat{\mathbf{x}} v_0 t_2)}{\sqrt{2}} \begin{pmatrix} 1 \\ 1 \end{pmatrix} \Xi_2(v)$$

이다. 여기서 $\Xi_1(\Xi_2)$는 측정장치가 전자의 σ_z 값을 측정하였을 때 $+1$ (-1)의 값을 측정하는 경우에 해당하는 측정장치의 파동함수이다. 따라서 이때 시간 t_2에서 $\langle\sigma_x\rangle$의 값은 다음과 같이 주어진다.

$$\langle\sigma_x\rangle_{t_2} = \mathrm{tr}_{R,\sigma,v}(\psi^* \sigma_x \psi) = \frac{1}{2} \int |f(\mathbf{r} - \hat{x} v_0 t_2)|^2 (\Xi_1^* \Xi_2 + \Xi_1 \Xi_2^*) d^3r d^3v = 0. \tag{9.38}$$

왜냐하면 측정장치를 나타내는 파동함수가 서로 직교하기 때문이다. 여기서 흔적을 나타내는 tr 기호 밑의 첨자는 전자의 좌표, 스핀, 측정장치의 공간 모두에 대한 기대값을 취하는 것을 의미한다.

이를 간단히 나타내기 위해 부분공간에서 정의하는 "부분밀도행렬"(partial density matrix)을 도입하자.

$$w_{\mathrm{spin}}(\sigma, \sigma') \equiv \mathrm{tr}_{V,R} w = \int d^3R \int dv\, w(\mathbf{R}, \sigma, v; \mathbf{R}', \sigma', v'). \tag{9.39}$$

여기서

$$w(\mathbf{R}, \sigma, v; \mathbf{R}', \sigma', v') = \psi(\mathbf{R}, \sigma, v)\psi^*(\mathbf{R}', \sigma', v') \tag{9.40}$$

이다. 식 (9.39)에 나타낸 부분밀도행렬은 전자의 스핀을 제외한 모든 자유도에 대한 적분을 하여, 이 밀도행렬은 스핀계에 대한 거동만을 기술하게 된다. 이 때 시간 $t = 0$ 에서의 부분밀도행렬 w_{spin}은

$$w_{\text{spin}} = \frac{1}{2} + \frac{1}{2}\sigma_x = \frac{1}{2}\begin{pmatrix} 1 & 1 \\ 1 & 1 \end{pmatrix} \tag{9.41}$$

이다. 한편 $t = t_2$에서는

$$w_{\text{spin}} = \frac{1}{2}\begin{pmatrix} 1 & 0 \\ 0 & 1 \end{pmatrix} \tag{9.42}$$

이다. 따라서 자기장을 지나면 원래의 순수상태에서 혼합상태로 바뀌어 원래의 $\langle \sigma_x \rangle$의 정보를 모두 잃게 된다. 이와 같이 불균일한 자기장을 지나가게 하는 것만으로도 순수 상태를 혼합상태로 바꿀 수 있다. 이는 입자의 상태뿐만 아니라 측정장치의 상태까지 고려하였기 때문이다.

9.5 스핀이 없는 입자

혼합상태에서의 여러 연산자들의 기대값들을 구해보자. 우선 공간좌표 공간에서 이들을 고려하기 위해 다음과 같은 kernel $w(\mathbf{r}, \mathbf{r}')$을 도입하자.

$$wf(\mathbf{r}) = \int d^3r' w(\mathbf{r}, \mathbf{r}') f(\mathbf{r}') \tag{9.43}$$

이 kernel도 밀도연산자의 의미를 부여할 수 있다. 우선 밀도행렬의 성질

$$\text{tr } w = 1 = \int d^3r' w(\mathbf{r}, \mathbf{r}') \tag{9.44}$$

을 만족하고, 임의의 함수 $F(\mathbf{r})$에 대해 그 기대값은

$$\langle F(\mathbf{r}) \rangle = \text{tr}(wF) = \int d^3r' w(\mathbf{r}, \mathbf{r}') F(\mathbf{r}') \tag{9.45}$$

으로 주어진다. 따라서 $w(\mathbf{r}, \mathbf{r})$은 고전적 확률 P의 의미를 갖게 된다.

$$w(\mathbf{r}, \mathbf{r}) = P(r). \tag{9.46}$$

마찬가지로 연산자에 대해서는

$$\langle \mathbf{p}_{\text{op}} \rangle = \text{tr}(p_{\text{op}} w) = \int d^3r' \frac{\hbar}{i} \frac{\partial}{\partial r} w(\mathbf{r}, \mathbf{r}')|_{\mathbf{r}'=\mathbf{r}}. \tag{9.47}$$

이다. 밀도행렬 w의 Fourier 변환을

$$\tilde{w}(\mathbf{k}, \mathbf{k}') \equiv \int \frac{d^3r d^3r'}{(2\pi)^3} w(\mathbf{r}, \mathbf{r}') e^{i(\mathbf{k}' \cdot \mathbf{r}' - \mathbf{k} \cdot \mathbf{r})} \tag{9.48}$$

이라고 하면 $\tilde{w}(\mathbf{k}, \mathbf{k})$는 운동량 공간에서의 확률이다. 운동량 공간에서 운동량 $\mathbf{p}$를 가질 확률 $Q(\mathbf{p})$를

$$Q(\mathbf{p}) = \frac{1}{\hbar^2} \tilde{w}\left(\frac{\mathbf{p}}{\hbar}, \frac{\mathbf{p}}{\hbar}\right) \tag{9.49}$$

로 정의하면

$$\langle \mathbf{p}_{\text{op}} \rangle = \int d^3p \, Q(\mathbf{p}) \mathbf{p} \tag{9.50}$$

이다.

좌표공간에서의 kernel은 밀도행렬의 개념을 확장한 것으로 임의의 파동함수 g, f에 대하여 행렬요소는

$$\langle g|w|f\rangle = \int d^3r \, d^3r' \, g^*(\mathbf{r}) w(\mathbf{r}, \mathbf{r}') f(\mathbf{r}') = \int d^3k \, d^3k' \, \tilde{g}^*(\mathbf{k}) \tilde{w}(\mathbf{k}, \mathbf{k}') \tilde{f}(\mathbf{k}') \tag{9.51}$$

이다. 그리고 w에 대한 운동방정식은 다음과 같다.

$$\frac{\partial w}{\partial t} = \frac{1}{i\hbar} \Big[V(\mathbf{r}) - V(\mathbf{r}') + \frac{\hbar^2}{2m} (\nabla_{r'}^2 - \nabla_r^2) \Big] w(\mathbf{r}, \mathbf{r}'). \tag{9.52}$$

증명: 임의의 상태 $\langle f|$와 $|g\rangle$ 사이에서 $\partial w / \partial t$의 행렬요소를 구하면 다음과 같다.

$$\begin{aligned} \langle g| \frac{\partial w}{\partial t} |f\rangle &= \langle g| \frac{1}{i\hbar} (Hw - wH) |f\rangle \qquad (9.53) \\ &= \frac{1}{i\hbar} \int d^3r d^3r' g^*(\mathbf{r}) \Big[V(\mathbf{r}) w(\mathbf{r}, \mathbf{r}') - w(\mathbf{r}, \mathbf{r}') V(\mathbf{r}') \Big] f(\mathbf{r}') \\ &- \frac{\hbar^2}{2m} \int d^3r d^3r' g^*(\mathbf{r}) \Big[\nabla_r^2 w(\mathbf{r}, \mathbf{r}') - w(\mathbf{r}, \mathbf{r}') \nabla_{r'}^2 \Big] f(\mathbf{r}'). \clubsuit \end{aligned}$$

지금까지는 확률, 혹은 밀도행렬을 좌표 공간이나 운동량 공간에서 각각 정의하였지만, 이들을 통합하여 좌표 공간과 운동량 공간에 동시에 작용하는 밀도행렬로 상태를 기술할 수도 있다. 이제 다음과 같이 "**Wigner 함수**"를 정의하자.

$$D(\mathbf{R}, \mathbf{P}) \equiv \int \frac{d^3r''}{\hbar^3 (2\pi)^3} w\Big(\mathbf{R} + \frac{\mathbf{r}'}{2}, \mathbf{R} - \frac{\mathbf{r}''}{2}\Big) \tag{9.54}$$

그러면 좌표공간에서의 확률 $P(\mathbf{R})$과 운동량공간에서의 확률 $Q(\mathbf{P})$는

$$P(\mathbf{R}) = \int d^3P D(\mathbf{R},\mathbf{P}), \quad Q(\mathbf{P}) = \int d^3R D(\mathbf{R},\mathbf{P}) \tag{9.55}$$

로 주어진다. 이와 같이 위치와 운동량을 모두 고려한 위상공간에서 일반화된 밀도행렬이 Wigner 함수이다. Wigner 함수를 위치에 대해 적분하면 운동량 공간에서의 확률분포를 나타내고, 운동량에 대해 적분하면 좌표 공간에서의 확률분포를 나타낸다. 여기서 주의할 것은 $D(\mathbf{R},\mathbf{P})$가 양수가 아닐 수도 있다는 것이다. 다음의 예들을 고려해보자.

예제 9.1 *(1) Wigner* 함수 구하기

$$\phi(\boldsymbol{r}) = N\Big[\delta(\boldsymbol{r} - \frac{\boldsymbol{R}_0}{2}) + \delta(\boldsymbol{r} + \frac{\boldsymbol{R}_0}{2})\Big] \tag{9.56}$$

로 주어질 때 *Wigner* 함수를 구하여라.

이 경우는 좌표 공간에서 입자가 $\mathbf{r} = \mathbf{R}_0/2$, 혹은 $\mathbf{r} = -\mathbf{R}_0/2$에 국소화된 파동함수를 나타낸다. 이때 kernel을

$$w(\mathbf{r},\mathbf{r}') = \phi(\mathbf{r})\phi^*(\mathbf{r}') \tag{9.57}$$

이라고 하면

$$D(\mathbf{R},\mathbf{P}) = \text{상수} \times \left(\delta(\mathbf{R} - \frac{\mathbf{R}_0}{2}) + \delta(\mathbf{R} - \frac{\mathbf{R}_0}{2}) + 2\delta(\mathbf{R})\cos\frac{\mathbf{P}\cdot\mathbf{R}_0}{\hbar}\right) \tag{9.58}$$

이 되고, 앞에서 언급하였듯이 마지막 항은 음수가 될 수도 있다. ♣

예제 9.2 *(2) Wigner* 함수 구하기

$$\phi(\boldsymbol{r}) = Ne^{-(\boldsymbol{r}-\boldsymbol{r}_0)^2/4\sigma^2}e^{i\boldsymbol{q}\cdot\boldsymbol{r}} \tag{9.59}$$

일 때 *Wigner* 함수를 구하여라.

이 경우는 입자가 좌표공간에서 $\mathbf{r} = \mathbf{r}_0$에서 최대값을 갖고, 운동량이 $\hbar q$인 Gaussian 함수로 국소화된 입자를 나타낸다. 위의 예제에서와 마찬가지로 kernel을

$$w(\mathbf{r},\mathbf{r}') = \phi(\mathbf{r})\phi^*(\mathbf{r}') \tag{9.60}$$

이라고 하자. 이 때

$$D(\mathbf{R},\mathbf{P}) = N^2e^{-(\mathbf{R}-\mathbf{r}_0)^2/2\sigma^2}e^{-(\mathbf{P}-\hbar\mathbf{q})^2/2\Delta^2} = P(\mathbf{R})P(\mathbf{P}) \tag{9.61}$$

로 주어진다. 여기서 $\Delta^2 = \hbar^2/(4\sigma^2)$이다. 만일 $V(\mathbf{r})$이 천천히 변하면

$$V(\mathbf{R}+\frac{\mathbf{r}''}{2}) = V(\mathbf{R}) + \frac{\mathbf{r}''}{2}\cdot\nabla V(\mathbf{R}) + \cdots \tag{9.62}$$

이므로

$$\begin{aligned}\frac{\partial}{\partial t}D(\mathbf{R},\mathbf{P}) &= \Big(-\frac{\mathbf{P}}{m}\cdot\frac{\partial}{\partial \mathbf{R}} + \frac{\partial V}{\partial \mathbf{R}}\cdot\frac{\partial}{\partial \mathbf{P}}\Big)D(\mathbf{R},\mathbf{P}) \\ &- \frac{\hbar^2}{24}\sum_{i,j,k}\frac{\partial^3 V}{\partial R_i\partial R_j\partial R_k}\frac{\partial^3 D(\mathbf{R},\mathbf{P})}{\partial P_i\partial P_j\partial P_k} + \mathcal{O}(\hbar^4)\end{aligned} \tag{9.63}$$

이 된다. ♣

9.6 특수밀도행렬

밀도행렬로 상태를 기술하는 방법 중에서 특수한 계에 대한 밀도행렬을 고려하자. 고전적인 경우나, 양자역학적인 경우에도 어떤 물리계가 열적 평형에 있는 상태를 기술할 수 있다. 온도 T에서 열적 평형을 이루고 있는 계를 생각하자. 이때 통계물리학의 기본적인 정리에 의해 밀도행렬은

$$w = \frac{1}{Z}e^{-H/k_BT} = \frac{1}{Z}\sum_i |i\rangle e^{-E_i/k_BT}\langle i| \tag{9.64}$$

로 주어진다. 여기서 k_B는 Boltzmann 상수이다. 이 평형상태를 이루는 어느 한 상태 $|i\rangle$은 해밀토니안의 고유상태로 순수상태이며, 이 상태에 있을 확률은 Boltzmann 인자인 e^{-E_i/k_BT}에 비례하는 혼합상태를 이룬다. $\mathrm{tr}\, w = 1$인 조건에 의해

$$Z = \sum_i e^{-E_i/k_BT} \tag{9.65}$$

이다. 이 양을 "분배함수"(partition function)라고 한다. 또한 밀도행렬 w의 운동방정식은 다음과 같다.

$$\frac{dw}{dt} = \frac{1}{i\hbar}[H,w] = 0. \tag{9.66}$$

이는 밀도행렬이 해밀토니안의 함수에 대한 스펙트럼 표현으로 주어지기 때문이다.

한편 이 계의 엔트로피는

$$S(w) = -\sum_i w_i \ln w_i \tag{9.67}$$

로 주어지며, 여기서 w_i는 밀도행렬 w의 고유값들이다($\sum_i w_i = 1$). 따라서 엔트로피의 관점에서 보면 $S = 0$이면 순수상태이고, $S > 0$이면 혼합상태이다.

9.7 스핀공명

균일한 자기장 $\mathbf{B}$ 안에 있는 원자들이 스핀 $\mathbf{S}$를 가지고 있고, 이 스핀들 사이의 상호작용을 무시하면 이 계의 해밀토니안은

$$H = H_B + H' \tag{9.68}$$

으로 쓸 수 있다. 여기서 H'은 광자나 고체격자의 진동 같은 다른 자유도와의 상호작용이고, H_B는 스핀과 자기장의 상호작용으로 다음과 같이 주어진다.

$$H_B = \frac{g\mu_B}{2}\boldsymbol{\sigma}\cdot\mathbf{B}. \tag{9.69}$$

이 해밀토니안에 의한 효과를 고려하기 위해, 우선 z 축과 평행하게 직류자기장 $\mathbf{B}(t) = B\hat{\mathbf{z}}$이 걸려 있는 간단한 경우에는 해밀토니안을 다음과 같이 쓸 수 있다.

$$H_B = \frac{g\mu_B}{2}\sigma_z B_z. \tag{9.70}$$

이 경우 매우 긴 시간이 지났을 때, 이 계는 열적 평형에 도달하여

$$w_{\text{spin}} \to \frac{1}{Z}\exp\Big(-\frac{g\mu_B\sigma_z B_z}{2k_BT}\Big) \tag{9.71}$$

가 된다고 가정하자. 그러면 분배함수는 다음과 같이 쓸 수 있다.

$$Z = e^{g\mu_B B_z/2k_BT} + e^{-g\mu_B B_z/2k_BT} = 2\cosh\frac{g\mu_B B_z}{2k_BT}. \tag{9.72}$$

이 경우 이 상태를 하나의 파동함수로 기술할 수는 없고, 밀도행렬을 이용하여 기술해야만 한다. 하지만 물리량을 나타내는 연산자의 기대값에 대한 운동방정식을 유도할 수 있다.

자기쌍극자 모멘트의 기대값은 $\langle\mu_z\rangle = -g\mu_B\langle\sigma_z\rangle/2$이므로

$$\langle\sigma_z\rangle = P_{\sigma_z=1} - P_{\sigma_z=-1} = -\tanh\frac{g\mu_B B_z}{2k_BT} \tag{9.73}$$

이다. 이 값의 극한 형태를 보면, 우선 $B\to\infty$일 때는 $\langle\sigma_z\rangle = -1$로 된다. 즉 강한 자기장 안에서 전자의 스핀은 모두 자기장 방향의 반대방향으로 정렬하게 된다. 이 배열이 이

계의 에너지를 최소로 만드는 배열이다. 한편 $B \to 0$일 때는 $\langle \mu_z \rangle = \chi B$의 형태로 쓸 수 있다. 여기서

$$\chi = \left(\frac{g\mu_B}{2}\right)^2 \frac{1}{k_B T} \tag{9.74}$$

를 "자기 감수율" (magnetic susceptibility)이라고 한다.

지금까지의 결과를 요약하면 자기모멘트가

$$\boldsymbol{\mu} = -\frac{g\mu_B}{2}\boldsymbol{\sigma} = -\frac{g\mu_B}{\hbar}\mathbf{S} \tag{9.75}$$

인 입자가 자기장 $\mathbf{B}(t)$ 안에 있을 때, 해밀토니안은

$$H = H_{\text{spin}} + H' \tag{9.76}$$

으로 주어지고

$$H_{\text{spin}} = -\boldsymbol{\mu} \cdot \mathbf{B}(t) \tag{9.77}$$

이다. 여기서 만일 $\mathbf{B}$가 시간에 무관할 경우

$$\sigma \to \sigma_{\text{eq}}(\mathbf{B}) = -\tanh\frac{g\mu_B B_z}{2k_B T}\hat{B} \tag{9.78}$$

이다. 여기서 $\hat{B}$는 $\mathbf{B}$ 방향의 단위벡터이다.

시간 $t < 0$일 때 $\mathbf{B} = \mathbf{B}_0 \parallel \hat{\mathbf{z}}$이고, 오랜 시간이 지나서 평형상태에 도달하였을 때, $\langle \sigma \rangle \to \sigma_{\text{eq}}(B_0)$의 값을 갖는다고 하자. 그리고 $t > 0$일 때 $\mathbf{B}$를 변화시키도록 한다. 이때 H_{spin}에 의하여 $\boldsymbol{\sigma}$의 운동방정식은

$$\begin{aligned} \frac{d\langle \boldsymbol{\sigma} \rangle}{dt} &= \frac{g\mu_B}{\hbar}\mathbf{B} \times \langle \boldsymbol{\sigma} \rangle = \Omega \times \langle \boldsymbol{\sigma} \rangle, \\ \frac{d\langle \boldsymbol{\sigma}_\parallel \rangle}{dt} &= 0 \end{aligned} \tag{9.79}$$

이 된다. 이 식은 정확히 고전적인 세차운동에 해당하는 운동방정식이다. 물론 오랜 시간이 지나 완화가 일어나는 경우에는

$$\langle \boldsymbol{\sigma} \rangle \to \sigma_{\text{eq}}\hat{B} \tag{9.80}$$

에 접근한다.

가장 간단한 경우로 H'에 의해 이 계가 $1/\tau$의 비율로 완화가 일어나는 경우를 생각해

보자. 즉 운동방정식은 다음과 같다.

$$\frac{d\langle\boldsymbol{\sigma}\rangle}{dt} = \Omega \times \langle\boldsymbol{\sigma}\rangle - \frac{1}{\tau}\Big(\langle\boldsymbol{\sigma}\rangle - \sigma_{\rm eq}\hat{B}\Big). \tag{9.81}$$

이 방정식을 "**Bloch 방정식**"이라고 한다. 직류자기장 B_0가 z 축에 평행한 경우에는

$$\Omega(B_0) = \frac{g\mu_B}{\hbar}B_0 \equiv \omega_0 > 0 \tag{9.82}$$

로 쓸 수 있고, $\omega_0 \gg 1/\tau$이다. 이 결과는 어떤 두 준위계에서도 맞는 결과이다.

이제 이 계에 z 축에 수직으로 교류자기장을 더하자. 이때

$$|B_\perp| \ll B_0,\ |\omega - \omega_0| \ll \omega_0 \tag{9.83}$$

라고 하자. $B_\perp = b\hat{\mathbf{x}}'(t)$로 쓸 수 있고 여기서 $\mathbf{x}'$과 $\mathbf{y}'$은 원래의 단위벡터계인 $\mathbf{x}$와 $\mathbf{y}$가 ω의 각속도로 회전하는 직교 단위벡터계이다. 이들 사이의 관계는 다음과 같이 쓸 수 있다.

$$\begin{aligned}\hat{\mathbf{x}}' &= \hat{\mathbf{x}}\cos\omega t + \hat{\mathbf{y}}\sin\omega t,\\ \hat{\mathbf{y}}' &= -\hat{\mathbf{x}}\sin\omega t + \hat{\mathbf{y}}\cos\omega t.\end{aligned} \tag{9.84}$$

여기서 시간 t에서의 스핀의 평균값에 해당하는 $\langle\boldsymbol{\sigma}(t)\rangle$는

$$\langle\boldsymbol{\sigma}(t)\rangle = v_z(t)\hat{\mathbf{z}} + v_x(t)\hat{\mathbf{x}}' + v_y(t)\hat{\mathbf{y}}' \tag{9.85}$$

으로 쓸 수 있다. 여기서는 $1/\tau = 0$으로 놓은 경우이다. $1/\tau$를 무시하지 않으면 $\mathbf{v}$의 운동방정식은

$$\frac{d\mathbf{v}}{dt} = \boldsymbol{\Omega}' \times \mathbf{v} - \frac{1}{\tau}(\mathbf{v} - \sigma_{\rm eq}\mathbf{b}) \tag{9.86}$$

로 주어지고, 여기서 나타나는 $\boldsymbol{\Omega}'$의 성분은

$$\Omega_x' = \frac{g\mu_B}{\hbar}b,\ \Omega_y' = 0,\ \Omega_z' = \omega_0 - \omega \tag{9.87}$$

이다.

우선 $1/\tau = 0$인 극한을 고려하면 이 식은 바로 $\boldsymbol{\Omega}'$ 주위로 세차운동을 하는 방정식이다. 이러한 상황을 그림 9.3에 간략하게 나타내었다.

펄스 NMR의 경우 $\Omega_x' t = \pi/2$가 되는 시간에 $\langle\sigma_z\rangle = 0$, $\langle\sigma_x'\rangle = \sigma_{eq}(B_0)$가 되게 하면 처음에는

$$H_{\rm spin} = \frac{g\mu_B}{\hbar}B_0\sigma_{\rm eq} < 0 \tag{9.88}$$

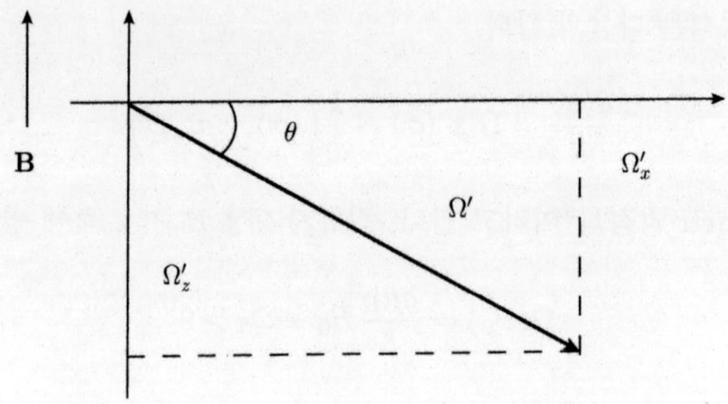

그림 9.3: z 방향으로 균일한 자기장 $\mathbf{B}$가 있고, xy 평면에서 회전하는 자기장 $\mathbf{b}$가 있을 때 회전하는 좌표계에서 본 세차운동의 축.

이었던 물리계가 $t = 0$일 때 $H_{\text{spin}} = 0$이 된다. 긴 시간이 지난 후 σ_z에 대한 평균값은

$$\langle \sigma_z \rangle = -(1 + \cos 2\theta) \tag{9.89}$$

로 주어진다. 여기서 θ는 $\mathbf{\Omega'}$이 x축과 이루는 각도이다. 따라서 오랜 시간이 지난 후에는 스핀에 의한 에너지가 0이었다가 에너지를 얻게 되고, 이때 저장된 알짜에너지는

$$\alpha_T(\sigma_z) \approx \frac{b^2}{b^2 + (\omega - \omega_0)^2 \hbar^2 / (g^2 \mu_B^2)} \tag{9.90}$$

이다.

연습문제

1. 해밀토니안 H에 대해

$$H|m\rangle = E_m|m\rangle \tag{9.91}$$

를 만족하는 직교규격화된 고유상태들의 집합 $\{|m\rangle\}$이 있다.

(가) 함수 $|\psi(t)\rangle$가 해밀토니안 H에 대한 시간에 의존하는 Schrödinger 방정식의 해라고 하자. 또

$$|\psi(t)\rangle = \sum_m c_m(t)|m\rangle \tag{9.92}$$

라고 쓰자. 만일 시간이 $t = 0$일 때 계수 $c_m(0)$를 알고 있다면 일반적인 시간 t일 때 $c_m(t)$의 값을 구하여라.

(나) 순수상태 $|\psi(t)\rangle$에 대한 밀도행렬이 $w(t)$라고 하자. 그리고

$$w(t) = \sum_{mm'} |m\rangle w_{mm'}(t)\langle m'| \tag{9.93}$$

라고 쓰자. 행렬요소 $w_{mm'}$과 계수 c_m 사이에는 어떤 관계가 있는가?

행렬요소 $w_{mm'}(t)$를 $w_{mm'}(0)$으로 나타내어라. 만일 $w(t)$가 순수상태가 아닌 혼합상태를 기술하는 밀도행렬이더라도 $w_{mm'}(t)$와 $w_{mm'}(0)$ 사이의 관계가 계속 성립하는가? 그렇다면 왜 그런가?

2. 동일한 스핀 1/2인 입자계의 순수 앙상블을 고려하자. 기대값 $\langle S_x\rangle$와 $\langle S_z\rangle$를 알고, $\langle S_y\rangle$의 부호가 음수라는 사실을 알고 있다고 하자. 이 때 어떻게 상태벡터를 결정할 수 있는지를 보여라. 왜 $\langle S_y\rangle$의 크기를 알 필요가 없는가?

3. 스핀 1인 입자계의 앙상블을 고려하자. 이 경우 밀도행렬은 3×3 행렬이다. 이 밀도행렬을 결정하기 위해 몇 개의 독립적인 실수의 매개변수가 필요한가? 이 앙상블을 완전히 기술하기 위해 $\langle S_x\rangle$, $\langle S_y\rangle$와 $\langle S_z\rangle$ 이외에 무엇을 더 알아야 하는가?

4. 주어진 계의 밀도행렬 연산자를 $N \times N$ 행렬로 표현할 수 있다고 하자. 이 밀도행렬은 차수 N의 정사각형 행렬로 이루어진 임의의 완전집합의 선형결합으로 표시할 수 있다. 이 때 이 기준들은 반드시 N^2 개의 독립적인 행렬들을 포함하여야 한다. 이러한 기준으로 N^2 개의 Hermitian 행렬 $\Omega^{(r)}(r = 1, 2, \cdots, N)$를 구했다고 하자. 이 행렬들은 다음과 같이 직교규격화되어 있다.

$$\mathrm{tr}(\Omega^{(r)}\Omega^{(s)}) = \delta_{rs}. \tag{9.94}$$

만일

$$\rho_t = \sum_r \rho_t^{(r)} \Omega^{(r)} \tag{9.95}$$

이라면, 계수 $\rho_t^{(r)} \equiv \langle \Omega^{(r)} \rangle$은 다음과 같은 운동방정식을 만족함을 증명하여라.

$$\frac{d\rho_t^{(s)}}{dt} = \frac{i}{\hbar} \sum_r \mathrm{tr}(H[\Omega^{(r)}, \Omega^{(s)}])\rho_t^{(r)};\ s = 1, 2, \cdots, N^2. \tag{9.96}$$

5. 온도 T에서 열적 평형을 이루고 있는 계의 밀도행렬은

$$\rho = A \exp\left(-\frac{H}{k_B T}\right), \tag{9.97}$$

로 주어진다. 여기서 k_B는 Boltzmann 상수이다. H는 각진동수가 ω_0인 일차원 조화진동자의 해밀토니안이다. 에너지 표현에서

(가) ρ의 대각선 행렬요소를 구하여라.

(나) 규격화 상수 A를 결정하여라.

(다) 진동자의$\langle E \rangle$를 계산하여라.

6. (가) 방향에 무관하게 균일한 스핀의 배열을 가진 중성자 빔의 밀도행렬이

$$\rho = \frac{1}{2}\begin{pmatrix} 1 & a^* \\ a & 1 \end{pmatrix} \tag{9.98}$$

로 주어져 있다. a 값은 얼마인가?

(나) S_z가 대각선화된 표현에서 방향에 무관하게 스핀이 배열되어 있는 스핀 1인 중양성자들에 대한 밀도행렬을 구하여라.

7. Stern–Gerlach 장치와 같은 검출기 D가 수소원자의 스핀의 x 성분을 측정한다. 이 장치로 다가오는 수소원자는 그 스핀이 $(\hat{\mathbf{x}} + \hat{\mathbf{y}})/\sqrt{2}$ 방향을 향하도록 준비하였다.

(가) 장치 D가 $S_x = +\hbar/2$를 측정할 확률은 얼마인가? 원자는 바닥상태에 있다고 가정하고 전자의 스핀 이외의 자유도는 무시하여라.

(나) 처음의 스핀상태를 기술하는 밀도행렬은 무엇인가?

(다) 처음의 스핀상태가 준비되어 있지만 그 스핀을 측정하기 전에 수소원자가 시간 간격 τ 동안 자기장 $B_0\hat{\mathbf{y}}$ 안에 있다고 하자. 이 경우 검출기에서 $S_x = +\hbar/2$를 측정할 확률을 구하여라.

8. 두 개의 준위를 갖는 계의 전이 문제에서는 스핀 대수가 유용하다. 단지 두 개의 상태만 있는 원자를 고려하자. 이 상태들은 $|+\rangle$, $|-\rangle$로 나타내고 이들의 에너지는 각각 E_+, E_-이다.

   (가) 이 두 개의 상태를 갖는 원자의 해밀토니안 H_0를 구하여라.

   (나) 각각의 상태 $|+\rangle$, $|-\rangle$ 사이에서는 전기쌍극자 모멘트의 기대값은 0이라고 하자. 하지만 $\langle+|ez|-\rangle$의 행렬요소는 실수의 상수 μ라고 하자. 이 계가 z축 방향으로 향하는 전기장 $\mathbf{E}\cos\omega t$ 안에 있을 경우 해밀토니안을 구하여라.

   (다) 처음에 $|-\rangle$ 상태에 있는 원자의 전기편극을 E, ω, t의 함수로 구하여라. 이 때 반대방향으로 회전하는 전기장의 성분은 무시하여라.

   (라) 편극도를 E의 일차항까지 구하여라.

9. 이 문제에서는 직교규격화된 기준인 세 벡터 ϕ_1, ϕ_2와 ϕ_3로 이루어지는 3차원 부속공간만을 고려하겠다. 이 부속공간에서 해밀토니안은 다음의 형태를 갖는다고 가정한다.

$$H = A + \lambda B + \gamma C. \tag{9.99}$$

   여기서 λ와 γ는 상수이고, A, B와 C는 주어진 기준에서 다음의 행렬로 표현되는 연산자들이다.

$$A = \begin{pmatrix} 1 & 0 & 0 \\ 0 & 1 & 0 \\ 0 & 0 & 4 \end{pmatrix}, \; B = \begin{pmatrix} 0 & 1 & 0 \\ 1 & 0 & 0 \\ 0 & 0 & 0 \end{pmatrix}, \; C = \begin{pmatrix} 0 & 0 & 1 \\ 0 & 0 & 2 \\ 1 & 2 & 0 \end{pmatrix}. \tag{9.100}$$

   (가) $\lambda = 1$, $\gamma = 0$인 경우 H에 대한 고유값과 고유벡터들을 구하여라.

   (나) $\gamma = \lambda$이고, λ는 작다고 가정하자. 이 경우 λ나 γ의 일차항까지 고유값들을 구하여라.

   (다) $\lambda = 0$이고, γ가 작다고 가정하자. γ의 이차항까지 H의 고유값을 구하여라.

   (라) 열적평형에 있는 물리계를 기술하는 행렬밀도는 $w = Z^{-1}e^{-H/T}$의 형태로 쓸 수 있다. 여기서 T는 온도이고, Z는 상수이다. Z를 결정하는 조건은 무엇인가? (가)에서 고려한 경우 $\lambda = 1$, $\gamma = 0$일 때, Z의 값을 T의 함수로 구하여라.

   (마) H의 가장 작은 에너지를 갖는 고유상태에 있을 확률이 50%이고, 두 번째 에너지 고유상태에 있을 확률이 50%인 상태를 한 실험에서 만들어내었다. (여기서도 $\lambda = 1$, $\gamma = 0$이라고 가정한다.) 이 물리계를 기술하는 밀도행렬을 구하여라.

(바) 시간 $t = 0$에서 밀도행렬이 (마)에서 얻은 형태로 주어진다고 하고, 해밀토니안은 $\lambda = 1$, $\gamma = 0$이라고 하자. 시간 $t_1 > 0$에서 해밀토니안이 갑자기 $\lambda = 1/2$, $\gamma = 0$으로 바뀌었다. 시간 $t = 2t_1$에서 밀도행렬을 구하여라.

PART II

양자역학의 응용

제 10 장

시간에 무관한 섭동이론

10.1 섭동이론

지금까지는 물리계를 단순화하여 얻은 해밀토니안을 이용하여 Schrödinger 방정식을 풀어서 정확한 해를 구할 수 있었다. 그러나 우리가 다루는 자연계는 항상 정확한 해를 구할 수 있는 해밀토니안으로 기술할 수 있지는 않다. 사실 실제 세계에서는 우리가 정확히 풀 수 없는 문제가 더 많이 있다. 그러나 Schrödinger 방정식을 정확히 풀 수 없더라도, 정확히 풀 수 있는 문제를 이용하여 어떤 계의 고유함수와 에너지 고유값을 어림하여 구할 수 있는 경우가 있다.

우리가 정확히 해를 구할 수 있는 해밀토니안을 H_0 라고 하자. 이 해밀토니안의 크기보다 매우 작은 양 gV 가 H_0 에 더해져서 전체 해밀토니안을 이루는 경우, H_0 를 "비섭동 해밀토니안", gV 를 "섭동"(perturbation)이라고 한다. 이때 H_0 의 정확한 해를 섭동에 대한 급수로 수정하여, 전체 해밀토니안의 고유함수와 에너지 스펙트럼을 구하는 방법을 "섭동이론"이라고 한다. 특히 이 장에서는 섭동이 시간에 무관한 경우를 다루겠다. 이와 같이 섭동이 시간에 무관한 경우 전체 해밀토니안의 파동함수와 에너지 준위를 섭동의 급수로 구하는 방법을 "시간에 무관한 섭동이론"이라고 한다.

전체 해밀토니안이

$$H = H_0 + gV \tag{10.1}$$

라고 하자. 이때 비섭동 해밀토니안 H_0 의 고유함수들의 집합 $\{\psi_n^0\}$ 를 정확히 알고 있고, gV 가 작은 경우를 생각하자. ($|H_0| \gg |gV|$) 논의를 간단히 하기 위해 우선 $\{\psi_n^0\}$ 는 에너지 고유값들이 띄엄띄엄한 상태를 이루고, 이 상태들이 졸들어 있지 않다고 가정하자.[1] 이제 H 의 고유값과 고유함수를 섭동의 급수전개로 구하고자 한다. 식 (10.1) 에서 섭동

[1] $\{\psi_i\}$ 가 연속상태를 이루거나, 졸들어 있는 경우도 이 장에서 다룰 것이다.

gV 에 차원이 없는 매우 작은 수 g 를 도입하였다. 따라서 섭동에 대한 급수전개를 할 때, 섭동의 차수는 g 의 차수와 같으므로, g 의 차수를 세면 섭동의 차수를 쉽게 알 수 있다. H 의 고유값을 $E_n(g)$, 고유함수를 ψ_n 이라고 할 때, 우리는 다음의 고유값방정식을 풀고자 한다.

$$H\psi_n = E_n(g)\psi_n. \tag{10.2}$$

비섭동 고유함수를 ψ_n^0 라고 하면

$$H_0\psi_n^0 = E_n(0)\psi_n^0 \tag{10.3}$$

이고, 전체 해밀토니안의 고유에너지 $E_n(g)$ 는 g 에 대해 천천히 변하는 함수이다.

10.2 졸들지 않은 섭동이론

우리가 관심이 있는 비섭동 해밀토니안의 고유함수들이 졸들어 있지 않을 경우에는 "**Rayleigh–Schrödinger** 섭동이론"(Rayleigh-Schrödinger perturbation)을 이용하여 전체 해밀토니안 H 의 에너지 고유값 $E_n(g)$ 과 에너지 고유함수 ψ_n 을 g 에 대한 급수전개로 구할 수 있다. 즉,

$$\begin{aligned} E_n^0 &\equiv E_n(0), \\ E_n(g) &= E_n^0 + gE_n^{(1)} + g^2E_n^{(2)} + \cdots, \\ \psi_n &= \psi_n^0 + g\psi_n^{(1)} + g^2\psi_n^{(2)} + \cdots \end{aligned} \tag{10.4}$$

로 표현할 수 있다. 여기서 $E_n^{(i)}$ 과 $\psi_n^{(i)} (i \geq 1)$ 을 구하려고 한다.

비섭동 해밀토니안 H_0 의 고유함수들의 모임인 $\{\psi_n^0\}$ 로 이루어진 완전집합 안에 있는 임의의 한 개의 고유상태를 $|n\rangle \equiv \psi_n^0$ 라고 표현하자. 그리고 전체 해밀토니안 H 의 고유함수를 $|\psi_n) \equiv \psi_n$ 으로 쓰자. 이 때 $|a)$ 로 표현한 상태는 Hilbert 공간에서의 일반적인 벡터를 의미한다. 이 상태들의 규격화를 다음과 같이 정한다.

$$(n|n\rangle = 1, \ \langle n|n\rangle = 1. \tag{10.5}$$

그러면 $(n|n) = N > 1$ 이 된다. 왜냐하면

$$(n|n) = \sum_m (n|m\rangle\langle m|n) = 1 + \sum_{m\neq n} |\langle m|n)|^2 \tag{10.6}$$

이기 때문이다. $E_n(g) = E_n$ 이라 하면

$$\langle n|H|n\rangle = E_n\langle n|n\rangle = E_n = \langle n|H_0 + gV|n\rangle = E_n^0 + g\langle n|V|n\rangle \tag{10.7}$$

이 되고, 여기에 식 (10.4)를 대입하여 모든 항들을 모으면

$$E_n^{(k)} = \langle n|V|\psi_n^{(k-1)}\rangle \tag{10.8}$$

을 얻는다. 이에 대한 특수한 경우로 $k = 1$일 때는

$$E_n^{(1)} = \langle n|V|n\rangle \tag{10.9}$$

이다. 일반적으로는

$$\frac{dE_n}{dg} = \frac{\langle n|\frac{\partial H}{\partial g}|n\rangle}{\langle n|n\rangle} \tag{10.10}$$

의 관계가 있다.

파동함수와 에너지 준위의 급수전개는 식 (10.4)를 Schrödinger 방정식에 대입한 후, g의 같은 차수를 갖는 항들을 서로 비교하여 얻을 수 있다. 원래의 Schrödinger 방정식을 식 (10.4)를 이용하여 다시 쓰면 다음과 같다.

$$(H_0 + gV)(\psi_n^0 + g\psi_n^{(1)} + \cdots) = (E_n^0 + gE_n^{(1)} + \cdots)(\psi_n^0 + g\psi_n^{(1)} + \cdots). \tag{10.11}$$

여기서 g의 각각의 차수에 대한 계수끼리 비교하면

$$\begin{aligned} g^0:\ H_0\psi_n^0 &= E_n^0\psi_n^0, \\ g^1:\ V\psi_n^0 + H_0\psi_n^{(1)} &= E_n^0\psi_n^{(1)} + E_n^{(1)}\psi_n^0 \end{aligned} \tag{10.12}$$

등을 얻는다. 첫 식은 바로 비섭동 해밀토니안만 있을 때의 고유값 방정식이다. g의 일차항들을 비교한 두 번째 식을 다시 쓰면

$$(H_0 - E_n^0)\psi_n^{(1)} = (E_n^{(1)} - V)\psi_n^0 \tag{10.13}$$

를 얻는다. 양 변에 왼쪽의 연산자에 대한 역연산자를 작용하여

$$\psi_n^{(1)} = (H_0 - E_n^0)^{-1}(E_n^{(1)} - V)\psi_n^0 \tag{10.14}$$

라고 표현하고 싶지만, $H_0 - E_n^0$는 고유값이 0인 연산자이므로 이 연산자의 역연산자

$(H_0 - E_n^0)^{-1}$ 는 존재하지 않는다.

이러한 문제를 해결하기 위해 다음과 같은 양을 정의하자.

$$K \equiv \frac{\sum_{m \neq n} |m\rangle\langle m|}{E_m^0 - E_n^0} = \frac{1 - P_n}{H - E_n^0}. \tag{10.15}$$

P_n은 $P_n = |n\rangle\langle n|$로 정의된 $|n\rangle$ 상태로의 투영 연산자이다. 마지막 항은 그 앞의 항을 일반적으로 표현할 때 종종 사용한다. 이렇게 쓸 수 있는 이유는 K를 다음과 같이 표현할 수 있기 때문이다.

$$\begin{aligned} K &= \lim_{E \to E_n^0} (H - E)^{-1}(1 - P_n) = \lim_{E \to E_n^0} (1 - P_n)(H - E)^{-1} \\ &= \lim_{E \to E_n^0} \sum_m \frac{|m\rangle\langle m|}{E_m^0 - E}(1 - |n\rangle\langle n|). \end{aligned} \tag{10.16}$$

정리 10.1 K의 성질

만일 $\langle n|b\rangle = 0$이고, $(H_0 - E_n^0)|a\rangle = |b\rangle$이면 다음을 만족한다.

$$|a\rangle = K|b\rangle + |n\rangle\langle n|a\rangle. \tag{10.17}$$

증명: K를 $|b\rangle$에 적용하면 다음의 결과를 얻는다.

$$\begin{aligned} K|b\rangle &= K(H_0 - E_n^0)|a\rangle = \sum_{m \neq n} |m\rangle\langle m|a\rangle \frac{E_m^0 - E_n^0}{E_m^0 - E_n^0} \\ &= |a\rangle - |n\rangle\langle n|a\rangle \quad (\text{증명끝}) \ \clubsuit \end{aligned} \tag{10.18}$$

이제 $|a\rangle = \psi_n^{(1)}$으로 놓자. $|b\rangle = (H_0 - E_n^0)|a\rangle$라고 하면, 식 (10.13)에 의하여 $|b\rangle = (E_n^{(1)} - V)\psi_n^0$이 된다. 이와 같이 $|b\rangle$를 정의하면 $\langle n|b\rangle = 0$을 만족한다. 여기서 정한 $|a\rangle$, $|b\rangle$는 식 (10.17)의 조건을 만족한다.

그리고 $\langle n|\psi_n^{(1)}\rangle = 0$이 된다. 이것은 다음과 같이 증명할 수 있다. 우선 $\langle n|n\rangle = 1$, $\langle n|n\rangle = 1$의 관계를 이용하면, 모든 g의 차수에 대해

$$\langle n|g\psi_n^{(1)} + g^2\psi_n^{(2)} + \cdots\rangle = 0 \tag{10.19}$$

이 성립한다. 따라서 모든 $k \geq 1$인 경우에 대해

$$\langle n|\psi_n^{(k)}\rangle = 0 \tag{10.20}$$

이 된다. 그러므로 $\langle n|a\rangle = \langle n|\psi_n^{(1)}\rangle = 0$이다.

이 사실과 식 (10.17)을 이용하면 파동함수에 대한 일차 수정항은 다음과 같다.

$$\psi_n^{(1)} = K(E_n^{(1)} - V)\psi_n^0 = E_n^{(1)} K\psi_n^0 - KV\psi_n^0. \tag{10.21}$$

식 (10.21)의 우변의 첫 번째 항은 0이다. 왜냐하면 K는 $|n\rangle$ 상태와 수직인 공간으로의 투영 연산자인데, 이를 $|n\rangle$에 작용하였기 때문이다. 따라서 결국

$$\psi_n^{(1)} = -KV\psi_n^0 = -\sum_{m\neq n} \frac{|m\rangle\langle m|V|n\rangle}{E_m^0 - E_n^0} = -\sum_{m\neq n} \frac{V_{mn}}{E_m^0 - E_n^0}|m\rangle \tag{10.22}$$

이 된다. 한편 에너지 고유값에 대한 이차 수정항은 다음과 같다.

$$E_n^{(2)} = \langle n|V|\psi_n^{(1)}\rangle = -\sum_{m\neq n} \frac{V_{mn}V_{nm}}{E_m^0 - E_n^0} = -\sum_{m\neq n} \frac{|V_{mn}|^2}{E_m^0 - E_n^0}. \tag{10.23}$$

위 식들에서 $V_{mn} = \langle m|V|n\rangle$을 뜻하고, V가 Hermitian 연산자임을 이용하였다. 한 가지 주목할 것은 $|n\rangle$이 바닥상태에 있을 경우의 에너지 수정이다. $|n\rangle$이 바닥상태이면 모든 $m \neq n$에 대해 $E_n^0 < E_m^0$이므로 $E_n^{(2)} < 0$이 된다. 즉 바닥상태에 대한 이차 에너지 수정은 항상 음의 기여를 하게 된다.

고차항의 수정은 Schrödinger 방정식에서 g의 고차항들을 비교하여 얻을 수 있다. 참고로 g의 3차항끼리 비교하면, 파동함수의 2차 수정항 $\psi_n^{(2)}$와 에너지 준위의 3차 수정항 $E_n^{(3)}$를 얻을 수 있다.

$$\begin{aligned}
\psi_n^{(2)} &= -\sum_{m\neq n} |m\rangle \frac{1}{E_m^0 - E_n^0}\left(\frac{V_{nn}V_{mn}}{E_m^0 - E_n^0} - \sum_{m'\neq n} \frac{V_{mm'}V_{m'n}}{E_{m'}^0 - E_n^0}\right), \\
E_n^{(3)} &= \langle n|V|\psi_n^{(2)}\rangle \\
&= \sum_{m\neq n} \frac{V_{mn}}{E_m^0 - E_n^0}\left(-\frac{V_{nn}V_{mn}}{E_m^0 - E_n^0} - \sum_{m'\neq n} \frac{V_{mm'}V_{m'n}}{E_{m'}^0 - E_n^0}\right).
\end{aligned} \tag{10.24}$$

10.3 졸들은 섭동 이론

지금까지는 H_0의 주어진 에너지 준위에 한 상태만 있는, 졸들어 있지 않은 상태에 대해서만 고려하였다. 그러나 식 (10.22)에서 볼 수 있듯이 만일 졸들은 상태가 있는 경우, 즉 어떤 m에 대해 $E_m^0 = E_n^0$일 경우에는 분모가 0이 되므로 식 (10.22)을 사용할 수 없다. 이 경우에는 특별한 방법을 사용하여야 하는네 이 방법을 "졸들은 섭동이론"(degenerate perturbation theory) 혹은 "**Brillouin–Wigner** 섭동이론"이라고 한다. 많은 경우 섭동에 의해서 이러한 졸들음이 줄어들거나 없어지게 된다.

위에서 언급한 바와 같이 졸들음이 1보다 큰 경우에 대한 섭동이론을 고려하자. 해밀토니안이 $H = H_0 + gV$ 로 주어져 있고, 비섭동 해밀토니안 H_0 의 고유상태 중 d 개의 고유상태가 졸들어 있다고 하자.

$$\begin{aligned} H_0|s\rangle &= E_1^0|s\rangle,\ 1 \le s \le d, \\ H_0|m\rangle &= E_m^0|m\rangle,\ m > d. \end{aligned} \tag{10.25}$$

이 때 전체 해밀토니안에 대한 에너지 고유값 방정식을 일반적으로

$$\begin{aligned} H\psi_n &= E_n(g)\psi_n,\ 1 \le n \le d, \\ H\psi_m &= E_m(g)\psi_m,\ m > d \end{aligned} \tag{10.26}$$

로 쓸 수 있고, 여기서

$$\lim_{g\to 0} E_n(g) = E_1^0,\ \lim_{g\to 0} E_m(g) = E_m^0 \tag{10.27}$$

이다.

파동함수 ψ_n 을 비섭동 해밀토니안의 고유상태들로 이루어진 완전집합으로 전개하면

$$\psi_n = \sum_{s=1}^{d} c_s^{(n)}|s\rangle + |\phi_n) \tag{10.28}$$

로 쓸 수 있다. $|\phi_n)$ 은 졸들은 상태들 이외의 상태를 나타낸 것이다. 즉 $(\phi_n|s\rangle = 0$ 이다. 다시 말하면 섭동이 있을 경우의 고유함수들은 반드시 섭동이 없을 경우의 졸들은 고유상태의 부분공간에만 있을 필요는 없다. 여기서 규격화는 $\sum_{s=1}^{d} |c_s^{(n)}|^2 = 1$ 로 정한다. 이 때 졸들은 상태들 ψ_n 에 대하여 Schrödinger 방정식을 풀면 다음과 같은 $d \times d$ 차원의 행렬식을 풀어야 한다.

$$\sum_{s'}^{d} M_{ss'}(E_n)c_{s'}^{(n)} = E_n c_s^{(n)}. \tag{10.29}$$

위 식이 0이 아닌 해를 가지려면, 위 식을 행렬식으로 표현하였을 때 이 행렬식의 행렬값이

$$\det\,[M(E_n) - E_n 1] = 0 \tag{10.30}$$

이어야 한다. 여기서 행렬 $M_{ss'}$ 을 g^3 차수의 항까지 구하면

$$\begin{aligned} M_{ss'} &= E_1^0\delta_{ss'} + gV_{ss'} + g^2\sum_{m>d}\frac{V_{sm}V_{ms'}}{E-E_m^0} \\ &+ g^3\sum_{m,m'>d} V_{sm}\frac{1}{E-E_m^0}V_{mm'}\frac{1}{E-E_{m'}^0}V_{m's'} \end{aligned} \tag{10.31}$$

로 쓸 수 있다. 이 식에 대한 유도는 아래에서 자세히 보일 것이다.

우선 g 의 일차항까지만 구할 경우를 살펴보자. $V_{ss'}$ 이 $\delta_{ss'}$ 에 비례하지 않는 경우에는 졸들은 부분만 분리하여, 졸들은 함수들의 적당한 선형 결합을 선택하여 $V_{ss'}$ 을 대각선화한다. 이러한 대각선화하는 방법을 일반적인 관점에서 살펴보자. Hermitian 연산자의 고유상태들은 고유값이 다르면 서로 직교한다. 하지만 졸들어 있는 경우, 고유값이 같은 선형독립적인 여러 상태들이 반드시 직교할 필요는 없다. 그러나 졸들은 상태들에 대한 고유함수들의 적당한 선형결합을 통하여 이들을 직교하도록 만들 수 있다. 이러한 과정을 Gramm-Schimidt 직교화과정이라고 한다.

만일 $V_{ss'} \propto \delta_{ss'}$ 이면, g 의 일차항까지의 해밀토니안을 나타내는 행렬은 이미 대각화되어 있다. 따라서 이 경우에는 섭동의 일차항이 있어도 졸들음이 분리되지 않는다. 이 경우에는 특별한 대칭성이 있지 않는 한, g 의 고차항을 계산하면 졸들음이 분리된다. $M_{ss'}$ 을 g 의 이차항까지 구하면

$$M_{ss'} = E_1^0\delta_{ss'} + gV_{ss'} + g^2\sum_{m>d}\frac{V_{sm}V_{ms'}}{E_1^0-E_m^0} \tag{10.32}$$

을 얻는다. 물론 이 행렬은 V 가 Hermitian 연산자이므로 Hermitian 행렬이다. 섭동이 있는 해밀토니안의 고유상태 ψ_n 은 직교규격화된 상태를 선택할 수 있으므로 $\langle\psi_n|\psi_{n'}\rangle = 0$ 으로 만들 수 있다. 식 (10.28) 의 표현을 이용하면

$$\langle\psi_n|\psi_{n'}\rangle = \sum_{s=1}^{d} c_s^{(n)*}c_s^{(n')} + (\phi_n|\phi_{n'}) = 0 \tag{10.33}$$

이면, 첫째 항은 0이 아닐 수도 있다. 하지만 둘째 항과 더하면 0이 되어야 한다.

이러한 졸들은 섭동이론의 특수한 경우인 $d = 1$(졸들지 않은 경우) 일 경우에는 $M_{11}(E_1) = E_1$ 이고

$$E_1 = E_1^0 + gV_{11} + g^2\sum_{m>1}\frac{V_{1m}V_{m1}}{E_1-E_m^0} \tag{10.34}$$

$$+ g^3\sum_{m,m'>1} V_{1m}\frac{1}{E_1-E_m^0}V_{mm'}\frac{1}{E_1-E_{m'}^0}V_{m'1} + \cdots \tag{10.35}$$

가 되어 Brillioiun–Wigner 섭동이론이 Rayleigh–Schrödinger 섭동이론으로 환원된다.

10.3.1 식 (10.31)의 유도

좁들은 d개의 상태로 이루어진 공간으로의 투영 연산자 P를 아래와 같이 정의하자.

$$P = \sum_{s=1}^{d} |s\rangle\langle s|. \tag{10.36}$$

P는 투영 연산자가 만족하는 다음의 성질을 갖는다.

$$P^2 = P,\ P(1-P) = 0,\ (1-P)^2 = 1-P. \tag{10.37}$$

따라서 임의의 함수 ψ는

$$\psi = (1-P)\psi + P\psi \tag{10.38}$$

로 쓸 수 있다. 이제 ψ가 전체 해밀토니안 $H_0 + gV$의 고유함수이고 고유값은 E라고 하자. 식 (10.38)의 양변에 $(1-P)(E-H_0-gV)$를 작용시키면

$$\begin{aligned} 0 &= (1-P)(E-H_0-gV)\psi \\ &= (1-P)(E-H_0-gV)(1-P)\psi - (1-P)gVP\psi \end{aligned} \tag{10.39}$$

를 얻는다. 위 식의 마지막 항은 $[H_0, P] = 0$의 관계를 이용하여 얻은

$$(1-P)(E-H_0)P\psi = 0 \tag{10.40}$$

를 사용하였다. 따라서

$$(1-P)(E-H_0-gV)(1-P)\psi = (1-P)gVP\psi \tag{10.41}$$

인 관계를 얻는다.

이제 투영연산자 P와 섭동 V를 이용하여 $U = (1-P)V(1-P)$라는 연산자를 정의하자. 이 연산자의 행렬요소는, 좁들어 있지 않은 상태들로 이루어진 부분 공간에 대해서는 $U_{mm'} = V_{mm'}$, 좁들은 상태들로 이루어진 공간에서는 $U_{ss'} = 0$, 그리고 이들이 교차하는 공간에서는 $U_{sm} = U_{ms} = 0$이 된다. 또한 투영연산자의 성질에 의해 $UP = PU = 0$이다. 이제 좁들지 않은 섭동이론에서 도입한 연산자 K와 같은 의미를 갖지만, 좁들음에 의해 형태가 바뀐 연산자 K를 정의하자.

$$K(E) \equiv (1-P)(E-H_0-gU)^{-1}(1-P). \tag{10.42}$$

식 (10.41)을 다시 쓰면

$$(1-P)(E-H_0-gU)\psi = (1-P)gVP\psi \tag{10.43}$$

가 되고, 양변에 $(1-P)(E-H_0-gU)^{-1}(1-P)$를 작용하면

$$(1-P)\psi = gK(E)VP\psi \tag{10.44}$$

를 얻는다.

한편

$$\begin{aligned} EP\psi &= PE\psi = PH\psi = PH_0\psi + gPV\psi \\ &= E_1^0 P\psi + gPVP\psi + gPV(1-P)\psi \end{aligned} \tag{10.45}$$

이다. 따라서

$$E(P\psi) = \mathcal{M}(P\psi) \tag{10.46}$$

의 형태로 쓸 수 있다. 여기서 $\mathcal{M}$을 식 (10.44)를 이용하여 표현하면

$$\mathcal{M} = E_1^0 P + g(PVP) + g^2 PVK(E)VP \tag{10.47}$$

이다. 이 연산자의 행렬표현이 바로 식 (10.31)이다.

연산자 K를 연산자들을 이용하여 수식적인 표현을 하면

$$K = \frac{1-P}{E-H_0} + \frac{1-P}{E-H_0} gU \frac{1-P}{E-H_0} + \frac{1-P}{E-H_0} gU \frac{1-P}{E-H_0} gU \frac{1-P}{E-H_0} \cdots \tag{10.48}$$

로 쓸 수 있다. 이 결과는 졸들은 상태에 대한 섭동의 결과를 연산자 K로 대표하여 표현한 것이다. 이 결과를 졸들지 않은 상태에 대한 섭동에서 나타난 K와 비교해보면 유익할 것이다.

10.4 Stark 효과

10.4.1 수소원자

비섭동 해밀토니안은 외부 전기장이 없고, 전자는 원자핵과 Coulomb 상호작용만 하는 수소원자를 고려하자. 이 경우에 수소원자의 에너지 준위들과 이에 대한 고유함수들은 정확하게 알고 있다. 이 원자가 균일한 전기장에 놓여 있게 되면, 전기장에 의한 섭동으로

인하여 원래의 에너지 값들은 다른 값들로 갈라지는 현상이 나타난다. 이러한 에너지 준위의 갈라짐이 나타나는 현상을 "**Stark 효과**"라고 한다.

수소 원자의 경우, 주양자수 $n = 2$ 상태에 균일한 외부 전기장이 걸리면 발생하는 에너지 갈라짐의 크기가 전기장에 비례하는 선형 Stark 효과를 볼 수 있다. 균일한 전기장이 z 방향을 향하도록 좌표계를 잡으면, 수소 원자 안에 있는 전하 $q = -e$인 전자에 대한 해밀토니안은

$$H = \frac{p^2}{2m} - \frac{e^2}{r} + eE_z z = H_0 + eE_z z \tag{10.49}$$

이다. 여기서 비섭동 해밀토니안 H_0는 전기장이 없을 때의 수소원자의 해밀토니안으로, 이에 대한 정확한 해는 이미 잘 알고 있다.

수소원자에서 주양자수 $n = 2$인 경우, H_0의 고유상태로는 $2s$ 상태에 하나, $2p$ 상태에 세 개, 모두 네 개의 졸들은 상태가 있다. 사실 전자의 스핀을 고려하면 각 상태마다 반대의 스핀을 갖는 전자들이 있을 수 있으므로, 졸들음은 두 배가 된다. 하지만 전자와 전기장의 상호작용은 스핀각운동량과 무관하므로, 스핀공간은 고려할 필요가 없다. 이 상태들을 각운동량의 고유함수 $|lm\rangle$의 표현을 써서 표현하면 각각

$$|00\rangle,\ |10\rangle,\ |11\rangle,\ |1,-1\rangle \tag{10.50}$$

들이다. 첫 상태는 $l = 0$인 상태이고, 나머지 세 상태는 $l = 1$이고, m은 각각 0, 1, -1인 상태들이다.

이 상태들은 섭동이 있기 전의 에너지는 주양자수 n에만 의존하고, 각운동량 양자수에는 무관하므로, 졸들은 상태들이다. 이 졸들은 상태의 에너지를 E^0_{2s}라고 하자. 우선 일차 섭동을 이용하면, 앞 절에서 정의한 행렬 $M_{ss'}$을 구하여, 이것을 대각선화해야 한다. 이 행렬은 수소 원자의 Stark 효과를 보는 문제에서는 다음과 같이 나타낼 수 있다.

$$M_{ss'} = E^0_{2s}\delta_{ss'} + V_{ss'}. \tag{10.51}$$

여기서 $V_{ss'} = \langle s|V|s'\rangle$로 주어지는 퍼텐셜의 행렬요소이다. 이 퍼텐셜의 행렬요소를 구하기 위해서는 다음의 양을 계산하여야 한다.

$$\langle s|z|s'\rangle = \int d^3r\ \psi^*_s(\mathbf{r}) z \psi_{s'}(\mathbf{r}). \tag{10.52}$$

여기서 $l = 0(1)$일 때 파동함수 ψ_s는 우(기)함수이다. 그리고 이 적분 안에 z가 포함되어 있는데, z는 기함수이므로 위의 행렬요소가 0이 아니기 위해서는 대칭성에 의해 ψ_s, $\psi_{s'}$는 반대의 반전성을 가져야 한다. 이 결과는 수소 원자의 Stark 효과에 대해서 대칭성을 이용하여 얻은 "선택규칙"(selection rules) 중의 하나이다.

고유값	고유상태
$E_{2s}^0 + eED$	$(\|2s\rangle + \|2p, m = 0\rangle)/\sqrt{2}$
$E_{2s}^0 - eED$	$\|(2s\rangle - \|2p, m = 0\rangle)/\sqrt{2}$
E_{2s}^0	$\|2p, m = 1\rangle$
E_{2s}^0	$\|2p, m = -1\rangle$

표 10.1: $n = 2$ 상태의 Stark 효과에 의한 에너지 고유값과 고유상태.

식 (10.50)의 기준을 택하면, 행렬요소는 다음과 같은 구조를 갖는다.

$$\langle s|z|s'\rangle = \begin{pmatrix} 0 & D & 0 & 0 \\ D^* & 0 & 0 & 0 \\ 0 & 0 & 0 & 0 \\ 0 & 0 & 0 & 0 \end{pmatrix} \tag{10.53}$$

이 행렬은 모든 항이 0이고 단지 $l = 0 \leftrightarrow l = 1(m = 0)$ 상태 사이에서만 0이 아닌 값을 갖는다. 이 경우 행렬을 대각화할 때 4×4 행렬 전체를 생각할 필요는 없고, 단지 0이 아닌 행렬요소가 있는 부분공간만을 택해 대각화하면 된다. 이 경우에는 맨 위쪽, 왼쪽에 있는 2×2 행렬의 부분공간만 고려하면 된다.

이제 행렬요소 중 0이 아닌 항인 D를 계산하자. $s' = 0$ $(l = 0)$일 경우 $z = r\cos\theta$로 쓰면, $l = 1$인 파동함수들은

$$\psi_{1m} = R_{21}Y_{1m} = R_{21}f(\theta)e^{im\phi} \tag{10.54}$$

로 쓸 수 있다. 방위각 ϕ에 대한 적분을 고려하면 $m = 0$일 경우를 제외하고는 항상 $\langle s|z|s'\rangle = 0$이다. 그리고 $m = 0$일 때는 0이 아닌 값을 갖는데, 이를 이용하여 D를 구할 수 있다. 이때 D는 다음과 같이 쓸 수 있다.

$$\begin{aligned} D &= \int d^3r\psi_1^*(\mathbf{r})\psi_0(\mathbf{r})z \qquad (10.55) \\ &= \int d^3rR_{21}(r)R_{20}(r)r\cos\theta Y_{10}(\cos\theta)Y_{00} = -3a_H = D^*. \end{aligned}$$

여기서 D는 실수임을 알 수 있다. 따라서 행렬 M은

$$M = eE\begin{pmatrix} 0 & D & 0 & 0 \\ D & 0 & 0 & 0 \\ 0 & 0 & 0 & 0 \\ 0 & 0 & 0 & 0 \end{pmatrix} + E_{2s}^0\mathbf{1} \tag{10.56}$$

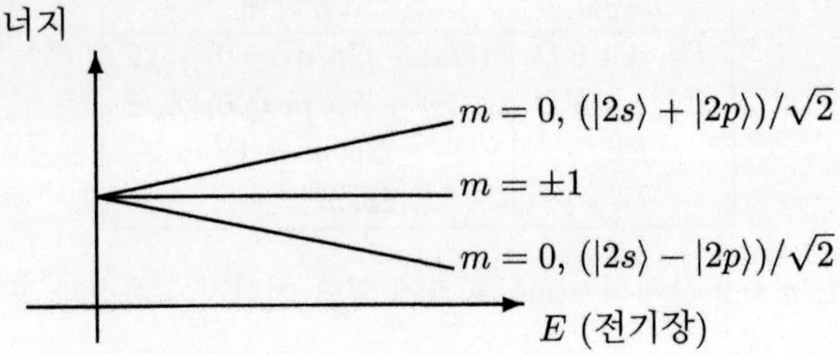

그림 10.1: 전기장이 가해졌을 때 $n = 2$에 해당하는 수소원자 에너지 준위의 변화.

의 형태를 갖는다. 이 행렬을 대각선화하여 얻은 고유값과 고유함수는 표 10.1에 나타내었다.

일차 섭동이론을 사용한 결과를 보면 $m = \pm 1$인 에너지 준위는 섭동이 있어도 변함이 없고, 이들 두 에너지 준위는 계속 졸들어 있는 상태로 남아 있다. 한편 $m = 0$인 에너지 준위는 전기장이 없을 때의 값보다 eED만큼 늘어나거나 줄어들어 졸들음이 없어진다. 그림 10.1에는 전기장이 있을 경우 Stark 효과에 의한 $n = 2$에 해당하는 에너지 갈라짐을 전기장의 함수로 대략적으로 나타내었다.

따라서 전기장을 z 방향으로 걸어주었을 때, $n = 2$ 상태에 있는 수소원자는 이 섭동에 의해 졸들음이 4인 상태들 중에서 일부는 졸들음이 제거되었고, 나머지는 졸들음이 2인 상태들로 남아 있다. 주목할 것은 섭동에 의해 모든 졸들음이 없어지는 것은 아니라는 것이다. 이 경우에는 $|2p, m = \pm 1\rangle$ 의 상태들은 아직도 졸들은 상태들이다.

10.4.2 리튬 원자

앞 절에서는 Stark 효과에 의해 수소원자의 경우 $n = 2$인 상태의 졸들음의 일부가 없어지는 것을 보았다. 그러나 실제로 자연계에서는 순수한 Coulomb 퍼텐셜 안에 있는 원자에서 $n = 2$ 상태들의 졸들음은 어떤 형태의 섭동이 있든지 섭동이 있기만 하면 졸들음은 모두 없어진다. 따라서 리튬원자, 혹은 어떤 무거운 원자의 경우에 있어서도, 안쪽의 껍질에 전자가 있는 경우에는 $2s$ 상태와 $2p$ 상태는 더 이상 졸들어 있지 않다. 순수한 Coulomb 퍼텐셜의 변화를 주는 섭동은 안쪽 껍질에 있는 전자들에 의한 가려막기 Coulomb 퍼텐셜일 수도 있고, 전자를 상대론적으로 다룰 때 나타나는 스핀-궤도 각운동량의 결합에 의해 나타날 수도 있다. 따라서 실제 자연계에서 나타나는 $2s$, $2p$ 상태들은 졸들어 있는 상태들이 아니라, 거의 졸들어 있는 "**2–준위 상태**"를 나타낸다. 이러한 2-준위 상태는 양자역학적인 많은 흥미있는 현상이 나타나는 계이다.

리튬원자와 같이 두 준위의 에너지 차이가 매우 작을 때 역시 섭동이론을 사용하여 이들 에너지 준위의 수정을 구할 수 있다. 한편 이 문제는 섭동이론을 사용하지 않고도 정확한 해를 구할 수 있는 문제이다. 우선 이 문제를 우선 섭동이론을 사용하여 해를

구해보자. 리튬원자의 해밀토니안은

$$H = \frac{p^2}{2m} + U(r) + eEz \tag{10.57}$$

로 주어진다. 여기서 퍼텐셜에너지 $U(r)$은

$$U(r) = -\frac{e^2}{r} + \text{작은 } r\text{에 대해서는 음수인 에너지(}2s\text{ 상태에만 해당)} \tag{10.58}$$

으로 쓸 수 있다. 퍼텐셜 $U(r)$은 중심력 퍼텐셜이므로 여전히 에너지 고유함수는 궤도각운동량의 고유함수로 표현할 수 있다.

섭동이 있기 전의 에너지를

$$E^0_{2p} = E^0_{2s} + \Delta \tag{10.59}$$

로 쓰고, $\Delta \ll E^0_{2p} - E^0_{3s}$인 것을 가정하자. 여기서 E^0_{3s}는 비섭동 해밀토니안에 대해 $n = 3$의 주양자수를 갖는 에너지이다. 즉 이웃한 다른 주양자수를 갖는 에너지는 $n = 2$인 에너지의 갈라짐보다 매우 커서 이 상태들을 2-준위 상태로 볼 수 있는 경우를 가정한 것이다. 이때 섭동에 대한 행렬요소는

$$\langle s|z|s'\rangle = \begin{pmatrix} 0 & D & 0 & 0 \\ D & 0 & 0 & 0 \\ 0 & 0 & 0 & 0 \\ 0 & 0 & 0 & 0 \end{pmatrix} \tag{10.60}$$

의 형태를 갖고 있다. 여기서 맨 왼쪽 위의 한 개의 항은 $l = 0$, E^0_{2s}를 가지는 상태에 해당하고, 오른쪽 아래의 3×3 덩어리는 $l = 1$ $(m = 0, +1, -1)$, E^0_{2p}를 가지는 공간에 해당한다. 이제 일차 섭동이론에 의하면 에너지 고유값은 이 행렬의 대각선 요소에 해당하므로, 에너지의 변화는 없다. 즉 $E = E^0_{2s}$, E^0_{2p}로 섭동이 있어도, 섭동의 일차 수정에 의한 에너지 준위는 여전히 졸들어 있다. 그러나 이차 섭동을 쓰면 이 졸들음은 없어진다. 이차 섭동의 결과로 얻은 에너지 준위의 변화는 다음과 같다.

$$\begin{aligned} E_{2s} &= E^0_{2s} - \frac{e^2E^2D^2}{\Delta} + \mathcal{O}\Big(\frac{e^2E^2D^2}{E^0_{2s} - E^0_{3p}}\Big), \\ E_{2p} &= E^0_{2p} + \frac{e^2E^2D^2}{\Delta}. \end{aligned} \tag{10.61}$$

한편 섭동이론을 쓰지 않고도 이 계의 에너지 고유값을 정확하게 구할 수 있다. 위의 계를 2-준위계로 보면, 행렬 M 중에 위의 왼쪽 2×2 부속공간의 행렬을 제외하고는

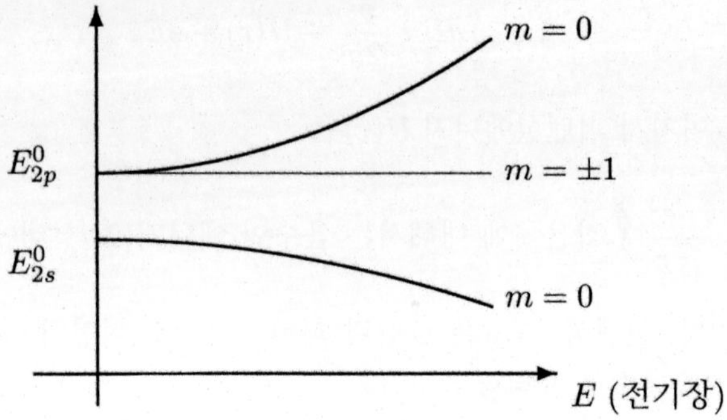

그림 10.2: 리튬원자가 전기장 안에 있을 때 생기는 에너지 준위의 변화.

모든 행렬요소가 0이므로, 0이 아닌 행렬요소를 가진 이 부속공간만을 고려하면 된다. 이 부속공간은 $m = 0$인 공간이고, 에너지의 수정을 구하기 위해서는 이 부속공간의 행렬을 대각선화하면 된다.

$$M = E_{2s}^0 \mathbf{1} + \begin{pmatrix} 0 & eED \\ eED & \Delta \end{pmatrix}. \tag{10.62}$$

이때 에너지 고유값은

$$E = E_{2s}^0 + \frac{\Delta}{2} \pm \sqrt{\frac{\Delta^2}{4} + e^2 E^2 D^2} \tag{10.63}$$

이다. 따라서 위 식을 전개하면, 전기장 E에 일차인 항은 없음을 알 수 있고, 이차항까지 전개하면 앞에서 다룬 이차 섭동이론에서 얻은 결과와 일치함을 알 수 있다. 참고로 섭동이론의 결과는 다음과 같다.

$$E_{2s} = E_{2s}^0 - \frac{e^2 E^2 D^2}{E_{2p}^0 - E_{2s}^0}, \quad E_{2p} = E_{2p}^0 + \frac{e^2 E^2 D^2}{E_{2p}^0 - E_{2s}^0}. \tag{10.64}$$

이들의 에너지 준위의 갈라짐을 그림 10.2에 그 형태를 대략적으로 나타내었다.

연습문제

1. 무한한 2차원 우물 안에 한 개의 스핀이 없는 입자가 있다.

$$V = \begin{cases} 0 & 0 \le x \le a, 0 \le y \le a, \\ \infty & \text{그 외의 경우.} \end{cases} \tag{10.65}$$

(가) 첫 세 개의 낮은 에너지를 가지는 상태들에 대한 에너지 고유값을 구하여라. 이 상태들에 졸들음이 있는가?

(나) 이제 여기에 퍼텐셜

$$V_1 = \lambda xy,\ 0 \le x \le a,\ 0 \le y \le a \tag{10.66}$$

이 더해진다. 이것을 약한 섭동으로 보고 다음을 고려하자.

(i) 세 상태들에 대해서, 섭동에 의해 λ의 1차 혹은 2차의 에너지 이동이 있는가?

(ii) 첫 세 개의 낮은 에너지 상태의 에너지 이동을 λ의 1차까지 정확하게 구하여라. (이를 계산하는 데 나타나는 적분은 계산하지 않아도 좋다.)

(iii) 이들 세 상태들의 에너지를 섭동이 있을 때와 없을 때를 그림으로 나타내어라. 이 때 어떤 비섭동 상태가 어떤 섭동 상태로 옮겨가는지를 명확히 나타내어라.

2. 두 상태를 가진 계의 해밀토니안을 다음과 같이 쓸 수 있다.

$$H = \begin{pmatrix} E_1^0 & \lambda\Delta \\ \lambda\Delta & E_2^0 \end{pmatrix}. \tag{10.67}$$

분명히 섭동이 없을 때의($\lambda = 0$) 에너지 고유함수는

$$\phi_1^{(0)} = \begin{pmatrix} 1 \\ 0 \end{pmatrix},\ \phi_2^{(0)} = \begin{pmatrix} 0 \\ 1 \end{pmatrix} \tag{10.68}$$

로 주어진다.

(가) 에너지 고유함수 ψ_1, ψ_2 그리고 이에 대응되는 에너지 고유값 E_1, E_2를 섭동 이론을 사용하지 않고 정확히 구하여라.

(나) $\lambda|\Delta| \ll |E_1^0 - E_2^0|$라고 가정하였을 때, 이 문제를 시간에 무관한 섭동이론을 사용하여, 에너지 고유함수는 1차까지, 에너지 고유값은 2차까지 구하여라. 이 결과를 (가)에서 얻은 정확한 결과와 비교하여라.

(다) 두 개의 상태가 섭동이 있기 전의 에너지가 거의 같다고 하자. 즉

$$|E_1^0 - E_2^0| \ll \lambda|\Delta| \tag{10.69}$$

을 만족한다. (가)에서 얻은 정확한 결과는 이 문제에 E_1^0을 E_2^0와 같게 놓고 졸들은 섭동이론을 적용했을 때 얻는 결과와 매우 유사함을 보여라.

3. (가) 자기장 안에서 회전하고 있는 강체의 축에 수직으로 자기장이 걸려 있는 계의 해밀토니안은 자기장의 이차항 이상을 무시하면 다음과 같이 쓸 수 있다.

$$H = AL^2 + BL_z + CL_y. \tag{10.70}$$

$B \gg C$임을 가정하고, 섭동이론을 사용하여 처음으로 0이 나오지 않을 때까지 에너지 고유값을 구하여라.

(나) 다음의 전자가 하나 있는 원자에 대한 행렬요소를 고려하자.

$$\langle n'l'm_l'm_s'|3z^2 - r^2|nlm_lm_s\rangle, \tag{10.71}$$

$$\langle n'l'm_l'm_s'|xy|nlm_lm_s\rangle. \tag{10.72}$$

Δl, Δm_l과 Δm_s에 대한 선택규칙을 구하고, 이에 대한 근거를 설명하여라.

4. 수소원자 바닥상태의 "이차 **Zeeman** 효과"를 구해보자. 바닥상태의 파동함수는 해밀토니안을 전기장의 일차항까지만 구하고, $e^2A^2/2mc^2$ 항을 무시하면

$$\psi(\mathbf{r}) = \frac{1}{\sqrt{\pi a_0^3}} e^{-r/a_0} \tag{10.73}$$

로 쓸 수 있다. 전기장에 의한 에너지 고유값의 이동을

$$\Delta = -\frac{1}{2}\chi B^2 \tag{10.74}$$

로 쓰고, 이때 나타나는 상자성 감수율 χ를 구하여라. (귀띔: 다음의 적분이 유용할 것이다.)

$$\int_0^\infty e^{-\alpha r} r^n dr = \frac{n!}{\alpha^{n+1}}. \tag{10.75}$$

5. 수소 원자가 결정 안에 놓여 있을 경우에 전자의 파동함수는 수소 원자 주위에 있는 원자들이 있기 때문에 섭동의 영향을 받는다. 질량이 무한하게 큰 양성자가 원점에

있고, 주위에 있는 원자들의 효과는 다음의 퍼텐셜로 나타난다고 하자.

$$V_1(\mathbf{r}) = \frac{\hbar^2}{ma^4}(\alpha r^2 + \beta xy). \tag{10.76}$$

여기서 a는 Bohr 반지름, m은 전자의 질량이고, α와 β는 1보다 매우 작은 상수이다. 해밀토니안의 가장 낮은 다섯 개의 고유상태 에너지를 α와 β의 일차항까지 구하여라.

제 11 장

시간에 의존하는 섭동이론

11.1 시간에 의존하는 섭동이론의 개요

해밀토니안이 $H = H_0 + V$ 의 형태이고, 섭동 V 가 시간에 무관한 경우의 섭동에 의한 에너지 준위와 고유함수의 수정에 대해서 고려하였다. 하지만 자연계에는 해밀토니안이 시간에 의존하는, 즉 해밀토니안이 $H = H_0 + V(t)$ 의 형태인 여러 가지 흥미있고 중요한 양자역학계가 존재한다. 예를 들면 원자나 핵이 시간에 따라 변하는 전기장 안에 있을 때, 들뜬 상태로 옮겨가거나 이온화하는 경우가 있다. 그리고 가시광선을 흡수하여 전자를 방출하는 광전효과도 있다. 또한 전하를 띤 입자가 전자기파와 상호작용하는 경우에도, 전자기파를 기술하는 퍼텐셜들이 시간에 의존하는 경우도 있다. 흥미있게도 겉으로 보기에는 시간에 무관한 섭동인 것처럼 보이는 베타붕괴와 같은 방사성 붕괴도 시간에 의존하는 섭동이론을 이용하여 문제를 풀 수 있다. 또 다체계 문제에서 전자들의 상호작용도 $V(t) = V_{\text{phys}}e^{\alpha t}$ 의 형태로 놓고 문제를 풀 수 있다. 이와 같이 시간에 의존하는 섭동이론을 이용하여 다양한 문제들을 해결할 수 있는 것이다.

7장에서 다룬 산란 문제 중 Born 어림방법도 어떤 의미에서는 시간에 무관한 섭동이론을 적용하여, 산란진폭과 산란단면적을 퍼텐셜에 대한 급수전개로 구한 것이다. 그러나 이러한 산란 혹은 충돌 현상도 시간에 의존하는 섭동이론을 이용하여 풀 수 있다. 지금까지 산란 문제는 산란을 일으키는 퍼텐셜이 고정되어 있고, 입자의 흐름이 일정할 때 주어진 입체각에서 관측하는 입자의 갯수를 나타내는 미분산란단면적을 구하였다. 하지만 입사 입자를 파동묶음으로 기술하여, 하나의 국소화된 입자가 퍼텐셜을 지나가는 문제로 생각하면 이 입자가 겪는 퍼텐셜은 시간에 따라 변하게 된다. 따라서 충돌문제도 시간에 의존하는 섭동이론을 사용하여 풀 수 있다. 이 장에서는 섭동이 시간에 의존하는 경우 섭동이론에 대해 수식화하고 이를 이용하여 풀 수 있는 자연계에 존재하는 물리계들을 고찰하겠다. 충돌문제를 시간에 의존하는 섭동이론을 이용하는 문제는 12장에서 자세히 다룰 것이다.

11.2 문제의 설정

어떤 물리계의 해밀토니안이 H인 경우 이 계를 나타내는 상태 ψ는 Schrödinger 방정식 $i\hbar d\psi/dt = H\psi$를 만족한다. 여기서 해밀토니안은 $H = H_0 + V(t)$의 형태로 쓸 수 있고, 이 중 H_0는 시간에 의존하지 않으며, 비섭동 해밀토니안 H_0의 에너지 고유값 E_n^0와 고유상태 $|n\rangle$들은 알고 있다고 가정하자.

$$H_0|n\rangle = E_n^0|n\rangle. \tag{11.1}$$

그리고 $V(t)$가 H_0에 비해 작을 경우, H_0를 비섭동 해밀토니안, $V(t)$를 섭동이라고 한다. 이 때 비섭동 해밀토니안의 고유상태들 사이의 전이나 연산자의 기대값에 대한 시간 의존성을 섭동 $V(t)$에 대한 급수전개를 이용하여 구하는 방법을 "시간에 의존하는 섭동이론"이라고 한다.

우선 논의를 간단하게 하기 위해 H_0의 고유상태들의 고유값이 불연속적이라고 가정하자. $V = 0$일 때는 파동함수를

$$|\psi(t)\rangle = \sum_n c_n e^{-iE_n^0 t/\hbar}|n\rangle \tag{11.2}$$

로 전개할 수 있다. 여기서 $|n\rangle$은 $H_0|n\rangle = E_n^0|n\rangle$을 만족하는 비섭동 해밀토니안의 고유상태들이다. 이때

$$\langle n|\psi(t_0)\rangle = c_n e^{-iE_n^0 t_0/\hbar} \tag{11.3}$$

이고, 이 값의 물리적인 의미는 시간 t_0에서 n번째 상태에 있을 확률진폭이다.

비섭동 해밀토니안 H_0의 고유상태들의 모임인 $\{|n\rangle\}$의 집합은 완전집합을 이룬다. 따라서 $V \neq 0$일 때도 역시 임의의 파동함수를 $|n\rangle$들의 선형결합으로 표현할 수 있다. 다만 여기서는 계수 $c_n = c_n(t)$가 시간에 의존하고, 이 양은 시간 t에서 H_0의 n번째 고유상태에 있을 확률진폭을 나타낸다. 퍼텐셜이 있을 때 Schrödinger 방정식을 만족하는 정확한 파동함수를

$$|\psi(t)\rangle = \sum_n c_n(t) e^{-iE_n^0 t/\hbar}|n\rangle \tag{11.4}$$

로 쓸 수 있다. 여기서 V가 아주 작으면 $|dc_n/dt| \sim |V|$가 되므로, $V = 0$이면 c_n은 시간에 의존하지 않음을 쉽게 알 수 있다.

반면에 $V \neq 0$일 때는 c_n의 시간에 대한 변화를 섭동 V에 대한 급수전개로 구할 수 있다. 이때 $c_n(t)$는 다음과 같이 쓸 수 있다.

$$c_n(t) = \langle n|\psi(t)\rangle e^{iE_n^0 t/\hbar}. \tag{11.5}$$

이 양은 시간 t에서 상태 $|n\rangle$으로 옮겨갈 전이확률진폭이다. 식 (11.5)를 시간 t에 대해 한 번 미분하면

$$\begin{aligned} i\hbar\frac{dc_n}{dt} &= -E_n^0 c_n(t) + e^{iE_n^0 t/\hbar}\langle n|H_0 + V|\psi\rangle \qquad (11.6) \\ &= \sum_{n'} V_{nn'}(t)c_{n'}e^{i(E_n^0 - E_{n'}^0)t/\hbar} = \sum_{n'} V_{nn'}(t)c_{n'}(t)e^{i\omega_{nn'}t} \end{aligned}$$

가 된다. 여기서 $V_{nn'} \equiv \langle n|V|n'\rangle$은 상태 $|n\rangle$과 $|n'\rangle$ 사이에서 구한 퍼텐셜에 대한 행렬요소이고, $\hbar\omega_{nn'} = E_n^0 - E_{n'}^0$은 $|n\rangle$ 상태와 $|n'\rangle$ 상태 사이의 에너지 차이다.

섭동 V는 그 크기가 작고, $t \to -\infty$일 때 $V(t) \to 0$으로 충분히 빨리 접근한다고 가정하자. 한편 $t = -\infty$에서의 처음상태는 $|s\rangle$라고 하자. 즉 $|\psi(t = -\infty)\rangle = |s\rangle$이고, 따라서 $c_n(t = -\infty) = \delta_{ns}$이다. 우선 $V = 0$이면 모든 시간에 대해 $c_n(t) = \delta_{ns}$일 것이다. 하지만 작은 V가 있을 때에는 $c_n(t) = \delta_{ns} + \mathcal{O}(V)$가 된다. 이 경우 c_n을 V의 1차항까지 구하면

$$i\hbar\frac{dc_n}{dt} = V_{ns}e^{i\omega_{ns}t} \tag{11.7}$$

이므로, $c_n(t)$는 다음의 형태가 된다.

$$c_n(t) = \delta_{ns} - \frac{i}{\hbar}\int_{-\infty}^{t} V_{ns}(t')e^{i\omega_{ns}t'}dt' + \mathcal{O}(V^2). \tag{11.8}$$

이제 $t \to \infty$일 때 $V \to 0$으로 접근한다면 $c_n(\infty)$는

$$c_n(\infty) = \delta_{ns} - \frac{i}{\hbar}\int_{-\infty}^{\infty} V_{ns}(t')e^{i\omega_{ns}t'}dt' \tag{11.9}$$

이 될 것이다. $n \neq s$일 경우 $V(t)$의 Fourier 변환 $\tilde{V}(\omega)$를

$$\tilde{V}(\omega) = \int_{-\infty}^{\infty}\frac{dt}{\sqrt{2\pi}}V(t)e^{i\omega t} \tag{11.10}$$

로 정의하면, 나중 상태 $|n\rangle$으로 전이할 확률은

$$|c_n(\infty)|^2 = \frac{1}{\hbar^2}\left|\int_{-\infty}^{\infty} V_{ns}(t')e^{i\omega_{ns}t'}dt'\right|^2 = \frac{2\pi}{\hbar^2}|\tilde{V}_{ns}(\omega_{ns})|^2 \tag{11.11}$$

가 된다. 한편 $n = s$인 경우, 즉 원래의 상태에 남아있을 확률은

$$|c_s(\infty)|^2 = 1 - \sum_{n \neq s} |c_n(\infty)|^2 = 1 + \mathcal{O}(V^2) \tag{11.12}$$

가 된다. 이 경우에는 규격화조건 $\sum_n |c_n|^2 = 1$을 이용하였다. 따라서 원래의 상태에 남아있을 확률은 V의 2차항부터 시작하며, 만일 V의 1차항까지만 고려한다면 $c_s(t)$는 변하지 않고 계속 1로 남아 있다.

11.3 여러 종류의 시간에 의존하는 섭동

시간에 의존하는 섭동은 일반적으로 매우 많은 종류가 있을 수 있지만, 양자역학에서 다루는 전형적인 몇 가지 시간에 의존하는 섭동에 대해 고려해보겠다. 이들의 종류는 다음과 같다.

1. 시간 $[t_0, t_1]$ 사이에 나타나는 "펄스".
2. 일정한 섭동 : 붕괴와 같은 현상을 다룰 수 있는데 여기서 Fermi의 황금률을 구할 수 있다.
3. 시간에 따라 진동하는 $V(t) \sim e^{-i\omega_0 t}$ 형태의 섭동.

첫 번째 형태의 섭동 중 특별한 경우인 어떤 시간에서 퍼텐셜이 켜지고, 그후로는 일정한 섭동을 고려하자.

$$V(t) = \begin{cases} V, & t \geq 0 \\ 0, & t < 0 \end{cases} \tag{11.13}$$

이 섭동은 $t < 0$일 때는 꺼져 있고, $t = 0$일 때 갑자기 켜져서 일정하게 남아있는 경우이다.

이 경우 $t = 0$에서 $|s\rangle$ 상태에 있다가 시간 t에서 $|n\rangle$ 상태로 옮겨갈 확률진폭은

$$c_n(t) = -\frac{i}{\hbar} \int_0^t e^{i\omega_{ns} t'} V_{ns} dt' = \frac{V_{ns}}{\hbar \omega_{ns}} \left(e^{i\omega_{ns} t} - 1 \right) \tag{11.14}$$

이 되고, 그 확률은

$$P(s \to n) = \frac{2|V_{ns}|^2}{\hbar^2 \omega_{ns}^2} \left(1 - \cos \omega_{ns} t \right) \tag{11.15}$$

이 된다. 여기서 $\hbar\omega_{ns} = E_{ns} = E_n - E_s$이다.

시간이 얼마 지나지 않은 짧은 시간 후, 즉 $t \ll 1/\omega_{ns}$ 일 경우의 확률은 식 (11.15)를 작은 시간에 대해 Taylor 전개를 하면

$$P(s \to n) = \frac{|V_{ns}|^2}{\hbar^2} t^2 \tag{11.16}$$

을 얻어 시간의 제곱에 비례함을 알 수 있다. 반면에 매우 긴 시간이 지나면, 즉 $t \gg 1/\omega_{ns}$ 일 경우에는 역시 식 (11.15)에서 시간에 대해 진동하는 부분을 평균하면 0이 되므로, 다음의 확률을 얻는다.

$$P(s \to n) = \frac{2|V_{ns}|^2}{E_{ns}^2}. \tag{11.17}$$

이러한 예로는 베타 붕괴나 Auger 전이(연습문제 24번 참조) 등을 들 수 있다.

11.4 Born 어림방법을 이용한 충돌문제

나중 상태가 연속상태인 경우에는 이 상태를 각 변의 길이가 L 인 부피 L^3 인 상자 안에 있는 평면파동, 즉

$$\frac{1}{\sqrt{L^3}} e^{i\mathbf{k}\cdot\mathbf{r}} \tag{11.18}$$

의 형태로 놓는다. 이 경우 상태밀도는 단위에너지당 에너지 준위의 수로 나타낸다. 즉

$$\text{“상태밀도”} = \rho(E) = \frac{1}{\Delta E} = \text{에너지당 준위의 수} \tag{11.19}$$

이다.

연속상태를 이루는 나중 상태로 옮겨갈 확률은 나중 상태에 대해 모두 더해야 하므로 전이 확률은

$$P = \sum_n P(s \to n) = \int dE_n \rho(E_n) \frac{2|V_{ns}|^2}{(E_n - E_s)^2} \Big(1 - \cos\omega_{ns} t\Big) \tag{11.20}$$

로 주어지고, 단위시간당 전이확률인 전이율은 다음과 같이 주어진다.

$$\text{전이율} = \Gamma = \frac{d}{dt} P = \int dE_n \rho(E_n) \frac{2|V_{ns}|^2}{\hbar^2} \frac{\sin\omega_{ns} t}{\omega_{ns}}. \tag{11.21}$$

시간 t가 매우 크고, 나중 상태의 에너지가 처음 상태와 매우 작은 차이가 날 경우, 즉 $\Delta = \pi\hbar/t \ll 1$이라고 할 때 나중 상태의 에너지 E_n이 $E_s - \Delta$와 $E_s + \Delta$ 사이에 있을

경우 상태밀도 $\rho(E)$와 V_{ns}는 거의 일정하다고 볼 수 있으므로 전이율은 다음과 같다.

$$\Gamma = \frac{2}{\hbar^2}|V_{ns}|^2\rho(E_s)\int \hbar d\omega \frac{\sin\omega t}{\omega} = \frac{2\pi}{\hbar}|V_{ns}|^2\rho(E_s) \tag{11.22}$$

위의 식 (11.22)를 **Fermi의 황금률**이라고 한다.

물론 앞에서 유도한 과정을 보면 알 수 있듯이 식 (11.22)가 항상 성립하는 것이 아니며, 성립하는 영역이 있다. 첫째, 전이가 일어나는 시간 t는 매우 길어서 $t \gg \hbar/\Delta E$를 만족해야 한다. 둘째, 시간 t는 전체 전이율의 역수로 주어지는 붕괴시간보다는 매우 작아야 한다. 즉 $t \ll 1/\Gamma = \tau$이어야 한다.

Fermi의 황금률을 이용하여 연속적인 나중상태로 붕괴할 때 나중 상태가 식 (11.18)인 평면파로 주어지면 ($|n\rangle = |\mathbf{k}\rangle$) 퍼텐셜의 행렬요소는 $V_{\mathbf{k}s} = L^{-3/2}\langle\mathbf{k}|V|s\rangle$로 쓸 수 있다. 이때 상태밀도 $\rho(E_s)$를 구하려면 입체각 $d\Omega$ 안으로 나오는 상태의 수를 계산하면 된다. 파동수 벡터 $\mathbf{k}$를 $\mathbf{k} = (k_x, k_y, k_z)$로 쓰고, 주기적인 경계조건을 쓰면 $k_x = 2\pi m_x/L$, $k_y = 2\pi m_y/L$, $x_z = 2\pi m_z/L$의 관계를 갖는다. (m_x, m_y와 m_z는 정수) 따라서 파동수 벡터 $\mathbf{k}$의 밀도, 즉 파동수 벡터 공간에서 단위부피당 에너지 상태의 갯수는 $(L/2\pi)^3$이 된다. 이제 파동수 벡터는 k와 $k + \Delta k$ 사이에 있고, 입체각 $d\Omega$ 안에 있는 상태의 갯수는 $k^2 dk d\Omega (L/2\pi)^3$이 된다.

$$dE = d\left(\frac{\hbar^2 k^2}{2m}\right) = \frac{\hbar^2 k}{m}dk \tag{11.23}$$

인 것을 이용하면 상태밀도는 다음과 같이 쓸 수 있다.

$$\rho(E_s) = \frac{mk}{\hbar^2}d\Omega\left(\frac{L}{2\pi}\right)^3. \tag{11.24}$$

따라서 이 경우 단위입체각으로 붕괴하는 붕괴율은 다음과 같이 나타낼 수 있다.

$$\Gamma(\Omega) = \frac{2\pi}{\hbar}\frac{mk}{\hbar^2}d\Omega\frac{1}{(2\pi)^3}|\langle\vec{k}|V|s\rangle|^2 = \frac{mk}{4\pi^2\hbar^3}|\langle\mathbf{k}|V|s\rangle|^2 d\Omega. \tag{11.25}$$

충돌문제를 앞에서 고려한 전이율을 이용하여 Born 어림방법의 관점에서 고려할 수 있다. 그림 11.1에 나타난대로 처음 상태의 파동함수는 $e^{i\mathbf{k}_i\cdot\mathbf{r}}$에 비례하는 평면파동으로 정하고, 단위부피당 입자가 한 개 있도록 규격화를 한다. 그리고 나중 상태의 파동은 파동수 벡터가 $\mathbf{k}_f$인 평면파로 정하면 단위입체각당 전이율은

$$\frac{d\Gamma}{d\Omega} = \frac{mk_f}{4\pi^2\hbar^3}|\langle\mathbf{k}_f|V|\mathbf{k}_i\rangle|^2 \tag{11.26}$$

으로 주어진다. 여기서

$$\langle\mathbf{k}_f|V|\mathbf{k}_i\rangle = \int d^3 r e^{-i(\mathbf{k}_f-\mathbf{k}_i)\cdot\mathbf{r}}V(r) \tag{11.27}$$

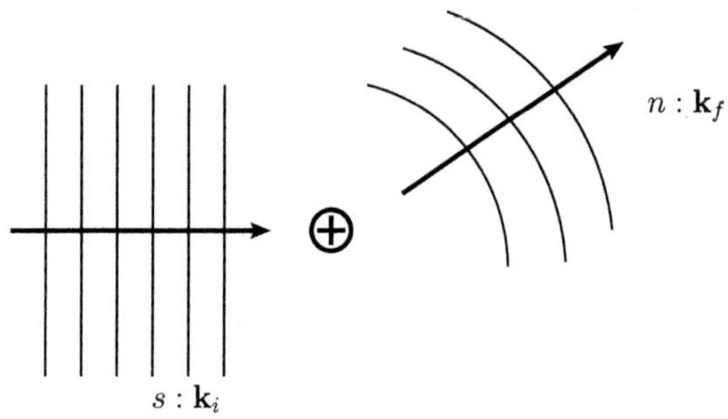

그림 11.1: 충돌에 대한 개략적인 그림.

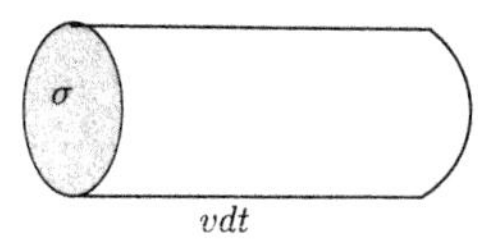

그림 11.2: 단면적이 σ 이고, dt 동안 v 의 속도로 움직이는 입자들이 만든 부피.

로 주어지는 퍼텐셜의 Fourier 변환에 비례하는 양이다. 물리적으로는 Γdt 는 짧은 시간 dt 동안 충돌되어 나가는 입자의 갯수를 의미한다. 이를 그림 11.2를 보면 단면적이 충돌 단면적 σ 이고, 속도 v 로 움직이는 입자가 dt 동안 움직였을 때 만들어지는 부피는 바로 충돌된 입자들의 갯수이다. 즉 부피 $= \sigma vdt =$ 입자의 갯수 이다. 이는 입자의 밀도가 단위부피당 한 개이기 때문이다. 속도는 $v = p/m = \hbar k_i/m = \hbar k_f/m$ 이므로 $\sigma = \Gamma/v$ 의 관계가 성립한다. 따라서 Born 어림방법에서 미분 충돌단면적은 다음과 같다.

$$\frac{d\sigma}{d\Omega} = \frac{m^2}{4\pi^2\hbar^4}|\langle\mathbf{k}_f|V|\mathbf{k}_i\rangle|^2. \tag{11.28}$$

11.5 진동형 섭동

시간 t_0 에서 상태 $|s\rangle$ 에 있을 때, 시간 t 에서 상태 $|n\rangle$ 으로 전이할 확률진폭은

$$c_n(t) = -\frac{i}{\hbar}\int_{t_0}^{t} dt' V_{ns}(t')e^{i\omega_{ns}t'} \tag{11.29}$$

으로 주어진다. 이때 섭동 V가 시간에 대해 진동한다면 V를 가장 일반적으로 표현하면 $V(t) = Ae^{i\omega t} + A^\dagger e^{-i\omega t}$로 쓸 수 있다. 여기서 연산자 A를 Hermitian 연산자라고 하면

$$V(t) = A\Big(e^{i\omega t} + e^{-i\omega t}\Big) \tag{11.30}$$

로 쓸 수 있다. 시간에 의존하는 이 두 항은 물리적으로 다른 의미를 지니고 있다. 예를 들어 $t_0 = 0$로 놓고, 두 번째 항인 $e^{-i\omega t}$ 항만을 이용한 확률진폭은

$$c_n(t) = -\frac{i}{\hbar}\int_0^t A_{ns} e^{i(\omega_{ns}-\omega)t'} \tag{11.31}$$

이고, 확률은

$$|c_n(t)|^2 = \frac{2}{\hbar^2}|A_{ns}|^2 \frac{1-\cos(\omega_{ns}-\omega)t}{(\omega_{ns}-\omega)^2} \tag{11.32}$$

가 된다. 따라서 전이율은 다음과 같이 구할 수 있다.

$$\Gamma = \frac{d}{dt}\sum_n |c_n(t)|^2 = \frac{2}{\hbar^2}\sum_n |A_{ns}|^2 \frac{\sin(\omega_{ns}-\omega)t}{\omega_{ns}-\omega} \tag{11.33}$$

가 된다. 앞에서 한 것처럼 t를 무한대로 보내는 극한을 취하면

$$\Gamma = \frac{2\pi}{\hbar^2}\sum_n |A_{ns}|^2 \delta(\omega_{ns}-\omega) : \text{광자의 흡수} \tag{11.34}$$

이 된다. 만일 이 섭동으로 전자기파, 즉 광자를 주고 받는다면, 델타함수의 형태를 보면 광자를 흡수하는 과정인 것을 알 수 있다. 반면에 퍼텐셜의 첫 번째 항인 $e^{i\omega t}$의 형태를 집어 넣으면 광자를 방출하는 과정에 해당되는 전이율임을 알 수 있다.

$$\Gamma = \frac{2\pi}{\hbar^2}\sum_n |A_{ns}|^2 \delta(\omega_{ns}+\omega) : \text{광자의 방출.} \tag{11.35}$$

이들 결과들을 이용하여 다음과 같은 특별한 경우의 전이율을 구할 수 있다.

1. 그림 11.3에 나타낸 것과 같이 광자를 흡수하여 연속적인 나중 상태로 갈 경우 이 경우에는 식 (11.34)에서 나중 상태에 대한 합을 연속적인 상태로 바꾸어 상태밀도를 이용하여 표현할 수 있다.

$$\begin{aligned}\Gamma &= \frac{2\pi}{\hbar^2}\sum_n |A_{ns}|^2\delta(\omega_{ns}-\omega) \qquad (11.36)\\ &= \frac{2\pi}{\hbar^2}\int dE_n \rho(E_n)|A_{ns}|^2\hbar\delta(E_n - E_s - \hbar\omega) = \frac{2\pi}{\hbar}\rho(E_s+\hbar\omega)|A_{ns}|^2.\end{aligned}$$

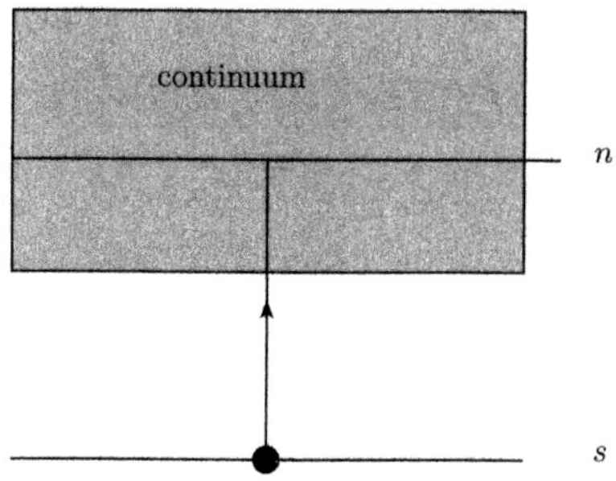

그림 11.3: 광자를 흡수하여 연속적인 나중 상태로 옮겨가는 경우.

2. 쪼여진 전자기파가 여러 진동수의 파동으로 모여 있는 경우.

   이러한 경우는 예를 들어 다음과 같은 퍼텐셜이 있는 경우를 고려하자.

$$V(t) = \begin{cases} Ve^{-i\omega_0 t}, & t_0 < t < t_1 \\ 0, & \text{그 외의 경우.} \end{cases} \tag{11.37}$$

   이 섭동은 단일 진동수의 섭동처럼 보이지만, 섭동이 작용하는 시간이 유한하기 때문에 이 섭동의 Fourier 변환을 취하면 여러 진동수의 섭동이 나타나게 된다. 이때 확률진폭은

$$c_n(\infty) = -\frac{i}{\hbar}\int_{t_0}^{t_1} dt V_{ns}(t) e^{i\omega_{ns}t} = -\frac{i}{\hbar}\sqrt{2\pi}\tilde{V}_{ns}(\omega_{ns}) \tag{11.38}$$

   가 되며, $\tilde{V}(\omega_{ns})$는 $V(t)$의 Fourier 변환이다. 따라서 여러 진동수의 섭동이 있는 경우에는 이 중 두 상태의 에너지 차이와 정확히 맞는 진동수의 섭동만이 전이를 일으킬 수 있다. 이 경우의 상태의 변화를 그림 11.4에 나타내었다.

위에서 언급한 바와 같이 전체 해밀토니안을 비섭동 해밀토니안과 섭동으로 분리할 수 있는 예제로, 시간에 따라 변하는 전기장 안에 있는 원자를 들 수 있다.

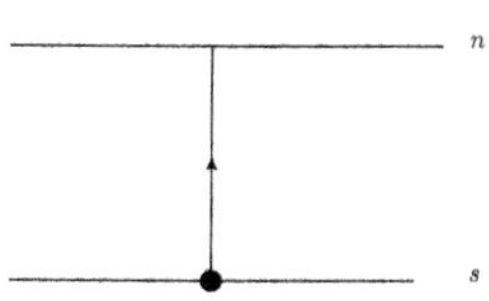

그림 11.4: 여러 진동수의 광자들이 분포할 경우 이 중 한 광자를 흡수하여 나중 상태로 옮겨가는 경우.

예제 11.1 방향이 일정한 교류전기장 $\boldsymbol{E}(\boldsymbol{r},t)$ 안에 있는 중성 원자.

만일 전기장이 균일하다면 $\mathbf{E} = -\nabla\Phi$로 쓸 수 있다. 이 때 스칼라 퍼텐셜은 $\Phi = -\mathbf{E}\cdot\mathbf{r}$로 표현할 수 있다. 원자핵의 질량을 무한대로 보내는 극한에서 전자가 N개 있는 원자에 대한 섭동(이 경우 전기장)이 없는 해밀토니안 H_0는

$$H_0 = \sum_{i=1}^{N} \frac{\mathbf{p}_i^2}{2m_i} + \frac{1}{2}\sum_{i\neq j} \frac{e^2}{|\mathbf{r}_i - \mathbf{r}_j|} - \sum_i \frac{Ne^2}{|\mathbf{r}_i - \mathbf{R}_0|} \tag{11.39}$$

로 쓸 수 있다. $\mathbf{r}_i$는 i번째 전자의 좌표이고 $\mathbf{R}_0$는 원자핵의 좌표이다. 한편 전기장에 의한 섭동은

$$V(t) = -\mathbf{E}(t)\cdot\mathbf{d} \tag{11.40}$$

로 쓸 수 있다. 여기서 $\mathbf{d}$는

$$\mathbf{d} = \sum_{i=1}^{N} -e(\mathbf{r}_i - \mathbf{R}_0) \tag{11.41}$$

로 정의되는 원자의 "전기쌍극자 모멘트"(electric dipole moment)이다. ♣

이제 시간 $t = t_0$에서 파동함수 $\psi(t)$를 알고 있다고 가정하자. 예를 들어 $t_0 \to -\infty$일 때 ψ가 H_0의 바닥상태에 있고, $t \to \pm\infty$일 때는 $V(t) \to 0$가 되도록 퍼텐셜이 단열적으로, 즉 매우 천천히 켜졌다가 꺼진다고 가정하자. 이때 시간에 의존하는 섭동이론을 사용하여 답을 구할 수 있는 전형적인 질문들은 다음과 같다.

1. 시간 $t \to \infty$로 접근할 때, 원자가 처음 상태와는 다른 H_0의 고유상태에 있을 확률은 얼마인가? 즉 전이확률은 얼마인가?

2. 원자가 바닥상태에 있을 때, 이 원자의 전기쌍극자 모멘트의 기대값은 $\langle\mathbf{d}\rangle_{-\infty} = 0$이라고 하자. 그러면 시간 t에서 전기쌍극자 모멘트를 측정하면 그 기대값은 얼마인가? 즉 $\langle\mathbf{d}\rangle_t = \langle\psi(t)|\mathbf{d}|\psi(t)\rangle$는 얼마인가?

우선 두 번째 질문에 대해 간단히 기술하기로 하겠다. 시간 t에서 전기쌍극자 모멘트의 기대값은

$$\langle\mathbf{d}\rangle_t = \int_{-\infty}^{t} \alpha(t-t')\mathbf{E}(t')dt' \tag{11.42}$$

로 쓸 수 있다. 이 식에서 적분의 상한과 하한은 인과법칙에 의해 주어지며, 전기쌍극자 모멘트는 전기장 $\mathbf{E}$의 "회선"(convolution)으로 주어진다. 위의 식에서 t가 무한대로 가면 회선정리에 의하여, 진동수 공간에서의 전기쌍극자 모멘트의 기대값 $\langle\mathbf{d}\rangle_\omega$는 $\mathbf{E}(t)$

와 $\alpha(t)$ 각각의 Fourier 변환의 곱으로 주어진다. 즉

$$\langle \mathbf{d} \rangle_\omega = \tilde{\mathbf{E}}(\omega)\alpha(\omega) \tag{11.43}$$

로 쓸 수 있고, $\alpha(t)$의 Fourier 변환으로 주어지는 $\alpha(\omega)$는 진동수에 의존하는 "편극도"(polarizability)이다. 원자의 편극도를 구하는 문제에 관해서는 우선 첫 번째 질문인 전이확률에 대하여 상세히 고려한 후 다시 논의하기로 하겠다.

11.6 선형 반응 이론

지금까지 이 장에서 처음 제기한 문제의 첫 번째 부분인 전이확률에 대한 논의를 하였다. 이제 두 번째 문제인 연산자의 기대값이 시간에 어떻게 변하는가를 살펴보도록 하겠다. 연산자 A가 시간에 무관한 Hermitian 연산자라고 하자. 그러면 A의 기대값은 $\langle A \rangle_t = \langle \psi(t)|A|\psi(t)\rangle$ 이다. 이 때 파동함수는 앞에서 논의한 바와 같이

$$\begin{aligned} |\psi(t)\rangle &= c_s e^{-iE_s^0 t/\hbar}|s\rangle + \sum_{n\neq s} c_n(t) e^{-iE_n^0 t/\hbar}|n\rangle, \\ \langle \psi(t)| &= c_s^* e^{iE_s t/\hbar}\langle s| + \sum_{n\neq s} c_n^*(t) e^{iE_n^0 t/\hbar}\langle n| \end{aligned} \tag{11.44}$$

으로 쓸 수 있으므로, V의 1차항만을 고려하면

$$\begin{aligned} \langle A \rangle_t &= \langle s|A|s\rangle + \sum_{n\neq s}(c_n e^{-i\omega_{ns}t}A_{sn} + \text{켤레 복소수}) \qquad (11.45) \\ &= \langle s|A|s\rangle - \sum_{n\neq s}\frac{i}{\hbar}\int_{-\infty}^{t} dt' \Big(A_{sn}V_{ns}(t')e^{i\omega_{ns}(t'-t)} - A_{ns}V_{sn}(t')e^{-i\omega_{ns}(t'-t)}\Big) \end{aligned}$$

이 된다. 마지막 관계를 유도할 때는 A와 V의 Hermitian 연산자의 성질 $A_{ns} = A_{sn}^*$, $V_{sn} = V_{ns}^*$ 를 이용하였다. 따라서 이 값과 바닥상태에서의 기대값의 차이 $\delta\langle A \rangle_t$는

$$\delta\langle A \rangle_t = \langle A \rangle_t - \langle s|A|s\rangle = \int_{-\infty}^{\infty} \langle A \rangle_\omega e^{-i\omega t}\frac{d\omega}{\sqrt{2\pi}} \tag{11.46}$$

이다. 즉 $\langle A \rangle_\omega$는 $\delta\langle A \rangle_t$의 Fourier 변환이다. 퍼텐셜 $V(t)$의 Fourier 변환을 이용하여 위 식을 다시 쓰면

$$\delta\langle A \rangle_t = \sum_{n\neq s}\frac{-i}{\hbar}\int_{-\infty}^{t} dt' \int_{-\infty}^{\infty}\frac{d\omega}{\sqrt{2\pi}}\big[A_{sn}\tilde{V}_{ns}(\omega)e^{i\omega_{ns}(t'-t)}e^{-i\omega t'}$$

$$- \quad A_{ns}\tilde{V}_{sn}(\omega)e^{-i\omega_{ns}(t'-t)}e^{-i\omega t'}\Big] \tag{11.47}$$

이 된다. 이 적분을 수렴하도록 만들기 위해 수렴인자 $e^{-\gamma(t-t')}$를 삽입하면 (γ는 작은 양의 상수)

$$\int_{-\infty}^{t} dt' e^{-i(\omega_{ns}+\omega)(t'-t)-\gamma(t-t')} = \frac{-1}{i(\omega_{ns}+\omega+i\gamma)} \tag{11.48}$$

이 되므로

$$\delta\langle A\rangle_t = \lim_{\gamma\to 0^+}\frac{-i}{\hbar}\sum_{n\neq s}\int_{-\infty}^{\infty}\frac{d\omega}{\sqrt{2\pi}}e^{-i\omega t}\Big[\frac{A_{sn}\tilde{V}_{ns}(\omega)}{i(\omega_{ns}-\omega-i\gamma)}+\frac{A_{ns}\tilde{V}_{sn}(\omega)}{i(\omega_{ns}+\omega+i\gamma)}\Big] \tag{11.49}$$

이다. 식 (11.49) 에서 $\delta\langle A\rangle_t$의 Fourier 변환 $\langle A\rangle_\omega$는

$$\langle A\rangle_\omega = -\frac{i}{\hbar}\lim_{\gamma\to 0^+}\sum_{n\neq s}\Big[\frac{A_{sn}\tilde{V}_{ns}(\omega)}{i(\omega_{ns}-\omega-i\gamma)}+\frac{A_{ns}\tilde{V}_{sn}(\omega)}{i(\omega_{ns}+\omega+i\gamma)}\Big] \tag{11.50}$$

임을 알 수 있다. 식 (11.49) 의 적분을 하려면

$$\int d\omega\frac{f(\omega)}{\omega+\omega_{ns}+i\gamma} = -i\pi f(\omega=-\omega_{ns}) \tag{11.51}$$

를 이용하고, 이 때 $f(\omega=-\omega_{ns})$를 "주된 값"(principal value)이라고 한다.

이와 같이 어떤 연산자의 변화량을 그 연산자의 기대값에 대한 일차식까지 구하는 것을 "선형 반응 이론"(linear response theory)라고 한다. 선형 반응은 일반적으로 다음의 형태로 쓸 수 있다.

$$R(t) = \frac{1}{\sqrt{2\pi}}\int_{-\infty}^{t} dt' K(t-t')S(t'). \tag{11.52}$$

여기서 $R(t)$는 "반응"(response)라고 하고, $K(t-t')$은 "반응함수"(response function), 그리고 $S(t')$은 "원천"(source)이라고 한다. 그리고 인과관계를 만족시키기 위해 반응함수에 대한 경계조건으로는 $K(t'') = 0,\ t'' < 0$ 을 선택한다. 이 조건을 사용하면 식 (11.52)는

$$R(t) = \frac{1}{\sqrt{2\pi}}\int_{-\infty}^{\infty} dt' K(t-t')S(t') \tag{11.53}$$

으로 쓸 수 있고, 회선정리에 의하여 이 식의 Fourier 변환은 각각의 Fourier 변환의 곱으로 쓸 수 있다.

$$\tilde{R}(\omega) = \tilde{K}(\omega)\tilde{S}(\omega). \tag{11.54}$$

11.6.1 고전적인 전하를 띤 감쇠조화 진동자

질량 m, 전하 q인 입자가 전기장 $E(t)$ 안에서 일차원 진동하는 경우를 고려하자. 이때 운동방정식은

$$m\frac{d^2x}{dt^2} = -kx - 2m\gamma\frac{dx}{dt} + qE(t) \tag{11.55}$$

이다. 전기장이 없을 경우 ($E = 0$), 이 운동방정식의 해는 다음과 같다.

$$x(t) = x_0 \sin\omega_0 t e^{-\gamma t}, \quad \omega_0 = \sqrt{k/m - \gamma^2}. \tag{11.56}$$

이제 시간 t'에서 짧은 시간 dt' 동안 전기장에 의해 가해진 충격량은 $dp = qE(t')dt'$이다. 따라서 속도의 증가분은 $dv = dp/m = qE(t')dt'/m$이므로, t' 이전에 정지해 있는 입자의 미소변위 dx는 다음과 같이 주어진다.

$$dx(t) = \begin{cases} 0, & t < t' \\ \dfrac{q}{m\omega_0}E(t')dt' \sin\omega_0(t-t')e^{-\gamma(t-t')}, & t > t' \end{cases} \tag{11.57}$$

이다. 따라서

$$x(t) = \int dt' \frac{q}{m\omega_0}E(t')dt'\theta(t-t')\sin\omega_0(t-t')e^{-\gamma(t-t')} \tag{11.58}$$

이 되므로, 전기쌍극자 모멘트는

$$d(t) = qx(t) = \frac{1}{\sqrt{2\pi}}\int_{-\infty}^{\infty} dt' K(t-t')E(t') \tag{11.59}$$

의 형태로 쓸 수 있고, 여기서 반응함수는

$$K(t) = \sqrt{2\pi}\frac{q^2}{m\omega_0}\sin\omega_0 t e^{-\gamma t}\theta(t) \tag{11.60}$$

로 주어진다. 이 함수의 Fourier 변환은

$$\tilde{K}(\omega) = \frac{q^2}{m\omega_0}\int_0^{\infty} dt e^{i\omega t}\sin\omega_0 t e^{-\gamma t} = \frac{q^2}{2m\omega_0}\left[\frac{1}{\omega_0+\omega+i\gamma} + \frac{1}{\omega_0-\omega-i\gamma}\right] \tag{11.61}$$

이다. $\tilde{K}(\omega)$로부터 $K(t)$를 얻는 Fourier 역변환은 복소수 ω 공간에서 경로적분을 통하여 얻을 수 있다.

$$K(t) = \frac{1}{\sqrt{2\pi}}\int d\omega e^{-i\omega t}\tilde{K}(\omega)$$

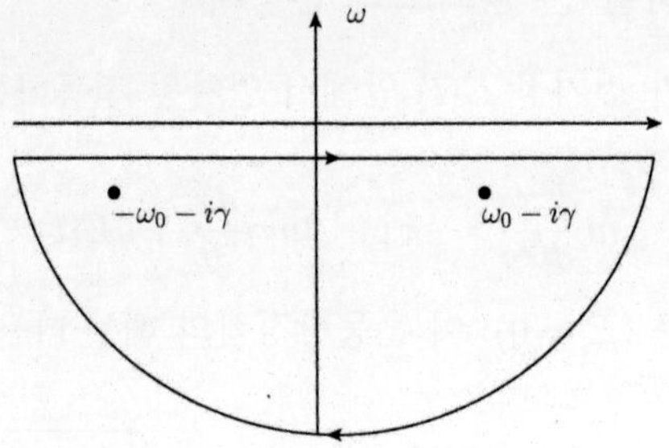

그림 11.5: 역 Fourier 변환을 할 때 복소수 ω 평면 위에서 취해야 하는 적분 경로.

$$\begin{aligned} &= \frac{q^2}{2m\omega_0}\frac{1}{\sqrt{2\pi}}\int_{-\infty}^{\infty} d\omega e^{-i\omega t}\Big(\frac{1}{\omega_0+\omega+i\gamma}+\frac{1}{\omega_0-\omega-i\gamma}\Big) \\ &= \frac{q^2}{2m\omega_0}\frac{1}{\sqrt{2\pi}}(-2\pi i)\Big(e^{i(\omega_0+i\gamma)t}+e^{-i(\omega_0-i\gamma)t}\Big)\theta(t). \end{aligned} \tag{11.62}$$

여기서 수렴인자 γ가 있는 항 때문에 그림 11.5에 나타나 있는 복소수 ω 평면에서 경로를 아래쪽으로 택해야 한다.

감쇠조화 진동자에서 마찰에 의해 방출되는 에너지는 다음과 같이 쓸 수 있다.

$$\begin{aligned} \text{방출 에너지} &= \int dt\dot{x}(t)F(t) = \int_{-\infty}^{\infty} dt\dot{d}(t)E(t) = \int_{-\infty}^{\infty} d\omega\tilde{E}^*(\omega)\tilde{\dot{d}}(\omega) \\ &= -i\int_{-\infty}^{\infty} d\omega\omega|\tilde{E}(\omega)|^2\tilde{K}(\omega) = \int_0^{\infty} d\omega\omega|\tilde{E}(\omega)|^2\Big(-i\tilde{K}(\omega)+i\tilde{K}^*(\omega)\Big) \\ &= \int_0^{\infty} d\omega\,\mathrm{Im}\,\tilde{K}(\omega)|\tilde{E}(\omega)|^2 2\omega. \end{aligned} \tag{11.63}$$

여기서 전기쌍극자 모멘트의 Fourier 변환 $\tilde{d}(\omega) = \tilde{K}(\omega)\tilde{E}(\omega)$와 변환함수가 실수 함수이기 때문에 이것의 Fourier 변환이 만족하는 성질 $\tilde{K}(-\omega) = \tilde{K}^*(\omega)$를 이용하였다. 식 (11.61)을 이용하면 $\tilde{K}(\omega)$의 허수 부분은 다음과 같다.

$$\mathrm{Im}\,\tilde{K}(\omega) = \frac{q^2}{2m\omega_0}\Big[\frac{-\gamma}{(\omega_0+\omega)^2+\gamma^2}+\frac{\gamma}{(\omega_0-\omega)^2+\gamma^2}\Big]. \tag{11.64}$$

11.6.2 Kramers–Kronig 관계

반응함수 $K(t)$와 Fourier 변환 $\tilde{K}(\omega)$ 사이의 관계뿐만 아니라 $\tilde{K}(\omega)$의 실수 부분과 허수 부분 사이에 서로 만족하는 관계가 있다. 다시 한 번 $K(t)$와 $\tilde{K}(\omega)$ 사이의 관계를 쓰면 다음과 같다.

$$K(t) = \frac{1}{\sqrt{2\pi}}\int_{-\infty}^{\infty} d\omega e^{-i\omega t}\tilde{K}(\omega). \tag{11.65}$$

시간이 $t < 0$일 때 경로를 위로 닫아야 하고, 인과율 때문에 그 경로적분은 0이 되어야 한다. 즉 $\tilde{K}(\omega)$는 복소수 ω 평면에서 윗쪽 반쪽의 평면에는 극점이 없어야 한다. 그뿐만 아니라 다음과 같은 관계를 갖고 있다. 지금부터는 당분간 표기를 간편하게 하기 위해 ~ 표시를 없애도록 하겠다.

정리 11.1 *Kramers–Kronig* **관계**

$$K(\omega) = \frac{1}{i\pi}\int_{-\infty}^{\infty} d\omega' K(\omega')\mathcal{P}\Big(\frac{1}{\omega'-\omega}\Big). \tag{11.66}$$

증명: 다음 적분을 정의하자.

$$I(\omega) \equiv \int_{-\infty}^{\infty} d\omega' \mathcal{P}\Big(\frac{1}{\omega'-\omega}\Big). \tag{11.67}$$

그림 11.6에서 정한 적분경로 C'을 따라 적분을 하면 경로 내부에 극점이 없으므로 그 적분은 0이 된다. 이 적분을 각각의 부분으로 나누어 쓰면 다음과 같다.

$$\begin{aligned} 0 &= \int_{C'} d\omega' K(\omega')\frac{1}{\omega'-\omega} \qquad (11.68)\\ &= \int_{-\infty}^{\infty} K(\omega')\mathcal{P}\Big(\frac{1}{\omega'-\omega}\Big) + \lim_{\delta\to 0} i\int_{\pi}^{0} d\theta K(\omega+\delta e^{i\theta}) + i\lim_{R\to\infty}\int_0^{\pi} d\theta K(Re^{i\theta}) \\ &= I(\omega) - i\pi K(\omega) + 0 \end{aligned}$$

이다. 첫 번째 적분은 실수축을 따라, 두 번째 적분은 반지름이 δ로 매우 작은 반원을 따라, 그리고 세 번째 적분은 반지름 R이 매우 큰 반원을 따라 적분한 것이다. 여기서

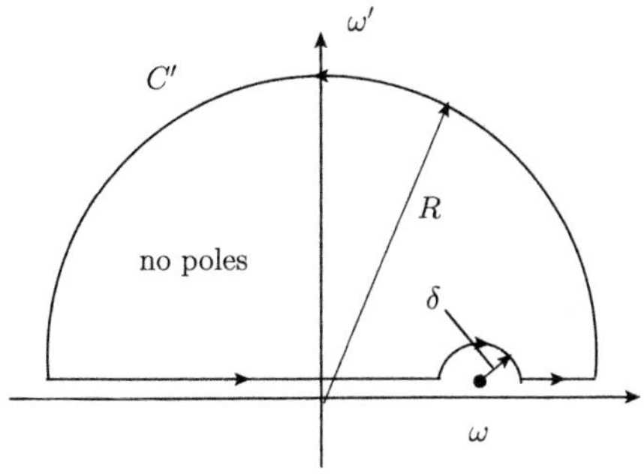

그림 11.6: K를 구하기 위한 복소수 ω' 평면에서의 적분 경로 C'.

마지막 항이 0이 되는 것은 $\omega \to \infty$일 때 $K(\omega) \to 1/\omega$이기 때문이다. 이 결과로부터

$$K(\omega) = \frac{1}{i\pi}\int_{-\infty}^{\infty} d\omega' K(\omega')\mathcal{P}\Big(\frac{1}{\omega'-\omega}\Big) \tag{11.69}$$

이 되어 증명을 할 수 있다. ♣

이 관계에서 실수 부분과 허수 부분을 취하면 원하는 Kramers–Kronig 관계를 얻을 수 있다. Re$K = K_1$, Im$K = K_2$라고 놓으면 Kramers–Kronig 관계는 다음과 같다.

$$\begin{aligned} K_1(\omega) &= \frac{1}{\pi}\int d\omega' K_2(\omega')\mathcal{P}\Big(\frac{1}{\omega'-\omega}\Big), \\ K_2(\omega) &= -\frac{1}{\pi}\int_{-\infty}^{\infty} d\omega' K_1(\omega')\mathcal{P}\Big(\frac{1}{\omega'-\omega}\Big). \end{aligned} \tag{11.70}$$

이 관계는 $K(t)$가 실수라면 $K(-\omega) = K^*(\omega)$를 만족하므로, 다음과 같이 쓸 수 있다.

$$\begin{aligned} K_1(\omega) &= \frac{2}{\pi}\int_0^{\infty} K_2(\omega)\mathcal{P}\Big(\frac{\omega' d\omega'}{\omega'^2-\omega^2}\Big), \\ K_2(\omega) &= -\frac{2}{\pi}\int_0^{\infty} K_1(\omega)\mathcal{P}\Big(\frac{\omega d\omega'}{\omega'^2-\omega^2}\Big). \end{aligned} \tag{11.71}$$

11.7 전기장 안에 있는 원자

앞 절에서 언급한 선형 반응 이론에 의하면, 처음 시간에 $(t = -\infty)$ s 상태에 있을 때 시간 t에서 연산자 A의 기대값의 변화는 다음과 같이 주어진다는 것을 보였다.

$$\langle \delta A\rangle_t = \sum_{n\neq s}\Big(-\frac{i}{\hbar}\int_{-\infty}^{t} dt' A_{sn}V_{ns}(t')e^{-i\omega_{ns}(t-t')} + \text{h.c.}\Big). \tag{11.72}$$

이제 원자가 공간에 대해서는 균일하지만 시간에 따라 변하는 전기장 $\mathbf{E}(t)$ 안에 있을 경우, 시간에 의존하는 섭동이론을 이용하여 전이확률과 전기쌍극자 모멘트 연산자의 기대값을 구해보자. 퍼텐셜에너지는 $V(t) = -\mathbf{E}(t)\cdot\mathbf{d}$로 쓸 수 있다. 그러면 $V_{ns}(t) = -\sum_i E_i(t)\langle n|d_i|s\rangle$이다. 일반적인 연산자 A에 전기쌍극자 연산자 d_i를 집어 넣고, δd_i라는 표현 대신 d_i라는 표현을 사용하여 식 (11.72)를 쓰면 다음과 같다.

$$\begin{aligned} \langle d_i\rangle_t \;=\; & \sum_{n\neq s}\frac{i}{\hbar}\int_{-\infty}^{t} dt'\Big[\langle s|d_i|n\rangle\langle n|d_j|s\rangle e^{-i\omega_{ns}(t-t')}E_j(t') \\ & -\langle s|d_j n\rangle\langle n|d_i|s\rangle e^{i\omega_{ns}(t-t')}E_j(t')\Big]. \end{aligned} \tag{11.73}$$

이 식을 Einstein의 합에 대한 규칙을 이용하여 표현하면 다음과 같이 쓸 수 있다.

$$\langle d_\mu \rangle_t = \frac{1}{\sqrt{2\pi}} \int_{-\infty}^{\infty} dt' \alpha_{\mu\nu}(t-t') E_\nu(t') \tag{11.74}$$

이 형태는 선형 반응 이론에서 반응과 반응함수, 그리고 원천 사이의 관계를 나타낸 식과 같음을 볼 수 있다. 여기서 $\mu = x$, y 또는 z이고, ν는 반복된 첨자이므로 모든 x, y, z (또는 1, 2, 3)에 대해 더해주면 된다.

식 (11.73)과 식 (11.74)를 결합하면 $\alpha_{\mu\nu}$는 다음과 같이 쓸 수 있다.

$$\alpha_{\mu\nu} = \sqrt{2\pi}\frac{i}{\hbar}\sum_{n\neq s}\Big[\langle s|d_\mu|n\rangle\langle n|d_\nu|s\rangle e^{-i\omega_{ns}t} - \langle s|d_\nu|s\rangle\langle n|d_\nu|s\rangle e^{i\omega_{ns}t}\Big]\theta(t). \tag{11.75}$$

$\alpha_{\mu\nu}(t)$의 Fourier 변환을 보기 위해 식 (11.75)에서 시간에 의존하는 부분만 끄집어 낸 $h(t) = \sqrt{2\pi}e^{-i\omega_{ns}t}\theta(t)$의 Fourier 변환을 구해보면 다음과 같다.

$$\begin{aligned} h(\omega) &= \int_{-\infty}^{\infty} dte^{i\omega t - i\omega_{ns}t}\theta(t) = \int_{0}^{\infty} dte^{i(\omega-\omega_{ns})t} \\ &= \lim_{\eta\to 0^+}\int_{0}^{\infty} dte^{-\gamma t + i(\omega-\omega_{ns})t} = \frac{i}{\omega - \omega_{ns} + i\gamma} = \frac{-i}{\omega_{ns} - \omega - i\gamma}. \end{aligned} \tag{11.76}$$

여기서 적분이 수렴하도록 수렴인자 $e^{-\gamma t}$를 집어 넣었다. 이 결과를 이용하면 $\alpha_{\mu\nu}(t)$의 Fourier 변환은

$$\alpha_{\mu\nu}(\omega) = \frac{1}{\hbar}\sum_{n\neq s}\Big[\frac{\langle s|d_\mu|n\rangle\langle n|d_\nu|s\rangle}{\omega_{ns} - \omega - i\gamma} + \frac{\langle s|d_\nu|n\rangle\langle n|d_\mu|s\rangle}{\omega_{ns} + \omega + i\gamma}\Big] \tag{11.77}$$

임을 알 수 있다. 이것을 "편극도 텐서"(polarizability tensor)라고 하며 일반적으로 전기 쌍극자모멘트의 기대값과 전기장 사이의 관계를 진동수 공간에서 나타내는 물리량이다. 참고로

$$\frac{1}{\omega_{ns} - \omega - i\gamma} = \mathcal{P}\Big(\frac{1}{\omega_{ns} - \omega}\Big) + i\pi\delta(\omega_{ns} - \omega) \tag{11.78}$$

로 표현하며, 여기서 $\mathcal{P}$는 주된 값을 나타낸다. 만일 처음 상태의 수명 $\tau = 1/\Gamma$를 고려하면 위 식들의 표현에서 γ 대신 $\Gamma/2$를 집어넣어

$$\frac{1}{\omega_{ns} - \omega - i\gamma} \to \frac{1}{\omega_{ns} - \omega - i\Gamma/2} \tag{11.79}$$

로 표현하면 된다.

한편 처음 상태 $|s\rangle$에서 나중 상태 $|n\rangle$으로 옮겨갈 전이확률은 식 (11.11)의 결과를

이용하면

$$|c_n|^2 = \frac{2\pi}{\hbar^2}\left|\tilde{\mathbf{E}}(\omega_{ns})\cdot\mathbf{d}_{ns}\right|^2 \tag{11.80}$$

으로 표현된다. 식 (11.80)에서 $\mathbf{d}_{ns}$는 $\mathbf{d}_{ns} \equiv \langle n|\mathbf{d}|s\rangle$로 정의된 양으로, 전기쌍극자 모멘트 연산자를 $|n\rangle$과 $|s\rangle$ 상태 사이에 집어넣어 구한 행렬요소이다.

이제 다음의 텐서를 정의하자.

$$g_{\mu\nu} \equiv \sum_{n\neq s}\delta(\omega-\omega_{ns})\langle n|d_\mu|s\rangle^*\langle n|d_\nu|s\rangle. \tag{11.81}$$

여기서 $\mu,\nu = 1,2,3$의 값을 가질 수 있고 1, 2, 3은 각각 x, y, z 방향을 나타낸다. 이 텐서를 "편극텐서"(polarization tensor)라고 한다. 이를 이용하여 전이확률을 구하면

$$P = \sum_{n\neq s}P_{s\to n} = \sum_{n\neq s}|c_n|^2 = \frac{2\pi}{\hbar^2}\int d\omega\, g_{\mu\nu}(\omega)\tilde{E}^*_\mu(\omega)\tilde{E}_\nu(\omega) \tag{11.82}$$

로 표현할 수 있다. 편극도 텐서와 편극텐서 사이의 관계는 다음과 같다.

$$\alpha_{\mu\nu}(\omega) = \frac{1}{\hbar}\int_{-\infty} d\omega'\left[\frac{g_{\mu\nu}(\omega')}{\omega'-\omega-i\gamma}+\frac{g_{\nu\mu}(\omega')}{\omega'+\omega+i\gamma}\right]. \tag{11.83}$$

여기서 $g_{\nu\mu}(\omega') = g^*_{\mu\nu}(\omega')$을 만족한다. 만일 H_0가 구면대칭성이 있고, 처음 상태 $|s\rangle$가 졸들어 있지 않다면, $g_{\mu\nu}$는 방향성이 없으므로, 축의 선택에 대해 무관하다. 즉, $g_{\mu\nu}(\omega) = g(\omega)\delta_{\mu\nu}$이고, $g_{xx} = g_{yy} = g_{zz}$이다. 이 경우 편극도 텐서도 $\alpha_{\mu\nu}(\omega) = \delta_{\mu\nu}\alpha(\omega)$로 쓸 수 있다.

처음 상태 $|s\rangle$가 구면대칭성이 있는 바닥상태라고 가정하면, 편극도 $\alpha(\omega)$는

$$\langle\mathbf{d}\rangle_\omega = \alpha(\omega)\tilde{\mathbf{E}}(\omega) \tag{11.84}$$

로 정의하였으므로, $g(\omega)$와 $\alpha(\omega)$는 다음과 같이 쓸 수 있다.

$$\begin{aligned} g(\omega) &= \sum_{n\neq s}|\langle n|d_z|s\rangle|^2\delta(\omega-\omega_{ns}), \\ \alpha(\omega) &= \lim_{\gamma\to 0^+}\int_0^\infty \frac{d\omega'}{\hbar}g(\omega')\Big(\frac{1}{\omega'-\omega-i\gamma}+\frac{1}{\omega'+\omega+i\gamma}\Big). \end{aligned} \tag{11.85}$$

α에 대한 적분구간은 주어진 상태에 대하여 $\omega < 0$일 때 $g(\omega) = 0$이기 때문이다. 연습문제에 있는 결과를 쓰면 (연습문제 3) 다음의 결과를 얻는다.

$$\mathrm{Im}\,\alpha(\omega) = \frac{\pi}{\hbar}g(|\omega|)\,\mathrm{sgn.}(\omega). \tag{11.86}$$

여기서 특히 $\omega = 0$인 경우, $\alpha(\omega = 0) = \alpha_0$를 "정적 편극도"(static polarizability)라고 한다. 식 (11.85)를 이용하면 정적편극도를

$$\alpha_0 = \int_0^\infty \frac{2}{\hbar} d\omega' \frac{g(\omega')}{\omega'} = 2\sum_{n \neq s} \frac{|\langle n|d_z|s\rangle|^2}{E_n^0 - E_s^0} \tag{11.87}$$

로 표현할 수 있다.[1]

11.8 f합 규칙

f합 규칙(f sum rule)이란 흡수단면적을 띄엄띄엄 한 에너지 준위로 옮겨가는 기여와 연속적인 에너지 준위로 옮겨가는 기여를 더한 관계식을 나타낸 것으로, 이를 편극텐서를 이용한 적분으로도 나타낼 수 있다. 그 첫 번째 형태로 다음의 f합 규칙을 들 수 있다.

정리 11.2 f합 규칙

$$\int_{-\infty}^\infty g(\omega)\omega d\omega = \frac{\hbar e^2}{2m} Z. \tag{11.88}$$

여기서 Z는 원자 안에 있는 전자의 수이고 m은 전자의 질량이다. 이 결과는 $|s\rangle$가 바닥 상태가 아닐 때에도 성립한다.

증명: 해밀토니안을

$$H_0 = \sum_{i=1}^{Z}\left(\frac{\mathbf{p}_i^2}{2m} + V(\mathbf{r}_i)\right) + \frac{1}{2}\sum_{i \neq j} V(\mathbf{r}_i - \mathbf{r}_j) \tag{11.89}$$

로 표현할 수 있는 경우를 고려하자. 여기서 $[\mathbf{r}_i, H_0] = i\hbar\mathbf{p}_i/m$이므로

$$[[z_i, H_0], z_j] = \delta_{ij}\frac{\hbar^2}{m} \tag{11.90}$$

이 된다. 전기쌍극자 모멘트 연산자의 z 성분이 $d_z = -e\sum_i z_i$인 것을 이용하면

$$[[d_z, H_0], d_z] = Z\frac{e^2\hbar^2}{m} \tag{11.91}$$

[1]이 결과를 시간에 무관한 섭동이론을 사용하여 유도해 보는 것은 좋은 연습문제가 될 것이나.

가 된다. 식 (11.91) 의 결과를 "**Thomas–Reiche–Kuhn** 합규칙이라고 한다. (2장 연습문제 2번 참조) 따라서 다음과 같이 계산할 수 있다.

$$\begin{aligned}\int_{-\infty}^{\infty} \omega g(\omega) d\omega &= \sum_{n \neq s} |\langle n|d_z|s\rangle|^2 \frac{E_n^0 - E_s^0}{\hbar} = \sum_n |\langle n|d_z|s\rangle|^2 \frac{E_n^0 - E_s^0}{\hbar} \qquad (11.92)\\ &= \frac{1}{\hbar}\sum_n \Big(\langle s|d_z|n\rangle E_n^0 \langle n|d_z|s\rangle - \langle n|d_z s\rangle E_s^0 \langle s|d_z|n\rangle \Big) \\ &= \frac{1}{\hbar}\Big(\langle s|d_z H_0 d_z|s\rangle - \langle s|d_z^2 H_0|s\rangle \Big) \\ &= \frac{1}{2\hbar}\langle s|[[d_z, H_0], d_z]|s\rangle = \frac{Ze^2\hbar}{2m}. \text{ (증명끝) } \clubsuit\end{aligned}$$

한편 "진동강도"(oscillator strength) f_{ns} 를

$$f_{ns} = \frac{2m}{\hbar}\omega_{ns}|z_{ns}|^2 \qquad (11.93)$$

로 정의하면, $g(\omega)$ 는

$$g(\omega) \equiv \sum_n \delta(\omega - \omega_{ns}) \frac{\hbar e^2}{2m\omega_{ns}} f_{ns} \qquad (11.94)$$

의 형태로 쓸 수 있다. 이 경우에는 f 합 규칙은 $\sum_n f_{ns} = Z$ $(f_{ns} > 0)$ 이 된다. 식 (11.81) 에서 볼 수 있듯이, 주어진 n 값에 대해서 더하는 각각의 양들이 모두 양수이므로 $\omega_{ns} > 0 (< 0)$ 일 때에는 $f_{ns} > 0 (< 0)$ 이다. 참고로 단조화진동자의 경우에는 에너지 스펙트럼을 보면 서로 이웃한 에너지 준위 간격이 일정하므로 $f_{ns} = 1$ 임을 쉽게 알 수 있다. 식 (11.94)를 살펴보면 분모에 ω_{ns} 가 있으므로 ω_{ns} 가 작은, 다시 말하면 가장 가까운 이웃에 있는 에너지 준위에 의한 기여가 제일 크다. $1s$ 상태에 있는 수소원자의 경우에는 구면대칭성으로 인해 $2p$ 의 상태가 진동강도의 대부분을 차지함을 알 수 있다.

그러면 흡수단면적은 다음과 같이 쓸 수 있다.

$$\sigma_{\text{abs}} = \frac{4\pi^2\omega}{\hbar c} g(\omega) = \frac{4\pi^2\omega}{\hbar c}\sum_{n\neq s}\frac{\hbar e^3}{2m\omega}\delta(\omega - \omega_{ns}) f_{ns} = \frac{2\pi^2 e^2}{mc}\sum_n \delta(\omega - \omega_{ns}) f_{ns}. \qquad (11.95)$$

이것을 모든 진동수에 대해 적분하면 다음의 결과를 얻는다.

$$\int d\omega \sigma_{\text{abs}} = \frac{2\pi^2 e^2}{mc}\sum_n f_{ns} = \frac{2\pi^2 e^2}{mc} Z. \qquad (11.96)$$

증명을 하지는 않겠지만 $\omega \to \infty$ 일 때 $\text{Re}\,\alpha(\omega) \to -Ze^2/m\omega^2$ 인 성질을 만족한다. 합규칙은 식 (11.88)을 포함하여 다른 여러 형태로 표현되는 것을 볼 수 있는데 이들은

다음과 같다.

$$
\begin{aligned}
\int_0^\infty \omega g(\omega)d\omega &= \frac{\hbar e^2}{2m}Z, \\
\int_0^\infty \omega \mathrm{Im}\,\alpha(\omega)d\omega &= \frac{\pi e^2}{2m}Z, \\
\int_0^\infty \sigma_{\mathrm{abs}}(\omega)d\omega &= \frac{2\pi^2 e^2}{mc}Z, \\
\sum_n f_{ns} &= Z.
\end{aligned} \tag{11.97}
$$

ω가 커지는 극한에서 $\mathrm{Im}\,\alpha(\omega)$에 대한 일반적인 표현식은 없지만, 합규칙에 의하면 이 양은 $1/\omega^2$보다 빨리 0으로 접근해야 한다. 하지만 물리적으로 볼 때 보통 훨씬 빨리 0에 접근한다. 이에 대한 예를 들어보자.

$$\mathrm{Im}\,\alpha(\omega) = \frac{\pi}{\hbar}\sum_{n\neq s}|d_{ns}^z|^2\delta(\omega-\omega_{ns}) \tag{11.98}$$

로 주어지는데, 모든 상태가 띄엄띄엄 떨어진 상태라고 하면 $\omega > \omega_{\max}$인 경우에는 $\mathrm{Im}\,\alpha(\omega) = 0$이다. 또한 수소 원자의 경우에는 큰 에너지의 경우 연속상태를 이루는데, 이때 전기쌍극자 모멘트의 행렬요소는

$$\langle k|\mathbf{d}|s\rangle \longrightarrow \frac{k}{\omega}\langle k|s\rangle = \frac{k}{\omega}\frac{1}{k^4} \sim \omega^{-5/2} \tag{11.99}$$

이다. 여기서 $\mathbf{d}$의 크기는 $[\mathbf{r}_i, H_0] = i\hbar\mathbf{p}_i/m$을 이용하면 k/ω 정도가 되고, $\langle k|s\rangle$의 크기는 바닥상태의 Fourier 변환에 해당되는 양으로 k가 클 때에는 $1/k^4$에 비례한다. [식 (11.196) 참조.] 그리고 상태밀도는 $\rho(\omega) \sim \omega^{1/2}$이므로 이 모든 것을 결합하면 $\sigma_{\mathrm{abs}} \propto \omega^{-9/2}$가 되어 합규칙의 결과보다는 훨씬 빨리 0으로 가는 결과를 얻게 된다. 이와 같이 합규칙을 이용하면 ω가 클 때 흡수단면적이 어떻게 ω에 의존하는지 알 수 있다.

11.9 Coulomb 들뜸

전하를 띤 입자들이 충돌할 때 섭동이론을 이용하여 충돌단면적을 구할 수 있다. 특히 표적입자의 에너지가 바뀌는 경우, 다시 말하면 비탄성충돌의 경우에도 산란단면적과 표적입자가 입사입자의 에너지를 흡수하여 들뜬 상태로 옮겨갈 때 입사입자의 에너지 손실률을 구할 수 있다.

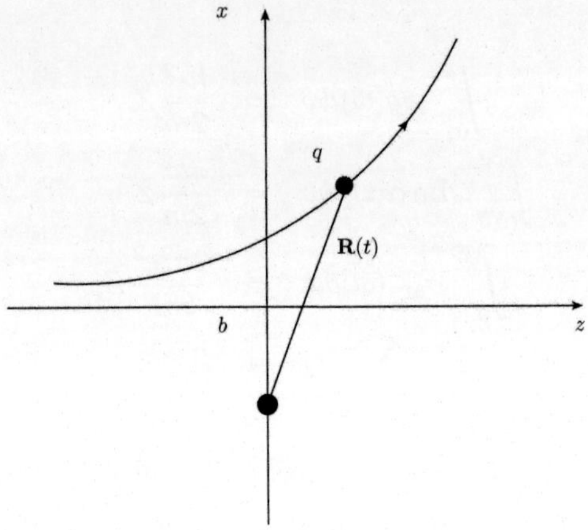

그림 11.7: q의 전하를 가진 입자가 원자 주위를 지나가고 있다. b는 충돌인자이고, $\mathbf{R}(t)$는 전하를 띤 입자의 순간적인 위치이다.

전하 q를 띤 입자가 고전적으로 원자 주위를 빨리 움직일 때 이 입자의 에너지 손실을 시간에 의존하는 섭동이론을 이용하여 구할 수 있는데, 이 경우 해밀토니안은

$$H = H_0 - e\sum_{i=1}^{Z}\Big(\Phi(\mathbf{r}_i, t) - \Phi(0, t)\Big) \tag{11.100}$$

로 주어진다. 여기서 스칼라 퍼텐셜 Φ는

$$\Phi(\mathbf{r}, t) = \frac{q}{|\mathbf{r} - \mathbf{R}(t)|} \tag{11.101}$$

로 주어지는 정전기 Coulomb 퍼텐셜이며, $\mathbf{R}(t)$는 전하를 띤 입자의 궤도이다. 그림 11.7은 이 충돌을 대략적으로 보여주며, 도입된 변수들도 나타내었다.

이때 충돌인자 b가 원자의 전형적인 크기 a_H보다 매우 클 경우에는 $(b \gg a_H)$

$$H \sim H_0 - \mathbf{d} \cdot \mathbf{E}(0, t) \tag{11.102}$$

로 주어지고, 원점에서의 전기장은

$$\mathbf{E}(0, t) = -\frac{q\mathbf{R}(t)}{|\mathbf{R}|^3} \tag{11.103}$$

이다. 이 전기장의 분포를 그림 11.8에 나타내었다. 여기서는 단지 E_x와 E_z만을 그렸다. E_y는 E_x와 비슷한 형태를 가진다.

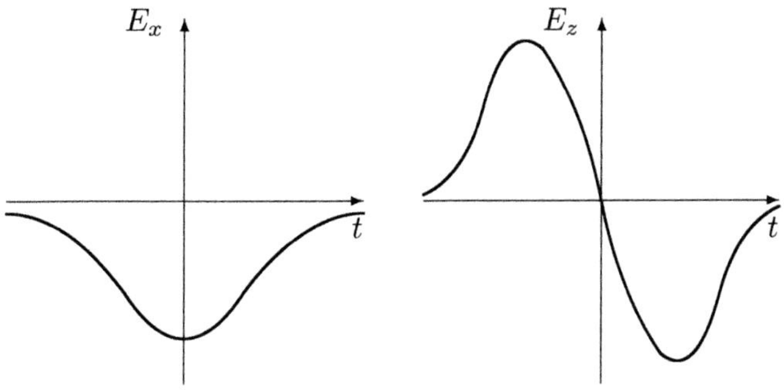

그림 11.8: 지나가는 전하 q에 의해 원점에 있는 원자가 겪는 전기장의 x성분과 z성분의 시간에 대한 변화.

만일 입사입자가 표적에서 멀리 떨어져 있으며 산란할 때에는, 식 (11.101)에 있는 Coulomb 퍼텐셜의 분모를 "다중극 전개"(multipole expansion)를 이용하여 표현할 수 있다.

$$\frac{1}{|\mathbf{r}_i - \mathbf{R}(t)|} = \sum_{l=0}^{\infty} \frac{r_i^l}{R_{l+1}} P_l(\hat{\mathbf{r}}_i \cdot \hat{\mathbf{R}}). \tag{11.104}$$

여기서 $P_l(\hat{\mathbf{r}}_i \cdot \hat{\mathbf{R}})$은 Legendre 함수이다. 이때 $t = \infty$에서 k번째 상태로 전이할 전이확률진폭 $c_k(\infty)$는

$$c_k(\infty) = \frac{ieq}{\hbar} \sum_{l=0}^{\infty} \int_{-\infty}^{\infty} dt'\, e^{i\omega_{ks}t'} \frac{1}{\big(R(t')\big)^{l+1}} \langle k| \sum_{i=1}^{Z} r_i^l P_l(\hat{\mathbf{r}}_i \cdot \hat{\mathbf{R}})|s\rangle \tag{11.105}$$

이다. 이 때 전기쌍극자 전이($l = 1$)를 고려하자. 입사입자의 궤도가 xz평면에 있다고 하면

$$r_i P_1(\hat{\mathbf{r}}_i \cdot \hat{\mathbf{R}}) = \mathbf{r}_i \cdot \hat{\mathbf{R}} = x_i \sin\theta(t) + z_i \cos\theta(t) \tag{11.106}$$

이다. 여기서 θ는 $\mathbf{R}$이 z축과 이루는 각도이다.

입사된 입자의 처음 속도를 v라고 하면, 구면대칭성을 가진 퍼텐셜 내부에서 전하의 고전적인 운동으로부터 $R^2(t)d\theta/dt = bv$인 관계를 얻으므로

$$c_k^1(\infty) \quad = \quad \frac{ieq}{\hbar} \int_{-\infty}^{\infty} dt'\, e^{i\omega_{ks}t'} \frac{1}{R^2(t)} \Big(x_{ks} \sin\theta(t') + z_{ks} \cos\theta(t') \Big)$$

$$= \frac{ieq}{\hbar bv}\int_{-\pi}^{\theta(b)} e^{i\omega_{ks}t'}\big(x_{ks}\sin\theta + z_{ks}\cos\theta\big)d\theta \tag{11.107}$$

를 얻는다. 이제 충돌시간이 $1/\omega_{ks}$보다 매우 작다고 가정하자. 그러면

$$c_k(\infty) = \frac{ieq}{\hbar bv}\Big(x_{ks}\big(1+\cos\theta(b)\big) - z_{ks}\sin\theta(b)\Big) \tag{11.108}$$

이 된다. 큰 각도의 산란을 무시하면(실제로 이런 산란이 일어날 확률은 작다), 즉 $\theta \approx 0$일 경우

$$c_k(\infty) = \frac{2ieq}{\hbar bv}x_{ks} \tag{11.109}$$

가 되므로, 충돌인자가 b인 이와 같은 비탄성 충돌에서 평균에너지 손실 T는

$$T = \sum_k (E_k - E_s)|c_k(\infty)|^2 = \frac{4e^2q^2}{\hbar^2 b^2 v^2}\sum_k (E_k - E_s)|x_{ks}|^2 \tag{11.110}$$

로 쓸 수 있다. 한편 전자가 Z개 있는 중성원자에 대한 f 합규칙

$$\frac{2m}{\hbar^2}\sum_k (E_k - E_s)|x_{sk}|^2 = Z \tag{11.111}$$

임을 이용하면, Z개의 전자가 있는 원자와 멀리서 충돌을 할 때 빠르게 움직이는 전하를 띤 입자의 평균에너지 손실 T는 다음과 같다.

$$T = \frac{4e^2q^2}{\hbar^2 b^2 v^2}\frac{Z\hbar^2}{2m} = \frac{2Zq^2e^2}{mb^2v^2}. \tag{11.112}$$

이 결과는 고전적인 결과와도 기본적으로 일치하는 것이다. 고전적으로 에너지 손실을 구하는 방법은 Jackson의 책 "Classical Electrodynamics" 13장을 참고하기 바란다.

11.10 광학적 들뜸에 대한 준고전적 이론

앞 절에서 유도한 시간에 의존하는 섭동이론으로 벡터 퍼텐셜 $\mathbf{A}(\mathbf{r},t)$로 기술되는 고전적인 전자기장과 원자 사이의 상호작용을 기술할 수 있다. 우선 공간에 전하가 없으면, 스칼라 퍼텐셜을 $\Phi = 0$으로 정할 수 있다. 이제 벡터 퍼텐셜을 유일하게 결정하기 위해 Coulomb 게이지 $\nabla\cdot\mathbf{A} = 0$ 을 선택하자. 그러면 $\mathbf{A}$는 다음의 파동방정식을 만족한다.

$$\frac{1}{c^2}\frac{\partial^2\mathbf{A}}{\partial t^2} - \nabla^2\mathbf{A} = 0. \tag{11.113}$$

이 식의 해는 평면파동의 형태이고, 임의의 모양을 가지는 파동을 만들려면 이 평면파동들을 적당히 중첩시키면 된다. 즉

$$\mathbf{A}(\mathbf{r},t) = \mathrm{Re}\int d^3k\,\mathbf{A}(\mathbf{k})e^{i\,\mathbf{k}\cdot\mathbf{r}-i\omega_k t} \tag{11.114}$$

로 표시할 수 있다. 따라서 이제부터 벡터 퍼텐셜을 $\mathbf{A}(\mathbf{k})e^{i\mathbf{k}\cdot\mathbf{r}-i\omega_k t}$로 사용하고, 나중에 물리적으로 의미있는 양을 논할 때에는 이 양의 실수 부분만을 고려하겠다. 이 벡터 퍼텐셜은 우리가 선택한 Coulomb 게이지에 의해 $\mathbf{k}\cdot\ \mathbf{A}(\mathbf{k}) = 0$을 만족한다. 그리고 ω_k는 전자기파의 분산관계 $\omega_k = ck$를 만족한다.

비섭동 해밀토니안은 전자기장이 없을 때 원자의 해밀토니안으로 정하자. 즉

$$H_0 = \sum_{i=1}^{Z}\frac{\mathbf{p}_i^2}{2m} + \text{원자의 퍼텐셜에너지} \tag{11.115}$$

이고, 전자기장과와의 상호작용을 포함한 전체 해밀토니안은

$$\mathbf{p}_i \to \mathbf{p}_i + \frac{e}{c}\mathbf{A}(\mathbf{r}_i,t),\ \ (q=-e,\ e>0) \tag{11.116}$$

로 바꾸면 얻을 수 있다. 전자기장이 작아서, 벡터 퍼텐셜 $\mathbf{A}$의 크기가 작을 때, $\mathbf{A}$의 일차항까지만 해밀토니안을 쓰면 다음과 같다.

$$H = H_0 + \sum_{i=1}^{Z}\frac{e}{2mc}\Big(\mathbf{p}_i\cdot\mathbf{A}(\mathbf{r}_i,t)+\mathbf{A}(\mathbf{r}_i,t)\cdot\mathbf{p}_i\Big) + \frac{g\mu_B}{\hbar}\sum_i \mathbf{B}(\mathbf{r}_i,t)\cdot\mathbf{S}_i. \tag{11.117}$$

식 (11.117)에서 두 번째 항을 시간에 의존하는 섭동으로 보고 시간에 의존하는 섭동이론을 사용하겠다. 마지막 항은 전자의 스핀과 자기장과의 상호작용을 나타내는데, 여기서는 당분간 무시하기로 하겠다.

벡터 퍼텐셜 $\mathbf{A}$는 Coulomb 게이지를 선택하였으므로 $\nabla\cdot\mathbf{A}=0$을 만족한다. 따라서 식 (11.117)의 두 번째 항은

$$V(t) = \frac{e}{mc}\sum_{i=1}^{Z}\mathbf{A}(\mathbf{r}_i)\cdot\mathbf{p}_i \tag{11.118}$$

로 쓸 수 있다. 에너지가 $\hbar\omega \approx 1$ Ryd정도에 해당하는 광학적 파동의 경우에는 $2\pi/k \approx$ 1000A이다. 따라서 $\mathbf{k}\cdot\mathbf{r}\approx ka_H \ll 1$이 되므로, 일차 어림하여 $\mathbf{A}(\mathbf{r},t)\sim\mathbf{A}(0,t)$라고 할 수 있다. 이 경우 $\mathbf{B}=\nabla\times\mathbf{A}\approx 0$이므로, 식 (11.117)의 마지막 항을 무시할 수 있다. 반면에 전기장은

$$\mathbf{E} = -\frac{1}{c}\frac{\partial\mathbf{A}}{\partial t} \neq 0 \tag{11.119}$$

이다. 따라서 퍼텐셜에너지는 다음과 같이 쓸 수 있다.

$$V(t) = \frac{e}{mc}\mathbf{A}(0,t) \cdot \sum_{i=1}^{Z} \mathbf{p}_i. \tag{11.120}$$

이제 시간에 의존하는 섭동이론을 사용하여 전이확률을 구해보자. 우선 연산자 사이의 관계 $[\mathbf{r}_i, H_0] = i\hbar\mathbf{p}_i/m$를 이용하면

$$\langle n|\mathbf{p}_i|s\rangle = \frac{m}{i\hbar}\langle n|[\mathbf{r}_i, H_0]|s\rangle = \frac{m}{i\hbar}(E_s^0 - E_n^0)\langle n|\mathbf{r}_i|s\rangle \tag{11.121}$$

가 된다. 이제 전기쌍극자 모멘트 $\mathbf{d} = -e\sum_i \mathbf{r}_i$를 이용하면

$$\frac{e}{m}\sum_{i=1}^{Z}\langle n|\mathbf{p}_i|s\rangle = -i\omega_{ns}\langle n|\mathbf{d}|s\rangle \tag{11.122}$$

이 되어, $|s\rangle$ 상태에서 $|n\rangle$ 상태로의 전이확률은 다음과 같다.

$$\begin{aligned} P_{s\to n} &= |c_n(\infty)|^2 = \frac{2\pi}{\hbar^2}|\tilde{V}_{ns}(\omega)|^2 \\ &= \frac{2\pi}{\hbar^2}\frac{\omega_{ns}^2}{c^2}\left|\tilde{\mathbf{A}}(\omega_{ns})\cdot\mathbf{d}_{ns}\right|^2 = \frac{2\pi}{\hbar^2}\left|\tilde{\mathbf{E}}(\omega_{ns})\cdot\mathbf{d}_{ns}\right|^2. \end{aligned} \tag{11.123}$$

수소원자가 $1s$ 상태에 있는 경우를 고려하자. 전기장의 방향이 $\mathbf{E} \parallel \hat{\mathbf{z}}$이 되도록 z축을 정하면 $\langle n|d_z|s\rangle$는 $\langle n|z|s\rangle$에 비례하게 된다. 한편 $z = r\cos\theta \propto rY_{10}(\theta,\phi)$이므로, 결국 $z|s\rangle \propto Y_{10}$이다. 따라서 상태 $|n\rangle$의 양자수가 $l=1$, $m=0$가 아닌 한 $\langle n|z|s\rangle = 0$이 되는 "선택규칙"을 얻는다.

가끔 어떤 특정한 상태로 옮겨가는 전이확률을 전기쌍극자 어림방법을 사용하여 구해보면, 그 결과가 0이 될 때가 있다. 그러나 이 경우에는 물리계가 어떤 대칭성이 있다든지 하는 특별한 이유가 없다면 전이가 불가능한 것은 아니다. 이렇게 어떤 전이확률이 0이 될 때, 주목할 것은 전기쌍극자 어림방법에서는

$$\mathbf{A}(\mathbf{r},t) = \mathbf{A}(\mathbf{k})e^{i(\mathbf{k}\cdot\mathbf{r}-\omega t)} \to \mathbf{A}(\mathbf{k})e^{-i\omega t} \tag{11.124}$$

로 어림하여 계산했다는 것이다. 따라서 이 경우에는 kr의 1차항 이상의 고차항을 포함하면, 물리계에 특별한 대칭성이 있지 않는 한 일반적으로 0이 아닌 전이확률을 얻는다. 물론 이 확률은 전기쌍극자 어림방법으로 얻은 결과가 0이 아닐 때의 값보다 매우 작다.

좌표축을 적당히 선택하여 전기장을 기술하는 평면파동이 $\mathbf{k} \parallel \hat{\mathbf{x}}$, $\mathbf{A} \parallel \hat{\mathbf{z}}$라고 하면

$$A_z(\mathbf{r},t) = \int_{-\infty}^{\infty}\frac{d\omega}{\sqrt{2\pi}}\tilde{A}_z(\omega)\,e^{-i\omega t + i\omega x/c} \tag{11.125}$$

로 쓸 수 있다. 따라서 섭동 $V(t)$와 이의 Fourier 변환 $\tilde{V}(\omega)$는 다음과 같다.

$$V(t) = \frac{e}{mc}\sum_i \mathbf{A}(\mathbf{r}_i, t)\cdot\mathbf{p}_i,\ \ \tilde{V}(\omega) = \frac{e}{mc}\sum_i \tilde{A}_z(\omega)e^{i\omega x_i/c}p_{zi}. \tag{11.126}$$

$\tilde{V}$의 행렬요소는 지수함수를 Taylor 급수 전개를 하여 체계적으로 구할 수 있다.

$$\begin{aligned}\tilde{V}_{ns}(\omega) &= \frac{e}{mc}\tilde{A}_z(\omega)\sum_i\langle n|e^{i\omega x_i/c}p_{zi}|s\rangle \\ &= \frac{e}{mc}\tilde{A}_z(\omega)\sum_i\Big[\langle n|p_{zi}|s\rangle + \frac{i\omega}{c}\langle n|x_ip_{zi}|s\rangle + \cdots\Big].\end{aligned} \tag{11.127}$$

이 중에서 첫째 항이 0이 될 경우가 바로 전기쌍극자 어림법에서 전이확률이 0이 되는 경우이다. 이 때에는 k의 일차항인 둘째 항을 계산해야 0이 아닌 전이확률을 구할 수 있다. 이 둘째 항에 나타난 연산자 x_ip_{zi}는

$$x_ip_{zi} = \frac{1}{2}(x_ip_{zi} + z_ip_{xi}) + \frac{1}{2}(x_ip_{zi} - z_ip_{xi}) = \frac{1}{2}(x_ip_{zi} + z_ip_{xi}) - \frac{1}{2}L_{yi} \tag{11.128}$$

로 쓸 수 있다. 첫째 항은 $[\mathbf{r}_i, H_0] = i\hbar\mathbf{p}_i/m$을 이용하여 행렬요소를 구하면 전기사중극자 모멘트에 비례하는 양이다. 둘째 항은 궤도각운동량으로 이 양은 자기쌍극자 모멘트에 비례하는 양이므로 자기쌍극자와 자기장 $\mathbf{B}$가 서로 상호작용하는 항이다.

에너지의 관점에서 이 과정들을 살펴보자. 이러한 관점을 이용하면 전자기파와 대전입자의 상호작용을 전자기파와 대전입자의 충돌로 해석할 수 있고, 이에 따라 전자기파가 흡수될 경우에는 흡수단면적, 전자기파가 방출될 경우에는 방출단면적을 정의할 수 있다. 전자기파가 가지고 나가는 에너지 흐름은 아래와 같이 정의되는 **"Poynting 벡터"** $\mathbf{S}$를 이용하여 표현할 수 있다.

$$\mathbf{S} \equiv \frac{\mathbf{E}\times\mathbf{B}}{4\pi}c = \frac{|\mathbf{E}|^2}{4\pi}c\hat{\mathbf{k}} \tag{11.129}$$

여기서 $\hat{\mathbf{k}}$는 전자기파의 진행방향으로의 단위벡터이다. 따라서 단위면적을 지나는 에너지는

$$\frac{\text{에너지}}{\text{단위면적}} = \int_{-\infty}^{\infty} dt\frac{|\mathbf{E}|^2c}{4\pi} = \int_{-\infty}^{\infty} d\omega\frac{|\tilde{\mathbf{E}}(\omega)|^2c}{4\pi} \tag{11.130}$$

이다. 전기장의 값은 실수이므로, $\tilde{\mathbf{E}}(\omega) = \tilde{\mathbf{E}}(-\omega)^*$ 임을 이용하면, 위의 양은

$$\int_0^{\infty} d\omega\frac{|\tilde{\mathbf{E}}(\omega)|^2c}{2\pi} \equiv \int_0^{\infty} N(\omega)\hbar\omega d\omega \tag{11.131}$$

로 쓸 수 있다. 여기서 정의한 $N(\omega)$는

$$N(\omega) \equiv \frac{|\tilde{\mathbf{E}}(\omega)|^2 c}{2\pi\hbar\omega} = \frac{\text{입사광자의 수}}{\text{단위면적} \times \text{ 단위 진동수}} \tag{11.132}$$

를 나타낸다.

전체 전이확률은 $\omega > 0(\omega_{ns} > 0)$일 때의 흡수확률과 같으므로 이를 식으로 쓰면

$$\int_0^\infty \frac{2\pi}{\hbar^2}|\tilde{\mathbf{E}}(\omega)|^2 g(\omega) d\omega \equiv \int_0^\infty N(\omega)\sigma_{\text{abs}}(\omega) d\omega \tag{11.133}$$

이다. 따라서 "흡수단면적"(absorption cross section)은

$$\sigma_{\text{abs}}(\omega) = \frac{4\pi^2\omega}{\hbar c} g(\omega), \ \omega > 0 \tag{11.134}$$

이 된다. 한편 $\omega_{ns} < 0$일 때는 전자기파가 방출되는 경우이다. 따라서 이 경우를 "유도방출"(stimulated emission)이라고 한다. 이 때 유도방출 확률을 이용하여

$$\int_{-\infty}^0 \frac{2\pi}{\hbar^2}|\tilde{E}(\omega)|^2 g(\omega) d\omega = \int_0^\infty N(\omega)\sigma_{\text{s.e.}}(\omega) d\omega \tag{11.135}$$

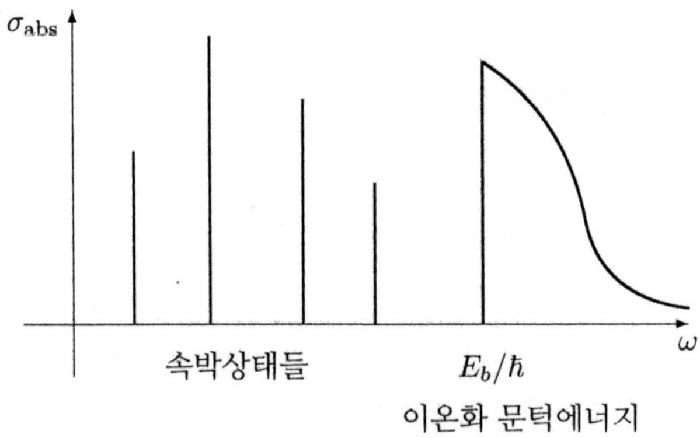

그림 11.9: 흡수단면적 σ_{abs}의 대략적인 모양. 진동수 ω가 이온화 문턱에너지 $E_b/\hbar$보다 작으면 띄엄띄엄 한 흡수선이 나오는 속박상태 사이의 전이가 일어나고, 문턱에너지보다 크면 나중 상태는 자유전자가 되므로 연속적인 분포를 이룬다. 이 경우를 광전자 방출이라고 한다.

로 "유도방출 단면적" $\sigma_{\text{s.e.}}$ 를 정의한다. 따라서 다음과 같이 쓸 수 있다.

$$\sigma_{\text{s.e.}}(\omega) = \frac{4\pi^2\omega}{\hbar c} g(-\omega), \;\; \omega > 0. \tag{11.136}$$

한편 f 합규칙을 이용하면

$$\int_0^\infty \Big(\sigma_{\text{abs}} - \sigma_{\text{s.e.}}\Big) d\omega = \frac{4\pi^2}{\hbar c}\int_{-\infty}^\infty \omega g(\omega) d\omega = \frac{2\pi^2 e^2}{mc} Z \tag{11.137}$$

가 된다. 또한 $\omega > 0$ 일 때

$$\sigma_{\text{abs}}(\omega) = \sum_{n \neq s} \delta(\omega - \omega_{ns}) f_{ns} \frac{2\pi^2 e^2}{mc} \tag{11.138}$$

로 쓸 수 있다. s가 바닥상태라고 가정하면 σ_{abs} 의 형태는 대략적으로 그림 11.9와 같은 형태를 가짐을 예상할 수 있다.

11.11 자발적 방출

전자기장을 양자화하기 전에 자발적 방출을 고려하는 방법을 생각해보자. 자발적 방출률을 Γ 라고 하면 자발적 방출을 일으키는 상태의 수명은 $\tau = 1/\Gamma$ 로 주어진다. 그러면 이 상태는 대략 $\Delta t \sim 1/\Gamma$ 동안 존재하므로 에너지-시간 불확정성 원리에 의하면 이 상태의 에너지는 정확하게 결정되지 않고, 에너지의 불확정도가 생기며 $\Delta t \Delta E \sim \hbar$ 의 관계가 성립한다. 따라서 에너지의 불확정도는 $\Delta E \sim \hbar\Gamma$ 정도이고, 진동수의 불확정도는 $\Delta\omega \sim \Gamma$ 이다. Fermi의 황금률에 의하면 이러한 방출률은 Lorentz 함수

$$\frac{1}{\pi} \frac{\Gamma/2}{(\omega - \omega_{ns})^2 + (\Gamma/2)^2} \tag{11.139}$$

의 형태를 띤다. 그 형태를 그림 11.10에 간단히 나타내었다. 여기서 Γ 는 다음과 같이 주어진다.

$$\Gamma = \frac{2\pi}{\hbar^2} \Big| \langle s; 1_{\text{ph}} | V | n \rangle \Big|^2 \rho(E = E_{ns}). \tag{11.140}$$

자발적 흡수와 방출도 같은 함수의 형태를 띤다고 가정하면 흡수단면적은 다음과 같이 쓸 수 있다.

$$\sigma_{\text{abs}}(\omega) = \frac{4\pi^2\omega}{\hbar c} \sum_n |\hat{e} \cdot \mathbf{d}_{ns}|^2 \frac{1}{\pi} \frac{\Gamma/2}{(\omega - \omega_{ns})^2 + (\Gamma/2)^2}. \tag{11.141}$$

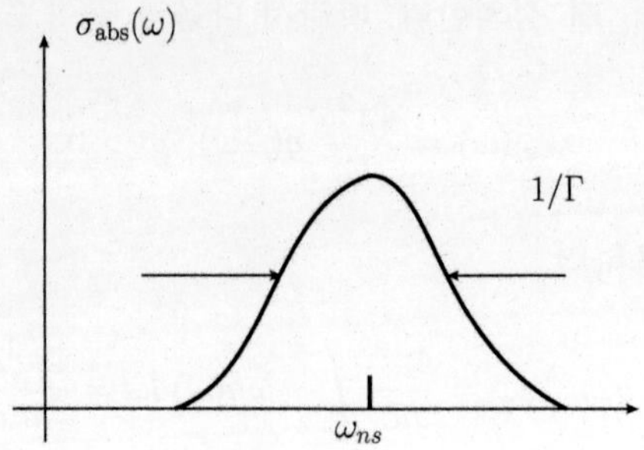

그림 11.10: $\sigma_{\rm abs}(\omega)$는 Lorentz 함수의 형태를 갖는다.

사실 자발적 방출률 Γ를 계산하려면 전자기장을 양자화하고, Fermi의 황금률을 적용하면 된다. 하지만 이 값을 Einstein이 자세한 균형(detailed balance) 방법을 이용한 준고전적인 방법으로 구할 수 있다. 그 방법을 보려면 우선 $|n\rangle$ 상태에서 자기쌍극자 모멘트의 기대값은

$$\langle\psi_n(t)|\mathbf{d}|\psi_n(t)\rangle = \langle\mathbf{d}\rangle_t = \langle n|\mathbf{d}|n\rangle = \text{상수} \tag{11.142}$$

로 주어져서 시간에 무관하지만, $|n\rangle$ 상태와 $|s\rangle$ 상태 사이의 자기쌍극자 모멘트의 행렬요소는

$$\langle\psi_s(t)|\mathbf{d}|\psi_n(t)\rangle = e^{-i\omega_{ns}t}\mathbf{d}_{ns} \tag{11.143}$$

로 시간에 의존하며, 이 항이 쌍극자 복사를 하게 된다.

한편 Einstein의 자세한 균형을 보기 위해서는 열적 평형상태에 있을 때 s 상태에 N_s 개의 원자가 있고, n 상태에는 N_n 개의 원자가 있고, 온도 T에서 흑체복사를 한다고 생각한다. 만일 자발적 방출이 없다면 s 상태에서 n 상태로, 또는 그 반대로 옮겨갈 확률은 같게 되는데 이를 식으로 표현하면

$$1 = \frac{R(s\to n)}{R(n\to s)} = \frac{N_s\Gamma(s\to n)}{N_n\Gamma(n\to s)} = \frac{N_sP_{\rm abs}(s\to n)}{N_nP_{\rm stim}(n\to s)} = \frac{N_s}{N_n} \tag{11.144}$$

이 되어, $N_s = N_n$이라는 전혀 맞지 않는 결과를 얻게 된다. 열적 평형에서는 그 비율이

$$\frac{N_s}{N_n} = e^{(E_n-E_s)/kT} \tag{11.145}$$

가 되어야 하기 때문이다. 여기에 자발적 방출을 집어넣으면

$$1 = \frac{N_s}{N_n}\frac{\Gamma_{\rm abs}}{\Gamma_{\rm sti}+\Gamma_{\rm spon}} \tag{11.146}$$

이 되고, 흡수단면적은

$$\sigma_{\text{abs}} = \frac{4\pi^2\omega}{\hbar c}\sum_n |\hat{e}\cdot\mathbf{d}_{ns}|^2\delta(\omega-\omega_{ns}) \longrightarrow \frac{4\pi^2\omega}{3\hbar c}\sum_n |\mathbf{d}_{ns}|^2\delta(\omega-\omega_{ns}) \tag{11.147}$$

가 된다. 마지막 단계에서는 광자의 전기장의 방향에 대한 평균을 취하였다.

한편 에너지 흡수비율은 전자기파의 밀도 ρ_{rad}에 단위시간당 충돌을 일으키는 부피, 즉 $c\sigma(\omega)$를 곱한 $\rho_{\text{rad}}(\omega)c\sigma(\omega)$이다. 그리고 단위시간당 흡수되는 광자의 갯수는 에너지 흡수비율을 광자 하나의 에너지로 나누어 얻는

$$\Gamma_{\text{abs}} = \frac{1}{\hbar\omega}c\sigma(\omega)\rho_{\text{rad}}(\omega) \tag{11.148}$$

이다. 이때 s 상태에서 n 상태로 옮겨가는 전이율은 다음과 같이 주어진다.

$$\begin{aligned}\Gamma(s\to n) &= \int d\omega \frac{c\rho_{\text{rad}}}{\hbar\omega}\frac{4\pi^2\omega}{3\hbar c}|\mathbf{d}_{ns}|^2\delta(\omega-\omega_{ns}) \\ &= \frac{4\pi^2}{3\hbar^2}|\mathbf{d}_{ns}|^2\rho_{\text{rad}}(\omega_{ns}) = B_{ns}\rho_{\text{rad}}(\omega_{ns}).\end{aligned} \tag{11.149}$$

여기서 마지막에 표현한 B_{ns}가 Einstein이 도입한 계수 B이다. 그러므로 s 상태에서 n 상태로, 그리고 n 상태에서 s 상태로 옮겨가는 비율은 각각

$$R(s\to n) = N_s B_{ns}\rho_{\text{rad}}(\omega_{ns}), \quad R(n\to s) = N_n\Big[B_{sn}\rho_{\text{rad}}(\omega_{ns}) + A_{sn}\Big] \tag{11.150}$$

이 된다. 여기서 $N_s = N_n e^{E_{ns}/kT}$의 관계를 집어넣으면

$$\rho_{\text{rad}}(\omega_{ns})B_{ns}e^{E_{ns}/kT} = B_{ns}\rho_{\text{rad}}(\omega_{ns}) + A_{sn} \tag{11.151}$$

이 되므로, 다음 관계를 얻는다.

$$\begin{aligned}\rho_{\text{rad}} &= \frac{A_{sn}}{B_{sn}}\frac{1}{e^{E_{ns}/kT}-1} = \frac{\hbar\omega^3}{\pi^2c^3}\frac{1}{e^{E_{ns}/kT}-1}, \\ A_{sn} &= \frac{\hbar\omega^3}{\pi^2c^3}\frac{4\pi^2}{3\hbar^2}|\mathbf{d}_{ns}|^2 = \frac{4\omega_{ns}^3}{3\hbar c^3}|\mathbf{d}_{ns}|^2 = \Gamma_{\text{spon}}.\end{aligned} \tag{11.152}$$

이 식에서 주어진 ρ_{rad}는 Planck가 흑체복사를 기술할 때 전자기파의 에너지가 양자화되어 있다고 가정했을 때와 같은 결과를 얻게 된다.

11.12 비탄성 충돌

앞에서는 탄성충돌을 시간에 의존하는 섭동이론을 이용하여 고려하였다. 이 방법은 비탄성충돌에서도 사용할 수 있다. 비탄성충돌을 기술하기 위해 문제를 다음과 같이 설정하자. 표적입자는 내부구조가 있는 것으로 정하고, 입사입자와 충돌하여 처음에는 $|s\rangle$ 상태에 있다가 충돌 후에는 $|n\rangle$ 상태로 옮겨 간다고 하자. 이 물리계의 해밀토니안은

$$H_0 = \frac{p^2}{2m} + H_0^{\text{target}} \tag{11.153}$$

이고, 충돌을 기술하는 상호작용은 V 이다.

이러한 충돌을 그림 11.11에 간단히 나타내었다. 여기서 표적은 원점에 있는 원자이고, 입사입자는 전하 Q, 질량 M 이고, 변위는 $\mathbf{R}$ 이다. 그러면 충돌 상태의 기준은 $|\mathbf{k}, n\rangle$ 으로 쓸 수 있다. $\mathbf{k}$ 는 입사입자의 파동수 벡터, n 은 표적입자의 상태를 나타낸다. 이 상태는 H_0 의 고유상태로 다음의 Schrödinger 방정식을 만족한다.

$$H_0|\mathbf{k}, n\rangle = \left(\frac{\hbar^2 k^2}{2M} + E_n^0\right)|\mathbf{k}, n\rangle. \tag{11.154}$$

상호작용은 Coulomb 상호작용이라고 하면 다음과 같이 쓸 수 있다.

$$V = Q\sum_i \frac{q_i}{|\mathbf{R} - \mathbf{r}_i|}. \tag{11.155}$$

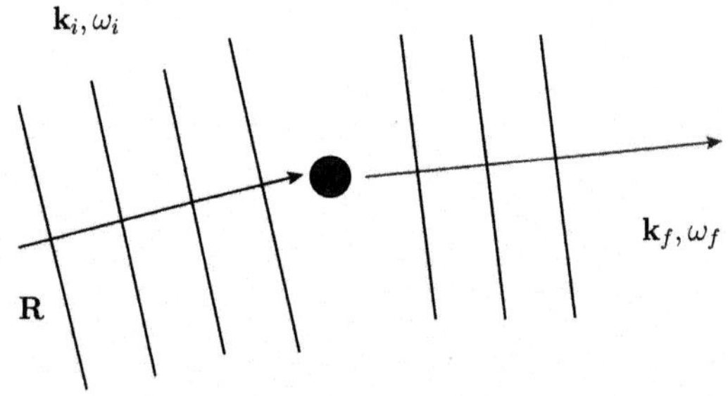

그림 11.11: 전하 Q, 질량 M 인 입사입자가 $\mathbf{R}$ 에서 원점에 있는 표적입자인 핵으로 들어오는 경우.

Fermi의 황금률 전이율은

$$\Gamma = \frac{2\pi}{\hbar}|V_{ns}|^2\rho(E_s) \tag{11.156}$$

로 주어지고, 행렬요소 V_{ns}는 우리가 정한 기준에 의하면

$$V_{ns} \to V_{k_f,n;k_i,s} = \frac{1}{L^{3/2}}\langle \mathbf{k}_f, n|V|\mathbf{k}_i, s\rangle \tag{11.157}$$

이다. 그리고 상태밀도는 다음과 같이 쓸 수 있다.

$$\rho_n(E_s) = \rho_{\text{probe}}(E_{k_i} + E_s^{(0)} - E_n^{(0)}) = \rho_{\text{probe}}(E_{k_f}) = \frac{Mk_f}{\hbar^2}\frac{1}{(2\pi)^3}L^3 d\Omega \tag{11.158}$$

이다. 마지막 단계에서는 평면파동으로 구성된 나중상태에 대한 상태밀도를 이용하였다. 입사입자의 속도가 $\hbar k_i/M$이고, 밀도는 1이라는 것을 고려하면 전이율과 충돌단면적 사이에는 $\Gamma = (\hbar k_i/M)\sigma$의 관계가 있으므로, 비탄성 충돌에 대한 1차 Born 충돌단면적은 다음과 같다.

$$\frac{d\sigma}{d\Omega} = \left(\frac{M}{2\pi\hbar^2}\right)^2\frac{k_f}{k_i}|\langle \mathbf{k}_f, n|V|\mathbf{k}_i, s\rangle|^2. \tag{11.159}$$

파동함수를 $\psi(\mathbf{R}, \{\mathbf{r}_i\})$로 쓰면 위의 충돌단면적에 나타나는 행렬요소는 다음과 같다.

$$\langle \mathbf{k}_f n|V|\mathbf{k}_i s\rangle = \int d^3R\int\prod_i d^3r_i e^{-i\mathbf{k}_f\cdot\mathbf{R}}\psi_n^*(\{\mathbf{r}_i\})V(\mathbf{R}, \{\mathbf{r}_i\})e^{i\mathbf{k}_i\cdot\mathbf{R}}\psi_s(\{\mathbf{r}_i\}). \tag{11.160}$$

11.13 광전효과

11.13.1 흡수단면적

이제 마지막 상태의 에너지가 $\hbar\omega > E_b$ (E_b는 이온화 문턱에너지)인 연속적인 상태로 전이를 일으킬 경우를 생각해보자. 전이 확률은 편극텐서로 표현할 수 있으므로, 우선 광전효과에서 편극텐서를 계산해보기로 하겠다. 편극텐서는 다음과 같다.

$$g_{zz}(\omega) = \sum_{n\neq s}|\langle n|d_z|s\rangle|^2\delta(\omega - \omega_{ns}). \tag{11.161}$$

섭동이 없는 해밀토니안 H_0가 구면대칭성을 가지고 있으면, 나중상태는

$$|n\rangle = N_l^{-1/2}R_l(r,k)Y_{lm}(\theta,\phi) \tag{11.162}$$

의 형태로 쓸 수 있다. 여기서 $\hbar k = \sqrt{2mE}$, $E = \hbar\omega_{ns} - E_b$ 이다. R_l 의 점근적인 형태는

$$R_l(r) \overset{r\to\infty}{\longrightarrow} \frac{\sin(kr - l\pi/2 + \delta_l)}{kr} \tag{11.163}$$

이다. 만일 V가 짧은 영역의 퍼텐셜이면, 위상이동 δ_l 은 에너지만의 함수임을 알고 있다. 즉 $\delta_l = \delta_l(E)$ 이다.[2]

이 물리계를 둘러싸는 매우 큰 반지름 R인 구를 상정하고, 입자는 국소화되어 있다면, 구의 표면 근처에서 입자가 있을 확률은 0이다. 따라서 $\psi(R) = 0$인 경계조건을 선택하면 규격화 상수 N_l 은 $\int |\psi|^2 d^3r = 1$ 에 의해 결정된다.

$$N_l = \int_0^R r^2 dr |R_l(r)|^2 \approx \int_0^R dr \frac{\sin^2(kr - \pi l/2 + \delta_l)}{k^2} \tag{11.164}$$

이 되므로 $N_l \approx R/(2k^2)$ 이 된다. 이 관계를 구할 때 $\sin^2 x = (1 - \cos 2x)/2$를 이용하였고, cosine 항은 변수가 커지면 매우 빨리 진동하는 항이므로 무시하였다. 또한 $\psi(R) = 0$ 이므로

$$kR - \frac{l\pi}{2} + \delta_l = n\pi, \ (n \text{ 정수}) \tag{11.165}$$

를 만족해야 한다. k가 미소량만큼 변하면 $(k \to k + \delta k)$, 이에 따른 n의 변화 δn은

$$dk\left(R + \frac{d\delta_l}{dk}\right) = \pi dn \tag{11.166}$$

의 관계식에서 얻을 수 있다. 이 식에서 δ_l 은 k에 내해 매우 천천히 변하므로, 이를 무시하면 $dn = Rdk/\pi$ 이다. 따라서 n에 대한 합을 k에 대한 적분으로 나타낼 수 있다.

$$\sum_n \to \frac{R}{\pi}\int_0^\infty dk \sum_{lm} . \tag{11.167}$$

그러므로

$$\langle n|d_z|s\rangle = N_l^{-1/2}\int_0^\infty r^2 dr \int d\Omega\, R_l Y_{lm}^*(\Omega)\psi_{1s}(\mathbf{r})(-er\cos\theta) \tag{11.168}$$

이다. 이 값이 0이 아니려면 $d_z = -er\cos\theta \propto Y_{10}$ 이므로 $|n\rangle$ 은 $l = 1$, $m = 0$이어야 한다. 수소원자의 경우 바닥상태의 파동함수는

$$\psi_s(r) = \frac{1}{\sqrt{\pi a_H^3}} e^{-r/a_H} \tag{11.169}$$

---

[2] V가 쿨롱 퍼텐셜이면 $\delta_l = \delta_l(E, \ln kr)$ 이다.

이므로, 전기쌍극자 모멘트에 대한 행렬요소는

$$\langle n|d_z|s\rangle = -e\frac{2\sqrt{2}k}{\sqrt{3Ra_H^3}}\int_0^\infty r^3 R_1(r,k)e^{-r/a_H}dr \tag{11.170}$$

이다. 그러므로 편극텐서는

$$g(\omega) = \int_0^\infty \frac{dk}{\pi}\delta\Big(\omega - \frac{\hbar k^2}{2m} - \frac{E_b}{\hbar}\Big)\frac{8e^2k^2}{3a_H^3}\Big|\int_0^\infty r^3 R_1(r,k)e^{-r/a_H}dr\Big|^2 \tag{11.171}$$

이다. 여기서 $\hbar\nu = \hbar^2k^2/2m$으로 놓으면, $dk = md\nu/\hbar k$이므로, 위 식의 델타함수는 $\delta(\omega - \nu - E_b/\hbar)$가 된다. 따라서 다음과 같이 쓸 수 있다.

$$g(\omega) = \frac{8e^2}{3\pi}\frac{mk}{\hbar a_H^3}\Big|\int_0^\infty r^3 R_1(k,r)e^{-r/a_H}dr\Big|^2_{k=\left(2m(\omega-E_b/\hbar)/\hbar\right)^{1/2}}. \tag{11.172}$$

식 (11.172) 안에 있는 적분을 구하기 위해 다음의 양을 계산하자.

$$I(k) = \frac{1}{a_H^4}\int_0^\infty R_1(r,k)r^3e^{-r/a_H}dr. \tag{11.173}$$

이 양의 절대값의 제곱은

$$\Big|I(k)\Big|^2 = \frac{32\pi\gamma}{(1+\gamma^{-2})^5}\frac{e^{-4\gamma\cot^{-1}\gamma}}{1-e^{-2\pi\gamma}} \tag{11.174}$$

이다.[3] 여기서

$$\frac{1}{\gamma} = ka_H = \sqrt{\frac{\hbar\omega}{E_b} - 1} \tag{11.175}$$

이고, $E_b = \hbar^2/2ma_H^2$는 이온화에너지 혹은 문턱에너지이다. 문턱에너지 근처에서 $\omega \to E_b/\hbar$일 경우, $1/\gamma \to 0$이고 $\cot^{-1}\gamma \to 1/\gamma$로 접근한다. 이 때는

$$\Big|I(k)\Big|^2 \to \frac{32\pi}{ka_H}e^{-4} \tag{11.176}$$

로 접근하며, 따라서 흡수단면적은

$$\sigma(\omega) \to \frac{e^2}{\hbar c}a_H^2\frac{512\pi^2}{3}e^{-4} = 6.31 \times 10^{-18}\ \mathrm{cm}^2 \tag{11.177}$$

[3]자세한 결과는 Gottfried의 58절을 참고하시오.

의 크기를 갖는다. 반면 $\omega \to \infty$ 일 경우에는 $\gamma \to 0$ 이고

$$\left|I(k)\right|^2 \to \frac{32\pi\gamma^{11}}{2\pi\gamma} = 16\gamma^{10} \tag{11.178}$$

이 되므로, 흡수단면적은 다음과 같이 변한다.

$$\sigma(\omega) \to \frac{e^2}{\hbar c} a_H^2 \frac{256\pi}{3}\gamma^7 \to \omega^{-7/2}. \tag{11.179}$$

11.13.2 광전자의 방향의존성

광전효과에서 방출되는 광전자가 나오는 방향에 대한 의존성도 구할 수 있다. 다시 말하면 미분흡수단면적 $d\sigma_{\text{abs}}/d\Omega_e$ 를 구할 수도 있다. 여기서 $d\Omega_e$ 는 광전자의 방향을 나타내는 입체각이다. 물론 전체흡수단면적과 미분흡수단면적 사이에는

$$\int \frac{d\sigma_{\text{abs}}}{d\Omega_e} = \sigma_{\text{abs}}(\omega) \tag{11.180}$$

의 관계가 있으므로, 전기쌍극자 어림방법을 쓰면 선택규칙에 의해

$$\frac{d\sigma_{\text{abs}}}{d\Omega_e} \propto \mid Y_{10} \mid^2 = \cos^2\theta \tag{11.181}$$

일 것을 예상할 수 있다. 여기서 θ 는 전기장 E_z 의 방향에 대한 각도이다. 이 절에서는 전기쌍극자 어림방법을 사용하였을 때 광전효과에서 방출되는 광전자의 방향에 대한 의존성을 자세히 살펴보겠다. 주목할 것은 이 문제에서는 입사된 전자기파의 방향이 x 축 방향이고, z 축 방향으로 편광이 된 경우만을 다룬 것이다.[4]

보다 구체적인 예를 들기 위해 물리계의 해밀토니안이 $H = H_0 + V(t)$ 의 형태이고, 전기장이

$$\mathbf{E}(t) = \mathbf{E}_0 e^{-t^2/\tau^2}\cos\omega_0 t \tag{11.182}$$

이라고 하자. 전기장의 방향을 z 방향으로 정하고 ($\mathbf{E} \parallel \hat{z}$), 외부진동수 ω_0 에 의해 전달되는 에너지는 이온화에너지 E_b 보다 크고 ($\omega_0 > E_b/\hbar$), $\omega_0\tau \gg 1$ 이라고 하자. 그러면 전기장의 Fourier 변환은

$$\tilde{\mathbf{E}}(\omega) = \text{상수} \times \left(e^{-(\omega-\omega_0)^2\tau^2/2} + e^{-(\omega+\omega_0)^2\tau^2/2}\right) \tag{11.183}$$

으로 주어진다. 그리고 섭동 $V(t)$ 는 $V(t) = -E_z(t)d_z$ 이다.

---

[4] 전자기장을 양자화한 후 광전효과를 다시 15장에서 다루겠다. 15장에서 구한 미분산란단면적은 광자가 z 방향으로 입사하고, 광자의 편광에 대하여 평균을 취한 것이다. 이에 대한 혼동이 없기를 바란다.

시간 t에서의 파동함수를

$$\psi(t)=e^{-iE_s^0t/\hbar}|s\rangle+\sum_n c_n e^{-i\omega_n t}|n\rangle \tag{11.184}$$

로 쓰자. 이때 나가는 전자의 운동량이 $\hbar\mathbf{k}$라고 하면, 이 전자를 기술하는 파동함수는

$$|n\rangle\equiv|k^{(-)}\rangle=N^{-1/2}\psi_{\mathbf{k}}^{(-)}(\mathbf{r}) \tag{11.185}$$

이 된다. 여기서 $\psi_{\mathbf{k}}^{(-)}(\mathbf{r})$은

$$\psi_{\mathbf{k}}^{(-)}(\mathbf{r})=\left(\psi_{-\mathbf{k}}^{(+)}(\mathbf{r})\right)^*\approx\frac{1}{(2\pi)^{3/2}}\left(e^{i\mathbf{k}\cdot\mathbf{r}}+f\frac{e^{-ikr}}{r}\right) \tag{11.186}$$

로, 안으로 들어오는 파동이다. 전자가 방출되어, 그 상태의 점근적 형태가 $e^{i\mathbf{k}\cdot\mathbf{r}}$의 평면 파동인 상태로 접근하는 파동함수는 $\psi_{\mathbf{k}}^{(-)}(\mathbf{r})$로 기술된다. 이와 같이 안으로 들어오는 파동으로 선택해야 하는 이유는, 충돌 후 원점으로부터 $\hbar\mathbf{k}$의 운동량을 가지고 멀어지는 입자의 파동묶음은 $\psi_{\mathbf{k}}^{(-)}(\mathbf{r})$로 기술되며, 반면에 충돌이 일어나기 전에 원점으로 들어오는 파동묶음은 $\psi_{\mathbf{k}}^{(+)}(\mathbf{r})$로 기술할 수 있기 때문이다.[5]

오랜 시간이 지난 후 전자가 운동량 $\hbar\mathbf{k}$를 가질 확률은 $|c_k|^2$에 비례하고, 전자의 운동량 $\mathbf{k}$가 $d\Omega_e$ 안에 있을 확률은 $d\sigma/d\Omega\propto|c_k|^2$에서 구할 수 있다. 그러므로 상태를 $\langle k|k\rangle=1$로 규격화했을 때, 흡수단면적은

$$\sigma_{\text{abs}}(\omega)=\frac{4\pi^2\omega}{\hbar c}\sum_k\left|\langle k|d_z|s\rangle\right|^2\delta(\omega-\omega_{ks}) \tag{11.187}$$

로 표현할 수 있고, 미분단면적은

$$\frac{d\sigma}{d\Omega_e}d\Omega_e=\frac{4\pi^2\omega}{\hbar c}\sum_{k,\hat{k}\in\delta\Omega_e}\left|\langle k|d_z|s\rangle\right|^2\delta(\omega-\omega_{ks}) \tag{11.188}$$

이다. 이 양을 계산하기 편리하게 각 변의 길이가 L_x, L_y, L_z인 상자 안에 이 계가 있다고 하자. 그러면 $|\psi_{\mathbf{k}}(\mathbf{r})|^2\sim 1/(2\pi)^3$이므로, 식 (11.185)에 있는 규격화 상수 N은 $N=L_xL_yL_z/(2\pi)^3=\Omega/(2\pi)^3$이다. $(\Omega=L_xL_yL_z)$ 즉

$$|n\rangle=\sqrt{\frac{(2\pi)^3}{\Omega}}\psi_{\mathbf{k}}^{(-)}(\mathbf{r})-\frac{1}{\sqrt{\Omega}}\left(e^{i\mathbf{k}\cdot\mathbf{r}}+\frac{f(\hat{r})}{r}e^{-ikr}\right) \tag{11.189}$$

---

[5]이에 대한 더 자세한 논의는 K. Gottfried의 "Quantum Mechanics", 58절을 참조하시오.

로 쓸 수 있다.

이제 $x = \pm L_x/2$ 에서 주기적 경계조건을 택하고

$$\psi\Big(-\frac{L_x}{2}, y, z\Big) = \psi\Big(\frac{L_x}{2}, y, z\Big),\ \nabla\psi\Big(-\frac{L_x}{2}, y, z\Big) = \nabla\psi\Big(\frac{L_x}{2}, y, z\Big) \tag{11.190}$$

y, z 방향에 대해서도 같은 경계조건을 선택하면, 해밀토니안 H 는 Hermitian 연산자가 된다. 입사된 파동이

$$\psi_n = \frac{1}{(2\pi)^{3/2}} e^{i\mathbf{k}\cdot\mathbf{r}} \tag{11.191}$$

이므로, $k_i L_i = 2\pi n_i$ $(i = x, y, z)$ 을 만족하고, 이를 만족하는 식 (11.191) 의 형태를 가지는 함수들의 집합은 완전집합을 이룬다. 그리고 파동수 공간인, k 공간에서 상태밀도는 $\Omega/(2\pi)^3$ 이므로

$$\sum_k \to \int d^3k \frac{\Omega}{(2\pi)^3} \tag{11.192}$$

으로 바꾸어 쓸 수 있다. 따라서

$$\begin{aligned}
\frac{d\sigma}{d\Omega_e} &= \frac{\Omega}{(2\pi)^3}\frac{4\pi^2 e^2\omega}{\hbar c}\int k^2 dk \Big|\langle n|z|s\rangle\Big|^2 \delta(\omega - \omega_{ns}) \qquad (11.193)\\
&= \frac{4\pi^2\omega}{\hbar c} e^2 \int k^2 dk \delta(\omega - \omega_{ns}) \Big| \int \psi_{\mathbf{k}}^{(-)*}(\mathbf{r}) z \psi_s(\mathbf{r}) d^3r \Big|^2\\
&= \frac{4\pi^2 e^2\omega}{\hbar c}\frac{mk}{\hbar}\Big|\int \psi_{\mathbf{k}}^{(-)*} z\psi_s(\mathbf{r}) d^3r\Big|^2 = \frac{4\pi^2 e^2 k}{mc\omega}\Big|\int \psi_{\mathbf{k}}^{(-)*}(\mathbf{r})\frac{\partial}{\partial z}\psi_s(\mathbf{r}) d^3r\Big|^2
\end{aligned}$$

이다. 여기서 마지막 관계를 얻기 위해 다음 관계를 이용하였다.

$$\langle n|\mathbf{r}|s\rangle = \frac{\langle n|\mathbf{p}|s\rangle}{im\omega_{ns}}. \tag{11.194}$$

전자기장을 양자화한 후 수소 원자의 광전효과를 15장에서 다시 유도하겠다.

11.14 Born 어림방법에 의한 산란

식 (11.194) 에 나타난 양은 처음상태와 나중상태를 정확히 알지 않고는 정확히 계산할 수는 없다. 하지만 파동함수를 퍼텐셜에 대한 급수로 전개한 후 퍼텐셜에 무관한 (V^0 차) 파동함수를 사용하는 "**Born 어림방법**"을 이용하면, 체계적으로 계산할 수 있다. 즉 식 (11.194) 에서 $\psi_{\mathbf{k}}^{(-)}(\mathbf{r})$ 대신 $e^{i\mathbf{k}\cdot\mathbf{r}}/(2\pi)^{3/2}$ 를 대입하면

$$\int \frac{e^{-i\mathbf{k}\cdot\mathbf{r}}}{(2\pi)^{3/2}}\frac{\partial}{\partial z}\psi_s(\mathbf{r})d^3r = ik_z \int \frac{e^{-i\mathbf{k}\cdot\mathbf{r}}}{(2\pi)^{3/2}}\psi_s(\mathbf{r})d^3r = ik_z\tilde{\psi}_s(\mathbf{k}) \tag{11.195}$$

이다. 여기서 $\tilde{\psi}_s(\mathbf{k})$는 수소원자의 바닥상태의 파동함수 $\psi_s(\mathbf{r})$의 Fourier 변환이다.

$$\psi_s(\mathbf{r}) = \frac{1}{\sqrt{\pi a_H^3}} e^{-r/a_H}, \ \tilde{\psi}_s(\mathbf{k}) = \frac{2\sqrt{2}}{\pi} \frac{a_H^{3/2}}{(1+k^2 a_H^2)^2}. \tag{11.196}$$

이 결과를 이용하여 산란단면적을 구할 수 있다. 미분 산란단면적은

$$\frac{d\sigma_{\text{Born}}}{d\Omega_e} = \frac{64 e^2 a_H^2}{\hbar c} \frac{E_b}{\hbar\omega} \frac{k k_z^2 a_H^3}{(1+k^2 a_H^2)^4} \propto \cos^2\theta \tag{11.197}$$

으로 주어진다. 그리고 전체단면적 σ_{Born}은 다음과 같다.

$$\sigma_{\text{Born}} = \int d\Omega_e \frac{d\sigma_{\text{Born}}}{d\Omega_e} = \frac{256\pi}{3} \frac{e^2 a_H^2}{\hbar c} \frac{E_b}{\hbar\omega} \frac{k^3 a_H^3}{(1+k^2 a_H^2)^4}. \tag{11.198}$$

방출되는 광전자의 에너지가 매우 커서 이 입자를 자유입자로 볼 수 있을 때, 즉, ω, k가 클 때 σ_{Born}은 $\to \alpha k^{-7} \propto \omega^{-7/2}$로 접근한다. 한편 이온화 문턱을 가까스로 넘어 나오는 운동량이 작은 전자의 경우, 즉, $\omega \to E_b/\hbar$, $k \to 0$일 때는 $\sigma_{\text{Born}} \propto k^3$으로 접근한다. 하지만 이것은 틀린 답이다. 맞는 결과는 수소원자의 경우에서 보았듯이 k가 작으면, $\sigma_{\text{Born}} \to$ 상수로 접근한다. 따라서 이 경우에는 본 어림방법을 적용한 결과가 맞지 않는다. 왜냐하면 물리적으로 볼 때 운동에너지가 아주 작은 전자는 방출되면서 계속 원자에 의한 퍼텐셜에너지를 겪으며 거의 속박상태에 가까우므로 이 입자를 자유입자로 보기 어렵기 때문이다.

연습문제

1. N 개의 펄스가 연속된 것으로 이루어진 섭동

$$V(t)=\sum_{j=1}^{N} Ae^{-i\omega_0 t}f(t-t_j) \tag{11.199}$$

이 에너지 차이가 $\hbar\omega_0$ 인 두 개의 띄엄띄엄 한 에너지 상태 s와 n이 존재하는 물리계에 작용한다. 여기서 A는 연산자이고, $f(t)$는 각 펄스의 "형태"를 기술하는 "윤곽함수"(envelope function)이고, t_j는 j번째 펄스가 도달하는 시간이다.

(가) 일차 시간섭동이론을 이용하여 s 상태에서n 상태로 들뜨는 확률은 N^2에 비례함을 증명하여라.

(나) 이와 같은 특별한 결과는 각 펄스가 위상이 맞는, 즉 들뜸이 결맞기 때문이다. 이 대신 들뜸이 "결맞지 않다면" 확률은 N에 어떻게 의존하는가? 즉 $C(t)$에 있는 각 항들이 마구잡이로 변하는 위상 $\exp(i\phi_j)$가 곱해져 있는 경우를 고려하여라. (전구나 레이저에서 나오는 광자를 생각한다면 레이저와 같은 결맞은 광원은 결맞지 않은 광원과는 매우 다른 효과를 준다는 것을 실감할 수 있을 것이다.)

2. 한 개의 전자가 있는 원자에 전자기파의 흡수에 대한 준고적인 이론을 적용하면 섭동은 다음과 같이 쓸 수 있다.

$$V(t)=\frac{e}{mc}\mathbf{p}\cdot\mathbf{A}(\mathbf{r},t)-\boldsymbol{\mu}_e\cdot\mathbf{B}(\mathbf{r},t). \tag{11.200}$$

여기서 $\boldsymbol{\mu}_e=-\frac{e}{2mc}g_e\mathbf{S}$이다. (앞으로는 $g_e=2$로 정하겠다) 입사된 전자기파가 $\hat{x}$ 축 방향으로 이동하고, $\hat{y}$ 방향으로 편극되어 있다고 하자. $\mathbf{A}(\mathbf{r},t)=\hat{y}A_0e^{i(kx-\omega t)}$.

(가) $e^{ikx}B$ 항을 전개한 0차항은 V_{ns}에 기여하는 자기쌍극자항

$$\frac{ike}{mc}A_0\langle n|S_z|s\rangle \tag{11.201}$$

을 주게 된다는 것을 증명하여라.

(나) $e^{ikx}A$ 항을 일차까지 전개하면 자기쌍극자의 기여가 확장되어

$$\frac{ike}{2mc}A_0\langle n|L_z+2S_z|s\rangle \tag{11.202}$$

이 되고, 또다른 전기사중극자항

$$-\frac{ke\omega}{2c}A_0\langle n|xy|s\rangle \tag{11.203}$$

이 나타난다는 것을 보여라.

귀띔: $xp_y = (xp_y + yp_x)/2 + (xp_y - yp_x)/2$ 인 관계를 이용하여라.

(다) 스핀-궤도 결합이 없을 때, 즉 $\mathbf{L}$과 $\mathbf{S}$가 각각 H_0와 교환할 때 자기쌍극자 흡수는 일어날 수 없다는 것을 보여라.

(라) 반전성을 보존하지 않는 전기사중극자와 자기쌍극자 변환은 일어날 수 없다는 것을 보여라.

3. $\mathbf{E}(t) = \mathrm{Re}(\mathbf{E}_0 e^{-i\omega t+\gamma t})$로 주어진 전기장 $\mathbf{E}$ 안에 원자가 졸들어 있지 않은 바닥 상태에 놓여 있다. $(\gamma > 0)$

(가) $\mathbf{E}_0$의 일차까지 어림계산하였을 때, 전기쌍극자의 기대값은

$$\langle \mathbf{d}(t)\rangle = \mathrm{Re}\ (\alpha \mathbf{E}_0 e^{-i\omega t+\gamma t}), \tag{11.204}$$

로 주어짐을 증명하여라. 여기서

$$\alpha \equiv \alpha(\omega + i\gamma) = \int_0^\infty \frac{d\omega'}{\hbar}g(\omega')\Big(\frac{1}{\omega' - \omega - i\gamma} + \frac{1}{\omega' + \omega + i\gamma}\Big) \tag{11.205}$$

이고, $g(\omega)$는 다음과 같이 정의한다.

$$g(\omega) \equiv \sum_{n\neq s} |\langle n|d_z|s\rangle|^2 \delta(\omega - \omega_{ns}). \tag{11.206}$$

d_z는 전기쌍극자 연산자의 z 성분이고, $|s\rangle$는 원자의 바닥상태, $|n\rangle$는 연속상태까지 포함하는 들뜬 상태들이다. 그리고 $\hbar\omega_{ns}$는 n과 s 상태 사이의 에너지 차이이다.

(나) 진동수에 의존하는 편극도 $\alpha(\omega)$는 다음과 같이 정의한다.

$$\alpha(\omega) = \lim_{\gamma\to 0^+} \alpha(\omega + i\gamma). \tag{11.207}$$

이때

$$\mathrm{Im}\ \alpha(\omega) = \frac{\pi}{\hbar}g(|\omega|)\mathrm{sgn.}(\omega) \tag{11.208}$$

임을 증명하여라.

(다) f 합규칙을 이용하고, $\omega \to \infty$일 때 $g(\omega)$가 매우 빨리 0에 접근한다고 가정하여, 큰 ω 값에 대하여 $\alpha(\omega)$의 주된 변화를 구하여라.

(라) 임의의 약한 전기장 $\mathbf{E}(t)$이 있을 때,

$$\langle \mathbf{d}(t) \rangle = \int_{-\infty}^{\infty} \frac{dt'}{\sqrt{2\pi}} \tilde{\alpha}(t-t')\mathbf{E}(t') \tag{11.209}$$

임을 보여라. 여기서 $\tilde{\alpha}$는 $\alpha(\omega)$의 역 Fourier 변환이다.

4. 선형반응이론으로 본 선너비

H_0의 고유상태로 준비한 여러 분자들을 고려하자. 이 분자들이 Γ의 비율로 다른 상태로 붕괴한다는 사실(예를 들어 자발적 방출을 통한 붕괴)을 반영하여 0차의 해 $c_n(t) = \delta_{ns}$가 $c_n(t) = \delta_{ns}e^{-\Gamma t/2}$로 수정하였다고 하자. 그러면 섭동 $S(t')$에 대해 다음 형태의 반응을 예상할 수 있다.

$$R(t) = \frac{1}{\sqrt{2\pi}} e^{-\Gamma t} \int_0^t dt' K(t-t')S(t'). \tag{11.210}$$

여기서 $e^{-\Gamma t}$를 덧붙인 것은 반응에 기여하는 분자의 수가 붕괴한다는 예상을 반영한 것이다. (K는 아직 붕괴하지 않은 분자 고유의 반응이다.) 본문의 내용을 따르지만, 이러한 수정을 고려하여 편극도 텐서 반응함수 $\alpha_{\mu\nu}(t)$와 이의 Fourier 변환 $\alpha_{\mu\nu}(\omega)$를 구하고, 예상되는 흡수량 Im $\alpha_{\mu\nu}(\omega)$를 ω의 함수로 대략 그려보아라.

5. (가) 만일 다음의 식

$$R(t) = \frac{1}{\sqrt{2\pi}} \int_{-\infty}^{\infty} dt' K(t-t')S(t') \tag{11.211}$$

에 나타나는 양 $R(t)$와 $S(t)$가 실수이면, Kramers-Kronig 관계는 다음의 형태를 갖는다는 것을 증명하여라.

$$\begin{aligned} K_1(\omega) &= \frac{2}{\pi}\int_0^{\infty} K_2(\omega')\mathrm{P}\Big(\frac{\omega' d\omega'}{\omega'^2-\omega^2}\Big), \\ K_2(\omega) &= -\frac{2}{\pi}\int_0^{\infty} K_1(\omega')\mathrm{P}\Big(\frac{\omega d\omega'}{\omega'^2-\omega^2}\Big). \end{aligned} \tag{11.212}$$

(나) (가)에서 얻은 결과를 이용하여 다음을 구하여라.

$$\lim_{\omega\to\infty}\Big[\omega^2 K_1(\omega)\Big]. \tag{11.213}$$

(다) 위의 결과를 f-합규칙과 결합하여 $\omega \to \infty$로 접근할 때 다음을 증명하여라.

$$\mathrm{Re}\,\alpha_{\mu\nu}(\omega) \to -\delta_{\mu\nu}\frac{Ze^2}{m\omega^2}. \tag{11.214}$$

(라) (다)에서 얻은 결과는 Z 개의 독립적인 자유전자들로 이루어진 계에 대한 고전적인 결과와 같다는 것을 증명하여라.

6. 해밀토니안이 $H = H_0 + V(t)$를 기술하는 밀도행렬을 $w(t)$라고 하자. 이 때

$$w(t) = \sum_{mm'} |m\rangle w_{mm'}(t)\langle m'|, \tag{11.215}$$

로 쓰자. 여기서 $|m\rangle$, $|m'\rangle$는 H_0의 고유상태이고, 이들 상태의 에너지 고유값은 각각 E_m^0, $E_{m'}^0$ 이다. 또한

$$w_{mm'}(t) = c_{mm'}(t)e^{i(E_{m'}^0 - E_m^0)t/\hbar} \tag{11.216}$$

라고 하자.

(가) $c_{mm'}(t)$가 만족하는 운동방정식을 구하여라.

(나) 시간 $t = -\infty$에서

$$c_{mm'}(-\infty) = \delta_{mm'}\frac{e^{-E_m^0/T}}{Z} \tag{11.217}$$

라고 하자. $c_{mm'}(t)$에 대한 적분표현을 $V(t)$의 일차항까지 구하여라.

7. 다음의 교환관계

$$[[H, e^{i\mathbf{k}\cdot\mathbf{r}}], e^{-i\mathbf{k}\cdot\mathbf{r}}] \tag{11.218}$$

를 고려하여 Thomas–Reiche–Kuhn 합규칙에 대한 일반화된 관계식을 구하여라.

$$\sum_n (E_n - E_s)|\langle n|e^{i\mathbf{k}\cdot\mathbf{r}}|s\rangle|^2 = \frac{\hbar^2 k^2}{2m}. \tag{11.219}$$

8. 처음에 바닥상태 s에 있는 계가 시간 τ 동안 $V(t) = Ae^{-t^2/\tau^2}$의 섭동을 받는다.

(가) 일차 섭동이론에서 이 계가 섭동이 끝난 후 상태 n으로 들뜰 확률을 구하여라.

(나) 섭동이 매우 천천히 변하는 극한 $\tau \gg 1/\omega_{ns}$는 단열극한이라고 한다. 이 극한에서는 섭동이 작용하는 시간이 늘어난다고 하더라도 $P(s \to n)$은 0이 된다는 것에 주목하여라. 그 이유는 이 극한에서 파동힘수 $\psi(t)$는 해밀토니안 $H = H_0 + V(t)$

를 "단열적으로 따르기" 때문이다. 즉 임의의 순간 t에서 $\psi(t)$는 그 순간의 해밀토니안 $H(t)$의 정상상태로 남아있기 때문이다. (왜 이것이 $P(s \to n)$이 0이 된다는 것을 의미하는가?) 시간에 의존하는 섭동이론으로부터 $c_n(t)$를 V의 일차까지계산하고, 그 결과를 일정한 섭동 $V = V(t)$가있는 시간의 무관한 섭동이론의 결과와 비교하여 이러한 단열원리를 증명하여라.

귀띔: 다음과 같이 쓰고

$$c_n(t) = -\frac{i}{\hbar} A_{sn} \int_{-\infty}^{\infty} dt' \left[e^{-t'^2/\tau^2} \theta(t-t') \right] e^{i\omega_{ns}t'}, \tag{11.220}$$

부분적분을 하여 시간에 대한 미분을 괄호 안에 있는 양에 적용시켜 보자.

주의: 단열어림방법은 물론 일차보다 높은 차수에서도 적용된다.

9. 이제 "천천히 변하는"섭동 대신 "빠른 섭동"을 고려하자.

(가) 문제 6의 결과를 사용하지만 이제는 적분하면 1이 되는 진폭을 갖는 섭동

$$V(t) = \frac{A}{\tau\sqrt{\pi}} e^{-t^2/\tau^2} \tag{11.221}$$

를 써서, $\tau \ll 1/\omega_{ns}$인 극한("충격 어림방법")에서 확률 $P(s \to n)$을 구하여라.

(나) 충격극한에서 섭동은 $V(t) = A\delta(t)$로 쓸 수 있음을 증명하고, 이 계가 s로부터 다른 어떤 상태로도 옮겨갈 전체 확률은 다음과 같음을 증명하여라.

$$P = \frac{1}{\hbar^2} \left[\langle s|A^2|s\rangle - \Big(\langle s|A|s\rangle \Big)^2 \right]. \tag{11.222}$$

(다) 파동함수 $\psi(t)$는 $t = 0$에서 불연속임을 증명하여라.

(라) 이제 시간 $t = 0$에서 켜져서, 그 후 계속 상수인 섭동 $V\theta(t)$를 고려하자. ("갑작스런 섭동") $t = 0$에서 ψ가 연속인 것을 증명하여 전이확률의 정확한 표현은

$$P(s \to n') = |\langle s|n'\rangle|^2 \tag{11.223}$$

인 것을 증명하여라. 여기서 s와 n'은 각각 H_0와 $H_0 + V$의 고유상태들이다.

(마) 섭동 $V(t) = V\theta(t)e^{-t/\tau}$를 고려하여, 일차 시간섭동이론에서 큰 τ의 극한에서 전이확률 $P(s \to n)$을 구하여. 이 결과는 갑작스런 어림법과 단열어림법에 대해 위에서 고려한 것과 일관성이 있음을 보여라.

10. 균일한 전기장 $E\cos\omega t$가 바닥상태에 있는 수소원자에 가해진다. 원자의 이온화 비율을 ω의 함수로 구하여라. 양성자가 공간의 한 점에 고정되어 있다는 가정은

하지 않는다. 그러나 연속상태에 대해서는 평면파동 함수를 사용하여라.

11. 광전효과에 대한 간단한 모형

일차원에서 $V(x) = -a\delta(x)$의 형태의 퍼텐셜 안에 있는 질량 m인 입자를 고려하자. 단 a는 양의 실수이다. 이와 같은 퍼텐셜 안에서는 에너지 $E_0 = -ma^2/2\hbar^2$를 가지는 속박상태가 하나 존재하고, 이 상태의 파동함수는

$$\psi_0(x) = \sqrt{\frac{ma}{\hbar^2}} \exp\Big(-\frac{ma}{\hbar^2}|x|\Big) \tag{11.224}$$

이다. 양의 에너지 $E = \hbar^2k^2/2m$에 대해 각각 왼쪽에서 입사하는 입자와 오른쪽에서 입사하는 입자의 상태에 해당하는 두 개의 정상상태가 존재한다.

입자가 $x = -\infty$로부터 원점 방향으로 입사되었을 경우, 이에 대한 파동함수는

$$\phi_k(x) = \begin{cases} \dfrac{1}{\sqrt{2\pi}}\Big(e^{ikx} - \dfrac{1}{1+i\hbar^2k/ma}e^{-ikx}\Big) & x < 0 \\ \dfrac{1}{\sqrt{2\pi}}\dfrac{i\hbar^2/ma}{1+i\hbar^2k/ma}e^{ikx} & x > 0 \end{cases} \tag{11.225}$$

의 형태로 쓸 수 있다.

(가) ϕ_k는 직교규격화 조건 $\langle\phi_k|\phi_{k'}\rangle = \delta(k-k')$을 만족함을 보여라. 이를 증명하기 위해 다음의 관계식을 사용하여라.

$$\int_{-\infty}^{0} e^{iqx}dx = \int_0^{\infty} e^{-iqx}dx = \lim_{\epsilon\to 0}\frac{1}{\epsilon + iq} = \pi\delta(q) - i\mathcal{P}(\frac{1}{q}). \tag{11.226}$$

그리고 양의 에너지 E에 대하여 상태밀도 $\rho(E)$를 계산하여라.

(나) 행렬요소 $\langle\phi_k|x|\psi_0\rangle$를 계산하여라.

(다) 전하 q를 띤 입자가 ω의 진동수로 진동하는 전기장과 상호작용한다. 이때 섭동은 $V(t) = -q\mathcal{E}\sin\omega t$로 주어지고, $\mathcal{E}$는 상수이다.

이 입자는 처음에 $|\psi_0\rangle$ 상태에 있다. $\hbar\omega > -E_0$을 가정하여라. 이때 단위시간당 임의의 양의 에너지 상태로 옮겨가는 전이확률 w를 구하여라.(광전효과 혹은 광이온화 효과) w는 ω와 $\mathcal{E}$에 어떤 형태로 의존하는가?

12. 일차원에서 무한한 우물 형태의 퍼텐셜을 고려하자. 바닥상태에서 임의의 들뜬 상태로 옮겨가는 과정에 대한 진동강도를 구하여라. 0이 되지 않는 처음 몇 개의 진동강도의 값을 구하고 이 결과가 f-합 규칙에 위배되지 않음을 보여라. 이 문제에

다음의 유용한 적분을 증명 없이 이용하여라.

$$\int_0^\pi u\cos\frac{u}{2}\sin(nu)du = (-1)^{n-1}n\Big(n^2-\frac{1}{4}\Big)^{-2}. \tag{11.227}$$

13. (가) 양자역학적 일차원 단순조화진동자의 한 고유상태에 있을 때, 편극도 $\alpha(\omega)$는 고전역학적인 조화진동자의 편극도와 같음을 증명하여라. (귀띔: 이에 대한 논의는 Davydov의 "Quantum Mechanics"에서 식 (98.9) 근처에 묘사되어 있다. 그러나 이 논의에서 빠져있는 계산과정을 메꾸어 보아라.)

(나) 삼차원 비등방 조화진동자의 편극도 $\alpha_{\mu\nu}(\omega)$를 구하여라. 여기서 해밀토니안은 다음과 같다.

$$H_0 = \frac{\mathbf{p}^2}{2m} + \frac{1}{2}k_{xx}x^2 + \frac{1}{2}k_{yy}y^2 + \frac{1}{2}k_{zz}z^2. \tag{11.228}$$

14. **Doppler 효과**

$\mathbf{r}_1$, $\mathbf{p}_1$과 $\mathbf{r}_2$, $\mathbf{p}_2$가 각각 질량 m_1과 m_2를 갖고, 반대 전하 q_1, $q_2(q_2 = -q_1)$를 갖는 입자들의 위치와 운동량이라고 하자. (수소 원자의 경우가 이에 해당한다.) $\mathbf{r}$, $\mathbf{p}$와 $\mathbf{R}$, $\mathbf{P}$는 각각 상대좌표와 질량중심좌표에 대한 위치와 운동량 연산자이다. $M = m_1 + m_2$은 전체 질량이고, $m = m_1m_2/(m_1+m_2)$은 환원질량이다. 해밀토니안 H_0는 $H_0 = H_e + H_i$이다. 여기서 $H_e = P^2/2M$는 운동에너지이고, H_i는 이 원자의 내부에너지를 기술한다. H_e의 고유상태 $|K\rangle$의 고유값은 $\hbar^2K^2/2M$이다. H_i의 두 고유상태 $|\chi_a\rangle$와 $|\chi_b\rangle$를 고려하자. 이들의 고유값은 각각 E_a와 E_b라고 하자. 그리고 $E_b - E_a = \hbar\omega_0 > 0$이다.

(가) 원자를 $|\mathbf{K}, \chi_a\rangle$의 상태(전체 운동량이 $\hbar\mathbf{K}$이고, 내부에너지가 E_a인 $|\chi_a\rangle$ 상태)에서, $|\mathbf{K}', \chi_b\rangle$의 상태로 옮기려면 공급해야하는 에너지는 얼마인가?

(나) 이 원자는 벡터퍼텐셜이

$$\mathbf{A}(\mathbf{r}, t) = A_0\hat{\epsilon}e^{i\mathbf{k}\cdot\mathbf{r}-i\omega t} + \text{복소 켤레} \tag{11.229}$$

로 주어지는 전자기파와 상호작용한다. 여기서 A_0는 상수이다. 이 때 퍼텐셜은

$$V(t) = -\sum_{i=1}^{2}\frac{q_i}{m_i}\mathbf{p}_i\cdot\mathbf{A}(\mathbf{r}_i, t) \tag{11.230}$$

로 주어진다.

퍼텐셜 $V(t)$를 $\mathbf{r}$, $\mathbf{p}$, $\mathbf{R}$, $\mathbf{P}$, m, M과 $q(q = q_1 = -q_2)$로 표현하여라. 전기쌍극자

어림방법에서는 $V(t) = Ve^{-i\omega t} + V^\dagger e^{i\omega t}$ 로 쓸 수 있음을 증명하여라. 여기서

$$V = -\frac{qA_0}{m}\hat{e}\cdot\mathbf{p}e^{i\mathbf{k}\cdot\mathbf{R}} \tag{11.231}$$

이다.

(다) 어떤 조건에서 행렬요소 $\langle\mathbf{K}', \chi_b|V(t)|\mathbf{K}, \chi_a\rangle$ 가 0이 아닌 값을 갖는가? 이 결과를 물리적으로 논하여라.

(라) 원자가 전자기파 안에서 $|\mathbf{K}, \chi_a\rangle$ 의 상태에 있다고 하자. 광자의 에너지 $\hbar\omega$ 가 $|\chi_a\rangle \to |\chi_b\rangle$ 의 전이에너지 차이 $\hbar\omega_0$ 에 비해서 δ 만큼 작으면(δ는 $\hbar$, ω_0, $\mathbf{K}$, $\mathbf{k}$, M 와 c로 표현할 수 있다), 공명이 일어남을 보여라. δ는 수정항이므로 δ를 표현할 때 ω는 ω_0로 써도 무방하다. δ가 두 개의 항의 합으로 쓸 수 있음을 증명하여라. 그 중 하나인 δ_1은 $\mathbf{K}$, $\mathbf{k}$ 사이의 각도에 의존하고(Doppler 효과), 다른 항 δ_2는 $\mathbf{K}$에 무관한 양이다. δ_1과 δ_2에 대하여 물리적인 해석을 하여라.(특히 δ_2는 원자가 처음에 움직이지 않고 있다가 공명상태의 광자를 흡수하여 튕겨나가는 운동에너지임을 증명하여라.)

$\hbar\omega_0$가 10 eV 정도일 때(원자물리 영역), δ_2는 δ_1과 비교할 때 무시할 수 있음을 증명하여라. M이 양성자 질량 정도이고($Mc^2 \approx 10^9$ eV), $|\mathbf{K}|$가 $T = 300$K에 해당하는 열적 속도에 해당하는 값이라고 할 때, 이 값의 크기를 대략적으로 구하여라. $\hbar\omega_0$가 대략 10^5 eV인 핵물리의 영역에서도 위의 증명이 성립하는가?

15. 수소원자의 경우 $(1s \to 2p)$의 전이에서 진동강도를 계산하여라. 이 계산을 이용하여 수소원자의 정적 전기편극도에 기여하는 양을 구하여라.

16. 수소원자가 처음에 $1s$ 바닥상태에 있었고, 양성자가 가장 가까운 거리가 d이고, 속도가 v인 양성자가 지나간다. 양성자는 수소의 전자구름을 뚫고 지나가지 않아 방향을 바꾸지 않는다고 가정하고, 상대론적 효과는 무시한다. 일차 섭동에서 지나가는 양성자가 만드는 전기장에 의해 수소원자가 $2p$ 상태로 옮겨가는 확률을 구하여라. 전기장 E의 공간적인 변화는 무시한다. 충격어림법을 제외하고는 시간에 대한 적분을 해석적으로 계산할 필요는 없다.

17. 수소원자가 진동하는 전기장 $E = E_0\cos\omega t$ 안에 놓여 있고, 진동수 ω는 이온화 진동수 $me^4/2\hbar^3$ 보다 크다. 만일 수소 원자가 처음에 바닥상태에 있었다면, 이온화된 상태로 옮겨갈 단위시간당 확률을 무었인가? (평면파동으로 마지막 상태를 나타낼 수 있다고 가정하여라.) 방출된 전자들의 각 분포는 어떻게 되는가?

18. 바닥상태에 수소원자가 있고, 여기에 z 방향으로 향하는 직류 자기장 $\mathbf{B}$가 걸려 있다. 시간 $t = 0$에서 진지의 자기모멘트는 자기장 $\mathbf{B}$와 평행하게 놓여 있다. 시간

$t = 0$와 $t = \tau$ 사이에 원자는 원래의 직류 자기장에 더하여 x 방향으로 약한 교류 자기장이 걸린다. 이 교류 자기장은 $B_x = B_1 \sin \omega_0 t$의 형태이다. 여기서 ω_0는 Larmor 진동수이다. ($\omega_0 = g\mu_B B_0/\hbar$) 교류 자기장이 주기의 정수배의 시간 동안 켜져 있다고 가정하고, B_1의 가장 낮은 차수에서 자기모멘트가 $\mathbf{B}_0$와 반대인 상태에 있는 스핀을 가질 확률을 계산하여라.

19. 질량 M이고 전하 Q인 입자가 일차원 조화진동자 퍼텐셜 안의 바닥상태에 있다. 시간 $t = 0$ 근처에서 방향이 일정한 전기장이 켜졌다.

$$E_x(t) = \frac{E}{2}\Big(1 + \tanh(\frac{t}{\tau})\Big). \tag{11.232}$$

나중상태의 해밀토니안 $H = H_0 - EQx$의 n번째 고유상태에 있을 확률을 다음의 두 가지 경우에 대하여 계산하여라.

(가) 단열극한 $\tau \to \infty$ (나) 순간극한 $\tau \to 0$

(주의: 이 문제는 섭동문제가 아니다. 이 결과는 E의 모든 차수에 대해 성립한다.)

20. 질량 m인 입자가 일차원에서 $0 < x < L$인 영역에서만 움직일 수 있는 무한한 퍼텐셜 우물 안에 있다.

$$V = \begin{cases} \infty & x < 0, x > L, \\ 0 & 0 \le x \le L. \end{cases} \tag{11.233}$$

에너지가 클 때 상태밀도, 즉 단위에너지당 상태의 갯수를 에너지 E의 함수로 구하여라.

21. 수소원자의 바닥상태 ($n = 1$, $l = 0$)가 시간에 의존하는 퍼텐셜 안에 있다.

$$V(\mathbf{r}, t) = V_0 \cos(kz - \omega t). \tag{11.234}$$

시간에 의존하는 섭동이론을 이용하여 전자가 운동량 $\mathbf{p}$로 방출되는 전이율을 구하여라. 특히 방출된 전자의 분포를 구면좌표계의 각도 θ와 ϕ로 어떻게 나타낼 수 있는 지를 보여라. 이 문제와 더 실제적인 광전효과의 유사점과 차이점을 논하여라.

22. 두 개의 에너지 준위가 있는 계를 생각하자. 여기서 $E_1 < E_2$이다. 이 두 준위를 연결시켜 주는 시간에 의존하는 퍼텐셜이 있다.

$$V_{11} = V_{22} = 0,\ V_{12} = \gamma e^{i\omega t},\ V_{21} = \gamma e^{-i\omega t}. \tag{11.235}$$

여기서 γ는 실수의 상수이다. 시간 $t = 0$에서 낮은 에너지 준위에만 입자가 있다는 것을 알고 있다. 즉 $c_1(0) = 1$, $c_2(0) = 0$이다.

(가) 시간 $t > 0$일 때 $|c_1(t)|^2$과 $|c_2(t)|^2$을 다음의 결합된 미분방정식을 정확히 풀어서 구하여라.

$$i\hbar\frac{dc_k}{dt} = \sum_{n=1}^{2} V_{kn}(t)e^{i\omega_{kn}t}c_n, \ (k = 1, 2). \tag{11.236}$$

(나) 같은 문제를 시간에 의존하는 섭동이론을 사용하여 0이 되지 않는 가장 낮은 차수까지 계산하여라. γ가 작을 때 이 두 가지 접근방법을 비교하여라. 다음의 두 경우를 각각 구하여라. (i) ω가 ω_{21}과 매우 다를 때, (ii) ω가 ω_{21}과 거의 같을 때.

23. 양성자가 다음과 같은 두 성분을 가지는 자기장 안에 놓여 있다. 이 자기장은 z 방향으로 강한 직류 자기장 $B_0\hat{\mathbf{z}}$이 있고, x 방향으로는 약한 교류 자기장이 있다. 직류 자기장과 양성자의 자기모멘트가 상호작용하는 것을 H_0인 비섭동 해밀토니안으로 볼 수 있다. 그리고 약한 자기장은 시간에 의존하는 일차 섭동으로 볼 수 있다. 처음에 양성자의 스핀은 $+z$ 방향으로 향해 있다.

(가) 단일 펄스 $B_x(t) = F(t - t_0)\cos\omega_0 t$가 시간 t_0 근처에 작동되었다. 여기서 $F(t)$는 $t = 0$에 날카로운 봉우리가 있는 펄스를 기술하는 함수이다. 그리고 $\omega_0 = g_P\mu_P B_0/\hbar$는 "**Larmor 진동수**"이다. 스핀이 뒤집힐 확률을 $F(t)$의 Fourier 변환 $\tilde{F}(\omega)$로 표현하여라.

(나) 다음과 같은 연속적인 N 개의 펄스를 고려하자.

$$B_x(t) = \sum_{j=1}^{N} F(t - t_j)\cos(\omega_0 t + \phi_j). \tag{11.237}$$

이 때 (i) $\phi_j = 0$인 결맞은 상태에서 (ii) ϕ_j가 마구잡이로 변하는 결맞지 않은 상태에서 각각 전이확률이 어떻게 N에 의존하는지 결정하여라.

24. 2차원 벡터 공간을 고려하자. 행렬 σ_x와 σ_z는 Pauli 행렬 $\sigma_x = \begin{pmatrix} 0 & 1 \\ 1 & 0 \end{pmatrix}$와 $\sigma_z = \begin{pmatrix} 1 & 0 \\ 0 & -1 \end{pmatrix}$이고, α는 양의 상수이다.

(가) $\phi_1(t)$는 시간 $-\infty < t < \infty$에서 운동방정식

$$i\hbar\frac{d\phi_1}{dt} = \alpha t\sigma_z\phi_1 \tag{11.238}$$

을 만족하는 벡터라고 하자. 시간 $t=0$에서는 $\phi_1 = \begin{pmatrix}1\\0\end{pmatrix}$이다. $\phi_2(t)$는 같은 방정식을 만족하지만 시간 $t=0$에서 $\phi_2 = \begin{pmatrix}0\\1\end{pmatrix}$이다. $t \neq 0$에서 ϕ_1과 ϕ_2를 구하여라.

(나) $\psi(t)$는

$$i\hbar\frac{d\psi}{dt} = H\psi \tag{11.239}$$

를 만족한다. 해밀토니안은 $H = \alpha t\sigma_z + \lambda\sigma_x$이다. 여기서 λ는 상수이다. 이때 $\psi(t)$는 다음과 같이 쓸 수 있다.

$$\psi(t) = c_1(t)\phi_1(t) + c_2(t)\phi_2(t). \tag{11.240}$$

여기서 ϕ_1과 ϕ_2는 (가)에서 정의한 벡터들이다. c_1과 c_2의 시간변화를 결정하는 결합된 미분방정식 한 쌍을 유도하여라.

(다) (나)에서 얻은 $\psi(t)$는 $t \to -\infty$일 때 $|c_1(t)| \to 1$, $|c_2(t)| \to 0$을 만족한다고 하자. α가 충분히 작은 경우에는 단열정리에 의하면 $t \to +\infty$일 때 $|c_1| \approx 0$이고 $|c_2(t)| \approx 1$이다. 그러나 이 문제에서는 그 반대의 극한인 α가 큰 극한을 고려할 것이다. 이 경우 $t \to +\infty$일 때 $|c_1| \approx 1$이고, $|c_2| \approx 0$임을 증명하고, 전이확률

$$p_2 \equiv \lim_{t\to+\infty} |c_2(t)|^2 \tag{11.241}$$

을, 큰 α의 극한에서 0이 되지 않는 가장 낮은 차수까지 계산하여라.

25. 원점에 있는 수소 원자(A)가 처음에 $L_z = 0$인 $2p$ 상태에 있다. 다른 종류의 원자(B)가 위치 $\mathbf{R}$에서 처음에 바닥상태에 있고, 이 상태는 구면 대칭성이 있다고 가정하자. 전자를 B로부터 떼어내는 데 필요한 최소 에너지가 수소 원자의 들뜸 에너지 $E_{21}^0 = 3/4$ Ryd. 보다 작다면, 에너지가 보존되면서 수소 원자는 다시 바닥상태로 돌아오고, 전자가 B에서 튀어나오는 붕괴과정("Auger 과정")이 일어날 수 있다. 원자 B가 진동수 ω인 광자를 흡수하여 전자를 방출하는 산란단면적 $\sigma_{\text{abs}}(\omega)$를 알고 있다고 가정하자.

(가) 만일 거리 R이 Bohr 반지름 a_H보다 크기만, 진동수 $E_{21}^0/\hbar$인 광자의 파장보다 짧다면, 원자 A와 B의 상호작용은 두 원자에 있는 전자들 사이의 Coulomb 상호작용으로 인해 일어나며, 이는 다음의 "쌍극자-쌍극자 상호작용"으로 정확하게 주어진다.

$$H_{\text{AB}} = \frac{\mathbf{d}_{\text{A}} \cdot \mathbf{d}_{\text{B}}}{R^3} - \frac{3(\mathbf{R}\cdot\mathbf{d}_{\text{A}})(\mathbf{R}\cdot\mathbf{d}_{\text{B}})}{R^5}. \tag{11.242}$$

여기서 $\mathbf{d}_{\text{A}}$와 $\mathbf{d}_{\text{B}}$는 각각 원자 A와 B의 전기쌍극자 연산자이다. 광자를 방출하는

것과 같은 모든 다른 붕괴 과정을 무시할 수 있다고 가정하고, $\mathbf{R}$이 xy 평면에 있다고 가정한다. 이때 섭동 $H_{\rm AB}$에 의한 수소 원자의 들뜬 상태에 대한 평균수명을 계산하여라. 만일 $\mathbf{R}$이 z축과 임의의 각도 θ를 이룰 때 답은 어떻게 바뀌는가?

주의: 두 원자 사이에 전자가 교환될 가능성은 무시해도 좋다. 핵은 질량이 무한하다고 가정한다.

(나) 만일 거리 R이 충분히 크면 원자 A와 B 사이의 직접적인 상호작용을 무시할 수 있다. 수소 원자는 광자를 방출하면서 붕괴할 것이다. 그러나 이 광자가 원자 B에 흡수되고, 이로 인해 전자가 방출될 수 있다. 이렇게 전자가 방출될 확률을 R이 클 때 거리 R, $\mathbf{R}$과 z축 사이의 각도 θ의 함수로 계산하여라.

제 12 장

Born 어림방법으로 본 충돌 문제

12.1 문제의 수식화

이 장에서는 충돌문제를 섭동이론을 이용하여 다루어보겠다. 11장에서 간단히 언급하였지만, 짧은 영역의 퍼텐셜에 의한 충돌문제에서는 처음상태와 나중상태를 평면파동의 상태, 즉 운동량의 고유상태로 선택할 수 있다. 이와 같이 나중상태를 평면파의 형태로 쓸 수 있는 경우에는 Born 어림방법을 이용하여 충돌문제를 풀 수 있다. 11장의 마지막 부분에서 살펴보았듯이, 마지막 상태가 평면파동으로 기술하는 자유입자로 볼 수 없는 경우에는 Born 어림방법이 맞지 않는다. 여기서는 처음상태와 나중상태를 평면파동으로 취급할 수 있는 경우 Born 어림방법을 사용하는 방법을 살펴보겠다.

전체 해밀토니안을 비섭동 해밀토니안 H_0와 섭동 V의 합 $H = H_0 + V$로 쓸 수 있다고 하자. 여기서 비섭동 해밀토니안 H_0는 운동에너지 $H_0 = p^2/2m$이고, 퍼텐셜은 시간 $t > 0$일 때 켜졌다고 하자. 즉

$$V = \begin{cases} 0 & t < 0 \\ V(r) & t > 0 \end{cases} \tag{12.1}$$

일 경우를 생각하자. 이 때 이 계를 각 변의 길이 L_x, L_y, L_z가 L인 상자 안에 넣고 주기적인 경계조건을 선택하면, 시간 $t = 0$에서 운동량 $\hbar\mathbf{k}_i$를 갖는 H_0의 고유상태는 평면파의 형태인

$$\psi(0) = |\mathbf{k}_i\rangle \equiv \frac{1}{L^{3/2}} e^{i\mathbf{k}_i\cdot\mathbf{r}} \tag{12.2}$$

로 쓸 수 있다. 이러한 처음상태에서 역시 H_0의 다른 고유상태인 평면파로 나타낼 수

있는, 운동량 $\hbar\mathbf{k}$를 갖는 나중상태

$$|\mathbf{k}\rangle = \frac{1}{L^{3/2}} e^{i\mathbf{k}\cdot\mathbf{r}} \tag{12.3}$$

로 옮겨가는 전이율을 구해보자.

임의의 시간 t에서 파동함수는

$$\psi(t) = e^{-iE_i t/\hbar}|\mathbf{k}_i\rangle + \sum_k c_k(t) e^{-iE_k t/\hbar}|\mathbf{k}\rangle \tag{12.4}$$

로 쓸 수 있다. 이는 일반적인 평면파동들을 중첩시킨 것이지만 처음상태의 계수가 1인 것을 알기 때문에 위의 표현을 사용하였다. 계수 $c_k(t)$는 시간에 의존하는 섭동이론에 의하면

$$c_k(t) = \frac{1}{i\hbar}\int_0^t dt' e^{i\Delta\omega_k t'}\langle k|V(r)|k_i\rangle = \frac{1}{i\hbar}\frac{e^{i\Delta\omega_k t}-1}{i\Delta\omega_k} V_{kk_i} \tag{12.5}$$

로 쓸 수 있다. 여기서 $E_k = \hbar^2 k^2/2m$는 파동수 k를 가지는 입자의 운동에너지이고, $\Delta\omega_k = (E_k - E_{k_i})/\hbar$이다. 또한 퍼텐셜의 행렬요소 V_{kk_i}는 다음과 같이 주어진다.

$$V_{kk_i} = \int \frac{d^3 r}{L^3} e^{i(\mathbf{k}_i - \mathbf{k})\cdot\mathbf{r}} V(\mathbf{r}) = \frac{(2\pi)^{3/2}}{L^3}\tilde{V}(\mathbf{k}-\mathbf{k}_i). \tag{12.6}$$

식 (12.6)에 나타난 $\tilde{V}$는 퍼텐셜 V의 Fourier 변환으로 다음과 같이 주어진다.

$$\tilde{V}(\mathbf{q}) = \frac{1}{(2\pi)^{3/2}}\int d^3 r e^{-i\mathbf{q}\cdot\mathbf{r}} V(\mathbf{r}). \tag{12.7}$$

처음상태와 나중상태가 평면파동이기 때문에 V_{kk_i}는 퍼텐셜의 Fourier 변환에 비례하게 된다. 앞에 나타나는 상수는 평면파동을 길이가 L인 상자 안에서 규격화했기 때문에 나타난다.

12.2 전이율

입사된 입자가 퍼텐셜에 의해 충돌을 일으킨 후, 나오는 입자가 입체각 $d\Omega$ 안으로 나올 전이율 $P_{\hat{\Omega}}$는

$$P_{\hat{\Omega}} d\Omega = \sum_{\mathbf{k}\in d\Omega} |c_k(t)|^2 = \frac{L^3}{(2\pi)^3}\int k^2 dk d\Omega |c_k(t)|^2 \tag{12.8}$$

로 쓸 수 있다. 여기서 계수들의 합은 $\mathbf{k}$가 입체각 $d\Omega$ 안으로 들어오는 파동에 대해서만 합한다. 그리고 계수 $c_k(t)$는 식 (12.5)에서 구한 양으로

$$|c_k(t)|^2 = |V_{kk_i}|^2 \frac{1}{\hbar^2} \frac{4\sin^2(\Delta\omega_k t/2)}{(\Delta\omega_k)^2} \tag{12.9}$$

이다. 이 함수를 $\Delta\omega_k$의 함수로 그린 것이 그림 12.1이다.

식 (12.9)에서 $\Delta\omega_k$에 의존하는 마지막 부분의 형태를 관찰하면, 이 함수의 면적은 시간 t에 비례하고, 폭은 $1/t$에 비례함을 알 수 있다. 그리고 이 함수는 t가 매우 커지는 극한으로 갈 때 $\Delta\omega_k$가 조금만 변하더라도 매우 빨리 진동을 하므로 $\Delta\omega_k \neq 0$이면 분자가 매우 빨리 진동하여 평균을 취하면 0이 된다. 그러므로 이 함수는 $\Delta\omega_k = 0$ 근처에서만 0이 아닐 수 있다. 따라서 이 양은 $t\delta(\Delta\omega_k)$에 접근함을 예상할 수 있다. 이를 자세히 알아보자. 이 함수 밑부분의 면적은

$$\int_{-\infty}^{\infty} dy \frac{4\sin^2(yt/2)}{y^2} = \frac{4t}{2} \int_{-\infty}^{\infty} dx \frac{\sin^2 x}{x^2} = 2\pi t \tag{12.10}$$

이므로, 델타함수에 비례하는 비례상수는 2π이다. 따라서 파동수 벡터가 $\mathbf{k}_i \to \mathbf{k}$로

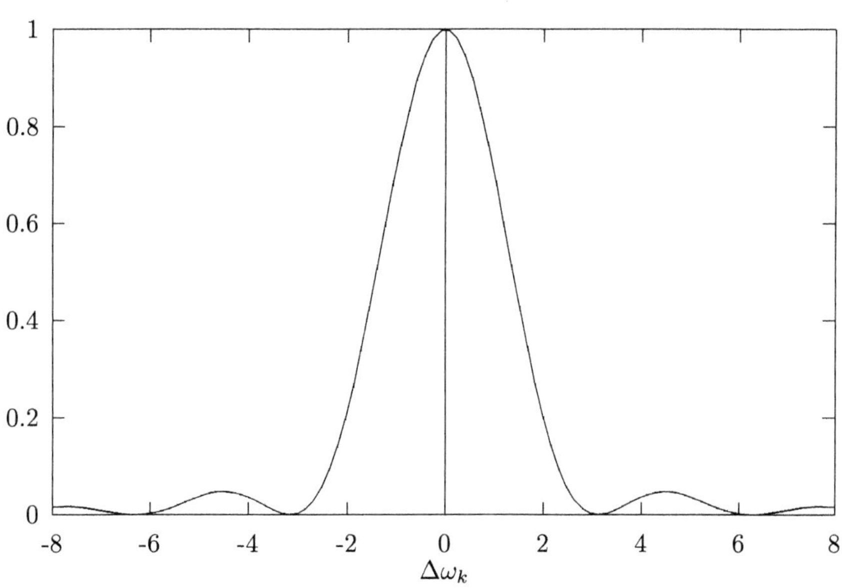

그림 12.1: $\left((\sin\Delta\omega_k t/2)/\Delta\omega_k\right)^2$의 대략적인 형태. t는 임의의 값으로 고정하여 그렸다.

변하는 전이확률 $|c_k|^2$ 은

$$|c_k|^2 = \frac{2\pi}{\hbar}|V_{kk_i}|^2 t\delta(E_k - E_{k_i}) \tag{12.11}$$

이다. 따라서 단위시간당 전이확률인 전이율은

$$w_{k_i \to k} = \frac{2\pi}{\hbar}|V_{kk_i}|^2 \delta(E_k - E_i) \tag{12.12}$$

이다. 단위입체각당 전이율을 구하려면, 전이율을 입체각 $d\Omega$ 안에 있을 수 있는 나중상태의 상태밀도를 곱하고 k 에 대해서 적분하고, $d\Omega$ 로 나누어 주면 된다. 따라서 단위입체각당 전이율은 다음과 같다.

$$\gamma_\Omega = \frac{P_\Omega}{t} = \frac{L^3}{(2\pi)^3}\int_0^\infty k^2 dk |V_{kk_i}|^2 \frac{2\pi}{\hbar}\delta(E_k - E_i). \tag{12.13}$$

델타함수 안의 변수를 k 의 함수로 표현하고, k 에 대해 적분하면 다음의 결과를 얻는다.

$$\gamma_\Omega = \frac{mk}{\hbar^2}\frac{L^3}{(2\pi)^3}\frac{2\pi}{\hbar}|V_{kk_i}|^2\Big|_{k=\sqrt{2mE/\hbar^2}=k_i}. \tag{12.14}$$

한편 원점에서의 입사흐름 F 는 $\hbar k_i/mL^3$ 이므로, 미분 산란단면적은 단위입체각당 전이율을 입사흐름으로 나누어서 구한다.

$$\frac{d\sigma}{d\Omega} = \frac{\gamma_\Omega}{F} = L^6|V_{kk_i}|^2 m^2 \frac{k}{k_i}\frac{2\pi}{\hbar}\frac{1}{(2\pi\hbar)^3}. \tag{12.15}$$

위 식은 경계조건에서 주어지는 상자의 크기 L 에 의존하는 것처럼 보이지만 $|V_{kk_i}|^2$ 은 $1/L^6$ 에 비례하기 때문에 미분 산란단면적은 L 에 무관하게 된다. 이것은 물리현상은 경계조건에 무관하다는 사실을 명시적으로 보여주는 예이다. 따라서 Born 어림방법을 사용한 미분 산란단면적은

$$\frac{d\sigma}{d\Omega} = \frac{2\pi m^2}{\hbar^4}|\tilde{V}(\mathbf{k} - \mathbf{k}_i)|^2\Big|_{k=k_i} \tag{12.16}$$

이다. 또한 "**Fermi의 황금률**"(Fermi's golden rule)로 부르는 전이율은

$$W_{i\to f} \equiv \frac{2\pi}{\hbar}|\langle f|V|i\rangle|^2 \delta(E_f - E_i) \tag{12.17}$$

로 표현된다. 여기서 $|i\rangle$ 와 $|f\rangle$ 는 비섭동 해밀토니안 H_0 의 고유상태이다.

$$H_0|i\rangle = E_i|i\rangle,\ H_0|f\rangle = E_f|f\rangle. \tag{12.18}$$

이 결과는 처음 상태가 H_0의 고유상태이고 나중 상태가 연속적인 상태를 이루고, 퍼텐셜이 갑자기 켜져서 처음에 생기는 일시적인 효과가 사라진 후에 안전하게 사용할 수 있다.

지금까지는 표적입자를 구조가 없는 점입자로 가정하여 표적입자와 입사입자의 상호작용을 간단하게 표현할 수 있는 경우에 대해서 고려하였다. 이제 더 실제적으로 표적입자의 내부자유도가 있는 경우를 생각하자. 예를 들면 표적입자가 원자일 경우에는 입사입자가 표적입자의 원자핵 및 전자들과 전자기적 상호작용을 할 수 있다. 이러한 경우 원자의 운동량과 위치 연산자들을 쓸 때, 전자들은 $\mathbf{p}_i$, $\mathbf{r}_i$ $(i = 1, \cdots, Z)$, 원자핵은 $\mathbf{p}_0$, $\mathbf{r}_0$로 표시하겠다. 이때 표적입자의 해밀토니안 H^0_{target}은 이 원자의 해밀토니안이고, 이 해밀토니안에 대한 에너지 고유값과 고유상태는 알고 있다고 하자.

한편 입사입자는 전하가 $Z_0 e$, 운동량이 $\mathbf{P}$, 위치 $\mathbf{R}$, 질량이 M인 입자라고 하자. 그러면 표적입자와 입사입자로 이루어진 이 계의 해밀토니안은 $H = H_0 + V$로 쓸 수 있다.

$$H_0 = \frac{P^2}{2M} + H^0_{\text{target}}, \quad V = Z_0 e \sum_{i=0}^{Z} \frac{q_i}{|\mathbf{R} - \mathbf{r}_i|}. \tag{12.19}$$

비섭동 해밀토니안 H_0는 원자의 해밀토니안과 입사입자의 운동에너지이고, 섭동 V는 입사입자와 원자를 구성하고 있는 입자들 사이의 Coulomb 상호작용이다.

적당한 경계조건을 부여하기 위해, 이 계를 부피 L^3인 상자 안에 넣자. 처음상태는 $|\mathbf{k}_i, s\rangle \equiv |\mathbf{k}_i\rangle \otimes |s\rangle$의 텐서곱으로 쓸 수 있다. 여기서 $|\mathbf{k}_i\rangle = e^{i\mathbf{k}_i \cdot \mathbf{R}}/L^{3/2}$이고 $|s\rangle$는 H^0_{target}의 고유상태이다. 이제 처음상태에서 나중상태 $|\mathbf{k}_f, n\rangle = |\mathbf{k}_f\rangle \otimes |n\rangle$로 옮겨가는 전이를 생각하자. 전이율은 Fermi의 황금률에 의하면

$$W_{i \to f} = \frac{2\pi}{\hbar} |\langle \mathbf{k}_f, n|V|\mathbf{k}_i, s\rangle|^2 \delta(E_{k_f} + E^0_n - E_{k_i} - E^0_s) \tag{12.20}$$

이다. 여기서 $E_k = \hbar^2 k^2/2M$, $E_{k_i} = \hbar^2 k_i^2/2M$이고, $H^0_{\text{target}}|n\rangle = E^0_n|n\rangle$이다. 델타함수는 처음상태와 나중상태의 에너지가 보존되는 것을 보여준다. 나중상태의 파동벡터 $\mathbf{k}_f$ 방향으로 입자가 방출되는 단위입체각당 전이율은 앞에서 구한 방법과 같은 방법으로 구하면

$$\gamma_{\hat{\Omega}} = \frac{2\pi}{\hbar} \sum_n |\langle \mathbf{k}_f, n|V|\mathbf{k}_i, s\rangle|^2 \frac{L^3}{(2\pi)^3} \frac{M k_f}{\hbar^2} \tag{12.21}$$

이다. 여기서 $\hat{k}_f = \hat{\Omega}$는 $\mathbf{k}_f$ 방향의 단위벡터이고, k_f는 에너지 보존법칙을 사용한

$$\frac{\hbar^2 k_f^2}{2m} - \frac{\hbar^2 k_i^2}{2m} + E^0_s \quad E^0_n \tag{12.22}$$

의 관계에서 구할 수 있다. 산란단면적은 위에서 구한 단위입체각당 전이율을 입사입자의

흐름으로 나누면 얻을 수 있다.

$$\frac{d\sigma}{d\Omega} = \frac{\gamma_{\hat{\Omega}}}{\hbar k_i/ML^3} = \frac{L^6}{(2\pi)^3}\frac{2\pi}{\hbar^4}M^2\sum_n \frac{k_f}{k_i}\left|\langle \mathbf{k}_f, n|V|\mathbf{k}_i, s\rangle\right|^2. \tag{12.23}$$

이 결과에도 임의의 상자의 크기 L이 나타나 있지만, 행렬요소도 L에 의존하며 이 둘을 곱하면 L에 대한 의존성은 사라진다. 이 산란단면적을 살펴보면 표적입자가 구조가 없는 경우에는 입사입자의 충돌 전과 충돌 후의 에너지가 보존되는 탄성충돌을 기술하지만 ($k_i = k$), 이 경우에는 표적입자가 입사에너지의 일부를 흡수하여 들뜬 상태로 옮겨 가고, 입사입자의 충돌 전과 후의 운동에너지가 다른 비탄성충돌의 가능성도 포함하고 있다. 이를 이용하면 입사입자가 충돌을 통해 얼마나 에너지를 잃게 되는지 계산할 수 있다.

12.3 에너지 분석

단위에너지당 산란단면적을 다음과 같이 정의하자.

$$\frac{d^2\sigma}{d\Omega dE_f} = \frac{2\pi M^2}{\hbar^4}\frac{L^6}{(2\pi)^3}\frac{k_f}{k_i}\sum_n \left|\langle \mathbf{k}_f, n|V|\mathbf{k}_i, s\rangle\right|^2 \delta(E_{k_f} + E_n^0 - E_{k_i} - E_s^0). \tag{12.24}$$

여기서 $\hbar k_f = \sqrt{2mE_{k_f}}$이다. 이 양은 앞 절에서 구한 미분산란단면적에 에너지 보존 법칙에 의한 델타함수를 곱해주어 정의한 양이다. 물론 이 양을 나중상태의 에너지 E_f에 대해 적분하면 다시 미분산란단면적을 구할 수 있다. 이 양은 전하를 띤 입사입자가 고체를 이루는 원자들이나 기체 상태의 원자들의 무리를 통과하는 경우 에너지 손실을 계산할 때 유용한 양이다. 이러한 단위에너지당 산란단면적에 대한 성질을 살펴보자.

퍼텐셜에너지 V는

$$V = eZ_0\int d^3r \frac{\rho(\mathbf{r})}{|\mathbf{R} - \mathbf{r}|} \tag{12.25}$$

로 주어진다. 여기서 원자 내의 전하밀도 $\rho(\mathbf{r})$는 다음과 같이 쓸 수 있다.

$$\rho(\mathbf{r}) = \sum_{i=0}^{Z} q_i\delta(\mathbf{r} - \mathbf{r}_i). \tag{12.26}$$

따라서 식 (12.24)에 있는 행렬요소는 다음과 같이 쓸 수 있다.

$$\begin{aligned}\langle \mathbf{k}_f, n|V|\mathbf{k}_i, s\rangle &= eZ_0\int d^3r\langle \mathbf{k}_f|\frac{1}{|\mathbf{R}-\mathbf{r}|}|\mathbf{k}_i\rangle\langle n|\rho(\mathbf{r})|s\rangle \\ &= \frac{(2\pi)^{3/2}}{L^3}\frac{4\pi}{|\mathbf{k}_i - \mathbf{k}_f|^2}\tilde{\rho}_{ns}(\mathbf{k}_f - \mathbf{k}_i)Z_0 e. \end{aligned} \tag{12.27}$$

첫 줄에 있는 식의 첫 번째 항은

$$\langle k_f|\frac{1}{|\mathbf{R}-\mathbf{r}|}|k_i\rangle = \int d^3R \frac{e^{i(\mathbf{k}_i-\mathbf{k}_f)\cdot\mathbf{R}}}{L^3}\frac{1}{|\mathbf{R}-\mathbf{r}|} = \frac{1}{L^3}\frac{4\pi}{|\mathbf{k}_i-\mathbf{k}_f|^2} \tag{12.28}$$

이고, 두 번째 줄에 표현한 $\tilde{\rho}_{ns}$는 전하밀도의 Fourier 변환을 처음상태와 나중상태의 사이에서 구한 행렬요소이다.

$$\tilde{\rho}_{ns}(\mathbf{q}) = \int d^3r \frac{e^{-i\mathbf{q}\cdot\mathbf{r}}}{(2\pi)^{3/2}}\langle n|\rho(\mathbf{r})|s\rangle = \sum_{i=0}^{Z} q_i\langle n|\frac{e^{-i\mathbf{q}\cdot\mathbf{r}}}{(2\pi)^{3/2}}|s\rangle. \tag{12.29}$$

따라서 단위에너지당 미분산란단면적은

$$\frac{d^2\sigma}{d\Omega dE_f} = \frac{2\pi}{\hbar^4}M^2\frac{k_f}{k_i}\left|\frac{4\pi Z_0 e}{Q^2}\right|^2\sum_n|\tilde{\rho}_{ns}(\mathbf{Q})|^2\delta(E_{k_f}-E_{k_i}+E_n^0-E_s^0) \tag{12.30}$$

이다. 단 여기서 원자에 전달된 운동량 $\hbar\mathbf{Q}$는 $\mathbf{Q}=\mathbf{k}_f-\mathbf{k}_i$의 관계를 갖는다.

예제 12.1 단위에너지당 산란단면적

핵의 위치 $\boldsymbol{r}_0$가 원점에 고정되어 있는 매우 무거운 핵표적에 입자가 입사될 때 단위에너지당 산란단면적을 구하여라.

표적입자의 해밀토니안에 대한 고유상태 $|s\rangle$가 구면대칭성을 가진 졸들지 않은 바닥상태라고 가정하자. 이 때 $|n\rangle=|s\rangle$이면 $k_f=k_i$인 탄성충돌이다. 따라서 탄성충돌에 대한 미분산란단면적은

$$\frac{d\sigma_{\text{el}}}{d\Omega} = \frac{2\pi}{\hbar^4}M^2\left|\frac{4\pi Z_0 e}{Q^2}\right|^2|\langle s|\tilde{\rho}(\mathbf{Q})|s\rangle|^2 = \frac{2\pi}{\hbar^4}M^2Z_0^2e^2\left|\tilde{\Phi}_s(\mathbf{Q})\right|^2 \tag{12.31}$$

이다. 여기서 $\tilde{\Phi}_s(\mathbf{Q})$는 핵 안의 원자핵과 전자들에 의해 만들어진 Coulomb 퍼텐셜의 Fourier 변환이다. Coulomb 퍼텐셜은

$$\Phi_s(\mathbf{r}) = \int \frac{d^3r'}{|\mathbf{r}-\mathbf{r}'|}\langle s|\rho(\mathbf{r}')|s\rangle \tag{12.32}$$

이므로, 이에 대한 Fourier 변환은 아래와 같이 주어진다.

$$\tilde{\Phi}_s(\mathbf{Q}) - \int \frac{d^3r}{(2\pi)^{3/2}}e^{-i\mathbf{Q}\cdot\mathbf{r}}\Phi_s(\mathbf{r}). \tag{12.33}$$

만일 $Q \ll a_H^{-1}$, $Q \ll k_i$이라면, 즉 운동량 전달이 매우 작다면 전하밀도 연산자의

Fourier 변환은 $\mathbf{Q}\cdot\mathbf{r}$에 대한 Taylor 급수전개를 하여

$$(2\pi)^{3/2}\tilde{\rho}(Q) = \sum_{i=0}^{Z} q_i e^{-i\mathbf{Q}\cdot\mathbf{r}} = \sum_{i=0}^{Z} q_i \Big(1 - i\mathbf{Q}\cdot\mathbf{r} + \mathcal{O}(Q^2)\Big) \tag{12.34}$$

로 쓸 수 있다. 첫 항은 전기적으로 중성인 원자에 대해서는 0이 되므로 ($\sum_i q_i = 0$)

$$\langle n|\tilde{\rho}(Q)|s\rangle = -\frac{i\mathbf{Q}\cdot\mathbf{d}_{ns}}{(2\pi)^{3/2}} \tag{12.35}$$

이다. $\mathbf{Q}$의 방향을 z 방향으로 정하면 ($\mathbf{Q} \parallel \hat{\mathbf{z}}$)

$$\frac{d^2\sigma}{d\Omega dE_f} = \frac{2\pi}{\hbar^4} M^2 \frac{k_f}{k_i} \left|\frac{4\pi Z_0 e}{Q^2}\right|^2 \frac{Q^2}{(2\pi)^3} \frac{g_{zz}(\omega)}{\hbar}\bigg|_{\omega=(E_{k_i}-E_{k_f})/\hbar} \tag{12.36}$$

를 얻는다. 또, 만일 이 계가 구면대칭성을 가지고 있으면 편극텐서는 방향에 무관하므로 $g_{zz}(\omega) = g(\omega)$로 쓸 수 있다. 따라서 단위에너지당 미분산란단면적은 $\mathbf{Q}$의 방향에 무관하게 된다. "에너지 손실단면적"은 주어진 에너지 손실에 대한 확률에 해당하는 단위에너지당 미분 산란단면적에 에너지 손실을 곱하여 얻을 수 있다.

$$\overline{\sigma} = \int d\Omega \int dE_{k_f} \frac{d^2\sigma}{d\Omega dE_{k_f}} (E_{k_i} - E_{k_f}). \clubsuit \tag{12.37}$$

이 경우는 대전입자가 원자 하나만 있을 때의 에너지 손실에 해당한다. 실제 실험에서는 원자가 하나만 있지 않고, 여러 원자들이 모여 있는 곳에 입사입자를 통과시킨다. 이 경우에는 단위길이를 통과하였을 때 에너지 손실을 구할 수 있다. 이 값은 원자 하나와의 충돌에 의한 에너지에 단위길이당 일어난 충돌횟수를 곱하면 된다. 즉 에너지 손실/비행거리 $= \overline{\sigma} \times \overline{n}$으로 쓸 수 있다. 여기서 $\overline{n}$는 단위부피당 표적 원자들의 수를 나타내는 평균밀도이다.

12.4 대칭성의 결과

지금까지는 표적원자가 내부자유도가 있지만, 질량이 매우 커서 충돌에 의해 표적원자가 이동하지 않는다고 가정하고 충돌문제를 풀었다. 하지만 실제 충돌에서는 입사입자가 표적입자에 운동량을 전달하며, 따라서 표적입자는 튕겨나가게 된다. 물론 이 경우에는 표적원자가 원래의 상태에 계속 남아 있어서 탄성충돌이 일어날 수 있고, 혹은 다른 상태로 옮겨가며 입사입자의 에너지를 흡수하는 비탄성충돌이 일어날 수도 있다. 이와 같이 실제적인 상황에 가까운 상황을 고려하면 충돌 문제는 이전의 단순화된 문제보다

더 복잡해진다. 이 경우에는 이 계가 가지고 있는 대칭성을 먼저 고려하면, 이 문제를 쉽게 풀 수 있는 실마리를 얻게 된다.

유한한 질량을 가지고, 전하가 Ze이며 $\mathbf{r}_0$에 있는 표적원자를 생각하자. 해밀토니안은

$$H = \sum_{i=1}^{N} \frac{\mathbf{p}_i^2}{2m_i} + \frac{1}{2}\sum_{i \neq j} V_{ij}(\mathbf{r}_i - \mathbf{r}_j) \tag{12.38}$$

이다. 여기서 퍼텐셜은 Coulomb 상호작용과 같이 중심력 퍼텐셜인 경우를 나타내었다. 이제 이 계의 대칭성에 대해 고려해보자.

12.4.1 위치 이동에 대한 불변성

위치이동에 대한 불변성을 고려할 때 다음의 정리가 매우 유용하다.

정리 12.1 전체 운동량 보존

전체 운동량 연산자는 $\boldsymbol{P} = \sum_i \boldsymbol{p}_i$, $(\boldsymbol{p}_i = -i\hbar\nabla_i)$로 주어진다. 이 때 이 계가 위치 이동에 대한 불변성이 있으면 $[\boldsymbol{P}, H] = 0$이다.

증명: i번째 입자에 대한 운동량 연산자 $\mathbf{p}_i$와 퍼텐셜 V_{ij}과의 교환관계를 보면

$$[\mathbf{p}_i, V_{ij}(\mathbf{r}_i - \mathbf{r}_j)] = \frac{\hbar}{i}\nabla_i V_{ij}(\mathbf{r}_i - \mathbf{r}_j) = -\frac{\hbar}{i}\nabla_j V_{ij} = -[\mathbf{p}_j, V_{ij}] \tag{12.39}$$

의 관계가 성립한다. 두 번째 항과 세 번째 항 사이의 등호가 성립하는 이유는 퍼텐셜이 중심력퍼텐셜이어서 퍼텐셜은 항상 두 위치 벡터 간 차이만의 함수이기 때문이다. $[V_{ij} = V_{ij}(\mathbf{r}_i - \mathbf{r}_j)]$ 따라서 일반적인 l번째 입자의 운동량연산자와 퍼텐셜 V_{ij} 사이의 교환관계는

$$[\mathbf{p}_l, V_{ij}] = 0,\ l \neq i,\ l \neq j \tag{12.40}$$

이다. 따라서 각 입자의 운동량연산자를 더한 전체 운동량연산자와 퍼텐셜과의 교환관계는 0이다.

$$[\mathbf{P}, V_{ij}] = \sum_l [\mathbf{p}_l, V_{ij}] = 0. \tag{12.41}$$

따라서 퍼텐셜 V_{ij}를 모든 지수 i, j에 대해 더한 연산자도 전체 운동량연산자와 교환한다. 따라서 $[\mathbf{P}, H] = 0$을 만족한다. (증명끝) ♣

위의 정리를 이용하면 전체 해밀토니안 H와 전체 운동량연산자 $\mathbf{P}$에 대해 동시에 고유함수가 되도록 에너지 고유함수를 선택할 수 있다.

$$P_x\psi(\mathbf{r}_1, \cdots, \mathbf{r}_N) \quad = \quad \hbar K_x\psi(\mathbf{r}_1, \cdots, \mathbf{r}_N),$$

$$P_y\psi = \hbar K_y\psi, \; P_z\psi = \hbar K_z\psi. \tag{12.42}$$

이제 파동함수의 변수를 $\mathbf{r}_i \to \mathbf{r}_i + \boldsymbol{\tau}$로 바꾸어 보자. 여기서 $\boldsymbol{\tau}$는 일정한 벡터로 이 변환은 좌표계를 $-\boldsymbol{\tau}$만큼 평행이동시킨다. 이 경우

$$\mathbf{P}\psi(\{\mathbf{r}_i + \boldsymbol{\tau}\}) = \frac{\hbar}{i}\nabla_\tau\psi(\mathbf{r}_i + \boldsymbol{\tau}) = \hbar\mathbf{K}\psi(\{\mathbf{r}_i + \boldsymbol{\tau}\}) \tag{12.43}$$

이 성립한다. 여기서 운동량을 미분 연산자로 표현하였을 때 미분은 $\mathbf{r}_i$에 대해서 해야 하지만, 파동함수는 항상 $\mathbf{r}_i + \boldsymbol{\tau}$의 결합으로만 나타나므로, $\boldsymbol{\tau}$에 대해 미분하여도 같은 결과를 얻는다. 따라서 이 파동함수는 다음과 같이 쓸 수 있다.

$$\psi(\mathbf{r}_i + \boldsymbol{\tau}) = \psi(\mathbf{r}_i)e^{i\mathbf{K}\cdot\boldsymbol{\tau}}. \tag{12.44}$$

즉

$$\psi(\mathbf{r}_i) = \psi(\mathbf{r}_i + \boldsymbol{\tau})e^{-i\mathbf{K}\cdot\boldsymbol{\tau}} \tag{12.45}$$

의 형태로 쓸 수 있다.

위의 평행이동 변환에서 임의의 일정한 벡터 $\boldsymbol{\tau}$를 적당한 벡터로 선택하면 우리가 원하는 파동함수를 구할 수 있다. 아래의 몇 가지 파동함수들은 이 일정한 벡터 $\boldsymbol{\tau}$를 적당히 선택하여 물리적으로 중요한 경우에 대해 구해놓은 파동함수들이다.

1. $\boldsymbol{\tau} = -\mathbf{r}_1$으로 놓으면

$$\psi(\mathbf{r}_i) = e^{i\mathbf{K}\cdot\mathbf{r}_1}\psi(0, \mathbf{r}_2 - \mathbf{r}_1, \cdots, \mathbf{r}_N - \mathbf{r}_1) \tag{12.46}$$

이 된다. 이 파동함수는 첫번째 입자의 위치를 좌표계의 원점으로 정한 파동함수이다. 이 경우 파동함수는 $N-1$ 개의 변수로 기술되는 함수가 된다.

2. $\boldsymbol{\tau} = -\mathbf{R}_c$로 선택하면 (여기서 $\mathbf{R}_c = \sum_i m_i\mathbf{r}_i / \sum_i m_i$인 질량중심의 좌표이다.)

$$\psi(\mathbf{r}_i) = e^{i\mathbf{K}\cdot\mathbf{R}_c}\psi(\mathbf{r}_1 - \mathbf{R}_c, \cdots, \mathbf{r}_N - \mathbf{R}_c) \tag{12.47}$$

로 기술할 수 있고, 이 함수는 N 개의 변수로 기술되지만 이들은 $\sum_i^N m_i(\mathbf{r}_i - \mathbf{R}_c) = 0$을 만족하므로 역시 독립적인 변수의 개수는 $N-1$이다.

12.4.2 Galileo 불변성

앞 절에서 논의한 평행이동을 이용하여, 질량중심 좌표만큼 평행이동을 하여 얻은 파동함수 $\psi_n^0(\mathbf{r}_1 - \mathbf{R}_c, \cdots, \mathbf{r}_N - \mathbf{R}_c)$ 이

$$H\psi_n^0 = E_n^0\psi_n^0 \tag{12.48}$$

를 만족하는 H 의 고유함수라고 하자. 이때 우리는 $\mathbf{P}\psi_n^0 = 0$ 이 되도록 좌표계를 선택할 수 있다. 그러면 파동함수는

$$\psi_{\mathbf{K},n} \equiv e^{i\mathbf{K}\cdot\mathbf{R}_c}\psi_n^0(\mathbf{r}_1 - \mathbf{R}_c, \cdots, \mathbf{r}_N - \mathbf{R}_c) \tag{12.49}$$

로 쓸 수 있다. 이 파동함수는 전체운동량 $\mathbf{P}$ 와 해밀토니안의 고유함수이다.

$$\begin{aligned} \mathbf{P}\psi_{\mathbf{K},n} &= \hbar\mathbf{K}\psi_{\mathbf{K},n}, \\ H\psi_{\mathbf{K},n} &= E_{K,n}\psi_{\mathbf{K},n},\ E_{K,n} = E_n^0 + \frac{\hbar^2K^2}{2M}. \end{aligned} \tag{12.50}$$

여기서 $M = \sum_i m_i$ 인 전체질량이다. 위 식의 두 번째 성질은 이 식을 Schrödinger 방정식에 대입해보면 명백하게 알 수 있다.

Galileo 불변성에 대한 특별한 예로 두 입자계를 생각해보자. 이에 대한 해밀토니안은

$$H = \frac{\mathbf{p}_1^2}{2m_1} + \frac{\mathbf{p}_2^2}{2m_2} + V(\mathbf{r}_1 - \mathbf{r}_2) \tag{12.51}$$

이고 $[\mathbf{P}, H] = 0$을 만족한다. 이때 파동함수는

$$\psi_{\mathbf{K},n} = e^{i\mathbf{K}\cdot\mathbf{R}_c}\psi_n^0(\mathbf{r}_1 - \mathbf{R}_c, \mathbf{r}_2 - \mathbf{R}_c) = e^{i\mathbf{K}\cdot\mathbf{R}_c}f_n(\mathbf{r}_1 - \mathbf{r}_2) \tag{12.52}$$

로 쓸 수 있고, 여기서

$$\mathbf{R}_c = \frac{m_1\mathbf{r}_1 + m_2\mathbf{r}_2}{m_1 + m_2},\ E = \frac{\hbar^2K^2}{2(m_1 + m_2)} + E_n^0 \tag{12.53}$$

이다. 상대좌표 $\mathbf{r}_1 - \mathbf{r}_2$ 만의 함수인 f_n 은 다음의 Schrödinger 방정식을 만족한다.

$$\left[-\frac{\hbar^2}{2\mu}\nabla^2 + V(r)\right]f_n(r) = E_n^0 f_n(r). \tag{12.54}$$

주목할 것은 위 식이 1–입자 방정식이라는 것이다. 여기서 μ 는 $1/\mu = 1/m_1 + 1/m_2$ 로 정의되는 환원질량이다.

12.5 유한한 질량을 가진 표적과의 충돌

지금까지 여러 입자들로 이루어진 표적입자가 가지는 대칭성을 고려하였다. 이제 이 표적입자의 상태들을 이러한 대칭성을 이용하여 다음의 기준을 사용하여 표현하자.

$$|s\rangle \equiv |\mathbf{k}_s, s'\rangle = \frac{1}{L^{3/2}} e^{i\mathbf{k}_s\cdot\mathbf{r}_0}\psi_s(\mathbf{0}, \mathbf{r}_1 - \mathbf{r}_0, \cdots, \mathbf{r}_Z - \mathbf{r}_0). \tag{12.55}$$

이 경우는 식 (12.45)에서 $\boldsymbol{\tau} = -\mathbf{r}_0$ 만큼 평행이동한 경우이다. 마찬가지로 나중상태는

$$|n\rangle = \frac{1}{L^{3/2}} e^{i\mathbf{k}_n\cdot\mathbf{r}_0}\psi_n(\mathbf{0}, \mathbf{r}_1 - \mathbf{r}_0, \cdots, \mathbf{r}_Z - \mathbf{r}_0) \tag{12.56}$$

로 쓸 수 있다.

단위에너지당 충돌산란단면적을 구하면

$$\frac{d^2\sigma}{d\Omega dE_f} = \frac{2\pi M^2}{\hbar^4}\frac{k_f}{k_i}\left|\frac{4\pi Z_0 e}{Q^2}\right|^2 \sum_n \left|\langle n|\tilde{\rho}(\mathbf{Q})|s\rangle\right|^2 \delta(E_{k_f} - E_{k_i} + E_n^0 - E_s^0) \tag{12.57}$$

이다. 여기서 전하밀도의 Fourier 변환 $\tilde{\rho}$는

$$\tilde{\rho}(\mathbf{Q}) = \frac{1}{(2\pi)^{3/2}}\sum_{i=0}^{Z} q_i e^{-i\mathbf{Q}\cdot\mathbf{r}_i} = \frac{1}{(2\pi)^{3/2}} e^{-i\mathbf{Q}\cdot\mathbf{r}_0}\sum_{i=0}^{Z} q_i e^{-i\mathbf{Q}\cdot(\mathbf{r}_i - \mathbf{r}_0)} \tag{12.58}$$

이다. 식 (12.57)에 있는 델타함수에 의해 운동량이 보존되므로, 입자들 사이의 운동량들 사이의 관계는 $\mathbf{k}_f - \mathbf{k}_i = -(\mathbf{k}_n - \mathbf{k}_s)$이다. 따라서 $\tilde{\rho}$를 처음상태와 나중상태 사이에서 행렬요소를 구하면

$$\begin{aligned}
\langle n|\tilde{\rho}(\mathbf{Q})|s\rangle &= \frac{1}{L^3}\int d^3r_0 d^3r_1 \cdots d^3r_Z \psi_n^*(\mathbf{r}_0, \mathbf{r}_1, \cdots, \mathbf{r}_Z) \\
&\times \frac{1}{(2\pi)^{3/2}} e^{-i\mathbf{Q}\cdot\mathbf{r}_0}\sum_{i=0}^{Z} q_i e^{-i\mathbf{Q}\cdot(\mathbf{r}_i - \mathbf{r}_0)}\psi_s(\mathbf{r}_0, \mathbf{r}_1, \cdots \mathbf{r}_Z) \\
&= \frac{1}{L^3}\int d^3r_0\, e^{i(\mathbf{k}_s - \mathbf{k}_n)\cdot\mathbf{r}_0} e^{-i\mathbf{Q}\cdot\mathbf{r}_0}\int d^3(r_1 - r_0)\cdots d^3(r_Z - r_0) \\
&\quad \times\psi_n'^*(\mathbf{0}, \mathbf{r}_1 - \mathbf{r}_0, \cdots \mathbf{r}_Z - \mathbf{r}_0) \\
&\quad \times\sum_{i=0}^{Z} q_i \frac{e^{-i\mathbf{Q}\cdot(\mathbf{r}_i - \mathbf{r}_0)}}{(2\pi)^{3/2}}\psi_s'(\mathbf{0}, \mathbf{r}_1 - \mathbf{r}_0, \cdots, \mathbf{r}_Z - \mathbf{r}_0) \\
&= \langle n|\tilde{\rho}_{\mathrm{rel}}(\mathbf{Q})|s\rangle
\end{aligned} \tag{12.59}$$

가 된다. 위 식에서 마지막 줄의 $\tilde{\rho}_{\mathrm{rel}}(\mathbf{Q})$은 상대좌표 $\mathbf{r}_i - \mathbf{r}_0$에 대한 적분을 하였다는 것을

의미하는, 상대좌표에 대해 적분한 전하밀도의 Fourier 변환이다. 또한 이 상대좌표에 대한 적분 앞에 있는 적분항은

$$\frac{1}{L^3}\int d^3 r_0 e^{i(\mathbf{k}_s-\mathbf{k}_n)\cdot\ \mathbf{r}_0 - i\mathbf{Q}\cdot\mathbf{r}_0} = \delta_{\mathbf{k}_s-\mathbf{k}_n,\ \mathbf{Q}} \tag{12.60}$$

이다. 여기서 이 적분을 Kronecker 델타로 쓴 것은 이 계를 L^3 의 상자 안에 넣어 놓으면 파동수 벡터가 양자화되기 때문에, 연속적인 양이 아니기 때문이다. 물론 $L \to \infty$ 인 극한에서는 파동수 벡터가 연속적인 극한으로 간다.

만일 입자의 질량들이 매우 큰 차이가 날 경우, 예를 들어 두 입자계에서 한 입자는 질량이 m_0 인 핵이고, 다른 한 입자는 질량이 m_1 인 전자로 구성되어 있어서, $m_0 \gg m_1$ 일 경우에는

$$\psi_n(\{\mathbf{r}_i - \mathbf{r}_0\}) \approx \psi_n^{(\infty)}(\{\mathbf{r}_i - \mathbf{r}_0\}) \tag{12.61}$$

가 된다. 여기서 $\psi_n^{(\infty)}(\mathbf{r}_i - \mathbf{r}_0)$ 는 무한한 질량을 가진 핵에서의 전자들의 파동함수를 나타낸다. 따라서

$$\langle n|\tilde{\rho}_{\rm rel}(\mathbf{Q}|s\rangle \approx \int \psi_n^{(\infty)}(r_i)\tilde{\rho}(\mathbf{Q})\psi_s(r_i)d^3r_i \tag{12.62}$$

로 쓸 수 있다.

연습문제

1. 스핀 1/2인 입자의 파동함수가 $\psi(\mathbf{r},\sigma)$로 주어져 있다. 여기서 $\sigma =\uparrow$ 혹은 $\downarrow$이다. 화살표 $\uparrow$와 $\downarrow$는 각각 스핀이 z 방향과 $-z$ 방향으로 향한 것을 나타낸다.

   (가) 파동함수 $\psi(\mathbf{r},\sigma)$를 알고 있다고 하자. 특정한 지역의 공간 R에서, 스핀이 z 방향으로 향해 있는 입자를 발견할 확률에 대한 공식을 써라. 공간 R에 있고, 스핀이 x 방향을 향한 입자를 발견할 확률에 대한 식을 구하여라.

   (나) 입자의 해밀토니안이 운동에너지 $H_0 = p^2/2m$이고, 충돌을 일으키는 퍼텐셜이

$$H_1 = V(\mathbf{r}) + W(\mathbf{r})\sigma_x \tag{12.63}$$

   로 주어졌다고 하자. 여기서 σ_x는 Pauli 스핀행렬 $\begin{pmatrix} 0 & 1 \\ 1 & 0 \end{pmatrix}$이고, $V(\mathbf{r})$과 $W(\mathbf{r})$은 원점 근처에서만 0이 아니다. 이제 에너지 $E = \hbar^2k^2/2m$를 갖고, 원점에서 멀리 떨어져 있을 때

$$\psi(\mathbf{r}) \sim \frac{1}{(2\pi)^{3/2}}\left[e^{ikz}\begin{pmatrix} 1 \\ 0 \end{pmatrix} + \frac{e^{ikr}}{r}\begin{pmatrix} f_\uparrow(\theta,\phi) \\ f_\downarrow(\theta,\phi) \end{pmatrix}\right] \tag{12.64}$$

   이 성질을 갖는 $H = H_0 + H_1$의 충돌 고유상태를 고려할 것이다. 여기서 (r,θ,ϕ)는 점 $\mathbf{r} = (x,y,z)$의 구면극좌표이다. 따라서 해는 스핀이 z 방향을 향하는 입사된 평면파와, 두 개의 스핀 성분을 모두 갖는 산란된 파동으로 구성되어 있다. 함수 $\psi(\mathbf{r},\uparrow)$와 $\psi(\mathbf{r},\downarrow)$를 결정하는 한 쌍의 적분방정식을 구하여라.

   (다) 진폭 $f_\uparrow(\theta,\phi)$와 $f_\downarrow(\theta,\phi)$를 알고 있다고 하자. 입사된 입자빔의 에너지가 E이고, z 방향으로 움직이고, 스핀은 z에 평행이며, 원점에서 입자의 흐름이 I (/cm$^2\cdot$s)인 충돌 실험을 한다고 하자. 검출기의 단면적은 A로 매우 작고, 점 (r,θ,ϕ)에서 $\mathbf{r}$에 수직으로 놓여 있다. 검출기가 단면적 A를 통과하는 모든 입자를 측정할 경우 단위시간당 측정하는 입자의 갯수를 구하여라. 만일 검출기가 스핀의 z 성분을 측정하여, 스핀이 z 축에 평행한 입자들만, 그리고 $-z$에 평행한 입자들만, 그리고 S_x를 측정하여 x 축에 평행한 입자들만 측정한다면, 각각의 경우 입자의 갯수를 측정하는 비율을 구하여라. (이 문제에 대한 파동묶음을 사용한 완전한 분석 대신 대략적인 논의를 사용해도 좋다.)

   (라) 검출기가 x 축$(\theta = \pi/2, \phi = 0)$ 위에 놓여 있을 경우 충돌 퍼텐셜 H_1의 일차항까지 진폭 $f_\uparrow$와 $f_\downarrow$를 구하여라.

2. (가) 표적원자가 처음에 바닥상태 $|s\rangle$ 에 있다. 전하 Z_0e, 질량 m, 입사속력이 v인 입사 입자가 원자에 충돌한다. 이 경우 단위에너지당 미분산란단면적 $d^2\sigma/d\Omega dE_{kf}$를 "동적 구조인자"(dynamic structure factor)

$$f(\mathbf{Q},\omega)=\sum_n|\langle n|\tilde{\rho}(\mathbf{Q})|s\rangle|^2\delta(\omega-\omega_{ns}) \tag{12.65}$$

로 표현하여라. 여기서 $\tilde{\rho}(\mathbf{Q})$는 원자의 전하밀도 연산자의 Fourier 변환이고, $|n\rangle$은 원자의 해밀토니안의 고유상태들이며, ω_{ns}는 들뜸 진동수이다. 여기서 핵의 질량은 무한하다고 가정하여라.

(나) 일반화된 f 합규칙인 다음의 관계를 증명하여라.

$$\int_{-\infty}^{\infty}f(\mathbf{Q},\omega)\omega\, d\omega=\frac{1}{(2\pi)^3}\frac{\hbar e^2}{2m_e}ZQ^2. \tag{12.66}$$

여기서 Z는 원자 안에 있는 전자수이다. (귀띔: 이 문제를 증명하기 위해서는 우선 교환관계 $[[\tilde{\rho}(-\mathbf{Q}),H],\tilde{\rho}(\mathbf{Q})]$를 계산하여라. 여기서 H_0는 원자의 해밀토니안이다. 또 H_0의 고유상태는 실수함수로 선택할 수 있다는 사실을 이용하여라.)

(다) Ω_f 방향으로 방출되는 전체 일률은 다음과 같이 주어진다.

$$\int_0^{E_i}dE_{if}E_{if}\frac{d^2\sigma}{d\Omega_f dE_f} \tag{12.67}$$

합규칙을 이용하여, 입자가 매우 큰 에너지를 가지는 극한 $E_i\gg E_i-E_f\equiv E_{if}$에서 전체 일률에 대한 근사적인 간단한 표현을 구하여라.

3. (가) 질량 M, 전하 Q인 입자가 구면대칭성을 지닌 바닥상태 $|s\rangle$ 로부터 비탄성충돌하는 미분산란단면적은

$$\frac{d^2\sigma}{d\Omega_f dE_f}=\frac{2\pi M^2}{\hbar^5}\frac{k_f}{k_i}\left(\frac{4\pi Q}{K}\right)^2S(\mathbf{K},\omega_i-\omega_f) \tag{12.68}$$

로 쓸 수 있음을 증명하여라. 여기서 동적구조인자 "$S(\mathbf{K},\omega)$"는 다음과 같이 주어진다.

$$S(\mathbf{K},\omega)=\sum_{n\neq s}|\langle n|\rho(\mathbf{K})|s\rangle|^2\delta(\omega-\omega_{ns}). \tag{12.69}$$

(나) 쌍극자 어림방법을 이용하면 $S(\mathbf{K},\omega)\approx K^2g(\omega)$가 되어, S는 합규칙

$$\int_0^{\infty}S(\mathbf{K},\omega)\omega d\omega=\frac{\hbar e^2}{2m}ZK^2 \tag{12.70}$$

을 만족함을 증명하여라. (사실 이것은 일반적으로 사실이지만, 이것을 증명할 필요는 없다.)

(다) 합규칙을 이용하여 입자의 에너지가 매우 큰 극한 ($E_i \gg E_i - E_f \equiv E_{if}$)에서 Ω_f 방향으로 산란되는 전체 일률

$$\int_0^{E_i} dE_{if} E_{if} \frac{d^2\sigma}{d\Omega_f dE_f} \tag{12.71}$$

에 대한 간단하게 어림한 표현을 구하여라.

4. 질량 μ, 전하 e인 스핀이 없는 입자가 x-y 평면에 놓여 있는 반지름 a인 원 위에서만 움직이는 경우를 생각하자. (이 문제에서서는 전기쌍극자 어림방법과 시간에 의존하는 일차 섭동이론만을 고려한다. 또 전자기파에 대한 준고전적, 혹은 양자역학적인 방법에 기초해 유도한 결과를 사용하여도 좋다.)

(가) 에너지 고유상태와 고유값을 구하여라.

(나) 첫 들뜬 상태(들)에서 바닥상태로 옮겨가는 자발적 방출률을 계산하고, 방출된 광자의 각도분포에 대하여 기술하여라. (처음상태는 L_z의 고유상태라고 가정한다.)

(다) 바닥상태에 있는 계에 전기장의 편극이 $\hat{e}$ 방향인 빛이 쪼여진 경우 흡수단면적 $\sigma_{\text{abs}}(\omega)$를 계산하여라. (흡수선이 넓어지는 것은 무시해도 좋다. 즉 답을 진동수의 델타함수로 표시하면 된다.)

(라) f-합규칙

$$\int d\omega \sigma_{\text{abs}}(\omega) = \frac{2\pi^2 e^2}{\mu c} \tag{12.72}$$

가 성립하지 않음을 증명하여라.

(마) 다음을 참고하여 f-합규칙이 성립하지 않는 것에 대하여 논의하여라. 위 문제의 경우와 달리 입자가 반지름 a이고 폭이 δ인 좁은 구간의 내부에 제한되어 있다고 하자. (즉 $|\sqrt{x^2+y^2} - a| < \delta/2$, $|z| < \delta/2$인 경우이다.) 이 경우 문제가 해결된다고 생각하는가? 만일 그렇다면 사라졌던 진동강도가 대략 어느 진동수에서 다시 나타나는가? (정성적인 논의와 크기에 대한 대략적인 분석만 하면 된다.)

5. (가) 전체 운동량이 $\hbar\mathbf{K}$인 수소원자의 바닥상태를 써라. (양성자 질량 m_P가 무한하다고 가정하지 않는다.) 이 때 이 계의 파동함수는 $e^{i\mathbf{K}\cdot\mathbf{r}_0}\psi(\mathbf{r}_1 - \mathbf{r}_0)$의 형태로 쓸 수 있음을 증명하여라. 여기서 $\mathbf{r}_1$과 $\mathbf{r}_0$는 각각 전자와 양성자의 위치벡터이다. 여기서 파동함수 ψ의 형태를 구하여라. 양성자의 질량이 무한대로 가는 극한 $m_P \to \infty$에서, ψ는 $\mathbf{K}$에 무관하다는 사실에 주목하여라. 이 문제에서 전자와 양성자의 스핀은 무시하여라.

(나) 질량이 $M \gg m_P$인 중성입자가 $\mathbf{v}_0$의 속도로 수소원자에 입사된다. 수소원자는 초기에는 정지한 상태에서 바닥상태($n = 1$)에 있다. 충돌이 일어난 후 중성입자는 각도 θ로 산란된 것이 관측되었다. 이 입사입자가 단지 양성자와 약하고 짧은 영역의 퍼텐셜 $V(\mathbf{R} - \mathbf{r}_0)$에 의해서 상호작용한다고 가정하면, 수소원자가 $n = 2$인 들뜬 상태에 있을 확률은 얼마인가? 입사입자의 운동에너지가 수소원자에 전달된 에너지보다 매우 크다고 가정하고, 이 값을 산란각도 θ의 급수로 구하되, 처음으로 θ에 의존하는 양이 나타날 때까지 구하여라.

산란각도 θ가 임의의 값이지만 고정된 경우, 수소원자가 바닥상태에 남아있을 확률을 계산하여라.

6. 각진동수 ω의 선형편광된 빛이 한 개의 전자를 가진 원자에 쏘여진다. 이 원자의 파동함수는 각진동수 ω_0의 삼차원 등방형 조화진동자의 바닥상태로 어림하자. 광전자 방출에 대한 미분산란단면적은

$$\begin{aligned}\frac{d\sigma}{d\Omega} &= \frac{4\alpha\hbar^2 k_f^3}{m^2\omega\omega_0}\sqrt{\frac{\pi\hbar}{m\omega_0}}\exp\Big(-\frac{\hbar}{m\omega_0}\big[k_f^2 + (\frac{\omega}{c})^2\big]\Big) \\ &\times \sin^2\theta\cos^2\phi\exp\Big[\big(\frac{2\hbar k_f\omega}{m\omega_0 c}\big)\cos\theta\Big]\end{aligned} \tag{12.73}$$

로 주어짐을 증명하여라. 단 운동량 $\hbar\mathbf{k}_f$로 방출된 전자는 평면파동으로 기술되는 상태에 있다고 가정하여라.

7. 전하 e, 속력 $c/5$인 무거운 입자가 실온 대기압의 수소분자 기체를 통과한다. 본문에서 구한 $d^2\sigma/d\Omega dE_f$를 이용하여, 수소분자에 있는 전자의 들뜸이나 이온화에 의해 일어나는, 비행한 단위센티미터당 입자의 에너지 손실의 크기를 대략 구하여라. 여기서 양성자의 질량은 무한하고, 산란각도는 크지 않다고 가정하여라.

풀이: 이 문제의 풀이는 유익하므로, 풀이를 보이겠다.

한 입자가 평균 수밀도가 n인 엷은 기체를 통과하고 있는 경우를 고려하자. 이 입자가 수소 기체 분자들 중 하나와 산란할 때 잃는 에너지가 작다고 가정하고, 단위길이를 통과할 때 잃어버리는 평균에너지는 $n\overline{\sigma}$라고 하자. 여기서 $\overline{\sigma}$는 에너지 손실단면적이다.

$$\overline{\sigma} = \int_0^\infty dE_f \int d\Omega(E_f - E_i)\frac{d^2\sigma}{d\Omega dE_f}. \tag{12.74}$$

$\overline{\sigma}$를 구하려면, 몇 개의 어림방법 과정을 거쳐야 한다.

충돌 전과 충돌 후의 운동량을 각각 $\hbar\mathbf{k}_i$, $\hbar\mathbf{k}_f$라고 하자. 이 때 운동량 전달 $\mathbf{Q}$는 $\mathbf{k}_f = \mathbf{k}_i + \mathbf{Q}$의 관계를 갖는다. 그리고 두 상태 사이의 에너지 차이는 $\hbar\omega =$

$E_{k_f} - E_{k_1}$ 라 하자. 그리고 $Q_\parallel$ 와 $Q_\perp$ 은 각각 $\mathbf{k}_i$ 에 평행이고, 수직인 성분들이라고 하자. 그러면 $|Q| \ll k_i = mv_i/\hbar$ 인 경우에는

$$Q_\parallel \approx -\frac{m\omega}{\hbar|k_i|},\ d\Omega \approx 2\pi\frac{Q_\perp dQ_\perp}{k_i^2},\ \frac{|k_i|}{|k_f|} \approx 1 \tag{12.75}$$

이다. (이 결과는 각자 유도해 볼 수 있을 것이다.)

이제 이 문제의 가정에 따라, 즉 큰 질량 m 을 가진 빠른 입사 입자에 대해 $|Q| \ll k_i$ 인 조건이 성립한다. 따라서 $d\sigma/d\Omega dE_f$ 를 사용하면

$$\overline{\sigma} = \int_0^\infty \hbar d\omega \int_0^{Q_\perp^{max}} \frac{2\pi Q_\perp dQ_\perp}{k_i^2}\hbar\omega\frac{2\pi}{\hbar^5}m^2\left|\frac{4\pi Z_0 e}{Q^2}\right|^2 f(\mathbf{Q},\omega) \tag{12.76}$$

를 얻는다. 여기서 Q^2 와 $Q_\perp^2$ 의 관계는 다음과 같다.

$$Q^2 = Q_\perp^2 + \left(\frac{m\omega}{\hbar k_i}\right)^2. \tag{12.77}$$

우선 $0 < Q_\perp \le 1/(10a_H) \equiv Q_1$ 인 영역을 고려하자. 이 계에서 전형적인 $\hbar\omega$ 의 값은 1 Ryd 정도, 즉 $\omega_0 \approx v_e/a_H$ 일 것으로 예상된다. 여기서 $v_e \approx e/137$ 는 수소원자 안에서 움직이는 전자의 고전적인 속력이다. 따라서

$$|Q_\parallel| \approx \frac{1}{a_H}\frac{v_e}{v_i} \ll \frac{1}{a_H}. \tag{12.78}$$

이다. 그러므로 $Q \le a_H/10$ 이고, $\tilde{\rho}(\mathbf{Q}) \approx -i\mathbf{Q}\cdot\mathbf{d}/(2\pi)^{3/2}$ 이다. 여기서 $\mathbf{d}$ 는 분자의 전기쌍극자 모멘트이다. 따라서

$$f(\mathbf{Q},\omega) \approx \frac{1}{(2\pi)^3}\sum_{\alpha\beta} Q_\alpha Q_\beta g_{\alpha\beta}(\omega) \tag{12.79}$$

이다. 이때 나타나는 $g_{\alpha\beta}$ 는 편극텐서이다.

$$g_{\alpha\beta} \equiv \sum_n \langle s|d_\alpha|n\rangle\langle n|d_\beta|s\rangle\delta(\omega - \omega_{ns}). \tag{12.80}$$

이 양을 분자의 방향에 대한 평균을 취하면, $g_{\alpha\beta} = g(\omega)\delta_{\alpha\beta}$ 로 쓸 수 있을 것이다. f-합 규칙에 의하면

$$\int_0^\infty d\omega\omega g(\omega) = \frac{\hbar e^2 Z}{2m_e} \tag{12.81}$$

이다. 이 문제에서는 표적입자가 수소 분자이므로 $Z = 2$ 이다. 이 때 $0 < Q < Q_1$

의 영역에서 $\overline{\sigma}$에 대한 기여는

$$\overline{\sigma}_1 \approx \frac{1}{4\pi\hbar}\frac{1}{v_i^2}|4\pi Z_0 e|^2 \int_0^\infty d\omega\omega g(\omega) \int_0^{Q_1} \frac{Q_\perp dQ_\perp}{Q^2} \tag{12.82}$$

이다. 여기서 $Q^2 = Q_\perp^2 + \omega^2/v_i^2$ 이다. 따라서

$$\int_0^{Q_1} \frac{Q_\perp dQ_\perp}{Q^2} = \ln\left(\frac{Q_1 v_i}{\omega}\right) \tag{12.83}$$

을 얻는다. 이 결과는 ω에 대한 의존성이 작으므로 로그 안에 있는 ω를 ω_0로 써도 좋고

$$\int_0^\infty d\omega\omega g(\omega) \int_0^{Q_1} \frac{Q_\perp dQ_\perp}{Q^2} \approx \frac{\hbar e^2 Z}{2m_e}\ln\left(\frac{Q_1 v_i}{\omega}\right) \tag{12.84}$$

로 놓을 수 있다.

이제 $Q_\perp > Q_1$인 경우를 고려하자. ω값이 주로 ω_0 근처의 값에서만 중요한 결과가 나온다고 가정하면 $Q_\parallel \ll Q_1$이고 $Q^2 \approx Q_\perp^2$ 이다. 따라서

$$\int d\omega\omega \frac{f(\mathbf{Q},\omega)}{|Q|^4} \approx \int d\omega\omega \frac{f(Q_\perp,\omega)}{Q_\perp^4} = \frac{\hbar e^2 Z}{2m_e}\frac{1}{(2\pi)^3 Q_\perp^2} \tag{12.85}$$

인 관계를 이용할 수 있다. 그러나 $Q_\perp$가 Q보다 클 때에는 전자에 전달된 큰 운동량이 있고, ω의 전형적인 값은 ω_0보다 커야 할 것이다. 따라서 더 좋은 크기 계산은

$$\frac{\hbar^2 Q_\parallel k_i}{m} = \hbar\omega \approx \frac{\hbar^2 Q^2}{2m_e} \tag{12.86}$$

이다. 한편 $Q_\parallel \ll Q_\perp$ 이므로 $Q_\perp \ll Q_\perp^{\max} \approx m_e v_i/\hbar$ 이다. 그러나 $Q_\perp > Q_\perp^{\max}$ 일 경우에는 위의 방정식에 대한 해가 존재하지 않는다. 즉 전자로부터 어떠한 산란도 없다. (물론 양성자로부터 탄성충돌이 있을 수 있다. 하지만 이 경우에는 에너지 손실이 없다.) $Q_1 < Q < Q_\perp^{\max}$ 의 영역에서는 $\ln(Q_\perp^{\max}/Q_1)$ 에 비례하는 양이 $\overline{\sigma}_2$ 에 기여한다. 이 로그항은 $Q_\perp^{\max}$ 근처의 정확한 거동에 민감하지 않다. 따라서

$$\overline{\sigma} = \overline{\sigma}_1 + \overline{\sigma}_2 = \frac{Z_0 Z e^4}{m_e v_i^4} 4\pi \ln\left(\frac{m_e v_i^2}{\hbar\omega_0}\right) \tag{12.87}$$

이다. 이제 각각의 값을 집어 넣어 $m_e v_i^2 \approx 20$ keV, $\hbar\omega_0 \approx 10$ eV의 결과를 이용하면, $\ln(m_e v_i^2/\hbar\omega_0) \approx 8$이다. 그리고 $Z = 2$, $Z_0 = 1$, $e^2/a_H = 26$ eV이므로 $\overline{\sigma}$는 다음과 같다.

$$\overline{\sigma} \approx 1.7 \times 10^{-16}\ \text{eV}\cdot\text{cm}^2. \tag{12.88}$$

표준상태의 온도와 압력에서 $n \approx 2.7 \times 10^{19}$ 분자/cm^3 이다. 따라서

$$n\sigma \approx 5 \text{ keV/cm} \tag{12.89}$$

을 얻는다.

제 13 장

양자역학에서의 표현방법

지금까지 양자역학계를 기술할 때에는 그 상태를 나타내는 파동함수를 구하고, 그 파동함수가 Schrödinger 방정식에 의해 시간에 대해 어떻게 변하는지를 살펴보았다. 그러나 물리계를 기술하는 방법은 이러한 한 가지 방법만 존재하는 것이 아니고, 여러 방법이 있지만 이들은 서로 동등하며 물리적인 예측에는 변함이 없다. 이 장에서는 양자역학계를 기술하는 표현방법 중 Schrödinger 표현, Heisenberg 표현, 상호작용 표현에 대하여 고려해보겠다.

지금까지 우리가 흔히 접해온 시간에 따라 변하는 파동함수로 물리계를 기술하는 방법을 Schrödinger 표현이라고 한다. 반면에 파동함수는 시간에 따라 변하지 않도록 고정시켜 놓고, 연산자의 시간에 대한 변화를 고려하는 것을 Heisenberg 표현이라고 한다. 이 표현은 특히 앞으로 다룰 전자기장의 양자화에서 매우 유용한 방법이다. 또한 이차 양자화를 통해 얻는 양자장론의 경우에도 이 표현을 써서 표현하는 것이 간편하다. 한편 이 두 표현의 중간 정도에 해당하는 상호작용 표현이 있다. 이는 시간에 의존하는 섭동을 다룰 때 매우 유용하다.

이와 같이 다루고자 하는 문제마다 편리한 여러 종류의 다른 표현방법이 있다. 그러나 이런 표현들은 서로 동등하며, 한 물리계에 대해 같은 물리적인 결과를 준다. 이 장에서는 이들 표현에 대해 각각 자세히 알아보고, 이들 사이의 관계와 이들이 어떠한 문제에 유용하게 쓰이는지 알아보겠다.

13.1 Schrödinger 표현

양자역학적인 물리계를 기술하는 Schrödinger 방정식은

$$i\hbar\frac{\partial}{\partial t}\psi(t) = H\psi(t) \tag{13.1}$$

으로 주어진다. 상태가 혼합상태일 경우에는 이를 기술하는 밀도행렬 w를 도입하고 이 밀도행렬이 만족하는 방정식은

$$\frac{dw}{dt} = -\frac{1}{i\hbar}[w, H] \tag{13.2}$$

이다. 위의 두 방정식은 계를 나타내는 상태의 시간에 대한 변화를 나타낸다. 한편 측정 가능 연산자 A는 (편의상 A는 시간 t에 대해 명시적으로 의존하지 않는다고 가정하자.) Hilbert 공간에서 변하지 않는 고정된 것으로 간주한다. 그리고 이에 대한 기대값은

$$\langle A\rangle_t \equiv \langle\psi(t)|A|\psi(t)\rangle = \text{tr }(w(t)A) \tag{13.3}$$

로 쓴다. 연산자 A에 대한 기대값의 시간에 대한 변화는 파동함수 ψ에 대한 Schrödinger 방정식을 사용하면 쉽게 구할 수 있다.

$$\frac{d}{dt}\langle A\rangle_t = \frac{1}{i\hbar}\langle[A, H]\rangle_t. \tag{13.4}$$

이와 같이 파동함수가 시간에 따라 변하며, 그 시간의 변화는 Schrödinger 방정식으로 주어지고, 연산자는 일반적으로 시간에 명시적으로 의존하지 않게 되는 표현을 "**Schrödinger 표현**"(Schrödinger picture)이라고 한다. 이 표현은 지금까지 우리가 사용해온 친숙한 방법이다.

파동함수 $|\psi(t)\rangle$의 시간에 대한 변화는, 이 변화에 의해 상태의 크기가 변하지 않으므로, 이를 unitary 연산자로 나타낼 수 있다. 이러한 unitary 변환은 "시간변화 연산자" T를 이용하여 표시할 수 있다.

$$\psi(t) = T(t, t')\psi(t'). \tag{13.5}$$

만일 해밀토니안 H가 시간에 무관하면, 이 시간변화 연산자는

$$T(t, t') = e^{-iH(t-t')/\hbar} \tag{13.6}$$

로 주어진다. 즉 T는 unitary 연산자가 된다. 이와 같이 정의한 T 연산자는 다음의 관계를 만족한다.

$$T(t, t'')T(t'', t') = T(t, t'). \tag{13.7}$$

이를 증명하기 위해서는 다음의 관계를 보면 쉽게 알 수 있다.

$$\begin{aligned}\psi(t) &= T(t, t'')\psi(t'') = T(t, t')\psi(t'),\\ \psi(t'') &= T(t'', t')\psi(t').\end{aligned} \tag{13.8}$$

한편 unitary 연산자인 시간변화연산자 T는 식 (13.5)가 만족하는 Schrödinger 방정식에 의해 다음의 방정식을 만족한다.

$$i\hbar\frac{\partial}{\partial t}T(t,t') = HT(t,t'),\ T(t,t) = 1. \tag{13.9}$$

물론 위에서 정의한 시간변화 연산자는 유일한 것이 아니다. 이 연산자는 다른 방법으로 정의할 수도 있다. 이는 파동함수 ψ를 적당히 unitary 변환함으로써 얻을 수 있다. 예를 들어 $U(t)$를 임의의 unitary 변환이라고 하고, 다음의 새로운 파동함수를 정의하자.

$$\overline{\psi}(t) \equiv U(t)\psi(t). \tag{13.10}$$

또 U에 의해 변환된 밀도행렬을 $\overline{w}(t) = U(t)w(t)U^\dagger(t)$로 정의하고, 마찬가지로 연산자 $\overline{A}$는 $\overline{A}(t) = U(t)A(t)U^\dagger(t)$로 정의하자. 모든 양의 위에 막대를 붙인 것은 unitary 변환을 통하여 새로운 기준에서 표시한 양이라는 것을 의미한다. 그러면 이 새로운 기준에서 연산자 $\overline{A}$의 기대값을 구하면

$$\langle\overline{\psi}(t)|\overline{A}(t)|\overline{\psi}(t)\rangle = \langle\psi(t)|A(t)|\psi(t)\rangle = \langle A(t)\rangle_t \tag{13.11}$$

를 만족한다. 즉 어떤 표현에서도 물리적인 의미를 갖는 연산자의 기대값은 같은 시간의 존성을 갖는다. 또한 밀도행렬을 이용하여 표현하면

$$\mathrm{tr}\Big(\overline{w}\overline{A}(t)\Big) = \mathrm{tr}\Big(w(t)A(t)\Big) = \langle A(t)\rangle_t \tag{13.12}$$

가 된다.

일반적으로 unitary 변환을 하여 얻은 새로운 연산자들과 원래의 연산자들 사이에는 다음의 관계가 성립한다.

$$\begin{aligned} AB = C \quad &\to \quad \overline{A}\,\overline{B} = \overline{C}, \\ [A,B] = C \quad &\to \quad [\overline{A},\overline{B}] = \overline{C}. \end{aligned} \tag{13.13}$$

이러한 관계는 임의의 unitary 변환 $U(t)$에 대해 항상 성립한다. 이제 unitary 변환 $U(t)$를 적당히 선택하면 여러 표현들을 얻게 된다. 이들 표현 중 사용하기 편리한 표현은 $U = 1$로 놓은 이미 설명한 "**Schrödinger 표현**"이 있고, 그 외에 이러한 unitary 변환을 적당히 도입하여 정의한 "**Heisenberg 표현**" 그리고 "**상호작용 표현**" 등이 있다. 이제 이들 표현들을 차례로 고찰해보도록 하겠다.

13.2 Heisenberg 표현

이제 식 (13.10) 에서 unitary 변환 $U(t)$를

$$U(t) = T^\dagger(t,0) = T(0,t) \tag{13.14}$$

로 선택해보자. 여기서 T는 식 (13.5) 에서 도입한 시간변화 연산자이다. 이 경우 파동함수는

$$\overline{\psi}(t) = T^\dagger(t,0)T(t,0)\psi(0) = \psi(0) \tag{13.15}$$

가 되어, 파동함수는 시간 $t=0$인 때의 파동함수로 고정되므로 파동함수 $\overline{\psi}(t)$는 더 이상 시간에 의존하지 않는다. 마찬가지로 밀도행렬 $\overline{w}(t)$ 역시 시간에 무관하다.

$$\overline{w}(t) = T^\dagger(t,0)T(t,0)w(0)T^\dagger(t,0)T(t,0) = w(0). \tag{13.16}$$

한편 연산자는

$$\overline{A}(t) = T^\dagger(t,0)AT(t,0) \tag{13.17}$$

로 나타낸다. 식 (13.17) 에서 명확히 볼 수 있듯이, 비록 연산자 A는 시간에 무관하더라도 $\overline{A}$는 시간에 의존하게 된다. 또 $\overline{A}$에 대한 시간의 변화는

$$\frac{d\overline{A}(t)}{dt} = \frac{1}{i\hbar}T^\dagger(t,0)[A,H(t)]T(t,0) = \frac{1}{i\hbar}[\overline{A},\overline{H}(t)] \tag{13.18}$$

가 되고, 밀도행렬을 사용한 경우에는 다음과 같다.

$$\mathrm{tr}\Big(\overline{w}(t)\frac{d\overline{A}}{dt}\Big) = \frac{d}{dt}\mathrm{tr}\big(\overline{w}(t)\overline{A}(t)\big) = \frac{d}{dt}\langle A\rangle_t = \frac{1}{i\hbar}\langle[\overline{A}(t),\overline{H}(t)]\rangle. \tag{13.19}$$

이와 같이 unitary 변환을 식 (13.14) 로 선택하여, 파동함수는 시간에 의존하지 않고, 연산자가 시간에 따라 변하도록 하는 표현방법을 "**Heisenberg 표현**"(Heisenberg picture)이라고 한다. 그러나 주목할 것은 이러한 Heisenberg 표현과 Schrödinger 표현은 동등한 표현들이라는 것이다. 다만 시간에 따라 변하는 양과 시간에 무관한 양을 달리 정한 것뿐이다.

Schrödinger 표현에서는 Hilbert 공간 안의 상태를 표현하는 기준벡터들이 시간에 따라 변하고, 연산자들은 시간에 의존하지 않는다. 반면에 Heisenberg 표현에서는 기준벡터들은 시간에 무관하고, 연산자가 시간에 따라 변한다. 이는 마치 Euclid 공간에서 회전변환을 할 때, 벡터를 고정시키고 좌표계를 회전시키는 것과, 좌표계를 고정시키고 벡터를 반대방향으로 회전시키는 것이 동등한 효과를 주는 것과 매우 비슷한 관계이다.

Heisenberg 표현을 이용한 몇가지 특별한 경우를 고려하자.

1. 해밀토니안 H가 시간에 명시적으로 의존하지 않으면, Heisenberg 표현을 얻기 위해 도입한 unitary 변환은 $U = e^{iHt/\hbar}$이므로

$$[U(t), H] = 0, \ \overline{H}(t) = UHU^{-1} = H \tag{13.20}$$

이다. 즉 Schrödinger 표현에서 해밀토니안이 시간에 의존하지 않으면, Heisenberg 표현에서도 해밀토니안은 시간에 의존하지 않는다. 따라서 Heisenberg 표현에서도 에너지는 운동상수이다. 즉 $d\overline{H}/dt = 0$이다.

2. 퍼텐셜 $V(x)$ 안에 있는 입자를 고려하자. 이 때 이 계의 해밀토니안은 $H = p^2/2m + V(x)$로 주어진다. 따라서 Heisenberg 표현에서 해밀토니안은 $\overline{H} = \overline{p}^2/2m + V(\overline{x})$가 된다. 이때 연산자 $\overline{x}$와 $\overline{p}$의 운동방정식은 다음과 같이 주어진다.

$$\begin{aligned} \frac{d\overline{x}}{dt} &= \frac{1}{i\hbar}[\overline{x}, \overline{H}] = \frac{\overline{p}}{m}, \\ \frac{d\overline{p}}{dt} &= \frac{1}{i\hbar}[\overline{p}, V(\overline{x})] = -V'(\overline{x}). \end{aligned} \tag{13.21}$$

3. 조화진동자의 경우 퍼텐셜이 $V = kx^2/2$이므로 Heisenberg 표현에서 퍼텐셜은 $V(\overline{x}) = k\overline{x}^2/2$이고, 이에 대한 미분은 $V'(\overline{x}) = k\overline{x}$이다. 연산자들의 시간에 대한 변화는

$$\frac{d\overline{x}}{dt} = \frac{\overline{p}}{m}, \ \frac{d\overline{p}}{dt} = -k\overline{x} \tag{13.22}$$

으로 주어진다. 이에 대한 해는

$$\begin{aligned} \overline{x}(t) &= \overline{x}(0)\cos\omega_0 t + \frac{\dot{\overline{x}}(0)}{\omega_0}\sin\omega_0 t, \\ \overline{p}(t) &= \overline{p}(0)\cos\omega_0 t - \frac{k\overline{x}(0)}{\omega_0}\sin\omega_0 t \end{aligned} \tag{13.23}$$

이다. 여기서

$$\omega_0 = \sqrt{\frac{k}{m}}, \quad \dot{\overline{x}}(0) \equiv \frac{\overline{p}(0)}{m} \tag{13.24}$$

이다. 이 경우 주의할 것은 특별한 경우를 제외하고는 시간이 서로 다를 경우, 즉 $t \neq t'$일 때, 일반적으로

$$[\overline{x}(t), \overline{x}(t')] \neq 0 \tag{13.25}$$

이라는 것이다.

13.3 상호작용 표현

이제 해밀토니안이

$$H(t) = H_0 + V(t) \tag{13.26}$$

으로 주어지는 경우를 생각하자. 여기서 H_0가 시간에 무관하고, $V(t)$가 시간에 의존하며 H_0보다 매우 작을 경우에는 시간에 의존하는 섭동이론을 사용할 수 있다. 이 경우에 unitary 변환을 $U(t) = e^{iH_0t/\hbar}$로 선택하면, 파동함수는

$$\overline{\psi}(t) = U(t)\psi(t) = e^{iH_0t/\hbar}T(t,0)\psi(0) \tag{13.27}$$

로 주어진다. 이를 새로운 연산자 S를 도입하여 표현하자.

$$\overline{\psi}(t) = S(t,t')\overline{\psi}(t'). \tag{13.28}$$

여기서 연산자 S는

$$S(t,t') = e^{iH_0t/\hbar}T(t,0)T^\dagger(t',0)e^{-iH_0t'/\hbar} = e^{iH_0t/\hbar}T(t,t')e^{-iH_0t'/\hbar} \tag{13.29}$$

로 정의한다. 따라서 이 표현에서의 파동함수 $\overline{\psi}$의 시간에 대한 변화를 구하면

$$i\hbar\frac{\partial\overline{\psi}(t)}{\partial t} = -H_0\overline{\psi}(t) + e^{iH_0t/\hbar}HT(t,0)\psi(0) = \overline{V}(t)\overline{\psi}(t) \tag{13.30}$$

로 주어진다. 여기서 $\overline{V}$는 unitary 변환 $U(t)$에 의해 V를 변환한 양이다.

$$\overline{V}(t) = U(t)V(t)U^\dagger(t). \tag{13.31}$$

연산자 S의 시간에 대한 변화는

$$i\hbar\frac{\partial}{\partial t}S(t,t') = \overline{V}(t)S(t,t') \tag{13.32}$$

이고, 이 연산자의 경계조건은 $S(t,t) = 1$이다. 이와 같이 unitary 변환을 적당히 선택하여, 파동함수와 퍼텐셜이 모두 시간에 따라 변하지만, 파동함수 $\overline{\psi}$, 혹은 연산자 S가 만족하는 방정식에는 퍼텐셜에 의존하는 항만 나타나도록 하는 표현을 **"상호작용 표현"**(interaction picture)이라고 한다. 참고로 Schrödinger 표현에서의 Schrödinger 방정식에는 전체 해밀토니안이 나타난다. 이러한 상호작용 표현은 보기에는 복잡해 보이

지만, 이 표현에서는 파동함수의 시간에 대한 변화를 퍼텐셜을 이용하여 쓸 수 있고, 이 퍼텐셜이 작을 때는 시간에 의존하는 섭동이론을 수식화할 때 매우 유용한 표현이 된다.

이제 식 (13.32)를 풀어 연산자 S를 구해보자. 상호작용 표현에서 표현하는 퍼텐셜 $\overline{V}(t) = U(t)V(t)U^{\dagger}(t)$를 이용하면

$$S(t,t') = 1 - \frac{i}{\hbar}\int_{t'}^{t} dt_1 \overline{V}(t_1)S(t_1,t') \tag{13.33}$$

이다. 여기서 만일 $\overline{V}$가 작으면, $S(t,t')$를 $\overline{V}$의 차수로 급수전개를 할 수 있다. 우선 식 (13.33)을 $\overline{V}$의 1차식까지만 구하면

$$S(t,t') = 1 - \frac{i}{\hbar}\int_{t'}^{t} \overline{V}(t_1)dt_1 + \mathcal{O}(\overline{V}^2) \tag{13.34}$$

로 쓸 수 있다. 이를 계속 반복하면

$$\begin{aligned} S(t,t') &= 1 - \frac{i}{\hbar}\int_{t'}^{t} \overline{V}(t_1)dt_1 + \Big(\frac{-i}{\hbar}\Big)^2 \int_{t'}^{t} dt_1 \int_{t'}^{t_1} dt_2 \overline{V}(t_1)\overline{V}(t_2) + \cdots \\ &= 1 + \sum_{r=1}^{\infty}\Big(\frac{-i}{\hbar}\Big)^r \int_{t'}^{t} dt_1 \int_{t'}^{t_1} dt_2 \cdots \int_{t'}^{t_{r-1}} dt_r \overline{V}(t_1)\cdots\overline{V}(t_r) \\ &= 1 + \sum_{r=1}^{\infty}\frac{1}{r!}\Big(\frac{-i}{\hbar}\Big)^r \int_{t'}^{t} dt_1 \cdots \int_{t'}^{t} dt_r T\Big(\overline{V}(t_1)\cdots\overline{V}(t_r)\Big) \end{aligned} \tag{13.35}$$

로 쓸 수 있다. 식 (13.35)의 마지막 줄에 나타난 표현 T는 "시간 순서로 나열된 곱"(time-orderd product)이다. 시간 순서로 나열된 곱 T란 나중 시간에 나타난 양들은 모두 왼쪽으로 몰아서 쓰는 것을 의미한다. 예를 들어 다음과 같이 나타낼 수 있다.

$$T(V(t_1)V(t_2)) = \begin{cases} V(t_2)V(t_1), & t_2 > t_1 \\ V(t_1)V(t_2), & t_1 > t_2. \end{cases} \tag{13.36}$$

식 (13.35)의 마지막 관계를 보기 위해 $\overline{V}$의 2차 항을 살펴보자. 이 적분은 다음과 같이 쓸 수 있다.

$$\int_{t'}^{t} dt_1 \int_{t'}^{t_1} dt_2 \overline{V}(t_1)\overline{V}(t_2) = \int_{t'}^{t} dt_1 \int_{t_1}^{t} dt_2 \overline{V}(t_1)\overline{V}(t_2). \tag{13.37}$$

두 적분이 같은 것은 그림 13.1의 적분구간을 바꾼 그림을 보면 쉽게 볼 수 있다. 따라서 이를 다시 쓰면 다음과 같다.

$$\int_{t'}^{t} dt_1 \int_{t'}^{t_1} dt_2 \overline{V}(t_1)\overline{V}(t_2) \;\; = \;\; \frac{1}{2}\int_{t'}^{t} dt_1 \int_{t'}^{t} dt_2 T\Big[\overline{V}(t_1)\overline{V}(t_2)\Big]. \tag{13.38}$$

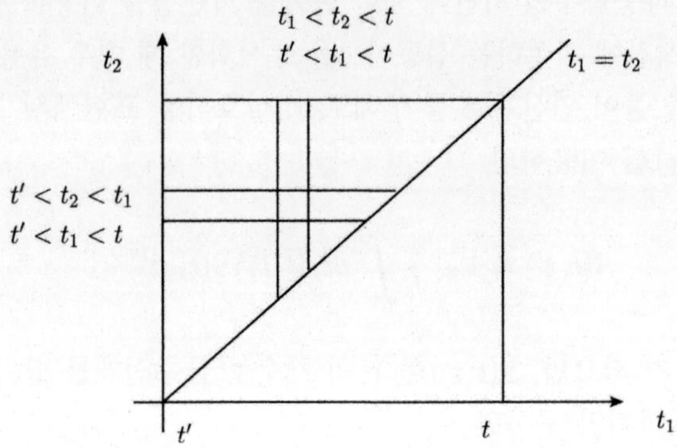

그림 13.1: t_1 과 t_2 에 대한 적분 구간을 다르지만 동등하게 적분하기 위한 적분구간.

수학적 귀납법을 이용하여 모든 차수까지의 결과를 더하면, 지수함수의 형태인

$$S(t,t') = T\exp\Big(-\frac{i}{\hbar}\int_{t'}^{t} dt_1 \overline{V}(t_1)\Big) \tag{13.39}$$

으로 표현할 수 있다.

Schrödinger 표현에서 임의의 파동함수 ψ 는 $H_0|n\rangle = E_n^0|n\rangle$ 을 만족하는 해밀토니안 H_0 의 고유상태 $|n\rangle$ 의 적당한 선형결합

$$\psi(t) = \sum_n c_n(t)e^{-iE_n^0 t/\hbar}|n\rangle \tag{13.40}$$

으로 표현할 수 있다. 만일 $t = t_0$ 일 때 $|s\rangle$ 상태에 있다면, $c_n(t_0) = \delta_{ns}$ 이다.

상호작용 표현에서는 $\overline{\psi}(t) = S(t,t_0)|s\rangle$ 이고, $\langle n|\overline{\psi}(t)\rangle = c_n(t)$ 이므로 $c_n(t) = \langle n|S(t,t_0)|s\rangle$ 이다. 따라서 $\overline{V}$ 의 일차 항까지만 c_n 을 구하면

$$c_n(t) = \delta_{ns} - \frac{i}{\hbar}\int_{t_0}^{t} dt_1 \langle n|\overline{V}(t_1)|s\rangle \tag{13.41}$$

로 주어지고, 여기서

$$\overline{V}(t) = e^{iH_0 t/\hbar}V(t)e^{-iH_0 t/\hbar} \tag{13.42}$$

이다. 그러므로

$$\langle n|\overline{V}(t)|s\rangle = e^{i\omega_{ns}t_1}\langle n|V(t_1)|s\rangle \tag{13.43}$$

이 된다. 참고적으로 $c_n(t)$를 모든 차수에서 구하면

$$\begin{aligned} c_n(t) &= \delta_{ns} + \sum_{r=1}^{\infty} \sum_{n_1,\cdots n_{r-1}} \int_{t'}^{t} dt_1 \cdots \int_{t'}^{t_{r-1}} dt_r V_{nn_1}(t_1) \cdots V_{n_{r-1}s}(t_r) \\ &\times e^{i\omega_{nn_1}t_1 + i\omega_{n_1n_2}t_2 + \cdots + i\omega_{n_{r-1}s}t_r} \end{aligned} \tag{13.44}$$

로 쓸 수 있다. 다음 장에서는 이러한 상호작용 표현을 이용하여 전자기장을 양자화하여 보도록 하겠다.

연습문제

1. H가 일차원 자유입자의 해밀토니안이라고 하자. Heisenberg 연산자 $x(t)$와 $p(t)$를 $x(0)$와 $p(0)$로 표현하여라. 기대값 $\langle x(t)^2 \rangle$을 시간 $t = 0$에서의 기대값들로 표현하고, Heisenberg 표현에서 파동함수가

$$\psi(x) = Ne^{-x^2/4\sigma^2}, \tag{13.45}$$

로 주어진 경우, 위의 표현을 계산하여라. 여기서 N은 적당한 규격화 상수이다.

2. Heisenberg 표현에서 두 개의 다른 시간에서 구한 두 개의 측정가능한 양의 곱에 대한 기대값을 다음과 같이 정의할 수 있다.

$$\langle A(t)B(t')\rangle = \text{tr}\left(wA(t)B(t')\right). \tag{13.46}$$

여기서 w는 밀도행렬이다. 해밀토니안 H가 시간에 무관하다고 가정하고, w는 H의 바닥상태 $|s\rangle$에 있는 계를 나타낸다고 하자. $\langle A(t)B(t')\rangle$를 두 개의 연산자 $A(0)$와 $B(0)$에 대하여, 바닥상태 $|s\rangle$와 에너지 고유값이 E_n인 해밀토니안의 고유상태 $|n\rangle$ 사이의 행렬요소를 이용하여 표현하여라.

3. 다음의 관계 $[\overline{x}, \overline{p}] = i\hbar$를 사용하여 아래의 식을 증명하여라.

$$[\overline{p}, \overline{x}^n] = \frac{n\hbar}{i}\overline{x}^{n-1}. \tag{13.47}$$

또 만일 $V(x)$가 x만의 다항식이라면, 본문에서 나타낸 바와 같이

$$[\overline{p}, V(\overline{x})] = -i\hbar V'(\overline{x}) \tag{13.48}$$

임을 증명하여라. 이것은 반드시 $\overline{p} = (\hbar/i)d/d\overline{x}$임을 의미하지는 않는다. 예를 들어 $H = \lambda x^2$라 하자. 그러면 시간 t에서 Heisenberg 표현에서는

$$\overline{p} = \frac{\hbar}{i}\frac{d}{d\overline{x}} - 2\lambda t\overline{x} \tag{13.49}$$

이다. 이를 증명하여라.

4. (가) 질량 m, 용수철 상수 k, $\omega_0^2 = k/m$인 일차원 단순조화진동자에 대항 Heisen-

berg 연산자의 운동방정식은 다음의 형태를 갖는 것을 증명하여라.

$$\frac{d}{dt}x_H(t) = \frac{1}{m}p_H(t), \quad \frac{d}{dt}p_H(t) = -kx_H(t). \tag{13.50}$$

(고전적인 Hamilton의 방정식과 매우 비슷하다는 사실에 주목하여라.)

(나) 위의 방정식을 풀어라. 즉 $x_H(t)$와 $p_H(t)$를 t와 Schrödinger 연산자 x와 p를 이용하여 표현하여라.

(다) 예를 하나 들어 Heisenberg 연산자는 일반적으로 다른 시간에서 자신의 연산자와 교환되지 않는다는 것을($[A(t_1), A(t_2)] \neq 0$) 증명하여라.

(라) (나)의 결과를 이용하여 처음에 준비한 계의 상태가 어떤 상태이든 변위에 대한 기대값은 단순조화운동

$$\langle x \rangle_t = A\cos(\omega_0 t + \phi) \tag{13.51}$$

으로 구할 수 있다는 것을 증명하여라. 특별히 물리계가 $t = 0$에서 $|\psi\rangle = (|\phi_0\rangle + |\phi_1\rangle)/\sqrt{2}$인 상태에 있을 때 A와 ϕ를 구하여라. 여기서 ϕ_0와 ϕ_1은 각각 바닥상태와 첫 번째 들뜬 상태이다.

5. 상호작용 표현은 상태와 관측량인 연산자가 모두 시간에 의존한다는 점에서 Heisenberg 표현이나 Schrödinger 표현과 구별된다. 만일 계의 해밀토니안이

$$H = H_0 + H'(t) \tag{13.52}$$

로 주어졌을 때, 상호작용의 표현에서 켓 $|a\ t\rangle_I$는

$$|a\ t\rangle_I = e^{iH_0t/\hbar}|a\ t\rangle_S \tag{13.53}$$

로 정의된다. 여기서 $|a\ t\rangle_S$는 Schrödinger 표현에서 같은 상태를 나타내는 상태이다.

(가) 만일 A가 Schrödinger 표현에서의 관측량이라면 상호작용 표현에서는

$$A_I(t) = e^{iH_0t/\hbar}Ae^{-iH_0t/\hbar} \tag{13.54}$$

로 주어짐을 보여라.

(나)

$$\left(i\hbar\frac{d}{dt} - H_I'(t)\right)|a\ t\rangle_I = 0 \tag{13.55}$$

임을 증명하여라.

(다)

$$|a\ t_2\rangle_I = U_I(t_2, t_1)|a\ t_1\rangle_I \tag{13.56}$$

라고 하자. 이때

$$U_I(t_2, t_1) = 1 - \frac{i}{\hbar}\int_{t_1}^{t_2} H_I'(t')U_I(t', t_1)dt' \tag{13.57}$$

임을 증명하여라.

(라) 만일 H'이 시간에 명시적으로 의존하지 않는다면 식 (13.57)에서 직접

$$U_I(t_2, t_1) = e^{iH_0t_2/\hbar}e^{-iH(t_2-t_1)/\hbar}e^{-iH_0t_1/\hbar} \tag{13.58}$$

임을 증명하여라.

(마) 물리계가 시간 $t = 0$에서 $|a\rangle$의 상태에 있다. 시간 t에서 상태 $|b\rangle$에 있을 확률은

$$|\langle b|e^{-iH_0t/\hbar}U_I(t, 0)|a\rangle|^2 \tag{13.59}$$

임을 증명하여라.

6. 시간진행연산자는 다음의 운동방정식을 만족한다.

$$i\frac{d}{dt}T(t, t') = H(t)T(t, t'), \quad T(t', t') = \mathbf{1}. \tag{13.60}$$

(가) 다음 함수

$$T(t, t') = e^{-iH_0(t-t')} - i\int_{t'}^{t} dt_1 e^{-iH_0(t-t_1)}V(t_1)T(t_1, t') \tag{13.61}$$

은 위의 두 조건을 모두 만족시킴을 증명하여라.

(나) (가)의 좌변을 우변에 반복적으로 대입하면 시간진행연산자를 퍼텐셜의 급수로 전개할 수 있음을 보여라.

(다) 상호작용 표현에서 ($V_I(t)$의 급수로 전개하여) 시간진행연산자 $U(t, t')$에 해당하는 급수전개를 구하여라.

제 14 장

전자기장의 양자화

8장에서 전기장 또는 자기장 안에 있는 대전입자를 다룰 때에는, 이 대전입자만을 양자역학적으로 취급하여, 이 계의 에너지 고유값과 고유상태를 구하였다. 그리고 입자에 가해지는 전자기장은 외부에서 주어진 고전적인 양으로 취급하였다. 이렇게 물리계를 두 부분으로 나누어 입자는 양자역학적으로 다루고, 전자기장은 외부에서 주어진 고전적인 양으로 다루는 방법을 "준고전적인 방법"(semiclassical approximation)이라고 한다. 이러한 준고전적인 방법은 접근방법이 불완전하게 보일지라도 그 결과는 놀랍게도 대부분의 경우 전자기장까지 양자화한 결과와 같다. 그러나 다른 한편으로는 준고전적으로는 기술할 수 없고, 전자기장까지 양자화해야만 설명할 수 있는 물리 현상들이 있다. 그 예로는 이 장에서 다룰 양자화된 전자기장인 광자들로 둘러싸인 들뜬 상태의 원자가 광자를 방출하는 유도방출이 있다.

전자기장을 제공하는 외부의 근원은 결국 전하를 띤 입자이다. 따라서 이들도 우리가 고려하는 물리계에 포함시키면, 이들도 양자화를 해야한다. 또 이들 사이의 상호작용을 매개하는 전자기장도 양자화해야만 전자기장 안에 있는 대전입자에 관해 완전히 양자역학적으로 문제를 풀 수 있을 것이다. 이 장에서는 이와 같이 대전입자 뿐만 아니라 전자기장도 양자화하여 전자기장에 있는 대전입자를 완전히 양자역학적으로 기술하도록 하겠다.

이 장에서는 13장에서 설명한 Heisenberg 표현을 사용하여 전자기장을 나타내고, 이를 양자화하겠다. 자유 전자기장에 대한 해밀토니안을 적당히 좌표변환하면, 여러 진동수를 가진 무한개의 조화진동자의 해밀토니안의 합으로 주어지는 것을 이 장에서 보일 것이다. 따라서 우선 양자역학적으로 조화진동자를 다루고, 전자기장에 대한 해밀토니안이 어떻게 조화진동자의 해밀토니안 형태로 나타낼 수 있는지에 관해 알아보겠다. 또한 이렇게 전자기장을 양자화한 후 이를 물리계에 응용하는 몇 가지 예들을 다음 장인 15장에서 살펴보겠다.

14.1 단순조화 진동자

14.1.1 소멸연산자와 생성연산자

전자기장을 양자화하기 전에 단순조화 진동자에 대해 먼저 살펴보기로 하겠다. 이는 전자기장을 양자화하는 데 매우 유용한 도구가 될 것이다. 먼저 일차원에서 단순조화진동자의 해밀토니안은

$$H = \frac{p^2}{2m} + \frac{1}{2} m\omega_0 x^2 \tag{14.1}$$

이다. 이제 다음과 같은 연산자들을 정의하자.

$$a = \sqrt{\frac{m\omega_0}{2\hbar}}\Big(x + \frac{ip}{m\omega_0}\Big),\ a^\dagger = \sqrt{\frac{m\omega_0}{2\hbar}}\Big(x - \frac{ip}{m\omega_0}\Big). \tag{14.2}$$

식 (14.2) 에서 정의한 연산자 중에서 a를 "소멸연산자"(annihilation operator)라고 하고, $a^\dagger$를 "생성연산자"(creation operator)라고 한다. 이 관계를 뒤집어서 x와 p에 관해 쓰면 다음과 같다.

$$x = \frac{1}{2}\sqrt{\frac{2\hbar}{m\omega_0}}(a + a^\dagger),\ p = \frac{\sqrt{2\hbar m\omega_0}}{2i}(a - a^\dagger). \tag{14.3}$$

연산자 a, $a^\dagger$를 이용하면, 해밀토니안을

$$H = \hbar\omega_0\Big(a^\dagger a + \frac{1}{2}\Big) = \hbar\omega_0\Big(N + \frac{1}{2}\Big) \tag{14.4}$$

로 쓸 수 있다. 식 (14.4)를 얻기 위하여 연산자 x와 p 사이의 교환관계 $[x, p] = i\hbar$를 이용하였고, 또한 이를 이용하면 소멸연산자와 생성연산자 사이의 교환관계는 $[a, a^\dagger] = 1$ 임을 알 수 있다. 식 (14.4) 에서 도입한 연산자 $N = a^\dagger a$를 " 수 연산자"(number operator)라고 한다. 수 연산자는 Hermitian 연산자이므로 이들의 고유값들, 따라서 해밀토니안의 고유값들도 실수이다.

상태 $|n\rangle$ 이 $a^\dagger a|n\rangle = n|n\rangle$을 만족하는, 수 연산자 N의 고유상태라고 하자. 해밀토니안은 N에만 의존하므로, 수 연산자의 고유상태는 동시에 해밀토니안의 고유상태로 만들 수 있다.

$$H|n\rangle = \hbar\omega_0\Big(n + \frac{1}{2}\Big)|n\rangle. \tag{14.5}$$

한편 소멸연산자, 생성연산자와 수 연산자 사이의 교환관계는

$$[a, a^\dagger a] = a,\ [a^\dagger, a^\dagger a] = -a^\dagger \tag{14.6}$$

이므로, $a^\dagger a|n\rangle = n|n\rangle$ 이고, 상태 $|n\rangle$ 이 $\langle n|n\rangle = 1$ 로 규격화되어 있으면

$$a^\dagger a(a|n\rangle) = aa^\dagger a|n\rangle - a|n\rangle = (n-1)a|n\rangle \tag{14.7}$$

을 만족한다. 따라서 이 경우 $a|n\rangle = 0$ 이 아닌 한, 상태 $a|n\rangle$ 은 수 연산자 $a^\dagger a$ 에 대해 고유값 $n-1$ 을 가지는 고유상태이다. 이 상태 $a|n\rangle$ 의 절대값의 제곱을 취하면

$$\Big|a|n\rangle\Big|^2 = \langle n|a^\dagger a|n\rangle = n \geq 0 \tag{14.8}$$

이므로, $n=0$ 일 때는 $a|n\rangle = 0$ 이고, 그외의 경우에는

$$a|n\rangle = \sqrt{n}|n-1\rangle \tag{14.9}$$

임을 알 수 있다.

정리 14.1 수 연산자 $a^\dagger a$ 의 고유값 n 은 *0* 이상인 정수이다.

증명: n 이 정수가 아니라고 가정하자. 이 때 m 이 n 보다 큰 정수라고 하면 $a^m|n\rangle$ 은 $|n-m\rangle$ 에 비례한다. 그리고 $a^\dagger a|n-m\rangle = (n-m)|n-m\rangle$ 이어야 하는데, 이것은 불가능하다. 왜냐하면

$$\langle n-m|a^\dagger a|n-m\rangle = n-m \geq 0 \tag{14.10}$$

이 성립해야 하기 때문이다. 즉 식 (14.10) 은 $a|n-m\rangle$ 의 절대값의 제곱이므로 0 이상이어야 하지만, $n-m<0$ 이므로 이는 불가능하다. 하지만 수 연산자 $a^\dagger a$ 의 고유값 n 이 정수이면 이러한 문제가 없다. 즉 $a^n|n\rangle$ 은 $|0\rangle$ 에 비례하고 $a^\dagger a|0\rangle = 0$ 이 되어, $|n\rangle$ 에 a^m $(m>n)$ 을 작용하면 0 이 된다. 또한 $\langle n|a^\dagger a|n\rangle = n \geq 0$ 이므로 n 은 0 이상인 정수이어야 한다. (증명끝) ♣

14.1.2 상태 만들기

단순조화 진동자의 고유상태들 사이에서 연산자 a 의 행렬요소는

$$\langle n'|a|n\rangle = \sqrt{n}\delta_{n',n-1} \tag{14.11}$$

이다. 식 (14.11) 의 복소켤레를 취하면

$$\langle n|a^\dagger|n'\rangle = \sqrt{n'+1}\delta_{n,n'+1} \tag{14.12}$$

을 얻는다. 만일 수 연산자의 고유상태인 $|n\rangle$ 상태들로 구성된 집합이 완전한 집합을 이룬다면 $a^\dagger|n\rangle = \sqrt{n+1}|n+1\rangle$을 만족한다.

조화진동자의 바닥상태는 $a|0\rangle = 0$을 만족한다. 이 바닥상태를 위치공간에서 구해보자. 바닥상태함수 $\psi_g(x) = \langle x|0\rangle$는

$$\left(x + \frac{\hbar}{m\omega_0}\frac{d}{dx}\right)\psi_g(x) = 0 \tag{14.13}$$

을 만족한다. 이 미분방정식은 연산자 a를 x와 p로 표현하여 얻은 것이다. 식 (14.13)을 간단히 하면

$$\frac{\psi_g'}{\psi_g} = -\frac{m\omega_0}{\hbar}x \tag{14.14}$$

이므로, 이 식의 해는

$$\psi_g(x) = \text{상수} \times e^{-m\omega_0 x^2/2\hbar} = \text{상수} \times e^{-x^2/4\sigma^2} \tag{14.15}$$

이다. 여기서 $2\sigma^2 = \hbar/m\omega_0$이다. 한편 다른 상태들은 이 바닥상태에 생성연산자를 연속적으로 적용하여 만들 수 있다. 일반적으로

$$|n\rangle = \frac{1}{\sqrt{n!}}(a^\dagger)^n|0\rangle \tag{14.16}$$

이고, 이 상태들은 졸들어 있지 않다.

참고로 수 연산자의 고유상태들 사이에서 연산자 x, x^2의 행렬요소들은 다음과 같다.

$$\begin{aligned}
\langle n'|x|n\rangle &= \sqrt{\frac{\hbar}{2m\omega_0}}\Big[\sqrt{n+1}\delta_{n',n+1} + \sqrt{n}\delta_{n',n-1}\Big], \\
\langle n'|x^2|n\rangle &= \frac{\hbar}{2m\omega_0}\langle n'|a^2 + aa^\dagger + a^\dagger a + (a^\dagger)^2|n\rangle \\
&= \frac{\hbar}{2m\omega_0}\Big[(2n+1)\delta_{n,n'} + \sqrt{(n+1)(n+2)}\delta_{n',n+2} \\
&+ \sqrt{n(n-1)}\delta_{n'+2,n}\Big].
\end{aligned} \tag{14.17}$$

14.1.3 결맞은 상태

결맞은 상태(coherent state)는 소멸연산자 a의 고유상태로 정의한다. 즉

$$a|\alpha\rangle = \alpha|\alpha\rangle, \ \langle\alpha|\alpha\rangle = 1 \tag{14.18}$$

인 상태이다. 위의 정의에 따르면

$$\langle\alpha|a|\alpha\rangle = \alpha, \ \langle\alpha|a^\dagger|\alpha\rangle = \alpha^* \tag{14.19}$$

를 만족한다. 여기서 주의할 것은 소멸연산자는 Hermitian 연산자가 아니므로, 그 고유값 α가 반드시 실수일 필요가 없다는 것이다. 결맞은 상태에 대한 연산자 x와 p의 기대값들은 다음과 같다.

$$\langle x\rangle = \frac{\alpha+\alpha^*}{2}\sqrt{\frac{2\hbar}{m\omega_0}}, \ \langle p\rangle = \frac{\alpha-\alpha^*}{2i}\sqrt{2m\hbar\omega_0}. \tag{14.20}$$

이러한 결맞은 상태의 파동함수를 구하려면 결맞은 상태의 정의식 (14.18)에서 연산자 a를 x와 p로 바꾸고, p를 미분연산자로 쓰면 된다. 즉 결맞은 상태의 파동함수는 다음의 미분방정식을 만족한다.

$$\left(x+\frac{\hbar}{m\omega_0}\frac{d}{dx}\right)\langle x|\alpha\rangle = \sqrt{\frac{2\hbar}{m\omega_0}}\alpha\langle x|\alpha\rangle. \tag{14.21}$$

이 식은 조화진동자의 바닥상태가 만족하는 미분방정식 (14.13)과 비교하면 α 항에 비례하는 항만 더 있는 미분방정식이다. 여기서 $x' = x-\alpha\sqrt{2\hbar/m\omega_0}$로 치환하면, 식 (14.13)과 같아진다. 따라서 조화진동자의 바닥상태의 파동함수에 변수만 평행이동시키면 된다. 여기서 식 (14.20)의 결과를 이용하면 다음의 파동함수를 얻는다.

$$\langle x|\alpha\rangle = \frac{1}{(2\pi\sigma^2)^{1/4}}\exp\left(-\frac{(x-\langle x\rangle)^2}{4\sigma^2}+\frac{ix\langle p\rangle}{\hbar}\right). \tag{14.22}$$

이때 $2\sigma^2 = \hbar/m\omega_0$이다. 이 파동함수는 위치공간에서는 폭 σ이고 최대값이 $\langle x\rangle$에 위치한 Gauss 함수 형태이고, 운동량 공간에서는 폭이 $\langle(\Delta p)^2\rangle = \hbar^2/4\langle(\Delta x)^2\rangle$인 Gauss 함수 형태이다. 식 (14.22)이 과연 결맞은 상태의 정의에 맞는지 확인해보는 것은 좋은 연습문제이다.

이제 조화진동자의 해밀토니안에 일반적으로 운동량 p와 변위 x의 일차항이 존재하는 해밀토니안을 생각하자. 이 해밀토니안 역시 소멸연산자 a와 생성연산자 $a^\dagger$로 표현할 수 있다.

$$H = \frac{p^2}{2m}+\frac{1}{2}kx^2 - F(t)x - G(t)p = \hbar\omega_0\left(a^\dagger a+\frac{1}{2}\right)+f(t)a+f(t)^*a^\dagger. \tag{14.23}$$

여기서

$$f(t) = -\sqrt{\frac{\hbar}{2m\omega_0}}F + i\sqrt{\frac{m\hbar\omega_0}{2}}G \tag{14.24}$$

이다. 이러한 항들이 나타나는 경우를 물리적으로 고려해보면, 예를 들어 x에 비례하는 항은 외부에서 일정한 힘을 가해주는 경우에 나타난다. 또 속도에 비례하는 마찰력이 존재하는 경우에는 운동량 p에 비례하는 양이 나타날 수 있다.

지금까지는 Schrödinger 표현을 이용하여 일차원 조화진동자를 고려하였다. 이와 동등한 표현인 Heisenberg 표현에서의 연산자 $\overline{x}$, $\overline{p}$, $\overline{a}$, $\overline{a}^\dagger$ 로 이 해밀토니안을 표현하면

$$\overline{H} = \hbar\omega_0(\overline{a}^\dagger\overline{a} + \frac{1}{2}) + f(t)\overline{a} + f(t)^*\overline{a}^\dagger \tag{14.25}$$

이다. 이들 연산자 중 $\overline{x}$와 $\overline{p}$들의 시간에 대한 변화는 다음과 같다.

$$\frac{d\overline{x}}{dt} = \frac{1}{i\hbar}[\overline{x}, \overline{H}] = \frac{\overline{p}}{m} - G, \quad \frac{d\overline{p}}{dt} = -k\overline{x} + F. \tag{14.26}$$

이 두 관계를 결합하면 잘 알고 있는 조화진동자의 운동방정식의 형태를 얻을 수 있다.

$$\frac{d^2\overline{x}}{dt^2} = -\frac{k}{m}\overline{x} + \frac{F}{m} - \frac{dG}{dt}. \tag{14.27}$$

한편 소멸연산자 $\overline{a}$의 운동방정식을 구해보면

$$i\hbar\frac{d\overline{a}}{dt} = [\overline{a}, \overline{H}] = \hbar\omega_0\overline{a} + f(t)^* \tag{14.28}$$

이다. 여기서 $f(t) = 0$일 경우에는 바로 단순조화진동자에 해당하므로

$$\overline{a}(t) = \overline{a}(0)e^{-i\omega_0 t} \tag{14.29}$$

가 된다.

$f(t) \neq 0$일 경우에는, 시간 $t > t_0$에 대해

$$\overline{a}(t) = \overline{a}(t_0)e^{-i\omega_0(t-t_0)} + \frac{1}{i\hbar}\int_{t_0}^{t} G_R(t,t')f(t')^*dt' \tag{14.30}$$

으로 쓸 수 있다. 식 (14.30)에서 도입한 함수 G_R은 "**Green의 함수**"라고 하며, 이 함수는

$$\left(\frac{d}{dt} + i\omega_0\right)G_R(t,t') = \delta(t-t') \tag{14.31}$$

을 만족한다. 즉 소멸연산자 $\overline{a}$와 같은 미분 방정식을 만족하고, 원천이 델타함수로 주어진 경우이다. 이 Green 함수는 $t < t'$일 경우에는 $G_R(t,t') = 0$로 정한다. 이와 같은 경계조건을 만족하는 Green 함수는 다음과 같이 쓸 수 있다.

$$G_R(t,t') = e^{-i\omega_0(t-t')}\theta(t-t'). \tag{14.32}$$

식 (14.32) 에서 $\theta(t)$ 는

$$\theta(t) = \begin{cases} 1, & t > 0 \\ 0, & t < 0 \end{cases} \tag{14.33}$$

로 주어지는 theta 함수이다. 따라서 $t > t_0$ 일 경우에는

$$\overline{a}(t) = \overline{a}(t_0)e^{-i\omega_0(t-t_0)} + \alpha(t) \tag{14.34}$$

로 쓸 수 있으며

$$\alpha(t) = \frac{1}{i\hbar}\int_{t_0}^{t} e^{-i\omega_0(t-t')} f^*(t')dt' \tag{14.35}$$

이다. $f(t)$ 는 식 (14.24) 에서 주어져 있다.

시간 t_0 에서 상태가 단순조화진동자 해밀토니안의 바닥상태에 있을 경우, 이 상태가 만족하는 식을 Heisenberg 표현으로 쓰면 $\overline{a}(t_0)|\overline{\psi}\rangle = 0$ 이다. 한편 결맞은 상태에 대한 정의식 (14.22) 을 Heisenberg 표현으로 쓰면 $\overline{a}(t)|\overline{\psi}\rangle = \alpha(t)|\overline{\psi}\rangle$ 이고, 여기서 $\overline{a}(t) = T^\dagger(t,0)a(0)T(t,0)$ 이다. 한편 Schrödinger 표현을 사용하면 $\psi(t) = T(t,0)\psi(0)$ 이고, 결맞은 상태를 정의하는 식은 $a|\psi(t)\rangle = \alpha(t)|\psi(t)\rangle$ 이다.

결맞은 상태끼리의 스칼라곱을 구해보자. 식 (14.22) 을 이용하면

$$\langle\beta|\alpha\rangle = e^{-|\alpha|^2/2-|\beta|^2/2+\alpha\beta^*} \tag{14.36}$$

이므로 $|\langle\beta|\alpha\rangle|^2 = e^{-|\alpha-\beta|^2}$ 를 만족한다. 따라서 $\alpha \neq \beta$ 이면 $|\alpha\rangle$ 와 $|\beta\rangle$ 사이의 상관관계는 거의 없게 된다.

14.2 졸들은 이차원 조화진동자

이제 다음과 같은 등방성 이차원 조화진동자의 해밀토니안을 생각하자.

$$H = \frac{p_x^2 + p_y^2}{2m} + \frac{m\omega_0^2}{2}(x^2 + y^2). \tag{14.37}$$

이 때 x, y 축 방향으로 각각 독립적인 소멸연산자들을 다음과 같이 정의하자.

$$a_x = \sqrt{\frac{m\omega_0}{2\hbar}}\left(x + \frac{ip_x}{m\omega_0}\right),\ a_y = \sqrt{\frac{m\omega_0}{2\hbar}}\left(y + \frac{ip_y}{m\omega_0}\right). \tag{14.38}$$

그러면 이들의 교환관계는

$$[a_x, a_x^\dagger] = 1,\ [a_y, a_y^\dagger] = 1,\ [a_x, a_y^\dagger] = 0 \tag{14.39}$$

이고, 해밀토니안은

$$H = \hbar\omega_0(a_x^\dagger a_x + a_y^\dagger a_y + 1) \tag{14.40}$$

로 쓸 수 있다.

이 계는 z축에 대해 회전을 시켜도 변하지 않는 대칭성을 가지고 있다. 이 대칭성을 이용하기 위하여 다음과 같은 연산자를 정의하자.

$$\begin{aligned} b_1 &= a_x \cos\theta + a_y \sin\theta, \\ b_2 &= -a_x \sin\theta + a_y \cos\theta. \end{aligned} \tag{14.41}$$

이들 새로운 연산자들로 해밀토니안을 표현하면

$$H = \hbar\omega_0(b_1^\dagger b_1 + b_2^\dagger b_2 + 1) \tag{14.42}$$

으로 쓸 수 있고, 연산자 b_1, b_2는 교환관계

$$[b_i, b_j^\dagger] = \delta_{ij}, \quad i, j = 1, 2 \tag{14.43}$$

를 만족한다. 따라서 b_1과 b_2는 처음에 정의한 a_x와 a_y와 같은 교환관계를 가지며, 나타나는 해밀토니안도 같은 형태를 갖는다. 따라서 에너지 고유값들도 같다. 즉 z축에 대해 임의의 회전을 하여 생긴 새로운 좌표계에서 생성, 소멸연산자를 정의하여 해밀토니안을 구하면 같은 에너지 고유값을 갖는다. 다시 말하면 이 해밀토니안은 z축에 대한 회전에 대하여 대칭성을 갖는다.

위에서 사용한 z축에 대한 회전변환을 일반화하여 연산자들을 임의의 복소수 unitary 변환을 하여 표현해보자.

$$\begin{aligned} b_1 &= u_{11} a_x + u_{12} a_y, \\ b_2 &= u_{21} a_x + u_{22} a_y. \end{aligned} \tag{14.44}$$

Unitary 변환이라 함은 계수 $u_{ij}(i, j = 1, 2)$로 이루어진 2×2 행렬이 유니타리 행렬을 이룬다는 것을 의미한다. 이 경우에도 해밀토니안은

$$H = \hbar\omega_0(b_1^\dagger b_1 + b_2^\dagger b_2 + 1) \tag{14.45}$$

으로 쓸 수 있고, 연산자들의 교환관계는

$$[b_i, b_j^\dagger] = \delta_{ij}, \ [b_i, b_j] = 0, \ [b_i^\dagger, b_j^\dagger] = 0 \tag{14.46}$$

을 만족한다. 이 관계는 다음과 같이 증명할 수 있다.

$$[b_i, b_j^\dagger] = [u_{ik}a_k, a_l^\dagger u_{lj}^{*T}] = \delta_{kl}u_{ik}u_{jl}^* = \delta_{ij}. \tag{14.47}$$

식 (14.47)에서 같은 첨자가 두 개 나타나면 가능한 모든 값에 대해서 더하는(이 경우는 1, 2 혹은 x, y) Einstein 규칙을 사용하였다. 한편 처음 식에서는 u_{ij}의 unitary 성질인 $u_{lj}^{*T} = u_{jl}^*$의 관계를 이용하였다. 또한 수 연산자들의 합도 다음 관계에 의해 변하지 않는다.

$$b_i^\dagger b_i = a_k^\dagger u_{ik}^{*T} u_{ik'} a_{k'} = a_k^\dagger a_k. \tag{14.48}$$

2차원에서 졸들은 상태에 대한 편광을 기술하는 여러 가지 방법이 있다. 물론 편광을 기술하는 한 가지 방법과 다른 방법은 단지 기준벡터에 차이가 있고, 이들 사이에는 unitary 변환의 관계가 있다. 다음의 예제에서 다른 방법을 살펴보자.

예제 14.1 원형 편광

다음과 같은 unitary 변환을 생각하자.

$$b_1 = \frac{1}{\sqrt{2}}(a_x + ia_y), \ b_2 = \frac{1}{\sqrt{2}}(a_x - ia_y). \tag{14.49}$$

이와 같은 변환은 만일 a_x, a_y를 빛의 선형편광에 대한 기준이라고 보면, 위의 결합은 원형편광된 빛의 기준에 해당한다. 표현을 간단하게 하기 위해 $m = k = \omega_0 = \hbar = 1$로 정하는 단위계를 택하면

$$b_1 = \frac{1}{2}[x + iy + i(p_x + ip_y)], \ b_2 = \frac{1}{2}[x - iy + i(p_x - ip_y)] \tag{14.50}$$

가 되므로

$$\begin{aligned} x + iy &= \frac{1}{\sqrt{2}}(a_x + a_x^\dagger + i(a_y + a_y^\dagger)) = b_1 + b_2^\dagger, \\ x - iy &= b_1^\dagger + b_2, \\ p_x + ip_y &= \frac{1}{i}(b_1 - b_2^\dagger), \ p_x - ip_y = \frac{1}{i}(b_2 - b_1^\dagger) \end{aligned} \tag{14.51}$$

이다. 또한 해밀토니안 H는

$$H = N_1 + N_2 + 1 \tag{14.52}$$

으로 쓸 수 있다. 여기서 N_i는 $N_i = b_i^\dagger b_i$로 주어지는 수 연산자이다.

한편 각운동량 연산자는

$$L_z = b_2^\dagger b_2 - b_1^\dagger b_1 \tag{14.53}$$

으로 표시할 수 있다. 따라서 $b_2^\dagger$는 각운동량이 z 방향으로 $+1$인 양자를 생성하는 연산자이고, $b_1^\dagger$는 각운동량이 z 방향으로 -1인 양자를 생성하는 연산자이다. 따라서 $b_2^\dagger$에 의해 생성된 양자는 오른쪽으로 편광된 양자에 해당하고, $b_1^\dagger$에 의해 생성된 양자는 왼쪽으로 편광된 양자에 해당한다. ♣

이를 이용하여 z 방향으로 균일한 자기장 $B_0\hat{\mathbf{z}}$ 안에 있으며 xy 평면에만 있을 수 있는 대전입자를 고려하자. 이 계의 해밀토니안은

$$H = \frac{1}{2m}\left(\mathbf{p} - \frac{q\mathbf{A}}{c}\right)^2 \tag{14.54}$$

이고, 원형 게이지를 택하면 벡터 퍼텐셜은

$$\mathbf{A} = \frac{B_0}{2}(-y, x, 0) \tag{14.55}$$

로 나타낼 수 있다. 이를 이용하면 해밀토니안은

$$H = \frac{p^2}{2m} + \frac{q^2B_0^2}{8mc^2}(x^2+y^2) - \frac{q}{2mc}B_0L_z \tag{14.56}$$

이다. 식 (14.56)에서 첫 두 항을 H_0, 즉 섭동되기 전의 해밀토니안으로 볼 수 있다. 이 해밀토니안이 바로 앞에서 고려한 졸들은 이차원 조화진동자의 해밀토니안이다.

cyclotron 진동수 ω_c를 다음과 같이 정의하면

$$\omega_0 = \frac{1}{2}\frac{qB_0}{mc} = \frac{\omega_c}{2}, \tag{14.57}$$

해밀토니안은

$$H = \frac{\hbar\omega_c}{2}\Big((b_2^\dagger b_2 + b_1^\dagger b_1 + 1) - (b_2^\dagger b_2 - b_1^\dagger b_1)\Big) = \hbar\omega_c\Big(b_1^\dagger b_1 + \frac{1}{2}\Big) \tag{14.58}$$

가 된다. 이들의 에너지 스펙트럼을 "**Landau 준위**"(Landau level)라고 하며 이들은 $b_2^\dagger b_2$의 양자수에 무관하므로 주어진 n_1 값에 대해 n_2는 임의의 모든 음이 아닌 값을 가져도 무방하다. 즉, 이 에너지 준위는 무한히 졸들어 있다. 물리적으로는 Landau 준위는 오른쪽으로 편광된 양자의 수에만 의존한다.

만일 벡터 퍼텐셜 $\mathbf{A}$ 안에 놓인 입자가 z축으로는 자유롭게 움직일 수 있다면, 위에서 고려한 Landau 준위를 주는 해밀토니안을 삼차원으로 연장하면 된다. 이는 식 (14.58)에 z 방향의 운동에너지 $p_z^2/2m$을 해밀토니안에 더하기만 하면 된다. 이 경우 해밀토니안의 고유상태는 n_1, n_2, k_z의 양자수로 결정된다 ($p_z = \hbar k_z$). 그 상태를 $|n_1, n_2, k_z\rangle$로 쓰면

이 상태의 에너지 고유값은 다음과 같다.

$$E = \hbar\omega_c\Big(n_1 + \frac{1}{2}\Big) + \frac{\hbar^2 k_z^2}{2m}. \tag{14.59}$$

14.3 전자기 복사장

이제 앞 절에서 고려한 조화진동자의 성질을 이용하여 전자기장을 양자화하겠다. 우선 전자기장이 만족하는 성질을 먼저 살펴보자. 전기흐름밀도 $\mathbf{j}(\mathbf{r}, t)$, 전하밀도 $\rho(\mathbf{r}, t)$가 만들어내는 전자기장은 Maxwell 방정식을 만족한다.

$$\begin{aligned} \nabla\cdot\mathbf{B} &= 0,\ \nabla\cdot\mathbf{E} = 4\pi\rho, \\ \nabla\times\mathbf{B} &= \frac{1}{c}\frac{\partial\mathbf{E}}{\partial t} + \frac{4\pi}{c}\mathbf{j},\ \nabla\times\mathbf{E} = -\frac{1}{c}\frac{\partial\mathbf{B}}{\partial t}. \end{aligned} \tag{14.60}$$

첫째 식에서 $\mathbf{B} = \nabla\times\mathbf{A}$로 쓸 수 있는 벡터 퍼텐셜 $\mathbf{A}$를 도입할 수 있음을 알 수 있다. 이를 이용하여 네째 식을 쓰면

$$\nabla\times\Big(\mathbf{E} + \frac{1}{c}\frac{\partial\mathbf{A}}{\partial t}\Big) = 0 \tag{14.61}$$

으로 쓸 수 있으므로, 전기장을

$$\mathbf{E} = -\nabla\phi - \frac{1}{c}\frac{\partial\mathbf{A}}{\partial t} \tag{14.62}$$

로 쓸 수 있는 스칼라 퍼텐셜 ϕ를 도입할 수 있다. 나머지 식들을 이용하면 $\mathbf{A}$와 ϕ가 만족하는 식을 구할 수 있다.

$$\begin{aligned} \Big(\frac{1}{c^2}\frac{\partial^2}{\partial t^2} - \nabla^2\Big)\mathbf{A} + \nabla\Big(\frac{1}{c}\frac{\partial\phi}{\partial t} + \nabla\cdot\mathbf{A}\Big) &= \frac{4\pi}{c}\mathbf{j}, \\ \Big(\frac{1}{c^2}\frac{\partial^2}{\partial t^2} - \nabla^2\Big)\phi - \frac{1}{c}\frac{\partial}{\partial t}\Big(\frac{1}{c}\frac{\partial\phi}{\partial t} + \nabla\cdot\mathbf{A}\Big) &= 4\pi\rho. \end{aligned} \tag{14.63}$$

전자기장 $\mathbf{E}$, $\mathbf{B}$는 게이지 변환에 의해 변하지 않는 게이지 불변성을 가지고 있으므로, 전자기장을 유일하게 결정하려면 게이지를 선택해야 한다. 여기서는 Coulomb 게이지 $\nabla\cdot\mathbf{A} = 0$을 선택하기로 하겠다. 따라서 스칼라 퍼텐셜 ϕ는 식 (14.63)에 의해 $\nabla^2\phi = -4\pi\rho$를 만족한다. 이에 대한 해는

$$\phi(\mathbf{r}, t) = \int d^3r'\,\frac{\rho(\mathbf{r}', t)}{|\mathbf{r} - \mathbf{r}'|} \tag{14.64}$$

로 우리가 잘 알고 있는 정전기 Coulomb 퍼텐셜이다. 한편 전기장 $\mathbf{E}$는 항상 가로성분과 세로성분으로 분리하여 표현할 수 있다. 즉 $\mathbf{E} = \mathbf{E}_{\rm long} + \mathbf{E}_{\rm tr}$ 의 형태로 분리하여 표현할 수 있는데, 이 가로성분 $\mathbf{E}_{\rm tr}$ 와 세로성분 $\mathbf{E}_{\rm long}$ 은

$$\begin{aligned} \nabla \cdot \mathbf{E}_{\rm tr} &= 0, \ \nabla \times \mathbf{E}_{\rm long} = 0, \\ \nabla \times \mathbf{E}_{\rm tr} &= -\frac{1}{c}\frac{\partial \mathbf{B}}{\partial t}, \ \nabla \cdot \mathbf{E}_{\rm long} = 4\pi\rho \end{aligned} \tag{14.65}$$

을 만족하는 양들로 정의한다. 이 두 양들은 유일하게 정의되며 다음과 같이 쓸 수 있다.

$$\begin{aligned} \mathbf{E}_{\rm long} &= -\nabla\phi = \int d^3r' \frac{\rho(\mathbf{r}', t)(\mathbf{r} - \mathbf{r}')}{|\mathbf{r} - \mathbf{r}'|^3}, \\ \mathbf{E}_{\rm tr} &= -\frac{1}{c}\frac{\partial \mathbf{A}}{\partial t}. \end{aligned} \tag{14.66}$$

따라서 벡터 퍼텐셜 $\mathbf{A}$가 만족하는 방정식은

$$-\nabla^2\mathbf{A} + \frac{1}{c^2}\frac{\partial^2 \mathbf{A}}{\partial t^2} = \frac{4\pi\mathbf{j}}{c} + \frac{1}{c}\frac{\partial \mathbf{E}_{\rm long}}{\partial t} \equiv \mathbf{s}(\mathbf{r}, t) \tag{14.67}$$

이 되고, 여기서 $\mathbf{s}$는 원천으로 정의한 양이다. 원천 $\mathbf{s}$는 다음과 같은 식을 만족한다.

$$\nabla \times \mathbf{s} = \frac{4\pi}{c}\nabla \times \mathbf{j}, \ \nabla \cdot \mathbf{s} = \frac{4\pi}{c}\Big(\nabla \cdot \mathbf{j} + \frac{\partial \rho}{\partial t}\Big) = 0. \tag{14.68}$$

따라서 $\mathbf{s}$는 $\mathbf{j}$의 가로부분만을 갖는다. 즉

$$\mathbf{j} = \mathbf{j}_{\rm tr} + \mathbf{j}_{\rm long} \tag{14.69}$$

로 표현하면

$$\mathbf{s} = \frac{4\pi}{c}\mathbf{j}_{\rm tr} \tag{14.70}$$

로 쓸 수 있다.

이제 부피가 $\Omega = L_xL_yL_z$ 인 상자 안에 전자기장을 넣고 주기적인 경계조건을 부여하자. 그러면

$$\mathbf{A}(\mathbf{r}, t) = \frac{1}{\sqrt{\Omega}}\sum_{\mathbf{k}} \mathbf{A}_k(t)e^{i\mathbf{k}\cdot\mathbf{r}} \tag{14.71}$$

로 쓸 수 있고, $\mathbf{k}$는 다음의 띄엄띄엄 한 값들만 가능하다.

$$\mathbf{k} = 2\pi\Big(\frac{n_x}{L_x}, \frac{n_y}{L_y}, \frac{n_z}{L_z}\Big). \tag{14.72}$$

여기서 (n_x, n_y, n_z)는 정수들이다.

Coulomb 게이지 $\nabla \cdot \mathbf{A} = 0$를 택했으므로, $\mathbf{A}_k$는 $\mathbf{k} \cdot \mathbf{A}_k = 0$을 만족한다. 따라서

$$\mathbf{A}_k = A_{k_1}\hat{\epsilon}_{k_1} + A_{k_2}\hat{\epsilon}_{k_2} \tag{14.73}$$

로 쓸 수 있다. 여기서 $\hat{\epsilon}_{k_\lambda}$ $(\lambda = 1, 2)$는 $\mathbf{k} \cdot \hat{\epsilon}_{k\lambda} = 0$을 만족하는 단위직교벡터로 선택하였다. 이들 단위벡터들을 "편광벡터"라고 한다. 이들을 선택할 수 있는 방법은 여러가지가 있다. 예를 들어 $\mathbf{k} \parallel \hat{\mathbf{z}}$로 고르면 $\hat{\epsilon}_{k_1} = \hat{\mathbf{x}}$, $\hat{\epsilon}_{k_2} = \hat{\mathbf{y}}$로 쓸 수 있다. 이 편광벡터들은 선형편광된 빛을 표현하는 기준으로 사용할 수 있다. 즉 $\hat{\mathbf{x}}$는 x축 방향으로 선형편광된 빛을 나타낸다. 한편 원형 편광을 나타내는 편광벡터는

$$\hat{\epsilon}_{k_1} = \frac{1}{\sqrt{2}}(\hat{\mathbf{x}} + i\hat{\mathbf{y}}),\ \hat{\epsilon}_{k_2} = \frac{1}{\sqrt{2}}(\hat{\mathbf{x}} - i\hat{\mathbf{y}}) \tag{14.74}$$

이고, 이들에 대한 규격화는 $\hat{\epsilon}^*_{k\lambda} \cdot \hat{\epsilon}_{k\lambda'} = \delta_{\lambda\lambda'}$ 으로 정한다.

이 모든 것을 종합하여 벡터퍼텐셜은

$$\mathbf{A}(\mathbf{r}, t) = \frac{1}{\sqrt{\Omega}} \sum_{\mathbf{k},\lambda} A_{k\lambda}(t) e^{i\mathbf{k}\cdot\mathbf{r}} \hat{\epsilon}_{k\lambda} \tag{14.75}$$

로 쓸 수 있다. 여기서 $\mathbf{A}$가 실수라는 조건으로 인해 $\mathbf{A}_{\mathbf{k}} = \mathbf{A}^*_{-\mathbf{k}}$를 만족한다. 한편 편광벡터들이 $\hat{\epsilon}_{k\lambda} = \hat{\epsilon}^*_{-k\lambda}$의 관계를 만족하도록 선택하면 다음을 만족한다.

$$A_{k\lambda} = A^*_{-k\lambda}. \tag{14.76}$$

전류밀도 $\mathbf{j}$는

$$\mathbf{j}(\mathbf{r}) = \frac{1}{\sqrt{\Omega}} \sum_k \mathbf{j}_{\mathbf{k}} e^{i\mathbf{k}\cdot\mathbf{r}} \tag{14.77}$$

로 쓸 수 있다. 이 전류밀도를 역시 가로성분과 세로성분

$$\mathbf{j}_k = \hat{\mathbf{k}} j_{k,\mathrm{long}} + \mathbf{j}_{k,\mathrm{tr}} \tag{14.78}$$

로 분해하여 쓸 수 있고, 가로성분은

$$\mathbf{j}_{\mathrm{tr}}(\mathbf{r}) = \frac{1}{\sqrt{\Omega}} \sum_{\mathbf{k},\lambda} \hat{\epsilon}_{k\lambda} e^{i\mathbf{k}\cdot\mathbf{r}} j_{k\lambda}(t) \tag{14.79}$$

이다. 이렇게 쓰면 벡터퍼텐셜 $\mathbf{A}$의 Fourier 성분 $A_{k\lambda}$는

$$k^2 A_{k\lambda} + \frac{1}{c^2}\frac{\partial^2 A_{k\lambda}}{\partial t^2} = \frac{4\pi}{c} j_{k\lambda} \tag{14.80}$$

를 만족한다. 만일 전류밀도가 0이어서 $j_{k\lambda} = 0$일 경우에 식 (14.80)의 $A_{k\lambda}$는 $\omega = ck$의 진동수로 진동하는 파동방정식의 해이다. 그렇다면 $A_{k\lambda}$에 대응하는 정준운동량은 무엇인가? 이를 구하기 위해 전자기장의 에너지 밀도를 고려하자.

고전 전자기학에서 전자기장의 에너지 밀도는

$$u(r) = \frac{1}{8\pi}(\mathbf{E}^2 + \mathbf{B}^2) \tag{14.81}$$

로 주어지고, 전자기장의 전체에너지는 이를 모든 공간에 대해 적분한

$$U = \int d^3 r u(r) \tag{14.82}$$

로 주어진다. 전기장 $\mathbf{E} = \mathbf{E}_{\text{long}} + \mathbf{E}_{\text{tr}}$을 제곱하면, $\mathbf{E}_{\text{tr}} \cdot \mathbf{E}_{\text{long}}$의 항이 생길 수 있지만, 이 항을 공간에 대해 적분하면 0이 된다. 즉 $\mathbf{E}_{\text{long}} = -\nabla\phi$이므로

$$-\int d^3 r \nabla\phi \cdot \mathbf{E}_{\text{tr}} = \int \phi \nabla \cdot \mathbf{E}_{\text{tr}} d^3 r = 0 \tag{14.83}$$

이다. 따라서

$$\int d^3 r \mathbf{E}_{\text{long}} \cdot \mathbf{E}_{\text{tr}} = 0 \tag{14.84}$$

인 것을 고려하면, 전체 에너지는 다음과 같다.

$$U = \int d^3 r \frac{1}{8\pi}\left(\mathbf{E}_{\text{tr}}^2 + \mathbf{E}_{\text{long}}^2 + \mathbf{B}^2\right). \tag{14.85}$$

식 (14.85)에서 가로부분 $\mathbf{E}_{\text{tr}}^2$이 있는 부분을 자세히 보도록 하자. Maxwell 방정식을 이용하면

$$\frac{\partial u}{\partial t} + \nabla \cdot \mathbf{S} = -\mathbf{J} \cdot \mathbf{E} \tag{14.86}$$

인 연속방정식을 얻는다. 여기서 도입한 $\mathbf{S}$는 $\mathbf{S} = c\mathbf{E} \times \mathbf{B}/4\pi$로 정의되는 Poynting 벡터이다. 전자기장의 분포가 국소적인 것을 가정하면, 전자기장이 경계면에서 0이 되는 매우 큰 폐곡면을 생각할 수 있다. 이 폐곡면 안의 부피에 대해 식 (14.86)를 적분하면

$$\frac{\partial U}{\partial t} = -\int \mathbf{J} \cdot \mathbf{E} d^3 r \tag{14.87}$$

이다. 이 식에서는 Gauss 정리를 이용하였다. 또한 $U = U_{\text{tr}} + U_{\text{long}}$으로 쓰도록 하자. U_{tr}와 U_{long}은 다음과 같다.

$$U_{\text{long}} = \int \frac{\mathbf{E}_{\text{long}}^2}{8\pi} d^3 r,$$

$$U_{\rm tr} \quad = \quad \int \frac{1}{8\pi}(\mathbf{E}_{\rm tr}^2 + \ \mathbf{B}^2)d^3r = \frac{1}{8\pi}\sum_{k\lambda}\Big(\frac{1}{c^2}\Big|\frac{dA_{k\lambda}}{dt}\Big|^2 + k^2\Big|A_{k\lambda}\Big|^2\Big). \quad (14.88)$$

이제 마지막 단계로 다음과 같은 실변수 $Q_{k\lambda}$를 도입하자. 여기서 $k_z > 0$이 되도록 좌표축을 정하고, 다음을 정의하자.

$$Q_{+k\lambda} = \mathrm{Re}\, A_{k\lambda} = \mathrm{Re}\, A^*_{-k\lambda}, \ Q_{-k\lambda} = \mathrm{Im}\, A_{k\lambda} = -\mathrm{Im}\, A^*_{-k\lambda}. \qquad (14.89)$$

한편 A를 Q로 표시하면

$$A_{k\lambda} = Q_{k\lambda} + iQ_{-k\lambda}, \ A_{-k,\lambda} = Q_{k\lambda} - iQ_{-k\lambda} \qquad (14.90)$$

이다. 벡터 퍼텐셜이 실수라는 성질에 의해 $A_{k\lambda} = A^*_{-k\lambda}$이므로

$$|A_{k\lambda}|^2 + |A_{-k\lambda}|^2 = 2(|Q_{k\lambda}|^2 + |Q_{-k\lambda}|^2) \qquad (14.91)$$

이다. 야래 첨자들을 $\alpha \equiv (k, \lambda)$로 간단히 나타내면

$$U_{\rm tr} = \frac{1}{2}\sum_{\alpha}\Big(\frac{k^2}{2\pi}Q_\alpha^2 + \frac{1}{2\pi c^2}\dot{Q}_\alpha^2\Big) \qquad (14.92)$$

이다. 위 식은 바로 단순조화 진동자의 해밀토니안과 같은 형태를 가지고 있다.

14.4 전자기 복사장의 양자화

식 (14.92)는 전류와 전하분포의 원천이 없는 $j_{k\lambda} = 0$, $\rho_{k\lambda} = 0$인 경우에 해당하는 자유 전자기장의 해밀토니안이다. 이때에는 $\mathbf{E}_{\rm long} = 0$이므로 $U_{\rm tr}$가 바로 이 계의 전체 에너지가 된다. Q를 일반화 좌표로 보면, Q에 대한 시간의 미분 $\dot{Q}$이 있는 항은 마치 조화진동자에서 운동에너지의 형태를 가지고 있는 것과도 같다. 즉 다음과 같이 비교할 수 있다.

$$\frac{1}{2}\frac{\dot{Q}^2}{2\pi c^2}(\text{운동에너지}) = \frac{P^2}{2M} = \frac{1}{2}M\dot{Q}^2. \qquad (14.93)$$

여기서 $M = (2\pi c^2)^{-1}$은 자유전자기장의 해밀토니안을 조화진동자의 해밀토니안과 비교하였을 때 질량에 해당하는 양이다. 조화진동자와 비교하여 정준운동량 $P_{k\lambda}$는

$$P_{k\lambda} = \frac{1}{2\pi c^2}\dot{Q}_{k\lambda} \qquad (14.94)$$

로 정의하면, 자유전자기장에 대한 해밀토니안은

$$H = U_{\rm tr} = \frac{1}{2}\sum_{\alpha}\Big(\frac{k^2}{2\pi}Q_\alpha^2 + P_\alpha^2(2\pi c^2)\Big) \equiv H_{\rm free} \tag{14.95}$$

로 쓸 수 있다. 이들에 대한 고전적인 운동방정식은

$$\frac{dQ_\alpha}{dt} = \frac{\partial H}{\partial P_\alpha} = 2\pi c^2 P_\alpha,\ \frac{dP_\alpha}{dt} = -\frac{\partial H}{\partial Q_\alpha} = -\frac{k^2}{2\pi}Q_\alpha \tag{14.96}$$

이다. 따라서 Q_α는 다음의 파동방정식을 만족한다.

$$\frac{d^2Q_\alpha}{dt^2} + k^2c^2Q_\alpha = 0. \tag{14.97}$$

만일 전류가 있어서 $j_{k\lambda} \neq 0$일 경우에는, 이 원천에 의한 상호작용을 $H_{\rm source}$이라고 하면 $H \equiv H_{\rm free} + H_{\rm source}$로 쓴다. 여기서 $H_{\rm source} = -\sum_\alpha Q_\alpha F_\alpha$의 형태로 쓸 수 있다고 짐작을 해보자. 이 경우 운동방정식은

$$\frac{dP_\alpha}{dt} = -\frac{k^2}{2\pi}Q_\alpha + F_\alpha \tag{14.98}$$

이고,

$$\frac{d^2Q_\alpha}{dt^2} = -k^2c^2Q_\alpha + 2\pi c^2 F_\alpha \tag{14.99}$$

이므로, $k_z > 0$가 되도록 좌표축을 정하면 다음과 같이 쓸 수 있다.

$$F_{k\lambda} = \frac{2}{c}{\rm Re}j_{k\lambda},\ F_{-k\lambda} = \frac{2}{c}{\rm Im}j_{k\lambda}. \tag{14.100}$$

따라서 원천입자들의 운동에너지의 일부인 전자기장과 흐름의 결합된 양은

$$H_{\rm source} = -\frac{1}{c}\sum_{k\lambda} A_{k\lambda}j^*_{k\lambda} = -\frac{1}{c}\int d^3r\,\mathbf{A}(\mathbf{r})\cdot\mathbf{j}(\mathbf{r}) \tag{14.101}$$

로 쓸 수 있다.

이제 위에서 구한 해밀토니안을 이용하여 전자기장을 양자화하자. 이 해밀토니안은 독립적인 강제조화 진동자의 해밀토니안의 형태를 갖는다. 양자화를 위해 적당한 연산자

$$\Psi = \Psi(\{Q_\alpha\}),\ P_\alpha = \frac{\hbar}{i}\frac{\partial}{\partial Q_\alpha} \tag{14.102}$$

를 선택해야 한다. 이때 우리가 필요한 것은 Q_α와 P_α의 교환관계이다. 이 교환관계를

아래와 같이 지정하자.

$$[Q_\alpha, P_{\alpha'}] = i\hbar\delta_{\alpha\alpha'},\ \ [Q_\alpha, Q_{\alpha'}] = [P_\alpha, P_{\alpha'}] = 0. \tag{14.103}$$

이제

$$H = H_{\rm free} + H_{\rm source} \tag{14.104}$$

로 쓰고, 이를 Q_α와 P_α로 표시한 다음, 이렇게 하여 얻은 해밀토니안은 조화진동자의 해밀토니안이므로 각 진동방식에 대해 소멸연산자 $a_{k\lambda}$와 생성연산자 $a^\dagger_{k\lambda}$로 표현하면 된다. $k_z > 0$일 때, 다음의 연산자를 정의하자.

$$\begin{aligned} a_{k\lambda} &\equiv \frac{1}{2}\sqrt{\frac{k}{2\pi\hbar c}}(Q_{k\lambda} + iQ_{-k\lambda}) + \frac{i}{2}\sqrt{\frac{2\pi c}{\hbar k}}(P_{k\lambda} + iP_{-k\lambda}), \\ a_{-k\lambda} &\equiv \frac{1}{2}\sqrt{\frac{k}{2\pi\hbar c}}(Q_{k\lambda} - iQ_{-k\lambda}) + \frac{i}{2}\sqrt{\frac{2\pi c}{\hbar k}}(P_{k\lambda} - iP_{-k\lambda}). \end{aligned} \tag{14.105}$$

이때 이들의 교환관계는

$$[a_{k\lambda}, a^\dagger_{k'\lambda'}] = \delta_{kk'}\delta_{\lambda\lambda'},\ \ [a_{k\lambda}, a_{k'\lambda'}] = [a^\dagger_{k\lambda}, a^\dagger_{k'\lambda'}] = 0 \tag{14.106}$$

을 만족한다. 생성연산자와 소멸연산자는 조화진동자의 에너지 양자를 하나 증가시키거나 감소시킨다. 전자기장의 경우는 이 전자기장의 에너지가 양자화되어 있음을 의미하고, 전자기장의 에너지 양자를 "광자"(photon)라고 한다.

식 (14.106)에 있는 생성, 소멸 연산자를 이용하여 $A_{k\lambda}$를 표시하면

$$A_{k\lambda} = \sqrt{\frac{2\pi\hbar c}{k}}(a_{k\lambda} + a^\dagger_{-k\lambda}) = A^\dagger_{-k\lambda} \tag{14.107}$$

이다. 따라서 가로 전기장 $\mathbf{E}_{\rm tr}$의 Fourier 성분 $E_{k\lambda}$는

$$E_{k\lambda} = -\frac{1}{c}\frac{dA_{k\lambda}}{dt} = i\sqrt{2\pi\hbar kc}(a_{k\lambda} - a^\dagger_{-k\lambda}) = E^\dagger_{k\lambda} \tag{14.108}$$

이다. 또한 $\mathbf{B} = \nabla\times\mathbf{A}$이므로 $\mathbf{B}$도 소멸, 생성연산자를 이용하여 표현할 수 있다. 이를 모두 이용하면

$$H_{\rm free} = \sum_{k\lambda}\hbar ck\Big(a^\dagger_{k\lambda}a_{k\lambda} + \frac{1}{2}\Big) \tag{14.109}$$

로 쓸 수 있다.

이 해밀토니안의 바닥상태를 $|\psi_g\rangle$라고 하면 이 상태는 $a_{k\lambda}|\psi_g\rangle = 0$을 만족하고 이

때 에너지는

$$\sum_{k\lambda} \frac{\hbar c k}{2} = \infty \tag{14.110}$$

이다. 이렇게 전자기장의 바닥상태의 에너지는 무한대로 발산하게 된다. 이는 1장에서 흑체복사의 경우의 자외선 파탄과도 밀접하게 관련되어 있다. 전자기장의 바닥상태에 대한 에너지는 위 식에서 볼 수 있듯이 k가 큰 부분에서 발산이 일어난다. 이렇게 전자기장을 양자화하면, 이와 같은 자외선 발산이 나타나는 경우가 종종 있다. 전자기장의 바닥상태에 대한 에너지가 발산하는 것도 그 중의 한 예이다. 그러나 바닥상태의 에너지가 무한대라는 사실이 문제가 될 수도 있지만, 이 값은 단지 상수일 뿐이다. 그리고 우리가 물리적으로 관심이 있는 양은 에너지 상태끼리의 에너지 차이이므로 이 양은 앞으로 없애고 쓰도록 하겠다.[1] 무한대로 발산하는 상수를 없애는 과정은 다음 절에서 정상순서잡기(normal ordering)라는 방법을 도입하여 수학적으로 정의하도록 하겠다.

지금까지의 결과를 이용하여 전체 해밀토니안 $H = H_{\text{free}} + H_{\text{source}}$를 생성, 소멸연산자를 이용하여 쓰면

$$\begin{aligned} H_{\text{free}} &= \sum_{k\lambda} \hbar c k a^\dagger_{k\lambda} a_{k\lambda}, \\ H_{\text{source}} &= -\frac{1}{c}\sum_{k\lambda} A_{k\lambda} j^*_{k\lambda} = -\frac{1}{c}\sum_{k\lambda} \sqrt{\frac{2\pi\hbar c}{k}} (a_{k\lambda} + a^\dagger_{-k\lambda}) j^*_{k\lambda} \end{aligned} \tag{14.111}$$

이다. 우선 $\mathbf{j} = 0$일 경우, $H = H_{\text{free}}$인 경우를 고려하자. 이때 수 연산자를 $N_{k\lambda} = a^\dagger_{k\lambda} a_{k\lambda}$로 정의하면, 이 연산자의 고유값은 0 이상의 정수이다. H의 고유상태를 수 연산자의 고유값들의 집합 $\{n_{k\lambda}\}$로 분류하면, 모든 $k\lambda$에 대해서 $n_{k\lambda} = 0$의 값을 갖는 유일한 바닥상태가 존재한다. 이를 $|0\rangle$으로 쓰고 "진공상태"(vacuum state)라고 부르기로 하겠다. 물론 이 상태는 $\langle 0|0\rangle = 1$로 규격화할 수 있다.

광자가 한 개 있는 상태는 한 개의 $k\lambda = k_0\lambda_0$에 대해서만 $n_{k_0\lambda_0} = 1$이고 다른 광자의 수는 0인 상태를 의미한다. 이 상태는 바닥상태를 이용하여 만들 수 있다. 광자가 한 개 있는 상태를

$$|1_{k_0\lambda_0}\rangle = a^\dagger_{k_0\lambda_0}|0\rangle \tag{14.112}$$

로 표시하자. 이는

$$\langle 1_{k_0\lambda_0}|1_{k_0\lambda_0}\rangle = \langle 0|a_{k_0\lambda_0} a^\dagger_{k_0\lambda_0}|0\rangle = 1 \tag{14.113}$$

을 만족하므로 이미 규격화되어 있다. 광자가 두 개 있는 상태는 광자수가 2인 경우로

[1] 실제로는 반드시 에너지 차이만 물리적으로 의미가 있는 양은 아니다. 바닥상태의 에너지의 값 자체는 물리적으로도 의미가 있고 측정가능한 양이기도 하다. 양자장론을 이용하면 바닥상태의 에너지가 0이 아니기 때문에 나타나는 효과가 있다. 이 효과를 "**Casimir** 효과"라고 한다. 하지만 이 효과는 이 책의 수준을 넘어서므로 여기서는 다루지 않겠다.

$n_{k_1\lambda_1} = n_{k_2\lambda_2} = 1$이고, 다른 모든 값은 0인 상태를 의미한다. 이러한 상태는 두 가지 경우가 있다. 우선 각각 다른 상태에 광자가 한 개씩 있는 경우이고, 다른 경우는 한 상태에 광자가 두 개 있는 경우이다. 이러한 경우들에 대한 광자가 두 개 있는 상태는 다음과 같다.

$$
\begin{aligned}
|1_{k_1\lambda_1}, 1_{k_2\lambda_2}\rangle &= a^\dagger_{k_1\lambda_1} a^\dagger_{k_2\lambda_2}|0\rangle = a^\dagger_{k_2\lambda_2} a^\dagger_{k_1\lambda_1}|0\rangle, \\
|2_{k_1\lambda_1}\rangle &= \frac{1}{\sqrt{2!}}(a^\dagger_{k_1\lambda_1})^2|0\rangle.
\end{aligned} \tag{14.114}
$$

양자수가 다른 생성 및 소멸연산자들은 서로 교환하므로, 위 식의 첫 번째 관계는 생성연산자를 적용하는 순서에 무관하다. 일반적으로 광자가 각 상태에 $n_{k_1\lambda_1}, \cdots n_{k_r\lambda_r}$ 개 있는 경우에 그 상태는

$$
|n_{k_1\lambda_1}, \cdots n_{k_r\lambda_r}\rangle = \frac{(a^\dagger_{k_1\lambda_1})^{n_{k_1\lambda_1}}}{\sqrt{n_{k_1\lambda_1}!}} \cdots \frac{(a^\dagger_{k_r\lambda_r})^{n_{k_r\lambda_r}}}{\sqrt{n_{k_r\lambda_r}!}}|0\rangle \tag{14.115}
$$

로 쓸 수 있다.

지금까지의 결과를 요약하면 전자기장을 기술하는 여러 연산자들은 소멸연산자와 생성연산자들로 표시할 수 있고, 해밀토니안은 수 연산자로 나타낼 수 있다. 앞으로 많이 이용할 물리량들인 H_{free}, $\mathbf{A}$, $\mathbf{E}$와 $\mathbf{B}$를 소멸연산자와 생성연산자로 표현하면 아래와 같이 쓸 수 있다.

$$
\begin{aligned}
H_{\text{free}} &= \sum_{i=1} N_{k_i\lambda_i}\hbar c k_i, \\
\mathbf{A}(\mathbf{r}) &= \frac{1}{\sqrt{\Omega}}\sum_{k\lambda} e^{i\mathbf{k}\cdot\mathbf{r}}\hat{\epsilon}_{k\lambda}\sqrt{\frac{2\pi\hbar c}{k}}(a_{k\lambda} + a^\dagger_{-k\lambda}), \\
\mathbf{E}_{\text{tr}}(\mathbf{r}) &= \frac{1}{\sqrt{\Omega}}\sum_{k\lambda} e^{i\mathbf{k}\cdot\mathbf{r}}\hat{\epsilon}_{k\lambda} i\sqrt{2\pi\hbar ck}(a_{k\lambda} - a^\dagger_{-k\lambda}), \\
\mathbf{B}(\mathbf{r}) &= \nabla\times\mathbf{A} = \frac{1}{\sqrt{\Omega}}\sum_{k\lambda} i\mathbf{k}\times\hat{\epsilon}_{k\lambda}e^{i\mathbf{k}\cdot\mathbf{r}}\sqrt{\frac{2\pi\hbar c}{k}}(a_{k\lambda} + a^\dagger_{-k\lambda}).
\end{aligned} \tag{14.116}
$$

14.5 정상순서잡기

이제 에너지 고유상태의 성질을 살펴보자. 진공상태는 $a_{k\lambda}|0\rangle = 0$을 만족하므로, 이 식의 Hermitian 켤레를 취하면 $\langle 0|a^\dagger_{k\lambda} = 0$이다. 따라서 $\langle 0|a_{k\lambda}|0\rangle = \langle 0|a^\dagger_{k\lambda}|0\rangle = 0$이다.

그러므로 식 (14.116)를 이용하면

$$\langle 0|\mathbf{A}(\mathbf{r})|0\rangle = \langle 0|\mathbf{B}(\mathbf{r})|0\rangle = \langle 0|\mathbf{E}_{\text{tr}}|0\rangle = 0 \tag{14.117}$$

를 얻는다. 하지만 이들의 요동, 즉 각각의 장들의 제곱에 대한 기대값은 0이 아니다. 예를 들면

$$\begin{aligned} \langle 0|\mathbf{E}_{\text{tr}}^2(r)|0\rangle &= \frac{1}{\Omega}\sum_{k\lambda k'\lambda'} i^2(2\pi\hbar c)(kk')^{1/2}e^{i(\mathbf{k}+\mathbf{k}')\cdot\mathbf{r}}\hat{\epsilon}_{k\lambda}\cdot\hat{\epsilon}_{k'\lambda'} \\ &\times \langle 0|(a_{k'\lambda'} - a^{\dagger}_{-k'\lambda'})(a_{k\lambda} - a^{\dagger}_{-k\lambda})|0\rangle \end{aligned} \tag{14.118}$$

이다. 여기서 마지막 줄의 행렬요소 중 0이 아닌 결합은

$$\langle 0| - a_{k'\lambda'}a^{\dagger}_{-k\lambda}|0\rangle = -\delta_{k',-k}\delta_{\lambda\lambda'} \tag{14.119}$$

이므로

$$\langle 0|\mathbf{E}_{\text{tr}}^2(r)|0\rangle = \frac{1}{\Omega}\sum_{k\lambda} 2\pi\hbar ck = \infty \tag{14.120}$$

가 된다. 이 값은 모든 k에 대해서 합하는 과정에서 발산하게 된다. 특히 큰 k 값 때문에 발산하게 되므로, 이와 같이 발산하는 현상을 "자외선 파탄"이라고 한다. 주목할 것은 이러한 발산이 나타나는 것은 연산자들을 교환할 때, 교환관계에 의해 상수항이 나타나고, 이에 대한 기대값을 구할 때 발산되는 양이 나타난다는 것이다. 또한 $\langle 0|\mathbf{B}^2|0\rangle = \infty$ 이다. 위 식들에서 나타난 합은 k가 연속적인 변수일 때는 적분으로 표현할 수 있다.

$$\sum_{k\lambda} = \sum_{\lambda}\frac{\Omega}{(2\pi)^3}\int d^3k. \tag{14.121}$$

이와 같이 한 점에서는 전자기장의 요동이 발산하기 때문에 $\mathbf{E}_{\text{tr}}$, $\mathbf{B}$를 측정할 수 없다.

그러나 실제의 경우 자연계에 무한대가 되는 양은 없다. 위에서 자외선 파탄이 생기는 경우는 우리가 차원이 없는 한 점에서 물리량을 측정한다는 가정을 하였기 때문이다. 실제로는 우리가 측정하는 양은 점에 가까운 아주 부피가 작은 지역에서 측정한 양들의 평균을 취한 것이고, 이렇게 평균을 취하는 과정에서 우리는 모든 물리량이 유한하게 된다는 것을 알 수 있다. 이를 보기 위해 다음과 같은 양을 정의하자.

$$\mathbf{E}_{f_0}(\mathbf{r}_0) \equiv \int \mathbf{E}(\mathbf{r})f(\mathbf{r}-\mathbf{r}_0)d^3r. \tag{14.122}$$

여기서 $f(\mathbf{s})$는 중심이 원점에 있고, 규격화된 폭이 매우 좁은 Gauss 형태의 함수라고

하자. ($\int f(\mathbf{s})d^3s = 1$) 이때

$$\mathbf{E}_{f_0}(\mathbf{r}_0) = \frac{(2\pi)^{3/2}}{\sqrt{\Omega}} \sum_{k\lambda} \tilde{f}(\mathbf{k})^* E_{k\lambda} e^{i\mathbf{k}\cdot\mathbf{r}_0} \hat{\epsilon}_{k\lambda} \tag{14.123}$$

로 쓰면,

$$\langle 0| \left|\mathbf{E}_f(\mathbf{r}_0)\right|^2 |0\rangle = \frac{(2\pi)^3}{\Omega} \sum_{k\lambda} 2\pi\hbar ck \left|\tilde{f}(\mathbf{k})\right|^2 = 4\pi\hbar c \int 4\pi k^2 dk \left|\tilde{f}(k)\right|^2 k < \infty \tag{14.124}$$

가 되어 유한한 값을 얻게 된다. 이와 같이 실제로 어떤 물리량을 측정할 때에는 부피가 0인 한 점에서 측정하는 것이 아니라, 작은 부피 안에서 퍼져 있는 전기장을 측정하는 것이고, 위에서는 Gauss 함수 f를 이용하여 퍼진 양을 표현하였다.

이와 같이 자외선 파탄 문제를 단지 상수를 손으로 없애는 방법을 택하지 않고, 수학적으로 "정상순서잡기"라는 연산을 도입하여 해결하도록 하자. 전기장을 생성, 소멸연산자로 표현하면

$$\mathbf{E}_{\rm tr} = \frac{1}{\sqrt{\Omega}} \sum_{k\lambda} i(2\pi\hbar kc)^{1/2} e^{i\mathbf{k}\cdot\mathbf{r}} \hat{\epsilon}_{k\lambda}(a_{k\lambda} - a^\dagger_{-k\lambda}) \tag{14.125}$$

이다. 이 값의 제곱에 대한 기대값은 무한대가 되므로 해밀토니안에서는 이 양을 정상순서잡기를 한 양으로 바꾸어 표현한다.

연산자 $\mathcal{O}$를 정상순서잡기 작용을 한 연산자를 $:\mathcal{O}:$로 쓴다. $:\mathcal{O}:$를 구하려면, $\mathcal{O}$를 먼저 소멸, 생성연산자 a, $a^\dagger$로 나타내고 $a^\dagger$가 항상 a의 왼쪽으로 가도록 몰아서 쓰면 된다. 단 이렇게 연산자들의 위치를 바꿀 때 연산자들의 교환관계를 사용하지 않고, 이들의 위치만 바꾼다는 것을 주목해야 한다. 예를 들어 $:\mathbf{E}^2_{\rm tr}(\mathbf{r}):$를 쓰면

$$\begin{aligned} :\mathbf{E}^2_{\rm tr}(\mathbf{r}): \;&=\; \frac{i^2}{\Omega} \sum_{k\lambda,k'\lambda'} 2\pi\hbar c(kk')^{1/2} e^{i(\mathbf{k}+\mathbf{k}')\cdot\mathbf{r}} \hat{\epsilon}_{k\lambda}\cdot\hat{\epsilon}_{k'\lambda'} \\ &\times\; :(a_{k'\lambda'} - a^\dagger_{-k'\lambda'})(a_{k\lambda} - a^\dagger_{-k\lambda}): \end{aligned} \tag{14.126}$$

이다. 여기서 마지막에 나타나는 연산자들의 곱에 대한 정상순서잡기를 한 결과를 써보면

$$a_{k'\lambda'}a_{k\lambda} + a^\dagger_{-k'\lambda'}a^\dagger_{-k\lambda} - a^\dagger_{-k'\lambda'}a_{k\lambda} - a^\dagger_{-k\lambda}a_{k'\lambda'} \tag{14.127}$$

이 된다. 이와 같이 정상순서잡기를 한 연산자의 기대값은 항상 유한하게 된다.

고전적으로 전자기장의 에너지 밀도는

$$u_{\rm tr}(r) = \frac{1}{8\pi}(\mathbf{E}^2_{\rm tr} + \mathbf{B}^2) \tag{14.128}$$

로 정의하고, 양자역학에서는 정상순서잡기를 이용하여 다음과 같이 정의한다.

$$u_{\mathrm{tr}}(r) = \frac{1}{8\pi}(:\mathbf{E}_{\mathrm{tr}}^2: + :\mathbf{B}^2:). \tag{14.129}$$

따라서 전자기장의 해밀토니안은

$$U_{\mathrm{tr}} = \int u_{\mathrm{tr}}(r) d^3r = \sum_{k\lambda} \hbar c k a_{k\lambda}^{\dagger} a_{k\lambda} \tag{14.130}$$

가 된다. 주목할 것은 정상순서잡기를 하여 연산자들을 바꿀 때, 교환관계를 쓰지 않고 이들의 위치만 바꾼다. 따라서 정상순서잡기를 적용하여 연산자들을 바꿀 때 상수항이 나타나지 않는다. 자외선 파탄이 일어나는 경우는 바로 이 상수항을 모든 k 값에 대해 더하였기 때문이다. 이 상수는 연산자들을 교환하여 표현했을 때 나타나는 양이다. 따라서 이러한 상수가 나타나지 않도록 정상순서잡기를 통해 연산자를 정의하고, 이 연산자의 기대값을 구할 때는 그 기대값을 항상 유한하게 만들 수 있다.

이제 한 개의 광자가 있는 상태 사이에서 전자기장들의 기대값을 고려하자. 한 개의 광자가 있는 상태는 $N = \sum_{k\lambda} a_{k\lambda}^{\dagger} a_{k\lambda}$ 의 고유상태이므로 $N|\psi\rangle = |\psi\rangle$ 을 만족한다. 이 부속공간에서 기준은 $|1_{k\lambda}\rangle = a_{k\lambda}^{\dagger}|0\rangle$ 로 선택할 수 있다. 따라서 가장 일반적인 광자가 한 개 있는 상태는

$$|\psi\rangle = \sum_{k\lambda} c_{k\lambda} |1_{k\lambda}\rangle \tag{14.131}$$

로 쓸 수 있다. $\mathbf{k}_0 \parallel \hat{\mathbf{z}}$ 일 때 $\mathbf{k}_0$ 근처에 집중되어 있는 파동묶음을 만들고자 하면

$$c_{k\lambda} = N e^{-(k-k_0)^2/2\sigma^2} e^{-i\mathbf{k}\cdot\mathbf{r}_0} \hat{x} \cdot \hat{\epsilon}_{k\lambda}^* \tag{14.132}$$

인 Gauss 함수의 형태를 선택하면 된다. 이 때

$$\langle\psi|\mathbf{E}_{\mathrm{tr}}(\mathbf{r})|\psi\rangle = \langle\psi|\mathbf{B}|\psi\rangle = 0 \tag{14.133}$$

이고, 또

$$\langle\psi| : \mathbf{E}_{\mathrm{tr}}(\mathbf{r})^2 : |\psi\rangle = 2|\langle 0|\mathbf{E}_{\mathrm{tr}}|\psi\rangle|^2 \tag{14.134}$$

이다. 여기서

$$:\mathbf{E}_{\mathrm{tr}}^2 := \lim_{f\to\delta} \mathbf{E}_f(\ \mathbf{r})^2 - \langle 0|\mathbf{E}_f(\mathbf{r})^2|0\rangle \tag{14.135}$$

이다. 식 (14.134)의 오른쪽에 있는 양을 계산하면

$$\langle 0|\mathbf{E}(\mathbf{r})|\psi\rangle \quad = \quad \sum_{k\lambda,k'\lambda'} \frac{1}{\sqrt{\Omega}} (2\pi\hbar c k)^{1/2} i e^{i\mathbf{k}\cdot\mathbf{r}} \hat{\epsilon}_{k\lambda} c_{k'\lambda'} \langle 0|(a_{k\lambda} - a_{-k\lambda}^{\dagger}) a_{k'\lambda'}^{\dagger}|0\rangle$$

$$= \sum_{k\lambda} \frac{i}{\sqrt{\Omega}}(2\pi\hbar ck)^{1/2} e^{i\mathbf{k}\cdot\mathbf{r}} \hat{\epsilon}_{k\lambda}(\hat{\mathrm{x}} \cdot \hat{\epsilon}^*_{k\lambda}) N e^{-(k-k_0)^2/2\sigma^2 - i\mathbf{k}\cdot\mathbf{r}_0} \tag{14.136}$$

이다. 이 결과는 $\mathbf{r}_0$에 최대값이 있는 Gauss 함수이다. 따라서 광자가 한 개 있는 상태에서도 에너지의 기대값은 유한하게 된다.

식 (14.136)의 결과를 유도할 때, 다음과 같은 관계를 이용하였다.

$$\sum_{\lambda=1}^{2} \hat{\epsilon}_{k_0\lambda}\hat{\epsilon}^*_{k_0\lambda} + \hat{\mathbf{k}}_0\hat{\mathbf{k}}_0 = \mathbf{1}. \tag{14.137}$$

위 식은 텐서표현으로 쓴 것이고 우변의 1은 단위연산자이다. 따라서

$$\sum_{\lambda=1}^{2} \hat{\epsilon}_{k_0\lambda}\hat{\epsilon}^*_{k_0\lambda} = \mathbf{1} - \hat{\mathbf{k}}_0\hat{\mathbf{k}}_0 \tag{14.138}$$

이므로, 다음과 같이 쓸 수 있다.

$$\sum_{\lambda} \hat{\epsilon}_{k_0\lambda}(\hat{\mathbf{x}} \cdot \hat{\epsilon}_{k_0\lambda}) = \hat{\mathbf{x}}. \tag{14.139}$$

14.6 Heisenberg 운동방정식

이제 Heisenberg 표현으로 전자기장을 기술해보자. 우선 운동방정식은

$$i\hbar\frac{d\overline{a}_{k\lambda}}{dt} = [\overline{a}_{k\lambda}, \overline{H}] = \hbar\omega_k\overline{a}_{k\lambda} - \frac{1}{c}j_{k\lambda}\left(\frac{2\pi\hbar c}{k}\right)^{1/2} \tag{14.140}$$

이다. 여기서 $\omega_k = ck$이다. 시간 $t = t_0$일 때 광자장은 바닥상태에 있다고 하자. 즉 $\overline{a}_{k\lambda}(t_0)|\psi\rangle = 0$를 만족한다. 이 경우에는 $t > t_0$일 때 특이하게도 $\overline{a}_{k\lambda}(t)|\overline{\psi}\rangle = \alpha_{k\lambda}(t)|\overline{\psi}\rangle$을 만족하는 결맞은 상태가 된다. 여기서

$$\alpha_{k\lambda}(t) = -\frac{1}{c}\left(\frac{2\pi c}{\hbar k}\right)^{1/2}\int_{t_0}^{t} dt' e^{-i\omega_k(t-t')} j_{k\lambda}(t') \tag{14.141}$$

이다. 이 때 $\langle\overline{\psi}|a^\dagger_{k\lambda}(t) = \alpha_{k\lambda}(t)^*\langle\overline{\psi}|$이므로 전기장과 자기장의 기대값은 다음과 같다.

$$\langle\overline{\psi}|\mathbf{E}_{\mathrm{tr}}(\mathbf{r},t)|\overline{\psi}\rangle = \frac{1}{\sqrt{\Omega}}\sum_{k\lambda} i(2\pi\hbar c)^{1/2} e^{i\mathbf{k}\cdot\mathbf{r}}\hat{\epsilon}_{k\lambda}(\alpha_{k\lambda} - \alpha^*_{-k\lambda}),$$

$$\langle\overline{\psi}|\mathbf{B}(\mathbf{r},t)|\overline{\psi}\rangle \quad = \quad \frac{1}{\sqrt{\Omega}}\sum_{k\lambda} i\mathbf{k}\times\hat{\epsilon}_{k\lambda}\Big(\frac{2\pi\hbar c}{k}\Big)^{1/2} e^{i\mathbf{k}\cdot\mathbf{r}}(\alpha_{k\lambda}+\alpha^*_{-k\lambda}). \quad (14.142)$$

연습문제

1. 연산자 a는 교환관계 $[a, a^\dagger] = 1$을 만족한다고 하자. 그리고 어떤 계의 해밀토니안은

$$H = c_1 a^\dagger a + c_2 a^2 + c_2^*(a^\dagger)^2 + c_3 a + c_3^* a^\dagger \tag{14.143}$$

로 주어진다. 여기서 c_2와 c_3는 복소수 상수이고, c_1은 실수의 상수이다. H의 고유값을 구하여라. (귀띔 : 연산자 a를 $a = (x + ip)/\sqrt{2}$로 써보아라.)

2. 질량 m인 입자가 다음과 같은 퍼텐셜 안에 놓여 있다.

$$V(\mathbf{r}) = x^2 + y^2 + xy + 2z^2. \tag{14.144}$$

해밀토니안의 에너지 스펙트럼을 구하여라.

3. 다음과 같이 전기장을 정의하자.

$$\mathbf{E}_f(\mathbf{r}_0) = \int d^3r f(\mathbf{r} - \mathbf{r}_0)\mathbf{E}(\mathbf{r}). \tag{14.145}$$

여기서 $f(\mathbf{r})$는 $\mathbf{r} = 0$ 근처에서 큰 값을 갖는 함수이고, $\int f(\mathbf{r})d^3r = 1$로 규격화되어 있다. 이제 상태

$$|\psi\rangle = \sum_{\mathbf{k}\lambda} c_{\mathbf{k}\lambda} a^\dagger_{\mathbf{k}\lambda}|0\rangle \tag{14.146}$$

이 광자를 한 개만 갖는 규격화된 상태라고 하자. 또 $E_f^2 \equiv \mathbf{E}_f(\mathbf{r}_0) \cdot \mathbf{E}_f(\mathbf{r}_0)$라고 할 때, $\langle\psi|E_f^2|\psi\rangle - \langle 0|E_f^2|0\rangle$를 계산하여라. 이 양은 f가 델타함수로 접근하는 극한에서 유한함을 증명하고, 이 양과 $\langle 0|\mathbf{E}(\mathbf{r}_0)|\psi\rangle$ 사이의 관계를 구하여라.

4. 상태 $|\psi\rangle$는 $a_{k\lambda}|\psi\rangle = \alpha_{k\lambda}|\psi\rangle$을 만족한다. 이 때 $|\psi\rangle = Ne^K|0\rangle$ 임을 증명하여라. 여기서 N은 규격화 상수이고,

$$K = \sum_{\mathbf{k}\lambda} \alpha_{k\lambda} a^\dagger_{k\lambda} \tag{14.147}$$

이다. N을 구하여라. 상태 ψ에 있는 광자수의 기대값은 얼마인가? 그리고 정확히 n개의 광자를 찾을 확률은 얼마인가?

(귀띔: e^K를 K의 급수로 전개하여라. $[a_{k\lambda}, K]$와 $[K^\dagger, K]$를 계산하여라. K는 $K = \lambda a^\dagger$로 쓸 수 있음을 주목하여라. 여기서 $[a, a^\dagger] = 1$이고 λ는 상수이다.)

이러한 결맞은 상태는 바닥상태에 $e^{-ipl/\hbar}$를 작용하여 얻을 수 있음을 증명하여라. 이 연산자는 평행이동을 일으키는 연산자로 p는 운동량 연산자이고, l은 평행이동한 거리이다.

5. 전하 q, 질량 M인 입자가 xy 평면에서만 움직일 수 있고, 균일한 자기장 $\mathbf{B}$가 이 평면에 수직으로 걸려있다. 가장 낮은 Landau 준위 $(n = 0)$에 있으면서 각운동량이 $L_z = m\hbar$인 입자의 파동함수를 원형 게이지를 사용하여 구하여라. (가장 낮은 Landau 준위에 있는 입자가 가질 수 있는 m 값은 얼마인가?) 입자가 임의의 정해진 Landau 준위 n에 있을 때, 기대값 $\langle r^2 \rangle$를 구하여라. 주어진 Landau 준위에서 단위면적당 상태밀도는 얼마인가?

6. 해밀토니안이 $H = H_0 + H'$으로 표현되는 계가 있다. 여기서 $H_0 = \hbar\omega a^\dagger a$이고 $H' = \lambda\hbar\omega(a^\dagger + a)$이다. $a^\dagger$, a는 각각 보존의 생성, 소멸연산자이다.

   (가) λ가 작을 때 섭동이론을 이용하여 0이 되지 않는 λ의 최소차수에서의 에너지 고유값을 구하여라.

   (나) 임의의 λ 값에 대하여 정확한 에너지 고유값을 구하고, (가)의 결과와 비교하여라. (귀띔: 이 문제를 단순조화진동자의 문제로 바꿀 수 있다.)

7. 초유체 ^{4}He의 낮은 에너지 들뜸은 양자화된 음파, 즉 "**phonon**"으로 기술할 수 있다. 음파의 고전적인 운동방정식은

$$
\begin{aligned}
\frac{\partial \mathbf{v}(\mathbf{r},t)}{\partial t} &= -\frac{1}{\chi\rho_0^2}\nabla s(\mathbf{r},t), \qquad (14.148)\\
\frac{\partial s(\mathbf{r},t)}{\partial t} &= -\rho_0 \nabla\cdot\mathbf{v}(\mathbf{r},t)
\end{aligned}
$$

   로 쓸 수 있다. 여기서 ρ_0와 χ는 상수이고, $s(\mathbf{r},t)$는 스칼라장, $\mathbf{v}(\mathbf{r},t)$는 순전히 세로성분만 있는 벡터장이다. $(\nabla\times\mathbf{v} = 0)$ 물리적으로 s는 평균밀도 ρ_0에서 벗어난 양이고, χ는 헬륨의 압축률이다.

   이 계의 에너지는

$$
E = \int d^3r \left(\frac{\rho_0}{2}|\mathbf{v}|^2 + \frac{1}{2\chi\rho_0^2}s^2\right) \qquad (14.149)
$$

   로 쓸 수 있다. 이 계는 한 변의 길이가 L인 정육면체 안에 놓여 있고, 주기적인 경계조건을 가정하자.

   (가) 음파계는 조화진동자의 모임(정상모드)으로 기술할 수 있음을 보여라. 그리고 정상모드의 진동수를 파동수 벡터 $\mathbf{k}$의 함수로 구하여라. 각각의 모드에 대해 적당한 변위 변수와 이의 켤레운동량 변수를 정의하고, 음파에 대한 해밀토니안을 이들 조화진동자의 변수들로 표현하여라.

(나) 변위 변수와 운동량 변수를 정준교환관계를 만족하는 연산자로 바꾸면, 해밀토니안을 양자화할 수 있다. 이와 동등하게 정상모드에 대해 생성연산자와 소멸연산자 $a^\dagger_{\mathbf{k}}$와 $a_{\mathbf{k}}$를 도입할 수 있다. 여기서 이들 연산자는 $[a_{\mathbf{k}'}, a^\dagger_{\mathbf{k}}] = \delta_{\mathbf{k}\,\mathbf{k}'}$를 만족한다. 에너지 E와 변수 $s(\mathbf{r})$, $\mathbf{v}(\mathbf{r})$를 $a^\dagger_{\mathbf{k}}$와 $a_{\mathbf{k}}$로 표현하여라.

(다) 이 계를 지나는 중성자가 스칼라장 $s(\mathbf{r})$와 약하게 상호작용한다. 아주 좋은 어림법으로 이 상호작용에 대한 해밀토니안은

$$H' = \lambda s(\mathbf{R}) \tag{14.150}$$

로 쓸 수 있다. 여기서 $\mathbf{R}$ 은 중성자의 위치이고 λ는 작은 상수이다. 시간 $t = 0$에서 중성자는 파동수 벡터가 $\mathbf{k}_0$인 평면파동 상태에 있고, 헬륨은 phonon이 하나도 없는 바닥상태에 있다. 이 상태에서 파수벡터가 $\mathbf{q}$인 phonon이 한 개 있고, 중성자는 파동수 벡터가 $\mathbf{k}_0 - \mathbf{q}$인 상태로 옮겨가는 전이율을 써보아라. 그리고 전체 전이율을 구하여라. (적분형태로 된 답을 적분할 필요는 없다.) 만일 중성자의 처음 속도가 음파의 속도보다 작다면 아무런 전이도 일어나지 않음을 증명하여라. (귀띔: 헬륨원자에서 음파모드를 제외한 다른 모든 자유도는 무시하여라.)

8. 일차원에서 고전적인 장 $\phi(x,t)$를 이용한 라그랑지안이 다음과 같이 주어져 있다.

$$\mathcal{L} = \int dx \Big[\frac{1}{2}\dot{\phi}^2 - \frac{1}{2}c^2\phi'^2 - \frac{1}{2}\Omega^2\phi^2\Big]. \tag{14.151}$$

여기서 ϕ는 실수이고, $\dot{\phi} = \partial\phi/\partial t$, $\phi' = \partial\phi/\partial x$이다. c는 빛의 속도이고, Ω는 상수이다.

(가) 고전적인 해밀토니안은 기준모드 좌표 $Q_k(t)$와 $P_k(t)$를

$$\begin{aligned} \phi(x,t) &= \frac{1}{\sqrt{L}}\sum_k Q_k(t)e^{ikx}, \\ \pi(x,t) &- \frac{1}{\sqrt{2}}\sum_k P_k(t)e^{-ikx} \end{aligned} \tag{14.152}$$

로 정의했을 때 ($\pi = \partial\mathcal{L}/\partial\dot{\phi}$이고, L은 계의 크기이다)

$$H = \frac{1}{2}\sum_k (P_k^* P_k + \omega_k^2 Q_k^* Q_k) \tag{14.153}$$

로 쓸 수 있음을 증명하고, ω_k^2에 대한 분산관계를 구하여라.

(나) 이제 H를 이 기준모드에 대한 생성연산자와 소멸연산자($a^\dagger_k$와 a_k)로 써서 장을 양자화하여라.

(다) $\Omega = \mu c^2/\hbar$로 놓으면, (나)에서 구한 해밀토니안은 일차원에서 질량 μ인 보존 입자계의 해밀토니안과 같음을 보여라.

(라) 삼차의 "접촉" 상호작용 $-\beta \int dx \phi^3(x,t)$가 라그랑지안에 더해진 경우를 고려하자. 이 상호작용에 대한 양자역학적인 해밀토니안을 $a_k^\dagger$와 a_k로 표현하여라.

제 15 장

점전하와 전자기장의 상호작용

8장에서는 전자기장을 만들어내는 외부의 대전입자들이 고전적으로 움직이는 것으로 간주하여 전자기장을 고전적으로 취급하였다. 그리고 이 고전적인 전자기장과 상호작용하는 대전입자들만을 양자화하여 이들의 상호작용을 고려하였다. 이와 같이 전자기장은 고전적으로, 그 안에 움직이는 입자는 양자역학적으로 취급하는 방법을 "준고전적인 방법"이라고 한다.

외부의 전자기장과 그 안의 입자를 모두 양자화하여 다룰 수 있는 기본 단계로 우선 14장에서는 전자기장을 양자화하였다. 이제는 전자기장을 양자화하고, 동시에 전자기장과 상호작용하는 대전입자들을 모두 양자화하여, 이들의 상호작용을 완전히 양자역학적으로 기술할 수 있다. 이 장에서는 이러한 완전한 양자역학적 관점에서 전하를 띤 입자와 전자기장의 상호작용을 살펴볼 것이다. 우선 양자화된 전자기장과 대전입자들 사이의 상호작용을 기술하는 방법에 대해 알아보고, 이를 이용하여 원자 혹은 원자를 구성하고 있는 전자들이 광자를 방출하거나 흡수하는 과정에 대하여 고려할 것이다. 이미 8장에서 보았듯이 대부분의 문제들에서는 준고전적인 방법으로 풀어도 전자기장을 양자화하여 얻은 결과와 같이 나타난다. 하지만 전자기장을 양자화한 상호작용을 이용할 때에는 준고전적인 방법을 이용해서는 볼 수 없었던 새로운 현상이 나타난다. 이 장에서는 이러한 새로운 현상들인 자발적 방출과 유도방출 문제를 고려해보겠다.

15.1 해밀토니안

전하를 띤 점전하와 전자기장과의 상호작용에 대한 해밀토니안을 쓰기 위해 사용하는 기본적인 변수들은 전자기장을 기술하는 일반화 좌표 $Q_{k\lambda}$ 와 이에 대응하는 정준운동량 $P_{k\lambda}$, 그리고 입자들을 기술하는 위치연산자 $\mathbf{r}_i$ 와 운동량 연산자 $\mathbf{p}_i$ 이다. 또한 Heisenberg

표현을 이용하여 얻은 연산자들에 대한 운동방정식은 Hamilton의 방정식

$$\begin{aligned}\frac{d\mathbf{r}_i}{dt} &= \frac{\partial H}{\partial \mathbf{p}_i},\ \frac{d\mathbf{p}_i}{dt} = -\frac{\partial H}{\partial \mathbf{r}_i}, \\ \frac{dQ_{k\lambda}}{dt} &= \frac{\partial H}{\partial P_{k\lambda}},\ \frac{dP_{k\lambda}}{dt} = -\frac{\partial H}{\partial Q_{k\lambda}}\end{aligned} \tag{15.1}$$

를 만족하여야 한다.

대전입자가 전자기장과 상호작용하는 물리계를 기술하는 해밀토니안을 자유전자기장의 해밀토니안 H_{free}와 전자기장을 만들어내는 대전입자에 대한 해밀토니안 H_{source}로 나누어 $H = H_{\text{free}} + H_{\text{source}}$로 쓸 수 있다. 여기서 H_{free}는 진공에서의 전자기파를 기술하는 자유전자기장에 대한 해밀토니안이고, H_{source}는 대전입자의 운동에너지와 퍼텐셜에너지이다. 즉 다음과 같이 주어진다.

$$H_{\text{source}} = \sum_i \frac{1}{2m_i}\Big(\mathbf{p}_i - \frac{q_i}{c}\mathbf{A}\Big)^2 + \frac{1}{2}\sum_{i\neq j}\frac{q_i q_j}{|\mathbf{r}_i - \mathbf{r}_j|}. \tag{15.2}$$

주목할 것은 H_{source}에 대전입자와 전자기장이 상호작용하는 항이 있다는 것이다. 우선 대전입자에 대한 운동방정식은

$$\frac{d\mathbf{r}_i}{dt} = \frac{1}{m_i}\Big(\mathbf{p}_i - \frac{q_i}{c}\mathbf{A}\Big),\ \frac{d\mathbf{p}_i}{dt} = -\frac{\partial H}{\partial \mathbf{r}_i} \tag{15.3}$$

이다.

벡터 퍼텐셜을 평면파동의 선형결합 형태인

$$\mathbf{A}(\mathbf{r}_i) = \frac{1}{\sqrt{\Omega}}\sum_{k\lambda} A_{k\lambda}\hat{\epsilon}_{k\lambda}e^{i\mathbf{k}\cdot\mathbf{r}} \tag{15.4}$$

이라고 쓰면, $\partial H_{\text{source}}/\partial P_{k\lambda} = 0$이 된다. 한편 $Q_{k\lambda}$에 대한 미분은

$$\frac{\partial H_{\text{source}}}{\partial Q_{k\lambda}} = \sum_{i=1}^{N}\frac{\partial H_{\text{source}}}{\partial \mathbf{A}(\mathbf{r}_i)}\cdot\frac{\partial \mathbf{A}(\mathbf{r}_i)}{\partial Q_{k\lambda}} \tag{15.5}$$

으로 쓸 수 있다. 식 (15.5)의 우변은 두 항의 곱으로 표현되어 있다. 이 중 첫째 항은

$$\frac{\partial H_{\text{source}}}{\partial \mathbf{A}(\mathbf{r}_i)} = -\frac{q_i}{m_i c}\Big(\mathbf{p}_i - \frac{q_i}{c}\mathbf{A}(\mathbf{r}_i)\Big) = -\frac{q_i}{c}\frac{d\mathbf{r}_i}{dt} \tag{15.6}$$

이다. 식 (15.5)의 둘째 항은 $k_z > 0$가 되도록 좌표축을 정하면 14장에서 정의한 관계

$$A_{k\lambda} = Q_{k\lambda} + iQ_{-k\lambda},\ A_{k\lambda} = A^*_{-k\lambda} \tag{15.7}$$

를 이용하면

$$\frac{\partial A(\mathbf{r}_i)}{\partial Q_{k\lambda}} = \frac{2}{\sqrt{\Omega}}\mathrm{Re}\,(\hat{\epsilon}_{k\lambda}e^{i\mathbf{k}\cdot\mathbf{r}}),\ \ \frac{\partial A(\mathbf{r}_i)}{\partial Q_{-k\lambda}} = -\frac{2}{\sqrt{\Omega}}\mathrm{Im}\,(\hat{\epsilon}_{k\lambda}e^{i\mathbf{k}\cdot\mathbf{r}}) \tag{15.8}$$

을 얻는다. 따라서 운동방정식은

$$\frac{d^2Q_{k\lambda}}{dt^2} = 2\pi c^2\frac{dP_{k\lambda}}{dt} = -2\pi c^2\frac{\partial H}{\partial Q_{k\lambda}} \tag{15.9}$$

이다. 이를 $A_{k\lambda}$에 대한 식으로 쓰면

$$\frac{1}{c^2}\frac{d^2A_{k\lambda}}{dt^2} + k^2A_{k\lambda} = \frac{4\pi}{c}j_{k\lambda} \tag{15.10}$$

인 파동방정식으로 나타나고, 여기서 원천 $j_{k\lambda}$는 다음과 같다.

$$j_{k\lambda} = \frac{1}{\sqrt{\Omega}}\sum_i q_i e^{-i\mathbf{k}\cdot\mathbf{r}_i}\hat{\epsilon}^*_{k\lambda}\frac{d\mathbf{r}_i}{dt}. \tag{15.11}$$

이제 이 계를 양자화하기 위해 $\mathbf{p}_i$, $\mathbf{r}_i$, $P_{k\lambda}$, $Q_{k\lambda}$를 연산자로 쓰고, 이에 대한 Hilbert 공간은 (입자의 공간)⊗(전자기장) 인 텐서곱으로 이루어진 공간으로 잡는다. 그리고 이 텐서공간 내에서의 연산자들은 다음의 교환관계를 만족한다.

$$[r_i^\alpha, p_j^\beta] = i\hbar\delta_{ij}\delta_{\alpha\beta},\ \ [Q_{k\lambda}, P_{k'\lambda'}] = i\hbar\delta_{kk'}\delta_{\lambda\lambda'}. \tag{15.12}$$

여기서 α, β는 N개의 입자에 대한 지표이고 i, j는 x, y, z 성분을 나타내는 지수이다. 해밀토니안 $H = H_{\text{free}} + H_{\text{source}}$를 소멸, 생성연산자로 표현한 벡터퍼텐셜 $A_{k\lambda} = \sqrt{2\pi\hbar c/k}(a_{k\lambda} + a^\dagger_{-k\lambda})$를 사용하여 쓰면

$$\begin{aligned} H &= \sum_{k\lambda}\hbar cka^\dagger_{k\lambda}a_{k\lambda} + \sum_i\frac{1}{2m_i}\Big(\mathbf{p}_i - \frac{q_i}{c}\mathbf{A}(\mathbf{r}_i)\Big)^2 + \frac{1}{2}\sum_{i\neq j}\frac{q_iq_j}{|\mathbf{r}_i - \mathbf{r}_j|} \\ &= H_0 + H'_{A\cdot p} + H'_{A^2} \end{aligned} \tag{15.13}$$

으로 쓸 수 있다. 여기서

$$\begin{aligned} H_0 &= \sum_{k\lambda}\hbar cka^\dagger_{k\lambda}a_{k\lambda} + \sum_i\frac{p_i^2}{2m_i} + \frac{1}{2}\sum_{i\neq j}\frac{q_iq_j}{|\mathbf{r}_i - \mathbf{r}_j|} = H^0_{\text{field}} + H^0_{\text{part}}, \\ H'_{A\cdot p} &= -\sum_i\frac{q_i}{m_ic}\mathbf{A}(\mathbf{r}_i)\cdot\mathbf{p}_i = -\sum_i\sum_{k\lambda}\frac{q_i}{m_ic}\frac{1}{\sqrt{\Omega}}e^{-i\mathbf{k}\cdot\mathbf{r}_i}\hat{\epsilon}^*_{k\lambda}\cdot\ \mathbf{p}_iA^\dagger_{k\lambda} \end{aligned}$$

$$\begin{aligned} &= -\sum_i \sum_{k\lambda} \frac{q_i}{m_i c} \frac{1}{\sqrt{\Omega}} e^{-i\mathbf{k}\cdot\mathbf{r}_i} \hat{\epsilon}^*_{k\lambda} \cdot \mathbf{p}_i \sqrt{\frac{2\pi\hbar c}{k}} (a_{k\lambda} + a^\dagger_{-k\lambda}) \\ H'_{A^2} &= \sum_i \frac{q_i^2}{2m_i c^2} \mathbf{A}^2(\mathbf{r}_i) = \frac{1}{2} \sum_i \frac{q_i^2}{m_i c^2} \frac{1}{\Omega} \sum_{k\lambda,k'\lambda'} e^{i(\mathbf{k}+\mathbf{k}')\cdot\mathbf{r}_i} \\ &\times \frac{2\pi\hbar c}{\sqrt{kk'}} \hat{\epsilon}_{k\lambda} \cdot \hat{\epsilon}_{k'\lambda'} \, (a_{k\lambda} + a^\dagger_{-k\lambda})(a_{k'\lambda'} + a^\dagger_{-k'\lambda'}) \end{aligned} \tag{15.14}$$

이다. 식 (15.14) 의 첫째 식에서 H^0_{field} 는 자유전자기장의 해밀토니안을 나타내고, H^0_{part} 는 전자기장과의 상호작용이 없는 원자만의 해밀토니안을 표시한다. 그리고 $H'_{A\cdot p}$, H'_{A^2} 는 각각 벡터퍼텐셜 A 의 일차항과 이차항에 비례하는 해밀토니안이다.

입자가 0이 아닌 스핀을 갖고 있는 경우에는, 여기에

$$H_{\text{spin}} = -\sum_i \gamma_i \mathbf{S}_i \cdot \mathbf{B}(\mathbf{r}) \tag{15.15}$$

을 더한다. 여기서 γ_i 는 입자의 전하 q_i, 질량 m_i, 이 입자의 g 인자가 g_i 일 때 $\gamma_i = g_i q_i/(2m_i c)$ 로 주어지는 "자기회전비율"이다. 스핀과 자기장의 상호작용은 여기서는 별도의 양으로 간주하여 따로 집어 넣었지만, 사실 상대론적 양자역학의 비상대론적 극한을 취하면 자연스럽게 유도되는 양이다. 하지만 이 책에서는 비상대론적인 양자역학만을 고려하므로 이 양을 그냥 손으로 집어 넣기로 하겠다.

연산자 $\overline{a}_{k\lambda}$ 에 대한 Heisenberg 운동방정식은

$$i\hbar \frac{d\overline{a}_{k\lambda}}{dt} = [\overline{a}_{k\lambda}, H] = \hbar c k \overline{a}_{k\lambda} - \frac{1}{c}\sqrt{\frac{2\pi\hbar c}{k}} \overline{j}_{k\lambda} \tag{15.16}$$

이다. 여기서 $j_{k\lambda}$ 는 다음과 같다.

$$j_{k\lambda} = \frac{1}{\sqrt{\Omega}} \sum_i \frac{q_i}{m_i} e^{-i\mathbf{k}\cdot\mathbf{r}_i} \hat{\epsilon}^*_{k\lambda} \cdot \left(\mathbf{p}_i - \frac{q_i}{c} \, \mathbf{A}(\mathbf{r}_i) \right) - \frac{1}{\sqrt{\Omega}} \sum_i e^{-i\mathbf{k}\cdot\mathbf{r}_i} (i\mathbf{k} \times \hat{\epsilon}^*_{k\lambda}) \cdot \gamma_i \mathbf{S}_i. \tag{15.17}$$

이제부터 당분간 스핀은 무시하도록 하자. H'_{A^2} 에는 $a_{k\lambda} a^\dagger_{-k'\lambda'}$ 항이 있는데 이 연산자를 바닥상태에 작용하면 0이 아닌 값을 가진다. 이를 보기 위해 H'_{A^2} 를 다시 쓰면

$$\begin{aligned} H'_{A^2} &= \frac{1}{2} \sum_i \frac{q_i^2}{m_i c^2} \frac{1}{\Omega} \sum_{k\lambda,k'\lambda'} e^{i(\mathbf{k}+\mathbf{k}')\cdot\mathbf{r}_i} \frac{2\pi\hbar c}{\sqrt{kk'}} \hat{\epsilon}_{k'\lambda'} \cdot \hat{\epsilon}_{k\lambda} \\ &\times (a^\dagger_{-k\lambda} a^\dagger_{-k'\lambda'} + a_{k\lambda} a_{k'\lambda'} + 2 a^\dagger_{-k\lambda} a_{k'\lambda'}) \\ &+ \frac{1}{2} \sum_i \frac{q_i^2}{m_i c^2} \left(\frac{1}{\Omega} \sum_{k\lambda} \frac{2\pi\hbar c}{k} \right) \end{aligned} \tag{15.18}$$

이 된다. 위 식에서 마지막 항은 비상대론적 양자역학에서 시간에 무관한 양이다. 또한

마지막 항의 괄호 안에 있는 양은

$$\frac{2}{(2\pi)^3}\int d^3k \frac{2\pi\hbar c}{k} \to \infty \tag{15.19}$$

로 발산하는 문제가 있는 양이다. 이를 없애기 위해 H'_{A^2} 의 연산자를 정상순서잡기를 이용하여 연산자를 다시 정의한 : H'_{A^2} :로 쓰면 이 발산하는 양을 없앨 수 있다.

15.2 원자나 분자에서의 전자기파 복사

원자나 분자가 전자기적인 상호작용에 의해 전자기파 복사를 일으키는 경우에는 해밀토니안을 $H = H_0 + H'$ 으로 쓰고, Fermi의 황금률을 이용하여 전이율을 구한다. 여기서 H_0는 식 (15.14)에서 정의하였고, H'은 식 (15.14)에서 벡터퍼텐셜 A에 의존하는 양이다. 전이율을 구할 때 처음 상태는 $|0, n\rangle \equiv |0\rangle_{\text{field}} \otimes |n\rangle_{\text{atom}}$로 정하고, 나중 상태는 $|1_{k\lambda}, n'\rangle \equiv |1_{k\lambda}\rangle_{\text{field}} \otimes |n'\rangle_{\text{atom}}$으로 선택한다. 이 때 전이율은 다음과 같이 주어진다.

$$\gamma_{n\to n'} = \frac{2\pi}{\hbar}\sum_{k'\lambda'}\Big|\langle 1_{k\lambda}, n'|H'|0, n\rangle\Big|^2 \delta(E_{n'} + \hbar\omega_k - E_n). \tag{15.20}$$

여기서 주목할 것은 일차 어림방법에서는 H'_{A^2}은 위의 두 상태 사이의 전이, 즉 광자를 하나 방출하는 과정에는 기여하지 않는다는 것이다. 왜냐하면 H'_{A^2}에는 aa, $a^\dagger a^\dagger$, 혹은 $a^\dagger a$ 항만 있으므로 광자의 수가 변화가 없거나, 두 개의 차이가 나야 하기 때문이다. 또한 $A_{k'\lambda'}$는 $a^\dagger_{-k'\lambda'} + a_{k'\lambda'}$에 비례하므로

$$\langle 1_{k\lambda}|A_{k'\lambda'}|0\rangle = \delta_{\mathbf{k}-\mathbf{k}'}\delta_{\lambda\lambda'}\sqrt{\frac{2\pi\hbar c}{k}} \tag{15.21}$$

를 얻는다. 따라서 식 (15.20)의 전이율에 관한 식에 나타나는 행렬요소는 다음과 같다.

$$\langle 1_{k\lambda}, n'|H'_{A\cdot p}|0, n\rangle = -\frac{1}{\sqrt{\Omega}}\sqrt{\frac{2\pi\hbar c}{k}}\langle n'|\sum_i \frac{q_i}{m_i c} e^{-i\mathbf{k}\cdot\mathbf{r}_i}\hat{\epsilon}^*_{k\lambda}\cdot\mathbf{p}_i|n\rangle. \tag{15.22}$$

만일 방출되는 광자의 파장이 원자의 크기보다 매우 작은 경우에는 ($k \ll 1/a_H$), 위의 행렬요소를 구하고자 할 때 전기쌍극자 어림방법을 사용할 수 있다. 즉 $e^{-i\mathbf{k}\cdot\mathbf{r}_i} \sim 1$로 놓을 수 있다. 이 경우 이 행렬요소는 다음과 같이 주어진다.

$$\langle n'|\sum_i \frac{q_i}{m_i c} e^{-i\mathbf{k}\cdot\mathbf{r}_i}\hat{\epsilon}^*_{k\lambda}\cdot\mathbf{p}_i|n\rangle = \frac{1}{c}\langle n'|\sum_i \frac{q_i}{m_i}\mathbf{p}_i|n\rangle\cdot\hat{\epsilon}^*_{k\lambda} = \frac{i}{c}\omega_{n'n}\hat{\epsilon}^*_{k\lambda}\cdot\mathbf{d}_{n'n}. \tag{15.23}$$

여기서 $[x_i, H_0] = i\hbar p_i/m_i$ 이므로

$$\langle n'|[x_i, H_0]|n\rangle = \hbar\omega_{nn'}\langle n'|x_i|n\rangle \tag{15.24}$$

인 것을 이용하였다.($\hbar\omega_{nn'} = E_n - E_{n'}$) 이제 광자의 분산관계 $\omega = ck$ 와

$$\sum_k \rightarrow \frac{\Omega}{(2\pi)^3}\int d^3k \tag{15.25}$$

인 관계를 사용하고, 델타함수를 변수 k 로 표시한

$$\delta(\hbar\omega_k + E_{n'} - E_n) = \frac{1}{\hbar c}\delta(k - \frac{\omega_{nn'}}{c}) \tag{15.26}$$

관계를 이용하면 전이율은 다음과 같이 쓸 수 있다.

$$\gamma_{n\to n'} = \frac{2\pi}{\hbar}\int\frac{d^3k}{(2\pi)^3}\frac{1}{\hbar c}\delta\Big(k - \frac{\omega_{nn'}}{c}\Big)\frac{2\pi\hbar c}{k}\frac{\omega_{nn'}^2}{c^2}\sum_\lambda\Big|\hat{\epsilon}^*_{k\lambda}\cdot\mathbf{d}_{n'n}\Big|^2. \tag{15.27}$$

여기서 광자의 가능한 모든 편광에 대해 합한 마지막 항은

$$\sum_\lambda |\ \hat{\epsilon}^*_{k\lambda}\cdot\mathbf{d}_{n'n}\ |^2 = |\mathbf{d}_{n'n}|^2 - |\hat{\mathbf{k}}\cdot\mathbf{d}_{n'n}|^2 \tag{15.28}$$

으로 쓸 수 있고, 이를 벡터 $\mathbf{k}$ 방향에 대한 평균을 취하여 평균전이율을 얻는다.

$$\overline{\gamma}_{n\to n'} = \frac{4k^3}{3\hbar}\ |\ \mathbf{d}_{n'n}\ |^2\ \Big|_{k=\omega_{nn'}/c}. \tag{15.29}$$

식 (15.29)는 특정한 나중상태 n' 으로의 전이율이다. 나중상태에 무관하게 광자 한 개를 방출하는 비율은 모든 나중상태에 대해 더하면 되고, 이를 "전체 전이율"이라고 한다. 이 전체 전이율 γ 는

$$\gamma = \sum_{n'}\gamma_{nn'} = \sum_{\alpha=1}^{3}\int_{-\infty}^{0} d\omega g_{\alpha\alpha}(\omega)\frac{4}{3\hbar}\frac{|\omega|^3}{c^3} \tag{15.30}$$

으로 주어진다. 여기서 $g_{\alpha\beta}$ 는

$$g_{\alpha\beta} \equiv \sum_{n'}\langle n|d_\alpha|n'\rangle\langle n'|d_\beta|n\rangle\delta(\omega - \omega_{n'n}) \tag{15.31}$$

으로 주어지는 편극텐서이다. 수소 원자, 혹은 어느 원자든 최외각 전자의 경우에는 방출되는 광자의 각진동수는 $\omega \sim 1\text{Ryd}/\hbar \approx 10^{16}\ \text{sec}^{-1}$ 정도 되고 따라서 전체 전이율은

대략 $\gamma \approx 10^8$ sec^{-1} 정도의 크기를 갖는다.

15.3 광학적 흡수와 유도 방출

지금까지는 처음상태에 광자가 없고, 나중상태에 광자가 한 개 있는 경우의 전이율을 고려하였다. 이 결과는 준고전적 방법으로 문제를 푼 경우와 같은 결과를 얻는다. 하지만 준고전적 방법으로 풀 수 없는 경우가 있는데, 이러한 경우는 처음상태에 이미 광자가 여러 개 있는 경우이다. 이와 같이 처음상태에 광자가 있는 경우에는 나중상태의 종류에 따라 그 물리적 결과가 다르게 나타나고, 이들을 다음과 같이 분류한다. 즉 처음상태가 $|(N)_{k\lambda}, n\rangle$ 이면, 나중상태의 종류에 따라 다음과 같이 분류한다.

$$\begin{aligned} &|(N-1)_{k\lambda}, n'\rangle, && \text{흡수}, \\ &|(N+1)_{k\lambda}, n'\rangle, && \text{유도방출}, \\ &|(N)_{k\lambda}, 1_{k'\lambda'}, n'\rangle, && \text{자발적 방출} \end{aligned} \tag{15.32}$$

흡수에 해당하는 경우는 나중상태가 처음상태보다 광자수가 하나 적은 경우이다. 방출의 경우는 나중상태가 처음상태보다 광자수가 하나 많은 과정이다. 이 중에서 "유도방출"(stimulated emission)은 처음상태에 있는 광자와 같은 상태의 광자가 하나 더 방출되는 과정이고, "자발적 방출"(spontaneous emission)은 처음상태에 있는 광자와는 다른 상태의 광자가 방출되는 과정이다. 이 때 각 과정에 대한 전이율을 구해보자.

첫 번째의 경우에 해당하는 광자의 흡수에 대해 Fermi 황금률을 사용하여 전이율에 나타나는 행렬요소 $\langle f|H'_{A\cdot p}|i\rangle$를 구하면

$$\langle (N-1)_{k\lambda}|A_{k\lambda}|N_{k\lambda}\rangle = \sqrt{\frac{2\pi\hbar c}{k}}\langle (N-1)_{k\lambda}|a_{k\lambda}|N_{k\lambda}\rangle = \sqrt{\frac{2\pi\hbar c}{k}}\sqrt{N} \tag{15.33}$$

이다. 따라서 흡수율 γ_{abs} 는

$$\gamma_{\text{abs}} = \frac{2\pi}{\hbar}\sum_{n'} |\ \langle f|H'_{A\cdot p}|i\rangle\ |^2\ \delta(E_{n'} - E_n - \hbar\omega_k) \tag{15.34}$$

이다. 쌍극자 어림방법을 사용하면

$$\gamma_{\text{abs}} = \frac{2\pi}{\hbar^2}\sum_{n'} \delta(\omega_k - \omega_{n'n})\frac{1}{\Omega}\frac{2\pi\hbar c}{k}N(\frac{\omega_{n'n}}{c})^2|\hat{\epsilon}^*_{k\lambda}\cdot \mathbf{d}_{n'n}|^2 \tag{15.35}$$

이다. 여기서 입사된 광자의 흐름은 Nc/Ω 이므로 흡수단면적 σ_{abs} 는

$$\sigma_{\text{abs}} = \frac{\gamma_{\text{abs}}}{Nc/\Omega} = \frac{(2\pi)^2}{\hbar}\sum_{n'}\frac{\omega_k}{c}\delta(\omega_k - \omega_{n'n})\left|\hat{\epsilon}^*_{k\lambda}\cdot\mathbf{d}_{n'n}\right|^2 \tag{15.36}$$

이다. 이 결과는 준고전적 어림방법의 결과와 같다.

한편 방출의 경우, 이에 관련된 행렬요소는

$$\langle (N+1)_{k\lambda}|A^\dagger_{k\lambda}|N_{k\lambda}\rangle = \sqrt{N+1}\sqrt{\frac{2\pi\hbar c}{k}} \tag{15.37}$$

이다. 이것을 제곱하면 $N+1$ 에 비례하는데 이 중 N 에 비례하는 부분은 소위 유도방출에 의한 기여라고 하고, 나머지 1 부분에 비례하는 부분은 자발적 방출에 의한 기여라고 한다. 따라서 전체방출율 γ_{tot} 은

$$\begin{aligned}\gamma_{\text{tot}} &= \frac{2\pi}{\hbar}\sum_{n'}|\langle f|H'_{A\cdot p}|i\rangle|^2\,\delta(E_{n'} - E_n - \hbar\omega_k)\\ &= \frac{2\pi}{\hbar^2\Omega}\sum_{n'}\delta(\omega_k + \omega_{nn'})\frac{2\pi\hbar c}{k}(N+1)\left(\frac{\omega_{n'n}}{c}\right)^2\left|\hat{\epsilon}^*_{k\lambda}\cdot\mathbf{d}_{n'n}\right|^2 \end{aligned}\tag{15.38}$$

으로 쓸 수 있고, 이 중에서 자발적 방출 산란단면적 $\sigma_{\text{s.e.}}$ 는 다음과 같다.

$$\sigma_{\text{s.e.}} = \frac{\gamma_{\text{s.e.}}}{Nc/\Omega} = \frac{(2\pi)^2}{\hbar}\frac{\omega_k}{c}\sum_{n'}\delta(\omega_k + \omega_{n'n})\left|\hat{\epsilon}^*_{k\lambda}\cdot\mathbf{d}_{n'n}\right|^2. \tag{15.39}$$

15.4 전이율 방법을 이용한 산란

전하를 띤 입자와 전자기장에 대한 해밀토니안은 $H = H_0 + H'$ 로 쓸 수 있다.

$$H_0 = H^0_{\text{part}} + H^0_{\text{field}},\quad H' = H'_{A\cdot p} + H'_{A^2} \tag{15.40}$$

이고, 여기서

$$\begin{aligned}H'_{A\cdot p} &= -\sum_i\sum_{k\lambda}\frac{1}{\sqrt{\Omega}}\frac{q_i}{m_i c}e^{-i\mathbf{k}\cdot\mathbf{r}_i}\hat{\epsilon}^*_{k\lambda}\cdot\mathbf{p}_i A^\dagger_{k\lambda},\\ H'_{A^2} &= \sum_i\frac{q_i^2}{2m_ic^2}\frac{1}{\Omega}\sum_{k\lambda k'\lambda'}\frac{2\pi\hbar c}{\sqrt{kk'}}\hat{\epsilon}_{k\lambda}\cdot\hat{\epsilon}_{k'\lambda'}e^{i(\mathbf{k}+\mathbf{k}')\cdot\mathbf{r}_i}\\ &\times\left(a^\dagger_{-k\lambda}a^\dagger_{-k'\lambda'} + a_{k\lambda}a_{k'\lambda'} + a^\dagger_{-k\lambda}a_{k'\lambda'} + a^\dagger_{-k'\lambda'}a_{k\lambda}\right)\end{aligned}\tag{15.41}$$

이다. 그리고 $A^\dagger_{k\lambda} = \sqrt{2\pi\hbar c/k}(a^\dagger_{k\lambda} + a_{-k\lambda})$이다.

이제 처음 상태가 $|i\rangle = |1_{k\lambda}, s\rangle$, 나중 상태는 $|f\rangle = |1_{k'\lambda'}, n\rangle$인 경우를 생각하자. 이 경우는 처음상태와 나중상태를 비교하면 광자의 수는 변하지 않고, 다만 광자의 운동량과 입자의 양자수가 변하였다. 이러한 과정이 일어나려면 이들을 맺어주는 해밀토니안은 처음상태의 광자를 없애고, 나중상태에 있는 다른 광자를 하나 만들어야 한다. 이 과정을 광자의 흡수와 방출로 볼 수도 있지만, 이 과정은 처음상태의 광자가 입자와 충돌하여 운동량의 변화가 생긴 후 튕겨나가는 충돌현상으로도 볼 수 있다. 따라서 앞에서 논한 전이율을 이용하여, 처음상태와 나중상태의 광자수가 변하지 않는 과정, 즉 광자와 입자의 충돌현상에 관하여 산란단면적을 구할 수 있다.

전이율은 Fermi 황금률을 적용하여 얻을 수 있다.

$$\gamma_{nk'\lambda'} = \frac{2\pi}{\hbar^2}\Big|\langle f|H'|i\rangle\Big|^2 \delta\Big(\omega_{k\lambda} + \frac{E_s}{\hbar} - \omega_{k'\lambda'} - \frac{E_n}{\hbar}\Big). \tag{15.42}$$

위 식에서 나타난 행렬요소는

$$\langle f|H'_{A\cdot p}|i\rangle = 0, \ \langle f|H'_{A^2}|i\rangle \neq 0 \tag{15.43}$$

임을 주목하자. A의 일차항에 비례하는 해밀토니안은 두 상태 사이에 광자의 수가 반드시 하나 차이가 나야 하는데, 충돌의 경우는 처음상태와 나중상태의 광자수가 같기 때문에 이것에 의한 행렬요소는 0이 된다. 한편 A의 2차항에 비례하는 양은 두 상태 사이의 광자수의 차이가 2이거나 0일 때 행렬요소가 0이 아니다. 이러한 사실을 참고하여 A의 2차항에 비례하는 연산자의 행렬요소를 보면

$$\begin{aligned} &\langle 1_{k'\lambda'}|(a_{k''\lambda''} + a^\dagger_{-k''\lambda''})(a_{k'''\lambda'''} + a_{-k'''\lambda'''})|1_{k\lambda}\rangle \\ = &\begin{cases} 1, & (k''' = -k,\ \lambda''' = \lambda,\ k = k,\ \lambda = \lambda'),\ (''' \leftrightarrow '') \\ 0, & \text{그 이외의 경우} \end{cases} \end{aligned} \tag{15.44}$$

이다. 따라서 행렬요소는 다음과 같다.

$$\langle f|H'_{A^2}|i\rangle = \frac{1}{\Omega}\frac{2\pi\hbar c}{\sqrt{kk'}}\hat{\epsilon}_{k\lambda}\cdot\hat{\epsilon}_{-k'\lambda'}\sum_i \frac{q_i^2}{2m_ic^2}\langle n|e^{i(\mathbf{k}-\mathbf{k}')\cdot\,\mathbf{r}_i}|s\rangle. \tag{15.45}$$

보통의 가시광선에 대해서는 $ka_H \ll 1$이므로, $e^{i(\mathbf{k}-\mathbf{k}')\cdot\mathbf{r}} \sim 1$이 되어 전기쌍극자 어림방법을 쓸 수 있다. 따라서 $\langle n|1|s\rangle = \delta_{ns}$가 된다. 이 경우 $|\mathbf{k}| = |\mathbf{k}'|(E_s = E_n)$인 탄성충돌이 되므로 미분산란단면적은 다음과 같이 주어진다.

$$\frac{d\sigma}{d\Omega_{k'}} = \frac{\sum_{\lambda'}\gamma_{nk'\lambda'}}{c/\Omega}$$

$$= \frac{Z^2e^4}{m^2c^4}\frac{\Omega}{(2\pi)^3}\int k'^2dk'\delta(k'-k)\frac{1}{c}\frac{\Omega}{c}\frac{2\pi}{\hbar^2}(\frac{2\pi\hbar c}{\Omega k})^2\sum_{\lambda'}(\hat{\epsilon}_{k\lambda}\cdot\hat{\epsilon}^*_{k'\lambda'})^2$$

$$= \frac{Z^2e^4}{m^2c^4}\sin^2\theta_{k',\hat{\epsilon}_{k\lambda}}. \tag{15.46}$$

여기서 각도 $\theta_{k',\hat{\epsilon}_{k\lambda}}$ 은 $\mathbf{k}'$ 과 $\hat{\epsilon}_{k\lambda}$ 사이의 각도이다. 그리고

$$\sum_{\lambda'}(\hat{\epsilon}_{k\lambda}\cdot\hat{\epsilon}^*_{k'\lambda'})^2 = 1-(\hat{k}'\cdot\hat{\epsilon}_{k\lambda})^2 = \sin^2\theta_{k',\hat{\epsilon}_{k\lambda}} \tag{15.47}$$

을 이용하였다.

이 산란단면적의 크기를 보기 위해 식 (15.46)에 나타나는 다음의 양을 살펴보자.

$$\frac{e^2}{mc^2} = a_H\left(\frac{1}{137}\right)^2 \approx 10^{-4}\text{A} \tag{15.48}$$

이므로, H'_{A^2} 가 미분산란단면적 $d\sigma/d\Omega$ 에 기여하는 부분은 매우 작다. 한편 광자수의 변화가 1인 $H'_{A\cdot p}$ 가 두 번 작용하는, 즉 $H'_{A\cdot p}$ 의 이차 수정도 H'_{A^2} 의 기여와 같은 크기일 것이므로 이들 높은 차수의 항들도 생각해야 한다. 이를 보기 위해 다음과 같이 정의하는 T 행렬을 사용하자. 행렬 T 는

$$T(E) \equiv H' + H'\frac{1}{E-H+i0^+}H' = H' + H'GH' + H'GH'GH' + \cdots \tag{15.49}$$

로 정의한다. 여기서 $H = H_0 + H'$ 이고

$$G \equiv \frac{1}{E-H_0+i0^+} \tag{15.50}$$

인 양으로, 이는 입자의 "진행자"(propagator)라고 한다.

이 때 $|1_{k\lambda}, s\rangle \to |1_{k'\lambda'}, n\rangle$ 에 대한 정확한 전이율은

$$\gamma_{nk'\lambda'} = \frac{2\pi}{\hbar}\left|\langle f|T(E)|i\rangle\right|^2\delta\left(\omega_{k\lambda} + \frac{E_s}{\hbar} - \omega_{k'\lambda'} - \frac{E_n}{\hbar}\right) \tag{15.51}$$

가 된다.[1] 만일 $H' = V(\mathbf{r})$ 의 형태이면

$$G\psi(\mathbf{r}) = \frac{1}{4\pi}\frac{2m}{\hbar^2}\int d^3r'\psi(\mathbf{r}')G_+(\mathbf{r}-\mathbf{r}') \tag{15.52}$$

[1] Messiah, Ch. XIX, §14, Merzbacher 19장을 참고하기 바란다.

이 된다. 여기서

$$G_+(\mathbf{r}-\mathbf{r}') \equiv \frac{e^{ik|\mathbf{r}-\mathbf{r}'|}}{|\mathbf{r}-\mathbf{r}'|} \tag{15.53}$$

인 Green의 함수이고, $E = \hbar^2k^2/2m$ 이다. 위 식에서 산란진폭에 대한 Born 급수전개를 얻을 수 있다. 즉 다음과 같이 쓸 수 있다.

$$\begin{aligned}\langle f|T|i\rangle &= \langle f|H'|i\rangle + \sum_l \frac{\langle f|H'|l\rangle\langle l|H'|i\rangle}{E-E_l+i0^+} \\ &+ \sum_{ll'} \frac{H'_{fl'}H'_{l'l}H'_{li}}{(E-E_{l'}+i0^+)(E-E_l+i0^+)} + \cdots .\end{aligned} \tag{15.54}$$

이제 중간상태 에너지가 $E_i = \hbar ck + E_s^0 \approx E_{n_1}^0$ 일 경우를 고려하자. 이 경우에는 n_1 상태에 해당하는 분모가 가장 작아져서, 이 상태에 의한 기여가 매우 커지게 된다. 따라서 위의 급수 중 중간 상태가 $|0,n_1\rangle$ 인 항들만 모아서 합하는 것만으로 어림하여 계산할 수 있다. 이러한 문제를 풀기 위해서 다음과 같이 "자체 에너지"(self energy)를 정의하자.

$$\Sigma_{n_1}(E) = \sum_l \frac{\langle n_1|H'_{A\cdot p}|l\rangle\langle l|H'_{A\cdot p}|n_1\rangle}{E-E_l+i0^+}. \tag{15.55}$$

그러면 이러한 어림방법에서 전이확률진폭은

$$\langle f|T(E)|i\rangle = \langle f|H'_{A\cdot p}|n_i\rangle \frac{1}{E-E_{n_1}+i0^+}\langle n_1|H'_{A\cdot p}|i\rangle \tag{15.56}$$

로 쓸 수 있다. 따라서 $|s,k\lambda\rangle \to |n,k'\lambda'\rangle$ 의 전이율은

$$\gamma_{nk'\lambda'} = \frac{2\pi}{\hbar} \mid \langle f|T(E_i)|i\rangle \mid^2 \delta(E_f - E_i) \tag{15.57}$$

이다. 이때

$$T(E) = H' + H'\frac{1}{E-H+i0^+}H' \tag{15.58}$$

이다. 여기서 $H' = H'_{A\cdot p}$ 이라고 어림하면 중간 상태는 $|n_1, 0\rangle$ 이거나 (1 원자 + 1 광자) 상태이다. 따라서 모든 합은 $1 \to 0 \to 1 \to 0 \cdots$ 의 전이에 대한 합이 된다. 따라서

$$\langle f|T|i\rangle = \frac{\langle f|H'_{A\cdot p}|n_1\rangle\langle n_1|H'_{A\cdot p}|f\rangle}{E-E_{n_1}-\Sigma_{n_1}(E)} \tag{15.59}$$

로 주어지고, 여기서 $\Sigma_{n_1}(E)$ 는

$$\Sigma_{n_1}(E) = \sum_l \frac{\langle n_1|H'_{A\cdot p}|l\rangle\langle l|H'_{A\cdot p}|n_1\rangle}{E-E_l+i0^+} \tag{15.60}$$

로 주어지는 자체에너지이다. $E \sim E_{n_1}$ 일 경우에 자체에너지의 실수 부분인 $\mathrm{Re}\,\Sigma(E)$ 는 E 에 대해 천천히 변하는 함수이고, 일반적으로 작은 양이다. 이를 n_1 상태의 "에너지 이동"(energy shift)이라고 한다. 또한 허수부분은

$$\mathrm{Im}\,\Sigma(E) = -\pi \sum_l |\langle n_1|H'_{A\cdot p}|l\rangle|^2 \delta(E - E_l) = -\frac{1}{2}\hbar\Gamma_{n_1} \tag{15.61}$$

으로 쓸 수 있고, Γ_{n_1} 을 상태 n_1 의 "복사 붕괴율"(radiative decay rate)이라고 한다.

전이진폭을 복사적 붕괴율을 이용하여 표현하면

$$\langle f|T|i\rangle = \frac{\langle f|H'|n_1\rangle\langle n_1|H'|i\rangle}{E - E_{n_1} + i\Gamma_{n_1}\hbar/2} \tag{15.62}$$

로 쓸 수 있다. 따라서 가능한 모든 원자의 나중 상태 $|n\rangle$ 에 대해 더한 전체 전이율은

$$\left[\sum_{nk'\lambda'} \left|\langle f|H'_{A\cdot p}|n_1\rangle\right|^2 \frac{2\pi}{\hbar}\delta(E_f - E_i)\right] \frac{|\langle n_1|H'_{A\cdot p}|i\rangle|^2}{(E_i - E_n)^2 + \Gamma_{n_1}^2\hbar^2/4} \tag{15.63}$$

로 쓸 수 있다. 이 식의 앞부분의 괄호 안에 있는 양이 바로 Γ_{n_1} 이다. 이제 복사적 붕괴율을 계산하기 위해, 전기쌍극자 어림방법을 사용하면

$$\Gamma_{n_1} = \sum_l \left(\frac{\omega_{n_1 l}}{c}\right)^3 |\mathbf{d}_{n_1 l}|^2 \frac{4}{3\hbar} \tag{15.64}$$

로 쓸 수 있으므로, 미분산란단면적은

$$\frac{d\sigma_{\mathrm{scat}}}{d\Omega} = \frac{\gamma\Omega}{c} = 4\pi^2 |\hat{\epsilon}_{k\lambda}\cdot\mathbf{d}_{ns}|^2 \frac{\omega_k}{c}\left(\frac{1}{\pi}\frac{\hbar\Gamma_{n_1}/2}{(E_i - E_n)^2 + (\hbar\Gamma_{n_1}/2)^2}\right) \tag{15.65}$$

이 된다.

이제 $E_i = E_n$ 인 경우를 고려하자. 이 경우는 원자의 에너지가 처음 상태에서 나중 상태로 갈 때 변화가 없는 경우이다. 이 경우는 식 (15.65) 에서 보듯이 산란단면적이 최대값을 갖는다. 즉 광자가 탄성충돌을 할 때 원자가 옮겨갈 수 있는 다른 상태가 존재하면, 즉 졸들은 상태가 존재하면 산란단면적은 최대값을 갖는다. 이 상태를 "공명상태"라고 한다. 공명상태에 대한 복사적 붕괴율은

$$\Gamma_{n_1} \equiv \sum_{n_2} \Gamma_{n_1 \to n_2 + \text{광자}} \geq \Gamma_{n_1 \to s} \tag{15.66}$$

를 만족한다. 여기서 $\Gamma_{n_1\to s}$는 s 상태에 대한 부분적 붕괴율이다. 전체산란단면적은

$$\sigma_{\text{scat}}(E=E_{n_1}) = \frac{6\pi}{k^2}\frac{\Gamma_{n_1 s}}{\Gamma_{n_1}} \le \frac{6\pi}{k^2} = \frac{3\lambda^2}{2\pi} \tag{15.67}$$

이다. 또한

$$\Sigma(E) \approx \frac{e^2}{\hbar c}\ln\frac{k_{\text{max}}}{\text{상수}} \tag{15.68}$$

이다. 이 양은 질량에 대한 수정을 주는 항이다.

15.5 수소원자에서의 광전효과

11장에서 시간에 의존하는 섭동이론을 이용하여 광전효과에서 흡수산란단면적 σ_{abs}를 살펴보았다. 이 때 방출되는 전자의 방향의존성은 전자기장을 양자화하고 난 후에는 엄밀하게 계산할 수 있다. 여기서는 시간에 의존하는 섭동이론과 전자기장의 양자화를 결합하여 광전효과에서 방출되는 전자의 방향에 대한 의존성에 대하여 고찰하겠다.

수소원자의 바닥상태에 있는 전자가 외부에서 광자를 흡수하여 전자가 방출되는 경우를 고려하자. 이 때 섭동 해밀토니안은

$$H' = -\frac{e}{mc}\mathbf{p}\cdot\mathbf{A}(\mathbf{r}) \tag{15.69}$$

이고, 여기서 벡터퍼텐셜은 다음과 같다.

$$\mathbf{A}(\mathbf{r},t) = \sum_{k\lambda}\sqrt{\frac{2\pi\hbar c}{k\Omega}}e^{i\mathbf{k}\cdot\mathbf{r}}\hat{\epsilon}_{k\lambda}(a_{k\lambda}+a^{\dagger}_{-k\lambda}). \tag{15.70}$$

처음상태는 $|\text{바닥상태}, 1_{k\lambda}\rangle$이고, 나중상태는 $|\mathbf{k}',0\rangle$이다. 나중상태의 $|\mathbf{k}'\rangle$에 해당하는 전자의 평면파동은 $\langle\mathbf{r}|\mathbf{k}'\rangle = e^{i\mathbf{k}'\cdot\mathbf{r}}/\sqrt{(2\pi)^3\Omega}$이다. 즉 입사된 광자의 에너지가 바닥상태의 속박에너지보다 매우 커서 방출되는 전자는 거의 자유입자로 볼 수 있는 경우이다. 이때 이들 상태들 사이의 전이확률진폭은

$$\begin{aligned}\langle\mathbf{k}'|H'|\text{바닥상태}, 1_{k\lambda}\rangle &= -\frac{e}{mc}\sqrt{\frac{2\pi\hbar c}{k\Omega}}e^{i\mathbf{k}\cdot\mathbf{r}}\langle\mathbf{k}'|\hat{\epsilon}_{k\lambda}\cdot\mathbf{p}e^{i\mathbf{k}\cdot\mathbf{r}}|\text{바닥상태}\rangle \\ &= -\sqrt{\frac{2\pi\hbar c}{k\Omega}}\frac{e\hbar}{mc}\sqrt{\frac{(2\pi)^3}{\Omega}}\hat{\epsilon}_{k\lambda}\cdot\mathbf{k}' f_s(\mathbf{k}-\mathbf{k}')\end{aligned} \tag{15.71}$$

이다. 여기서 $f_s(\mathbf{q})$는 수소원자의 바닥상태 함수 ψ_s에 대한 Fourier 변환으로

$$f_s(\mathbf{q}) = \frac{1}{(2\pi)^{3/2}} \int e^{i\mathbf{q}\cdot\mathbf{r}} \psi_s(r) d^3r \tag{15.72}$$

이다. 수소원자의 바닥상태가 $\psi_s(r) = e^{-r/a_H}/(\pi a_H^3)^{1/2}$ 이므로 f_s를 구할 수 있다. 즉 $\mathbf{q}$의 방향을 z 방향으로 정하면 다음과 같다.

$$\begin{aligned} f_s(\mathbf{q}) &= \frac{1}{(2\pi)^{3/2}} \frac{1}{(\pi a_H^3)^{1/2}} 2\pi \int_{-1}^{1} dx \int_0^\infty dr\, r^2 e^{iqrx} e^{-r/a_H} \\ &= \frac{1}{(2\pi^2 a_H^3)^{1/2}} \int_0^\infty dr\, r e^{-r/a_H} \frac{e^{iqr} - e^{-iqr}}{iq} \\ &= \frac{1}{(2\pi^2 a_H^3)^{1/2} iq} \left[\frac{1}{(-1/a_H + iq)^2} - \frac{1}{(-1/a_H - iq)^2} \right] \\ &= \frac{1}{(2\pi^2 a_H^3)^{1/2}} \frac{4/a_H}{\left((1/a_H^2) + q^2\right)^2} = \frac{2\sqrt{2} a_H^{3/2}}{\pi(1 + q^2 a_H^2)^2}. \end{aligned} \tag{15.73}$$

전자의 에너지는 $E_k = \hbar^2 k^2/(2m)$ 이므로 $dE_k = \hbar^2 k dk/m$ 이다. 따라서 나중상태의 상태밀도는

$$\rho = \frac{\Omega}{(2\pi)^3} \frac{mk'}{\hbar^2} d\Omega_e \tag{15.74}$$

이다. Ω_e는 방출된 전자에 대한 입체각도이다. 입사 입자가 광자이므로 입사 입자의 흐름은 c/Ω 이다. 이러한 사실들을 이용하여 주어진 편광 λ를 가진 광자가 입사할 경우 미분산란단면적은 다음과 같이 주어진다.

$$\frac{d\sigma_\lambda}{d\Omega_e} = 64\alpha a_H^2 \frac{E_0}{\hbar\omega} \frac{k' a_H^3 |\hat{\epsilon}_{k\lambda} \cdot \mathbf{k}'|^2}{\left(1 + (\mathbf{k} - \mathbf{k}')^2 a_H^2\right)^4}. \tag{15.75}$$

여기서 $E_0 = \hbar^2/(2ma_H^2)$ 인 속박상태의 에너지의 크기이고, $\hbar ck = E_0 + \hbar^2 k'^2/(2m)$ 의 관계를 만족한다. 따라서 이온화 문턱에너지보다 입사광자의 에너지가 매우 클 때에는

$$k' \approx \sqrt{\frac{2mck}{\hbar}} = k\sqrt{\frac{2mc}{\hbar k}} \tag{15.76}$$

이다. 이 경우 $a_H = \hbar^2/me^2$, $\alpha = e^2/\hbar c$, $\omega = ck$ 임을 이용하면

$$\frac{k}{k'} \approx \sqrt{\frac{\hbar k}{2mc}} = \frac{\hbar k'}{2mc} = \frac{\alpha}{2} k' a_H = \frac{\alpha}{2}\sqrt{\frac{\hbar\omega}{E_0}} \tag{15.77}$$

를 얻을 수 있고, 이 값은 $\alpha(\approx 1/137)$ 에 비례하므로 1보다 아주 작은 값이다. 이 식의

마지막 관계는

$$\frac{\hbar\omega}{E_0} = 1 + \frac{\hbar^2 k'^2}{2mE_0} \approx \frac{\hbar^2 k'^2}{2mE_0} = (k' a_H)^2 \tag{15.78}$$

의 관계에서 구한 결과이다.

이제 편광에 대해 평균을 취하자. $\mathbf{k} = (0,0,k)$의 방향을 z 방향으로 정하고, $\mathbf{k}' = k'(\sin\theta\cos\phi, \sin\theta\sin\phi, \cos\theta)$ 라고 하자. 그러면 $\mathbf{k}$의 편광벡터는 각각 x축과 y축의 단위벡터로 선택할 수 있다. 따라서 편광에 대한 평균은

$$\frac{1}{2}\sum_{\lambda=1}^{2} |\hat{\epsilon}_{k\lambda} \cdot \mathbf{k}'|^2 = \frac{1}{2}\sin^2\theta \tag{15.79}$$

이다. 분모에 있는 양을 계산하면 $k/k' \ll 1$이므로 k의 2차항을 무시하고 $k' a_H \gg 1$ 임을 이용하면

$$1 + (\mathbf{k} - \mathbf{k}')^2 a_H^2 \approx (k' a_H)^2 \big(1 - \frac{2k}{k'}\cos\theta\big) \approx \frac{\hbar\omega}{E_0}\big(1 - \alpha\sqrt{\frac{\hbar\omega}{E_0}}\cos\theta\big) \tag{15.80}$$

을 얻는다. 이들 모든 결과를 종합하여 편광에 대한 평균을 취한 미분산란단면적은

$$\frac{d\bar{\sigma}}{d\Omega_e} = 32\alpha a_H^2 \frac{E_0}{\hbar\omega} \frac{k'^3 a_H^3 \sin^2\theta}{(\hbar\omega/E_0)^4 (1 - 4\alpha\sqrt{\hbar\omega/E_0}\cos\theta)^4} \tag{15.81}$$

이다.

전자의 속도를 $v' = \alpha c\sqrt{\hbar\omega/E_0}$ 라고 하고, 분모를 α의 1차항까지 전개하면

$$\begin{aligned} \frac{d\bar{\sigma}}{d\Omega_e} &\approx 32\alpha a_H^2 \Big(\frac{E_0}{\hbar\omega}\Big)^{7/2} \sin^2\theta \Big(1 + 4\alpha\sqrt{\frac{\hbar\omega}{E_0}}\cos\theta\Big) \\ &= 32\alpha a_H^2 \Big(\frac{E_0}{\hbar\omega}\Big)^{7/2} \sin^2\theta \Big(1 + 4\alpha\frac{v'}{c}\cos\theta\Big) \end{aligned} \tag{15.82}$$

이다. 그리고 $E_0 \ll \hbar\omega \ll mc^2$ 일 경우 전체 산란단면적은

$$\sigma = \frac{256\pi}{3}\alpha a_H^2 \Big(\frac{E_0}{\hbar\omega}\Big)^{7/2} \tag{15.83}$$

로 주어진다. 여기서 v' 에 비례하는 양은 적분하면 0이 된다.

연습문제

1. 반자성 입자-장 상호작용

$$H_{\text{int}}^{(2)} = \frac{q^2}{2mc^2}\sum_i \mathbf{A}^2(\mathbf{r}_i), \tag{15.84}$$

스핀-장 상호작용

$$H_{\text{int}}^{(\text{mag})} = -g_0\mu \sum_i \mathbf{S}_i \cdot \mathbf{B}(\mathbf{r}_i), \tag{15.85}$$

(g_0는 g 인자이고, $\mu = q\hbar/2mc$이다.) 그리고, 전자기장의 전체운동량

$$\mathbf{P}_{\text{field}} = \frac{1}{4\pi}\int \mathbf{E}_{\text{tr}} \times \mathbf{B}\, d^3r \tag{15.86}$$

을 고려하자. 각각을 정규모드좌표 $Q_{k\lambda}$와 $P_{k\lambda}$를 이용하여 고전적으로 표현하고, $a_{k\lambda}$와 $a_{k\lambda}^\dagger$를 이용하여 양자역학적으로 나타내어라.

2. 자기쌍극자 광자방출($\mathbf{S}\cdot\mathbf{B}$항 만 있는 경우)에 의한 원자의 자발적 붕괴수명에 대한 표현을 유도하여라. 처음상태와 나중상태가 $\mathbf{L}$과 $\mathbf{S}$ 각각의 고유상태일 때 이 비율은 0이 된다는 것을 확인하여라.

3. 수소 원자가 $2s$ 상태에서 $1s$ 바닥상태로 광자를 방출하며 전이할 때 광자를 한 개 방출하며 전이할 수는 없다는 것을 증명하여라. (자세히 유도할 필요는 없지만) 두 개의 광자를 방출하는 전이율을 어떻게 계산할지 개략적으로 설명하여라. 쌍극자 어림방법에서 두 개의 광자는 같은 방향으로, 혹은 반대방향으로 방출되려는 경향이 있다는 것을 보이고, 둘 사이의 각도에 대한 의존성은 $1+\cos^2\theta$로 주어짐을 증명하여라. 여기서 θ는 광자들 사이의 각도이며, 방출된 빛의 편광은 관측하지 않는다. 준안정 상태인 $2s$ 상태의 수명에 대한 크기에 대해 추정하여라.

4. 시간 $t=0$일 때 He^+ 이온이 $2p$ 상태에 한 개의 전자가 있다. 이 입자가 $1s$ 상태로 광자를 내며 붕괴하는 붕괴율을 구하여라.

5. 수소원자의 준안정적인 $2s$ 상태는 두 개의 광자를 방출하고 바닥상태로 옮겨 간다. 이 경우 전이 확률을 Fermi 황금률을 이용하여 표현하면 다음과 같은 형태를 갖는다.

$$dw = \frac{2\pi}{\hbar}|T_{fi}|^2 \frac{\Omega d^3k_1}{(2\pi)^3}\frac{\Omega d^3k_2}{(2\pi)^3}\delta(E_{2s} - E_{1s} - \hbar\omega_1 - \hbar\omega_2). \tag{15.87}$$

방출되는 광자의 파동수 벡터와 편광은 각각 $(\mathbf{k}_1, \lambda_1)$, $(\mathbf{k}_2, \lambda_2)$이다. T_{fi}에 대한 표현을 구하여라. 이 전이확률에 0이 아닌 기여를 하는 중간상태들의 양자수 (n, l, m)을 구하여라. 그리고 전이확률에 대한 결과를 가능한 한 간단히 구하여라.

전기쌍극자 어림방법을 사용하면 이 두 개의 광자가 같은 방향이나 반대방향으로 방출되려는 경향이 있다는 것을 보여라. 그리고 이 준안정 $2s$ 상태의 붕괴율에 대한 크기를 대략 구하여라.

6. 자발적 붕괴율에 대한 Einstein의 유도: 원자들이 계속해서 바닥상태 s와 들뜬 상태 n 사이에서 전이를 일으키고 있는 공동(cavity)을 고려하자. 원자는 흑체 복사장과 상호작용하며, 흑체 복사의 에너지 밀도는

$$\rho_{\text{rad}}(\omega) = \frac{\hbar\omega^3}{\pi^2 c^3} \frac{1}{e^{\hbar\omega/kT} - 1} \tag{15.88}$$

으로 주어진다. 여기서 k는 Boltzmann 상수이다. 정상상태에서는 평균적으로 s 상태에 N_s 개의 원자가 있고, n 상태에는 N_n 개가 있으며, 이들은 온도 T에서 열적 평형을 이루고 있다. 이 경우 N_s와 N_n의 비율은 다음과 같다.

$$\frac{N_s}{N_n} = e^{E_{ns}/kT} \tag{15.89}$$

여기서 $E_{ns} = E_n - E_s$이다.

(가) 원자들이 $s \to n$으로 옮겨가는 전이율 $N_s \Gamma_{\text{abs}}$가 $n \to s$로 옮겨가는 전이율 $N_n(\Gamma_{\text{spont}} + \Gamma_{\text{stim}})$과 같다고 하면,

$$\Gamma_{\text{spont}} = \frac{\Gamma_{\text{stim}}}{\rho_{\text{rad}}(\omega_{ns})} \frac{4\omega_{ns}^3}{\pi^2 c^3} \tag{15.90}$$

임을 증명하여라. 여기서 Γ_{abs}는 흡수에 의한 붕괴율, Γ_{spont}는 자발적 붕괴율, 그리고 Γ_{stim}는 유도방출에 의한 붕괴율이다.

(나) 본문에서 전기쌍극자 어림방법을 이용하여

$$\Gamma_{\text{spont}} = \frac{4\omega_{ns}^3}{3\hbar c^3} |\mathbf{d}_{ns}|^2 \tag{15.91}$$

임을 보이고, 이를 이용하여 $\Gamma_{\text{stim}}/\rho_{\text{rad}}$을 결정하여라.

7. 반자성항인 A^2에 의한 원자의 들뜸을 고려하자. 파동수 벡터가 $\mathbf{k}$이고, 진동수가 $\omega = ck$인 입사된 전자기 파동은 평면편광되어 있다고 가정하자. 이 때 전이는 $\omega_{ns} = 2\omega$에서 일어남을 보이고, 이러한 전이가 일어날 때 선택규칙에 관하여 논하여라. (귀띔: e^{ikx}를 전개하여 처음으로 0이 아닌 항이 나올 조건을 구하여라.)

8. Fermi의 황금률로 기술하는 붕괴현상을 고려하자. 이때 나중 상태의 에너지 스펙트럼에서 "**수명확장**"(lifetime broadening)이 일어나는 현상을 다음과 같이 간단히 유도할 수 있다. 시간 $t = 0$에서 크기가 일정한 섭동이 켜지고, 가장 그럴듯한 0차 확률진폭이 다음과 같은 형태를 갖는다고 가정하자.

$$c_s(t) = e^{-\Gamma t/2};\ c_n(t) = 0,\ (n \neq s). \tag{15.92}$$

여기서

$$\Gamma = \frac{2\pi}{\hbar}|V_{ns}|^2\rho(E_s) \tag{15.93}$$

이다. 따라서 s 상태에 있을 확률은 $P(s) = e^{-\Gamma t}$로 주어지며 이는 자발적 붕괴에 대한 우리의 직관과도 잘 맞는다.

위에서 주어진 0차의 해를 이용하면 일차 섭동에 의하여

$$P(s \to n) = \frac{|V_{ns}|^2}{\hbar^2}\frac{1}{\omega_{ns}^2 + \Gamma^2/4} \tag{15.94}$$

로 주어짐을 증명하여라. 그리고 적당한 가정을 하면 $\sum_n P(s \to n) = 1$이 됨을 확인하여라.

9. xy 평면에 원점에 중심이 있고, 원의 반지름이 s인 가는 도선으로 만들어진 고리 주위로 고전적인 전류 I가 흐르고 있다. 이러한 고전적인 전류가 있을 때 전자기장의 해밀토니안을 H라고 하자.

(가) H를 파동수 벡터 $\mathbf{k}$, 편광 $\hat{\epsilon}_{\mathbf{k}\lambda}$인 광자에 대한 생성, 소멸연산자인 $a^\dagger_{\mathbf{k}\lambda}$와 $a_{\mathbf{k}\lambda}$로 표현하여라. 편광벡터는 편리하게 선택하여도 좋지만, 어떻게 선택하였는지 기술하여라. 이 연산자들의 계수를 적분형태로 나타내어도 좋지만, 이 적분을 $ks \ll 1$인 극한에서 ks의 으뜸차수까지 계산하여야 한다. 광자 모드는 길이가 L인 큰 정육면체 안에서 주기적인 경계조건을 이용하여 규격화하여라.

(나) 전류 I가 $I(t) = I_0 \cos\omega t$의 형태로 시간에 대해 주기적으로 변한다고 하자. 여기서 $\omega s/c \ll 1$이다. 광자장으로 방출되는 에너지의 비율은 얼마인가?

10. 세 종류의 스핀이 0인 보존 입자들을 각각 π^-, π^0, π^+("파이 입자")로 부르자. 이들 입자들 각각의 정지질량은 $m_i = m, m-\Delta, m$이고, 전하는 $Q_i = -e, 0, e$이다. 여기서 $i = (-, 0, +)$이다. 전하를 띤 파이 입자들은 순간적인 Coulomb 상호작용 $Q_iQ_j/|\mathbf{r}_i - \mathbf{r}_j|$로 상호작용을 한다. (광자는 없다.) 운동에너지는 비상대론적으로 다룰 수 있다. (즉 π^+와 π^-에 대해서는 $E_{\mathbf{k}} = mc^2 + \hbar^2k^2/2m$이다.) 처음상태는 π^+와 π^-가 질량중심의 운동량이 0인 수소원자의 $1s$ 바닥상태와 같은 속박상태에 있다. 이 상태를 "**poinium**"이라고 부르고, $|\Pi\rangle$로 표시하겠다.

(가) pionium의 파동함수는

$$|\Pi\rangle = \sum_{\mathbf{k}} \phi(\mathbf{k}) b^\dagger_{\mathbf{k}} d^\dagger_{-\mathbf{k}} |0\rangle \tag{15.95}$$

로 쓸 수 있음을 보여라. ($\phi(\mathbf{k})$를 계산할 필요는 없다.) $b^\dagger_{\mathbf{k}}$, $c^\dagger_{\mathbf{k}}$, $d^\dagger_{\mathbf{k}}$는 각각 π^-, π^0, π^+ 입자를 평면파동 상태 $L^{-3/2}e^{i\mathbf{k}\cdot\mathbf{r}}$로 만들어내는 생성연산자이고, 길이가 L인 정육면체 안에 입자들을 넣고, 주기적인 경계조건을 사용한다. $|0\rangle$은 진공상태이다. 그리고 "겹침 진폭"(overlap amplitude)

$$\phi_0 \equiv L^{-3/2} \sum_{\mathbf{k}} \phi(\mathbf{k}) \tag{15.96}$$

를 구하여라. (사실 ϕ_0는 상대좌표가 0인 지점에서 구한 공간좌표에서의 파동함수임을 주목하여라.)

귀띔: 중간결과로 운동량 공간에서 전형적인 2-입자 파동함수는 $\Pi(\mathbf{k}, \mathbf{K}) = \phi(\mathbf{k})\delta_{\mathbf{K},0}$로 쓸 수 있다는 것을 보일 수 있다. 여기서 $\hbar\mathbf{k}$와 $\hbar\mathbf{K}$는 각각 상대운동량과 질량중심 운동량이다.

(나) 이제 $\Pi \to \pi^0$, $\Pi \to 2\pi^0$ 등과 같은 붕괴가 일어나는 상호작용을 도입하겠다. $\Delta < m\alpha^2/8$일 경우에는 어떤 붕괴도 가능하지 않고, $m\alpha^2/8 < \Delta \ll m$인 경우 운동량과 에너지 보존법칙에 의해 허용되는 유일한 붕괴는 $\Pi \to 2\pi^0$임을 증명하여라. ($\alpha = e^2/\hbar c = 1/137$)

(다) "정확한 Fermi 황금률"

$$\Gamma = \frac{2\pi}{\hbar} |T_{fi}(E_i)|^2 \rho(E_i) \tag{15.97}$$

를 이용하여 $\Pi \to 2\pi^0$ 과정에 대한 붕괴율을 결합상수가 나타나는 가장 낮은 차수까지 계산하여라. 이 붕괴를 일으키는 전하를 보존하는 상호작용은 다음과 같다.

$$\begin{aligned} V &= \frac{\gamma}{L^{3/2}} \sum_{\mathbf{k},\mathbf{k}'} \Big[(c_{\mathbf{k}} + c^\dagger_{-\mathbf{k}})(c_{\mathbf{k}'} + c^\dagger_{-\mathbf{k}'})(c_{-\mathbf{k}-\mathbf{k}'} + c^\dagger_{\mathbf{k}+\mathbf{k}'}) \\ &\quad + (b_{\mathbf{k}} + d^\dagger_{-\mathbf{k}})(c_{\mathbf{k}'} + c^\dagger_{-\mathbf{k}'})(d_{-\mathbf{k}-\mathbf{k}'} + b^\dagger_{\mathbf{k}+\mathbf{k}'}) \Big]. \end{aligned} \tag{15.98}$$

1-파이 입자 상태와 3-파이 입자 상태가 중간 상태에 있는 경우를 반드시 고려하여라. 일관성을 위하여, 답을 서로 반대편으로 나가는 π^0 입자 중의 한 파동수 벡터 $\mathbf{k}_f$로 나타내고, e^2가 나타나면 α로 바꾸어 표현하여라.

중요: 이 문제의 답은 $\Delta \ll m$과 $\hbar^2k^2/2m \ll mc^2$인 극한에서만 맞기 때문에

대부분의 경우 $m - \Delta$는 m으로 바꾸어 써도 좋고, 에너지 분모는 mc^2의 몇 배로 반올림하여 사용하여라.

(라) 14장의 연습문제 8번 (라)에서 얻은 결과를 (다)의 결과와 비교하여라. (다)의 첫 세 항을 얻기 위해 필요한 대응관계, 일반화, 혹은 어림방법을 정성적으로 기술하여라.

주의: (다)의 두 번째 항을 얻기 위해서는 또 하나의 복소수 (즉 두 개의 성분) 장 ρ를 도입하여야 하고, ρ에 의해 주어지는 자유 라그랑지안은 다음의 형태를 가진다.

$$\int dx\Big[\frac{1}{2}|\dot{\rho}|^2 - \frac{1}{2}c^2|\rho'|^2 - \frac{1}{2}\Omega^2|\rho|^2\Big]. \tag{15.99}$$

그리고 ϕ와 결합하는 상호작용은 $-\beta\int|\rho|^2\phi$의 형태를 가진다. 하지만 이 경우에 대해서 논의할 필요는 없다.

제 16 장

동일입자계

고전적으로 입자의 움직임을 다룰 때에는, 임의의 시간에서 각 입자의 위치와 속도를 정확히 알 수 있기 때문에 입자들의 궤도를 구할 수 있다. 이는 동일한 입자들이 여러 개 있어도 마찬가지이다. 하지만 양자역학에서는 동일한 입자들이 여러 개 있고, 이들의 파동함수가 겹쳐 있을 경우에는 원천적으로 이들을 구별할 수 있는 방법이 없다. 따라서 이러한 동일한 입자들을 구별할 수 없는 성질이 양자역학적 이론 안에 자연스럽게 들어 있어야 한다. 물론 서울에 있는 전자와, 부산에 있는 전자처럼 두 동일한 입자의 파동함수가 겹쳐져 있지 않으면, 이들 사이의 상관관계를 무시할 수 있으므로 이 입자들은 고전역학에서와 마찬가지로 구별이 가능한 입자로 취급하여도 된다. 그러나 도체 내부의 전자들처럼 입자들의 파동함수들이 겹치는 정도가 무시할 수 없을 정도이면 동일입자를 구별할 수 없다는 원리가 양자역학적 거동에 큰 영향을 미치게 된다. 이 장에서는 이러한 동일입자의 구별불가능성이 어떻게 양자역학적으로 표현되는지를 고려하겠다.

16.1 자리바꿈 대칭성

동일입자들로 다루어진 계를 다루기 위해서, 우선 가장 간단하게 두 입자를 서로 바꾸는 자리바꿈 연산자 P_{ij}를 고려하자. N개의 전자가 각각 위치 $\mathbf{r}_i$, 스핀양자수 $\sigma_i = \pm 1$을 가지는 파동함수 $\psi(\mathbf{r}_1, \sigma_1, \cdots, \mathbf{r}_N, \sigma_N)$에 P_{ij}를 적용하여 변환된 파동함수를 $\psi' = P_{ij}\psi$ 라고 쓰면, 자리바꿈 연산자의 정의에 의해

$$\psi'(\cdots, \mathbf{r}_i, \sigma_i, \cdots \mathbf{r}_j, \sigma_j, \cdots, \mathbf{r}_N, \sigma_N) = \psi(\cdots \mathbf{r}_j, \sigma_j, \cdots \mathbf{r}_i, \sigma_i, \cdots, \mathbf{r}_N, \sigma_N) \qquad (16.1)$$

이 된다. 이때 $P_{ij}^2 = 1$이므로 P_{ij}의 고유값은 ± 1이고 $P_{ij} = P_{ij}^{-1} = P_{ji}$로 정의한다. N개의 입자들 사이의 임의의 자리바꿈은 언제나 이와 같이 정의한 두 입자들 사이의 자리

바꿈 연산자들을 적당히 계속 작용시켜 얻을 수 있다. 임의의 자리바꿈 연산자 $P_{abc\cdots k}$를 a 자리에 b를 넣고, b 자리에 c를 넣는 식으로 순환적으로 자리를 바꾸는 연산자라고 하자. 예를 들어 $P_{123}\psi(1,2,3,\cdots) = \psi(2,3,1,\cdots)$일 경우 $P_{123} = P_{12}P_{23}$와 같이 두 개의 자리를 바꾸는 연산자 P_{ij}의 곱으로 표현할 수 있다. 일반적으로 임의의 자리바꿈 연산자는 항상 P_{ij}의 적당한 곱들로 나타낼 수 있다.

연산자 $\mathbf{r}_i$, $\mathbf{p}_i$와 자리바꿈 연산자 사이의 관계는

$$P_{ij}\mathbf{r}_i P_{ij} = \mathbf{r}_j, \quad P_{ij}\mathbf{p}_i P_{ij} = \mathbf{p}_j \tag{16.2}$$

를 만족한다. 따라서 운동에너지

$$K = \sum_{i=1}^{N} \frac{\mathbf{p}_i^2}{2m} \tag{16.3}$$

은 $P_{ij}K = KP_{ij}$, 즉 $[P_{ij}, K] = 0$을 만족한다. 또 이 계의 해밀토니안이 중심력 퍼텐셜과 외부 퍼텐셜만 존재하여

$$H = K + \frac{1}{2}\sum_{i\neq j} V(|\mathbf{r}_i - \mathbf{r}_j|) + \sum_{i=1}^{N} U(\mathbf{r}_i) \tag{16.4}$$

로 쓸 수 있는 경우에는 $P_{ij}HP_{ij} = H$, 즉 $[P_{ij}, H] = 0$을 만족한다. 왜냐하면 중심력 퍼텐셜과 외부 퍼텐셜은 변수들이 자리바꿈을 하여도, 모든 입자들에 대하여 더하게 되면 원래의 퍼텐셜과 같아지기 때문이다. 따라서 P_{ij}는 이 계의 정확한 대칭성이다. 또한 해밀토니안의 고유상태를 동시에 자리바꿈연산자의 고유상태로 나타낼 수 있다. 그러므로 시간 $t = t_0$에서 파동함수 ψ가

$$P_{12}\psi(\cdots, t_0) = -\psi \tag{16.5}$$

를 만족하면, 임의의 시각에 모든 i, j에 대해 $P_{ij}\psi = -\psi$를 만족한다.

자연계에 존재하는 입자들의 상태는 자리바꿈 연산자의 명확한 고유상태로 나타난다.

1. 전자, 양성자, 중성자 등의 파동함수는 $P_{ij}\psi = -\psi$를 만족하고, 이런 입자를 "페르미온"(fermion)이라고 한다. 스핀 양자수가 반정수(half-integer)인 입자들이 이러한 "페르미 통계"(Fermi statistics)를 만족한다.

2. 파이 입자, 광자 등의 파동함수는 $P_{ij}\psi = \psi$를 만족하고 이 입자들을 "보존"(boson)이라고 한다. 스핀 양자수가 정수인 입자들이 이러한 "보즈 통계"(Bose statistics)를 만족한다.

3. 복합입자의 경우 페르미온의 개수가 짝수이면 보존처럼 행동하고, 홀수이면 페르미온과 같은 행동하는 파동함수를 갖는다. 예를 들어 양성자 두 개, 중성자 두 개로 이루어진 헬륨 (He^4) 핵은 보존이다. 한편 이의 동위원소인 양성자 두 개, 중성자 한 개로 이루어진 헬륨 (He^3) 핵은 페르미온이다.

16.2 Hilbert 공간 만들기

N 개의 동일입자들을 다루기 위해 이 입자들로 이루어진 물리계는 어떤 Hilbert 공간으로 기술할 수 있는가를 살펴보자. 우선 N 개의 동일한 입자을 기술하는 제곱적분 가능한 함수 $\psi(\mathbf{r}_1, \sigma_1, \cdots, \mathbf{r}_N, \sigma_N)$ 들로 이루어진 Hilbert 공간 $\mathcal{H}^N$ 을 기술하는 기준을 선택하자. 이를 위해 한 개의 입자를 기술하는 Hilbert 공간 $\mathcal{H}^1$ 에서 적당한 기준

$$|\{\alpha\}\rangle = \phi_\alpha(R), \;\; R = (\mathbf{r}, \sigma) \tag{16.6}$$

를 선택한다. 그러면 $\mathcal{H}^N$ 의 기준은 이들의 텐서곱으로 선택할 수 있다.

$$|\{\alpha_1, \cdots, \alpha_N\}\rangle = \phi_{\alpha_1}(R_1) \cdots \phi_{\alpha_N}(R_N). \tag{16.7}$$

이들은 완전관계

$$\begin{aligned}\sum_{\alpha_1, \cdots, \alpha_N} |\{\alpha_i\}\rangle\langle\{\alpha_i\}| &= \sum_{\alpha_1, \cdots, \alpha_N} \phi_{\alpha_1}(R_1) \cdots \phi_{\alpha_N}(R_N) \phi^*_{\alpha_1}(R'_1) \cdots \phi^*_{\alpha_N}(R'_N) \\ &= \delta(R_1 - R'_1) \cdots \delta(R_N - R'_N)\end{aligned} \tag{16.8}$$

을 만족하므로 이 Hilbert 공간에서 임의의 상태벡터는

$$\psi(R_1, \cdots R_N) = \sum_{\alpha_1, \cdots, \alpha_N} C_{\alpha_1, \cdots, \alpha_N} \phi_{\alpha_1}(R_1) \cdots \phi_{\alpha_N}(R_N) \tag{16.9}$$

로 나타낼 수 있다. 한편 이 함수는 제곱적분 가능하므로

$$\langle\psi|\psi\rangle < \infty \to \sum_{\alpha_1, \cdots, \alpha_N} |C_{\alpha_1, \cdots, \alpha_N}|^2 < \infty \tag{16.10}$$

를 만족한다.

이 부속공간 중 일부인 자리바꿈 연산자에 대해 대칭적인 함수들로 이루어진 공간 $\mathcal{H}^N_{(S)}$ 안에 있는 파동함수들을 고려하자. 파동함수 ψ 가 $\psi \in \mathcal{H}^N_{(S)}$ 라면, 즉 $P_{ij}\psi = \psi$ 를

만족하는 보존들로 이루어진 계를 기술하는 파동함수들은 식 (16.9)로 표현했을 때 그 계수 $C_{\alpha_1,\cdots,\alpha_N}$ 들은

$$C_{\alpha_1,\cdots,\alpha_i,\cdots,\alpha_j,\cdots,\alpha_N} = C_{\alpha_1,\cdots,\alpha_j,\cdots,\alpha_i,\cdots,\alpha_N} \tag{16.11}$$

를 만족한다. 일반적으로 $\{\alpha'_i\}$ 이 $\{\alpha_i\}$ 에 대한 임의의 자리바꿈에 해당하면 다음을 만족한다.

$$C_{\{\alpha'_i\}} = C_{\{\alpha_i\}}. \tag{16.12}$$

한편 자리바꿈 연산자에 대해 반대칭적인 함수들로 이루어진 공간 $\mathcal{H}^N_{(A)}$ 을 고려하자. 만일 $\psi \in \mathcal{H}^N_{(A)}$ 라면, 즉 $P_{ij}\psi = -\psi$ 를 만족하는 페르미온들로 이루어진 계를 기술하는 파동함수의 계수는 예를 들어 α_i 와 α_j 를 바꾸어주는 연산에 대하여

$$C_{\alpha_1,\cdots,\alpha_i,\cdots,\alpha_j,\cdots,\alpha_N} = -C_{\alpha_1,\cdots,\alpha_j,\cdots,\alpha_i,\cdots,\alpha_N} \tag{16.13}$$

를 만족한다. 일반적으로 $\{\alpha'_i\}$ 이 $\{\alpha_i\}$ 에 대한 임의의 자리바꿈이면

$$C_{\{\alpha'_i\}} = \sigma_P C_{\{\alpha_i\}} \tag{16.14}$$

을 만족한다. 식 (16.14)에서 σ_P 는 $\{\alpha\}$ 의 배열에서 적당한 자리바꿈을 하여 $\{\alpha'\}$ 을 얻었을 때 이러한 배열을 얻기 위해 자리바꿈을 짝수번, 홀수번 한 경우에 각각 1, -1을 부여한 값이다. 즉 자리바꿈을 N 번 했을 때 $\sigma_P = (-1)^N$ 으로 주어진다.

이제 보존 혹은 페르미온으로 구성된 동일입자계를 기술하는 방법을 고려하자. 한 입자만 있는 경우 에너지 준위들이 $E_1, E_2, \cdots, E_n, \cdots$ 로 이루어져 있다고 하자. 여러 입자들이 있는 계는 E_1 상태에 n_1 개, E_2 상태에 n_2 개 등이 있는 상태로 분류하여 N 개의 입자가 있는 상태를 $|n_1, n_2, \cdots\rangle$ 로 나타내자. ($N = \sum_i n_i$) 보존을 기술하는 대칭적 상태에 대해서는 $|\{n_1, n_2, \cdots\}\rangle$ 을 다음과 같이 정한다.

$$|\{n_1, n_2, \cdots\}\rangle_S = \text{상수} \times \sum_{\{P\}} P|\{n_\alpha\}\rangle_0. \tag{16.15}$$

여기서 $n_i = 0, 1, 2, \cdots$ 이고, $\sum_i n_i = N$ 을 만족한다. 식 (16.15)에서

$$|\{n_\alpha\}\rangle_0 = \underbrace{\phi_1(R_1)\phi_1(R_2)\cdots\phi_1(R_{n_1})}_{\phi_1 \text{ 상태에 있는 } n_1 \text{ 개의 입자}} \phi_2(R_{n_1+1}) + \cdots \tag{16.16}$$

이고, $\sum_{\{P\}}$ 는 모든 가능한 자리바꿈에 대한 합을 나타낸다.

예제 16.1 동일입자계 상태 만들기

$N = 3,\ n_1 = 1,\ n_2 = 0,\ n_3 = 2,\ i > 3$일 때는 $n_i = 0$인 경우, 이 상태가 보존, 페르미온으로 이루어졌을 때, 각각의 상태를 구하여라.

동일입자로 이루어져 있다는 사실을 생각하지 않고 N 개의 입자로 이루어진 상태는

$$|\{n_\alpha\}\rangle_0 = |(1,0,2,0)\rangle = \phi_1(R_1)\phi_3(R_2)\phi_3(R_3) \tag{16.17}$$

이다. 3개의 입자를 바꾸는 가능한 모든 자리바꿈은

$$\sum P = 1 + P_{12} + P_{23} + P_{31} + P_{123} + P_{132} \tag{16.18}$$

이므로

$$\begin{aligned}\sum P|1,0,2\rangle &= 2\Big[\phi_1(R_1)\phi_3(R_2)\phi_3(R_3) + \phi_1(R_3)\phi_3(R_1)\phi_3(R_2) \\ &+ \phi_1(R_2)\phi_3(R_3)\phi_3(R_1)\Big]\end{aligned} \tag{16.19}$$

이 된다. 따라서 보존을 기술하는 대칭적인 파동함수는

$$|\{n_\alpha\}\rangle_S = \frac{1}{2\sqrt{3}}\sum_{\{P\}}|1,0,2\rangle_0 \tag{16.20}$$

이다. 이렇게 만든 상태는 서로 직교한다.

$$\langle n_\alpha|n_{\alpha'}\rangle = 0,\ \{n_\alpha\} \neq \{n_{\alpha'}\}\text{인 경우.} \tag{16.21}$$

페르미온을 기술하는 반대칭적인 파동함수에 대해서는

$$|\{n_\alpha\}\rangle_A = \sum_{\{P\}}\sigma_P P|\{n_\alpha\}\rangle \tag{16.22}$$

이므로 $|1,0,2\rangle = 0$이다. 그러므로 반대칭 Hilbert 공간에서는 반드시 모든 α에 대해 $n_\alpha = 0$ 혹은 1이어야 한다. ♣

지금까지의 결과를 요약하면 보존의 경우 1-입자 기준으로 만든 완전집합 $\{\phi_\alpha(R)\}$ $(\alpha = 1,\cdots,\infty)$로 선택할 경우 N개의 보존으로 이루어진 Hilbert 공간 $\mathcal{H}^N_{(S)}$의 기준은

$$|\{n_\alpha\}\rangle_S = \mathcal{N}\sum_{\{P\}}P\prod_\alpha \phi(R_\alpha) \tag{16.23}$$

이고, $\sum_\alpha n_\alpha = N$ 이다. 식 (16.23) 에서 $\mathcal{N}$ 은 규격화 상수이다. 한편 페르미온의 경우는 반대칭 Hilbert 공간 $\mathcal{H}^N_{(A)}$ 를 기술하는 기준은 $\sum_\alpha n_\alpha = N$ 의 경우

$$|\{n_\alpha\}\rangle_A = \mathcal{N}\sum_{\{P\}}\sigma_P P\prod_\alpha \phi(R_\alpha) = \frac{1}{\sqrt{N!}}\det M_{ij} \tag{16.24}$$

로 쓸 수 있다. 여기서 $\det M_{ij}$ 는 $M_{ij} = \phi_{\alpha_j}(R_i)$ 로 정의되는 행렬의 행렬값으로 "**Slater** 행렬값"(Slater determinant)이라고 부른다. 또 $i, j = 1, \cdots, N$ 이고 $\alpha_1, \cdots \alpha_N$ 은 점유된 상태를 가리키는 지수이다.

16.3 수, 생성, 소멸연산자

동일입자들로 이루어진 계를 수 연산자 N_α 의 고유상태로 표시할 수 있다.

$$N_\alpha|n_1, \cdots, n_\alpha \cdots\rangle_{A,S} = n_\alpha|n_1, \cdots, n_\alpha \cdots\rangle_{A,S}. \tag{16.25}$$

이제 소멸연산자 a_α 를 도입하자.

$$a_\alpha|\cdots n_\alpha \cdots\rangle = \text{상수} \times |\cdots n_\alpha - 1 \cdots\rangle. \tag{16.26}$$

이 경우 상수는 $n_\alpha = 0$ 이면 0이지만, $n_\alpha > 0$ 인 경우는 0이 아니다.

보존으로 이루어진 계를 기술하는 Hilbert 공간은 입자가 n 개 있는 공간들의 합으로 이루어진다. $(n = 0, 1, 2, \cdots)$

$$\mathcal{H}_S = \mathcal{H}^0 \oplus \mathcal{H}^1 \oplus \mathcal{H}^2_{(S)} \oplus \cdots = \sum_{N=0}^{\infty}\mathcal{H}^N_{(S)} \tag{16.27}$$

여기서 특히 $\mathcal{H}^0$ 는 1차원의 Hilbert 공간이고 이를 기술하는 상태는 $e^{i\phi}|0\rangle$ 로 쓸 수 있다. 이 공간은 입자가 하나도 없는 공간으로, 이를 "진공"(vacuum)이라고 부른다. 진공상태의 위상 ϕ 는 물리현상에 아무 영향을 끼치지 않는 상수이므로 앞으로 $\phi = 0$ 으로 선택하겠다.

페르미온을 기술하는 Hilbert 공간은, 보존의 경우와 비슷하게

$$\mathcal{H}_A = \mathcal{H}^0 \oplus \mathcal{H}^1 \oplus \mathcal{H}^2_{(A)} + \cdots = \sum_{N=0}^{\infty}\mathcal{H}^N_{(A)} \tag{16.28}$$

이고, 이 경우에도 진공상태는 모든 α 에 대해 $a_\alpha|0\rangle = 0$ 을 만족하는 유일한 상태이다.

만일 어떤 상태가 $|\psi\rangle = |\cdots n_\alpha \cdots\rangle$ 이라면

$$\begin{aligned} N_\alpha a_\alpha|\psi\rangle &= N_\alpha(\text{상수}|\cdots n_\alpha - 1\cdots\rangle) \\ &= \text{상수} \times (n_\alpha - 1)|\cdots n_\alpha - 1\cdots\rangle, \\ a_\alpha N_\alpha|\psi\rangle &= n_\alpha a_\alpha|\psi\rangle = \text{상수} \times n_\alpha|\cdots n_\alpha - 1\cdots\rangle \end{aligned} \tag{16.29}$$

이므로

$$N_\alpha a_\alpha|\psi\rangle = (n_\alpha - 1)a_\alpha|\psi\rangle = a_\alpha(N_\alpha - 1)|\psi\rangle \tag{16.30}$$

을 만족한다. 식 (16.30)는 임의의 $|\psi\rangle$ 에 대하여 항상 성립하므로, 연산자 관계로써

$$N_\alpha a_\alpha = a_\alpha N_\alpha - a_\alpha, \text{즉 } [N_\alpha, a_\alpha] = -a_\alpha \tag{16.31}$$

를 만족한다. 또한 이의 Hermitian 켤레를 취하면 다음을 만족한다.

$$[a_\alpha^\dagger, N_\alpha] = -a_\alpha^\dagger, \text{ 즉 } [N_\alpha, a_\alpha^\dagger] = a_\alpha^\dagger. \tag{16.32}$$

보존의 경우, 식 (16.26) 에 나타나는 상수는 $\sqrt{n_\alpha}$ 이다.

$$a_\alpha|\cdots n_\alpha \cdots\rangle = \sqrt{n_\alpha}|\cdots n_\alpha - 1\cdots\rangle. \tag{16.33}$$

따라서 $\langle\cdots n_\alpha - 1\cdots|a_\alpha|\cdots n_\alpha\cdots\rangle = \sqrt{n_\alpha}$ 이므로, 이의 Hermitian 켤레를 취하면 $\langle\cdots n_\alpha\cdots|a_\alpha^\dagger|\cdots n_\alpha - 1\cdots\rangle = \sqrt{n_\alpha}$ 가 된다. 따라서

$$a_\alpha^\dagger|\cdots n_\alpha \cdots\rangle = \sqrt{n_\alpha + 1}|\cdots n_\alpha + 1\cdots\rangle \tag{16.34}$$

이다. 그러므로 연산자 관계로써 $a_\alpha^\dagger a_\alpha = N_\alpha$ 이 성립하고, $a_\alpha a_\alpha^\dagger = N_\alpha + 1$ 을 만족한다. 한편 소멸, 생성연산자들은 다음의 교환관계를 만족한다.

$$\begin{aligned} [a_\alpha, a_\beta] &= [a_\alpha^\dagger, a_\beta^\dagger] = 0, \\ [a_\alpha, a_\beta^\dagger] &= \delta_{\alpha\beta}. \end{aligned} \tag{16.35}$$

n 개의 입자가 있는 상태는 진공상태에 생성연산자를 계속 적용하여 얻을 수 있다. 보존을 기술하는 상태는 기준 $|\{n_\alpha\}\rangle_S$ 는

$$|\{n_\alpha\}\rangle_S = \prod_\alpha^\infty \frac{(a_\alpha^\dagger)^{n_\alpha}}{\sqrt{n_\alpha!}}|0\rangle \tag{16.36}$$

로 구할 수 있다.

페르미온의 경우 $n_\alpha = 1$이면

$$a_\alpha|\cdots n_\alpha \cdots\rangle = (-1)^{l_\alpha}|\cdots n_\alpha - 1 \cdots\rangle \tag{16.37}$$

로 선택한다. 여기서

$$l_\alpha = \sum_{\beta=1}^{\alpha-1} n_\beta \tag{16.38}$$

로 주어지는 양으로 α 상태 이전의 상태들을 차지하는 입자들의 수이다. 여기서 $n_\alpha = 0$이면 0으로 선택한다. 이 때 $\langle 0_\alpha|a_\alpha^\dagger = 0$이므로

$$\langle \cdots 1_\alpha \cdots |a_\alpha^\dagger = \langle \cdots 0_\alpha \cdots |(-1)^{l_\alpha} \tag{16.39}$$

이다. 그리고

$$\begin{aligned} a_\alpha^\dagger|\cdots 0_\alpha \cdots\rangle &= (-1)^{l_\alpha}|\cdots 1_\alpha \cdots\rangle, \\ a_\alpha^\dagger|\cdots 1_\alpha \cdots\rangle &= 0, \\ a_\alpha^\dagger a_\alpha|\cdots 0_\alpha \cdots\rangle &= 0, \\ a_\alpha^\dagger a_\alpha|\cdots 1_\alpha \cdots\rangle &= (-1)^{2l_\alpha}|\cdots 1_\alpha \cdots\rangle \end{aligned} \tag{16.40}$$

이므로, 수연산자는 $N_\alpha = a_\alpha^\dagger a_\alpha$이다. 또한

$$a_\alpha a_\alpha^\dagger|\cdots 0_\alpha \cdots\rangle = (-1)^{2l_\alpha}|\cdots 0_\alpha \cdots\rangle = |\cdots 0_\alpha \cdots\rangle \tag{16.41}$$

이므로 $a_\alpha a_\alpha^\dagger = 1 - N_\alpha$이고 이것은 보존의 경우와 다르다. 따라서

$$a_\alpha a_\alpha^\dagger + a_\alpha^\dagger a_\alpha = 1 \tag{16.42}$$

이 성립한다.

"반교환자"(anticommutator)를 다음과 같이 정의하자.

$$\{A, B\} \equiv AB + BA. \tag{16.43}$$

페르미온의 경우 생성연산자와 소멸연산자 사이에는

$$\{a_\alpha, a_\beta\} = \{a_\alpha^\dagger, \ \ a_\beta^\dagger\} = 0, \ \ \{a_\alpha, a_\beta^\dagger\} = \delta_{\alpha\beta} \tag{16.44}$$

의 반교환관계가 성립한다. 이를 보기위해 $a_\alpha a_\beta^\dagger$에 대해 예를 들어보자. 이 연산자를 작용하여 0이 되지 않는 상태는 $|0_\beta, 1_\alpha, \cdots\rangle$이다. 예를 들어 $a_1^\dagger a_2|0_1, 1_2, \cdots\rangle$을 고려하자.

$$\begin{aligned} a_1^\dagger|0_1, 1_2\rangle &= |1_1, 1_2\rangle, \quad a_2|1_1, 1_2\rangle = -|1_1, 0_2\rangle, \\ a_2|0_1, 1_2\rangle &= |0_1, 0_2\rangle, \quad a_1^\dagger a_2|0_1, 1_2\rangle = |1_1, 0_2\rangle \end{aligned} \tag{16.45}$$

이다. 따라서 $a_2 a_1^\dagger|0_1, 1_2\rangle = -a_1^\dagger a_2|0_1, 1_2\rangle$이므로 $a_2 a_1^\dagger = -a_1^\dagger a_2$이다. 따라서

$$|\{n_\alpha\}\rangle = (a_1^\dagger)^{n_1} \cdots (a_n^\dagger)^{n_n}|0\rangle \tag{16.46}$$

이다. 여기서 순서에 따라 부호가 결정되므로 순서가 중요하다.

지금까지의 논의를 요약하면 보존을 기술하는 Hilbert 공간을 $\mathcal{H}_S$, 페르미온을 기술하는 Hilbert 공간을 $\mathcal{H}_A$라고 하면 우선 1-입자 Hilbert 공간 $\mathcal{H}^1$의 직교기준 $\{\phi_\alpha(R)\}$를 먼저 선택하고, 소멸연산자 a_α, 생성연산자 $a_\alpha^\dagger$, 수연산자 $N_\alpha = a_\alpha^\dagger a_\alpha$ ($[N_\alpha, N_\beta] = 0$)를 도입한다. 이 때 보존의 경우

$$\begin{aligned} [a_\alpha, a_\beta^\dagger] &= \delta_{\alpha\beta}, \ [a_\alpha, a_\beta] = [a_\alpha^\dagger, a_\beta^\dagger] = 0, \\ a_\alpha a_\alpha^\dagger &= N_\alpha + 1 \end{aligned} \tag{16.47}$$

을 만족하고 N_α의 고유값은 $n_\alpha = 0, 1, 2, \cdots$이다. 한편 페르미온의 경우에는

$$\begin{aligned} \{a_\alpha, a_\beta^\dagger\} &= \delta_{\alpha\beta}, \ \{a_\alpha, a_\beta\} = \{a_\alpha^\dagger, a_\beta^\dagger\} = 0, \\ a_\alpha a_\alpha^\dagger &= 1 - N_\alpha \end{aligned} \tag{16.48}$$

를 만족하고 $n_\alpha = 0, 1$의 고유값만을 갖는다.

이제 모든 중요한 결과들은 이 교환관계(보존) 혹은 반교환관계(페르미온)로부터 구할 수 있다. 페르미온의 경우 $N_\alpha \equiv a_\alpha^\dagger a_\alpha$로 정의하면

$$\begin{aligned} [N_\alpha, a_\beta^\dagger] &= a_\alpha^\dagger a_\alpha a_\beta^\dagger - a_\beta^\dagger a_\alpha^\dagger a_\alpha = a_\alpha^\dagger a_\alpha a_\beta^\dagger + a_\alpha^\dagger a_\beta^\dagger a_\alpha \\ &= a_\alpha^\dagger a_\alpha a_\beta^\dagger - a_\alpha^\dagger a_\alpha a_\beta^\dagger + \delta_{\alpha\beta} a_\alpha^\dagger = a_\beta^\dagger \end{aligned} \tag{16.49}$$

이다. 따라서 $a_\beta^\dagger$는 N_β를 1만큼 증가시킨다. 또한 $[N_\alpha, N_\beta] = 0$이고

$$[N_\alpha, a_\beta] = -\delta_{\alpha\beta} a_\alpha \tag{16.50}$$

이므로 a_β는 N_β를 1만큼 감소시킨다. 한편

$$N_\alpha(1-N_\alpha) = a_\alpha^\dagger a_\alpha(1-a_\alpha^\dagger a_\alpha) = a_\alpha^\dagger a_\alpha a_\alpha a_\alpha^\dagger = 0 \tag{16.51}$$

이다. 따라서 $n_\alpha(1-n_\alpha)=0$이므로 $n_\alpha = 0$ 또는 1이어야 한다.

16.4 기준의 변환

1–입자 Hilbert 공간 $\mathcal{H}^1$에서 존재하는 임의의 파동함수를 $f(R)$이라고 하자. 이때 이 함수는 완전집합을 이루는 함수 $\{\phi_\alpha(R)\}$의 선형결합

$$f(R) = \sum_\alpha f_\alpha \phi_\alpha(R) \tag{16.52}$$

로 전개할 수 있다. 이 때 다음과 같은 연산자를 정의하자.

$$a_{[f]}^\dagger \equiv \sum_\alpha f_\alpha a_\alpha^\dagger. \tag{16.53}$$

그러면

$$\langle R|a_{[f]}^\dagger|0\rangle = \sum_\alpha f_\alpha \langle R|a_\alpha^\dagger|0\rangle = f(R) \tag{16.54}$$

이 되므로 $a_{[f]}^\dagger$는 f라는 파동함수로 기술되는 입자를 만들어내는 연산자이다. 보존의 경우에는 $g = \sum_\beta g_\beta \phi_\beta(R)$을 도입하면

$$\begin{aligned} [a_{[f]}^\dagger, a_{[g]}^\dagger] &= \sum_{\alpha\beta} f_\alpha g_\beta [a_\alpha^\dagger, a_\beta^\dagger] = 0, \\ [a_{[f]}, a_{[g]}^\dagger] &= \sum_{\alpha\beta} f_\alpha^* g_\beta [a_\alpha, a_\beta^\dagger] = \sum_\alpha f_\alpha^* g_\beta = \langle f|g\rangle \end{aligned} \tag{16.55}$$

이다. 페르미온의 경우에는

$$\begin{aligned} \{a_{[f]}^\dagger, a_{[g]}^\dagger\} &= \sum_{\alpha\beta} f_\alpha g_\beta \{a_\alpha^\dagger, a_\beta^\dagger\} = 0, \\ \{a_{[f]}, a_{[g]}^\dagger\} &= \langle f|g\rangle \end{aligned} \tag{16.56}$$

을 만족한다.

한편 $\langle f_i | f_j \rangle = \delta_{ij}$ 를 만족하는 독립적인 함수들의 집합 $\{f_l\}$ $(l = 1, \cdots, \infty)$에 대하여 $b_l^\dagger \equiv a_{[f_l]}^\dagger$ 로 정의하면 페르미온의 경우에는

$$\{b_l, b_{l'}^\dagger\} = \delta_{ll'}, \ \{b_l, b_{l'}\} = 0 \tag{16.57}$$

을 만족한다. 또 이 기준에서 수연산자 $N_l \equiv b_l^\dagger b_l$ 을 정의하면 N_l 의 고유값은 0 또는 1이 된다. 전체 수연산자는

$$N = \sum_\alpha N_\alpha = \sum_\alpha a_\alpha^\dagger a_\alpha \tag{16.58}$$

로 주어지는데 임의의 다른 직교기준의 집합에 대해서도

$$N = \sum_l b_l^\dagger b_l \tag{16.59}$$

이 된다. 이것은 다음과 같이 간단히 증명할 수 있다. 만일

$$b_l^\dagger = \sum_\alpha U_{l\alpha} a_\alpha^\dagger \tag{16.60}$$

로 쓸 수 있고, 여기서 U는 unitary 행렬이라고 한다면

$$\sum_l b_l^\dagger b_l = \sum_l \sum_{\alpha\beta} U_{l\alpha} U_{l\beta}^\dagger a_\alpha^\dagger a_\beta = \sum_\alpha a_\alpha^\dagger a_\alpha \tag{16.61}$$

가 된다.

16.5 일반적인 1–입자 Hermitian 연산자

$Q^{(i)}$ 가 i 번째 입자에 작용하는 연산자라면 가장 일반적인 1–입자 연산자는

$$Q = \sum_{i=1}^{N} Q^{(i)} \tag{16.62}$$

로 쓸 수 있다. "**1–입자 연산자**"(one-particle operator)란 한 입자에만 작용하는 연산자들의 합으로 이루어진 연산자를 의미한다. 예를 들어

$$Q^{(i)} = \frac{p_i^2}{2m_i} = -\frac{\hbar^2}{2m_i}\nabla_i^2 \tag{16.63}$$

일 경우 Q는 전체 운동에너지이고, $Q^{(i)} = \mathbf{p}_i$이면 Q는 전체 운동량, $Q^{(i)} = 1$일 경우 $Q = N$인 수연산자가 된다.

연산자 $Q^{(l)}$의 고유함수가 $\phi_l(R)$이고, 고유값이 q_l 이라고 하자. 이 때 1–입자 Hilbert 공간에서는 이 연산자를 스펙트럼 표현을 이용하여 다음과 같이 쓸 수 있다.

$$Q^{(l)} = \sum_l |\phi_l(R)\rangle q_l \langle\phi_l(R)|. \tag{16.64}$$

N개의 입자로 이루어진 Hilbert 공간 $\mathcal{H}^N$에서 고유상태의 곱 $\phi_1(R)\cdots\phi_N(R)$로 나타내는 상태를 고려하면 $Q\psi = q\psi$를 만족하고, 여기서 $q = \sum_i^N q_{l_i}$ 이다. 또한 자리바꿈 연산자는 Q와 교환한다. 이러한 일반적인 1–입자 연산자 Q는 다음과 같이 쓸 수 있다.

$$Q = \sum_{l=1}^{\infty} q_l N_l = \sum_{l=1}^{\infty} q_l b_l^\dagger b_l. \tag{16.65}$$

다른 기준 ϕ_α를 잡으면

$$b_l^\dagger = \sum_\alpha U_{l\alpha} a_\alpha^\dagger \tag{16.66}$$

로 쓸 수 있고 (U는 unitary 행렬) 이 때 연산자 Q를 새로운 연산자 a로 쓰면

$$Q = \sum_{\alpha\beta} Q_{\alpha\beta} a_\alpha^\dagger a_\beta \tag{16.67}$$

이다. 여기서

$$Q_{\alpha\beta} = \langle\phi_\alpha(R_1)|Q|\phi_\beta(R_1)\rangle \tag{16.68}$$

이다. 이를 보기 위해서는 다음의 관계를 살펴보면 된다.

$$\langle 0|a_\alpha Q a_\beta^\dagger|0\rangle = \sum_{\alpha'\beta'} Q_{\alpha'\beta'} \langle 0|\underbrace{a_\alpha a_{\alpha'}^\dagger}_{\delta_{\alpha\alpha'}} \underbrace{a_{\beta'} a_\beta^\dagger}_{\delta_{\beta\beta'}}|0\rangle = Q_{\alpha\beta}. \tag{16.69}$$

이제 1–입자 Hilbert 공간을 기술하는 파동함수를 평면파동

$$\phi_\alpha \equiv \phi_{\mathbf{k}s} = \frac{1}{\sqrt{\Omega}} e^{i\mathbf{k}\cdot\mathbf{r}} \delta_{s\sigma}, \ \alpha \equiv (\mathbf{k}, s) \tag{16.70}$$

로 선택하자. 이 때 운동에너지 연산자는

$$K_1 = \sum_{\mathbf{k}s} \frac{\hbar^2 k^2}{2m} |\phi_{\mathbf{k}s}(\mathbf{R}_1)\rangle\langle\phi_{\mathbf{k}s}(\mathbf{R}_1)| \tag{16.71}$$

이므로

$$K = \sum_{\mathbf{k}s} \frac{\hbar^2 k^2}{2m} a^\dagger_{\mathbf{k}s} a_{\mathbf{k}s} \tag{16.72}$$

이다. 한편 운동량연산자는

$$\mathbf{P} = \sum_{\mathbf{k}s} \hbar \mathbf{k} a^\dagger_{\mathbf{k}s} a_{\mathbf{k}s} \tag{16.73}$$

이다. 퍼텐셜에너지는

$$\begin{aligned} \langle \phi_{\mathbf{k}'s'}(\mathbf{R}) | U(\mathbf{R}) | \phi_{\mathbf{k}s}(\mathbf{R}) \rangle &= \int d^3 r \delta_{ss'} \frac{1}{\Omega} e^{i(\mathbf{k}-\mathbf{k}')\cdot\mathbf{R}} U(\mathbf{R}) \\ &= \frac{(2\pi)^{3/2}}{\Omega} \delta_{ss'} \tilde{U}(\mathbf{k}' - \mathbf{k}) \end{aligned} \tag{16.74}$$

이므로

$$U = \sum_{\mathbf{k}\mathbf{k}'s} a^\dagger_{\mathbf{k}'s} a_{\mathbf{k}s} \frac{(2\pi)^{3/2}}{\Omega} \tilde{U}(\mathbf{k}' - \mathbf{k}) \tag{16.75}$$

이다. 다른 1–입자 연산자의 예를 들면 수 연산자 N, 스핀 각운동량 연산자 S_i 등이 있고, 이들은 다음과 같이 쓸 수 있다.

$$\begin{aligned} N &= \sum_{\mathbf{k}s} a^\dagger_{\mathbf{k}s} a_{\mathbf{k}s}, \\ S_z &= \frac{\hbar}{2} \sum_{\mathbf{k}} (a^\dagger_{\mathbf{k}1} a_{\mathbf{k}1} - a^\dagger_{\mathbf{k},-1} a_{\mathbf{k},-1}), \\ S_x &= \frac{\hbar}{2} \sum_{\mathbf{k}} (a^\dagger_{\mathbf{k}1} a_{\mathbf{k},-1} + a^\dagger_{\mathbf{k},-1} a_{\mathbf{k}1}). \end{aligned} \tag{16.76}$$

연습문제

1. (가) n개의 구별할 수 있는 입자들이 m개의 다른 상태에 있을 수 있는 Hilbert 공간의 차원은 m^n이다. 다음의 경우에 구별할 수 없는 동일입자들에 대해 페르미 입자의 부속공간, 보존의 부속공간 그리고 물리적으로 가능하지 않은 공간의 차원을 구하여라.

   (i) 3 상태에 2개의 입자 ;

   (ii) 2 상태에 3개의 입자 ;

   (iii) 3 상태에 3개의 입자.

   (나) 위에서 (ii)의 경우에 직교기준벡터를 구하여라.

   (다) $m = n = 2$인 경우에 다음의 unitary 변환의 효과를 고려하자.

$$
\begin{aligned}
b_u &= \frac{1}{\sqrt{2}}(a_q + a_r), \\
b_v &= \frac{1}{\sqrt{2}}(a_q - a_r).
\end{aligned}
\tag{16.77}
$$

   (b, a는 소멸연산자이다.) 이 계는 (uv)의 수 표현의 고유상태 $|11\rangle_{uv}$라고 하자. 즉 $N_u = N_v = 1$이다. 이 입자들이 페르미온일 경우와 보존일 경우 각각 이 상태를 (qr)의 수 표현으로 나타내어라.

제 17 장

이차 양자화

물리계에 몇 개의 동일입자들만 있다면 대칭적인 파동함수나 반대칭적인 파동함수를 만드는 것은 어렵지 않다. 하지만 금속 내의 전자나 액체헬륨-4 같이 매우 많은 동일입자들이 있을 경우에 이러한 작업은 쉬운 일이 아니다. 이렇게 매우 많은 수의 동일입자가 있는 경우에는 상태의 대칭성과 연산자의 대칭성을 이용하여 입자수의 고유상태를 기준으로 하는 표현방법이 더 편리하다. 지금까지는 입자의 파동함수를 확률진폭으로 해석하여 물리계의 시간에 따른 변화를 고려하였는데, 이제부터는 파동함수를 이러한 파동함수를 갖는 입자를 생성 또는 소멸시키는 연산자로 바꾸어 물리계를 기술하려고 한다. 이러한 생성연산자와 소멸연산자를 이용하여 수연산자의 고유상태를 Hilbert 공간으로 만들어 상태를 기술하는 방법을 "이차 양자화"(second quantization)라고 한다. 이러한 이차 양자화는 새로운 물리법칙을 더하거나 새로운 파동방정식을 도입하는 것은 아니라는 점을 주의하기 바란다. 더 자세한 논의를 위해서는 다체이론에 관한 서적들을 참고하기 바란다.[1]

이 장에서는 16장에서 살펴보았듯이, 동일입자계를 기술할 때, 수 연산자의 고유상태를 기준으로 한 Hilbert 공간에서의 상태를 이용하여 1-입자 연산자, 2-입자 연산자들을 도입하고, 이들 연산자들을 사용하여 어떻게 많은 동일입자가 있는 계를 다룰 수 있는가를 살펴보겠다. 한편 많은 입자가 있는 계의 바닥상태의 파동함수와 에너지는 변수가 매우 많기 때문에 이에 대한 Schrödinger 방정식을 정확하게 풀 수는 없다. 다입자체계에서 소위 "일관성이 있는" 미분 방정식을 만들어서 이를 어림하는 Hartree 어림방법 및 Hartree–Fock 어림방법을 이용하여 바닥상태의 에너지를 구하는 방법에 대하여 논의할 것이다.

[1]참고서적 : Fetter & Walecka, "Quantum Theory of Many-Particle Systems".

17.1 이차 양자화에 대한 수식화

이차 양자화를 하는 방법을 간단히 표현하면, 지금까지는 스핀이 s 인 입자의 평면파동을 나타내는 파동함수인

$$\phi_{\mathbf{k}s} = \frac{1}{\sqrt{\Omega}} e^{i\mathbf{k}\cdot\mathbf{r}} \delta_{\sigma s} \tag{17.1}$$

를 소멸연산자인 a_{ks} 로 바꾸면 된다. 여기서 s 는 스핀양자수이다. 이는 단순한 이차 양자화된 표현을 얻는 방법이고, 더 자세한 수학적 유도와 이에 대한 물리적인 의미는 후에 알아보겠다.

스핀이 s 이고 위치 $\mathbf{r}_0$ 에 국소화되어 있는 파동함수를

$$f_{\mathbf{r}_0,s}(\mathbf{r},\sigma) \equiv \delta(\mathbf{r}-\mathbf{r}_0)\delta_{\sigma s} \tag{17.2}$$

로 쓸 수 있다. 이 파동함수는 식 (17.1) 에 나타난 평면파동 $\phi_{\mathbf{k}s}$ 를 이용하면 다음과 같이 표현된다.

$$f_{\mathbf{r}_0,s}(\mathbf{r},\sigma) = \frac{1}{\sqrt{\Omega}} \sum_{\mathbf{k}} e^{-i\mathbf{k}\cdot\mathbf{r}_0} \phi_{\mathbf{k}s}(\mathbf{r},\sigma). \tag{17.3}$$

이제 $\mathbf{r}_0$ 에 국소화된 입자를 만들어 내는 생성연산자를 좌표공간에서 다음과 같이 정의하자.

$$\psi_s^\dagger(\mathbf{r}_0) \equiv a^\dagger_{[f_{\mathbf{r}_0,s}]} = \frac{1}{\sqrt{\Omega}} \sum_{\mathbf{k}} e^{-i\mathbf{k}\cdot\mathbf{r}_0} a^\dagger_{\mathbf{k}s}. \tag{17.4}$$

이 연산자 $\psi_s^\dagger(\mathbf{r}_0)$ 를 "장 연산자"(field operator)라고 부른다. 위 식의 Fourier 변환을 취하면

$$a^\dagger_{\mathbf{k}s} = \int \frac{d^3r}{\sqrt{\Omega}} e^{i\;\mathbf{k}\cdot\mathbf{r}} \psi_s^\dagger(\mathbf{r}) \tag{17.5}$$

을 얻는다.

동일입자계가 보존으로 이루어진 경우, 장 연산자 ψ_s 의 교환관계는 다음과 같이 주어진다.

$$[\psi_s(\mathbf{r}_0), \psi^\dagger_{s'}(\mathbf{r}'_0)] = \delta(\mathbf{r}_0 - \mathbf{r}'_0)\delta_{ss'}. \tag{17.6}$$

한편 입자들이 페르미온의 경우에는

$$\{\psi_s(\mathbf{r}_0), \psi^\dagger_{s'}(\mathbf{r}'_0)\} = \delta(\mathbf{r}_0 - \mathbf{r}'_0)\delta_{ss'} \tag{17.7}$$

로 반교환관계가 성립한다. 이를 이용하여 운동에너지와 퍼텐셜에너지를 다음과 같이 쓸

수 있다.

$$
\begin{aligned}
K &= -\frac{\hbar^2}{2m}\sum_s \int d^3r\,\psi_s^\dagger(\mathbf{r})\nabla^2\psi_s(\mathbf{r}), \\
U &= \sum_{kk's} a_{k's}^\dagger a_{ks}\frac{1}{\Omega}\int d^3r U(r) e^{i(\mathbf{k}-\mathbf{k}')\cdot\mathbf{r}} \\
&= \sum_s \int d^3r\,U(r)\psi_s^\dagger(\mathbf{r})\psi_s(\mathbf{r}) \equiv \sum_s \int d^3r U(\mathbf{r})\rho_s(\mathbf{r}) \qquad (17.8)
\end{aligned}
$$

이다. 여기서 ρ_s는

$$\rho_s(\mathbf{r}) \equiv \psi_s^\dagger(\mathbf{r})\psi_s(\mathbf{r}) \qquad (17.9)$$

로 정의되는 "밀도연산자"이다.

고체 안에 있는 전자의 경우, 전자의 스핀이 1/2이므로, $\rho_\uparrow(\mathbf{r})$, $\rho_\downarrow(\mathbf{r})$는 각각 스핀이 z 방향에 대해 위, 아래로 향한 경우의 밀도연산자이다. 따라서 전체 밀도연산자는

$$N(\mathbf{r}) \equiv \rho_\uparrow(\mathbf{r}) + \rho_\downarrow(\mathbf{r}) \qquad (17.10)$$

로 쓸 수 있다.

위의 양들을 이용하여 "**1**–입자 해밀토니안"을 다음과 같이 쓸 수 있다.

$$H = K + U = \sum_s \int d^3r\ \psi_s^\dagger(\mathbf{r})\Big[-\frac{\hbar^2}{2m}\nabla^2 + U(\mathbf{r})\Big]\psi_s(\mathbf{r}). \qquad (17.11)$$

이는 해밀토니안 H를 더 큰 Hilbert 공간에서 연산자의 형태로 쓴 것이다. 즉 지금까지는 물리계에 입자가 한 개 있을 경우, 해밀토니안은 이 한 입자에 대한 것이므로, 1–입자 Hilbert 공간만을 고려하였다. 그러나 장 연산자로 기술할 경우에는 동일입자들이 여러 개 있을 수 있는 여러 입자의 Hilbert 공간에서 연산자와 상태를 고려하여야 한다. 이와 같이 장 연산자 ψ_s로 여러 입자들이 있는 계의 해밀토니안을 표현하는 것을 "이차 양자화"라고 한다. 지금까지 사용하였던 1–입자 공간에서 한 개의 입자를 다루었던 방법을 이차 양자화와 대조되는 개념으로 "일차 양자화"라고 부르기도 한다. 예를 들어 벡터퍼텐셜 $\mathbf{A}(\mathbf{r},t)$ 안에 있는 스핀이 없는 입자의 해밀토니안은

$$H = \int d^3r\psi^\dagger(\mathbf{r})\frac{1}{2m}\Big(\frac{\hbar}{i}\nabla - \frac{q}{c}\mathbf{A}(\mathbf{r},t)\Big)^2\psi(\mathbf{r}) \qquad (17.12)$$

로 쓸 수 있다.

17.2 2–입자 퍼텐셜

두 입자들 간의 상호작용을 먼저 일차 양자화된 모양으로 쓰면

$$V = \frac{1}{2}\sum_{i\neq j}^{N} V(\mathbf{r}_i, \mathbf{r}_j) = \frac{1}{2}\sum_{ij} V(\mathbf{r}_i, \mathbf{r}_j) - \frac{1}{2}\sum_{i} V(\mathbf{r}_i, \mathbf{r}_i) \tag{17.13}$$

이다. 여기서 퍼텐셜에너지는 자리바꿈에 대한 대칭성이 있다.

$$V(\mathbf{r}_i, \mathbf{r}_j) = V(\mathbf{r}_j, \mathbf{r}_i). \tag{17.14}$$

따라서

$$V = \frac{1}{2}\int d^3r d^3r' V(\mathbf{r}, \mathbf{r}')\big[N(\mathbf{r})N(\mathbf{r}') - \delta(\mathbf{r}-\mathbf{r}')N(\mathbf{r}')\big] \tag{17.15}$$

로 쓸 수 있다.

식 (17.13)을 이차 양자화된 모양으로 쓰려면, 우선 수 연산자를 장 연산자로 바꾸어야 한다. 즉 $N(\mathbf{r}) = \sum_s \psi_s^\dagger(\mathbf{r})\psi_s(\mathbf{r})$로 치환하면 된다. 페르미온의 경우

$$\begin{aligned} N(\mathbf{r})N(\mathbf{r}') &= \sum_{ss'} \psi_s^\dagger(\mathbf{r})\psi_s(\mathbf{r})\psi_{s'}^\dagger(\mathbf{r}')\psi_{s'}(\mathbf{r}') \qquad (17.16)\\ &= \sum_{ss'}\Big[\psi_s^\dagger(\mathbf{r})\psi_{s'}^\dagger(\mathbf{r}')\psi_{s'}(\mathbf{r}')\psi_s(\mathbf{r}) + \delta_{ss}\psi_s^\dagger(\mathbf{r})\psi_s(\mathbf{r})\Big] \end{aligned}$$

이다. 비록 위의 결과는 페르미온의 경우에 대해서 계산한 것이지만 둘째 줄에 나타난 일반적인 2–입자 퍼텐셜의 형태는 페르미온, 보존에 대해 모두 맞는 표현이다. 따라서 식 (17.15)의 두 번째 항은 식 (17.16)의 두 번째 항에 의해 상쇄됨을 주목하여, 두 입자들 사이의 상호작용을 이차 양자화된 표현으로 쓰면 다음과 같다.

$$V = \frac{1}{2}\sum_{ss'}\int d^3r \int d^3r' V(\mathbf{r}, \mathbf{r}')\psi_s^\dagger(\mathbf{r})\psi_{s'}^\dagger(\mathbf{r}')\psi_{s'}(\mathbf{r}')\psi_s(\mathbf{r}). \tag{17.17}$$

장 연산자 ψ를 $a_{\mathbf{k}s}$ 혹은 임의의 기준에서 정의한 다른 연산자 a_α에 대해 전개하면

$$V = \frac{1}{2}\sum a_\alpha^\dagger a_\beta^\dagger a_\gamma a_\delta V_{\alpha\beta\gamma\delta} \tag{17.18}$$

로 쓸 수 있다. 이를 처음에 정의한 소멸연산자 $a_{\mathbf{k}s}$와 이에 대응하는 생성연산자 $a_{\mathbf{k}s}^\dagger$를 이용하여 쓰면

$$V = \frac{1}{2}\sum a_{\mathbf{k}_2 s}^\dagger a_{\mathbf{k}_1 s'}^\dagger a_{\mathbf{k}_3 s'} a_{\mathbf{k}_4 s} V_{k_1k_2k_3k_4} \tag{17.19}$$

가 된다. 위의 식에서 밑첨자의 순서를 조심하여야 한다. 식 (17.19)에 나타난 $V_{k_1k_2k_3k_4}$는

$$V_{k_1k_2k_3k_4} = \frac{1}{\Omega^2}\int d^3r \int d^3r' e^{i(\mathbf{k}_4-\mathbf{k}_2)\cdot\mathbf{r}} e^{i(\mathbf{k}_3-\mathbf{k}_1)\cdot\mathbf{r}'} V(\mathbf{r},\mathbf{r}') \tag{17.20}$$

이다. 만일 퍼텐셜이 중심력 퍼텐셜과 같이 두 입자의 위치를 바꾸는 작용에 대해 변하지 않는다면 $[V(\mathbf{r},\mathbf{r}') = V(\mathbf{r}',\mathbf{r}) = V(\mathbf{r}'\mathbf{r})]$, 위의 식에서 $\mathbf{r}'' = \mathbf{r}' - \mathbf{r}$로 놓고, 적분 변수를 $\mathbf{r}'$에서 $\mathbf{r}''$으로 바꾸면, 아래와 같이 더 간단히 쓸 수 있다.

$$\begin{aligned} V_{k_1k_2k_3k_4} &= \frac{1}{\Omega^2}\int d^3r d^3r'' e^{i(\mathbf{k}_4-\mathbf{k}_2+\mathbf{k}_3-\mathbf{k}_1)\cdot\mathbf{r}} e^{i(\mathbf{k}_3-\mathbf{k}_1)\cdot\mathbf{r}''} V(\mathbf{r}'') \\ &= \frac{1}{\Omega}\delta_{\mathbf{k}_1+\mathbf{k}_2,\mathbf{k}_3+\mathbf{k}_4}(2\pi)^{3/2}\tilde{V}(\mathbf{k}_3-\mathbf{k}_1). \end{aligned} \tag{17.21}$$

여기서 Kronecker 델타는 물리계를 상자 안에 넣어서 $\mathbf{k}$가 띄엄띄엄 한 값을 갖기 때문에 나타나며, 이로 인해 소멸되는 입자들의 운동량의 합과 생성되는 입자들의 운동량의 합이 같은 운동량 보존법칙을 나타낸다. 즉 $\mathbf{k}_1 + \mathbf{k}_2 = \mathbf{k}_3 + \mathbf{k}_4$이고, 이를 다시 쓰면 $\mathbf{k}_3 - \mathbf{k}_1 = \mathbf{k}_2 - \mathbf{k}_4$이므로 $\tilde{V}$ 안의 변수 $\mathbf{k}_3 - \mathbf{k}_1$은 $\mathbf{k}_2 - \mathbf{k}_4$로 쓸 수도 있다.

이 퍼텐셜에너지 연산자는 운동량 연산자

$$\mathbf{P} = \sum_{\mathbf{k}s} \hbar\mathbf{k} a^\dagger_{\mathbf{k}s} a_{\mathbf{k}s} \tag{17.22}$$

와 교환된다. 즉 $[\mathbf{P}, V] = 0$이다. 이는 퍼텐셜이 자리바꿈에 대해 변하지 않는 성질, 즉 $V(\mathbf{r},\mathbf{r}') = V(\mathbf{r}',\mathbf{r})$을 만족하기 때문이다. 이에 대한 예로 Coulomb 퍼텐셜

$$V(\mathbf{r}-\mathbf{r}') = \frac{q^2}{|\mathbf{r}-\mathbf{r}'|} \tag{17.23}$$

에 대해서는 $\mathbf{K} = \mathbf{k}_4 - \mathbf{k}_2$라고 하면

$$\tilde{V}(\mathbf{K}) = \frac{4\pi q^2}{K^2} \tag{17.24}$$

가 된다. $K = 0$인 항은 만일 우리가 퍼텐셜에 대한 연산자를 쓸 때 문제가 된다. 왜냐하면 퍼텐셜연산자는 모든 가능한 운동량에 대해 더해야 하는데 $K = 0$은 발산하는 양이기 때문이다. 앞으로 이 책에서는 $K = 0$인 항은 이러한 합에서 그냥 손으로 빼서 제외하기로 한다.[2]

[2]이러한 문제는 양자장론에서도 소위 "적외선 발산"(infrared divergence)이라는 문제로 알려져 있다. 엄밀한 계산을 하면 물리적으로 의미가 있는 양은 이러한 발산이 없는 양으로 나타난다.

17.3 혼합된 입자들

여러 형태의 입자들이 섞여 있을 때에는 이들 입자들이 있는 Hilbert 공간들의 텐서곱을 전체 물리계의 Hilbert 공간으로 정한다. 입자 종류가 a인 입자들로 구성되는 Hilbert 공간을 $\mathcal{H}_a$ 라고 하면, 입자의 종류가 a, b, c, $\cdots$ 인 입자들로 이루어진 전체 Hilbert 공간은

$$\mathcal{H} = \mathcal{H}_a \otimes \mathcal{H}_b \otimes \mathcal{H}_c \cdots \tag{17.25}$$

로 표현하면 된다. 그리고 각각 다른 종류의 입자에 대해 a_α, b_β 등과 같은 소멸연산자, 그리고 이에 대응하는 생성연산자를 도입한다. 이들의 교환관계는 a 혹은 b가 보존이거나 둘 다 보존일 경우를 기술할 때에는

$$[a_\alpha, b_\beta^\dagger] = [a_\alpha, b_\beta] = [a_\alpha^\dagger, b_\beta^\dagger] = 0 \tag{17.26}$$

를 만족하고, a, b가 모두 페르미온일 경우를 기술할 경우에는

$$\{a_\alpha^\dagger, b_\beta^\dagger\} = \{a_\alpha, b_\beta^\dagger\} = \{a_\alpha, b_\beta\} = 0 \tag{17.27}$$

를 만족한다. 만일 해밀토니안에 입자의 종류가 바뀌는 상호작용항이 없다면 모든 관측 가능 연산자는 항상 $a^\dagger a$, $b^\dagger b, \cdots$ 등의 수 연산자들만의 함수로 쓸 수 있다.

17.4 변분 방법

이제 동일 입자들로 이루어진 계의 해밀토니안을 다음의 형태로 쓰자.

$$H = \underbrace{K + U}_{H_1} + V. \tag{17.28}$$

여기서 H_1 이라고 표시한 양은 1–입자 해밀토니안에 해당하는 운동에너지 K와 외부에서 가해진 퍼텐셜에너지 U의 합으로 주어지고, V는 두 입자 사이의 상호작용를 나타내는 2–입자 해밀토니안이다. 이들은 각각 아래와 같이 표현할 수 있다.

$$\begin{aligned} K + U &= \sum_s \int d^3r \psi_s^\dagger(\mathbf{r}) \Big(-\frac{\hbar^2 \nabla^2}{2m} + U(\mathbf{r}) \Big) \psi_s(\mathbf{r}), \\ V &= \frac{1}{2} \sum_{ss'} \int d^3r d^3r' \, V(\mathbf{r} - \mathbf{r}') \psi_s^\dagger(\mathbf{r}) \psi_{s'}^\dagger(\mathbf{r}') \psi_{s'}(\mathbf{r}') \psi_s(\mathbf{r}). \end{aligned} \tag{17.29}$$

이제 예를 들어 금속 내의 전자들을 기술하는 방법을 고려하여 보자. 금속 내에 전체 전자의 수가 N 개로 고정되어 있다고 하자. 우선 2-입자 해밀토니안이 없는 $V = 0$인 경우를 고려하자. 이 때 해밀토니안은 $H = K + U = H_0$이다. 이렇게 1-입자 해밀토니안 만으로 표시할 수 있는 계의 바닥상태와 바닥상태의 에너지를 구하는 문제를 생각해보자. 이들을 구하기 위해 우선 H_0의 고유함수를 1-입자 Hilbert 공간에서 구해보자.

$$H_0 \phi_\alpha(R) = \epsilon_\alpha \phi_\alpha(R). \tag{17.30}$$

그리고 전체 입자들에 대한 바닥상태는 1-입자공간에서 구한 고유상태들을 이용하여, Pauli의 배타원리를 만족하며 가장 에너지가 낮은 N개의 상태를 채우면 된다. 만일 1-입자 Hilbert 공간에서 얻은 에너지 고유값들이 $\epsilon_1 \le \epsilon_2 \le \cdots$ 라면, N개의 전자를 기술하는 전체 파동함수 ψ는 Slater 행렬값을 이용한

$$\psi = \frac{1}{\sqrt{N!}} \det \phi_\alpha(R_\beta), \quad \alpha, \beta = 1, \cdots, N \tag{17.31}$$

으로 나타낼 수 있다. 혹은 ϕ_α에 해당하는 생성연산자 $b_\alpha^\dagger$를 정의하면 바닥상태는

$$|\psi\rangle = \prod_{\alpha=1}^{N} b_\alpha^\dagger |0\rangle, \quad E = \sum_{\alpha=1}^{N} \epsilon_\alpha \tag{17.32}$$

로 쓸 수 있다.

이제 두 입자들 사이의 상호작용을 도입하여 보자. 상호작용 V가 0이 아닐 경우에는 전체 파동함수를 $V = 0$일 경우처럼 쉽게 구할 수는 없다. 따라서 적당한 어림방법을 택하여 파동함수와 에너지 고유값을 구하여야 한다. 이 경우에는 바닥상태를 짐작하여 "시행파동함수"를 정하고, "변분원리"를 이용하여 해밀토니안 H의 기대값을 구한 다음 이를 최소화하려고 한다. 이 시행함수로는 어떤 함수의 형태든 선택할 수 있지만 물리적으로 가장 그럴듯한 함수를 선택하는 것이 좋다. 변분원리는 시행함수를 정확한 해에 가깝게 선택할 수록 에너지의 최소값이 바닥상태의 에너지 값에 가깝게 접근한다. 이러한 함수는 물리적인 경험에 의해서 혹은 우연하게 좋은 함수를 구할 수도 있다. 만일 정확한 파동함수와 아주 다른 시행파동함수로 시작하였다면 이를 이용하여 얻은 최소에너지 값은 실제 바닥상태의 에너지와 상당한 차이가 있을 것이다. 따라서 시행파동함수를 적절히 선택하는 것이 변분원리를 이용할 때에는 매우 중요하다.

물리적인 경험에 의하면 물리계에 2-입자 상호작용이 있는 경우에도 페르미온들은 Pauli 배타원리를 만족해야므로 어떤 임의의 함수 ϕ_α들의 집합에 대해 시행파동함수로는

$$\frac{1}{\sqrt{N!}} \det \phi_\alpha(R_\beta) \tag{17.33}$$

의 형태를 선택하자. 그리고 이 시행파동함수에 대한 해밀토니안의 기대값을 최소화하는 다음의 조건을 고려하자.

$$\langle H\rangle_\psi \equiv \frac{\langle\psi|H|\psi\rangle}{\langle\psi|\psi\rangle} \geq E_0. \tag{17.34}$$

즉 $\langle H\rangle$가 최소값이 되도록 ϕ_α를 선택한다.

식 (17.34)를 변분방법을 이용하여 최소화할 때, 식 (17.33)과는 다른 기준을 사용한 파동함수를 써도 같은 결과를 얻는다. 이를 보기 위해 새로운 파동함수 $\overline{\phi}_\mu(R)$이

$$\overline{\phi}_\mu(R) = \sum_{\nu=1}^{N} A_{\mu\nu}\phi_\nu(R), \quad \mu,\nu = 1,\cdots,N \tag{17.35}$$

이라고 하자. 여기서 A는 역행렬이 존재하는 행렬이다. 파동함수 ψ를 $\psi = \det\,\phi_\nu(R_{\nu'})$이라고 하자. 그러면 새로운 기준 $\overline{\phi}_\mu(R)$를 이용하면, 새로운 파동함수 $\overline{\psi}$는

$$\overline{\psi} = \det\,\overline{\phi}_\mu(R_\nu) = \det\,\sum_{\nu'} A_{\mu\nu'}\phi_{\nu'}(R_\nu) = \det A_{\mu\nu'}\det\phi_{\nu'}(R_\nu) = \text{상수}\times\psi \tag{17.36}$$

가 된다. 여기서 상수는 A의 행렬값으로, A의 역행렬이 존재하므로 0이 아닌 값이다. 따라서 어떤 기준을 택하여도 $\langle H\rangle$를 최소화할 때에는 같은 결과를 얻는다. 그러므로 우리는 이 기준을 적당히 선택하여

$$\langle\phi_\nu|\phi_{\nu'}\rangle = \delta_{\nu\nu'}, \quad \{b_\nu, b_{\nu'}^\dagger\} = \delta_{\nu\nu'} \tag{17.37}$$

으로 정하는 데에는 아무 제한이 없다.

이제 N개의 전자가 있는 계의 바닥상태의 에너지 고유값과 이에 해당하는 바닥상태의 파동함수를 구하는 문제를 단계적으로 고려하자. 우선 시행파동함수를 정하여 해밀토니안의 기대값을 구하는 문제를 먼저 풀고, 그 다음에 이를 최소화하는 작업을 하도록 하자.

17.4.1 $\langle H\rangle$의 계산

식 (17.32)에서처럼 생성연산자를 이용하여 파동함수 ψ를 정하자. 즉 해밀토니안이 $H = H_0 + V$일 때, 시행파동함수가

$$|\psi\rangle = \prod_{\nu=1}^{N} b_\nu^\dagger|0\rangle \tag{17.38}$$

인 경우를 고려하자.

우선 해밀토니안의 기대값을 구하는 것이 변분방법의 첫 번째 단계이다. 이 해밀토니

안은 1–입자 해밀토니안과 2–입자 해밀토니안으로 구성되어 있으므로 이를 각각 차례로 구해보도록 하자. 1–입자 해밀토니안 H_0를 생성, 소멸연산자를 이용하여

$$H_0 \equiv \sum_{\alpha\beta}^{\infty} M_{\alpha\beta} b_\alpha^\dagger b_\beta \tag{17.39}$$

라고 쓰면, 그 기대값은

$$\langle\psi|H_0|\psi\rangle = \sum_{\mu=1}^{N} M_{\mu\mu} = \operatorname{tr} M = \sum_{\alpha=1}^{\infty} M_{\alpha\alpha}\langle N_\alpha\rangle \tag{17.40}$$

이다. 여기서

$$\langle N_\alpha\rangle = \langle b_\alpha^\dagger b_\alpha\rangle = \begin{cases} 1, & \alpha \le N \text{ 일 경우,} \\ 0, & \alpha > N \text{ 일 경우} \end{cases} \tag{17.41}$$

이다.

2–입자 해밀토니안으로 표현되는 퍼텐셜에너지를

$$V = \frac{1}{2}\sum_{\alpha\beta\gamma\delta} V_{\alpha\beta\gamma\delta} b_\beta^\dagger b_\alpha^\dagger b_\gamma b_\delta \tag{17.42}$$

로 쓰면 (지표의 순서에 주의) $\gamma, \delta \le N$이고 $\alpha = \gamma$, $\beta = \delta$ 혹은 $\alpha = \delta$, $\beta = \gamma$가 성립하지 않는 한

$$\langle\psi|b_\beta^\dagger b_\alpha^\dagger b_\gamma b_\delta|\psi\rangle = 0 \tag{17.43}$$

이 된다. 만일 $\alpha = \gamma$, $\beta = \delta \ne \alpha$이면 위 식의 값은 $\langle b_\beta^\dagger N_\alpha b_\beta\rangle = \langle N_\alpha N_\beta\rangle = 1$이다. 또 만일 $\alpha = \delta$, $\beta = \gamma \ne \alpha$일 경우는

$$\langle b_\beta^\dagger b_\alpha^\dagger b_\gamma b_\delta\rangle = -\langle b_\beta^\dagger b_\beta b_\alpha^\dagger b_\alpha\rangle = -1 \tag{17.44}$$

이다. 이를 요약하여 쓰면

$$\langle\psi|b_\beta^\dagger b_\alpha^\dagger b_\gamma b_\delta|\psi\rangle = (\delta_{\alpha\gamma}\delta_{\beta\delta} - \delta_{\alpha\delta}\delta_{\beta\gamma})\langle N_\gamma\rangle\langle N_\delta\rangle \tag{17.45}$$

이다. 일반적으로 임의의 행렬 A에 대해 $a_l^\dagger = \sum_\alpha A_{l\alpha} b_\alpha^\dagger$이면 페르미온에 대해서는

$$\langle\psi|a_1^\dagger a_2^\dagger a_3 a_4|\psi\rangle = \langle a_1^\dagger a_4\rangle\langle a_2^\dagger a_3\rangle - \langle a_2^\dagger a_4\rangle\langle a_1^\dagger a_3\rangle \tag{17.46}$$

이 성립한다.

장 연산자를 이용하여 퍼텐셜을

$$V = \frac{1}{2}\sum_{ss'}\int d^3rd^3r'\psi_s^\dagger(\mathbf{r})\psi_{s'}^\dagger(\mathbf{r}')\psi_{s'}(\mathbf{r}')\psi_s(\mathbf{r})V(\mathbf{r}-\mathbf{r}') \tag{17.47}$$

로 쓰고, 시행파동함수를 $\phi_\alpha(R) = \phi_\alpha(\mathbf{r})\delta_{\sigma s}$ 라고 하자. $\langle V\rangle_\phi$ 를 계산해보면

$$\begin{aligned}\langle\Psi|\psi_s^\dagger(\mathbf{r})\psi_{s'}^\dagger(\mathbf{r}')\psi_{s'}(\mathbf{r}')\psi_s(\mathbf{r})|\Psi\rangle &= \langle\psi_s^\dagger(\mathbf{r})\psi_s(\mathbf{r})\rangle_\Psi\langle\psi_{s'}^\dagger(\mathbf{r}')\psi_{s'}(\mathbf{r}')\rangle_\Psi \\ &- \langle\psi_s^\dagger(\mathbf{r})\psi_{s'}(\mathbf{r}')\rangle_\Psi\langle\psi_{s'}^\dagger(\mathbf{r}')\psi_s(\mathbf{r})\rangle_\Psi\end{aligned}$$

을 얻는다. 하지만 여기서

$$\langle\psi_s^\dagger(\mathbf{r})\psi_{s'}(\mathbf{r}')\rangle_\Psi = \sum_\alpha^N \delta_{ss'}\phi_\alpha^*(\mathbf{r})\phi_\alpha(\mathbf{r}'), \quad \langle\psi_s^\dagger(\mathbf{r})\psi_s(\mathbf{r})\rangle_\Psi = \sum_\alpha^N \delta_{ss_\alpha}|\phi_\alpha(\mathbf{r})|^2 \tag{17.48}$$

이고,

$$\sum_{s=\pm1}\langle\psi_s^\dagger(\mathbf{r})\psi_s(\mathbf{r})\rangle = \sum_{\alpha=1}^N |\phi_\alpha(\mathbf{r})|^2 \tag{17.49}$$

인 밀도를 나타내는 양이므로

$$\begin{aligned}\langle V\rangle &= \frac{1}{2}\sum_{\alpha,\beta=1}^N\int d^3rd^3r'|\phi_\alpha(\mathbf{r})|^2|\phi_\beta(\mathbf{r}')|^2V(\mathbf{r}-\mathbf{r}') \\ &- \frac{1}{2}\sum_{\alpha,\beta=1}^N\int d^3rd^3r'\phi_\alpha^*(\mathbf{r})\phi_\alpha(\mathbf{r}')\phi_\beta^*(\mathbf{r}')\phi_\beta(\mathbf{r})V(\mathbf{r}-\mathbf{r}')\delta_{s_\alpha s_\beta}\end{aligned} \tag{17.50}$$

을 얻는다. 식 (17.50)에서 첫째 항은 "직접항"(direct term)이라고 한다. 한편 둘째 항은 Ψ의 반대칭성 때문에 나오는 순전히 양자역학적인 항이고, 이를 "교환항"(exchange term)이라고 부른다. 이 두 항은 $\alpha = \beta$일 때 서로 상쇄된다.

지금까지 살펴본 것들을 다시 요약하면 시행파동함수는

$$|\psi\rangle = \frac{1}{\sqrt{N!}}\ \det\ \phi_\mu(R_\nu) = \prod_{\mu=1}^N b_\mu^\dagger|0\rangle \tag{17.51}$$

로 정하고, 해밀토니안을 $H = H^{(1)} + V$의 형태로 쓸 수 있다고 하자. 여기서

$$\begin{aligned}H^{(1)} &= \sum_s\int d^3r\psi_s^\dagger(r)\Big(-\frac{\hbar^2\nabla^2}{2m} + U(r)\Big)\psi_s(r) = \sum_{lm}H_{lm}a_l^\dagger a_m, \\ V &= \frac{1}{2}\sum_{ss'}\int d^3rd^3r'V(\mathbf{r}-\mathbf{r}')\psi_s^\dagger(\mathbf{r})\psi_{s'}^\dagger(\mathbf{r}')\psi_{s'}(\mathbf{r}')\psi_s(\mathbf{r})\end{aligned} \tag{17.52}$$

$$= \frac{1}{2}\sum_{lmnp} V_{lmnp} a_m^\dagger a_l^\dagger a_n a_p$$

일 때,

$$\langle H \rangle_\psi \equiv \frac{\langle \psi | H | \psi \rangle}{\langle \psi | \psi \rangle} \tag{17.53}$$

을 변분방법에 의해 최소값을 구하려고 한다.

17.4.2 변분방법에 의한 최소값 구하기

식 (17.53)의 최소값을 변분방법에 의해서 구해보자. 파동함수의 미소 변화부분 $|\overline{\psi}\rangle$를

$$|\overline{\psi}\rangle = |\psi\rangle + \delta|\psi\rangle \equiv \frac{1}{\sqrt{N!}} \det \overline{\phi}_\mu(R_\nu) \tag{17.54}$$

라고 하자. 여기서 $\overline{\phi}_\mu = \phi_\mu + \delta\phi_\mu$이다.

파동함수의 변화량 $\delta\phi_\mu$의 일차항까지만 고려하여, 해밀토니안의 변화가 없으려면

$$\delta\langle H \rangle = \langle H \rangle_{\overline{\psi}} - \langle H \rangle_\psi = 0 \tag{17.55}$$

이어야 하므로,

$$\frac{\delta\langle H \rangle}{\delta\phi_\mu} = 0, \ (\mu = 1, \cdots, N) \tag{17.56}$$

를 만족해야 한다. 우선 결과부터 말하면 파동함수 ϕ_μ는

$$H^{\text{eff}}\phi_\mu = \epsilon_\mu \phi_\mu \tag{17.57}$$

를 만족하도록 선택할 수 있다는 것이다. 식 (17.57)에서 도입한 "유효 해밀토니안" H^{eff}는 $H^{\text{eff}} = H^{(1)} + V^{\text{eff}}$의 형태로 쓸 수 있는 1–입자 연산자이다. 여기서

$$V^{\text{eff}} = \sum_{ln} V_{ln}^{\text{eff}} a_l^\dagger a_n \tag{17.58}$$

으로 쓸 수 있고,

$$V_{ln}^{\text{eff}} = \sum_{mp} \langle a_m^\dagger a_p \rangle_\psi \big(V_{lmnp} - V_{lmpn} \big) \tag{17.59}$$

이다. 이 정의는 기준을 바꾸어도 변하지 않는다. 이를 장 연산자로 쓰면

$$V^{\text{eff}} = \frac{1}{2}\int d^3r d^3r' \sum_{ss'} V(\mathbf{r} - \mathbf{r}') \tag{17.60}$$

$$\times \quad \Big[\langle\psi^\dagger_{s'}(\mathbf{r}')\psi_{s'}(\mathbf{r}')\rangle\psi^\dagger_s(\mathbf{r})\psi_s(\mathbf{r}) - \langle\psi_{s'}(\mathbf{r}')\psi_s(r)\rangle\psi^\dagger_s(\mathbf{r})\psi_{s'}(\mathbf{r}')\Big]$$

으로 쓸 수 있다.

파동함수를 $\phi_\mu(\mathbf{r},\sigma) = \phi_\mu(\mathbf{r})\delta_{\sigma s}$ 로 정하고, 유효 해밀토니안을 1차 양자화된 표현으로 쓰면

$$H^{\rm eff}\phi(\mathbf{r},\sigma) \equiv \Big[-\frac{\hbar^2}{2m}\nabla^2 + U(r)\Big]\phi(\mathbf{r},\sigma) + V^{\rm eff}\phi(\ \mathbf{r},\sigma) \tag{17.61}$$

이다. 여기서 유효퍼텐셜 $V^{\rm eff}$ 는 $V^{\rm eff} = V_{\rm dir} + V_{\rm exc}$ 로 쓸 수 있고, 이 두 개의 항은 각각 직접항 $V_{\rm dir}$ 와 교환항 $V_{\rm exc}$ 이다. 직접항은

$$V_{\rm dir}\ \phi(\mathbf{r},\sigma) = V_d(\mathbf{r})\phi(\mathbf{r},\sigma) \tag{17.62}$$

로 쓸 수 있고

$$V_d(\mathbf{r}) = \int\sum_{\mu=1}^{N}|\phi_\mu(\mathbf{r}')|^2 V(\mathbf{r}-\mathbf{r}')d^3r' \tag{17.63}$$

이다. 한편 교환항은

$$V_{\rm exc} = \int d^3r' V_x^\sigma(\mathbf{r},\ \mathbf{r}')\phi(\mathbf{r}',\sigma) \tag{17.64}$$

으로 쓸 수 있으며,

$$V_x^\sigma = -\sum_{\nu=1}^{N} V(\mathbf{r}-\mathbf{r}')\delta_{\sigma s_\nu}\phi^*_\nu(\mathbf{r}')\phi_\nu(\mathbf{r}) \tag{17.65}$$

이다. 여기서 교환상호작용 $H_{\rm exc}$ 를 무시하고 1-입자 유효 해밀토니안에 대한 고유값 방정식을 푸는 방법을 "**Hartree 어림방법**"(Hartree approximation) 이라고 한다.

이제 변분에 의한 해밀토니안의 변화량 $\delta\langle H\rangle$ 을 계산하자. 에너지 기대값을 정의한 식 (17.53) 에서 $\delta\psi$ 에 일차인 항까지만 모으면

$$\delta\langle H\rangle = \frac{1}{\langle\psi|\psi\rangle}\Big(\langle\delta\psi|H|\psi\rangle + \langle\psi|H|\delta\psi\rangle - \frac{\langle\psi|\delta\psi\rangle + \langle\delta\psi|\psi\rangle}{\langle\psi|\psi\rangle}\langle H\rangle_\psi\Big) \tag{17.66}$$

이고, $\delta\psi$ 는 우리가 요구한 형태를 갖도록 한다. 즉

$$\delta\phi_\mu = \sum_{\alpha=1}^{\infty}\lambda_{\mu\alpha}|\psi_{\mu\alpha}\rangle \tag{17.67}$$

이라고 하면, 이는

$$\delta b^\dagger_\mu = \sum_{\alpha=1}^{\infty}\lambda_{\mu\alpha}b^\dagger_\alpha \tag{17.68}$$

로 놓는 것과 같다. 이 때

$$\delta\psi = \sum_{\mu=1}^{N}\sum_{\alpha=1}^{\infty} \lambda_{\mu\alpha}\phi_{\alpha} \tag{17.69}$$

이다. 여기서 $|\psi_{\mu\alpha}\rangle = b_{\alpha}^{\dagger}b_{\mu}|\psi\rangle$이다. 위 식에서 $\alpha < N$이고 $\alpha \neq \mu$이면 $|\psi_{\mu\alpha}\rangle = 0$임을 주목하자.

식 (17.66)은 임의의 $\lambda_{\alpha\mu}$에 대해 $\delta\langle H\rangle = 0$이므로

$$\delta\langle H\rangle = 2\mathrm{Re}\sum_{\alpha\mu} \lambda_{\mu\alpha}\Delta_{\mu\alpha} = 0 \tag{17.70}$$

이다. 여기서

$$\Delta_{\mu\alpha} \equiv \langle\psi|H|\psi_{\mu\alpha}\rangle - \langle\psi|\psi_{\mu\alpha}\rangle\langle H\rangle_{\phi}/\langle\psi|\psi\rangle \tag{17.71}$$

이다. 따라서 임의의 $\alpha > N$, $\mu \leq N$에 대해 $\Delta_{\mu\alpha} = 0$이다.

다음의 양을 정의하자.

$$H^{(1)} = \sum_{\gamma\beta=1}^{\infty} H_{\gamma\beta}b_{\gamma}^{\dagger}b_{\beta}. \tag{17.72}$$

그러면

$$\langle\psi|H^{(1)}|\psi_{\mu\alpha}\rangle = \langle\psi|H^{(1)}b_{\alpha}^{\dagger}b_{\mu}|\psi\rangle = H_{\mu\alpha} \tag{17.73}$$

이 된다. 한편

$$V = \frac{1}{2}\sum_{\alpha_1\alpha_2\alpha_3\alpha_4} V_{\alpha_2\alpha_1\alpha_3\alpha_4}b_{\alpha_1}^{\dagger}b_{\alpha_2}^{\dagger}b_{\alpha_3}b_{\alpha_4} \tag{17.74}$$

에 대해서는 $\{\alpha_1, \alpha_2, \alpha\} = \{\mu, \alpha_3, \alpha_4\}$가 아닌 한 $\langle\psi|Vb_{\alpha}^{\dagger}b_{\mu}|\psi\rangle = 0$이다. 0이 아닌 항들은 $\alpha_1, \alpha_2 < N$이고 $\mu \leq N$, $\alpha > N$이어야 하고 $\alpha_4 = \alpha > N$, $\alpha_3 = \alpha_1 < N$, $\mu = \alpha_2 < N$ 등의 관계를 만족하여야 한다.

이제 $\mu \leq N$, $\alpha > N$에 대해 $\Delta_{\mu\alpha} = H_{\mu\alpha}^{\mathrm{eff}}$를 찾자. 유효 해밀토니안의 행렬요소는 $H_{\mu\alpha}^{\mathrm{eff}} = H_{\mu\alpha}^{(1)} + V_{\mu\alpha}^{\mathrm{eff}}$이고,

$$V_{\alpha\beta}^{\mathrm{eff}} = \sum_{\nu=1}^{N}(V_{\nu\alpha\nu\beta} - V_{\nu\alpha\beta\nu}) \tag{17.75}$$

이다. 위의 정의는 앞에서 한 정의와 같고 유효 해밀토니안은 $H^{\mathrm{eff}} = (H^{\mathrm{eff}})^{\dagger}$를 만족하는 Hermitian 연산자이다.

$$H^{\mathrm{eff}} = \sum_{\alpha\beta}(H_{\alpha\beta}^{(1)} + V_{\alpha\beta}^{\mathrm{eff}})b_{\alpha}^{\dagger}b_{\beta} \tag{17.76}$$

로 정의하자. $\mu \le N$, $\alpha > N$에 대해 $\Delta_{\mu\alpha} = 0$이려면

$$\langle\phi_\mu|H^{\text{eff}}|\phi_\alpha\rangle = 0 \tag{17.77}$$

이어야 한다. 따라서 $\langle\phi_\alpha|H^{\text{eff}}|\phi_\mu\rangle = 0$이므로

$$H^{\text{eff}}\phi_\mu = \sum_{\nu=1}^{N} M_{\mu\nu}\phi_\nu \tag{17.78}$$

이고 여기서 $M_{\mu\nu}$는 $M_{\mu\nu} = M^*_{\nu\mu}$를 만족하는 상수로 이루어진 행렬이다. 이 행렬요소는 아직 정해지지 않은 상수이다.

$u_{\mu\nu}$가 M의 고유벡터라고 하면

$$\sum_\mu M_{\nu\mu}u_{\mu\nu} = \epsilon_\nu u_{\nu\nu} \tag{17.79}$$

를 만족한다.

$$\tilde{\phi}_\mu = \sum_\nu u_{\mu\nu}\phi_\nu,\ \tilde{b}^\dagger_\mu = \sum_\nu u_{\mu\nu}b^\dagger_\nu \tag{17.80}$$

로 선택하면 $H^{\text{eff}}\tilde{\phi}_\mu = \epsilon_\mu\tilde{\phi}_\mu$가 된다. 하지만

$$\Psi = \frac{1}{\sqrt{N!}}\ \det\ \phi_\mu(\mathbf{r}_\nu) = \frac{1}{\sqrt{N!}}\ \det\ \tilde{\phi}_\mu(\mathbf{r}_\nu) \tag{17.81}$$

이다. 따라서 우리는 해밀토니안의 바닥상태에서의 최소값과, 이때의 파동함수를 얻게 되었다.

17.4.3 Hartree–Fock 어림방법

이제 해밀토니안을 $H = H^{(1)} + V$로 쓰자.

$$\begin{aligned} H^{(1)} &= \sum_s \int d^3r\ \psi^\dagger_s(\mathbf{r})\Big(-\frac{\hbar^2}{2m}\nabla^2 + U(\mathbf{r})\Big)\psi_s(\mathbf{r}), \\ V &= \frac{1}{2}\sum_{ss'}\int d^3r d^3r' \psi^\dagger_s(\mathbf{r})\psi^\dagger_{s'}(\mathbf{r}')\psi_{s'}(\mathbf{r}')\psi_s(\mathbf{r})V(\mathbf{r}-\mathbf{r}'). \end{aligned} \tag{17.82}$$

이 때 Hartree–Fock 어림방법을 사용하기 위해서는 우선 시행파동함수를 선택하여야 한다. 이를 $\psi = \dfrac{1}{\sqrt{N!}}\text{det}\phi_\mu(R_\nu)$의 형태로 쓰고, $H^{\text{eff}}\phi_\mu = \epsilon_\mu\phi_\mu$의 형태로 주어지는 고유값 방정식을 먼저 풀어야 한다. 여기서 $H^{\text{eff}} = H^{(1)} + V^{\text{eff}}$이고, V_{eff}는 다음과 같다.

$$V^{\mathrm{eff}} = \sum (V_{ijkl} - V_{jikl}) \langle a_j^\dagger a_l \rangle a_i^\dagger a_k. \tag{17.83}$$

이 비선형방정식을 푸는 것은 쉽지 않다. 이를 정확하게 풀 수 없으므로 어림하여 풀기 위해서는 다음의 단계를 거친다. 이를 "**Hartree–Fock** 어림방법"(Hartree–Fock approximation)이라고 한다.

1. 이 식을 반복적으로 푼다. 즉 H_0^{eff}를 짐작하여 ϕ_α^0에 관하여 푼다. 그리고

$$\psi' = \frac{1}{\sqrt{N!}} \det \phi_\mu^\alpha(R_\nu) \tag{17.84}$$

   라고 놓고 $\langle a_j^\dagger a_l \rangle_{\psi'}$을 계산하여 유효 해밀토니안 $H_{(1)}^{\mathrm{eff}}$을 구한다.

2. 이렇게 구한 파동함수로 얻은 에너지는 극값이므로 국소적인 최소값, 국소적인 최대값, 혹은 안장점일 수도 있다.

3. H^{eff}가 대각선형인 기준에서는

$$\epsilon_\mu = H_{\mu\mu}^{(1)} + \sum_{\nu=1}^{N} (V_{\nu\mu\nu\mu} - V_{\mu\nu\nu\mu}) \tag{17.85}$$

   이다. 주의할 것은

$$\langle H \rangle_\psi = \sum_{\mu=1}^{N} H_{\mu\mu}^{(1)} + \sum_{\mu\nu} \frac{1}{2} (V_{\nu\mu\nu\mu} - V_{\mu\nu\nu\mu}) \neq \sum_{\mu}^{N} \epsilon_\mu \tag{17.86}$$

   라는 점이다.

4. $U =$ 상수인 특별한 경우를 고려하자. 이 때 큰 상자 안에 주기적 경계조건을 가지도록 입자들을 넣으면, 이 계는 유한한 밀도를 가지는 입자계가 될 것이다. 이를 "**Fermi** 액체"(Fermi liquid)라고 한다. $|\psi\rangle$로 주어지는 상태가 유한한 밀도를 가진다고 가정하면, 유효 해밀토니안 H^{eff}는 평행이동에 대해 불변인 성질을 가진다. 즉 $[H^{\mathrm{eff}}, \mathbf{P}] = 0$이다. 따라서 ϕ_μ는 평면파동상태로 선택할 수 있다. 물론 $[H, \mathbf{P}] = 0$이다. 이때 $K = \hbar^2 k^2 / 2m$을 가지는 평면파동형태의 바닥상태가 존재한다. 또한 ϵ_k는 k의 단조증가함수일 것으로 예상하고 이 때 $k < k_F$인 입자들로 차 있다.

5. Hartree–Fock 에너지는 $V \ll H^{(1)}$일 경우에는 V의 일차에 대해서는 맞는 결과를 준다.

연습문제

1. $a_{\mathbf{k}}^{\dagger}$ 와 $a_{\mathbf{k}}$ 가 각각 부피 Ω 인 상자 안의 운동량 $\mathbf{k}$ 를 갖는 고유상태의 기준에서 생성연산자와 소멸연산자라고 하자. 다음은 "파동"(예를 들어 광자)나 "입자"(예를 들어 전자나 중간자)의 경우에도 마찬가지로 적용된다. 좌표공간에서 생성연산자와 소멸연산자("장 연산자") $\psi^{\dagger}(\mathbf{r})$ 과 $\psi(\mathbf{r})$ 을 Fourier 변환을 이용하여 다음과 같이 정의하자.

$$\begin{aligned} a_{\mathbf{k}}^{\dagger} &= \frac{1}{\sqrt{\Omega}}\int d^3r e^{i\mathbf{k}\cdot\mathbf{r}}\psi^{\dagger}(\mathbf{r}), \\ \psi^{\dagger}(\mathbf{r})^{\dagger} &= \frac{1}{\sqrt{\Omega}}\sum_{\mathbf{k}} e^{-i\mathbf{k}\cdot\mathbf{r}}a_{\mathbf{k}}^{\dagger}. \end{aligned} \tag{17.87}$$

(가) 위의 어느 한 식을 다른 식에 대입하여 위의 식들이 일관성이 있다는 것을 증명하고, 반대로 대입하여

$$\delta(\mathbf{r}) = \frac{1}{\Omega}\sum_{\mathbf{k}} e^{i\mathbf{k}\cdot\mathbf{r}} \tag{17.88}$$

이 삼차원 Dirac 델타함수의 표현임을 증명하여라.

(나) 장연산자들이 보존에 대해서는 다음의 교환관계

$$\begin{aligned} &[\psi(\mathbf{r}), \psi^{\dagger}(\mathbf{r}')] = \delta(\mathbf{r}-\mathbf{r}'), \\ &[\psi(\mathbf{r}), \psi(\mathbf{r}')] = [\psi^{\dagger}(\mathbf{r}), \psi^{\dagger}(\mathbf{r}')] = 0 \end{aligned} \tag{17.89}$$

를 만족하고, 페르미온은 이에 해당하는 반교환관계를 만족함을 증명하여라.

2. 연산자 $b_{\alpha}^{\dagger}$ $(\alpha = 1, 2, \cdots)$는 완전집합을 이루는 직교규격화된 상태를 만들어 내는 생성연산자라고 하자. 그리고 연산자 $a_l^{\dagger}$ 는 $a_l^{\dagger} = \sum_{\alpha} A_{l\alpha} b_{\alpha}^{\dagger}$ 로 정의된 생성연산자라고 하자. 여기서 $A_{l\alpha}$ 는 상수로 이루어진 행렬이다. 그리고 파동함수 $|\psi\rangle$ 은 $|\psi\rangle = b_1^{\dagger}b_2^{\dagger}\cdots b_N^{\dagger}|0\rangle$ 라고 하자. 본문에서 상태 $|\psi\rangle$ 에 대해

$$\langle b_{\alpha}^{\dagger}b_{\beta}^{\dagger}b_{\gamma}b_{\delta}\rangle = \langle b_{\alpha}^{\dagger}\rangle\langle b_{\beta}^{\dagger}b_{\beta}\rangle(\delta_{\alpha\delta}\delta_{\beta\gamma} - \delta_{\alpha\gamma}\delta_{\beta\delta}) \tag{17.90}$$

이 성립한다는 것을 증명 없이 받아들였다.

(가) 위의 결과가 본문에서처럼 성립한다는 것을 증명하여라.

$$\langle a_i^\dagger a_j^\dagger a_k a_l \rangle = \langle a_i^\dagger a_l \rangle \langle a_j^\dagger a_k \rangle - \langle a_i^\dagger a_k \rangle \langle a_j^\dagger a_l \rangle. \tag{17.91}$$

(나) 행렬 A가 유니타리 행렬이라고 하자. 따라서 $a_l^\dagger$로 생성되는 상태는 완전 직교규격화된 집합을 이룬다. V가 2–입자 연산자라고 하자.

$$V = \frac{1}{2} \sum_{\alpha\beta\gamma\delta} V_{\beta\alpha\gamma\delta} b_\alpha^\dagger b_\beta^\dagger b_\gamma b_\delta = \frac{1}{2} \sum_{ijkl} \overline{V}_{jikl} a_i^\dagger a_j^\dagger a_k a_l. \tag{17.92}$$

계수 $V_{\beta\alpha\gamma\delta}$와 $\overline{V}_{jikl}$ 사이의 관계를 구하여라.

다음과 같이 유효 퍼텐셜을 정의하자.

$$V^{\text{eff}} \equiv \sum_{\alpha\beta\gamma\delta} V_{\beta\alpha\gamma\delta} (\langle b_\alpha^\dagger b_\delta \rangle b_\beta^\dagger b_\gamma \rangle b_\beta^\dagger b_\delta) = \sum_{\beta\gamma} \sum_{\mu=1}^{N} b_\beta^\dagger b_\gamma (V_{\beta\mu\gamma\mu} - V_{\beta\mu\mu\gamma}). \tag{17.93}$$

여기서

$$V^{\text{eff}} = \sum_{ijkl} \overline{V}_{jikl} (\langle a_i^\dagger a_l \rangle a_j^\dagger a_k - \langle a_i^\dagger a_k \rangle a_j^\dagger a_l) \tag{17.94}$$

임을 증명하여라. 따라서 V^{eff}를 정의하는 관계는 본문에서 밝힌 대로 사용하는 기준에 무관함을 증명하여라.

3. V가 다음의 형태를 갖는 3–입자 퍼텐셜이라고 하자.

$$V = \sum{}' V(\mathbf{r}^\alpha, \mathbf{r}^\beta,\ \mathbf{r}^\gamma). \tag{17.95}$$

여기서 $\mathbf{r}^\alpha$, $\mathbf{r}^\beta$, $\mathbf{r}^\gamma$는 동일입자들의 위치들이고, 합 $\sum'$은 모든 다른 세 개의 입자들에 대해 각각 한 번씩 더한 것이다. V를 이차 양자화된 표현으로, 장 연산자 $\psi_s^\dagger(\mathbf{r})$와 $\psi_s(\mathbf{r})$를 사용하여 표현하여라.

4. U가 1–입자 퍼텐셜이라고 하자.

$$U = \sum_{i=1}^{N} u(\mathbf{r}_j). \tag{17.96}$$

여기서 $u(\mathbf{r})$는 주기적인 함수

$$u(\mathbf{r}) = \lambda \cos \frac{2\pi z}{a} \tag{17.97}$$

이다. U를 운동량 공간에서의 연산자 $a^\dagger_{\mathbf{k}s}$와 $a_{\mathbf{k}s}$로 표현하여라.

5. 전자들로 이루어진 계가 양전하와 섞여 전체적으로 균일하게 전기적으로 중성이 된다고 하자. 부피 Ω인 상자 안에서 주기적 경계조건을 가정하자. 파동수가 $k < k_F$인 평면파들의 행렬값으로 주어지는 Hartree–Fock 상태 $|\psi\rangle$를 고려하자. Fermi 에너지를 다음과 같이 정의한다.

$$E_F = \frac{\hbar^2}{2m}k_F^2. \tag{17.98}$$

(가) 전자당 운동에너지의 기대값은 $3E_F/5$임을 증명하여라. 이 값을 전자의 밀도로 표현하여라.

(나) Coulomb 상호작용에 의한 전자당 교환에너지는 $E_{\text{exc}} = -$상수 $\times\, k_F e^2$의 형태로 쓸 수 있음을 보여라. 그리고 이 상수를 무차원의 다중적분으로 표현하여라. [이 상수는 사실 $(4\pi/3)^{-1}$이다.] 큰 밀도의 경우 어느 항이 더 중요한가?

6. 연산자 $c_{\mathbf{k}s}$는 파동벡터 $\mathbf{k}$, 스핀 s인 전자에 대한 소멸연산자이고, 연산자 $a_{\mathbf{k}\lambda}$는 파동벡터 $\mathbf{k}$, 편광이 $\hat{\epsilon}_{\mathbf{k}\lambda}$이고, 부피 Ω인 상자 안에서 규격화된 광자에 대한 소멸연산자라고 하자. 전자들은 서로 상호작용하고, 광자장과 상호작용하는 전자들과 이 전자와 상호작용하는, 위치 $\mathbf{R}_j$에 고정되어 있는 무한히 큰 질량을 가진 양전하와 상호작용한다. 이 양전하는 전자들의 전하와 합하면, 전체 물리계는 전기적으로 중성이다. 해밀토니안 H를 연산자 $a_{\mathbf{k}\lambda}$, $c_{\mathbf{k}s}$와 이들의 Hermitian 켤레를 이용하여 표현하여라.

7. 전자와 광자들의 전체 운동량은 다음과 같이 주어진다.

$$\mathbf{P} = \sum_k \hbar\mathbf{k}\Big(\sum_\lambda a^\dagger_{\mathbf{k}\lambda}a_{\mathbf{k}\lambda} + \sum_s c^\dagger_{\mathbf{k}s}c_{\mathbf{k}s}\Big). \tag{17.99}$$

전체 운동량 연산자 $\mathbf{P}$는 문제 6의 해밀토니안 H에 나타난 항들 중 양전하의 위치가 포함된 항을 제외하고는 모든 항들과 교환함을 증명하여라.

8. $z = 0$ 근처의 xy 평면에 있는 탄성막으로 이루어진 계를 고려하자. 그리고 한 종류의 입자가 이 평면 위에서만 움직일 수 있다. 우리가 고려할 유일한 운동변수는 각각의 입자에 대한 평면 위의 위치 $\mathbf{r} = (x_i, y_i)$이다. 위치 $\mathbf{r}$에서 탄성막의 z의 위치는 연속적인 장 $\eta(\mathbf{r})$로 나타내고 이에 해당하는 정준운동량을 구할 수 있다. 따라서 이 계의 라그랑지안은 $L = L_{\text{part}} + L_{\text{field}} + L_{\text{int}}$로 쓸 수 있다. 여기서

$$L_{\text{part}} = \sum_i \frac{m}{2}v_i^2,$$

$$L_{\text{field}} = \int d^2r\Big(\frac{\rho}{2}\dot{\eta}^2 - \frac{T}{2}|\nabla\eta|^2\Big),$$
$$L_{\text{int}} = \lambda\sum_i \eta(\mathbf{r}) \qquad (17.100)$$

이다.

모든 벡터 $\mathbf{r}$, $\mathbf{v}$, ∇는 이차원의 벡터이다. ρ, T는 질량밀도와 탄성막의 장력이다. 위에 쓴 상호작용항은 예를 들어 입자들이 전하 q를 가지고 z축 방향으로 균일한 전기장 E_0가 걸려 있을 경우 나타날 수 있다. 하지만 이러한 구체적인 예는 필요 없다.

(가) 우선 장 부분을 먼저 고려하자. 양자역학적인 해밀토니안은

$$H_{\text{field}} = \sum_{\mathbf{q}} \hbar\omega_q\Big(a^\dagger_{\mathbf{q}}a_{\mathbf{q}} + \frac{1}{2}\Big) \qquad (17.101)$$

로 쓸 수 있음을 증명하여라. 여기서 $\omega_q = v_s q$이고, $v_s^2 = T/\rho$이다. 그리고

$$\eta(\mathbf{r}) = \sum_{\mathbf{q}}\Big(\frac{\hbar}{2\rho\Omega\omega_q}\Big)^{1/2} e^{i\mathbf{q}\cdot\mathbf{r}}(a_{\mathbf{q}} + a_{-\mathbf{q}}) \qquad (17.102)$$

이다. 여기서 면적이 $\Omega = l^2$인 평면에서 주기적 경계조건을 택한다.

$$\mathbf{q} = (q_x, q_y) = \frac{2\pi}{l}(n_x, n_y). \qquad (17.103)$$

그리고 $a^\dagger_{\mathbf{q}}$는 파동수 벡터 $\mathbf{q}$인 탄성막의 진동에 대한 양자(phonon)를 만들어 내는 연산자이다.

(나) 연산자 $c^\dagger_{\mathbf{k}}$는 파동수 벡터 $\mathbf{k}$를 가지는 입자를 만들어 내는 연산자라고 하자. 이때

$$H_{\text{part}} = \sum_{\mathbf{k}} \frac{\hbar^2}{2m} {c^\dagger}_{\mathbf{k}} c_{\mathbf{k}} \qquad (17.104)$$

임을 증명하여라. H_{int}를 $c^\dagger_{\mathbf{k}}$, $c_{\mathbf{k}}$, $a^\dagger_{\mathbf{q}}$ 및 $a_{\mathbf{q}}$로 표현하고 H_{int}는 전체 운동량을 보존함을 확인하여라.

(다) 이 계가 처음상태에서는 탄성막이 바닥상태(진공)에 있고 한 입자가 x축 방향으로 속도 v를 가지고 움직이고 있다. 즉 $\mathbf{k}_i = mv\hat{\mathbf{x}}/\hbar$이다. 이 입자가 한 개의 phonon을 방출하고 파동수 벡터가 $\mathbf{k}_f$인 평면파동으로 산란되는 과정에 대한 단위시간당 전이율을 H_{int}의 가장 낮은 차수에서 구하여라. 이 계산을 완전히 다 할 필요는 없다. 그대신 이 전이율은 v가 음속 v_s보다 작을 때에는 0이 됨을 보여라. 그리고 $v > v_s$일 때 방출된 phonon의 진행방향과 x축이 이루는 각도 θ가 임계각

θ_c 보다 작을 때에만 phonon이 앞방향으로 방출됨을 보여라. θ_c는 v/v_s에 어떻게 의존하는가?

참고: 입자의 운동이 매질과의 상호작용에 의해 감쇠되는 이 문제에 있는 물리 현상은 유전체를 빨리 지나가는 대전된 입자에서 일어나는 "**Cerenkov** 복사"나 액체헬륨을 지나는 입자의 "**Landau** 감쇠" 혹은 배가 지나간 자국이 일으키는 현상들과 유사하다.

9. 수소원자에서 연산자 L^2, L_z, S_z, S_x와 반전 연산자 P를 연산자 $a^\dagger_{nlm\tau}$, $a_{nlm\tau}$로 나타내어라. 여기서 $a^\dagger_{nlm\tau}$는 nlm 상태에 있는 스핀 τ인 입자를 생성하는 연산자이다. 예를 들어 해밀토니안은

$$H = \sum_{nlm\tau} E_n a^\dagger_{nlm\tau} a_{nlm\tau} = \sum_{nlm} E_n \left(a^\dagger_{nlm\uparrow} a_{nlm\uparrow} + a^\dagger_{nlm\downarrow} a_{nlm\downarrow} \right) \tag{17.105}$$

이다.

10. (가) 일차원 계의 해밀토니안

$$H_0 = \hbar c \int dx \Big(\hat{\psi}^\dagger_R(x)(-i\frac{d}{dx})\hat{\psi}_R(x) + \hat{\psi}^\dagger_L(-i\frac{d}{dx})\hat{\psi}_L(x) \Big) \tag{17.106}$$

은 왼쪽으로 움직이는 입자 L과 오른쪽으로 움직이는 입자 R를 나타낸다. 이들은 각각 무리속도 $-c$와 c로 움직인다. 이 사실을 평면파에 대한 연산자 $a^\dagger_{Lk}$, a_{Lk}, $a^\dagger_{Rk}$, a_{Rk}로 변환하여 증명하여라. $\hbar v_g = dE/dk$의 관계가 있다는 것을 주목하여라.

(나) 여기에 상호작용

$$V = \gamma \int dx \Big(\hat{\psi}^\dagger_L(x)\hat{\psi}_R(x) + \text{h.c.} \Big) \tag{17.107}$$

을 더하자. 이 상호작용은 공간의 임의의 한 점에서 오른쪽으로 움직이는 입자가 자발적으로 왼쪽으로 움직이는 입자로 전환되거나 그 반대로 전환되는 진폭을 나타낸다. 이 상호작용을 다시 k 공간으로 변환하여라.

(다) 이제 해밀토니안 $H = H_0 + V$로 기술되는 계를 정준변환 방법에 의하여 정확하게 풀어라. 우선 H가 대각선화되는 unitary 변환

$$\begin{aligned} b_{1k} &= a_{Rk}\cos\theta_k - a_{Lk}\sin\theta_k, \\ b_{2k} &= a_{Rk}\sin\theta_k + a_{Lk}\cos\theta_k \end{aligned} \tag{17.108}$$

를 구하여라. 그리고 이 계는 물리적으로 질량이 $m = \gamma/c^2$인 상대론적 입자와 반입자를 기술하는 계와 동일함을 증명하여라.

11. 해밀토니안을 $H = H_0 + V$로 쓸 수 있는 계를 고려하자. 여기서

$$H_0 = E_1 a_1^\dagger a_1 + E_2 a_2^\dagger a_2 + \int d^3 r \psi^\dagger(\mathbf{r})\Big(mc^2 - \frac{\hbar^2\nabla^2}{2m}\Big)\psi(\mathbf{r}) \tag{17.109}$$

이고, 퍼텐셜 에너지 V는 다음과 같다.

$$V = \lambda\Big(a_2^\dagger a_1 \psi(\mathbf{0}) + \text{h.c.}\Big). \tag{17.110}$$

이 계는 원점 $\mathbf{r} = \mathbf{0}$에 정지해 있으면서 두 개의 가능한 상태(각각의 에너지가 E_1, E_2인 바닥상태와 들뜬 상태)를 가지는 표적입자를 기술하고, 또한 질량이 m이고 표적에 의해 방출되거나 흡수되는 자유입자를 기술하고 있다. $\Delta = E_2 - E_1 - mc^2$이 양수라고 가정하자. 처음상태는 한 개의 자유입자가 운동에너지 $E = \hbar^2 k^2/2m$으로 표적입자에 입사하는 상태일 경우 흡수산란단면적 $\sigma(E)$를 λ의 이차항까지 구하여라. (귀띔: 자유입자의 k 공간 표현을 이용하여라. $\sigma(E)$에 대한 표현은 $\delta(E-\Delta)$를 포함하고 있어야 한다. 그 이유는 무엇인가? 이 때 $\delta(E-\Delta)$ 앞의 계수를 구하여라.

12. 질량 m, 스핀 s인 N 개의 동일한 페르미온들이 $x = \pm a$에서 무한한 퍼텐셜 장벽으로 인해 $-a < x < a$ 영역에서 움직이고 있는 물리계를 고려하자. $-a < x < a$인 영역에서 1-입자 퍼텐셜은 없지만, 페르미온들은 다음의 2-입자 퍼텐셜에 의해 상호작용을 한다.

$$V = \frac{\lambda}{2}\sum_{i \neq j} e^{-|x_i - x_j|/b}. \tag{17.111}$$

여기서 λ와 b는 $b \ll a$와 $\lambda \ll \hbar^2/ma^2$를 만족하는 상수이다.

(가) 위치 x에서 스핀 지표 σ인 입자에 대한 장연산자 $\psi_\sigma^\dagger(x)$와 $\psi_\sigma(x)$로 V를 표현하여라.

(나) 페르미온은 스핀이 1/2이고 $\lambda = 0$인 경우를 고려하자. $N = 2$와 $N = 3$인 경우 바닥상태의 에너지를 구하고, 바닥상태의 졸들음에 대하여 논하여라.

(다) $\lambda > 0$일 때 $N = 2$와 $N = 3$인 경우에 바닥상태의 졸들음은 얼마인가? (이 경우에 $s = 1/2$로 가정한다.)

(라) 스핀 1인 페르미온의 경우에 대해서 (나)와 (다)를 구하여라. (주의: 비상대론적 양자역학에서는 스핀 1인 입자도 있을 수 있다.)

제 18 장

양자역학에서의 대칭변환

18.1 변환

양자역학에서 "변환"(transformation)이라는 것은 한 Hilbert 공간에 있는 상태와 다른 Hilbert 공간에 있는 한 상태를 연관짓는 일대일 대응관계를 의미한다. 즉 Hilbert 공간에서 한 상태를 나타내는 벡터를 다른 벡터로 대응시키는 방법이다. 이 변환은 "군"(group)의 성질을 만족하는데, 군의 성질이란 이들 변환에 의해서 벡터가 변환이 되어도 Hilbert 공간에서 그 벡터의 길이를 보존하는 성질을 공통으로 가진다는 것을 뜻한다. 이러한 변환에 대한 일반적인 결과는 "**Wigner**의 정리"로 알려져 있다.[1] 여기서는 이 정리를 증명 없이 받아들이기로 하겠다.

정리 18.1 상태의 크기를 보존하는 변환은 *unitary* 혹은 반*unitary* 변환이다.

크기를 보존하는 변환들은 다음과 같은 성질이 있다.[2]

1. Unitary 변환은 선형변환이다. 상태벡터 ψ가 unitary 변환 U에 의해 ψ'으로 변환한다고 하자. 즉 $\psi' = U\psi$라고 하자. 이때 만일 ψ_3가 ψ_1과 ψ_2의 임의의 선형결합 $\psi_3 = \lambda\psi_1 + \mu\psi_2$라고 하면 ψ_3에 대한 unitary 변환은 $\psi_3' = \lambda\psi_1' + \mu\psi_2'$이다. 여기서 λ와 μ는 임의의 복소수 상수이다.

2. 다음과 같이 변환하는 것을 반unitary 변환이라고 한다.

$$\psi' = (U\psi)^*, \quad U : \text{unitary 변환} \tag{18.1}$$

[1] 이에 관해서는 Gottfried p. 227을 참고하시오.

[2] Merzbacher 책에 이와 관련된 부분을 참고하시오.

변환들의 집합을 G라 하고, 이들의 원소를 $\{g\}$로 표현하자. 이때 G에 속하는 임의의 원소 g에 대해 Hilbert 공간에서의 g의 작용을 나타내는 unitary 변환 $U(g)$가 존재한다. 물론 이들은 물리적 결과와는 관계없는 임의의 위상을 가질 수 있다. 물리 현상은 이 위상에 대한 임의성만을 제외하면, 하나의 파동함수로 기술할 수 있으므로, 이러한 임의의 위상에 대해서는 적당한 규칙을 정하기만 하면 된다.

변환들의 집합 G 안의 임의의 두 원소의 곱을 $g_3 = g_2 \cdot g_1$이라고 하자. 이 때 $U(g_3) = U(g_2) \cdot U(g_1)e^{i\phi}$인 관계가 있다. 이제 위상을 $e^{i\phi} = 1$로 선택하자. (물론 이것이 언제나 가능한 것은 아니다.) $e^{i\phi} = 1$으로 선택할 수 있는 경우 임의의 $g_1, g_2 \in G$에 대해 $U(g)$는 G의 "벡터표현"(vector representation)을 이룬다고 한다. 만일 G의 원소들 중의 일부인 g_1, g_2에 대해 $e^{i\phi} \neq 1$이라면, 이에 해당하는 변환 $U(g)$는 " 빛살표현"(ray representation) 혹은 "투영표현"(projection representation)을 이룬다고 한다.

18.2 회전군

18.2.1 궤도각운동량

삼차원의 공간에서 회전으로 기술되는 변환을 회전군 $SO(3)$[3]라고 하며, 이는 군을 이룬다. 스핀이 없는 한 입자의 위치를 $\mathbf{r}$이라고 하고, 궤도 각운동량 연산자를 $\mathbf{L} = \mathbf{r} \times \mathbf{p}$로 정의하자. 이 때 $\hat{\mathbf{n}}$ 방향에 대해 각도 λ만큼 회전하는 변환을 $O(\lambda, \hat{\mathbf{n}})$이라고 하자. 이를 연산자로 쓰면

$$O(\lambda, \hat{\mathbf{n}}) = e^{-i\lambda\hat{\mathbf{n}}\cdot\,\mathbf{L}/\hbar} \tag{18.2}$$

으로 쓸 수 있다. 이 연산자는 $\hat{\mathbf{n}}$ 방향을 회전축으로 하여 각도 λ만큼의 회전을 만들어낸다. 입자가 여러 개 있는 경우에는($i = 1, 2, \cdots, N$), j번째 입자의 궤도 각운동량을 $\mathbf{L}^{(j)} = \mathbf{r}^{(j)} \times \mathbf{p}^{(j)}$라고 정의하고, 전체 각운동량을

$$\mathbf{L} = \sum_j \mathbf{L}^{(j)} \tag{18.3}$$

로 정의한다. 이 계를 $\hat{\mathbf{n}}$ 방향에 대하여 λ만큼 회전하는 변환을 쓰면

$$e^{-i\lambda\hat{n}\cdot\mathbf{L}/\hbar} = \prod_{j=1}^{N} e^{-i\lambda\hat{n}\cdot\mathbf{L}^{(j)}/\hbar} \tag{18.4}$$

[3] SO는 special orthogonal의 약자이다.

가 된다. 따라서 $\mathbf{L}$을 작용하면 모든 입자들을 동시에 회전시키는 것이다. 다른 입자의 각운동량 연산자들끼리는 교환하는 성질, $[\mathbf{L}^{(i)}, \mathbf{L}^{(j)}] = 0$, $(i \neq j)$을 이용하고, 연산자의 일반적인 성질

$$e^{A+B} = e^A e^B, \quad [A, B] = 0\text{일 경우} \tag{18.5}$$

을 이용하면 식 (18.4)를 쉽게 이해할 수 있다.

18.2.2 스핀 1/2 입자

이제 스핀이 1/2인 입자를 고려하자. 스핀 1/2인 입자의 스핀은 Pauli 행렬을 $\boldsymbol{\sigma}$라고 했을 때

$$\mathbf{S} = \frac{\hbar}{2}\boldsymbol{\sigma} \tag{18.6}$$

로 주어지는 입자이다. 이 입자를 스핀 공간에서 회전시키는 변환은

$$U_S(\lambda, \hat{\mathbf{n}}) = e^{-i\lambda\hat{\mathbf{n}}\cdot\,\mathbf{S}/\hbar} \tag{18.7}$$

로 표현하고, 이는 $(\lambda, \hat{\mathbf{n}})$으로 결정되는 회전을 기술한다. 이 회전을 나타내는 변환은 $U_S(2\pi, z) = -1$이므로 이것은 빛살표현이다.

스핀 1/2인 입자가 N 개 있는 경우에는

$$\mathbf{S} = \sum_j \mathbf{S}^{(j)} \tag{18.8}$$

로 정의되는 전체스핀연산자를 사용하면, 이들 입자들을 회전시키는 변환은 $e^{-i\lambda\hat{\mathbf{n}}\cdot\mathbf{S}/\hbar}$로 주어진다. 이 변환은 모든 스핀을 동시에 회전시키는 것을 의미한다. 따라서 $U_S(2\pi, z) = (-1)^N$이다. 여기서 N이 짝수이면 벡터표현이고, N이 홀수이면 빛살표현을 이룬다.

18.3 각운동량 연산

스핀이 있는 입자의 전체 회전은 $U(\lambda, \hat{n}) = U_S U_L = e^{-i\lambda\mathbf{J}\cdot\hat{\mathbf{n}}/\hbar}$으로 주어진다. 여기서 전체 각운동량 연산자 $\mathbf{J}$는 $\mathbf{J} = \mathbf{L} + \mathbf{S}$이다. 만일 외부퍼텐셜이 없거나, 있더라도 구면대칭성을 가지고 있으면, 임의의 λ, $\hat{\mathbf{n}}$에 대하여 $[H, U] = 0$이 성립한다. 회전각도 λ가 매우 작을 경우에는, 회전변환을

$$U \approx 1 - \frac{i\lambda}{\hbar}\mathbf{J}\cdot\hat{n} \tag{18.9}$$

의 미소변환으로 쓸 수 있다. 임의의 $\hat{\mathbf{n}}$에 대해서도 $[\hat{\mathbf{n}}\cdot\mathbf{J}, H] = 0$이므로 $[\mathbf{J}, H] = 0$을 만족한다. 위의 관계를 양자역학계에서 사용할 때에는 다음과 같이 크게 두 부류로 나누어 고려할 수 있다.

1. 비상대론적 양자역학에서는 Schrödinger 방정식을 풀어야 하는데 여기서는 $[\mathbf{L}, H] = [\mathbf{S}, H] = 0$이 성립한다.

2. 상대론적 양자역학에서는 스핀-궤도 상호작용이 있으므로, 궤도각운동량만으로는 $[\mathbf{L}, H] \neq 0$이지만, 전체 각운동량은 보존되므로 $[\mathbf{J}, H] = 0$은 성립한다.

전체 각운동량 연산자 $\mathbf{J}$는 $[J_i, J_j] = i\hbar\epsilon_{ijk}J_k$의 교환관계를 만족한다. 또 $\mathbf{J}^2 = J_x^2 + J_y^2 + J_z^2$라 하면 $[J_i, \mathbf{J}^2] = 0$이다. 올림 연산자와 내림 연산자를 $J_\pm = J_x \pm iJ_y$로 정의하면, 이들도 $[J_\pm, \mathbf{J}^2] = 0$을 만족한다.

어떤 계를 기술하는 해밀토니안이 전체 각운동량 연산자와 교환하면, 즉 $[\mathbf{J}^2, H] = 0$이면 해밀토니안 H의 고유함수를 $\mathbf{J}^2$, J_z의 고유함수 $|\alpha, j, m\rangle$으로 선택할 수 있다.

$$\begin{aligned} J_z|\alpha, j, m\rangle &= m\hbar|\alpha, j, m\rangle, \\ \mathbf{J}^2|\alpha, j, m\rangle &= j(j+1)\hbar^2|\alpha, j, m\rangle, \\ H|\alpha, j, m\rangle &= E_{\alpha jm}|\alpha, j, m\rangle. \end{aligned} \tag{18.10}$$

여기서 지표 α는 각운동량에 관한 양자수 이외의 다른 모든 가능한 양자수를 상징적으로 나타낸 것이다. 또한

$$J_\pm|\alpha, j, m\rangle = \hbar\sqrt{j(j+1) - m(m\pm 1)}|\alpha, j, m\pm 1\rangle \tag{18.11}$$

을 만족한다. 여기서 가능한 m값은 $m = -j, \cdots, j$이며 $(2j+1)$ 개의 값을 갖는다. 그리고 j는 양의 정수 또는 반정수(1/2의 홀수배)이다. $[J_\pm, H] = 0$이므로 에너지는 m에 무관하고 따라서 $E_{\alpha jm} = E_{\alpha j}$로 쓸 수 있다.

주어진 α, j에 대해 집합 $\{\alpha, j, m\}$은 차원이 $(2j+1)$이고 회전에 대해 불변인 Hilbert 공간의 부분공간을 이룬다. 이 부분공간에서 각운동량 연산자들의 표현을 구하기 위해, 다음을 만족하는 $m \times m$ 행렬을 정의하자.

$$\begin{aligned} (\tilde{J}_z)_{mm'} &= m\hbar\delta_{mm'}, \\ (\tilde{J}_\pm)_{m'm} &= \hbar\sqrt{j(j+1) - m(m\pm 1)}\delta_{m',m\pm 1}. \end{aligned} \tag{18.12}$$

이 행렬을 $|\alpha, j, m\rangle$에 작용하면

$$J_\pm|\alpha, j, m\rangle = \sum_{m'} |\alpha, j, m'\rangle(\tilde{J}_\pm)_{m'm} \tag{18.13}$$

으로 쓸 수 있다. 이제 $D^j(\lambda,\hat{n})$을 다음과 같이 정의하자.

$$D^j_{m'm}(\lambda,\hat{\mathbf{n}}) = \left(e^{-i\lambda\hat{\mathbf{n}}\cdot\tilde{\mathbf{J}}/\hbar}\right)_{m'm}. \tag{18.14}$$

이때 상태 $|\alpha,j,m\rangle$을 회전하는 변환을 취하면 다음과 같은 결과를 얻는다.

$$U(\lambda,\hat{\mathbf{n}})|\alpha,j,m\rangle = \sum_{m'} |\alpha j m'\rangle D^{(j)}_{m'm}(\lambda,\hat{\mathbf{n}}). \tag{18.15}$$

두 번의 회전 변환을 잇달아 할 경우의 변환은

$$U(\lambda',\hat{\mathbf{n}}')U(\lambda,\hat{\mathbf{n}})|\alpha,j,m\rangle = \sum_{m''}|\alpha,j,m''\rangle \underbrace{\sum_{m'} D^{(j)}_{m''m'}(\lambda',\hat{\mathbf{n}}')D^{(j)}_{m'm}(\lambda,\hat{\mathbf{n}})}_{\text{행렬의 곱}} \tag{18.16}$$

이다. 여기서 행렬 $D^{(j)}$는 회전군의 표현을 이룬다고 한다.

N 차원의 벡터공간의 어떤 부분공간도 $D^{(j)}$를 작용하여 변하지 않는 공간이 없다면, 이를 "비환원 표현"(irreducible representation) 이라고 한다. 이를 다른 방법으로 표현하면 다음과 같다. 만일 모든 λ, $\hat{\mathbf{n}}$에 대해 $[A, D^{(j)}(\lambda,\hat{\mathbf{n}})] = 0$이면 $A = \text{상수} \times 1$이다.[4] 이를 증명하려면 우선 $[A, J_z] = 0$이므로 A는 대각선화되어 있어야 한다. 한편 $[A, J_\pm] = 0$이므로 모든 대각선 요소는 같아야 한다.

행렬표현 $D^{(j)}(\lambda,\hat{\mathbf{n}})$은 다음의 형태를 갖는다.[5]

$$D^{(j)}(\lambda,\hat{\mathbf{n}}) = \sum_{k=-j}^{j} e^{-ik\lambda} \prod_{l=-j,l\neq k}^{j} \frac{l\hbar - \hat{\mathbf{n}}\cdot\tilde{J}}{(l-k)\hbar} = \sum_{k=0}^{2j} C^j_k(\lambda)(\hat{\mathbf{n}}\cdot\tilde{\mathbf{J}})^k \tag{18.17}$$

이다. 간단한 예로 만일 $\hat{\mathbf{n}} = \hat{\mathbf{z}}$라면 $D^{(j)}_{m'm}(\lambda,\hat{z}) = e^{-i\lambda m}\delta_{m'm}$이다.

18.4 각운동량의 덧셈

두 개의 독립적인 계가 있다고 하자. 그리고 이들의 각운동량을 각각 $\mathbf{J}_{(1)}$, $\mathbf{J}_{(2)}$라고 하자. 이들은 독립적인 연산자들로, 서로 교환된다.

$$[\mathbf{J}_{(1)}, \mathbf{J}_{(2)}] = 0. \tag{18.18}$$

---

[4]이를 Schur의 따름정리라고 한다.

[5]Merzbacher p.423 참고

전체 각운동량 연산자 $\mathbf{J}$를 $\mathbf{J} = \mathbf{J}_{(1)} + \mathbf{J}_{(2)}$로 정의하자. 이 연산자는 다음의 교환관계를 만족한다.

$$[J^{\alpha}_{(i)}, J^{\beta}_{(j)}] = i\hbar\delta_{ij}\epsilon_{\alpha\beta\gamma}J^{\gamma}_{(j)}. \tag{18.19}$$

여기서 α, β, γ는 벡터의 성분을 나타내고, i, j는 입자에 대한 지수이다. 또한 $[\mathbf{J}_{(1)}, J^2_{(1)}] = 0$이고, $[\mathbf{J}_{(2)}, J^2_{(2)}] = 0$이므로

$$\begin{aligned} [\mathbf{J}, J^2_{(1)}] &= [\mathbf{J}, J^2_{(2)}] = 0, \\ [J^2, J^2_{(1)}] &= [J^2, J^2_{(2)}] = 0 \end{aligned} \tag{18.20}$$

이다. 따라서 이 계의 고유함수는 J^2, $J^2_{(1)}$, $J^2_{(2)}$의 고유함수로 선택할 수 있다.

각 입자의 전체 각운동량 양자수 j_1, j_2가 고정되어 있는 경우

$$|j_1 j_2 m_1 m_2\rangle \equiv |j_1 m_1\rangle \otimes |j_2 m_2\rangle \tag{18.21}$$

이라고 하자. 이 벡터들로 표현할 수 있는 상태들의 개수는 $(2j_1+1)(2j_2+1)$ 개이다. 따라서 우리는 이 벡터의 차원을 $N = (2j_1+1)(2j_2+1)$이라고 하겠다. 그리고 $|jm\rangle$은 J^2, J_z의 고유함수라고 하자. (물론 이 벡터는 $J^2_{(1)}$, $J^2_{(2)}$의 고유벡터이기도 하다.) 이 때 이들 벡터 사이에는 다음과 같은 unitary 변환 관계가 있다.

$$|jm\rangle = \sum_{m_1, m_2} |j_1 j_2 m_1 j_2\rangle \underbrace{\langle j_1 j_2 m_1 m_2 | jm\rangle}_{\text{Clebsch–Gordan 계수}} . \tag{18.22}$$

만일 위와 같은 성질을 만족하는 벡터 $|jm\rangle$이 존재한다면, 같은 j값을 갖는 다른 벡터들 $|jm'\rangle (m \neq m')$ 또한 존재한다. 이제 다음과 같은 질문을 하고, 이에 대한 답을 구하려고 한다.

1. 어떤 j 값이 가능한가?
2. 한 번 이상 나타나는 j 값이 있는가? 즉 졸들음이 있는가?
3. 식 (18.22)에 나타나는 계수 $\langle j_1 j_2 m_1 m_2 | jm\rangle$들 중 0이 아닌 값들이 있다면 이들은 어떤 값을 갖는가?

이에 대해 간단히 답을 하면 전체 각운동량 양자수 j는

$$|j_1 - j_2| \leq j \leq j_1 + j_2 \tag{18.23}$$

의 값이 가능하고, 모든 j에 대해 각각의 벡터들은 졸들어 있지 않다. 즉 j는 한 번만 나타난다. 마지막 질문이 우리가 먼저 자세히 계산해야 할 문제이다.

두 입자의 각운동량을 더한 전체 각운동량을 $\mathbf{J} = \mathbf{J}_1 + \mathbf{J}_2$ 라고 하고, 여기서 각각의 각운동량 양자수 j_1, j_2 가 고정되어 있다고 하자. 이 때 이를 기술하는 상태는 $|j_1 j_2 m_1 m_2\rangle$ 혹은 $|jm\rangle$ 로 표현할 수 있다. 이들 사이의 관계는

$$|jm\rangle = \sum_{m_1 m_2} \langle j_1 j_2 m_1 m_2 | jm\rangle |j_1 j_2 m_1 m_2\rangle \tag{18.24}$$

이다. 식 (18.24)에서 상태 $|jm\rangle$ 과 $|j_1 j_2 m_1 m_2\rangle$ 를 맺어주는, unitary 행렬의 형태를 갖는 계수들 $\langle j_1 j_2 m_1 m_2 | jm\rangle$ 를 "**Clebsch–Gordan** 계수"라고 한다.

가능한 j 값들은 $|j_1 - j_2| \leq j \leq j_1 + j_2$ 이다. 이를 증명하기 위해서는 고급의 군론을 써야 하지만, 여기서는 이를 그냥 받아들이기로 하겠다. 하지만 이러한 값들이 가능하다는 것을 간접적으로 확인해보자. 이를 확인해보기 위해 각각의 기준에서 표현한 벡터들의 차원을 계산해보자. 우선 전체 각운동량의 고유상태인 $|jm\rangle$ 의 개수를 구해보자. 이는

$$\begin{aligned}\sum_{j=|j_1-j_2|}^{j_1+j_2} (2j+1) &= (2j_2+1)\frac{1}{2}[2(j_1+j_2)+1+2(j_1-j_2)+1] \\ &= (2j_1+1)(2j_2+1) = N \end{aligned} \tag{18.25}$$

이다. 따라서 $|jm\rangle$ 은 이 부분공간을 이룬다. 또 식 (18.24)에 대한 역변환은 다음과 같이 쓸 수 있다.

$$|j_1 j_2 m_1 m_2\rangle = \sum_{jm} |jm\rangle \langle j_1 j_2 m_1 m_2 | jm\rangle^*. \tag{18.26}$$

Clebsch–Gordan 계수는 이들로 이루어진 행렬이 unitary 행렬이기만 하면 되므로, 이들의 위상은 임의로 정할 수 있다. 이제부터 이 Clebsch–Gordan 계수를 실수로 선택하자.

이제 실수의 Clebsch–Gordan 계수를 결정하기 위해 다음의 식을 살펴보자.

$$\begin{aligned} J^{\pm}|jm\rangle &= \hbar\sqrt{(j \mp m)(j \pm m + 1)}|j, m \pm 1\rangle, \\ J^{\pm}|j_1 j_2 m_1 m_2\rangle &= \hbar\sqrt{(j_1 \mp m_1)(m_1 \pm m_1 + 1)}|m_1 \pm 1, m_2\rangle \\ &+\hbar\sqrt{(j_2 \mp m_2)(j_2 \pm m_2 + 1)}|m_1, m_2 \pm 1\rangle. \end{aligned} \tag{18.27}$$

이를 이용하여 연산자 $J^{\mp}$ 를 $|jm\rangle$ 과 $|m_1 m_2\rangle$ 사이에 집어넣은 행렬요소는

$$\begin{aligned} \langle m_1 m_2 | J^{\mp} | jm\rangle &= \hbar\sqrt{(j \pm m)(j \mp m + 1)}\langle m_1 m_2 | j, m \mp 1\rangle \\ &= \hbar\sqrt{(j_1 \mp m_1)(j_1 \pm m_1 + 1)}\langle m_1 \pm 1, m_2 | jm\rangle \\ &+\hbar\sqrt{(j_2 \mp m_2)(j_2 \pm m_2 + 1)}\langle m_1, m_2 \pm 1 | jm\rangle \end{aligned} \tag{18.28}$$

이다. 이 식은 j, j_1, j_2 가 주어졌을 때 Clebsch–Gordan 계수들 사이의 선형관계를 보

여준다. 이들은 어떤 하나의 계수로 모두 표현할 수 있다. 즉 $\langle j_1 j_2 j_1 j_2 | jj\rangle$ 를 알면, 다른 $\langle j_1 j_2 j_1 j - j_2 | jm\rangle$ 은 이를 이용하여 표현할 수 있고, 이 계수들이 항상 양수가 되도록 위상규칙을 정하자.[6] 그러면 이 계수들의 크기는

$$\sum_{m_1, m_2} |\langle j_1 j_2 m_1 m_2 | jm\rangle|^2 = 1 \tag{18.29}$$

의 규격화 조건에 의해 결정된다.

가장 간단한 경우로 스핀 1/2인 두 개의 입자의 스핀 각운동량을 더하는 경우를 생각하자. 즉 각각의 스핀 양자수가 $j_1 = j_2 = 1/2$ 인 경우에 대해 살펴보자. 이때 가능한 전체 각운동량 양자수는 $j = 0, 1$ 이다. j_1, j_2 의 고유상태로 기준을 택하면

$$|m_1 m_2\rangle = \begin{cases} |\uparrow\downarrow\rangle \\ |\uparrow\uparrow\rangle \\ |\downarrow\downarrow\rangle \\ |\downarrow\uparrow\rangle \end{cases} \tag{18.30}$$

이다. 이는 $j = 1$ 인 삼중항 상태와 $j = 0$ 인 단일항 상태로 나눌 수 있다. 이 예제에서는 이들을 명시적으로 분류하는 방법을 보이겠다. 우선 첫 번째 스핀의 z 성분이 $+\hbar/2$ 인 경우의 부호를 다음과 같이 정한다. $m = 1$, $m_1 = 1/2$, $j = 1$ 인 경우에

$$1 = \langle\uparrow\uparrow|11\rangle = \sqrt{2}\langle\uparrow\downarrow|J_-|11\rangle = \sqrt{2}\langle\uparrow\downarrow|10\rangle \tag{18.31}$$

즉 $\langle\uparrow\downarrow|10\rangle = 1/\sqrt{2}$ 이다.

처음 스핀의 z 성분이 $-\hbar/2$ 일 경우의 계수를 결정하자. 이를 보기 위해 $m = 1$, $m_1 = 1/2$ 일 때의 경우를 고려하자.

$$\sqrt{2}\langle\uparrow\uparrow|11\rangle = \langle\uparrow\uparrow|J_+|10\rangle = \langle\uparrow\downarrow|10\rangle + \langle\downarrow\uparrow|10\rangle \tag{18.32}$$

이므로 $\langle\downarrow\uparrow|10\rangle = 1/\sqrt{2}$ 이다. 따라서 삼중항 상태는

$$\begin{aligned} |11\rangle &= |\uparrow\uparrow\rangle, \\ |10\rangle &= \frac{1}{\sqrt{2}}(|\uparrow\downarrow\rangle + |\downarrow\uparrow\rangle), \\ |1,-1\rangle &= |\downarrow\downarrow\rangle \end{aligned} \tag{18.33}$$

[6] 이와 같이 정하는 방법을 Condon–Shortley 관습이라고 한다. 이 관습은 Condon, Shortley가 쓴 책 "Theory of Atomic Spectra"에서 처음 도입되었다. 이러한 관습은 임의로 정할 수 있지만 보통 분광학에서 사용하는, 이들의 관습을 따른다.

로 쓸 수 있다. 주목할 것은 이들 상태들은 두 스핀의 자리바꿈에 대해 대칭적인 함수라는 것이다. 한편 단일항 상태는 $j = 0$이므로 $m = 0$이어야 하고, 동시에 $|10\rangle$ 상태와는 직교하는 상태를 만들어야 하므로

$$|00\rangle = \frac{1}{\sqrt{2}}(|\uparrow\downarrow\rangle - |\downarrow\uparrow\rangle) \tag{18.34}$$

이며, 이는 자리바꿈에 대해 반대칭적인 함수이다. 이 단일항 상태에서도 위상을 임의로 정할 수 있다. 여기서 Condon–Shortley 관습을 따르면 $j = m = 0$, $m_1 = 1/2$의 상태의 계수가 양수가 되도록 한다. 즉

$$0 = \langle\uparrow\downarrow|00\rangle + \langle\downarrow\uparrow|00\rangle \tag{18.35}$$

에서, 첫 항이 양수가 되도록 하면 단일항은 다음과 같이 쓴다.

$$|00\rangle = \frac{1}{\sqrt{2}}(|\uparrow\downarrow\rangle - |\downarrow\uparrow\rangle). \tag{18.36}$$

18.5 Wigner–Eckart 정리

일반적으로 텐서 연산자는 그 연산자가 회전에 대해 어떻게 변환하는가에 따라 스칼라 연산자, 벡터 연산자, 일반적인 고차의 텐서 연산자로 분류한다. 이는 일반적으로 텐서량은 Euclid 공간에서 회전에 대해 변환되는 방법에 따라 분류하기 때문이며, 여기서도 같은 방법으로 분류한다.

스칼라 연산자 A는 다음과 같이 정의한다. 임의의 상태 $|\psi\rangle$에 대하여, 이를 $\hat{\mathbf{n}}$ 방향으로 λ만큼 회전시키는 연산자 $U(\lambda, \hat{\mathbf{n}})$와 A가 만족시키는 관계는

$$U(\lambda, \hat{\mathbf{n}})A|\psi\rangle = AU(\lambda, \hat{\mathbf{n}})|\psi\rangle \tag{18.37}$$

이다. 즉 회전을 시키는 연산자 U와 교환되는 연산자를 스칼라 연산자라고 한다. 따라서 미소회전을 시키는 연산자로 쓰면, 스칼라 연산자는 각운동량 연산자와 교환한다.

$$[U(\lambda, \hat{\mathbf{n}}), A] = 0 \Longleftrightarrow [\mathbf{J}, A] = 0. \tag{18.38}$$

벡터 연산자 $\{A_i\}$는 다음과 같이 정의한다.

$$U(\lambda, \hat{\mathbf{n}}) A_i U^{-1}(\lambda, \hat{\mathbf{n}}) = \sum_{j=1}^{3} A_j R_{ji}(\lambda, \hat{\mathbf{n}}). \tag{18.39}$$

여기서 $R_{ji}(\lambda, \hat{\mathbf{n}})$는 3차원에서 회전을 나타내는 행렬로, 그 행렬요소는 실수이다. 미소변환에 대해서 이 행렬을 쓰면 항상 반대칭적인 직교 행렬 $[SO(3)]$로 나타난다. 이와 같은 미소회전 연산자를 이용하여 표시하면 벡터 연산자는 각운동량 연산자와 다음과 같은 교환관계를 갖는다.

$$[J_i, A_j] = i\hbar\epsilon_{ijk} A_k \tag{18.40}$$

이다. 벡터 연산자의 예를 들면 위치 연산자 $\mathbf{r}$, 운동량 연산자 $\mathbf{p}$, 각운동량 연산자 $\mathbf{J}$ 등이 있다.

일반적으로 텐서 연산자 T^l_m은 주어진 l 값에 대하여, 다음의 관계를 만족하는 $(2l+1)$ 개의 연산자들의 집합이다. $(m = -l, -l+1, \cdots, l)$

$$U(\lambda, \hat{\mathbf{n}}) T^l_m U^{-1}(\lambda, \hat{\mathbf{n}}) = \sum_{m'} T^l_{m'} D^{(l)}_{m'm}(\lambda, \hat{\mathbf{n}}). \tag{18.41}$$

T^l_m에 대한 이러한 변환은 1–입자 Hilbert 공간에서 구면조화함수 $Y_{lm}(\hat{\mathbf{r}})$의 변환과 같다는 것에 주목해야 한다.

$$|nlm'\rangle' = \sum_{m'} |nlm'\rangle D^{(l)}_{m'm}(\lambda, \hat{\mathbf{n}}). \tag{18.42}$$

이 관계를 미소회전에 대한 변환을 고려하면, 텐서 연산자는 각운동량 연산자와 아래의 교환관계를 만족하는 연산자로 정의한다.

$$\begin{aligned} [J_z, T^l_m] &= m\hbar T^l_m, \\ [J_\pm, T^l_m] &= \hbar\sqrt{l(l+1) - m(m\pm 1)}\, T^l_{m\pm 1}. \end{aligned} \tag{18.43}$$

이러한 텐서 연산자들에 대한 예를 들어보자. 우선 $l = 0$인 경우가 바로 스칼라 연산자이다. $l = 1$일 때에는 벡터 연산자 A_x, A_y, A_z를 정의하고, 이를 적당히 선형결합하여 다음과 같이 텐서 연산자를 쓸 수 있다.

$$\begin{aligned} T^1_0 &\equiv A_z, \\ T^1_1 &\equiv -\frac{A_x + iA_y}{\sqrt{2}}, \; T^1_{-1} \equiv \frac{A_x - iA_y}{\sqrt{2}}. \end{aligned} \tag{18.44}$$

정리 18.2 ***Wigner–Eckart* 정리**

상태 $|\alpha, j, m\rangle$ 이 J^2, J_z 의 고유상태라고 하자. 그러면

$$\langle \alpha j m | T^l_\mu | \alpha' j' m' \rangle = \langle j' l m' \mu | j m \rangle \frac{\langle \alpha j || T^l || \alpha' j' \rangle}{\sqrt{2j+1}} \tag{18.45}$$

이다. 우변의 첫 번째 항은 Clebsch-Gordan 계수로 기하학적인 인수이고, 두 번째 항은 m, m', μ 와 무관한 상수로 물리계의 성질에 의해 주어진다. 이 두 번째 항을 "환원행렬요소"(reduced matrix elements)라고 부른다.

증명: 우선 j, j', l, α, α' 이 고정되어 있는 경우를 생각하자. 이때 다음의 양을 정의하자.

$$|\overline{j'' m''}\rangle \equiv \sum_{m'\mu} T^l_\mu |\alpha' j' m'\rangle \langle j' l m' \mu | j'' m'' \rangle. \tag{18.46}$$

위 식에서 μ 와 m' 이 각각 $-l$ 부터 l 까지, $-j'$ 부터 j' 까지 변할 수 있으므로, $T^l_\mu|\alpha' j' m'\rangle$ 의 독립적인 항의 개수는 $(2l+1)(2j'+1)$ 개이다. 우선 $|\overline{j'' m''}\rangle$ 이 J^2 와 J_z 의 고유상태라는 것을 증명하자. 이를 보기 위해 우선 다음의 관계식을 살펴보자.

$$\begin{aligned} J_z T^l_\mu |\alpha' j' m'\rangle &= T^l_\mu J_z |\alpha' j' m'\rangle + \mu\hbar T^l_\mu |\alpha' j' m'\rangle \\ &= (m'+\mu)\hbar T^l_\mu |\alpha' j' m'\rangle. \end{aligned} \tag{18.47}$$

이 식을 보면 $T^l_\mu|\alpha' j' m'\rangle$ 로 주어지는 상태는 각운동량의 z 성분 J_z 의 고유상태가 됨을 알 수 있다. 또한 식 (18.47) 에서 $T^l_\mu|\alpha' j' m'\rangle$ 앞에 붙어 있는 Clebsch–Gordan 계수는 $m'' = m' + \mu$ 이지 않는 한 모두 0이 된다. 따라서

$$J_z |\overline{j'' m''}\rangle = m''\hbar |\overline{j'' m''}\rangle \tag{18.48}$$

로 쓸 수 있다.

한편 상태 $T^l_\mu|\alpha' j' m'\rangle$ 에 올림연산자 J_+ 를 적용하여 보면

$$\begin{aligned} J_+ T^l_\mu |\alpha' j' m'\rangle &= \hbar\sqrt{l(l+1) - \mu(\mu+1)}\, T^l_{\mu+1} |\alpha' j' m'\rangle \\ &+ \hbar\sqrt{j'(j'+1) - m'(m'+1)}\, T^l_\mu |\alpha' j' m'+1\rangle \end{aligned} \tag{18.49}$$

을 얻는다. 따라서

$$J_+ |\overline{j'' m''}\rangle = \hbar \sum_{\mu m'} T^l_\mu |\alpha' j' m'\rangle \Big[\sqrt{l(l+1) - \mu(\mu-1)} \langle j' l m', \mu - 1 | j'' m'' \rangle$$

$$+\sqrt{j'(j'+1)-m'(m'-1)}\langle j'lm'-1,\mu|j''m''\rangle\Big] \tag{18.50}$$

이다. 식 (18.28)으로 주어진 Clebsch–Gordan 계수의 회귀관계에 의하면, 위 식을

$$\Big[\text{식 (18.50)}\Big] = \sqrt{j''(j''+1)-m''(m''+1)}\langle j'lm'\mu|j'',m''+1\rangle \tag{18.51}$$

로 쓸 수 있다. 따라서

$$J_+|\overline{j''m''}\rangle = \hbar\sqrt{j''(j''+1)-m''(m''+1)}\ |\overline{j'',m''+1}\rangle \tag{18.52}$$

이다.

내림연산자를 작용한 $J_-|\overline{j''m''}\rangle$에 대해서도 마찬가지로 계산하고

$$J^2 = \frac{1}{2}\{J_-,J_+\} + J_z^2 \tag{18.53}$$

인 관계를 이용하면

$$J^2|\overline{j''m''}\rangle = \hbar^2 j''(j''+1)|\overline{j''m''}\rangle \tag{18.54}$$

를 보일 수 있다.

따라서 이들 결과를 종합하면 $\langle\alpha jm|\overline{j''m''}\rangle = c^j\delta_{jj''}\delta_{mm''}$이라고 쓸 수 있고, 여기서 계수 c^j는 m에 무관하다. 이를 증명하려면 다음의 관계를 보면 된다.

$$\langle\alpha,j,m+1|\overline{j''m''}\rangle = \frac{\langle\alpha jm|J_-J_+|\overline{j''m''}\rangle}{(\hbar\sqrt{j(j+1)-m(m+1)})^2} = \langle\alpha jm|\overline{j''m''}\rangle. \tag{18.55}$$

이 식에서 볼 수 있듯이 위의 값은 m 값에 무관하다. 이제 식 (18.46)의 역변환을 취하면

$$T^l_\mu|\alpha'j'm'\rangle = \sum_{j''m''}|\overline{j''m''}\rangle\langle j'lm'\mu|j''m''\rangle \tag{18.56}$$

로 쓸 수 있고, 따라서 $\langle\alpha jm|T^l_\mu|\alpha'j'm'\rangle = c^j\langle j'lm'\mu|jm\rangle$이다. 여기서 c_j는 앞의 정리에서 주어진 환원행렬 요소이다.

$$c_j = \frac{\langle\alpha j||T^l||\alpha'j'\rangle}{\sqrt{2j+1}}.\ \text{(증명끝)}\ \clubsuit \tag{18.57}$$

이에 대한 응용으로 $j=1/2$인 양성자의 경우 전기사중극자 모멘트를 고려하자. 전기사중극자 모멘트는 $l=2$이고, $j=j'=1/2$이므로, 0이 아닌 Clebsch-Gordan 계수가 존재할 수 없다. 즉 $\langle j'lm'\mu|jm\rangle = 0$이 되어 양성자는 전기사중극자 모멘트를 가질 수 없다. 한편 전기쌍극자 모멘트의 경우는 $j'=j=1/2$, $l=1$이므로 Clebsch-Gordan

상수만 살펴보면 0이 아닌 값이 존재할 수 있기 때문에 전기쌍극자 모멘트를 가질 수 있다. 이는 기하학적 요소인 Clebsch-Gordan 계수만 살펴보면 가능하지만, 물리적으로 전자기 상호작용은 소위 CP가 보존되므로 0이 된다. 즉 다른 물리적인 이유로 인하여 환원행렬요소가 0이 되는 특별한 경우이다. 반면 자기쌍극자 모멘트는 0이 아니다.

Wigner-Eckart 정리에 대한 따름정리가 두 개 있는데 그 중 첫 번째 따름정리는 다음과 같다.

정리 18.3 *Wigner–Eckart 정리의 따름정리 1*

$$\langle \alpha jm|\beta j'm'\rangle = \delta_{\alpha\beta}\delta_{mm'}F(\alpha,\beta,j) \tag{18.58}$$

이고, $F(\alpha,\beta,j)$는 m, m'에 무관하다.

증명: $\alpha=\beta$인 것은 각운동량 이외의 연산자의 고유값이 다르면 직교하므로 당연하고, m, m'에 무관한 것을 증명하겠다. 이를 보기 위해서는 $\langle \alpha jm+1|\beta j'm'+1\rangle = \langle \alpha jm|\beta j'm'\rangle$ 임을 증명하면 된다. 사다리 연산자를 이용하면 다음과 같이 쓸 수 있다.

$$|\alpha j, m+1\rangle = \frac{1}{\sqrt{j(j+1)-m(m+1)}}J_+|\alpha jm\rangle. \tag{18.59}$$

사실 $j=j'$일 때만 행렬요소가 0이 아니므로 $\langle \alpha j, m+1|\alpha j, m+1\rangle$을 구하면

$$\langle \alpha j, m+1|\alpha j, m+1\rangle = \frac{1}{j(j+1)-m(m+1)}\langle \alpha jm|J_-J_+|\alpha jm\rangle \tag{18.60}$$

이 되고,

$$J_-J_+ = J_x^2+J_y^2+i[J_x,J_y] = J_x^2+J_y^2-\hbar J_z = j(j+1)-m(m+1) \tag{18.61}$$

이 되어 $\langle \alpha j, m+1|\alpha j, m+1\rangle = \langle \alpha jm|J_-J_+|\alpha jm\rangle$이 됨을 알 수 있다. (증명 끝) ♣

18.6 Wigner–Eckart 정리의 응용

18.6.1 선택규칙

전기쌍극자 전이가 일어날 경우를 생각하자. 이 때 이 전이가 일어날 확률은 행렬요소의 절대값의 제곱 $|M|^2$에 비례한다. 이 행렬요소는

$$M \propto \langle \alpha jm|d_i|\alpha' j'm'\rangle \tag{18.62}$$

이다. 여기서 $i = x, y, z$ 이고, $\mathbf{d}$는 전기쌍극자 연산자로 벡터 연산자 T^1_μ의 한 성분이다. 따라서 위의 양은 Wigner–Eckart 정리에 의하여

$$\propto \text{Clebsch–Gordan 계수} \times \langle j', l = 1, m', \mu | jm \rangle \tag{18.63}$$

로 쓸 수 있다. $(\mu = -1, 0, 1)$ 이 값은 $|j - j'|$이 0 또는 1이고 m'이 m 또는 $m \pm 1$이 아닌 한 0이 된다. 또 만일 $j = 0$이라면 $j' = 1$이어야 하고 또 그 역도 성립한다. 이와 같이 전이확률이 0이 아닐 때, Wigner–Eckart 정리를 이용하여 가능한 나중상태들이 어떤 상태들이어야 하는가에 관한 선택규칙을 결정할 수 있다.

18.6.2 원자의 구조

어떤 원자의 바닥상태가 고유값 j를 갖는 $|\alpha jm\rangle$로 표시할 수 있다고 하자. 만일 $\mathbf{A}$가 벡터 연산자일 경우(예를 들어 자기쌍극자 모멘트 연산자), 다음과 같이 Wigner-Eckart 정리에 대한 따름정리가 성립한다.

정리 18.4 *Wigner–Eckart* 정리의 따름정리 *2*

이 따름정리는 어떤 벡터 연산자의 행렬요소는 임의의 다른 벡터 연산자, 전형적으로는 전체 각운동량 연산자의 행렬요소와 비례한다는 것을 나타낸다.

$$\langle \alpha jm | A_i | \alpha' j' m' \rangle = \text{상수} \times \langle \alpha jm || J_i || \alpha' j' m' \rangle = \text{상수} \times \tilde{J}^{(i)}_{mm'} \tag{18.64}$$

로 쓸 수 있다. (예를 들어 $J^z_{mm'} = m\hbar\delta_{mm'}$.) ♣

Wigner-Eckart의 따름정리를 이용하면 다음과 같은 예제에서 에너지 값들을 쉽게 구할 수 있다. 바닥상태가 $l \neq 0$, $s \neq 0$이어서 바닥상태가 졸들어 있을 경우를 고려하자. 이 때 자기쌍극자 모멘트는

$$\mathbf{M} = -\frac{\mu_B}{\hbar}(\mathbf{L} + 2\mathbf{S}) \tag{18.65}$$

로 주어진다. 한편 전체 각운동량은 $\mathbf{J} = \mathbf{L} + \mathbf{S}$이다. $(2j+1)$ 개의 바닥상태로 이루어진 공간 안에서는

$$\mathbf{M} = \frac{\mu_B g_L}{\hbar}\mathbf{J} \tag{18.66}$$

로 쓸 수 있다. $\mathbf{B} \neq 0$일 때는

$$H' \approx -\mathbf{B} \cdot \mathbf{M} = -\frac{g_L \mu_B}{\hbar}\mathbf{B} \cdot \mathbf{J} \tag{18.67}$$

로 나타낼 수 있다.

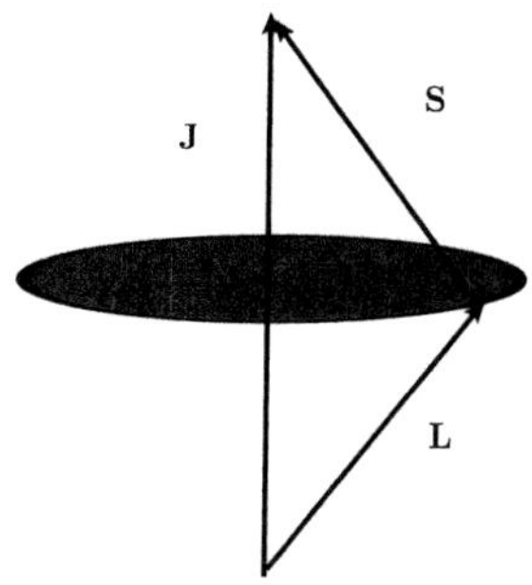

그림 18.1: 준고전적으로 보면 스핀 각운동량 **S**와 궤도 각운동량 **L**이 회전하면서 **J**를 고정된 양으로 만든다.

또한 Wigner-Eckart 따름정리에 의하면 전체 각운동량이 주어진 상태에서는 모든 벡터 연산자들의 기대값들은 평행하다. 식 (18.64)에 의하면 모든 벡터 연산자들의 기대값은 각운동량의 기대값에 비례하므로, $\langle \mathbf{p} \rangle \parallel \langle \mathbf{S} \rangle \parallel \langle \mathbf{d} \rangle \parallel \langle \mathbf{J} \rangle$이다. 수소 원자의 경우 $H' = \xi(r)\mathbf{L}\cdot\mathbf{S}$의 상호작용이 있는 경우 $[\xi(r) = (1/2m^2c^2r)dV/dr]$ 에너지 고유상태는 전체 각운동량의 고유상태 $|\alpha jm\rangle$로 쓸 수 있고, 이 경우 $\langle \mathbf{L} \rangle \parallel \langle \mathbf{S} \rangle \parallel \langle \mathbf{J} \rangle$이 된다. 이를 준고전적인 관점에서 보면 그림 18.1에서 보듯이 스핀 각운동량 **S**와 궤도 각운동량 **L**이 회전하면서 전체 각운동량 J가 고정되도록 만드는 것으로 볼 수 있다.

18.7 전자가 여러 개 있는 원자

전자가 여러 개 있는 원자의 해밀토니안은 $H = H_{\text{NR}} + H_{\text{Rel}}$로 쓸 수 있다. 여기서

$$H_{\text{NR}} = \sum_{i=1}^{Z}\left(\frac{\mathbf{p}_i^2}{2m} - \frac{Ze^2}{r_i}\right) + \frac{1}{2}\sum_{i\neq j}\frac{e^2}{|\mathbf{r}_i - \mathbf{r}_j|} \tag{18.68}$$

은 비상대론적인 해밀토니안이다. 그리고 H_{Rel}은 상대론적인 해밀토니안으로 궤도 각운동량과 스핀 각운동량의 결합 $\mathbf{L}\cdot\mathbf{S}$ 항이 있는 해밀토니안이다. 이 경우 바닥상태가 $J \neq 0$이라면, $(2J+1)$ 개의 바닥상태로 이루어진 공간 안에서

$$\mathbf{M} = \frac{g_L \mu_B}{\hbar}\mathbf{J} \tag{18.69}$$

로 쓸 수 있다. $\mathbf{B} \parallel \hat{\mathbf{z}}$인 경우에는 스핀 각운동량과 자기장과의 결합으로 나타나는 H_{spin} 항이 나타난다.

$$H_{\text{spin}} = -\mathbf{B}\cdot\mathbf{M}. \tag{18.70}$$

이 해밀토니안의 고유값은 $-g_L\mu_B Bm$으로 주어지며 m 값에 따라 $(2j+1)$ 종류의 값이 가능하다.

한편 비상대론적인 해밀토니안 $H_{\rm NR}$은 구면대칭성을 갖는 $H_{\rm cent}$와 2–입자 퍼텐셜 $V^{(2)}$로 쓸 수 있다.

$$H_{\rm NR} = H_{\rm cent} + V^{(2)}. \tag{18.71}$$

여기서

$$H_{\rm cent} = \sum_{i=1}^{Z}\Big(\frac{\mathbf{p}_i^2}{2m} + U_c(|\mathbf{r}_i|)\Big) \tag{18.72}$$

이다. U_c는 중심력 퍼텐셜이다. 이 경우 $V^{(2)} = H_{\rm NR} - H_{\rm cent}$를 섭동으로 다루면 된다. 이 때 $H_{\rm cent}$의 바닥상태를 먼저 구하도록 하자.

구체적인 예를 들어 14 개의 전자를 가진 실리콘(Si) 원자를 생각하자. 각각의 껍질을 채우면

$$\begin{array}{ccccc} 1s & 2s & 2p & 3s & 3p \\ 2 & 2 & 6 & 2 & 2 \end{array} \tag{18.73}$$

가 된다. $3p$ 상태에는 6 개의 가능한 상태가 있으므로 여기에 두 개의 전자를 넣는 방법의 수는

$$\frac{6\times 5}{2} = 15 \tag{18.74}$$

개가 되어 이들은 졸들은 상태를 이룬다. 이제 이들 15 개의 졸들은 바닥상태들 사이의 행렬요소를 고려하자. 이 경우에는 2–입자 퍼텐셜의 행렬요소 $\langle s|V^{(2)}|s'\rangle$는 15×15의 차원을 갖는 행렬이다.

주어진 상태에 들어갈 수 있는 전자가 꽉 찬 경우를 "닫힌 껍질"(closed shell)이라고 한다. 예를 들어 $2p$ 궤도에 여섯 개의 전자가 모두 들어 차있을 경우를 말한다. 닫힌 껍질의 경우에는 $\mathbf{L} = \mathbf{S} = 0$이고, 이 경우 Slater 행렬값은 회전에 대해 변하지 않는다. 따라서 두 개의 전자가 있는 $3p$ 상태에 대한 Slater 행렬값만을 고려하면 된다. 이 Slater 행렬로 만든 파동함수를 $\psi(r_1,\sigma_1,r_2,\sigma_2)$라고 하자. 이 상태의 양자수는 $l_1 = l_2 = 1$, $s_1 = s_2 = 1/2$이므로 $L = 2,1,0$, $S = 0,1$이 가능하므로 36 개의 상태가 있다. 이 중에서 반대칭인 상태를 고르면 된다.

S와 M_s에 의해 분류하면 $(S_z = M_s\hbar)$ 두 개의 전자에 대해

$$\begin{array}{cc} S & M_s \\ 0 & 0 \\ 1 & 1 \\ 1 & 0 \\ 1 & -1 \end{array} \tag{18.75}$$

이고, 이것을 이용해 스핀 부분의 상태함수 $f_s(\sigma_1, \sigma_2)$를 결정할 수 있다. 파동함수는

$$\psi_{s,M_s} = \Phi(r_1, r_2) f_s(\sigma_1, \sigma_2) \tag{18.76}$$

로 쓸 수 있다. 스핀 부분은 $s = 1$인 삼중항은 자리바꿈에 대해 대칭적이므로 $P_{12} f_s = f_s$를 만족하고, $s = 0$일 때는 자리바꿈에 대하여 반대칭적이므로 $P_{12} f_s = -f_s$이다. 따라서 전체 파동함수가

$$P_{12}\psi = -\psi \tag{18.77}$$

가 되도록, 궤도 부분의 파동함수 Φ를 결정한다. 즉 $s = 1$일 때는 $P_{12}\Phi = -\Phi$, $s = 0$일 때는 $P_{12}\Phi = \Phi$가 되도록 한다. 이제 $l_1 = l_2 = 1$인 경우 L을 결정하자. $L = 0, 2$일 때는 P_{12}에 대해 우함수이고 $L = 1$일 때는 P_{12}에 대해 기함수이다. 이 때 전자들이 되도록 떨어져 있는 것이 가장 낮은 에너지를 갖는다. 이를 Hund의 규칙이라고 한다. Hund의 규칙에 대해서는 다음 절에서 상세히 알아보겠다.

이제 다음과 같은 스핀-궤도 상호작용이 있는 경우를 살펴보자.

$$V_{SO} = \sum_{i=1}^{Z} g(\mathbf{r}_i)\ \mathbf{s}_i \cdot \mathbf{l}_i. \tag{18.78}$$

여기서 스핀-궤도 결합항 앞에 있는 계수 g는

$$g(\mathbf{r}) = \frac{1}{2m^2c^2}\frac{1}{r}\frac{dU_c(r)}{dr} \tag{18.79}$$

이다. 바닥상태 $|g\rangle$에 대해 이 퍼텐셜의 행렬요소 $\langle g|V_{SO}|g\rangle$을 구해보자. 바닥상태가 $L = 1$, $S = 1$인 경우에는 $(2S+1)(2L+1)$가지 경우가 있다.

$$\begin{aligned}
\langle g|V_{SO}|g\rangle &= \langle M_L' M_S'|V_{SO}|M_L M_S\rangle = \sum_i \sum_{\alpha\beta=1}^{3} \delta_{\alpha\beta} \langle M_L' M_S'|s_i^\alpha l_i^\beta g(\mathbf{r}_i)|M_L M_S\rangle \\
&= \sum_i \sum_{\alpha\beta=1}^{3} \delta_{\alpha\beta}\gamma \langle M_L' M_S'|S^\alpha L^\beta|M_L M_S\rangle \\
&= Z\gamma \langle M_L' M_S'|\mathbf{S}\cdot\mathbf{L}|M_L M_S\rangle
\end{aligned} \tag{18.80}$$

이다. 여기서 Z는 원자번호이다. 또한 Wigner–Eckart 정리에 의하여 각 입자의 궤도각운동량과 스핀각운동량의 행렬요소는 전체 궤도각운동량과 전체 스핀각운동량에 대한 행렬요소에 비례한다. 그 비례상수를 γ로 놓았다.

따라서 이 공간 안에서는

$$V_{SO} = Z\gamma \mathbf{L}\cdot\mathbf{S}, \quad \gamma > 0 \tag{18.81}$$

이다. 한편 $\mathbf{J} = \mathbf{L} + \mathbf{S}$ 이므로 $J^2 = L^2 + S^2 + 2\mathbf{L}\cdot\mathbf{S}$ 임을 이용하면

$$\mathbf{L}\cdot\mathbf{S} = \frac{1}{2}(J^2 - L^2 - S^2) \tag{18.82}$$

로 쓸 수 있다. 그러므로

$$\mathbf{L}\cdot\mathbf{S} = \frac{\hbar^2}{2}\Big(J(J+1) - L(L+1) - S(S+1)\Big) \tag{18.83}$$

이다. 따라서 에너지 갈라짐은

$$\Delta E = \frac{Z\gamma\hbar^2}{2}\Big(J(J+1) - L(L+1) - S(S+1)\Big) \tag{18.84}$$

로 나타난다.

그림 (18.2)는 실리콘(규소) 원자의 $3p^2$ 에 있는 15 개의 바닥상태를 나타낸다. 12 개의 전자는 $n = 1, 2$ 인 닫힌 껍질에 있어서 이들의 궤도와 스핀 각운동량은 0이므로, 최외각전자 2 개만 고려하면 된다. 이 두 전자들은 Pauli 배타원리를 만족해야 하므로 L 이 짝수인 경우에는 궤도함수는 두 입자를 바꾸는 것에 대해 대칭적이므로, 스핀 부분은

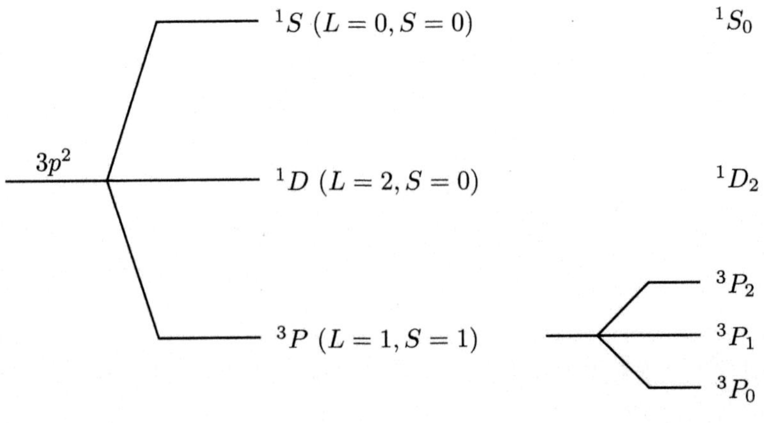

그림 18.2: 규소 원자의 전자배열에 따른 에너지 갈라짐

반대칭적인 상태($S = 0$)에 있어야 한다. L이 홀수인 경우에는 $S = 1$이어야 한다. 첫 번째 에너지 갈라짐은 다음 절에서 설명할 Hund의 규칙에 의한 것이다. 이 때는 위부터 상태들은 졸들음이 각각 1, 5, 9이다. 한편 오른쪽에 있는 ^3P상태의 갈라짐은 식 (18.84)에 나타나 있듯이 스핀-궤도 결합 때문에 생기는 Landé의 간격에 의한 갈라짐이다. 여기서 $^3P_2$ 등과 같은 표현은 소위 "분광학적 표현"(spectroscopic notation)이라고 한다. 이는 궤도 각운동량 양자수가 L, 스핀 양자수가 S, 전체 각운동량 양자수가 J일 경우 $^{2S+1}L_J$로 나타낸다.

한편 이 원자가 균일한 자기장 안에 놓여 있게 되면 자기장과의 상호작용에 의한 Zeeman 효과에 의해 더 작은 에너지 갈라짐이 나타난다. 자기장과의 상호작용은 다음과 같이 쓸 수 있다.

$$H_{\text{mag}} = \sum_i \frac{e}{2mc}(\mathbf{L} + 2\mathbf{S}) \cdot \mathbf{B} = \omega_c(L_z + 2S_z) = \omega_c(J_z + S_z). \tag{18.85}$$

여기서 $\omega_c = eB/2mc$이고, $\mathbf{B}$는 z축을 향하도록 정하였다. Wigner-Eckart 정리에 의하면 S_z의 기대값은 다음과 같이 쓸 수 있다.

$$\langle \alpha LSJM | S_z | \alpha LSJM' \rangle = \lambda \langle \alpha LSJM | J_z | LSJM' \rangle = \lambda \hbar M \delta_{MM'}. \tag{18.86}$$

여기서 λ는 상수이고, $|LSJM\rangle$은 전체 궤도각운동량과 전체 스핀각운동량을 더하여 얻은 전체 각운동량의 고유상태이다. 따라서 H_{mag}에 나타나는 $J_z + S_z$의 기대값은 다음과 같이 주어진다.

$$\langle \alpha LSJM | J_z + S_z | \alpha LSJM' \rangle = (1 + \lambda) \langle \alpha LSJM | J_z | LSJM' \rangle. \tag{18.87}$$

따라서 Landé의 간격으로 부르는 에너지 갈라짐은 다음과 같이 주어진다.

$$\Delta E = \hbar \omega_c M (1 + \lambda) = \hbar \omega_c M g_{\text{eff}}. \tag{18.88}$$

여기서 $g_{\text{eff}} = 1 + \lambda$로 주어지는 유효계수이다.

18.8 Hund의 규칙

바닥상태에 대한 S, L, J 값들을 아는 것은 매우 중요하다. 왜냐하면 선택규칙에 의하여 허용된 들뜬 상태의 이러한 값들을 결정할 수 있기 때문이다. 이렇게 어떤 상태의 J, L, S 값을 결정할 때 규칙적으로 나타나는 형태가 있다. 이를 정리한 것을 "**Hund의 규칙**"이라고 한다.

바닥상태의 양자수를 결정하는 데에는 스핀-궤도 상호작용과 Pauli의 배타원리가 서로 어울려 그 효과가 나타난다. 원자 번호가 40보다 작은, 가벼운 원자들에서는, 전자의 운동이 비상대론적이므로 스핀-궤도 상호작용보다는 Pauli의 배타원리가 더 많이 작용한다. 이 경우에는 L과 S가 각각 보존되는 좋은 양자수로 보는 것이 매우 좋은 어림방법이다. 이 때에는 모든 스핀을 더하여 전체 스핀 S를 만들고, 모든 궤도각운동량을 더하여 L을 만든다. 그리고 이들을 더하여 전체각운동량 J를 만든다. 이러한 방법을 "**Russel–Saunders 결합**"이라고 한다. 앞 절에서 스핀-궤도 상호작용이 있는 경우 이러한 Russel-Saunders 결합 방법을 사용하였다.

무거운 원자일 경우에는 먼저 전자의 스핀과 궤도각운동량을 결합하여, 한 전자의 전체각운동량을 만들고, 이들을 결합시켜 전체각운동량 J를 만드는 것이 좋은 어림방법이다. 이러한 방법을 "j-j 결합"이라고 한다. Hund는 Russel-Saunders 결합의 경우, 여러 계산결과를 요약하여, 이를 바닥상태의 전체 양자수를 결정하는 규칙으로 요약하였다.

Hund의 규칙

1. 가장 큰 S 값을 갖는 상태가 가장 에너지가 낮다.

2. 주어진 S 값에 대해 가장 큰 L 값을 갖는 상태가 낮은 에너지를 갖는다.

3. 주어진 L, S 값들에 대하여, 만일 꽉 들어차지 않은 상태가 반 이하로 찼을 때에는 가장 낮은 에너지 상태에서 $J = |L - S|$가 최소값을 갖는다. 반면에 껍질이 반 이상 차 있을 때에는 가장 에너지가 낮은 상태는 $J = L + S$인 J의 최대값을 갖는다.

이러한 규칙을 적용할 때에는 Pauli의 배타원리가 위반되지 않도록 조심하여야 한다. ♣

Hund의 세 번째 규칙이 어떻게 나왔는지 고려해보자. 세 번째 규칙을 다시 표현하면, 전자가 채워질 수 있는 모든 가능한 껍질에 반보다 적게 차있을 경우에는 J가 가능하면 되도록 작은 값을 가지려고 하고, 반보다 많이 차있을 경우에는 J가 되도록 큰 값을 가지려고 한다. 이는 스핀-궤도 상호작용을 나타내는 식 (18.81)에서 보듯이 $\mathbf{L} \cdot \mathbf{S}$의 계수가 양수이기 때문에 나타나는 결과이다. 따라서 에너지의 갈라짐을 살펴보면

$$\begin{array}{cc} J & J(J+1) \\ 0 & 0 \\ 1 & 2 \\ 2 & 6 \end{array} \tag{18.89}$$

이다.

핵이 스핀을 가질 경우 $\alpha \mathbf{I} \cdot \mathbf{J}$에 비례하는 형태를 가진 핵스핀과 전자들의 전체 각운동량과의 결합이 있다. 이 경우 나타나는 에너지 갈라짐을 "초미세 상호작용"(hyperfine interaction)이라고 한다. 이 때 전체 각운동량은

$$\mathbf{F} \equiv \mathbf{I} + \mathbf{J} \tag{18.90}$$

이다. 바닥상태가 가질 수 있는 양자수는 지금까지 고려한 선택규칙을 적용하여, 결정할 수 있다. 그리고 초미세 상호작용에 나타나는 비례상수는 핵의 질량에 반비례하고, 스핀-궤도 결합에 의해 나타나는 미세 상호작용은 전자의 질량에 반비례하므로, 대략적으로 초미세 상호작용에 의해 나타나는 에너지 갈라짐은 미세 상호작용에 의한 갈라짐보다 약 1/2000 정도 작다.

18.9 불연속적 대칭성

지금까지는 연속적인 대칭변환에 대하여 알아보았다. 연속적인 변환이란 미소 변환들을 연속적으로 가하여 얻은 변환을 의미한다. 양자역학에서 사용하는 모든 대칭변환은 반드시 연속적일 필요는 없다. 이 절에서는 불연속적인 변환 중 공간반전 변환과 시간반전 변환에 대하여 고려하겠다.

18.9.1 공간반전 변환

"**공간반전 변환**"(parity transformation)은 공간을 반전시키는 변환이다. $(\mathbf{r} \to -\mathbf{r})$ 좌표계의 변환으로 표현되는 공간반전 변환은 오른손 좌표계를 왼손 좌표계로 바꾸어 놓는다. 하지만 여기서는 공간반전 변환을 좌표계에 작용하여 변환시키는 변환 대신 상태벡터에 작용하는 변환으로 간주하겠다.[7] 상태 $|a\rangle$가 주어져 있다고 하고, 이를 공간을 뒤집어 만든 상태를 고려하자. 이 상태는 공간반전 연산자로 정의하는 unitary 연산자인 P를 작용하여 얻은 상태라고 가정하자.

$$|a\rangle \to P|a\rangle. \tag{18.91}$$

이 때 이 새로운 상태 $P|a\rangle$에 대한 위치벡터 $\mathbf{r}$의 기대값은 $|a\rangle$에 대한 기대값과 비교하면 부호가 바뀌어야 한다. 즉

$$\langle a|P^\dagger \mathbf{r} P|a\rangle = -\langle a|\mathbf{r}|a\rangle \tag{18.92}$$

[7] 이는 회전 변환에서도 마찬가지로 생각할 수 있다. 회전 변환을 좌표계에 적용시킬 수도 있지만, 상태를 반대 방향으로 회전시키면 동일한 결과를 얻는다.

을 만족하여야 한다. 이 관계가 만족되려면 연산자 관계로써

$$P^\dagger \mathbf{r} P = -\mathbf{r} \tag{18.93}$$

이 성립하여야 한다. P가 unitary 연산자라는 사실을 이용하면 $\mathbf{r}P = -P\mathbf{r}$이 된다. 즉 $\mathbf{r}$과 P는 반교환한다.

이제 위치 연산자 $\mathbf{r}$의 고유상태가 공간반전 변환에 대해 어떻게 변화하는지 살펴보자. 연산자 $\mathbf{r}$의 고유값이 $\mathbf{r}'$인 고유상태를 고려하자.

$$\mathbf{r}P|\mathbf{r}'\rangle = -P\mathbf{r}|\mathbf{r}'\rangle = -\mathbf{r}'P|\mathbf{r}'\rangle \tag{18.94}$$

이다. 즉 $P|\mathbf{r}'\rangle$은 $\mathbf{r}$의 고유상태이며, 고유값은 $-\mathbf{r}'$이다. 따라서 $P|\mathbf{r}'\rangle$은 $|-\mathbf{r}'\rangle$과는 단지 위상만이 차이가 날 뿐이다. 즉

$$P|\mathbf{r}'\rangle = e^{i\delta}|-\mathbf{r}'\rangle \tag{18.95}$$

이다.

관습적으로 $e^{i\delta} = 1$로 선택한다. 그러면 $P^2|\mathbf{r}'\rangle = |\mathbf{r}'\rangle$이 된다. 즉 $P^2 = 1$이다. 두 번 공간반전 변환을 하면 원래의 상태로 돌아오게 된다. 식 (18.94)에 의해 공간반전 연산자 P는 unitary 연산자일 뿐만 아니라 Hermitian 연산자이다. 즉 $P^{-1} = P^\dagger = P$이다. 그리고 이 연산자의 고유값은 ± 1이다.

이제 운동량 연산자가 공간반전 변환에 의해 어떻게 변환하는지 살펴보자. 고전적으로는 운동량은 $d\mathbf{r}/dt$에 비례하므로 $\mathbf{r}$과 마찬가지로 공간반전 변환에 대해 부호가 바뀔 것으로 예상할 수 있다. 이를 수학적으로 엄밀하게 고려하기 위해서는 운동량 연산자를 평행이동을 만들어내는 연산자로 생각하면 된다. 평행이동을 한 후 공간반전 변환을 취한 것은 공간반전 변환을 한 후, 반대방향으로 평행이동을 한 것과 같다. $\mathbf{l}$만큼 평행이동하는 변환은 $T(\mathbf{l}) = \exp(-i\mathbf{l}\cdot\mathbf{p}/\hbar)$이므로 미소 변환 $d\mathbf{r}'$에 대해서는

$$PT(d\mathbf{r}') = T(-d\mathbf{r}')P \tag{18.96}$$

이다. 따라서

$$P\Big(1 - \frac{i\mathbf{p}\cdot d\mathbf{r}'}{\hbar}\Big)P^\dagger = 1 + \frac{i\mathbf{p}\cdot d\mathbf{r}'}{\hbar} \tag{18.97}$$

이므로

$$P^\dagger \mathbf{p} P = -\mathbf{p} \tag{18.98}$$

인 관계가 성립한다.

공간반전 변환에 대한 전체 각운동량 연산자 $\mathbf{J}$의 성질을 살펴보자. 우선 궤도각운동

량 $\mathbf{L}$은 $[P, \mathbf{L}] = 0$을 만족한다. 왜냐하면 $\mathbf{L} = \mathbf{r} \times \mathbf{p}$이고 $\mathbf{r}$과 $\mathbf{p}$는 각각 공간반전 변환에 대해 부호를 바꾸기 때문이다. 하지만 스핀에 대해서도 이러한 성질이 있는지 살펴보려면 $\mathbf{J}$는 회전을 만들어 내는 연산자라는 사실을 이용하면 된다. 구체적으로 3×3 직교행렬에 대해서는

$$R_{\text{반전}} R_{\text{회전}} = R_{\text{회전}} R_{\text{반전}} \tag{18.99}$$

이 성립한다. 여기서

$$R_{\text{반전}} = \begin{pmatrix} -1 & 0 & 0 \\ 0 & -1 & 0 \\ 0 & 0 & -1 \end{pmatrix} \tag{18.100}$$

이다. 즉 공간반전 변환과 회전 변환은 서로 교환한다. 따라서 회전 변환을 만들어 내는 연산자 $\mathbf{J}$로 표현하면

$$[P, \mathbf{J}] = 0 \tag{18.101}$$

을 만족한다. 따라서 $\mathbf{J} = \mathbf{L} + \mathbf{S}$이므로 스핀연산자도 $\mathbf{L}$처럼 변환한다.

회전에 대해서는 $\mathbf{r}$과 $\mathbf{J}$는 같은 방식으로 변환하므로 이들은 모두 벡터이다. 하지만 공간반전 변환에 대해서는 $\mathbf{r}$과 $\mathbf{p}$는 부호가 바뀌지만, $\mathbf{J}$는 부호가 변하지 않는다. 이와 같이 공간반전 변환에 대해 부호가 바뀌는 벡터를 "극성 벡터"(polar vector)라고 하고, 공간반전 변환에 대해 부호가 바뀌지 않는 벡터를 "축성 벡터"(axial vector)라고 한다.

18.9.2 시간반전 변환

"시간반전 변환"이란 시간 t를 $t \to -t$로 변환시키는 것이다. 사실 시간이 거꾸로 간다는 것은 불가능하다. 그러므로 이러한 변환은 어떤 운동이 반대로 일어나도록 만드는 변환이라고 생각하면 된다. 시간반전 연산자를 Θ라고 하자. 그리고 이 변환에 의한 다음과 같은 상태의 변환을 고려하자.

$$|a\rangle \to \Theta|a\rangle. \tag{18.102}$$

만일 $|a\rangle$가 운동량 고유상태 $|\mathbf{p}'\rangle$이라고 하면 $\Theta|a\rangle$는 위상을 제외하고는 $|-\mathbf{p}'\rangle$과 같을 것이라고 예상할 수 있다. 마찬가지로 각운동량 연산자 $\mathbf{J}$도 시간반전에 대해 부호가 바뀔 것이다.

시간반전 연산자의 성질을 살펴보기 위해 시간반전된 상태의 시간에 대한 변화를 고려하자. 시간 $t = 0$에서 상태 $|a\rangle$가 어떤 물리적인 상태를 나타낸다고 하자. 그러면 약간 뒤의 시간 δt에서 이 계는

$$|a, \delta t\rangle = \left(1 - \frac{iH}{\hbar}\delta t\right)|a\rangle \tag{18.103}$$

이다. 여기서 H는 이 계의 해밀토니안이다. 이제 시간 $t = 0$에서 시간반전 연산자 Θ를

작용한 후 δt 이후에 이 상태는

$$\Big(1-\frac{iH\delta t}{\hbar}\Big)\Theta|a\rangle \tag{18.104}$$

로 주어질 것이다. 만일 이 계의 운동이 시간반전에 대한 대칭성이 있으면 위의 상태는 $\Theta|\alpha,-\delta t\rangle$ 와 같아야 할 것이다. 즉 상태를 더 이른 시간 $t=-\delta t$ 만큼 변화한 후, 운동량 $\mathbf{p}$ 와 각운동량 $\mathbf{J}$ 의 부호를 바꾸면 될 것이다. 이를 수학적으로 나타내면

$$\Big(1-\frac{iH}{\hbar}\delta t\Big)\Theta|a\rangle=\Theta\Big(1-\frac{iH}{\hbar}(-\delta t)\Big)|a\rangle \tag{18.105}$$

이 될 것이다. 이 관계가 임의의 상태 $|a\rangle$ 에 대해 성립하면, 연산자 관계로써

$$H\Theta=-\Theta H \tag{18.106}$$

가 성립하여야 한다.

이제 시간반전된 상태의 운동이 의미가 있으려면 Θ 는 unitary 연산자일 수 없다는 것을 보이겠다. 우선 Θ 가 unitary 연산자라고 가정하자. 그리고 에너지 고유값이 E_n 인 고유상태 $|n\rangle$ 을 고려하자. 이에 해당하는 시간반전된 상태는 $\Theta|n\rangle$ 일 것이고, 이는

$$H\Theta|n\rangle=-\Theta H|n\rangle=(-E_n)\Theta|n\rangle \tag{18.107}$$

을 만족한다. 즉 상태 $\Theta|n\rangle$ 은 에너지 고유값이 $-E_n$ 인 고유상태이다. 그러나 이것은 절대 성립할 수 없다. 심지어 자유입자에 대해서도 성립할 수 없는 결과이다. 자유입자의 에너지 스펙트럼은 0이상인 값들만 존재한다. 또 0보다 작은 에너지를 가질 수 없다. 따라서 에너지 값이 음수인 상태란 있을 수 없다. 이러한 결과는 자유입자의 해밀토니안 구조를 살펴보면 알 수 있다. 운동량 $\mathbf{p}$ 는 부호가 변하지만 $\mathbf{p}^2$ 는 변하지 않을 것이다. 하지만 식 (18.106) 에 의하면

$$\Theta^{-1}\frac{\mathbf{p}^2}{2m}\Theta=-\frac{\mathbf{p}^2}{2m} \tag{18.108}$$

이 되어야 한다.

지금까지의 논의를 살펴보면 시간반전 연산자가 unitary 연산자이면 물리적으로 가능하지 않은 상태를 만들어 낸다. 따라서 Wigner의 정리에 의해 시간반전 연산자는 반 unitary 연산자일 수 밖에 없다. 그렇다면 임의의 상태 $|a\rangle$ 에 대하여

$$\Theta iH|a\rangle=-i\Theta H|a\rangle \tag{18.109}$$

이 성립하고, $\Theta H = H\Theta$를 만족한다. 이 관계식으로 인하여 물리적으로 의미있는 시간반전 상태를 만들 수 있다. 따라서 앞으로는 시간반전 연산자는 반unitary 연산자로 정하고, 상태 $|a\rangle$의 시간반전 상태는 $|\tilde{a}\rangle = \Theta|a\rangle$로 쓰겠다.

이제 연산자들이 시간반전 변환에 대해 어떻게 변환하는지를 보겠다. 이러한 변환에 대한 성질을 다음과 같은 정리로 쓸 수 있다.

정리 18.5 반 *unitary* 연산자의 성질

임의의 선형 연산자 O에 대해

$$\langle b|O|a\rangle = \langle\tilde{a}|\Theta O^\dagger\Theta^{-1}|\tilde{b}\rangle \tag{18.110}$$

의 관계를 만족한다.

증명: 이 결과는 연산자 Θ가 반unitary 연산자이기 때문에 성립한다. 이를 증명하기 위해 다음의 상태를 정의하자.

$$|c\rangle \equiv O^\dagger|b\rangle. \tag{18.111}$$

한편 이 상태에 대응하는 쌍대공간에서의 브라 벡터가 존재한다.

$$|c\rangle \rightarrow \langle b|O = \langle c|. \tag{18.112}$$

그러므로

$$\begin{aligned}\langle b|O|a\rangle &= \langle c|a\rangle = \langle\tilde{a}|\tilde{c}\rangle = \langle\tilde{a}|\Theta O^\dagger|b\rangle = \langle\tilde{a}|\Theta O^\dagger\Theta^{-1}\Theta|b\rangle \\ &= \langle\tilde{a}|\Theta O^\dagger\Theta^{-1}|\tilde{b}\rangle.\ (\text{증명끝})\ \clubsuit\end{aligned} \tag{18.113}$$

그러므로 만일 연산자 A가 Hermitian 연산자이면

$$\langle b|A|a\rangle = \langle\tilde{a}|\Theta A\Theta^{-1}|\tilde{b}\rangle \tag{18.114}$$

을 만족한다. 만일 연산자 A가

$$\Theta A\Theta^{-1} = \pm A \tag{18.115}$$

를 만족하면 시간반전에 대하여 각각 짝(+) 상태, 홀(−) 상태라고 한다. 시간반전한 상태에서 연산자 A의 기대값은

$$\langle b|A|a\rangle = \pm\langle\tilde{b}|A|\tilde{a}\rangle^* \tag{18.116}$$

로 주어진다. 만일 $|b\rangle = |a\rangle$ 이면

$$\langle a|A|a\rangle = \pm\langle\tilde{a}|A|\tilde{a}\rangle \tag{18.117}$$

이 된다.

예를 들어 $\mathbf{p}$ 의 기대값을 보자. 시간반전된 상태에 $\mathbf{p}$ 를 작용하면 그 기대값은 원래의 상태에서 얻은 기대값과 부호가 반대인 것을 예상할 수 있다. 즉 $\langle a|\mathbf{p}|a\rangle = -\langle\tilde{a}|\mathbf{p}|\tilde{a}\rangle$ 이다. 그러므로 $\mathbf{p}$ 는 홀 상태의 연산자이다. 즉 $\Theta\mathbf{p}\Theta^{-1} = -\mathbf{p}$ 이다. 이를 이용하면

$$\mathbf{p}\Theta|\mathbf{p}'\rangle = -\Theta\mathbf{p}\Theta^{-1}\Theta|\mathbf{p}'\rangle = (-\mathbf{p}')\Theta|\ \mathbf{p}'\rangle \tag{18.118}$$

이 된다. 이는 $\Theta|\mathbf{b}'$ 이 운동량의 고유상태이고, 고유값은 $-\mathbf{p}'$ 인 상태이므로 위상만 적당히 선택하면 $|-\mathbf{p}'\rangle$ 와 같게 된다. 마찬가지로 당연히 $\langle a|\mathbf{r}|a\rangle = \langle\tilde{a}|\mathbf{r}|\tilde{a}\rangle$ 이므로

$$\Theta\mathbf{r}\Theta^{-1} = \mathbf{r},\ \Theta|\mathbf{r}'\rangle = e^{i\delta}|\mathbf{r}'\rangle \tag{18.119}$$

이 성립한다. 여기서도 역시 위상을 1로 선택할 수 있다.

한편 각운동량 $\mathbf{J}$ 는 시간역전에 대하여

$$\Theta\mathbf{J}\Theta^{-1} = -\mathbf{J} \tag{18.120}$$

의 관계가 성립한다.

연습문제

1. 식 (18.44)에 있는 세 개의 연산자들이 실제로 식 (18.43)의 교환관계를 만족하여, $l = 1$인 텐서 연산자가 됨을 보여라.

2. 두 개의 독립적인 단순조화진동자의 소멸연산자와 생성연산자들을 각각 $a_\pm$, $a_\pm^\dagger$ 이라고 하자. 그리고 다음의 연산자들을 정의하자.

$$J_\pm = \hbar a_\pm^\dagger a_\mp, \ J_z = \frac{\hbar}{2}(a_+^\dagger a_+ - a_-^\dagger a_-), \ N = a_+^\dagger a_+ + a_-^\dagger a_-. \tag{18.121}$$

이 때 $J_\pm$, J_z는 각운동량 연산자 대수를 만족함을 보이고, $\mathbf{J}^2$를 수 연산자 N으로 나타내어라.

3. 질량이 m이고 전하가 반대인 $-q_1 = q_2 = e > 0$인 두 개의 스핀이 없는 입자로 이루어진 계가 있다. 이 계의 해밀토니안은

$$H_0 = \frac{p_1^2}{2m} + \frac{p_2^2}{2m} - \frac{e^2}{|\mathbf{r}_2 - \mathbf{r}_1|} \tag{18.122}$$

으로 주어져 있다.

(가) H_0의 고유벡터와 고유값은

$$H_0|nlm\mathbf{K}\rangle = \Big(-\frac{e^2}{2a_0 n^2} + \frac{\hbar^2 K^2}{2M}\Big)|nlm\mathbf{K}\rangle \tag{18.123}$$

의 형태임을 보여라. 여기서 $a_0 = \hbar^2/\mu e^2$이고 $\mu = m/2$인 환원질량이다. 또 (nlm)은 수소원자의 양자수이고 $\hbar\mathbf{K}$는 전체운동량이다. (기호 m이 두 번 나왔지만 내용을 보면 그 차이를 확실히 구별할 수 있다.) 다음의 관계

$$\begin{aligned} \mathbf{r} &= \mathbf{r}_2 - \mathbf{r}_1, \quad \mathbf{p} = \frac{1}{2}(\mathbf{p}_2 - \mathbf{p}_2), \\ \mathbf{R} &= \frac{1}{2}(\mathbf{r}_1 + \mathbf{r}_2), \quad \mathbf{P} = \mathbf{p}_1 + \mathbf{p}_2 \end{aligned} \tag{18.124}$$

를 이용하고 상대좌표 $\mathbf{r}$에 대해 속박되지 않은 상태는 무시하여라.

(나) 이 계가 고전적인 외부전기장과 상호작용한다. 이 상호작용은 다음과 같은 섭동으로 주어진다.

$$V(t) = -\frac{e}{\mu c}\mathbf{p}\cdot\mathbf{A}(\mathbf{R}, t). \tag{18.125}$$

이 형태의 퍼텐셜 $V(t)$를 얻기 위해 어떤 어림방법을 도입하였는가?

(다) 이 계의 처음상태는 상대좌표에 대해 $1s$의 바닥상태에 있고 전체운동량은 x 방향으로 $\hbar K_i$를 가지고 있다고 하자. 외부 전자기장은 $\hat{\mathbf{x}}$의 방향으로 이동하고, $\hat{\mathbf{z}}$의 방향으로 편광되어 있다.

$$\mathbf{A}(\mathbf{R}, t) = A_0 \hat{\mathbf{z}} e^{iKX} e^{-i\omega t}. \tag{18.126}$$

여기서 $\omega = ck$이다. 이제 이 처음상태의 전체 운동량이 $\hbar \mathbf{K}_f = \hbar(\mathbf{K}_i + \mathbf{K})$이고, 상대좌표에 대해서는 $2p$ 상태인 나중상태로 옮겨가는 전이율을 시간에 의존하는 일차 섭동이론을 이용하여 구하려고 한다. 이 전이가 일어나는 진동수 ω가 질량중심의 평균속도 $\bar{v} = \hbar \bar{K}/M$에 어떻게 의존하는가? 단 $\bar{K} = (K_i + K_f)/2$이다. 이 결과는 Doppler 이동으로 해석할 수 있음을 보여라.

(라) 이제 $\bar{K} = 0$이라고 하자. (다)에서 기술한 전이율을 전기쌍극자 어림방법을 이용하여 계산하여라. 이 문제의 답은 진동수에 대한 델타함수로 주어진다. 이 델타함수 앞에 붙어 있는 계수를 구하여라. 단

$$\langle 210|z|100\rangle = 2^{15/2} 3^{-5} a_0 \tag{18.127}$$

이다. 답을 표현할 때 a_0, m, μ를 ω_{fi}, e, $\hbar$, c로 나타내어라.

(마) (라)에서 얻은 결과를 이용하여 $1s \to 2p$로의 전이에 대한 흡수산란단면적 σ_{abs}를 구하려면 어떤 계수를 곱해야 하는가?

(바) 전기쌍극자 어림방법은 a_0/λ가 작을 때에만 사용할 수 있다. 여기서 λ는 흡수된 전자기파의 파장이다. 이 문제에서 a_0/λ는 미세구조상수 $\alpha = e^2/\hbar c$를 이용해서 표현하면 a_0 혹은 m에 무관함을 보여라.

4. 원점에 정지해 있는 원자를 고려하자. 단 전자들은 페르미온이지만 스핀이 없다고 가정하자. 비섭동 해밀토니안은

$$H_0 = \sum_i \frac{p_i^2}{2m} + \frac{1}{2}\sum_{i \neq j} \frac{e^2}{r_{ij}} - \sum_i \frac{Ze^2}{r_i} \tag{18.128}$$

이고 Z는 원자번호이다.

(가) 이 해밀토니안에 대하여 다음의 연산자 중에서 어떤 연산자가 운동상수를 이루는가?

$\mathbf{p}_i$, $\mathbf{P} = \sum_i \mathbf{p}_i$, $\mathbf{L}_i$, $\mathbf{L}_i^2$, $\mathbf{L}$, $\mathbf{L}^2$, P(반전연산자)

(나) 이제부터 $Z = 8$이라고 하자. 이 경우 바닥상태의 전자배열을 살펴보면 (중심) $3p^2$로 쓸 수 있다. 여기서 (중심) $= 1s^1 2s^1 sp^2 3s^1$이다. 또한 들뜬 상태

의 배열은 다음과 같다.

(중심) $3p^1 4s^1$,

(중심) $3p^1 4p^1$,

(중심) $3p^1 3d^1$.

바닥상태와 세 개의 들뜬 상태에 대하여 이 배열이 다중항으로 갈라지는지, 갈라지면 어떻게 갈라지는 지를 논하여라. 각각의 다중항에 대하여 전체각운동량, 반전성, 좁들음을 구하여라.

[주의 : (중심) 부분의 반전성이 반드시 $+1$일 필요는 없다.]

(다) 이 계의 처음상태는 좁들은 바닥상태 중의 하나이다. 이제 섭동

$$V(t) = f(t)V_0 = f(t)\Big[-e\sum_i \phi(\mathbf{r}_i)\Big] \tag{18.129}$$

이 가해졌다. 여기서 $\phi(\mathbf{r}) = xyz$, $f(t) = \lambda e^{-\gamma|t|}$이다. 단 λ, γ는 상수이다. V_0는 텐서연산자 T^l_m의 어떤 성분들과 관련이 있음을 보여라. 어떤 l 값이 가능한가? (T^l_m을 정의하고 V_0를 T^l_m으로 나타내어라.)

(라) 각운동량과 반전성에 대한 선택규칙을 이용하여 (나)에서 구한 다중항 중에서 어떤 것들이 가능한 나중상태가 될 수 있는 지 구하여라. 처음상태는 바닥상태 다중항의 일부이다. 여기서는 V_0의 일차섭동항까지만 고려하여라.

(바) 문제 (다)의 $V(t)$가 $M = 0$인 바닥상태에서 $L = 2$, $M = 2$인 나중상태 ($3p^1 3d^1$ 배열상태, M은 L_z의 양자수이다.)로 옮겨갈 확률을 구하여라. 이 답을 환원행렬요소 $\langle f||T^{(l)}||i\rangle$로 표현하여라. 이 환원행렬요소를 계산할 필요는 없다. 또한 전이진동수 $\omega_{fi} = (E_f = E_i)/\hbar$는 미지수로 놓고 계산하여라. 이 문제에서 특히 시간에 대한 적분을 계산하여라.

5. (가) xy, xz, $x^2 - y^2$를 텐서 T^2_m의 성분으로 나누어 써라. 단 T^2_m은 $l = 2$인 텐서 연산자이다.

(나) "전기사중극자 모멘트"는 다음과 같이 정의한다.

$$Q \equiv e\langle \alpha, j, m = j|(3z^2 - r^2)|\alpha, j, m = j\rangle. \tag{18.130}$$

다음의 기대값을 Q와 적당한 Clebsch–Gordan 계수를 이용하여 표현하여라.

$$e\langle \alpha, j, m'|(x^2 - y^2)|\alpha, j, m = j\rangle. \tag{18.131}$$

여기서 $m' = j, j-1, j-2, \cdots$ 이다.

6. 스핀이 0인 입자가 중심력 퍼텐셜에 의해 한 고정된 중심을 주위로 속박되어 있다.

   (가) Wigner–Eckart 정리만을 이용하여

$$\langle n', l', m'| \mp \frac{1}{\sqrt{2}}(x+iy)|n, l, m\rangle \tag{18.132}$$

   과

$$\langle n', l', m'|z|n, l, m\rangle \tag{18.133}$$

   사이의 관계를 구하여라.

   (나) 같은 문제를 파동함수 $\psi(\mathbf{r}) = R_{nl}(r)Y_{lm}(\theta, \phi)$를 이용하여 구하여라.

7. 9 개의 성분을 가진 연산자 $(A_xB_x, A_xB_y, A_xB_z, A_yB_z, \cdots)$를 고려하자. 이 연산자는 두 개의 벡터 연산자 $\mathbf{A}$와 $\mathbf{B}$의 x, y, z 성분들의 곱으로 이루어진 텐서 연산자이다. 이들 텐서 연산자들로부터 명시적으로 스칼라 연산자 T_0^0, 벡터 연산자 T_m^1, 2차 텐서 연산자 T_m^2 을 구성하여라. T_m^l 은 Y_{lm} 처럼 표준적으로 변환하는 텐서 연산자이다.

8. 수소 원자에 대해 다음의 환원 전기쌍극자 모멘트 행렬요소를 명시적으로 구하여라. 단 지름 방향의 적분을 계산할 필요는 없다.

$$\langle 3s||d||2p\rangle,\ \langle 3p||d||2p\rangle,\ \langle 3d||d||2p\rangle. \tag{18.134}$$

   이들 중 0이 되는 것이 있는가? 그렇다면 그 이유는 무엇인가?

9. ${}^6_2$He 원자핵에는 두 개의 중성자가 $1p_{3/2}$ 준위에 있다. Pauli의 원리를 이용하여 이들 중성자들의 전체 각운동량이 가질 수 있는 값들을 구하여라.

10. (가) He 원자의 바닥상태와 낮은 에너지의 들뜬 상태들인 $1s^2$, $1s^12s^1$, $1s^12p^1$ 의 전자 배열에 대한 에너지 준위를 고려하자. 상호작용이 $H_{\text{int}} = e^2/r_{12}$ 로 주어졌을 때 이들 전자배열이 어떻게 ${}^{2S+1}L$ 의 형태의 집단으로 갈라지는지 설명하고, 이들 상태들이 스핀–궤도 상호작용 H_{SO} 가 작용하여 어떻게 ${}^{2S+1}L_J$ 의 형태를 가진 다중항으로 갈라지는지 설명하여라. 각각의 다중항에 대하여 반전성(parity)을 결정하여라. (상태들을 에너지 크기에 따라 순서를 정하지 않아도 좋다.)

    (나) (가)에서 구한 각각의 다중항 ${}^{2S+1}L_J$ 에 대한 표를 만들자. 각각의 다중항으로 한 열씩 만들고, 세 개의 행은 각각 "전기쌍극자", "자기쌍극자", "전기사중극자"로 이루어지도록 하자. 각각의 칸에 이 다중항이 바닥상태 ${}^1S_0$ 상태로 붕괴할 가능성을 고려하여라. 이러한 전이가 전혀 불가능할 때는, 그 칸에 "금지"라고 써라.

약하게 허용될 때, 즉 $H_{SO} \to 0$인 극한에서 금지될 때는 "약"으로 써라. 그리고 $H_{SO} \to 0$인 극한에서도 허용되는 전이일 경우에는 "가능"이라고 써라.

(다) $1s^1 2p^1$의 전자 배열로 구성된 ^3P 상태를 고려하자. H_{SO}가 켜졌을 때에너지 준위의 상대적인 간격에 대하여 논하여라. (절대적인 간격은 상수에 의존한다. 이 상수는 계산할 필요는 없다.)

11. $\mathbf{A}$와 $\mathbf{B}$가 두 개의 벡터 연산자이고, 다음 연산자를 정의하자.

$$C_{\mu\nu} \equiv A_\mu B_\nu + B_\nu A_\mu. \tag{18.135}$$

여기서 μ와 ν는 좌표성분 x, y와 z를 나타내는 지표이다. 이 연산자 $C_{\mu\nu}$의 적당한 선형결합으로, 회전에 대해 지표 l, m을 갖는 비환원텐서로 변환하는 연산자 집합 L^l_m을 정의할 수 있다.

(가) 벡터 연산자와 텐서 연산자들은 각운동량 연산자 J_z와 $J_\pm$과의 교환관계로 정의할 수 있다. 이러한 교환관계를 구하여라.

(나) 이 문제에서 나타날 수 있는 가능한 l과 m 값들을 구하고, T^l_m과 $C_{\mu\nu}$ 사이의 관계를 구하여라. 이때 선택한 임의의 상수들을 나타내어라.

(다) H는 고유상태가 $|\alpha, j, m\rangle$으로 주어지는 회전에 대해 불변인 해밀토니안이라고 하자. 여기서 j는 각운동량 양자수이고, m은 J_z의 양자수, 그리고 α는 그 이외의 다른 양자수들을 나타낸다. 이제 α와 j가 고정된 행렬요소들의 집합 $M^{\mu\nu}_{mm'} \equiv \langle \alpha jm | C_{\mu\nu} | \alpha jm' \rangle$을 고려하고, 가장 간단한 경우인 $\mu = \nu = z$인 경우로 한정한다. $-j \le m \le j$와 $-j \le m' \le j$의 범위에서 모든 0이 아닌 행렬요소 $M^{\mu\nu}_{mm'}$를, 연산자 $\mathbf{A}, \mathbf{B}$와 H의 선택방법과, 고정된 양자수 α와 j에 의존하는 두 개의 결정되지 않은 매개변수로만 표현하여라.

제 19 장

Feynman 그림

지금까지 비상대론적인 양자역학에서 섭동이론에 대하여 고찰하였다. 섭동항이 작을 때에는 섭동이론을 이용하여, 전이율과 같은 물리량을 섭동에 대해 체계적인 급수전개를 하여 얻을 수 있었다. 하지만 고차의 급수전개를 할 때에는, 더해야 하는 중간상태의 수가 기하급수적으로 증가하기 때문에 급수전개를 할 때 매우 많은 양을 계산하여야 한다. 또한 이들을 모두 체계적으로 정리하기에는 불편한 점이 많다.

이 장에서는 임의의 차수에서 섭동이론에 의한 기여를 계산할 때 주어진 항에 대응하는 Feynman 그림을 부여하고, 그 그림을 계산할 수 있는 Feynman 법칙을 부여하고자 한다. 따라서 주어진 섭동에 대한 Feynman 법칙을 알면 주어진 차수에서 가능한 모든 Feynman 그림을 그리고, 이 그림들을 계산하기만 하면 쉽게 섭동에 의한 기여를 계산할 수 있다. 이러한 방법은 상대론적 양자역학, 양자장론의 섭동이론 등에서 광범위하게 쓰이고 있다. 이러한 분야에서 Feynman 그림을 사용하는 방법은 이 책의 수준을 넘어서므로 여기서는 다루지 않겠다. 하지만 이 장에서 다루는 비상대론적 양자역학에서 섭동이론을 Feynman 그림과 이에 따르는 Feynman 법칙을 이용하여 다루는 방법을 알면 이를 양자장론에 바로 적용할 수 있을 것이다.

19.1 시간진행 연산자

이 장에서는 Feynman 그림을 사용하여 섭동이론에서 주어지는 항들을 계산하는 방법을 살펴보려고 한다. 이 방법을 간단히 표현하기 위해 시간진행 연산자를 섭동이론을 사용하여 전개하는 방법을 먼저 알아보자. Schrödinger 방정식은 $i\hbar\partial\psi/\partial t = H\psi$로 주어지고, 이 때 "시간진행 연산자" $T(t,t')$를 이용하여 그 해를 표현하면 $\psi(t) = T(t,t')\psi(t')$이다. 따라서

$$i\hbar\frac{\partial}{\partial t}\psi(t) = i\hbar\frac{\partial}{\partial t}T(t,t')\psi(t') = HT(t,t')\psi(t') \tag{19.1}$$

으로 주어지므로, 시간진행 연산자 $T(t,t')$이 만족하는 운동방정식은

$$i\hbar\frac{\partial}{\partial t}T(t,t') = HT(t,t') \tag{19.2}$$

이다. 또 이에 대한 경계조건은 $T(t,t) = 1$이다. 시간진행 연산자 T는 위의 성질을 만족하는 군을 이룬다. 즉

$$T(t,t'')T(t'',t') = T(t,t'),\ T(t,t') = T(t',t)^{-1} \tag{19.3}$$

을 만족한다. 한편 T는 unitary 연산자이다.

$$T^\dagger(t,t') = T^{-1}(t,t') = T(t',t). \tag{19.4}$$

반면에 Heisenberg 표현을 이용하여 물리계를 기술할 때, 파동함수는 시간에 대해 변하지 않는다.

$$\psi_H(t) = T^\dagger(t,0)\psi_S(t) = T(0,t)\psi_S(t) = \psi_S(0). \tag{19.5}$$

그리고 연산자는 시간에 따라 변하는 양으로 선택한다. Heisenberg 표현에서의 연산자를 시간진행 연산자를 이용하여 표현하면 다음과 같다.

$$A_H(t) = T^\dagger(t,0)A_ST(t,0). \tag{19.6}$$

19.2 시간진행 연산자 T의 섭동전개

이제부터 편의상 $\hbar = 1$로 놓겠다. 앞으로 얻는 결과에서 $\hbar$를 넣는 표현을 얻고 싶으면, 관심이 있는 물리량의 차원을 잘 살펴보고 적당한 차수의 $\hbar$를 곱하면 쉽게 얻을 수 있을 것이다. 어떤 계의 해밀토니안을 $H = H_0 + V(t)$라 하자. 여기서 H_0는 시간에 무관한 비섭동 해밀토니안이다. 이 때 시간 t'에서 $t + dt$(dt는 미소시간)로 변할 때 시간진행 연산자 T는

$$T(t+dt,t') = T(t,t') + \frac{\partial}{\partial t}$$
$$T(t,t')dt = T(t,t') - iHT(t,t')dt = (1 - iHdt)T(t,t') \tag{19.7}$$

을 만족한다. 따라서 해밀토니안 H가 시간에 무관하면 $T(t,t') = e^{-iH(t-t')}$ 으로 쓸 수 있다. 이제 시간 간격 $t-t'$을 N개로 나눈 작은 시간 간격을 τ라고 하자. $[\tau = (t-t')/N]$ 그리고 $N \to \infty$인 극한을 취하면 τ는 미소량이 되므로 위의 식을 안전하게 쓸 수 있다.

이때 T는 각각의 미소시간 τ 간격 안에서는 T가 식 (19.7)의 미소변환을 하므로, t'에서 t로 유한변환을 할 때에는 이와 같은 미소변환을 계속 반복하면 된다. 즉 다음과 같이 쓸 수 있다.

$$T(t,t') = \lim_{N\to\infty}(1 - iH(t_N)\tau)(1 - iH(t_{N-1}))\cdots(1 - iH(t_1)\tau). \tag{19.8}$$

여기서 섭동 해밀토니안이 시간에 의존하여 해밀토니안을 $H(t) = H_0 + V(t)$으로 쓸 수 있으면, 시간진행 연산자 $T(t,t')$에서 퍼텐셜 $V(t)$에 의존하는 양을 따로 분리할 수 있다.

식 (19.8)에서 V에 무관한, 즉 V의 0차인 항만 골라내면

$$T^{(0)} = \lim_{N\to\infty}(1 - iH_0\tau)^N = \lim_{N\to\infty}(1 - iH_0(t-t')/N)^N = e^{-iH_0(t-t')} \tag{19.9}$$

이 된다. 한편 V의 1차항에 비례하는 항만 골라내면

$$\begin{aligned} T^{(1)} &= \lim_{N\to\infty}\sum_n (1 - iH_0\tau)^{N-n}(-iV(t_n)\tau)(1 - iH_0\tau)^{n-1} \\ &= -i\int_{t'}^{t} dt_n e^{-iH_0(t-t_n)}V(t_n)e^{-iH_0(t_n-t')} \end{aligned} \tag{19.10}$$

으로 쓸 수 있다. 마찬가지 방법으로 V의 2차항은 다음과 같이 쓸 수 있다.

$$\begin{aligned} T^{(2)} &= \lim_{N\to\infty}\sum_{mn}(1 - iH_0\tau)^{N-n}(-iV(t_n)\tau)(1 - iH_0\tau)^{n-m-1} \\ &\times\ (-iV(t_m)\tau)(1 - iH_0\tau)^{m-1} \\ &= (-i)^2\int_{t'}^{t} dt_n \int_{t'}^{t_n} dt_m e^{-iH_0(t-t_n)}V(t_n)e^{-iH_0(t_n-t_m)}V(t_m)\, e^{-iH_0(t_m-t')}. \end{aligned} \tag{19.11}$$

비섭동 해밀토니안 H_0의 고유함수 $H_0|\alpha\rangle = E_\alpha|\alpha\rangle$를 이용하여, 이들 고유상태 사이의 시간진행 연산자에 대한 행렬요소를 구하면 다음과 같이 쓸 수 있다.

$$\begin{aligned} \langle\alpha|T(t,t')|\beta\rangle &= \delta_{\alpha\beta}e^{-iE_\alpha(t-t')} \\ &- i\int_{t'}^{t} dt_1 e^{-iE_\alpha(t-t_1)}\langle\alpha|V(t_1)|\beta\rangle e^{-iE_\beta(t_1-t')} \\ &+ (-i)^2\int_{t'}^{t} dt_1 \int_{t'}^{t_1} dt_2 \sum_\gamma e^{-iE_\alpha(t-t_1)}\langle\alpha|V(t_1)|\gamma\rangle \end{aligned}$$

$$\times \quad e^{-iE_\gamma(t_1-t_2)}\langle\gamma|V(t_2)|\beta\rangle e^{-iE_\beta(t_2-t')}+\cdots . \tag{19.12}$$

19.3 Feynman 그림

시간진행 연산자를 이용하여 다음의 양을 정의하자.

$$K(t,t') = \begin{cases} 0, & t < t' \\ T(t,t'), & t \ge t' \end{cases} \tag{19.13}$$

이를 "진행자"(propagator)라고 한다. 이와 같이 $t \ge t'$일 경우에만 0이 되지 않도록 만든 것은, 이 진행자가 인과관계를 만족하게 하기 위하여 집어 넣은 것이다. 섭동이 없는 경우의 진행자는

$$K_0(t,t') = T_0(t,t')\theta(t-t') = e^{-iH_0(t-t')}\theta(t-t') \tag{19.14}$$

이다. 이 경우 "**Feynman 진행자**"는 위의 비섭동 진행자를 H_0의 고유상태 사이에 집어넣어 계산한 행렬요소로 정의한다.

$$K_\alpha(t-t') = \langle\alpha|K_0(t-t')|\beta\rangle = \theta(t-t')E^{-iE_\alpha(t-t')}\delta_{\alpha\beta}. \tag{19.15}$$

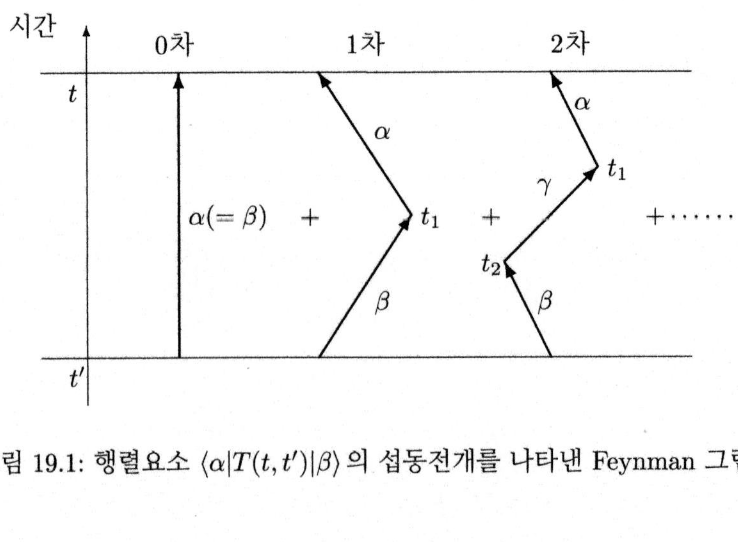

그림 19.1: 행렬요소 $\langle\alpha|T(t,t')|\beta\rangle$의 섭동전개를 나타낸 Feynman 그림.

한편 섭동이 있는 경우에는 Feynman 진행자를 섭동에 대한 급수전개로 구할 수 있다.

$$\langle\alpha|K(t,t')|\beta\rangle = K_\alpha(t-t')\delta_{\alpha\beta} - i\int_{t'}^{t} dt_1 K_\alpha(t-t_1)\langle\alpha|V(t_1)|\beta\rangle K_\beta(t_1-t')$$
$$+(-i)^2\sum_\gamma\int_{t'}^{t} dt_1\int_{t'}^{t_1} dt_2 K_\alpha(t-t_1)V_{\alpha\gamma}(t_1)K_\gamma(t_1-t_2)V_{\gamma\beta}(t_2)K_\beta(t_2-t')$$
$$+(-i)^3\sum_{\gamma\delta}\int_{t'}^{t} dt_1\int_{t'}^{t_1} dt_2\int_{t'}^{t_2} dt_3 KVKVKVK + \cdots . \qquad (19.16)$$

식 (19.16)에 있는 각 항들을 그림 19.1에 나타내었다. 이 그림들은 시간진행 연산자의 행렬요소를 간단하게 표현한 것 뿐이다. 그림 19.1에서 y축은 시간을 나타내고, 시간 t'에서 t로 진행하는 행렬요소를 나타낸다. 화살표로 나타내는 양은 진행자이다. 그리고 이 진행자가 나타내는 상태는 그 옆에 α, β 등으로 나타내었다. 여기서 t_1, t_2 등으로 표시한 "꼭지점"(vertex)은 그 시간에서 그 시간 전후의 진행자가 나타내는 상태들 사이에서 취한 퍼텐셜의 행렬요소를 나타낸다.

이와 같이 주어진 물리량에 대한 섭동전개를 하여 이들 각각의 항들에 대응시킨 그림들을 "**Feynman 그림**"이라고 한다. 이러한 Feynman 그림들을 계산하기 위한 적당한 규칙을 부여하면, 이제부터는 한 개의 Feynman 그림이 주어지면 이에 해당하는 행렬요소를 구할 수 있다. 주어진 Feynman 그림에, 그 그림으로부터 행렬요소를 계산할 수 있도록 부여한 규칙을 "**Feynman 규칙**"이라고 한다. 따라서 Feynman 규칙이 부여된 Feynman 그림들을 이용하여 섭동이론을 표현할 수 있다. 식 (19.16)처럼 시간진행 연산자의 행렬요소를 표현하는 주어진 그림에 대하여 Feynman 그림을 계산하는 Feynman 규칙을 다음과 같이 정하도록 하자.

Feynman 규칙

1. 시간은 수직방향으로 아래에서 위로 흐른다.
2. γ로 표시한 각각의 화살표에 대해서는 진행자 $K_\gamma(t_f-t_i)$를 부여한다. 여기서 t_i, t_f는 각각 γ가 시작되는 시각과 끝나는 시각이다.
3. 각각의 꼭지점(vertex)에 대해서는 $-iV_{\alpha\beta}(t_m)$을 부여한다. 여기서 α는 나중상태, β는 처음상태를 나타내고, t_m은 퍼텐셜이 작용한 시각이다.
4. 위상적으로 다른 모든 가능한 그림을 그려 합한다. 여기서 합한다는 것은 다음의 경우에 대해 모두 더한다는 것이다.
   - 모든 가능한 중간상태들에 대해 합한다. ($\sum_\gamma$)

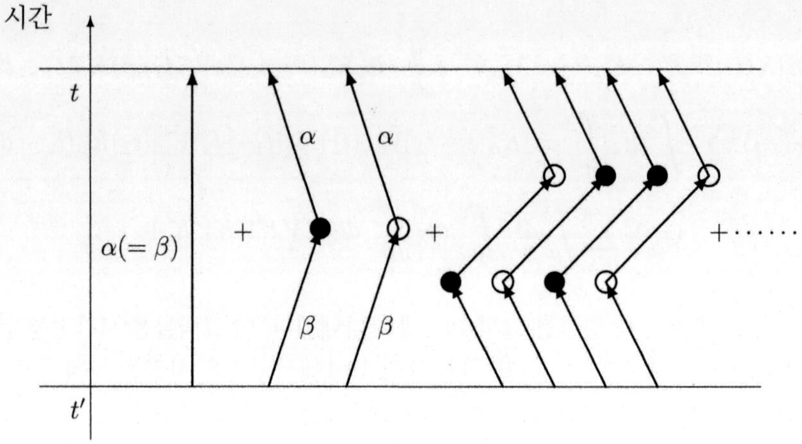

그림 19.2: 퍼텐셜이 V_1, V_2가 있을 경우의 행렬요소 $\langle\alpha|T(t,t')|\beta\rangle$의 섭동전개를 나타낸 Feynman 그림.

- 모든 중간의 시간에 대해 적분한다.
- V의 모든 차수에 대해 계산한다.

이것을 더욱 일반화하여 두 가지의 섭동 $V_1(t)$, $V_2(t)$가 있을 경우를 고려하자. 이때 해밀토니안은 $H = H_0 + V_1(t) + V_2(t)$로 쓸 수 있고 이 경우 Feynman 규칙을 부여한 Feynman 그림을 이용하면 그림 19.2와 같이 섭동전개를 할 수 있다. 여기서 검은 원은 퍼텐셜 V_1, 흰 원은 퍼텐셜 V_2를 나타낸다.

19.4 다입자계

입자가 여러 개 있는 계에 대해서도 Feynman 그림을 이용하여 섭동이론을 얻을 수 있다. 우선 두 개의 구별할 수 있는 입자계를 생각하자. 이 때 섭동이 있기 전의 해밀토니안은 $H_0 = H^{(1)} + H^{(2)}$로 쓸 수 있다고 하자. 여기서 $H^{(i)} (i = 1, 2)$는 i번째 입자에 해당하는 1–입자 해밀토니안이다. 이들에 대한 고유값 방정식이 아래와 같이 주어진다고 하자.

$$H^{(1)}|a\rangle = \epsilon_a|a\rangle,\ H^{(2)}|A\rangle = \epsilon_A|A\rangle. \tag{19.17}$$

이때 두 입자를 기술하는 고유상태는 위의 두 고유상태의 텐서곱으로 표현할 수 있다.

$$H_0|aA\rangle = E_{aA}|aA\rangle, \quad E_{aA} = \epsilon_a + \epsilon_A. \tag{19.18}$$

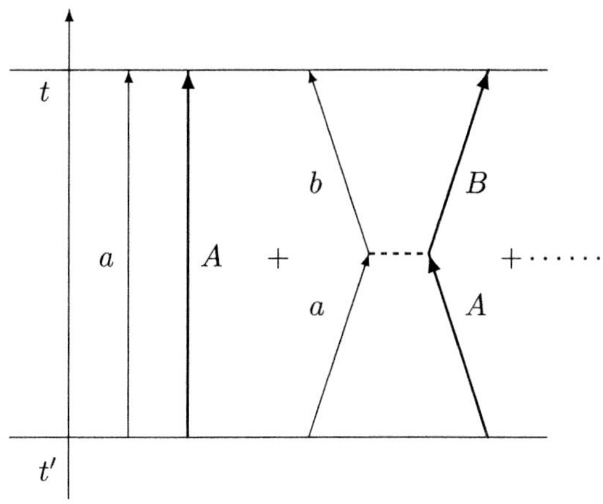

그림 19.3: 두 입자 사이의 상호작용이 있을 경우에 시간진행 연산자의 행렬요소 $\langle aA|T(t,t')|bB\rangle$ 의 섭동전개를 나타낸 Feynman 그림.

만일 이 두 입자 사이에 상호작용을 섭동으로 취급할 수 있으면, 여기에서도 시간진행 연산자의 행렬요소를 그림 19.3과 같이 Feynman 그림으로 나타낼 수 있다. 이에 대한 해석은 앞 절에서 보았듯이 한 입자에 대한 섭동전개와 비슷하게 할 수 있다. $a(A)$ 표시가 있는 화살표는 입자 1(2)의 진행자를 나타내고, 점선은 이 입자들 사이의 상호작용을 나타낸다. 이제 두 입자들 사이의 상호작용이 퍼텐셜이 V로 주어진 경우를 고려하자. 이 경우에는 전체 해밀토니안이 $H = H_0 + V(t)$이다. 이때 시간진행 연산자의 행렬요소를 알려면, 퍼텐셜의 행렬요소 $\langle aA|V|bB\rangle$를 알아야 한다.

이제 Feynman 규칙을 이용하여 이 Feynman 그림들에 해당하는 시간진행 연산자의 행렬요소에 대한 식을 쓰면 다음과 같다.

$$\begin{aligned}\langle bB|K|aA\rangle &= \delta_{ab}\delta_{AB}K_{aA}(t-t') \\ &+ (-i)\int_{t'}^{t} dt_1 K_{bB}(t-t_1)\langle bB|V(t_1)|aA\rangle K_{aA}(t_1-t') \\ &+ \cdots . \end{aligned} \tag{19.19}$$

여기서 $\cdots$ 는 고차항의 기여를 나타낸다. 식 (19.19)에서 K_{aA}는 단일입자 진행자 K_a, K_A를

$$K_a(t) = e^{-i\epsilon_a t}\theta(t),\ K_A(t) = e^{-i\epsilon_A t}\theta(t) \tag{19.20}$$

라고 쓰면, 이들의 곱으로 표현되는 2–입자 진행자이다.

$$K_{aA}(t) = e^{-i(\epsilon_a+\epsilon_A)t}\theta(t) = K_a(t)K_A(t). \tag{19.21}$$

2–입자 진행자를 구한 것과 마찬가지 방법으로 3–입자계에 대한 진행자도 구할 수 있다. 그림 19.4에는 3–입자계에서 두 입자 사이에만 작용하는 퍼텐셜이 있는 경우, 퍼텐셜의 1차에 비례하는 항들 중의 한 항에 해당하는 Feynman 그림을 나타내었다. 이 경우 진행자를 나타내는 데 있어서 이들을 보는 관점은 두 가지가 있다. 하나는 "전체적 관점"이다. 전체적 관점이란 여러 입자들이 있는 계를 기술할 때 개개의 입자들의 진행자보다는 전체의 진행자를 사용하여 계를 기술하는 관점이다. 전체적 관점에서 그림 19.4에 해당하는 진행자를 쓰면

$$(-i)\int_{t'}^{t} dt_1 K_{aA\mathcal{A}}(t-t_1)\langle aA\mathcal{A}|V(t_1)|bB\mathcal{B}\rangle K_{bB\mathcal{B}}(t_1-t') \tag{19.22}$$

이다.

한편 "개별적 관점"이란 여러 입자들로 이루어진 계를 각각의 입자들의 진행자를 고려하여 계를 기술하는 방법이다. 개별적 관점에서 그림 19.4에 해당하는 진행자를 써보면 다음과 같다.

$$(-i)\int dt_1 K_a K_A K_{\mathcal{A}}\langle aA\mathcal{A}|V(t_1)|bB\mathcal{B}\rangle K_b K_B K_{\mathcal{B}}. \tag{19.23}$$

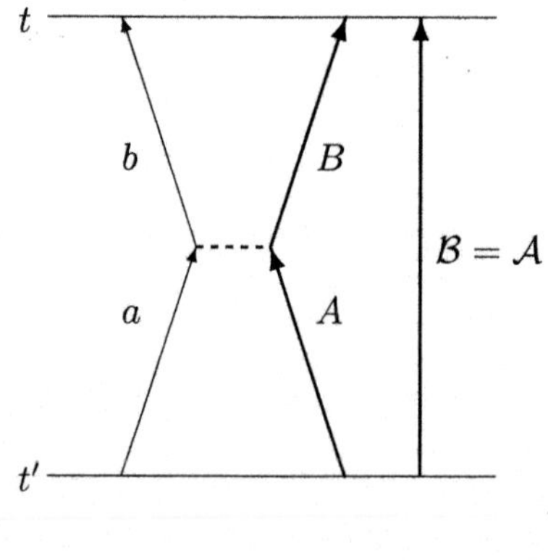

그림 19.4: 3-입자계에서 두 입자 사이의 상호작용이 있을 경우에 시간진행 연산자의 행렬요소 $\langle aA\mathcal{A}|T(t,t')|bB\mathcal{B}\rangle$의 섭동전개 중 퍼텐셜의 1차에 비례하는 항 중의 하나에 해당하는 Feynman 그림.

19.5 에너지 진행자

각 입자에 대한 진행자가 $K_\alpha(t) = e^{-iE_\alpha t}\theta(t)$인 것을 주목하고, 이에 대한 Fourier 변환을 살펴보자.

$$\begin{aligned} L_\alpha(\omega) &= -i\int_{-\infty}^{\infty} dte^{i\omega t}K_\alpha(t), \\ K_\alpha(t) &= \frac{-1}{2\pi i}\int_{-\infty}^{\infty} d\omega e^{-i\omega t}L_\alpha(\omega). \end{aligned} \tag{19.24}$$

여기서 L_α 앞에 붙은 인자 $-i$는 임의로 붙인 상수로 이에 대한 의미는 아래에 분명히 나타난다. 이제 $L_\alpha(\omega)$를 계산하면

$$\begin{aligned} L_\alpha(\omega) &= -i\int_{-\infty}^{\infty} dte^{i\omega t}e^{-iE_\alpha t}\theta(t) = -i\int_0^{\infty} e^{i(\omega-E_\alpha)t} \\ &= -i\frac{e^{i(\omega-E_\alpha)t}}{i(\omega-E_\alpha+i\eta)}\Big|_0^{\infty} = \frac{1}{\omega-E_\alpha+i\eta}, \end{aligned} \tag{19.25}$$

이다. 여기서 η는 임의의 작은 양수이다. 식 (19.25)에 나타난 $L_\alpha(\omega)$를 "에너지 진행자"(energy propagator)라고 한다. 앞에서 언급한 L_α 앞에 붙은 상수는 에너지 진행자의 분모에 진동수 ω 앞의 계수가 $+1$이 되도록 정한 것이다. 이때 비섭동 해밀토니안에 H_0에 대한 진행자는 $K_0(t) = e^{-iH_0 t}\theta(t)$이므로

$$L_0(\omega) = \frac{1}{\omega - H_0 + i\eta} \tag{19.26}$$

로 쓸 수 있다. 위 식에서는 분모에 연산자를 집어 넣어, 에너지 진행자를 연산자 형태로 표현하였다.

19.6 정확한 진행자

앞 절에서는 비섭동 해밀토니안에 대한 에너지 진행자의 형태를 알아보았다. 이제 일반적으로 퍼텐셜이 있을 경우 정확한 진행자 $K(t,t')$를 고려하자. 이 진행자에 해당하는 Fourier 변환 $L(\omega,\omega')$은 다음과 같다.

$$\begin{aligned} L(\omega,\omega') &= (-i)^2\int dtdt'e^{i\omega t}K(t,t')e^{-i\omega' t'}, \\ K(t,t') &= \frac{1}{(-2\pi i)^2}\int d\omega d\omega' e^{-i\omega t}L(\omega,\omega')e^{i\omega' t'}. \end{aligned} \tag{19.27}$$

특별한 경우로 전체 해밀토니안 H가 시간에 무관한 경우를 고려하자. 이 때에는 물리계가 시간이동 연산에 대해 불변인 것을 이용하면 진행자는 $K(t,t') = K(t-t')$의 형태를 갖는다. 이 진행자에 대한 Fourier 변환 $L(\omega)$를 다음과 같이 정의하자.

$$L(\omega) \equiv -i \int dte^{i\omega t}K(t). \tag{19.28}$$

이 때 $t'' = t - t'$으로 적분변수를 바꾸면

$$\begin{aligned} L(\omega,\omega') &= (-i)^2 \int dtdt' e^{i\omega(t-t')}K(t-t')e^{-i(\omega'-\omega)t'} \\ &= (-i)^2 \int dt''dt' e^{i\omega t''}K(t'')e^{-i(\omega'-\omega)t'} \\ &= (-i)^2 2\pi \int dt'' e^{i\omega t''}K(t'')\delta(\omega'-\omega) \end{aligned} \tag{19.29}$$

가 된다. 따라서 $L(\omega,\omega') = -2\pi i\delta(\omega'-\omega)L(\omega)$이다.

위에서 이용한 방법으로 퍼텐셜에 무관한, 즉 퍼텐셜의 0차에 해당하는 항을 구하면

$$\begin{aligned} \langle\alpha|L(\omega,\omega')|\beta\rangle^{(0)} &= (-i)^2 \int dtdt' e^{i\omega t}\delta_{\alpha\beta}K_\alpha(t-t')e^{-i\omega' t'} \\ &= (-i)^2 \frac{1}{-2\pi i} \int dtdt'd\omega_\alpha \delta_{\alpha\beta}L_0(\omega_\alpha)e^{i\omega t - i\omega' t'} \\ &= (2\pi)^2(-i)^2 \frac{1}{-2\pi i} \int d\omega_\alpha \delta_{\alpha\beta}L_0(\omega_\alpha)\delta(\omega-\omega_\alpha)\delta(\omega'-\omega_\alpha) \\ &= -2\pi i L_\alpha(\omega)\delta(\omega-\omega')\delta_{\alpha\beta} \end{aligned} \tag{19.30}$$

로 주어진다. 위 식의 둘째 줄에서는

$$K_\alpha(t-t') = \frac{1}{-2\pi i} \int d\omega_\alpha e^{-i\omega_\alpha(t-t')}L_0(\omega_\alpha) \tag{19.31}$$

를 이용하였다.

퍼텐셜의 1차에 비례하는 항은 다음과 같이 쓸 수 있다.

$$\begin{aligned} \langle\alpha|L(\omega,\omega')|\beta\rangle^{(1)} &= (-i)^2 \int dtdt' e^{i\omega t}e^{-i\omega' t'} \\ &\times \left[-i \int dt_1 K_\alpha(t-t_1)V_{\alpha\beta}(t_1)K_\beta(t_1-t')\right]. \end{aligned} \tag{19.32}$$

이 결과는 V에 대한 Fourier 변환

$$V_{\alpha\beta}(t_1) = \frac{1}{-2\pi i} \int d\omega_1 e^{-i\omega_1 t_1}V_{\alpha\beta}(\omega_1),$$

$$V_{\alpha\beta}(\omega_1) \quad = \quad -i\int dt_1 e^{i\omega_1 t_1} V_{\alpha\beta}(t_1) \tag{19.33}$$

을 이용하여 나타낼 수 있다. 이 관계를 이용하면 식 (19.32)에서 상수와 시간에 대한 적분을 제외한 양은

$$\begin{aligned}&\frac{1}{(-2\pi i)^3}\int d\omega_\alpha e^{-i\omega_\alpha(t-t_1)}L_\alpha(\omega_\alpha)\int d\omega_1 e^{-i\omega_1 t_1}V_{\alpha\beta}(\omega_1)\\ &\times\int d\omega_\beta e^{-i\omega_\beta(t_1-t')}L_\beta(\omega_\beta)\end{aligned} \tag{19.34}$$

로 쓸 수 있다. 따라서

$$\begin{aligned}\langle\alpha|L(\omega,\omega')|\beta\rangle^{(1)} = \left(\frac{-i}{-2\pi i}\right)^3 &\int d\omega_1 d\omega_\alpha d\omega_\beta 2\pi\delta(\omega-\omega_\alpha)2\pi\delta(\omega'-\omega_\beta)\\ &\times 2\pi\delta(\omega_\alpha-\omega_1-\omega_\beta)L_\alpha(\omega_\alpha)L_\beta(\omega_\beta)V_{\alpha\beta}(\omega_1)\end{aligned} \tag{19.35}$$

이 된다. 그러므로 이 결과는 다음과 같다.

$$\langle\alpha|L(\omega,\omega')|\beta\rangle^{(1)} = L_\alpha(\omega)V_{\alpha\beta}(\omega-\omega')L_\beta(\omega'). \tag{19.36}$$

19.7 시간에 무관한 섭동이론

앞 절의 내용을 이용하여 시간에 무관한 섭동이론을 Feynman 그림으로 표현하여 보자. 퍼텐셜 V가 시간 t에 무관할 경우 에너지 진행자는

$$L(\omega) = L_0(\omega) + L_0(\omega)VL_0(\omega) + \cdots \tag{19.37}$$

로 쓸 수 있다. 따라서

$$\langle\alpha|L(\omega)|\beta\rangle = L_\alpha(\omega)\delta_{\alpha\beta} + L_\alpha V_{\alpha\beta}L_\beta(\omega) + \cdots \tag{19.38}$$

이다. 이를 Feynman 그림으로 나타낸 것이 그림 19.5이다.

이제 T 행렬을 다음과 같이 정의하자.

$$T(\omega) = V + VL_0(\omega)V + VL_0(\omega)VL_0(\omega)V + \cdots . \tag{19.39}$$

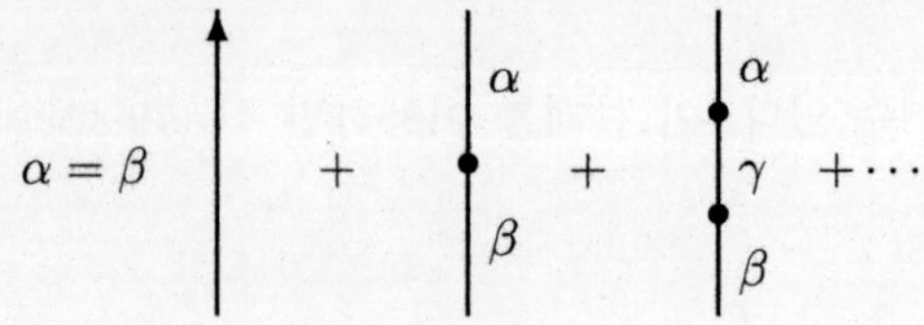

그림 19.5: 에너지 진행자의 섭동 전개.

이를 이용하면 에너지 진행자 $L(\omega)$를 T로 다음과 같이 표현할 수 있다.

$$L(\omega) = L_0(\omega) + L_0(\omega)T(\omega)L_0(\omega). \tag{19.40}$$

T를 Feynman 그림으로 표시한 그림이 그림 19.6에 나타나 있다.

T 행렬의 Fourier 변환을 $M(t)$라고 하자.

$$M(t) = \frac{1}{-2\pi i}\int d\omega e^{-i\omega t}T(\omega). \tag{19.41}$$

그러면 시간 진행자 K의 행렬요소를 M을 이용하여 표현할 수 있다. $\langle\alpha|K(t-t')|\beta\rangle$를 Feynman 그림으로 나타낸 것이 그림 19.7이다. 여기서 타원이 그림 19.6에서 표현한 T 행렬이다.

그림 19.7에서 행렬 M을 이용하여 시간 진행자를 쓰면

$$\langle\alpha|K(t-t')|\beta\rangle = \delta_{\alpha\beta}K_\alpha(t-t')$$
$$+(-i)^2\int_{t'}^{t} dt_1 \int_{t'}^{t_1} dt_2 K_\alpha(t-t_1)M_{\alpha\beta}(t-t_1)K_\beta(t_2-t') \tag{19.42}$$

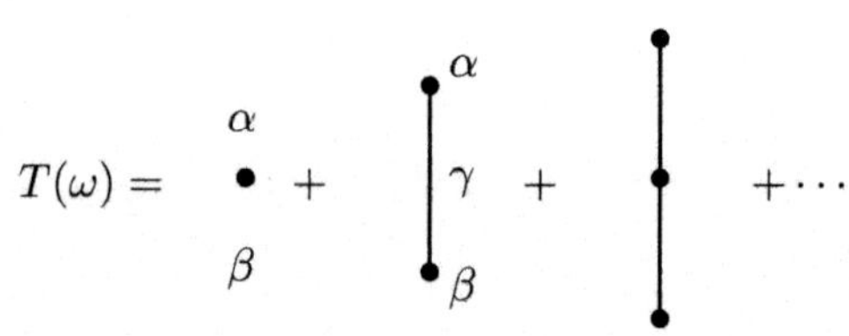

그림 19.6: 식 (19.39)에 나타난 T의 섭동 전개.

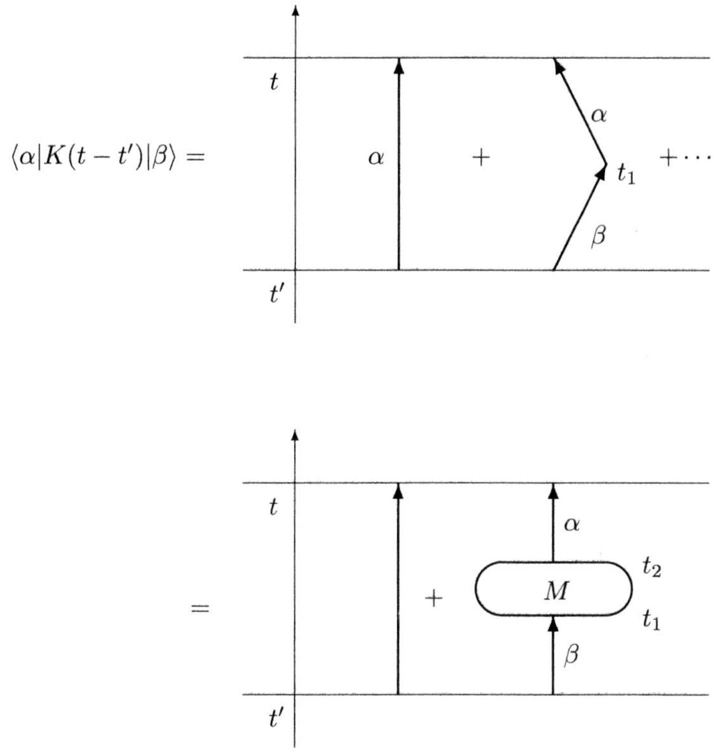

그림 19.7: T 행렬을 이용하여 표현한 진행자 K 의 행렬요소.

을 얻는다. 한편 M 을 V 에 대한 섭동전개를 하면

$$\begin{aligned} M_{\alpha\beta}(t_1 - t_2) &= \frac{1}{-i}\delta(t_1 - t_2)V_{\alpha\beta} + \sum_\gamma V_{\alpha\gamma}K_\gamma(t_1 - t_2)V_{\gamma\beta} \\ &+ (-i)\sum_{\gamma\delta}\int dt_3 VKVKV + \cdots \end{aligned} \tag{19.43}$$

이다. 이에 대한 0차항을 구하면

$$M^{(0)}(t) = \frac{1}{-2\pi i}\int d\omega e^{-i\omega t}T^{(0)}(\omega) = iV\delta(t) \tag{19.44}$$

이다. 또 1차항에서는

$$M^{(1)}(t) = \frac{1}{-2\pi i}\int d\omega e^{-i\omega t}VL_0(\omega)V = VK_0(t)V \tag{19.45}$$

을 얻게 된다. 이 $M(t_1 - t_2)$ 의 특성을 그림으로 나타낸 것이 그림 19.8이다.

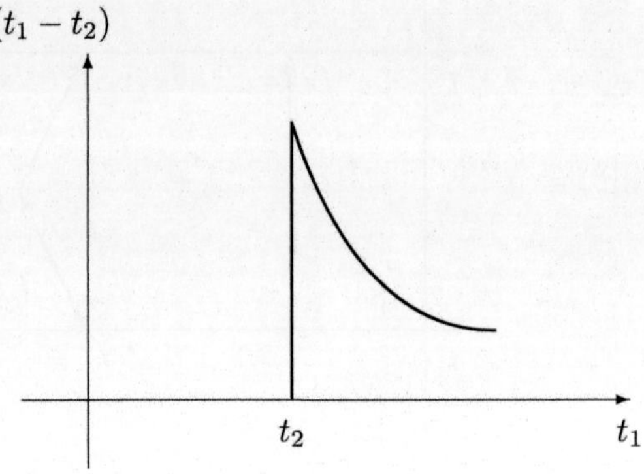

그림 19.8: $M(t_1 - t_2)$의 시간에 대한 변화 특성.

그림 19.8에는 $M(t_1-t_2)$의 모양을 대략적으로 나타내었다. M의 특성으로는 $t_1 > t_2$인 곳에서만 $M(t_1 - t_2)$이 0이 아닌 값을 갖는다. 이는 퍼텐셜의 작용이 과거에 있을 때만 그 이후의 물리계에 영향을 주는 인과율에 의한 것이다. 즉 $t_1 > t_2$인 t_1의 지역이 인과적인 관계가 성립하는 지역이다. 따라서 퍼텐셜이 켜진 다음부터 입자들의 상호작용이 나타나므로 이러한 상호작용을 뒤쳐진 상호작용이라고 한다. 상호작용이 없을 때에는 M은 식 (19.44)에 의해 델타함수로 나타날 것이다. 하지만 모든 차수의 효과를 더하면 지수함수적으로 감소하게 된다. 따라서 $M(t_1 - t_2)$의 형태는 이러한 뒤쳐진 상호작용에 의해 상호작용이 여러 번 일어나기 때문이다.

19.8 Fermi 황금률의 재조명

Fermi 황금률을 다시 한번 Feynman 그림의 관점에서 살펴보도록 하자. 처음상태 β에서 이와는 다른 나중상태 α로의 전이확률은 다음과 같이 주어진다.

$$P(\beta \to \alpha) = |\langle\alpha|K(t-t')|\beta\rangle|^2. \tag{19.46}$$

이 전이확률을 섭동이론을 사용하여 퍼텐셜의 1차항까지 구하면

$$\begin{aligned} P &= \left|\int_{t'}^{t} dt_1 K_\alpha(t-t_1)V_{\alpha\beta}(t_1)K_\beta(t_1-t')\right|^2 \\ &= \left|\int_{t'}^{t} dt_1 e^{i(E_\alpha-E_\beta)t_1}V_{\alpha\beta}(t_1)\right|^2 \\ &= 2\pi\delta(E_\alpha-E_\beta)|\tilde{V}_{\alpha\beta}|^2 T \end{aligned} \tag{19.47}$$

이다. 위 식의 마지막 줄을 유도할 때에는 $t \to \infty$, $t' \to -\infty$ 인 극한을 취하고 $T = t - t'$ 로 놓았다. 그리고 $\tilde{V}$ 는 퍼텐셜 V 의 Fourier 변환이다. 따라서 단위시간당 전이확률인 전이율은 $\Gamma = 2\pi\delta(E_\alpha - E_\beta)|\tilde{V}_{\alpha\beta}|^2$ 이고, 연속상태로의 전이율은

$$\Gamma(\beta \to \text{연속상태}) = 2\pi\rho(E_\beta)|\tilde{V}_{\alpha\beta}|^2 \tag{19.48}$$

이다. 여기서 $\rho(E_\beta)$ 는 에너지 E_β 근처에 있는 나중상태들의 상태밀도이다.

퍼텐셜의 모든 차수에 대해 성립하는 일반적인 식은 아래와 같이 쓸 수 있다.

$$\begin{aligned}
\langle\alpha|K(t-t')|\beta\rangle &= (-i)^2 \int dt_1 dt_2 K_\alpha(t-t_1) M_{\alpha\beta}(t_1-t_2) K_\beta(t_2-t') \\
&= \frac{(-i)^2}{-2\pi i} \int d\omega T_{\alpha\beta}(\omega) \int dt_1 dt_2 e^{-i\omega_\alpha(t-t_1) - i\omega(t_1-t_2) - i\omega_\beta(t_2-t')} \\
&= \frac{(-i)^2}{-2\pi i} \int d\omega T_{\alpha\beta}(\omega) 2\pi\delta(\omega_\alpha - \omega) 2\pi\delta(\omega_\beta - \omega) e^{-i\omega_\alpha t + i\omega_\beta t'} \\
&= -2\pi i e^{-i\omega_\alpha t} e^{i\omega_\beta t'} T_{\alpha\beta}(E_\alpha)\delta(E_\alpha - E_\beta).
\end{aligned} \tag{19.49}$$

따라서

$$P(\beta \to \alpha) = |2\pi\delta(E_\alpha - E_\beta)T_{\alpha\beta}(E_\alpha)|^2 = 2\pi(t-t')|T_{\alpha\beta}(E_\alpha)|^2\delta(E_\alpha - E_\beta) \tag{19.50}$$

이다. 그러므로 모든 차수에서 정확한 Fermi 황금률은 다음과 같다.

$$\begin{aligned}
\Gamma(\beta \to \alpha) &= 2\pi\delta(E_\alpha - E_\beta)|T_{\alpha\beta}(E_\beta)|^2, \\
\Gamma(\beta \to \text{연속상태}) &= 2\pi\rho(E_\beta)|T_{\alpha\beta}(E_\beta)|^2.
\end{aligned} \tag{19.51}$$

연습문제

1. 질량 μ인 보존이 다음과 같은 일차원 사각형 우물형 퍼텐셜 안에 있는 경우를 고려하자.

$$V(x) = \begin{cases} 0, & |x| < a \\ \infty, & |x| > a \end{cases} \tag{19.52}$$

이 문제에서 편의상 $\hbar = 1$이라고 놓자.

(가) 이 계의 해밀토니안은

$$H_0 = \sum_{m=1}^{\infty} \gamma m^2 c_m^\dagger c_m \tag{19.53}$$

으로 쓸 수 있음을 보여라. 여기서 $\gamma = \pi^2/(8\mu a^2)$이고, $c_m^\dagger$는 m번째 상태의 보존을 만들어내는 연산자이다.

(나) 이 해밀토니안 H_0 이외에 섭동

$$V = \sum_{mn} V_{mn}(c_m^\dagger c_n^\dagger + c_n c_m) \tag{19.54}$$

이 있다고 하자. 여기서 합은 양의 정수 m, n에 대한 합을 의미하고

$$V_{mn} = \lambda\sqrt{m^2+n^2}\,2^{-(m+n)} \tag{19.55}$$

이다. 전체 해밀토니안 $H = H_0 + V$의 바닥상태는 수연산자 $N = \sum_m c_m^\dagger c_m$의 고유상태인가?

(다) 이 문제는 V에 의해 변하는 진공 에너지를 계산하려는 것이다. 섭동 V가 없을 때의 진공 에너지는 $E_{\text{vac}}^{(0)} = \langle|H_0|0\rangle = 0$로 쓸 수 있다. 섭동이 있을 때, 진공 에너지의 변화를 보기 위해, 섭동에 의해 $\langle 0|L(\omega)|0\rangle$에 나타나는 변화가 얼마나 크게 나타나는지를 전체적 관점에서 고려하도록 하자. (이 문제에서 개별적인 관점을 사용하면 미묘한 문제가 생긴다. 이를 전체적 관점을 사용하면 피할 수 있다.) 이를 Feynman 그림으로 살펴보면 그림 19.9로 주어진다. 이 그림에서 $|0\rangle$으로 나타낸 상태는 섭동이 없을 때의 진공상태를 나타낸다.

반면에 처음 상태와 마지막 상태에 대한 진행자를 없애고, 중간 상태에 있는 모든 입자들의 진행자를 선으로 나타낸 것이 그림 19.10이다.

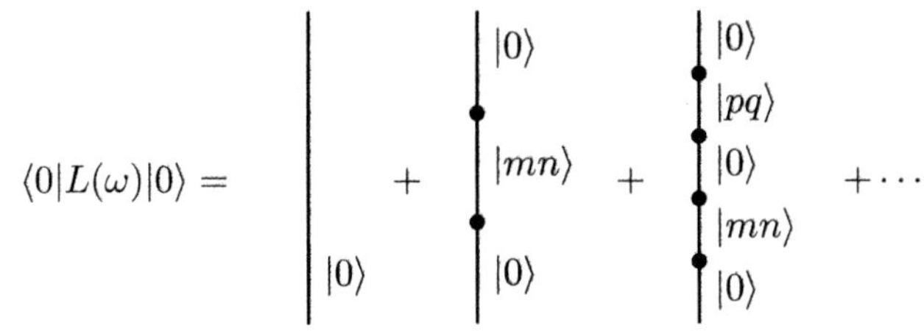

그림 19.9: 전체적 관점에서 그린 Feynman 그림.

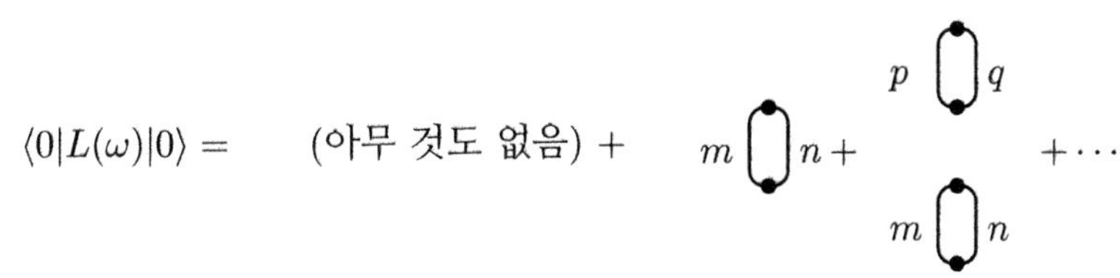

그림 19.10: 입자들의 진행자들을 모두 그린 Feynman 그림.

이 그림에서는 4차의 Feynman 그림 중에서 한 개만 나타나 있다. 모든 다른 4차의 Feynman 그림을 두 가지 방법을 사용하여 그려라. (두 그림이 다른지를 결정할 때 전체적인 진동수 진행자가 사용되고 있음을 유의하여라.) 이 경우 졸들은 상태 (예를 들면 위의 그림에서 $m = n$인 경우)에 대해서 조심하지 않아도 좋다.

(라) 0차항은 $(\omega + i\eta)^{-1}$이 됨을 보여라.

(마) 비섭동 진행자가 발산하는 지역인 $\omega = 0$ 근처에서 $\langle 0|L(\omega)|0\rangle$의 거동을 살펴보자. 문제를 간단히 하기 위해 $|\omega| \ll \gamma$임을 가정하자.

문제 (다)에서 보인 2차의 그림에 의한 $\langle 0|L(\omega)|0\rangle$에 대한 기여를 $|\omega| \ll \gamma$일 때 전체적인 진동수 진행자를 이용하여 계산하여라. $m = n$인 특별한 경우를 조심하여 다루고 중간 상태를 여러 번 더하는 것을 피하여라.

(바) 어떤 중간상태도 그 상태에 보존들이 두 개 이하만 있는 모든 그림들에 대한 합을 정확하게 계산하여라. 문제 (다)에서 이들 급수의 첫 세 개의 항을 나타내었다. 이 경우에도 $|\omega| \ll \gamma$이다. 이 결과는

$$\langle 0|L(\omega)|0\rangle = \frac{1}{\omega - \Delta + i\eta} \tag{19.56}$$

로 표현할 수 있음을 보이고 Δ를 계산하여라.

(사) E_{vac}이 섭동이 있을 경우의 진공에너지라고 하면

$$\langle 0|K(t)|0\rangle = e^{-iE_{\text{vac}}t}\theta(t) \tag{19.57}$$

임을 예상할 수 있다. 따라서 지금까지의 계산에 의하면 $E_{\text{vac}} = \Delta$임을 보여라.

참고: E_{vac}는 가상입자들의 쌍으로 이루어진 "진공요동"(vacuum fluctuation)에 의해 $E_{\text{vac}}^{(0)} = 0$로부터 얻어진다고 말한다.

2. 다음 그림은 4-입자 상호작용이 2-입자 퍼텐셜을 통해 일어날 때

$$\langle a_1a_2a_3a_4|K(t-t')|b_1b_2b_3b_4\rangle \tag{19.58}$$

을 섭동전개한 4차 항 중의 특별한 한 개의 항이다. t_3는 t_2보다 크거나 작을 수 있다는 것에 주목하여라. 이 그림에 대한 대수적인 표현을 전체적인 관점에서 본 연산자와 개별적인 관점에서 본 연산자를 이용한 두 가지 방법으로 써라. 첫 번째 경우에는 두 가지 항이 필요하지만 두 번째 경우에는 하나만 필요하다는 것에 주의하여라. 이러한 사실이 개별적, 전체적인 진행자 사이의 차이가 복잡하다는 것과 적어도 이 경우에는 개별적인 진행자를 사용하는 것이 더 간단하다는 것을 보여준다.

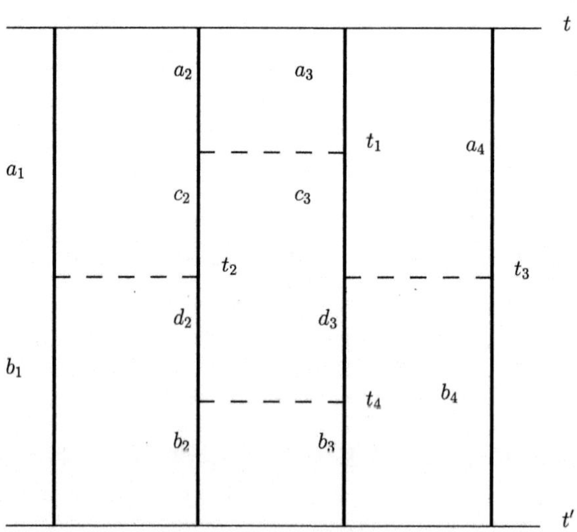

제 20 장

충돌이론

이 장에서는 19장에서 고려한 Feynman 그림을 사용한 섭동이론을 이용하여 충돌이론을 다시 고찰해보겠다. 7장에서 산란을 살펴보았고 12장에서는 Born 어림법을 이용하여 충돌에 관해 살펴보았다. 여기서는 섭동이론에서 충돌을 보는 관점을 다시 택하여, 퍼텐셜에 의해 처음상태에서 나중상태로 옮겨가는 전이율을 구하고, 이를 이용하여 산란단면적을 구하는 방법을 고려할 것이다. 이를 위해서는 우선 정확한 Fermi 황금률을 이용하여 산란단면적을 구한다. 이 황금률에는 시간 진행자 T의 처음상태와 나중상태의 사이에서 구한 행렬요소가 포함되어 있다. 따라서 이 장에서는 이 시간 진행자의 행렬요소를 Feynman 그림을 이용하여 구해보겠다.

20.1 충돌에 대한 수식화

20.1.1 충돌

퍼텐셜 V가 시간에 무관하고, 처음상태가 $|\beta\rangle$, 나중상태가 $|\alpha\rangle$인 $(\alpha \neq \beta)$ 전이진폭은

$$\langle\alpha|K(t-t')|\beta\rangle = -2\pi i\delta(E_\alpha - E_\beta)T_{\alpha\beta}(E_\beta)e^{iE_\alpha t}e^{-iE_\beta t'} \tag{20.1}$$

로 주어진다. 이 장에서도 $\hbar = 1$인 단위계를 사용하겠다. 만일 처음상태와 나중상태의 에너지가 같은 탄성충돌의 경우, 즉 $E_\alpha = E_\beta = \omega$일 경우, 이 입자는 "에너지 껍질"(energy shell)에 있다고 한다. 이제 다음과 같은 양을 정의하자.

$$S_{\alpha\beta} \equiv \lim_{t,-t'\to\infty} e^{-iE_\alpha t}\langle\alpha|K(t-t')|\beta\rangle e^{iE_\beta t'} \tag{20.2}$$

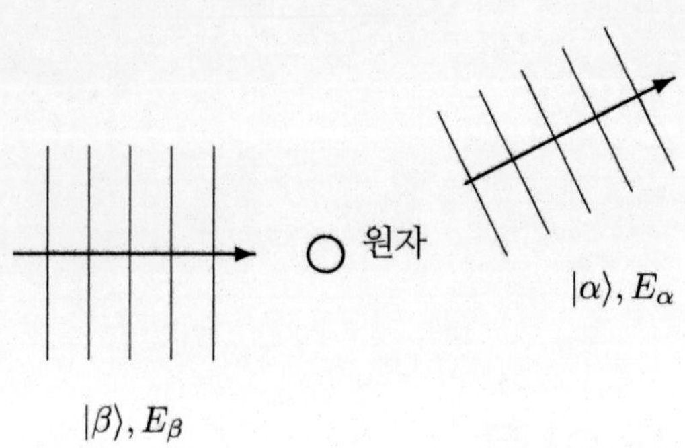

그림 20.1: 충돌과정에 대한 대략적인 그림. E_α의 에너지를 가진 평면파가 충돌한 후 E_β의 에너지를 가지고 평면파로 나가는 경우이다.

이 행렬을 "S 행렬"이라고 한다. S 행렬은 퍼텐셜이 작은 경우 퍼텐셜에 대한 급수전개를 할 수 있다. 이 때 퍼텐셜의 0차인 행렬요소, 다시 말하면 아무 상호작용이 없을 경우에 행렬요소 $\langle\alpha|S|\beta\rangle$는 $\delta_{\alpha\beta}$에 비례할 것이다. 이는 아무 상호작용이 없을 경우이므로, 이 경우를 충돌이 일어났다고 하지는 않는다. 따라서 충돌이 일어난 경우는 퍼텐셜의 1차 이상의 항에 의한 기여가 있는 경우이다. 이와 같이 S행렬에서 $\delta_{\alpha\beta}$를 끄집어 낸 나머지를 "T 행렬"이라고 한다. 즉 S 행렬을 T 행렬로 쓰면 다음과 같이 쓸 수 있다.

$$S_{\alpha\beta} = \delta_{\alpha\beta} - 2\pi i\delta(E_\alpha - E_\beta)T_{\alpha\beta}(E_\beta). \tag{20.3}$$

이 표현을 이용하여 충돌을 살펴보자.

그림 20.1에서 이 충돌과정을 단순화시켜 나타내었다. 처음상태는 질량 m인 입자가 에너지 $E_\beta = \hbar^2\mathbf{k}_\beta^2/2m$를 가지고, 파동벡터가 $\mathbf{k}_\beta$로 주어지는 자유입자를 나타내는 평면파동이다. 이 상태의 입자가 표적원자에 입사되어 충돌이 일어나 나중상태로 옮겨간다. 나중상태는 에너지가 $E_\alpha = \hbar^2\mathbf{k}_\alpha^2/2m$이고 파동벡터는 $\mathbf{k}_\alpha$인 평면파동이다. 이 때 처음상태를 $|\beta\rangle$, 나중상태를 $|\alpha\rangle$라고 하자. 이 충돌과정에 대한 미분 산란단면적은 다음과 같다.

$$\frac{d\sigma}{d\Omega} = \frac{m}{2\pi\hbar^2}|\langle e^{i\mathbf{k}_\alpha\cdot\mathbf{r}}|T_{\alpha\beta}(E_\beta)|e^{i\mathbf{k}_\beta\cdot\mathbf{r}}\rangle|^2. \tag{20.4}$$

20.1.2 한 쪽만 에너지 껍질에 있는 경우

이제 다음의 양을 정의하자.

$$|\psi_\beta^+\rangle \equiv \lim_{t'\to-\infty} K(0,t')|\beta\rangle e^{-iE_\beta t'}. \tag{20.5}$$

이때 $t' \to -\infty$ 에서의 상태가 $|\alpha\rangle$ 상태에 있을 확률진폭

$$\langle\alpha|\psi_\beta^+\rangle = \lim_{t'\to-\infty}\langle\alpha|K(0,t')|\beta\rangle e^{-iE_\beta t'} \tag{20.6}$$

을 구해보자. 식 (20.6)에 들어 있는 행렬요소 $\langle\alpha|K(0,t')|\beta\rangle$를 계산하면

$$\delta_{\alpha\beta}K_\alpha(-t') + (-i)^2\int_{-\infty}^0 dt_1\int_{-\infty}^0 dt_2 K_\alpha(-t_1)M_{\alpha\beta}(t_1-t_2)K_\beta(t_2-t') \tag{20.7}$$

이다. 이 식에서 인과율을 적용하면 적분의 상한을 ∞로 놓아도 계산결과는 변하지 않는다. 여기서 $K_\alpha(-t') = e^{iE_\alpha t'}$, $K_\beta(t_2-t') = e^{-iE_\beta(t_2-t')}$ 임을 이용하면, 식 (20.7)은

$$\langle\alpha|\psi_\beta^+\rangle = \delta_{\alpha\beta} + (-i)^2\int_{-\infty}^0 dt_1\int_{-\infty}^\infty dt_2 M_{\alpha\beta}(t_1-t_2)e^{iE_\alpha t_1}e^{-iE_\beta t_2} \tag{20.8}$$

로 쓸 수 있다. 따라서

$$\begin{aligned} M_{\alpha\beta}(t_1-t_2) &= \frac{i}{2\pi}\int d\omega e^{-i\omega(t_1-t_2)}T_{\alpha\beta}(\omega), \\ \int dt_2 e^{it_2(\omega-E_\beta)} &= 2\pi\delta(\omega-E_\beta) \end{aligned} \tag{20.9}$$

임을 이용하면, 식 (20.5)는

$$\begin{aligned} \langle\alpha|\psi_\beta^+\rangle &= \delta_{\alpha\beta} - i\int_{-\infty}^0 dt_1 T_{\alpha\beta}(E_\beta)e^{i(E_\alpha-E_\beta)t_1} \qquad (20.10) \\ &= \delta_{\alpha\beta} - iT_{\alpha\beta}(E_\beta)\frac{e^{i(E_\alpha-E_\beta)t_2+\eta t_1}}{i(E_\alpha-E_\beta-i\eta)}\Big|_{-\infty}^0 = \delta_{\alpha\beta} - \frac{T_{\alpha\beta}(E_\beta)}{E_\alpha-E_\beta-i\eta} \end{aligned}$$

가 된다. 위 식의 둘째 줄에서 시간에 대한 적분이 수렴하기 위해 수렴인자 $e^{\eta t_1}$($\eta > 0$인 매우 작은 상수)를 넣어 계산하였다.

위의 모든 결과를 종합하면 확률진폭 $\langle\alpha|\psi_\beta^+\rangle$는 다음과 같이 쓸 수 있다.

$$\langle\alpha|\psi_\beta^+\rangle = \delta_{\alpha\beta} + \frac{T_{\alpha\beta}(E_\beta)}{E_\beta-E_\alpha+i\eta}. \tag{20.11}$$

식 (20.5)에서 정의한 상태 $|\psi_\beta^+\rangle$는 물리적으로는 밖으로 퍼져나가는 산란파동에 해당하고, $T(\omega)$는 $\omega = E_\beta \neq E_\alpha$일 경우에 정의되는 T 행렬이다. 이때 처음상태 $|\beta\rangle$는 에너지 껍질에 있고, 나중상태 $|\alpha\rangle$는 에너지 껍질에 있지 않으므로 한 쪽의 상태만 에너지 껍질에 있는 경우에 한하여 위와 같이 수식화할 수 있다.

위의 결과를 이용하면 밖으로 퍼져나가는 산란파동은

$$|\psi_\beta^+\rangle = |\beta\rangle + \frac{1}{E_\beta - H_0 + i\eta} T(E_\beta)|\beta\rangle = |\beta\rangle + \frac{1}{E_\beta - H_0 + i\eta} V|\psi_\beta^+\rangle \tag{20.12}$$

로 쓸 수 있다. 식 (20.12)를 "**Lippman–Schwinger 방정식**"이라고 한다. 이 식의 첫째 줄에서 둘째 줄로 옮겨갈 때

$$V|\psi_\beta^+\rangle = \lim_{t' \to -\infty} VK(0,t')|\beta\rangle e^{-iE_\beta t'} = T|\beta\rangle \tag{20.13}$$

임을 이용하였다.

마찬가지로 $|\psi_\beta^-\rangle$를

$$|\beta\rangle \equiv \lim_{t \to \infty} K(t,0)|\psi_\beta^-\rangle e^{iE_\beta t} \tag{20.14}$$

로 정의하면, 여기서 나타나는 $|\psi_\beta^-\rangle$는 안으로 들어오는 산란파동을 나타낸다. 이렇게 들어오는 산란파동에 대한 Lippman–Schwinger 방정식은

$$|\psi_\beta^-\rangle = |\beta\rangle + \frac{1}{E_\beta - H_0 - i\eta} V|\psi_\beta^-\rangle = |\beta\rangle + \frac{1}{E_\beta - H_0 + i\eta} T^\dagger(E_\beta)|\beta\rangle \tag{20.15}$$

로 쓸 수 있다.[1]

이와 같이 충돌이론을 추상적인 수준에서 보면 Lippman–Schwinger 방정식을 푸는 것에 해당한다. 여기서 주목할 것을 분모에 있는 양은 $E_\alpha = E_\beta$일 때 0이 된다는 것이다. 따라서 이 경우에는 이 식은 전혀 의미가 없는 양이다. 하지만 섭동이 있기 전의 나중상태들이 처음상태의 에너지 E_β 근처에서 연속상태를 이룰 때에 한하여 T값, 혹은 $|\psi_\beta^\pm\rangle$ 상태가 존재한다.

20.2 전자기파의 공명산란

앞 절에서 수식화한 충돌이론을 이용하여 원자와 빛의 충돌을 Feynman 그림을 이용하여 기술해보자. 이 경우에는 이 현상을 빛과 원자의 충돌로 볼 수도 있고, 이차 양자화의 관점에서는 원자가 광자를 흡수하여 들뜬 상태가 되고, 이 들뜬 상태의 원자가 다른 광자를 방출하고 원자는 낮은 에너지 상태로 옮겨가는 과정으로 볼 수도 있다. 만일 원자 대신 전자와 같이 전하를 띤 입자로 바꾼 경우, 이와 같은 충돌에 의해 나타나는 효과를 "**Compton 효과**"라고 한다.

[1] Merzbacher 20장을 참고하시오.

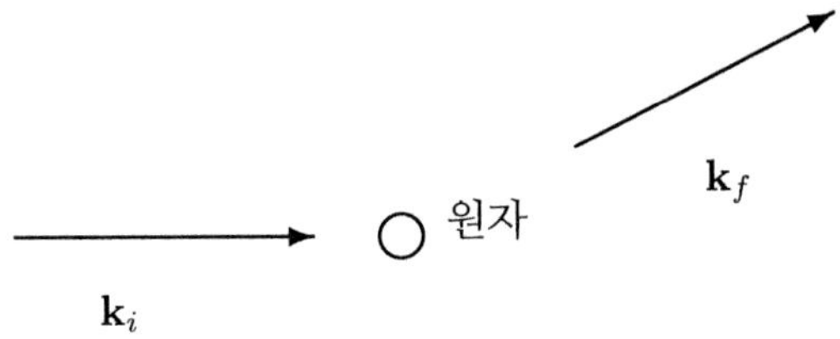

그림 20.2: $\hbar\mathbf{k}_i$ 의 운동량을 가진 광자가 원자와 충돌한 후 $\hbar\mathbf{k}_f$ 의 운동량을 가진 평면파로 나가는 경우를 대략적으로 나타낸 그림.

그림 20.2에는 원자에 충돌하는 광자의 상태를 대략 그려 놓았다. 이 때 원자의 바닥상태를 $|s\rangle$, 들뜬 상태를 $|n\rangle$ 이라 하고, 두 에너지 차이에 해당하는 각진동수를 $\omega_0 = E_{ns} = E_n - E_s$ 라고 하자. 이제 처음상태가 바닥상태 $|s\rangle$ 인 원자가 광자를 흡수하여 들뜬상태 $|n\rangle$ 으로 옮겨갔다가 다시 광자를 방출하면서 원래의 바닥상태 $|s\rangle$ 로 가는 과정을 고려하자.

양자역학에서는 원자의 한 에너지 고유상태와 다른 에너지 고유상태 사이에서 천이가 일어나려면, 이 때 흡수하거나 방출되는 광자의 에너지는 이 두 고유상태의 에너지 차이와 같아야 한다. 이와 같이 바닥상태에서 광자를 흡수하여 들뜬 고유상태로 옮겨갔다가 다시 광자를 방출하며 원래의 상태로 돌아오는 과정을 "공명산란"(resonance scattering)이라고 한다. 이와 같은 공명산란은 9장의 산란과정에서 자세히 살펴보았다. 한편 이 과정은 앞에서도 언급하였듯이 원자와 광자의 충돌로도 해석할 수 있다.

원자의 공명산란 과정을 Feynman 그림으로 나타낸 것이 그림 20.3이다. 그림 (가)는 개별적인 관점에서 원자와 광자의 진행자들을 각각 고려한 것이고, 그림 (나)는 (광자 + 원자)의 계를 하나로 보아 이들 전체 상태의 진행자로 나타낸 것이다. 이제 각각의 접근방법에 의해 충돌 산란단면적을 계산하겠다.

먼저 이러한 충돌과정은 원자 내부의 전하를 띤 입자와 전자기장이 상호작용하는 전자기적 상호작용에 의해 일어난다. 우선 원자 내부의 대전입자들끼리의 상호작용을 살펴보자. 이들은 Coulomb 상호작용이고, 이 상호작용은 다음과 같은 2-입자 연산자로 표현할 수 있다.

$$\begin{aligned}\frac{1}{2}\sum_{i\neq j}\frac{e^2}{|\mathbf{r}_i-\mathbf{r}_j|} &= \frac{1}{2}\int d^3r\int d^3r'\,\frac{e^2}{|\mathbf{r}-\mathbf{r}'|}\psi^\dagger(\mathbf{r})\psi^\dagger(\mathbf{r}')\psi(\mathbf{r}')\psi(\mathbf{r}) \\ &= \frac{1}{2}\sum_{\mathbf{k},\mathbf{k}',\mathbf{q}}\tilde{V}(\mathbf{q})\,c^\dagger_{\mathbf{k}+\mathbf{q}}c^\dagger_{\mathbf{k}'-\mathbf{q}}c_{\mathbf{k}'}c_{\mathbf{k}}. \qquad (20.16)\end{aligned}$$

여기서 $\tilde{V}(\mathbf{q})$는 $\tilde{V}(\mathbf{q}) = 4\pi e^2/(\Omega\mathbf{q}^2)$ 이며 Coulomb 퍼텐셜 $V(r) = e^2/r$ 의 Fourier 변환이다. 그리고 $\mathbf{q} = \mathbf{k}_i - \mathbf{k}_f$ 는 원자에 전해지는 운동량 전달이고, Ω는 이 계를 집어

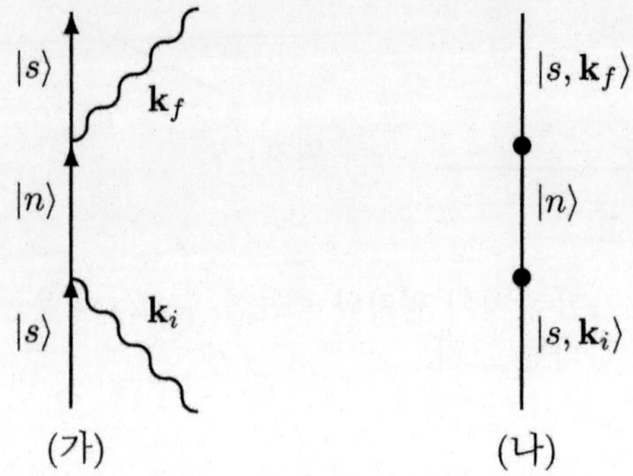

그림 20.3: 원자가 광자를 흡수하여 들뜬 상태로 옮겨 갔다가 광자를 방출하며 원래의 바닥상태로 옮겨가는 과정. (가) 개별적인 관점, (나) 전체적인 관점.

넣은 상자의 부피이다. 이렇게 이 계를 상자 안에 집어 넣은 것은 이 문제를 풀 때 상자의 양쪽 끝에서 파동함수가 같아지는 주기적 경계조건을 취하려고 하기 때문이다. 물론 물리현상은 경계조건에 무관하므로 임의의 편리한 경계조건을 취한 것이다.

이제 대전입자를 스핀이 없는 경우와 스핀을 고려한 경우로 나누어 고려하겠다. 물론 실제로 자연계에서 전하를 띤 입자 중에서 스핀이 0인 입자는 없다. 하지만 스핀이 없는 간단한 경우부터 먼저 고려하고, 여기에 스핀을 고려하여 실제로 자연계에 나타나는 전자기파와 원자의 공명산란을 고려하겠다.

20.2.1 스핀 0인 입자와 전자기장

스핀이 0인 입자와 전자기장이 상호작용하는 물리계의 해밀토니안은 다음과 같이 쓸 수 있다.

$$
\begin{aligned}
H_{\text{part}} &= \sum_i \frac{\mathbf{p}_i^2}{2m} + \frac{1}{2}\sum_{i\neq j}\frac{e^2}{|\mathbf{r}_i - \mathbf{r}_j|} \\
&= \sum_{\mathbf{k}} \frac{\hbar^2\mathbf{k}^2}{2m}\, c^\dagger_{\mathbf{k}} c_{\mathbf{k}} + \frac{1}{2}\sum_{\mathbf{k},\mathbf{k}',\mathbf{q}} \tilde{V}(\mathbf{q})\, c^\dagger_{\mathbf{k}+\mathbf{q}} c^\dagger_{\mathbf{k}'-\mathbf{q}} c_{\mathbf{k}'} c_{\mathbf{k}}, \\
H_{\text{field}} &= \sum_{\mathbf{q}\lambda} \hbar\omega_q {a^\dagger}_{\mathbf{q}\lambda} a_{\mathbf{q}\lambda}, \\
H_{\text{int}} &= \sum_{\mathbf{k}\mathbf{q}\lambda} A_{\mathbf{k}\mathbf{q}\lambda}\, c^\dagger_{\mathbf{k}+\mathbf{q}} c_{\mathbf{k}} (a_{\mathbf{q}\lambda} + a^\dagger_{-\mathbf{q}\lambda}).
\end{aligned}
\tag{20.17}
$$

식 (20.17) 에서 H_{field} 는 정상순서잡기를 통해 상수항을 없앤 후의 자유 전자기장에 대한 해밀토니안이다.

이들 해밀토니안을 다음과 같이 분류하자. 우선 섭동이 있기 전의 비섭동 해밀토니안 H_0 는 원자 내부의 대전입자들만의 해밀토니안 H_{part} 에 있는 운동에너지 부분과 자유 전자기장의 해밀토니안 H_{field} 로 선택한다. 그리고 H_{part} 의 나머지 부분과 H_{int} 를 각각 섭동 V_1, V_2 라고 하자.

$$\begin{aligned} H_0 &= \sum_{\mathbf{k}} \frac{\hbar^2 \mathbf{k}^2}{2m} c^\dagger_{\mathbf{k}} c_{\mathbf{k}} + \sum_{\mathbf{q}\lambda} \epsilon_{\mathbf{q}} a^\dagger_{\mathbf{q}\lambda} a_{\mathbf{q}\lambda}, \\ V_1 &= \frac{1}{2} \sum_{\mathbf{k},\mathbf{k}',\mathbf{q}} \tilde{V}(\mathbf{q}) c^\dagger_{\mathbf{k}+\mathbf{q}} c^\dagger_{\mathbf{k}'-\mathbf{q}} c_{\mathbf{k}'} c_{\mathbf{k}}, \\ V_2 &= \sum_{\mathbf{kq}\lambda} A_{\mathbf{kq}\lambda} c^\dagger_{\mathbf{k}+\mathbf{q}} c_{\mathbf{k}} (a_{\mathbf{q}\lambda} + a^\dagger_{-\mathbf{q}\lambda}). \end{aligned} \tag{20.18}$$

여기서 $\epsilon_q = \hbar\omega_q$ 이고 $\epsilon_k = \hbar^2\ \mathbf{k}^2/(2m)$ 이라고 하자.

이 경우 대전 입자의 진행자와 광자의 진행자는 각각 그림 20.4에 나타내었다. 그림에도 나타나 있듯이 전자의 진행자는 시간 공간과 에너지 공간에서 각각

$$K_k(t) = e^{-i\epsilon_k t/\hbar}\theta(t),\ \ L_k(\omega) = \frac{1}{\omega - \epsilon_k + i\eta} \tag{20.19}$$

로 주어지고, 광자의 진행자는 각각 시간과 에너지 공간에서

$$K_{q\lambda}(t) = e^{-i\epsilon_q t/\hbar}\theta(t),\ \ L_{q\lambda}(\omega) = \frac{1}{\omega - \epsilon_q + i\eta} \tag{20.20}$$

이다. 섭동 V_1 과 V_2 의 상호작용을 Feynman 그림으로 나타내보자. Coulomb 상호작용 V_1 은 그림 20.5에, 전자기장과 대전입자의 상호작용인 V_2 는 그림 20.6에 각각 나타내었다.

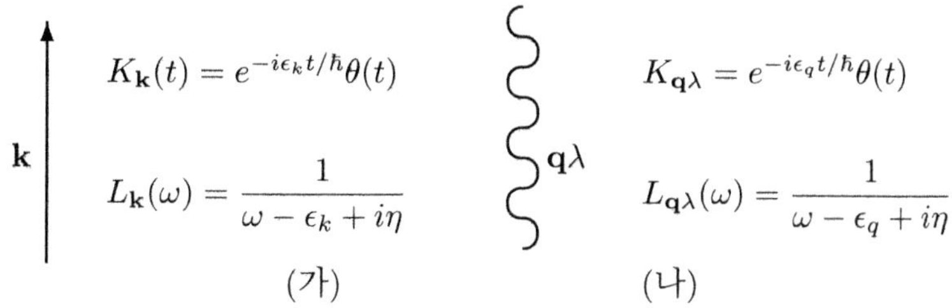

그림 20.4: (가) 대전입자의 진행자, (나) 광자의 진행자.

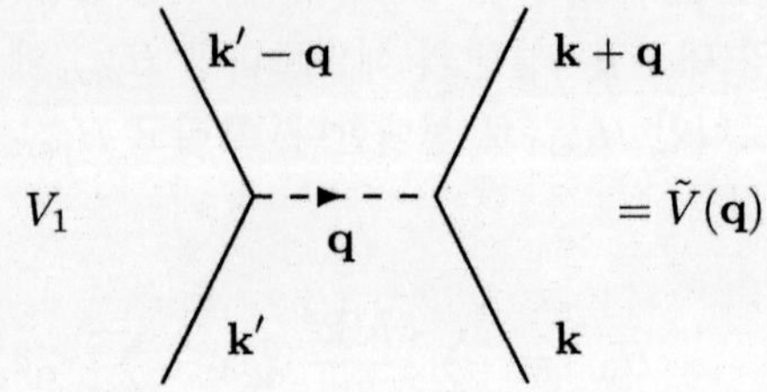

그림 20.5: Coulomb 퍼텐셜에 의한 섭동 V_1의 Feynman 그림과 이에 해당하는 Feynman 법칙.

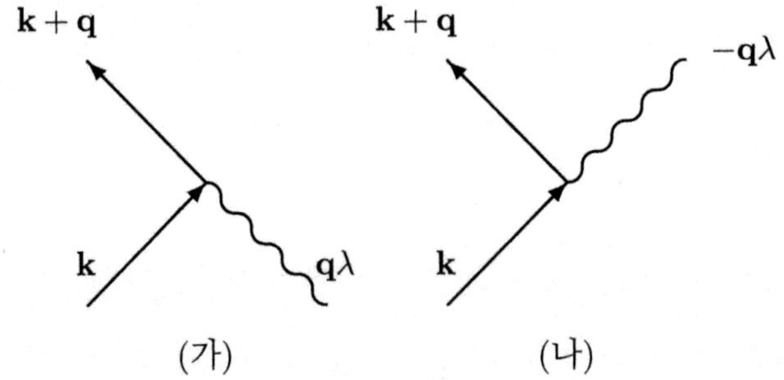

그림 20.6: 광자와 전자의 상호작용 V_2에 대한 Feynman 그림. (가) 광자의 흡수, (나) 광자의 방출.

20.2.2 전자와 전자의 충돌

당분간 전자들이 구별가능한 입자들이라고 가정하자. 이 경우 우리는 다음의 행렬요소를 계산하고자 한다.

$$\langle aA|K(t-t')|bB\rangle. \tag{20.21}$$

여기서 a, b는 운동량 $\mathbf{k}_a$, $\mathbf{k}_b$를 가진 전자 1을 나타내고, A, B는 운동량 $\mathbf{k}_A$, $\mathbf{k}_B$를 가진 전자 2, α는 운동량 $\mathbf{q}_\alpha$, 편광 λ_α를 가진 광자를 나타내는 지수이다. 이들의 상호작용을 Feynman 그림으로 나타낸 것이 그림 20.7이다.

Coulomb 상호작용에 의한 충돌에 해당하는 Feynman 그림 중에서 처음으로 0이 아닌 그림을 계산해보자. 이는 그림 20.7에서 왼쪽에서 두 번째에 해당하는 그림이다. 진행자에 대한 표현

$$K_a(t-t_1) = \frac{1}{-2\pi i}\int d\omega_a e^{-i\omega_a(t-t_1)} L_a(\omega_a) \tag{20.22}$$

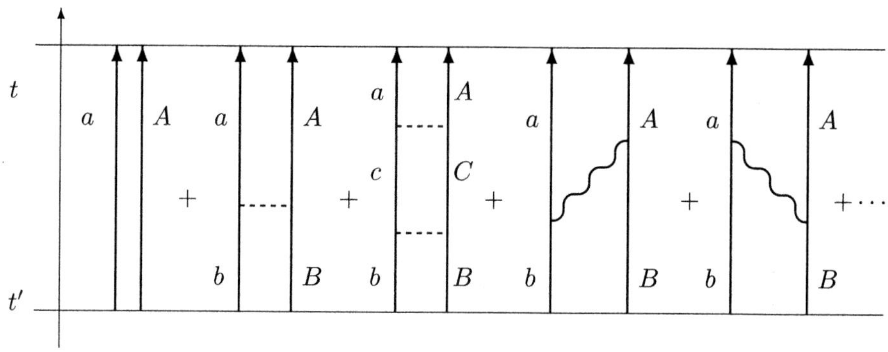

그림 20.7: 전자끼리의 충돌을 V_1과 V_2 각각에 대한 섭동전개를 한 항들 중 처음 몇 개에 해당하는 Feynman 그림.

을 이용하여, 아래의 그림을 계산하면 그 결과는 다음과 같다.

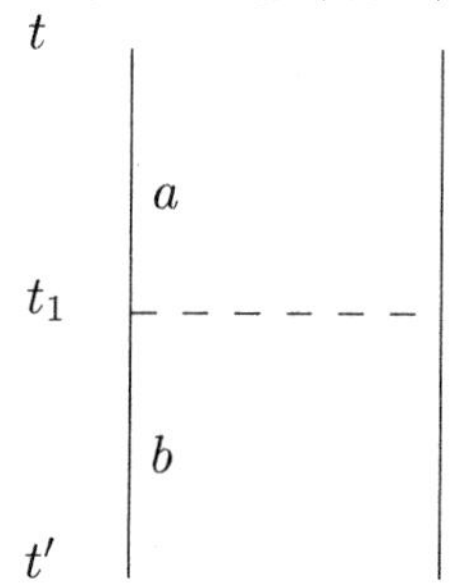

$$
\begin{aligned}
&= -i\int dt_1 K_{aA}(t-t_1)\langle aA|V|bB\rangle K_{bB}(t_1-t') \\
&= -i(-2\pi i)^{-4}\int d\omega_a d\omega_A d\omega_b d\omega_B L_a(\omega_a)L_A(\omega_A)L_b(\omega_b)L_B(\omega_B)V \\
\times &\int dt_1 e^{-i(\omega_a+\omega_A)t}e^{i(\omega_a+\omega_A-\omega_b-\omega_B)t_1}e^{i(\omega_b+\omega_B)t'} \\
&= (-2\pi i)^{-3}\int d\omega_a d\omega_A d\omega_b d\omega_B L_a(\omega_a)L_A(\omega_A)L_b(\omega_b)L_B(\omega_B)V \\
\times &\ \delta(\omega_a+\omega_A-\omega_b-\omega_B)e^{-i(\omega_a+\omega_A)t}e^{i(\omega_b+\omega_B)t'} \\
&= (-2\pi i)^{-1}\int d\omega e^{-i\omega(t-t')}\langle aA|L(\omega)bB\rangle. \qquad (20.23)
\end{aligned}
$$

따라서 위의 시간 공간에서의 행렬요소는 에너지 공간에서는 아래 그림과 같이 표현할 수 있고, 이에 해당하는 식 (20.23)의 마지막 줄의 적분 기호 안에 있는 행렬요소 $\langle aA|L(\omega)|bB\rangle$를 쓰면 다음과 같다.

$$
\langle aA|L(\omega)|bB\rangle = (-2\pi i)^{-2}\int d\omega_a d\omega_A d\omega_b d\omega_B L_a(\omega_a)L_A(\omega_A)L_b(\omega_b)L_B(\omega_B) \qquad (20.24)
$$

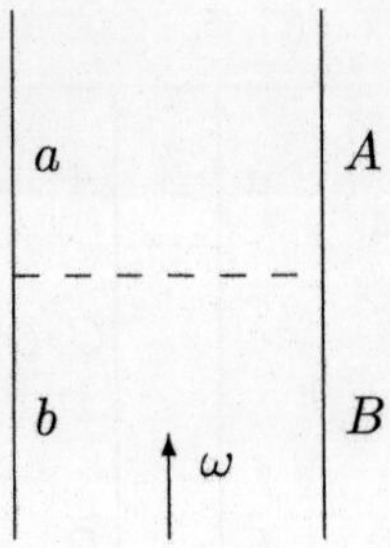

$$
\begin{aligned}
\times & \quad \langle aA|V_1|bB\rangle \delta(\omega - \omega_a - \omega_A)\delta(\omega_a + \omega_A - \omega_b - \omega_B) \\
= & \quad (-2\pi i)^{-2} \int\int d\omega_a d\omega_b \langle aA|V_1|bB\rangle \\
\times & \quad L_a(\omega_a)L_b(\omega_b)L_A(\omega - \omega_a)L_B(\omega - \omega_b).
\end{aligned}
$$

위의 예제에서 보았듯이 어떤 물리량을 섭동에 대한 전개를 하였을 때, 각 항에 해당하는 Feynman 그림을 구하였고, 이를 계산하는 방법도 보았다. 이와 같이 주어진 그림을 계산하기 위하여, 각각의 Feynman 그림에 해당하는 수식을 부여하는 Feynman 법칙을 정하자.

$\langle aA|L(\omega)|bB\rangle$를 계산하는 그림 규칙

1. 진행자에 해당하는 각각의 선에 대해 $L_a(\omega_a)$를 부여한다.
2. 각각의 상호작용 $V_i (i = 1, 2)$에 대해 행렬요소 $\langle |V_i| \rangle$를 부여한다. 이때 처음상태와 나중상태는 그림을 그려보면 명백해진다.
3. 진행자에 해당하는 선을 따라 에너지 ω가 흐르며, 상호작용이 있는 각각의 꼭지점에서 에너지 보존법칙을 적용함에도 불구하고, 임의의 값을 가질 수 있는 에너지 ω에 대해서는 $(-2\pi i)^{-1} \int d\omega$를 집어넣고, 모든 가능한 ω에 대해 적분한다.
4. 모든 중간 상태들에 대해 합한다.

위의 규칙 중 두 번째에서 언급한, 주어진 그림에서 적분해야 할 진동수의 개수는 다음과 같이 구한다.

$$
\text{진동수의 개수} = \text{진행자의 수} - \text{상호작용의 수} - 1. \tag{20.25}
$$

예를 들어 다음의 그림에서 적분해야할 진동수를 구해보자.

예제 20.1 *Feynman* **그림에서 적분하는 진동수의 개수**

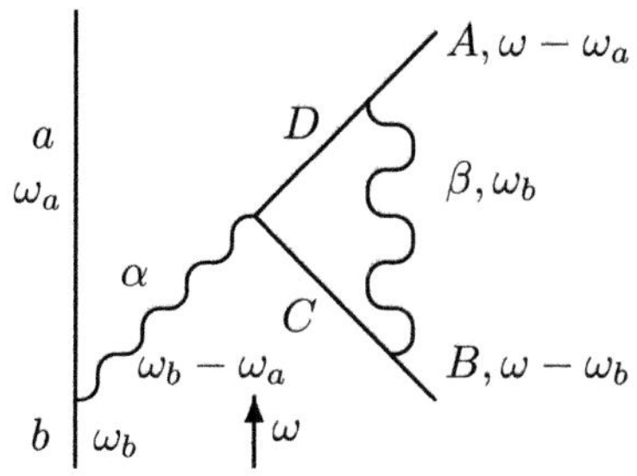

그림 20.8: V_2 의 2차에 해당하는 충돌과정에 대한 Feynman 그림.

그림 20.8에 나타난 임의의 Feynman 그림을 고려하자. 이 Feynman 그림은 V_2 의 2차에 해당하는 Feynman 그림 중의 하나이다. 이 그림에서 ω가 붙여진 아래의 화살표는 처음상태의 에너지의 흐름을 나타낸다. 그리고 a 상태의 에너지를 ω_a, β 상태의 광자의 에너지를 ω_β, b 상태의 에너지를 ω_b로 나타내었다. 각 꼭지점에서 에너지는 보존되므로, 그림에서 나타난 바와 같이 각각의 진행자는 정해진 에너지를 갖는다. 한편 C, D가 갖는 에너지는 각각 $\omega - \omega_b - \omega_\beta$, $\omega - \omega_a - \omega_\beta$ 이다. 이 그림에서 명백하게 볼 수 있듯이 적분하는 에너지의 개수는 식 (20.25)에 의해서 세 개이고, 이들을 그림 20.8에서는 각각 ω_a, ω_b, ω_β로 나타내었다. 이를 이용하여 그림 20.8을 Feynman 법칙을 이용하여 계산하면 다음과 같다.

$$\begin{aligned}
\langle aA|L(\omega)|bB\rangle &= \sum_{CD\alpha\beta}(-2\pi i)^{-3}\int d\omega_a d\omega_b d\omega_\beta \langle a\alpha|V_2|b\rangle\langle D|V_2|\alpha c\rangle \\
&\times \langle C\beta|V_2|B\rangle\langle A|V_2|D\beta\rangle L_a(\omega_a)L_b(\omega_b) \\
&\times L_\alpha(\omega_b-\omega_a)L_B(\omega-\omega_b)L_C(\omega-\omega_b-\omega_\beta) \\
&\times L_\beta(\omega_\beta)L_D(\omega-\omega_a-\omega_\beta)L_A(\omega-\omega_a). \clubsuit \qquad (20.26)
\end{aligned}$$

20.3 동일입자

이제 전자들이 동일입자임을 고려하여 이들의 충돌에 대한 산란단면적을 계산하자. 이와 같이 동일입자인 것까지 고려하면 자연계에서 전자들의 충돌을 완전히 설명할 수 있다.

우선 원자핵과 전자의 Coulomb 상호작용처럼 두 개의 입자를 구별할 수 있을 경우 퍼텐셜에너지는

$$\sum_{ij} \frac{e^2}{|\mathbf{r}_i - \mathbf{R}_j|} \tag{20.27}$$

이고, 2차 양자화를 했을 경우 이에 해당하는 2–입자 퍼텐셜은

$$R = \sum_{ij} f(Q_i, Q_j) = \sum_{abAB} c_a^\dagger c_b d_A^\dagger d_B R_{abAB} \tag{20.28}$$

의 형태로 쓸 수 있다. 여기서 $c_a(d_A)$는 $a(A)$ 형태의 입자에 대한 소멸연산자이다.

하지만 동일입자들인 전자끼리의 Coulomb 상호작용인 경우 퍼텐셜은 다음과 같다.

$$\frac{1}{2} \sum_{i \neq j} \frac{e^2}{|\mathbf{r}_i - \mathbf{r}_j|}. \tag{20.29}$$

이 퍼텐셜을 이차 양자화한 2–입자 퍼텐셜은 다음과 같은 형태를 갖는다.

$$R = \frac{1}{2} \sum_{i \neq j} f(Q_i, Q_j) = \frac{1}{2} \sum_{abcd} R_{abcd} c_a^\dagger c_b^\dagger c_c c_d. \tag{20.30}$$

이에 대한 행렬요소를 구하면

$$\langle ab|L(\omega)|cd\rangle = L_{ab}(\omega) L_{cd}(\omega) \langle ab|V|cd\rangle \tag{20.31}$$

이다. 여기서

$$\langle ab|V|cd\rangle = \langle 0|c_b c_a \frac{1}{2} \sum_{fghi} c_f^\dagger c_g^\dagger c_h c_i c_c^\dagger c_d^\dagger|0\rangle R_{fghi} \tag{20.32}$$

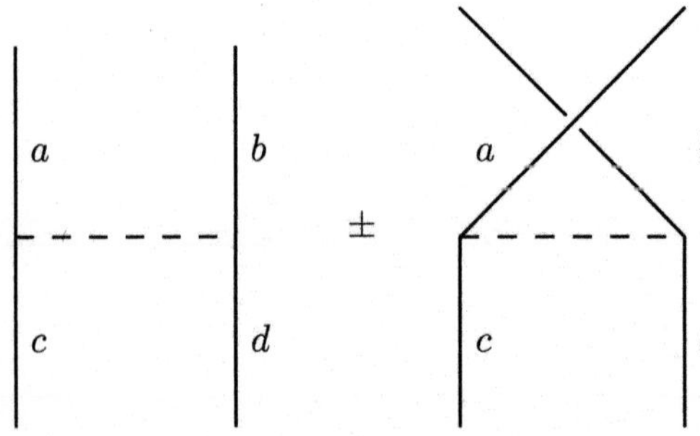

그림 20.9: 동일입자의 경우 행렬요소 $\langle ab|V|cd\rangle$를 나타낸 Feynman 그림.

이다. 이들의 행렬값을 구하면

$$\begin{aligned}\langle ab|V|cd\rangle &= \frac{1}{2}R_{fghi}(\delta_{af}\delta_{bg} \pm \delta_{ag}\delta_{bf})(\delta_{ic}\delta_{hd} \pm \delta_{id}\delta_{hc}) \\ &= \frac{1}{2}(R_{abdc} \pm R_{badc}) + \frac{1}{2}(R_{bacd} \pm R_{abcd}) \\ &= R_{abdc} \pm R_{badc} \end{aligned} \tag{20.33}$$

가 된다. 위의 식에서 ± 부호는 동일입자들이 보존일 경우(+)와 페르미온일 경우(−)이다. 이를 Feynman 그림으로 나타낸 것이 그림 20.9이다.

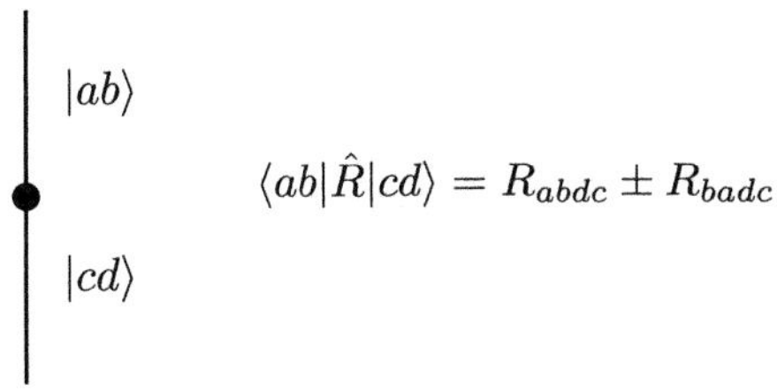

그림 20.10: 전체적인 관점에서 본 $\langle ab|V|cd\rangle$.

이 과정을 전체적인 관점에서 보아 Feynman 그림으로 그린 것이 그림 20.10이다. 한편 개별적인 입장에서 이 행렬요소를 Feynman 그림으로 표현한 것이 그림 20.11이다. 위에서 본 바와 같이 두 입자의 충돌을 다룰 때 이에 대한 행렬요소를 에너지 공간에서 쓸 수 있었다. 산란단면적을 구할 때 계산해야 하는 행렬요소는 전체적인 관점에서 보든, 개별적인 관점에서 보든 처음상태와 나중상태 사이에 진행자의 행렬요소를 구하면 된다. 지금까지는 2-입자 퍼텐셜이 있을 경우 이 퍼텐셜의 가장 낮은 차수인 1차에서 행렬요소를 Feynman 그림을 사용하여 표현하였다. 섭동이론을 사용하여 퍼텐셜의 고차항까지

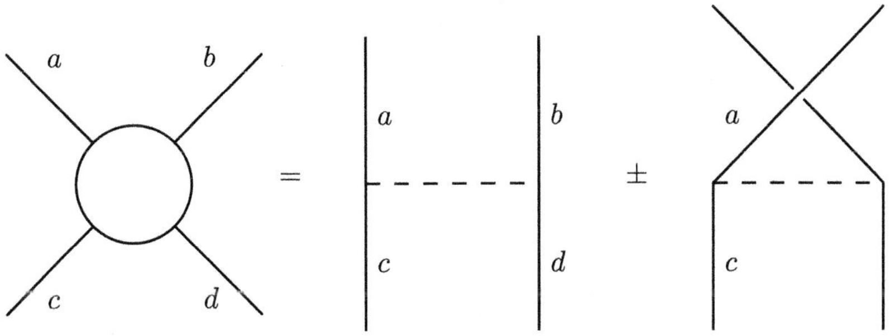

그림 20.11: 개별적인 관점에서 행렬요소 $\langle ab|V|cd\rangle$를 나타낸 Feynman 그림.

구할 때는 지금까지의 결과를 일반화하여 Feynman 규칙을 정하면 된다. 즉, 행렬요소 $\langle a|L(\omega)|b\rangle$ 에 대한 Feynman 규칙을 결정하면 다음과 같다.

$\langle a|L(\omega)|b\rangle$ 를 계산하는 Feynman 규칙

1. 각각의 들어오고 나가는 선을 그린다.
2. 이들을 각각 다른 방법으로 연결한다.
3. 상호작용에는 그림 20.12와 같이 R_{abcd} 를 부여한다.
4. 한번 자리바꿈할 때마다 $(-1)^P$ 를 붙인다. 여기서 P 는 자리바꿈을 한 회수이다.
5. $L_a(\omega_a)$ 에 대해서는 $(-2\pi i)^{-1}\int d\omega_a$ 를 붙이고 모든 중간상태들에 대해 더한다. $(\sum_\gamma, \sum_{deg})$. 또 처음(나중) 상태에 $i(f)$ 종류의 입자가 $n_a^{(i)}(n_a^{(f)})$ 개가 있으면 $(n_a^{(i)}!)^{-1/2}$ $((n_a^{(f)}!)^{-1/2})$ 를 덧붙인다.

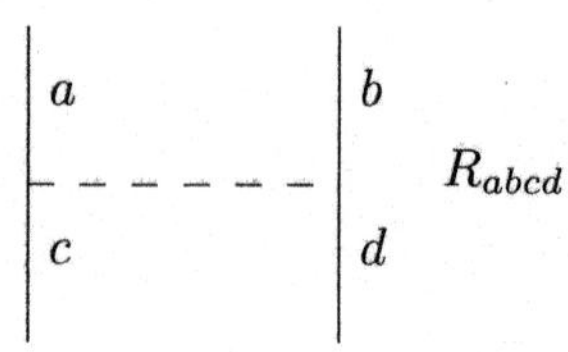

그림 20.12: $\langle a|L(\omega)|b\rangle$ 에서 상호작용에 부여하는 값.

찾아보기

Title	양자역학
발행일	2010년 8월 5일 1쇄 발행
저자	최준곤
발행인	김윤선
발행처	범한서적주식회사
주소	서울특별시 종로구 신문로 2가 1-222
전화	02-733-2014~5 / 팩스 02-736-8696
등록	1966년 10월 6일 제1-168호
가격	26,000원
ISBN	978-89-7129-232-7 93420

http://www.bumhanbook.co.kr